U0944446

# 中国石油地球物理勘探典型范例

赵邦六　张　颖　等著

石 油 工 业 出 版 社

## 内 容 提 要

本书是对中国石油近年来应用物探新技术解决勘探开发新难题的典型范例的总结，从多个角度展示了物探新技术应用带来的勘探新突破。同时，它也是中国石油天然气股份有限公司近几年物探技术进步和创新的一个缩影。各个范例均以图片为主，按照统一的风格，简要介绍了勘探目标的地理位置、区域地质概况、地表及人文环境，重点分析了勘探目标的勘探简史、资料品质状况、勘探难点、主要技术措施，以及应用效果，力图展示物探新技术应用所带来的油气勘探和观念认识上的新突破。

本书可供油气勘探开发管理人员、石油地球物理勘探专业的技术人员和高等院校的师生参考。

**图书在版编目（CIP）数据**

中国石油地球物理勘探典型范例／赵邦六，张颖等著.
北京：石油工业出版社，2005.10
ISBN 7-5021-4996-1

Ⅰ.中…
Ⅱ.赵…
Ⅲ.油气勘探：地球物理勘探－中国
Ⅳ.P618.130.8

中国版本图书馆 CIP 数据核字（2005）第 010553 号

---

出版发行：石油工业出版社
（北京安定门外安华里 2 区 1 号　100011）
网　址：www.petropub.cn
总　机：(010) 64262233　发行部：(010) 64210392
经　销：全国新华书店
印　刷：石油工业出版社印刷厂

---

2005 年 10 月第 1 版　2005 年 10 月第 1 次印刷
889 × 1194 毫米　开本：1/16　印张：21.5
字数：546 千字　印数：1 — 2000 册

---

定价：198.00 元
（如出现印装质量问题，我社发行部负责调换）

# 序　言

近年来，随着油气勘探程度的不断提高，中国陆上油气勘探对象发生了很大变化，勘探工作遇到了许多新的问题和挑战。特别是1999年中国石油天然气集团公司的重组改制、中国石油天然气股份有限公司在海外的成功上市，带来了管理体制上的重大变化。同时，中国石油天然气股份有限公司面对的是“低、深、难”的勘探领域。在极为艰难的情况下，中国石油天然气股份有限公司针对新形势下勘探中出现的一系列物探技术难题，依托重点勘探项目下功夫组织工程技术攻关，取得了突破性进展。不仅为地质目标的实现提供了强有力的技术保障，更重要的是开辟了一批新的勘探领域，取得了油气勘探的重大突破和重大发现。

近5年来，中国石油天然气股份有限公司油气勘探取得了重大成果和非凡的业绩。新发现油田32个，新发现气田24个，其中像陆梁、克拉2、苏里格、大情字井这样的亿吨级油气田（藏）达14个，像新肇、罗家寨、哈得逊这样的5000万吨级油气田（藏）有15个。新增探明石油地质储量$21.4983\times10^{8}$t，新增探明天然气地质储量$16299.81\times10^{8}m^{3}$。这为确保中国石油原油产量的基本稳定和天然气的快速发展奠定了良好的资源基础。

在短短5年中，我们能够在各类复杂地表条件下的山前高陡逆掩推覆构造油气藏勘探、碳酸盐岩油气藏勘探、复杂断块油气藏勘探、岩性—地层油气藏勘探、复杂裂缝油气藏勘探、深层火山岩油气勘探中取得许多重大突破，是与近年来物探技术的进步、成功应用和反复实践分不开的。如库车克拉2大气田的发现是山地地震技术突破的结果；川西三叠系须家河组和川东飞仙关鲕滩的突破与以识别地震亮点为主的预测技术的有效指导关系密切；松辽、鄂尔多斯盆地等低渗透探区多个亿吨级油气田的发现与大批量地震反演基础上的工业化储层预测技术的应用有直接关系；玉门酒西地区的突破离开了三维地震裂缝识别等技术的应用也是不可能的。因此，作为油气勘探技术的龙头，先进适用的主导物探技术不仅是油气勘探发现与突破的基本技术保障，也是降低油气发现成本的根本途径。没有先进适用的物探新技术作保障，在经历了半个世纪大规模勘探的情况下，油气勘探要有新的突破和发现是不现实的。

本书以实例的形式，对推动中国石油天然气股份有限公司近年油气勘探取得重大突破的物探技术系列进行了系统的总结和梳理，按照各项技术的特点和解决的地质问题类型，形成了相应的配套技术系列。每个例子都是在介绍了研究区块的区域地质概况、地表条件、勘探程度、以往物探资料品质及难题的基础上，对攻关采用的主要技术措施与取得的地球物理效果、地质成果进行了分析，从而给读者一个“从问题到解决方案”的清晰概念。本书在范例的选取上，基本做到了“求精、求新、求典型性、求代表性”，是对近年物探技术最新进展的全面总结，这将对推动中国石油天然气股份有限公司物探技术的进步、促进各种类型油气藏勘探的新突破起到非常重要的作用。

本书不论是对于油气勘探开发管理人员，还是对于物探工作者、研究者和地质工作者都有着十分重要的参考价值。阅读本书，可以给不同岗位上的读者予以不同的启示。对于勘探开发管理者，可以对物探技术的最新进展和解决生产问题的能力有较为清晰的了解，从而带来他们在管理认识和观念上的改变；对于物探工作者、研究者，本书是他们研读物探新技术的最佳读本之一，能起到抛砖引玉的作用；对于地质研究者，可以对他们如何用好物探技术和物探资料起到很好的参考作用。

在此，我祝愿物探技术更加快速地进步，为中国石油天然气股份有限公司的油气勘探、开发事业再立新功！

中国石油天然气股份有限公司副总裁

# 前　言

21 世纪的中国石油勘探面临着新的挑战。随着勘探程度的不断提高，勘探开发难度越来越大，以“低、深、难”为特点的油气勘探领域更加复杂。物探的工作条件更加恶劣，山地、黄土塬、大沙漠和滩海等复杂地表条件，对物探技术提出了更高的要求。当前油气勘探开发已进入难度大、风险大、成本高的新阶段。

为适应油气勘探的新形势，充分发挥物探工作的排头兵作用，及时推广物探采集、处理、解释等方面的新技术、新方法，交流技术进步成果，中国石油天然气股份有限公司勘探与生产分公司决定对近年来一些具有代表性的物探典型范例进行系统总结，初步形成针对不同勘探需求的物探配套技术系列。

针对中国石油天然气股份有限公司油气勘探领域的物探技术需求，本书精选出技术性强、效果明显、颇具代表性的范例四十余例，分高分辨率地震勘探、复杂地表区地震勘探、复杂岩性体地震勘探、精细地震勘探、深层地震勘探、综合物化探等六大配套技术，对不同物探技术在不同类勘探目标中的技术应用进行了系统总结。各个范例均以图片为主，按照统一的风格，简要介绍了勘探目标的地理位置、区域地质概况、地表及人文背景，重点分析了勘探目标的勘探简史、资料品质状况、勘探难点、主要技术措施，以及应用效果，力图展示物探新技术应用所带来的油气勘探和观念认识上的新突破。研读每篇文章，可以对实践者在他们所面对的特定地质情况和资料情况下，如何形成有效的技术思路、应用适用的技术措施来成功地解决特定地质难题的过程有一个比较清晰的了解。

本书是对中国石油近年来应用物探新技术解决勘探开发新难题的典型范例的总结。它从多个角度展示了物探新技术应用带来的勘探新突破，同时它也是中国石油天然气股份有限公司近几年物探技术进步、技术创新的一个缩影。还有许多例子由于时间关系未能一一列出。希望通过这个“窗口”，让那些从事油气勘探、生产和物探管理的各级领导和管理人员，了解物探技术的最新进展及其应用成果，更好地发挥物探技术的作用，降低勘探风险、提高生产效率。本书也可供从事物探技术应用的一线生产人员和应用技术研究人员参考，相信从中会获得很多解决复杂问题的灵感、启发和对策。

让我们一起来迎接“低、深、难”对物探技术的挑战！

在本书的编辑过程中，中国石油天然气股份有限公司下属各油田分公司及中国石油勘探开发研究院物探技术研究所给予了大力支持和帮助，同时，也得到了中国石油天然气集团公司下属东方地球物理勘探有限公司、大庆石油管理局物探公司、吉林石油集团有限责任公司物探公司、辽河石油勘探局物探公司、四川石油地质调查处等单位的大力支持与帮助，在此一并致以衷心的感谢。这里，要特别感谢中国石油天然气股份有限公司勘探与生产分公司胡文瑞总经理、赵政璋副总经理、科技处刘德来处长，他们对本书的出版给予了极大的关怀和支持。另外，书中的典型范例也凝聚着我国石油勘探界老领导高瑞祺、赵化昆及各油田分公司和研究院时任主要领导侯启军、梁春秀、谢文彦、周海民、陈新发、杜金虎、吴永平、杨华、袁明生、周新源、陈建军、党玉祺、冉隆辉、赵文智、吕焕通、杨举勇、王晓凡、张研等人的辛勤劳动成果，在此对他们表示最诚挚的谢意！

本书从酝酿到出版历时三年多，几十名各油田的科技专家参与撰稿，历经多次讨论修改，最后由作者统一定稿。尽管作者为编著本书付出了巨大努力，但由于知识水平和所掌握资料所限，文中难免会有不足之处，恳请广大读者批评指正。

作者

2005 年 8 月 1 日

# 目　录

**第一章　高分辨率地震勘探** ……………………………………………… (1)
第一节　高分辨率三维地震勘探技术在临江地区扶杨油层勘探中的应用 ……………… (2)
第二节　松辽盆地南部高分辨率三维地震勘探 ……………………………………… (11)
第三节　哈得逊高分辨率三维地震勘探 …………………………………………… (25)
第四节　轮南奥陶系潜山油藏高分辨率三维地震勘探 ……………………………… (31)
第五节　柴达木盆地涩北气区二维高分辨率地震勘探 ……………………………… (38)
第六节　川西白马庙—松华潜伏构造砂岩储层预测 ………………………………… (45)
**第二章　复杂地表区地震勘探** ……………………………………………… (53)
第一节　塔里木盆地克拉 2 气田山地地震勘探 …………………………………… (53)
第二节　塔里木盆地迪那 2 气田山地地震勘探 …………………………………… (60)
第三节　准噶尔盆地霍尔果斯背斜山地地震勘探 ………………………………… (67)
第四节　祁连山逆掩推覆带窟窿山山地地震勘探 ………………………………… (79)
第五节　黄土塬山区网状三维地震勘探 …………………………………………… (85)
第六节　塔里木盆地大沙漠覆盖区三维地震勘探 ………………………………… (92)
第七节　陆梁油田复杂表层区低幅度构造油气藏地震勘探 ……………………… (100)
第八节　吐哈盆地雁木西地区山前冲积扇区表层静校正技术 …………………… (106)
**第三章　复杂岩性体地震勘探** ……………………………………………… (113)
第一节　黄沙坨火山岩油气藏精细三维地震勘探 ………………………………… (113)
第二节　青西油田裂缝性油藏三维地震勘探 ……………………………………… (120)
第三节　川东罗家寨潜伏构造鲕滩储层二、三维地震勘探 ……………………… (129)
第四节　川东大天池—明月峡构造石炭系储层二维地震勘探 …………………… (138)
第五节　川南麻柳场构造碳酸盐岩薄储层预测 …………………………………… (148)
**第四章　精细地震勘探** ……………………………………………………… (157)
第一节　海拉尔盆地苏德尔特地区地震目标处理技术 …………………………… (157)
第二节　伊通盆地大南复杂断块区油气勘探 ……………………………………… (167)

第三节　综合地震技术在雷家复杂断块区勘探中的应用 …… (173)
第四节　老爷庙地区二次三维地震勘探 …… (179)
第五节　大港滩海羊二庄区块三维地震资料连片处理解释 …… (186)
第六节　枣园—王官屯地区大面积、多块数三维地震资料连片处理与解释 …… (197)
第七节　高精度三维地震技术在五三东区老油田滚动勘探开发中的应用 …… (203)
第八节　柴达木盆地西南部大面积三维连片处理解释 …… (207)
第九节　充分应用地震储层滚动化预测技术高效探明和开发榆林气田 …… (214)
第十节　川中公山庙构造三维地震砂岩储层预测 …… (222)
第十一节　高柳地区二次三维地震勘探 …… (228)
第十二节　冀中探区留西—大王庄地区隐蔽油气藏勘探 …… (236)
第十三节　巴音都兰凹陷全三维重新处理解释技术应用 …… (244)
第十四节　准噶尔盆地腹部河道砂体的有效预测 …… (251)
第十五节　准噶尔盆地盆5井区“速度背斜”的识别与评价 …… (256)
**第五章　深层地震勘探** …… (262)
第一节　深层三维地震勘探技术在松辽盆地北部兴城大型火山岩气田发现中的作用 … (262)
第二节　大民屯凹陷低潜山全三维综合地震勘探 …… (273)
第三节　吐哈盆地台北凹陷前侏罗系深层地震攻关 …… (282)
第四节　鄂尔多斯盆地奥陶系风化壳气藏勘探开发 …… (287)
第五节　千米桥奥陶系潜山气藏二次三维地震勘探 …… (295)
**第六章　综合物化探** …… (308)
第一节　利用高频电磁法圈定套保油田油水边界 …… (308)
第二节　井地电法新技术成功应用于油藏范围圈定和断块含油气性的评价 …… (313)
第三节　大宛齐油田化学勘探直接找油 …… (319)
第四节　综合物探在柴西环英雄岭地区的应用 …… (325)

# 第一章　高分辨率地震勘探

高分辨率地震勘探技术是中国石油天然气股份有限公司岩性地层油气藏勘探的主导物探技术之一。其勘探对象主要包括砂岩及砂砾岩油气藏、鲕粒灰岩油气藏、白云岩及灰岩油气藏、火成岩及变质岩油气藏、地层尖灭型油气藏，以及不整合面或风化壳型油气藏等。这些油气藏主要分布在松辽盆地长垣两侧及长岭凹陷、鄂尔多斯盆地北部、四川盆地西北部、准噶尔盆地腹部、塔里木盆地塔北隆起等地区。

虽然高分辨率地震勘探技术通过“七五”、“九五”的攻关，已取得了长足的进步，特别是大庆油田基本上形成了一整套较为完善的二维高分辨率地震采集、处理、解释配套技术，长垣两侧的地震剖面在1.5s$T_1$处反射波主频一般可达70Hz左右，为大庆油田长期稳产做出了重大贡献，但随着勘探开发程度的不断提高，松辽盆地逐渐进入了岩性圈闭勘探阶段，油气勘探的目标以岩性圈闭为主，其勘探难点是储层普遍较薄（单砂层厚度在3～5m），砂体横向变化大。因此，地震勘探又面临着新的挑战。

近几年来，中国石油天然气股份有限公司针对油气勘探开发对高分辨率地震技术的需求，在松辽盆地开展了进一步的高分辨率地震攻关研究，使得$T_2$反射层视主频从45～50Hz提高到65～70Hz，频带宽度从10～70Hz提高到10～90Hz，可以从剖面上识别出10m左右断距的小断层，在此基础上的约束反演剖面可以识别出5m左右的砂层，逐步形成了高分辨率地震勘探配套技术系列，并在推广应用中不断完善，已在松辽盆地大面积低丰度岩性油气藏勘探中见到显著效果。另一方面，伴随着勘探开发一体化思路的逐步贯彻，在西部勘探程度相对较低的一些盆地或地区，也对地震资料的分辨率提出了更高的要求，如准噶尔盆地腹部、塔里木塔北地区的低幅度构造勘探和塔里木盆地奥陶系潜山勘探等，又进一步推动了高分辨率地震技术在西部复杂地表条件下的应用，使“中国石油”高分辨率地震技术更加完善，为中国西部的油气勘探开发做出了应有的贡献。

在各探区高分辨率地震勘探范例中，本书优选了6个具有代表意义的典型实例，分别展示了高分辨率地震勘探技术在松辽、塔里木、柴达木、四川等盆地油气勘探中所发挥的巨大作用。这6个范例分别是：(1) 高分辨率三维地震勘探技术在临江地区扶杨油层勘探中的应用；(2) 松辽盆地南部高分辨率三维地震勘探；(3) 哈得逊高分辨率三维地震勘探；(4) 轮南奥陶系潜山油藏高分辨率三维地震勘探；(5) 柴达木盆地涩北气区二维高分辨率地震勘探；(6) 川西白马庙—松华潜伏构造砂岩储层预测。

# 第一节 高分辨率三维地震勘探技术在临江地区扶杨油层勘探中的应用

临江油田的发现到评价的过程，代表了大庆探区岩性油藏勘探的基本过程和技术发展的历程。高分辨率三维地震技术，是提高薄互层岩性油藏勘探效益的必要手段。大庆油田针对松辽盆地北部表层复杂结构的地质特点和中浅层岩性油藏的特点，形成了宽频带高分辨率三维地震采集技术、三维高保真高分辨率地震处理技术、三维高精度地震反演和储层预测技术。这使地质目标的刻画能力大幅度提高，适应了日益复杂的岩性油藏勘探的需要，为大庆长垣外围油气增储上产做出了巨大贡献。

## 一、地理位置

临江地区位于黑龙江省双城、肇东、肇州三个市县交界处，在哈尔滨市西南方向约70km，东经125°45′～126°12′，北纬45°30′～45°50′，松花江由西南向东北流过该区（图1-1-1）。

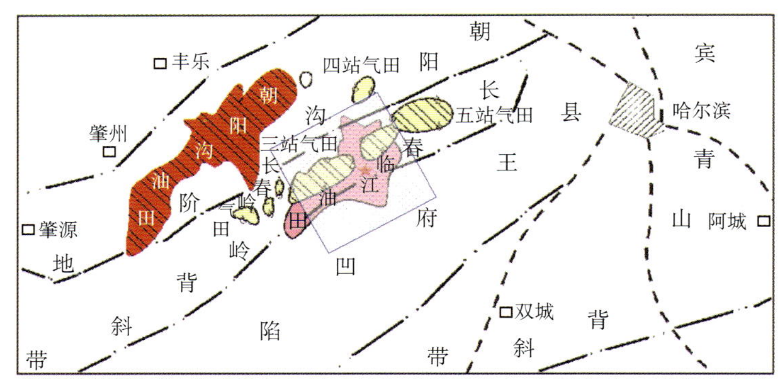

图1-1-1 临江油田地理位置图

## 二、区域地质概况

临江油田位于松辽盆地中央坳陷区长春岭背斜带的中段，西侧与三肇凹陷朝阳沟阶地相临，东侧与宾县王府凹陷临近，勘探面积约550km²（图1-1-2）。主要勘探目的层为白垩系泉头组三、四段的扶杨油层，沉积上主要受怀德—长春物源控制，为分流平原沉积。砂体类型以条带状和透镜状为主，单层厚度一般3～8m，孔隙度一般为8%～12%。长春岭背斜带为天然气有利聚集带，先后发现长春岭气田、三站气田、五站气田，位于三肇和王府两个生油凹陷之间，处于油气有利的聚集带上。

## 三、地表及人文环境

区内地表低洼，有水泡、沟渠、堤坝、河流分布。地面海拔在117.2～145.7m之间，最大高差28m。区内共有大小村镇99个。中央地带的松花江流域地势较低，江叉纵横。松花江最大水深15m，河体为厚细江沙，主江江宽200～800m，大多宽在300～400m。气候属于大陆性季风气候，冬季长，寒冷干燥，夏季短，温热多雨，春秋季特别短且多风沙，年平均气温只有3.4℃，平均年降水量只有440mm，年平均无霜期130d。距离油田最近的居民区是临江镇，居民以发展农业经济为主。有哈尔滨—太平庄—双城和朝阳沟—四站公路穿过，交通较为便利。

## 四、勘探程度

临江地区的勘探分三个阶段：

图 1−1−2　临江油田区域构造位置图

（1）天然气勘探阶段（1982—1994 年）：1989—1991 年，在油田北部开展了以中浅层为主要目的层的 1km × 2km 测网的二维数字地震勘探；1993—1994 年，在油田南部开展了以中浅层为主要目的层的 1km × 2km 测网的二维数字地震勘探。临江地区在 1994 年以前主要以天然气勘探为主，先后发现了长春岭、三站、五站、太平庄等气田。

（2）油藏发现阶段（1995—1999 年）：相继部署了五 204 等 21 口探井，部分井在低部位见含油气显示。为此，在 1995 年向王府凹陷甩开部署双 30 井，获日产 30t 工业油流，这一重要发现使本区成为一个新的找油领域。1998—1999 年，又完成针对深层的 2km × 4km 测网的二维数字地震勘探。

（3）油藏评价阶段（2000—2003 年）：2001 年对老资料进行了统一流程的连片处理，对构造和储层进行了精细解释和描述，当年提交了 3653 × $10^4$t 石油预测储量，含油面积为 132.0km$^2$。2002 年在临江地区完成三维地震采集，满覆盖面积 371.57km$^2$（图 1−1−3），下半年在三维地震解释基础上，部署并钻探双 31、双 301、双 26 等 7 口井，其中有 4 口获工业油流（图 1−1−4）。与此同时，在临江地区开展了勘探开发一体化评价钻探工作，双 30 井区已有 6 口开发井投产，日产油量在 3.5～8.7t，显示了良好的开发前景，保证了控制储量的可靠程度。

## 五、以往物探资料品质与难题

（1）2002 年以前，临江地区以 1km × 2km 测网的二维数字地震为主，地震资料品质较差。二维地震资料固有的缺陷是：①测网稀，信息量不够，控制不了扶杨油层河道砂体的平面展布（河道宽度 300～500m）；②地震资料分辨率低，目的层主频 20～25Hz，可分辨的薄层厚度 20～18m，不能正确识别扶杨油层 4～10m 的河道砂体；③地震资料信噪比低，难以进行准确成像和信号保真处理。覆盖次数较低（20 次），不仅单炮记录上信噪比低，而且叠加剖面信噪比仍然很低，需要通过较强的叠后去噪处理，方可用

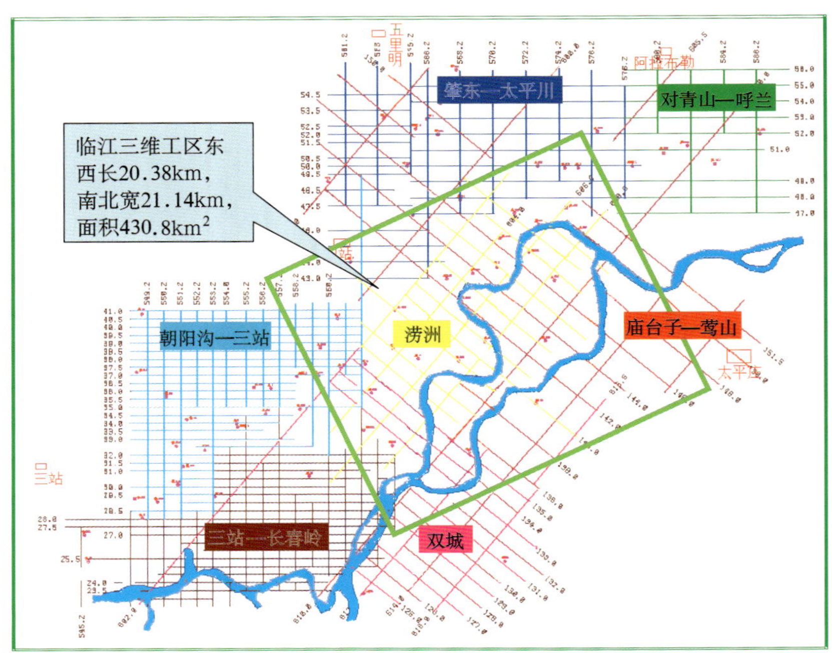


图 1—1—3　临江地区地震勘探程度图

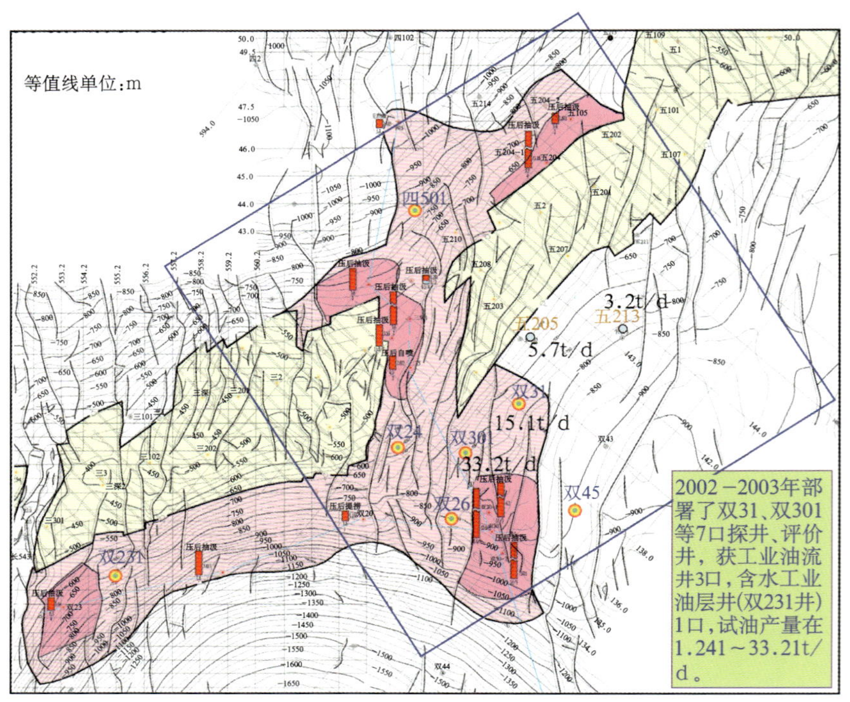


图 1—1—4　临江地区扶杨油层勘探成果图

于地震解释，不利于岩性预测（图 1—1—5）。

（2）地表条件复杂，地震资料采集难度大。区内地表低洼，有水泡、沟渠、堤坝、河流分布，共有大小村镇 99 个。中央地带的松花江流域地势较低，江叉纵横，松花江最大水深 15m。潜水面 2～6m，激发岩性变化较大，多为灰砂或含泥灰砂，属于松辽盆地典型的复杂表层结构地区。高分辨率处理时，静校正问题比较严重（图 1—1—6）。

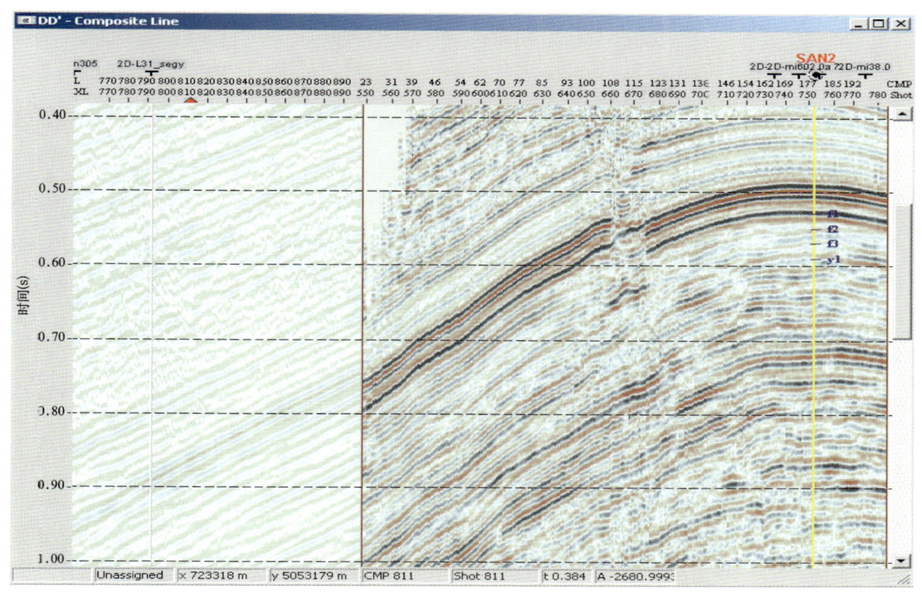


图 1－1－5　临江地区二维、三维原始地震剖面拼接对比图

（3）扶杨油层属三角洲平原沉积体系，河道砂体岩性较细，以粉砂岩为主，与泥岩呈薄互层，反射能量不是太强。平面分布呈叠合连片，在地震剖面上表现为较连续—断续、中等振幅平行反射特征，如何从其中将单层厚度较大的河道砂体识别出来，是实现扶杨油层效益勘探的关键（图 1－1－7）。

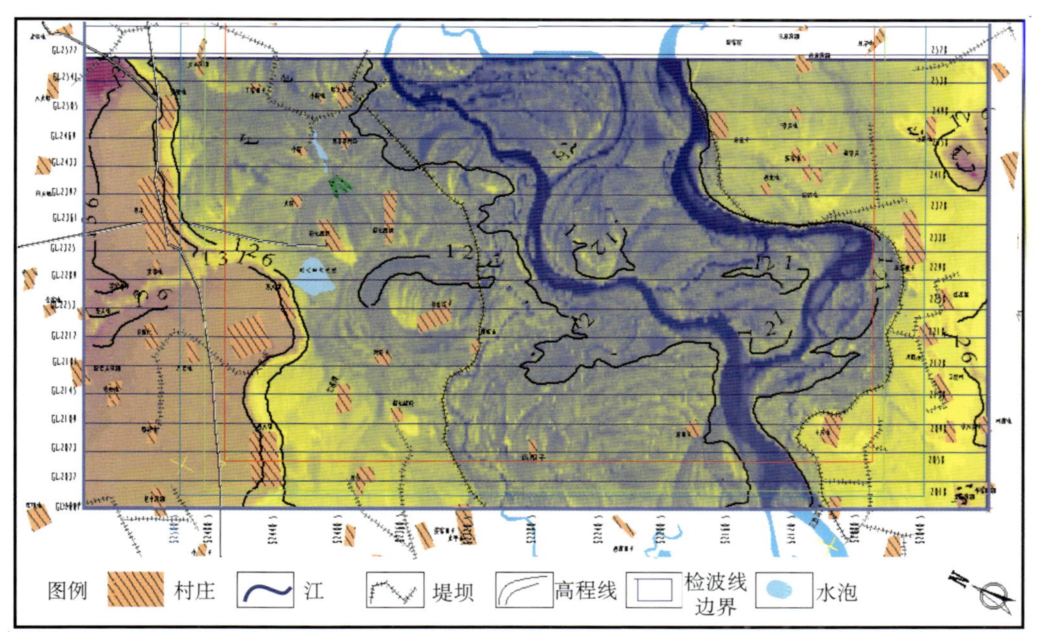


图 1－1－6　临江地区表层地质概况

（4）油气水分布关系复杂。长春岭背斜带上的临江油田，南端与三站气田接壤，北段与五站气田相嵌。三肇凹陷和王府凹陷的青山口组为主要烃源岩，天然气主要来源于深层徐家围子断陷和莺山断陷。不同来源的油气在扶杨油层聚集，与扶杨油层复杂的构造、断裂和砂体类型相匹配，形成了该区复杂的油、气、水分布规律。因此，准确刻画断裂特征和沉积相特征及其匹配关系是该区综合研究的核心（图 1－1－8）。

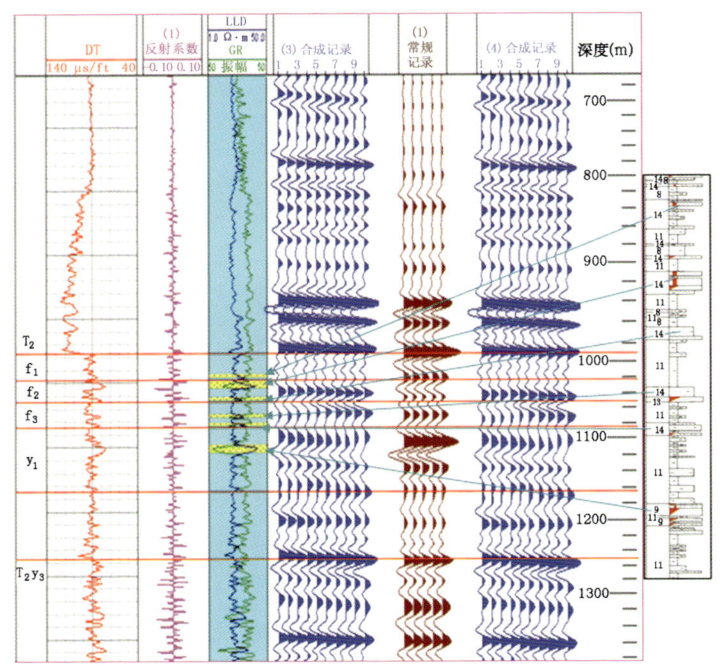


图 1-1-7　扶杨油层河道砂体地震、地质特征

基于上述原因，2001 年底至 2002 年上半年，开展了三维地震勘探工作。

## 六、主要技术措施及效果

主要技术措施及效果分三方面：

（1）以高精度的表层结构调查、超千道、高覆盖次数、大动态范围仪器为主要特点的高分辨率三维地震资料采集技术，确保原始资料采集宽频带、高精度。

由于表层岩性、速度横向变化快，均质性不强，所以加大了微测井的观测密度（平均 1 口 /km²），提高表层结构参数的分析精度，以便优选激发岩性，逐井设计井深，同时提供精确

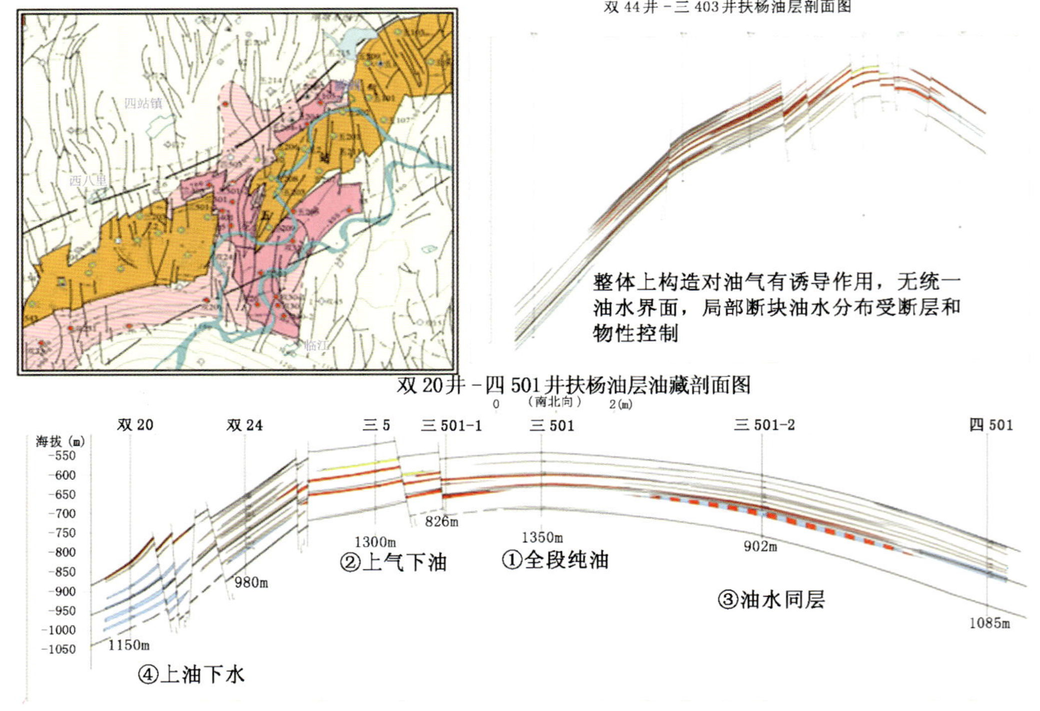


图 1-1-8　临江地区扶杨油层油水分布特征

的野外静校正量。优选激发岩性采用的主要技术有：双井微测井确定虚反射界面技术；对井深、药量、组合激发因素进行信噪比、频时和能量等参数的量化分析技术；利用微测井资料的波的运动学和动力学特征综合确定激发岩性技术（图 1-1-9）。

采用超千道（1200）、12L9S100R 正交线束状观测系统、小面元（20m × 40m）、小时间采样率（1ms），

确保薄互层小目标的勘探精度，提高纵横向分辨率。中高覆盖次数6（横）×10（纵），可以提高资料记录的信噪比。大动态范围仪器（24位数字地震仪，动态范围90dB以上）和中高自然频率检波器（SN4：40Hz），有利于抑制低频能量而提升高频能量，更多地记录高频成分，拓展频带宽度，使主频向高频端移动（图1—1—10）。

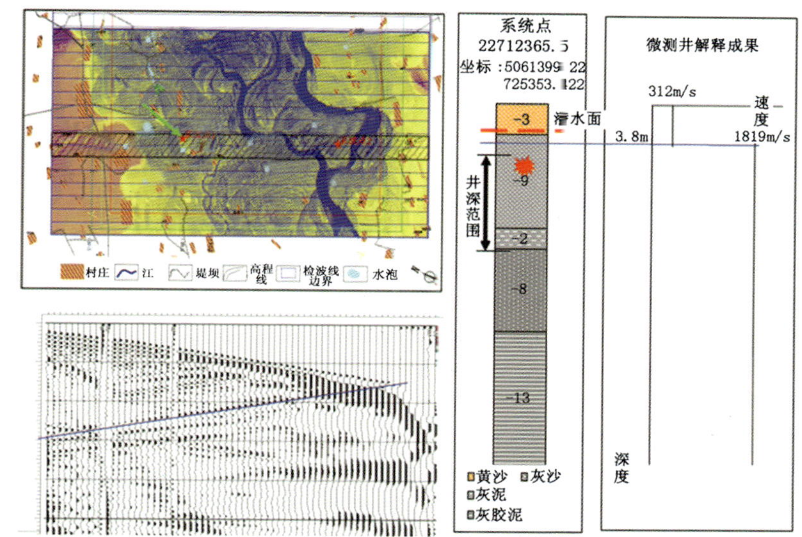


图1—1—9　临江三维激发岩性确定

除地震仪器分频扫描质量监控外，充分利用现场处理和克浪软件高效强大的频谱分析、时频频时分析以及信噪比分析等技术。另外，利用炮检点位置能量检查技术，能够快速直观地确定炮点和检波点位置是否正确、能量是否符合要求。

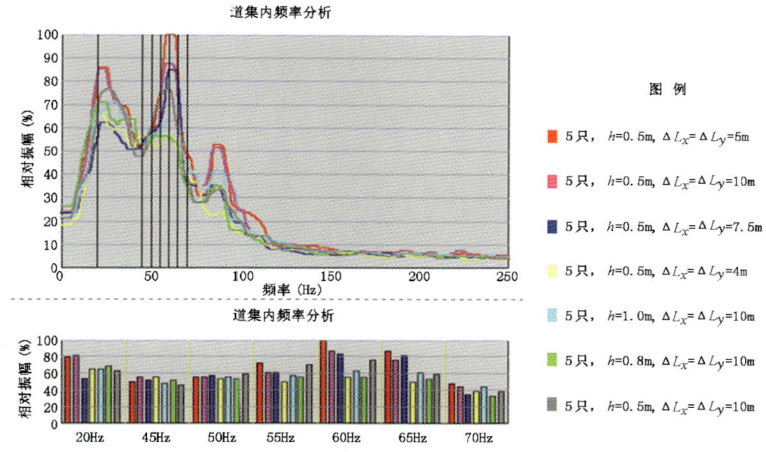


图1—1—10　临江三维$T_2$道集内频率分析

在原始单炮频谱分析和带通滤波扫描的记录上可以看出，$T_{06}$视频率为40Hz左右，$T_1$视频率为40Hz左右，$T_2$视频率为35Hz左右，$T_3$视频率为30Hz左右，$T_4$和$T_5$视频率为25Hz左右（图1—1—11）。

（2）以信号保真为宗旨，将沿层振幅切片评价振幅保真性纳入高分辨率三维地震资料处理流程，为岩性识别奠定扎实资料基础。

岩性油藏勘探的核心是高分辨率三维地震勘探。因此对地震资料信噪比、分辨率和保真度均提出了更高的要求。针对松辽盆地中浅层岩性油藏的地震地质条件与特点，已经形成了高精度折射波静校正、区域滤波压制近道面波、地表一致性振幅补偿、地表一致性反褶积与预测反褶积组合反褶积（图1—1—12）、高精度速度分析、多次剩余静校正、多次迭代动态时差校正、叠加（相关排序同相叠加、分频叠加）的高分辨率处理技术，并通过解释性地震资料评价，纵向上通过合成地震记录进行质量检测（图1—1—13），横向上通过水平切片和沿层切片进行信号保真性评价，为地震岩性识别奠定扎实资料基础。

（3）全三维可视化地震资料解释技术，实现了地震数据、构造、沉积演化以及地质家思维的协调统一，为准确刻画钻探目标提供了有效手段。

如何能从三维地震数据体挖潜更多、更准确的地质信息？这是三维解释和目标有效识别的关键。利用水平切片与垂直剖面的联合解释、相干数据体、倾角、方位角、断层检测、三维可视化技术等多种解释功能和手段，可以有效识别和落实小断层（图1—1—14）。通过地震、测井等多种资料、多种属性综合

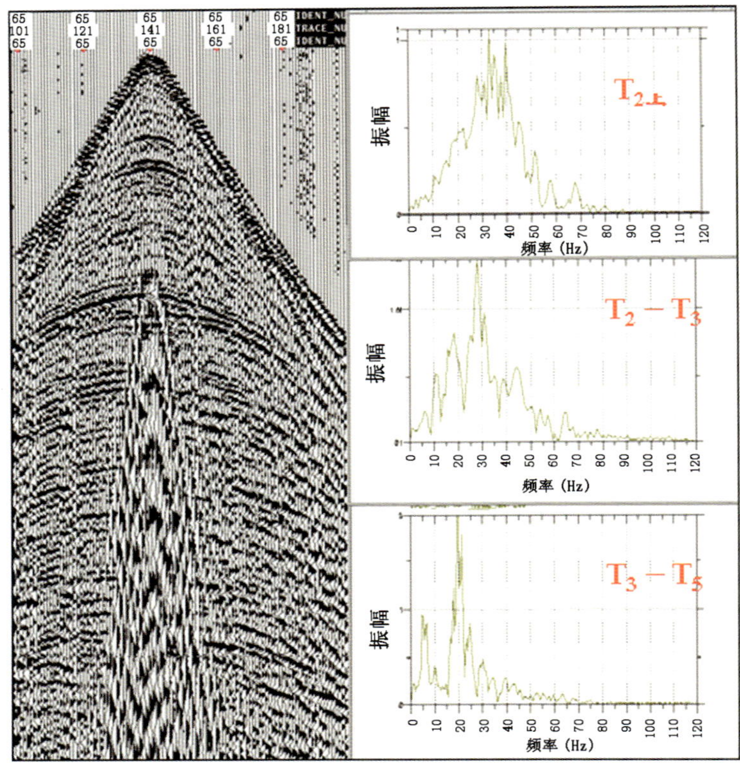


图 1-1-11　临江三维频谱分析图

解释，为钻前目标识别和井位部署提供依据。

地震资料品质的提高，明确了构造及断裂展布特征。扶杨油层顶部为背斜构造，以马鞍形式置于长春岭背斜带上，长轴近东—西方向，构造幅度差异较大。断裂十分发育，主要是北北东方向的正断层。构造及断层对油气聚集、储层改造起了至关重要的作用（图 1-1-15）。

Spec-decomp、Stratimagic、Geoprobe 等软件技术为进一步挖潜三维地震资料潜力提供了有效手段。结合井孔处岩心相、测井相精确标定，得出各河流带在三维空间上的确定性分布范围（图1-1-16）。首次在松辽盆地北部扶杨油层直接通过地震属性刻画河道砂体的空间展布，根据预测结果，

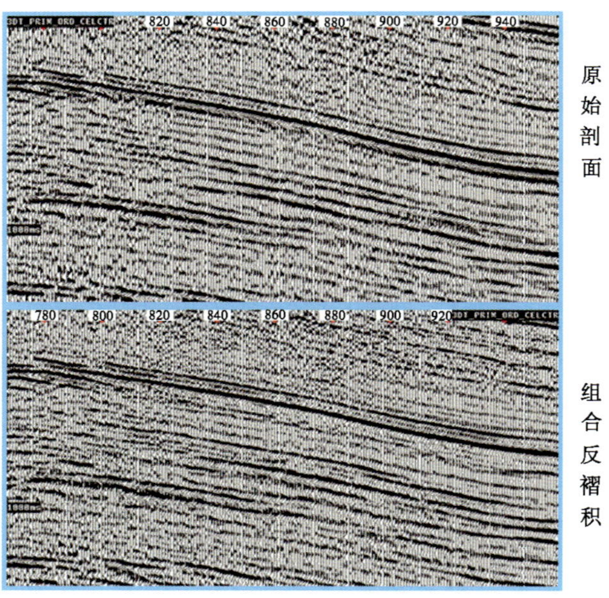


图 1-1-12　临江三维反褶积剖面

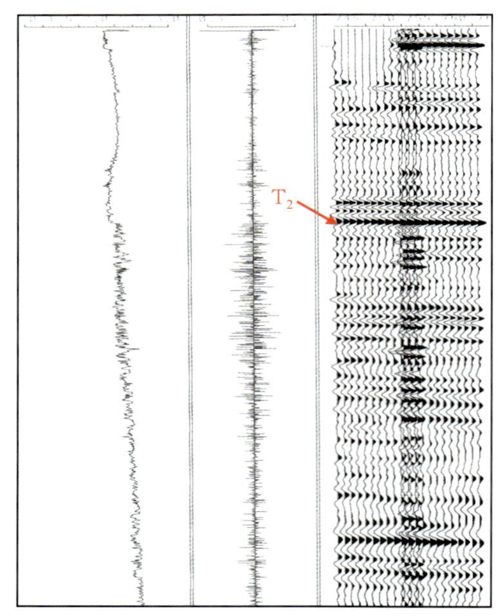


图 1-1-13　临江三维最终成果剖面与合成记录对比

相继部署 3 口探井和评价井，均钻遇厚砂层。

应用高分辨率反演技术，精细预测油藏三维地质模型。ISIS 地震反演是一种用全局优化的、快速模拟退火算法的多道反演技术，具有抗噪能力强、分辨率高等特点（图 1-1-17）。适合在勘探开发阶段井少情况下应用，寻找岩性油气藏、构造—岩性油气藏。

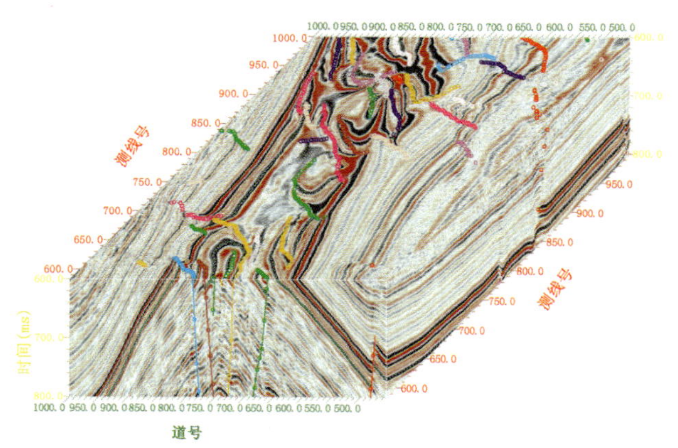

图 1—1—14　临江三维解释数据体立体显示

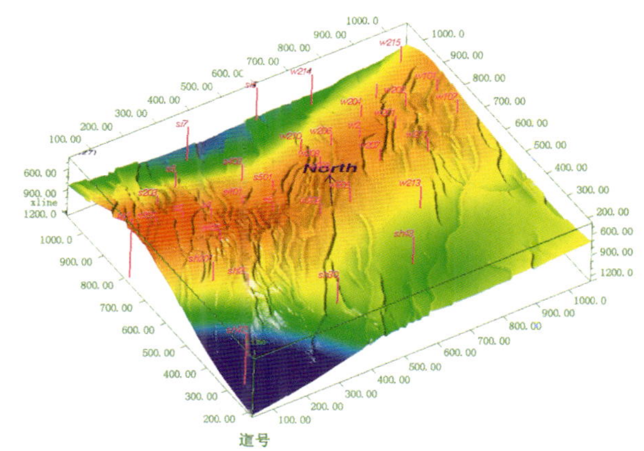

图 1—1—15　临江三维 $T_2$ 反射层顶面构造图

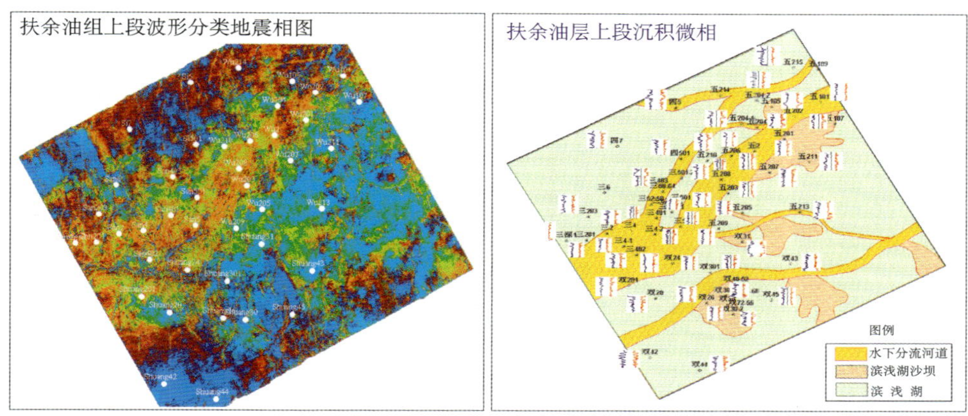


图 1—1—16　扶余油层上段发育水下分流河道和滨浅湖沙坝沉积

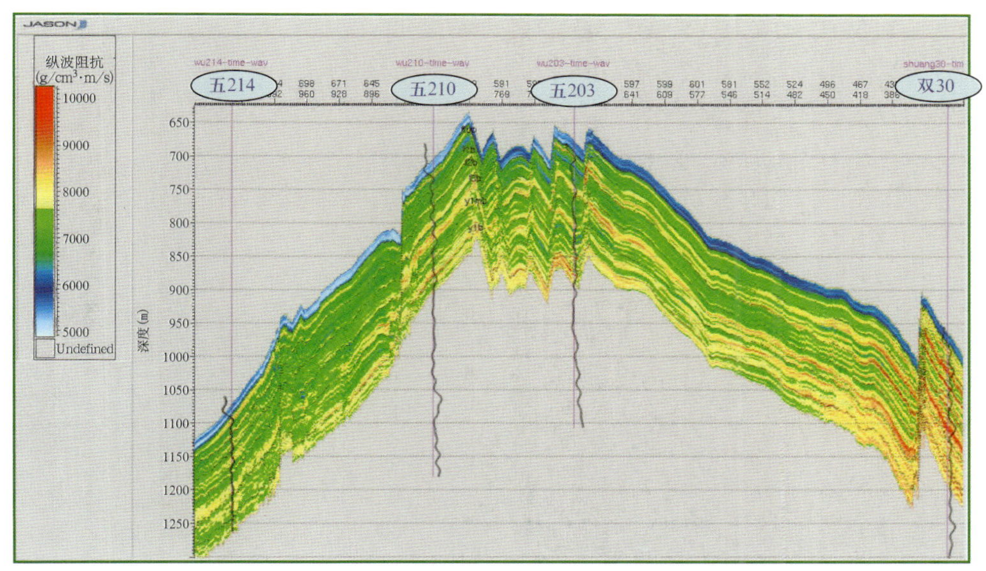


图 1—1—17　扶余油层组 ISIS 反演波阻抗连井剖面

地震资料品质的提高和适合的地震油藏描述技术，为本区提交石油控制储量 $2032\times10^4$t 奠定了坚实基础。

## 七、主要地质成果与评价

高分辨率地震勘探技术，在松辽盆地北部大庆长垣以东、以西岩性油藏勘探中发挥了重要作用。

根据精细的构造、断裂、沉积相带、砂体展布等研究成果，结合试油结果和测井综合解释结果，准确地圈定了扶杨油层四个油层的含油面积。临江油田双30井区块油藏扶杨油层控制储量含油面积总计56.0km$^2$（图1−1−18），含油面积内有14口井（3口开发首钻井），均获工业油流。目前已在该区开展前期开发工作，设计首钻井、开发井150口，完钻108口，扶杨油层平均有效厚度7.1m，已有6口井以产液量3.5～7.7t/d生产。按容积法计算地质储量，临江油田双30井区块泉头组油藏总计石油控制储量2032 × 10$^4$t。

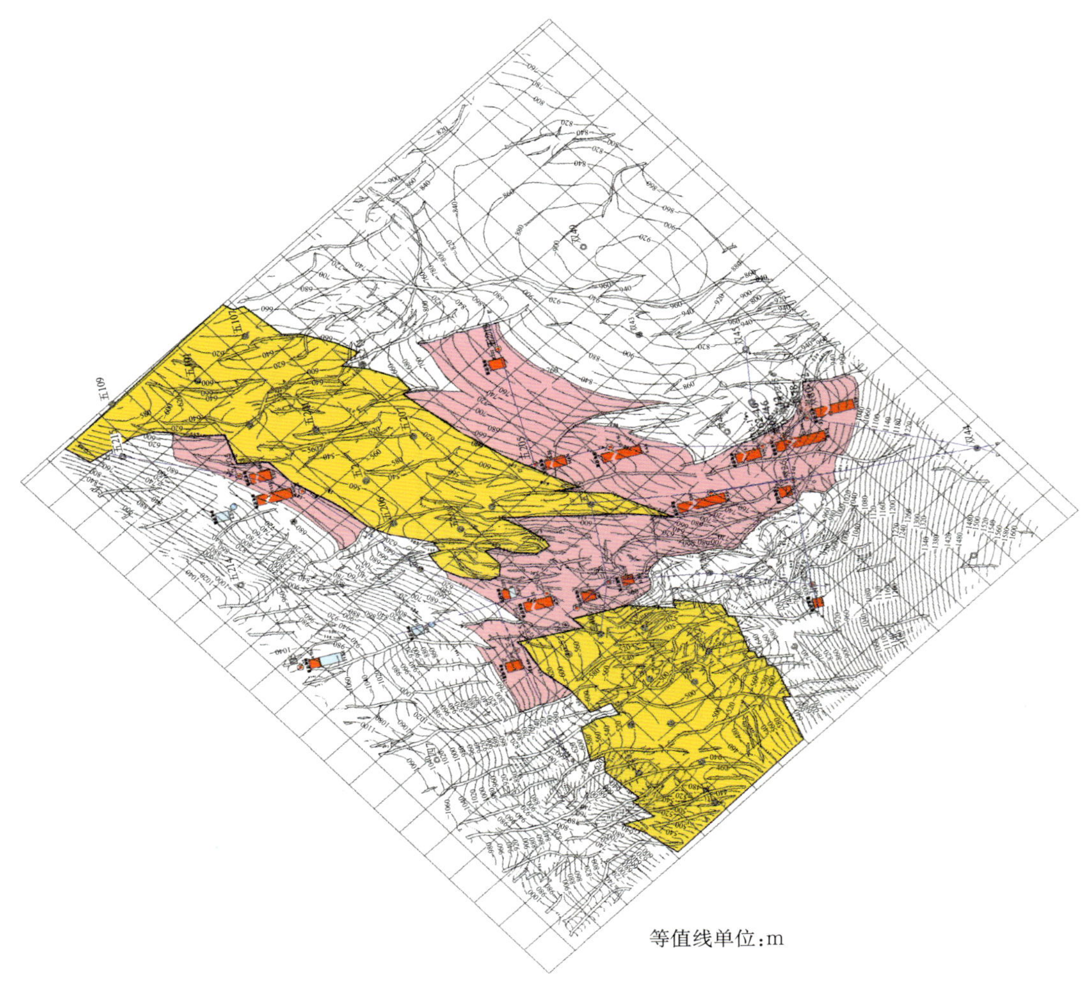


图1−1−18　临江油田扶杨油层控制储量含油面积图

松辽盆地北部扶杨油层大面积分布的岩性油藏，待探明的石油资源30 × 10$^8$t，其中50%分布在扶杨油层，已探明的6.3 × 10$^8$t探明储量，由于低产、低丰度、低效益，动用率只有30%。但是勘探实践证明，钻探在主力河道上的探井，由于河道砂体厚度大，物性好，油层有效厚度大，单井产量高，如双30井单井产量达到30t/d。因此，扶杨油层勘探的关键是河道砂体的定量识别。

临江油田的发现到评价的过程，代表了大庆探区岩性油藏勘探的基本历程和技术发展的历程，高分辨率三维地震技术，是提高薄互层岩性油藏勘探效益的必要手段。大庆油田针对松辽盆地北部表层复杂结构的地质特点和中浅层岩性油藏的特点，在“八五”期间，开展二维高分辨率采集攻关，形成了“五高、二小、三措施”的高分辨率采集方法，在“九五”期间，开始推广三维地震勘探技术，到“十五”已经形成了适合于松辽盆地特点的高分辨率三维地震勘探技术，地质目标的刻画能力大幅度提高，为大庆长垣外围油气增储上产做出了巨大贡献。

本文所介绍的临江地区高分辨率地震勘探成功实践，代表了大庆油田高分辨率地震勘探的基本特点，但是，由于表层结构和构造特征与三肇凹陷和齐家古龙凹陷相比更复杂，因此，原始地震记录的采集总体精度，相对要低。而从解决扶杨油层具体地质问题的效果上，既具有代表性，又具有突破性，在松辽盆地岩性油藏勘探中具有重要的示范意义。

# 第二节　松辽盆地南部高分辨率三维地震勘探

为克服二维地震资料分辨率、信噪比、保真度低和偏移归位不准等缺陷，按照采集、处理、解释一体化的勘探模式，吉林油田在松辽盆地南部的大情字井等地区实施了大面积的高分辨率三维地震勘探。在松辽盆地南部大情字井和英台—四方坨子地区发现了两个亿吨级油田，现以大情字井地区为例做实例解剖。

## 一、地理位置

大情字井和乾西北地区位于吉林省乾安县境内，其中大情字井地区处在乾安县城南，乾西北地区处于乾安县城北，两个地区南北相接为一体，东邻乾安油田，南邻情南黑帝庙地区，西临海坨子油田，北与查干泡相望，勘探面积2050km$^2$（图1—2—1）。

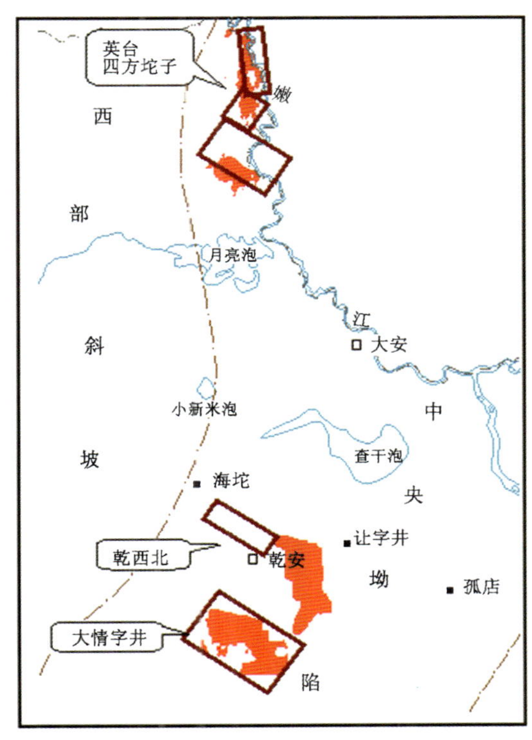

图1—2—1　大情字井、乾西北地区地理位置图

## 二、区域地质概况

大情字井、乾西北地区位于松辽盆地南部中央坳陷区长岭凹陷二级构造单元中南部。东北为乾安油田，东为华字井阶地的乾133井区，西北为大安—红岗阶地的海坨子油田，南部为黑帝庙南地区（图1—2—2）。

## 三、地表及人文环境

大情字井、乾西北地区地势平坦，主要为土地及盐碱地。气候变化大，年平均气温4.2℃，年降水量500 mm。工区内公路发达，有乾安—长岭、乾安—松原公路穿越，工区西部20km处有通—让铁路通过（图1—2—3）。

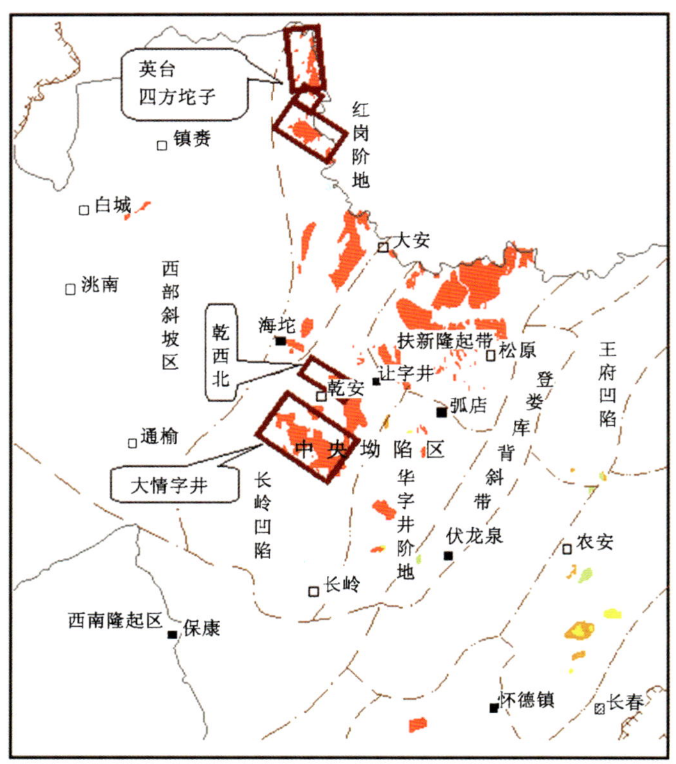


图 1-2-2 大情字井、乾西北区域构造位置图

## 四、勘探程度

20 世纪 50 年代末，地质部曾在该区进行区域性重、磁普查工作。大范围地震勘探工作始于 20 世纪 80 年代，6 次模拟覆盖地震勘探工作完成于 1980—1981 年。1987—1988 年完成了 20 次覆盖常规数字地震工作，测网密度达 4km × 4km～2km × 2km。1994—1996 年完成了 20 次覆盖高分辨率地震勘探工作，测网密度达 1km × 1km，二维高分辨地震覆盖全区。共完成常规二维地震测线 721.74km，二维高分辨数字地震 3092.66km。1999 年大情字井主体区首次实施了 $208km^2$ 三维地震。2000—2003 年又分别在大情字井周边地区实施 $598km^2$、在乾西北地区实施 $300km^2$ 三维地震。目前该区已基本实现三维地震覆盖。

钻探工作始于 20 世纪 60 年代，自 1962 年大情字井地区黑 1 井在黑帝庙油层获得工业油流，到目前已完钻探井 130 口，相继发现多套含油层系，油层埋深 1600～2500m。主要勘探目的层是青一、二、三段的高台子油层，其次是泉四段扶余油层、葡萄花油层。目前，已经探明石油地质储量 $2.0145 \times 10^8$t，控制石油地质储量 $0.7943 \times 10^8$t，预测石油地质储量 $0.2745 \times 10^8$t，三级储量达到 $3.0833 \times 10^8$t。

图 1-2-3 大情字井地区地表环境

## 五、以往物探资料品质与难题

三维勘探前，二维地震资料品质较差，层间反射弱、信噪比低、原始资料反射频带较窄，一般 10～60Hz，主频 30Hz。成果剖面主要反射层波组特征不清晰，连续性差，不易进行层位对比追踪；偏移归位

不准、断点模糊不清，断层解释准确率低（图1–2–4），平面组合存在多解性，即使新采集的二维地震资料，在揭示地下地质问题方面同样会存在着许多先天性的不足和局限，构造落实程度低（图1–2–5）。

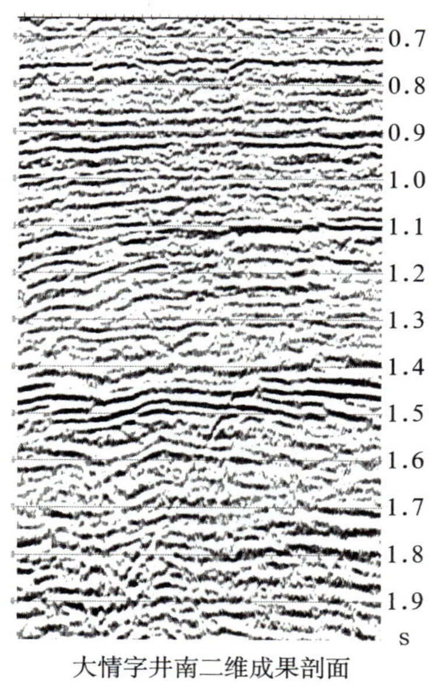


大情字井南二维成果剖面

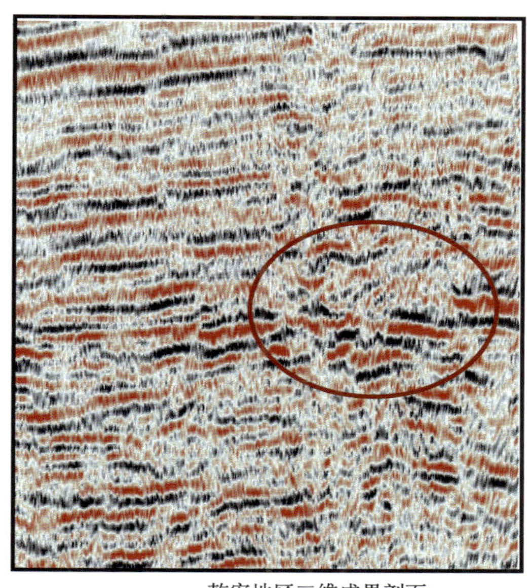

乾安地区二维成果剖面

图1–2–4　大情字井二维资料分辨率低，断点模糊不清

大情字井地区存在的主要地质难点有以下几个方面：

（1）垂向上油、水层交替，具有多层性、油气控因差异性。

（2）目的层为陆相河湖体系沉积，岩性、岩相变化频繁，薄层多、储层类型多且各具特色。已发现薄层席状砂、透镜砂，特别是窄而多变的条带状独立河道、分流河道、水下分流河道，既为研究区岩性油藏的形成提供了有利条件，同时也大大增加了油气勘探难度和油水分布复杂程度；与此相反，也存在平面、垂向相互切叠的大型复合河道砂连通体。这些具很大差异性的储层导致了油气聚集与分布的差异性和复杂性。

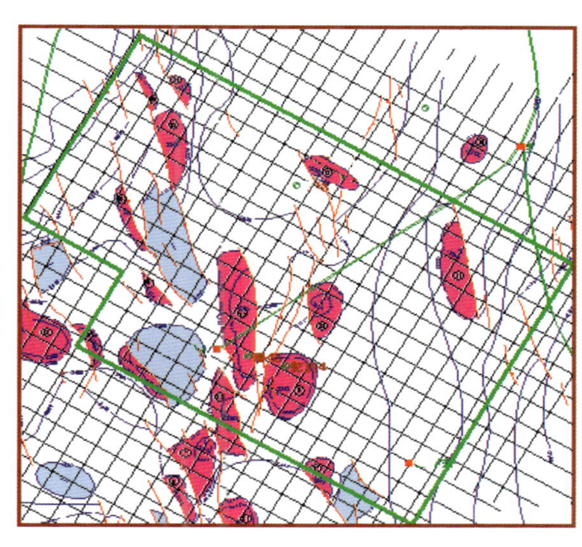

图1–2–5　大情字井二维 $T_2$ 反射层构造图

（3）构造以“三小多断”（即为单斜或鼻状构造背景上的微小幅度构造、小断层、小断块和多断层）、层间构造不清及多期构造运动相互影响为特点。微小幅度构造的落实程度及标准层构造与层间构造的差异性、断距小及部分剖面上的难识别性和微断层的控油性及普遍难识别性等都加大了油气勘探的难度。

（4）薄、窄、多变的复杂储层，存在控油因素的复杂性和不明确性。储层与构造的复杂性与难识别性、圈闭类型多而小以及其隐蔽性、已发现油气藏的平面分布复杂性和垂向多层性，致使研究区控油、聚油因素复杂而不明确。

在大情字井地区实施三维高分辨地震勘探，主要存在以下几个方面的物探技术难题：

（1）主要目的层 $T_2$ 埋藏深度差异大，高频成分衰减程度不同，不能采用同一因素施工。

（2）沙岗子区激发岩性差，低降速带厚度大，地震钻井泥浆上返不明显，追踪岩性困难，激发深度难以控制。

（3）水域面积大，激发、接收条件差，能量吸收、频率衰减严重，提高分辨率困难。

（4）地表结构复杂，岩性多变，表层横向速度变化大，静校正处理困难。

（5）各种干扰比较严重，在振幅保真的前提下做好叠前、叠后去噪难度大。

（6）在主要目的层埋深差异较大情况下，如何做好高精度速度分析和DMO 速度分析，保证资料的高频端的有效信号能很好地叠加成像，也是资料处理中的难题。

（7）断层断距小、规模小，地震剖面识别、组合难度大，地层速度变化大，时深转换精度要求高。

（8）低孔低渗、储层薄，横向变化大，单砂层厚度在 2～5m，储层预测和识别难度大。

（9）油藏类型多以低幅度构造、断层岩性及岩性油藏为主，综合评价难度大。

## 六、主要技术措施及效果

针对松辽盆地南部地震勘探存在的难题，经过认真分析和攻关试验，为了克服原来地震勘探技术上的落后、不足及二维地震勘探的局限性，自 1999 年以来吉林探区开展了大规模三维地震勘探，经摸索和总结，基本形成了一套较成熟的高分辨三维地震勘探技术系列。

### （一）采集技术及效果

主要采集技术有：

（1）采集参数综合论证技术：形成从采集参数论证、观测系统属性分析和正演模型模拟分析等一套完善的高分辨地震采集设计方法，同时引进了先进的采集装备，使得采集方案得以实现。

在大情字井等地区均采用线束型观测系统，一般为 10L × 112R × 15S，具有如下特点，即小面元（20m × 40m）、高覆盖（5 × 8）、高采样率（1ms）和多道接收（1120 道）。在乾西北地区采用砖墙式细分面元观测系统（12L × 140R × 18S，60 次覆盖，可按 10m × 10m 面元处理），提高了资料的信噪比和对小断层、薄砂体的识别能力；采集资料品质好，成为中国石油天然气股份有限公司三维地震资料中的精品。

（2）最佳岩性激发技术：在微测井、小折射等低速带调查基础上，追踪岩性打井，选择最佳激发井深（最佳激发岩性）和大基距多井组合的激发技术；采取定量的分析手段，确定药型和药量。在水域和沙岗等地表处，采用三井、五井组合，增加下传能量（图 1–2–6、图 1–2–7）。

（3）良好耦合的接收技术：通过检波器选型和各种耦合试验，做到了检波器与大地良好耦合，提高耦合的效果；确保拓宽目的层的地震反射波有效频带，有利于松辽盆地南部地区高分辨率岩性油气藏的勘探（图 1–2–8）。

通过高精度三维地震采集攻关，已经获得宽频带的地震资料，一般 $T_1$ 反射波组频带宽度达 8～80Hz，视主频 50Hz 左右，$T_2$ 反射波组频带宽度达 8～75Hz，视主频 42Hz 左右。单炮上目的层 $T_1$ 、$T_2$ 及基底 $T_5$ 反射能量强（图 1–2–9），现场处理剖面连续性好，信噪比高，视频率高，与以往资料相比品质有明显提高（图 1–2–10）。

### （二）资料处理技术及效果

针对松辽盆地南部岩性油藏勘探的地质需要，吉林油田经过几年三维勘探实践，形成了一套确定性

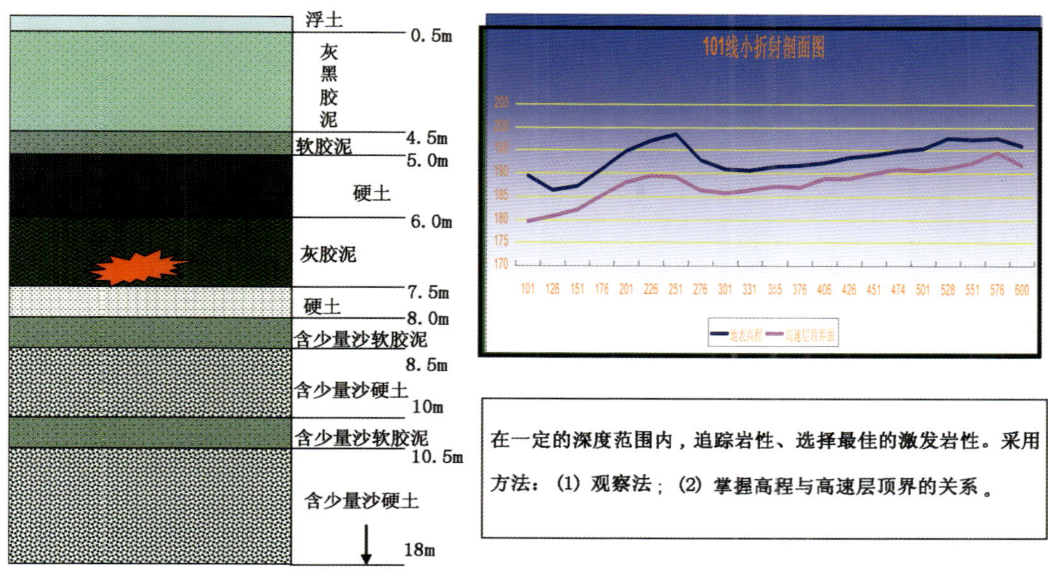


图 1-2-6　激发技术——选择最佳激发岩性激发

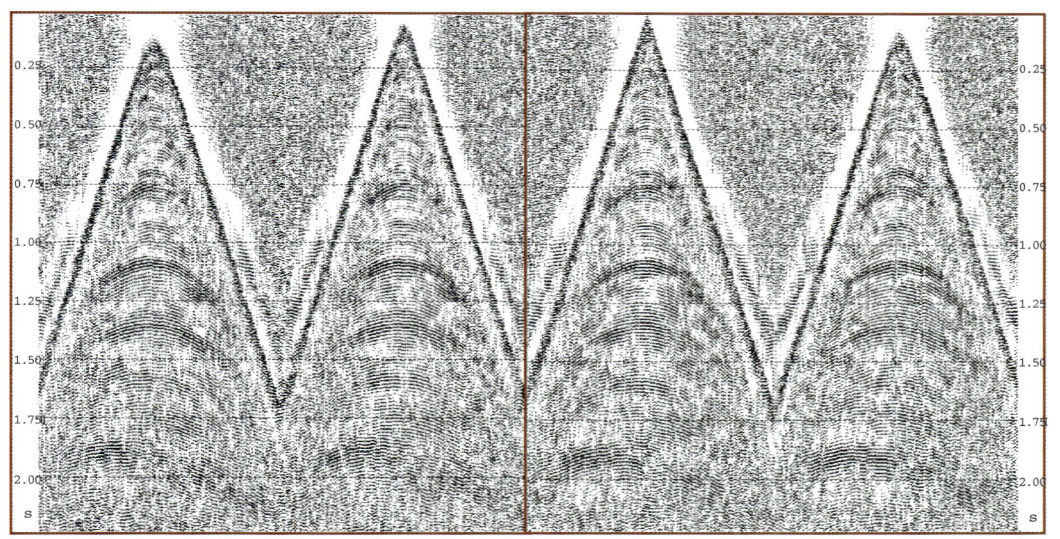

图 1-2-7　大情字井三维（60，70，140，160）分频记录

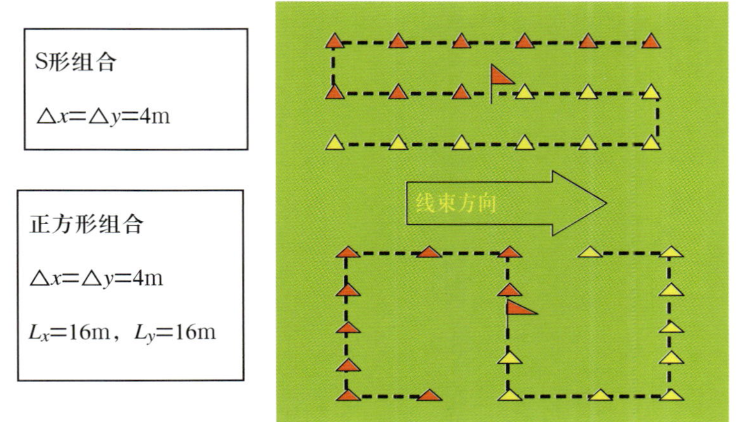


图 1-2-8　接收技术——用适当组合基距的面积组合压制环境噪音和面波

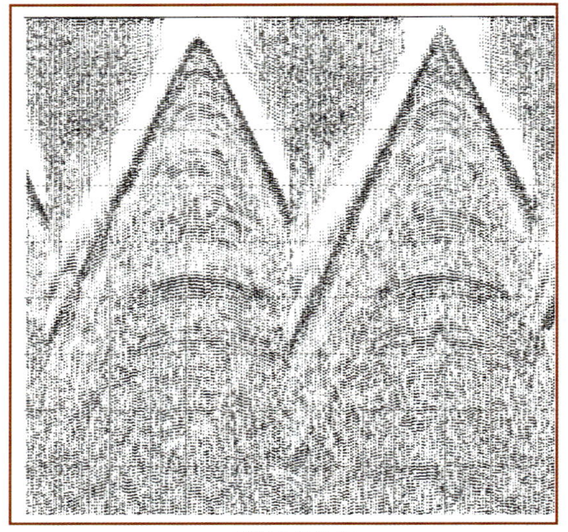

二维采集单炮

三维采集单炮

图 1-2-9　大情字井采集单炮效果

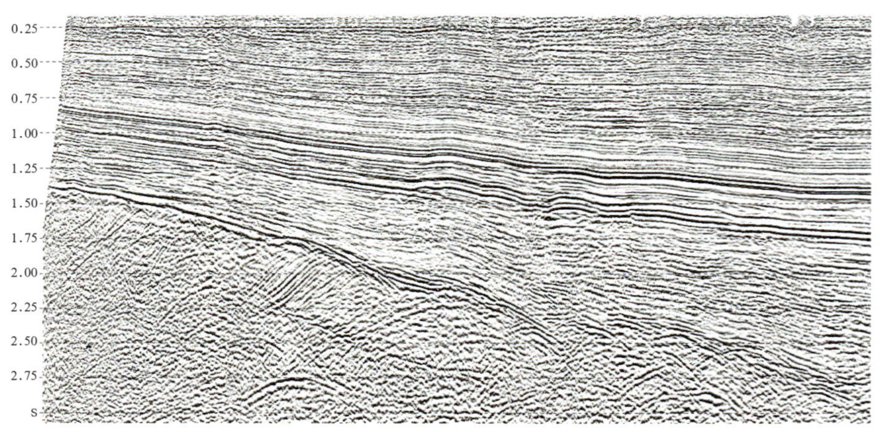


图 1-2-10　大情字井现场处理剖面

的全三维处理技术。采用的技术措施主要包括以下几个方面：

（1）叠前通过地表一致性振幅补偿和地表一致性反褶积，来压缩地震子波，展宽频带，叠后通过零相位反褶积及谱调整等处理进一步展宽有效波的频带（图 1-2-11，图 1-2-12）。

（2）通过使用折射波静校正和野外静校正相结合的手段来解决特殊地段的静校正问题，并且通过速度分析与剩余静校正相互迭代，使叠加剖面的高频端优势信噪比得到提高（图 1-2-13）。

（3）通过合理地使用叠前、叠后去噪手段，进一步提高叠加剖面的信噪比（图 1-2-14）。

（4）通过选择合适的偏移方法和参数，提高资料的横向分辨率（图 1-2-15）。

采用多种处理软件系统，进行优势互补，形成了适合松辽盆地南部高分辨率处理的系列配套技术，建立和完善了处理流程，取得了较好的应用效果。地震剖面波组特征清晰、层间信息丰富、断点干脆、连续性好、信噪比高、绕射波收敛、偏移准确，实现了三维地震资料的高保真、高分辨率、高信噪比处理。三维地震处理成果频带比原始资料拓宽了 10～20Hz，主频提高 20Hz 以上，基本满足了油藏描述工作中有关的构造解释和岩性解释的需要。大情字井地区 $T_1$ 反射波组有效频带一般为 8～100Hz、主频为 70Hz；$T_2$ 反射波组有效频带为 8～90Hz、主频为 65Hz；$T_1$～$T_2$ 之间有效频带为 8～95Hz（图 1-2-16、

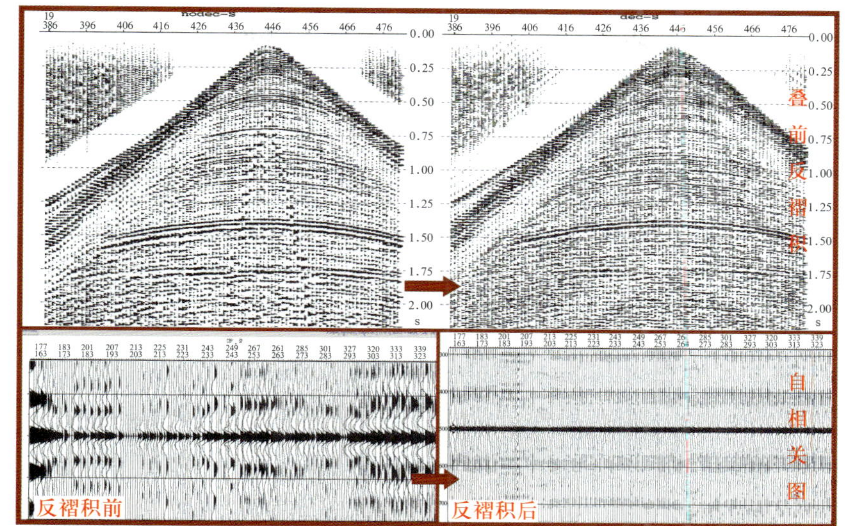


图 1-2-11　叠前反褶积前后单炮对比

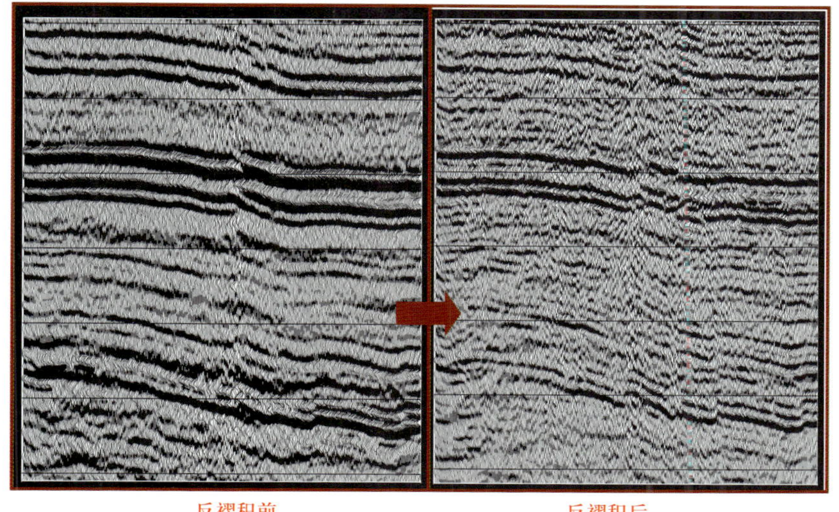


图 1-2-12　叠后反褶积效果

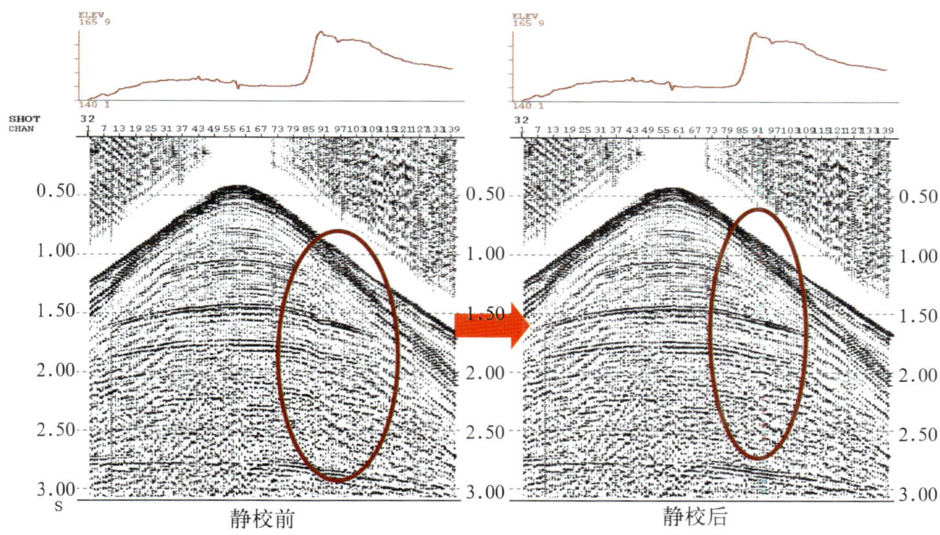


图 1-2-13　折射波静校正前后的单炮

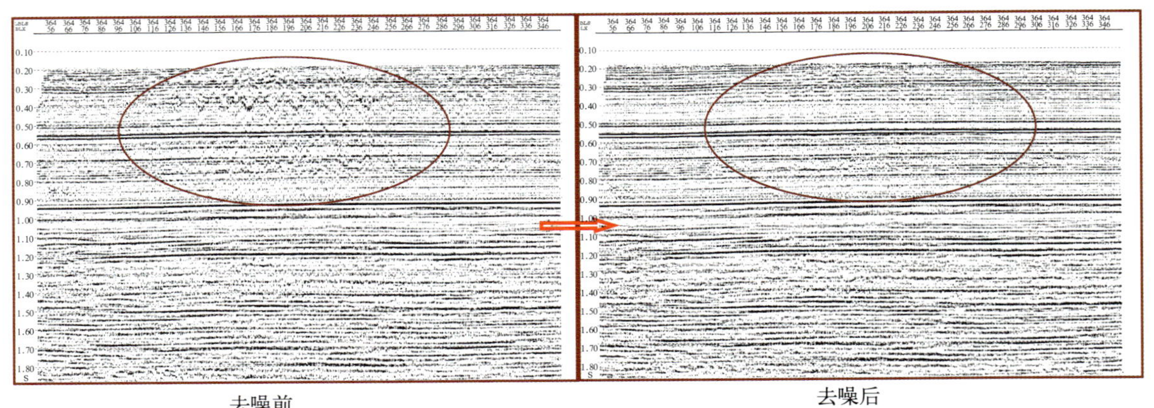


图 1−2−14　提高信噪比前后的叠加剖面

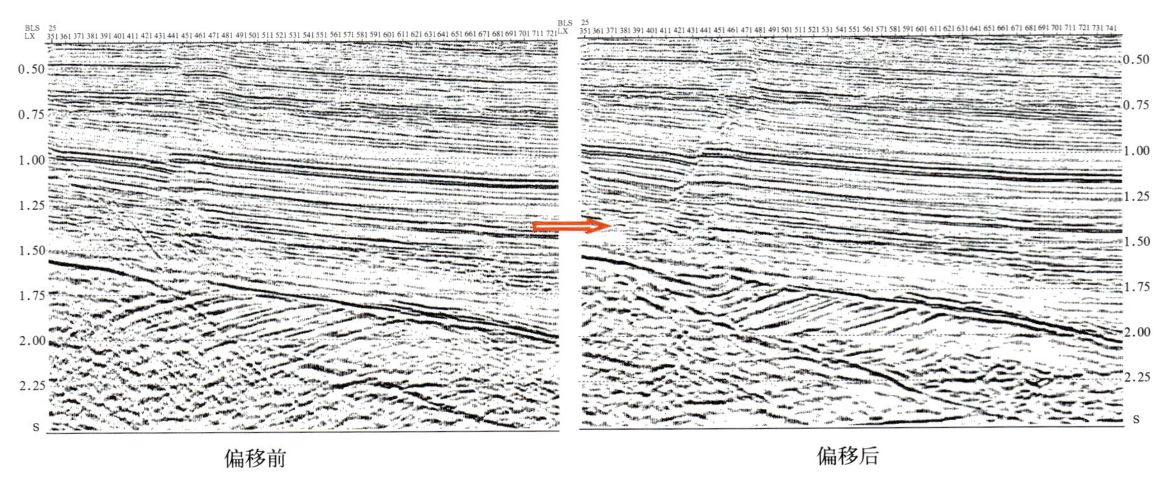


图 1−2−15　偏移处理前后剖面比较

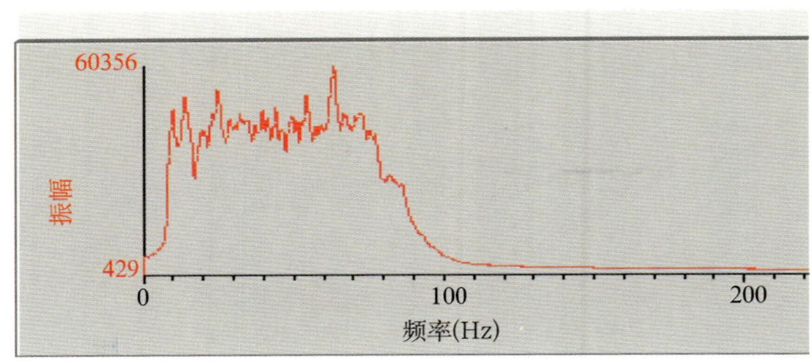


图 1−2−16　大情字井地区处理效果——频谱展宽
（时间：1000～2000ms）

图 1−2−17）。

（三）资料解释技术及效果

经过几年三维地震资料解释实践，解释技术经历了由原来三维资料的二维解释思维到三维地震资料的全三维解释理念的转变过程，目前以先进工作站和 Landmark、Voxelgeo、Strata、Jason、MDI、Stratimagic 软件作为手段，形成了以三维可视化解释为核心的全三维配套解释技术。针对地质难题和解释难点，主要采用以下技术措施：

（1）构造解释上，在分析各反射层品质和反射特征基础上，不同的层位、不同品质区域应用不同的层位解释方法；断层解释要重点识别小断裂，精确落实断层水平断距和延伸长度（图 1−2−18～图 1−2−20）；采用变速成图手段，提高复杂构造成图精度（图 1−2−21）；对主要目的层重点构造圈闭进行评价，确定其圈闭有效性（图 1−2−22）。

（2）储层解释上，充分利用地震层间信息，进行层序地层学分析，确定解释区的等时地层格架及有利相带（图 1−2−23、图 1−2−24）；在同一物源范围内进行砂组级别的对比划分和沉积相分析（图 1−2−

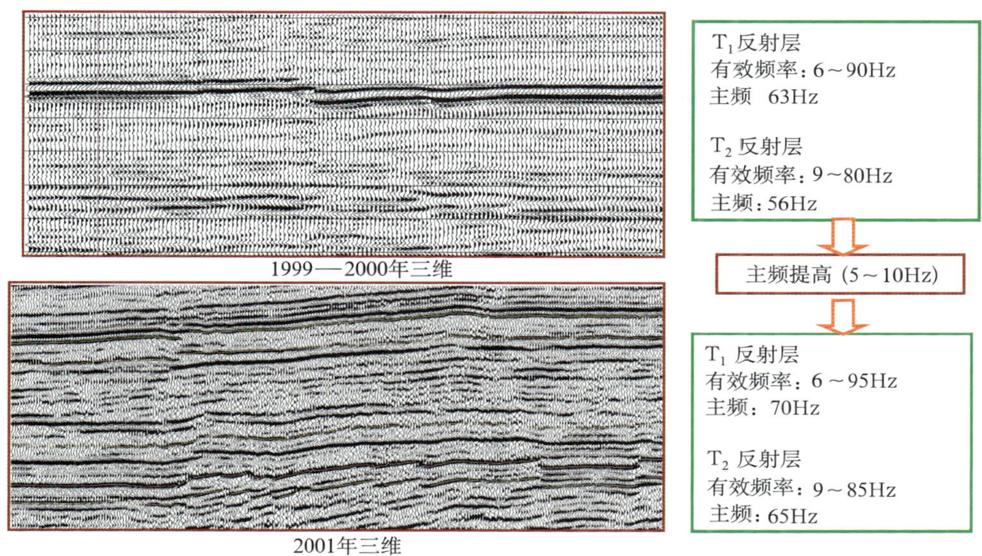


图 1-2-17 大情字井地区不同年度三维地震处理效果对比

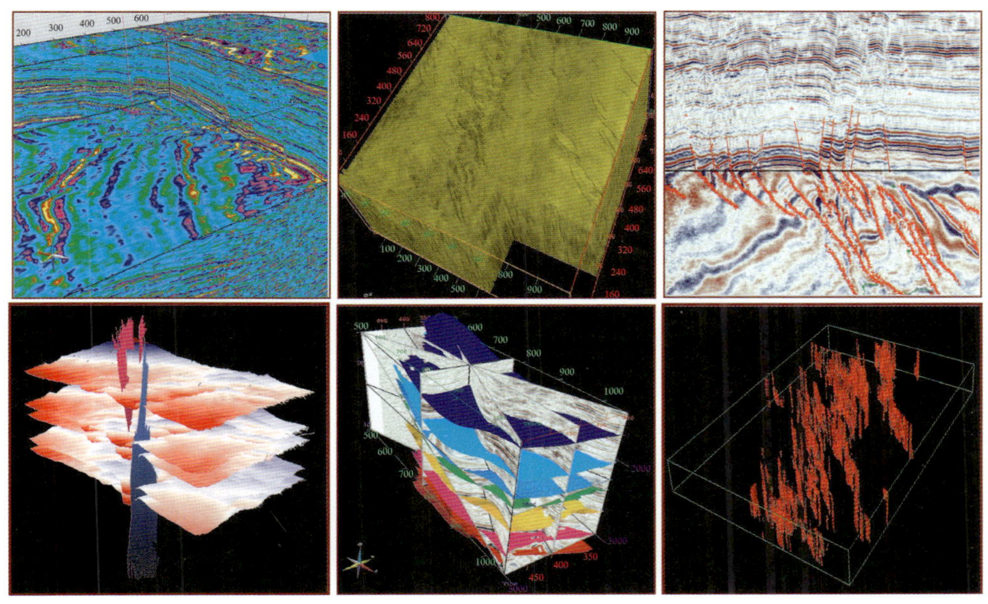

图 1-2-18 全三维精细构造解释

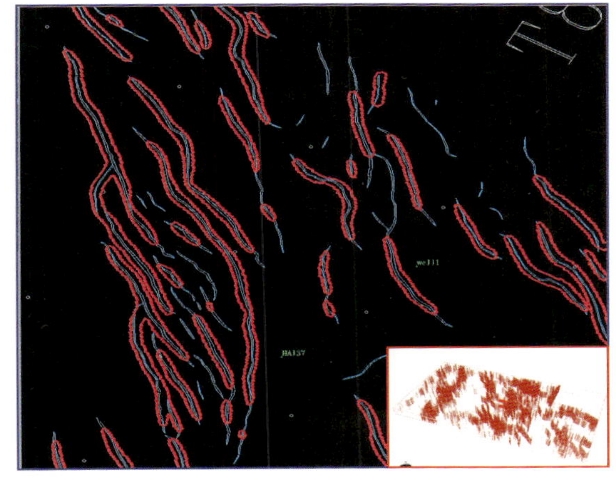

图 1-2-19 断层自动追踪

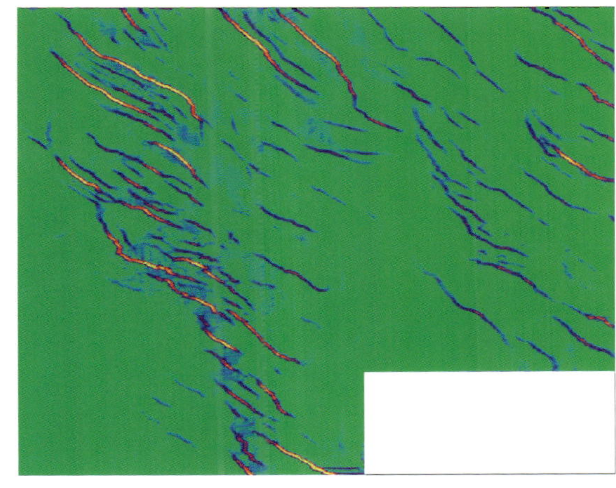

图 1-2-20 小断层倾角精细检测技术

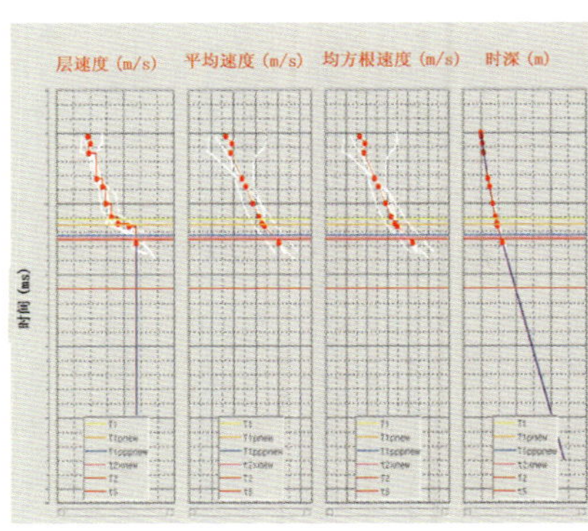


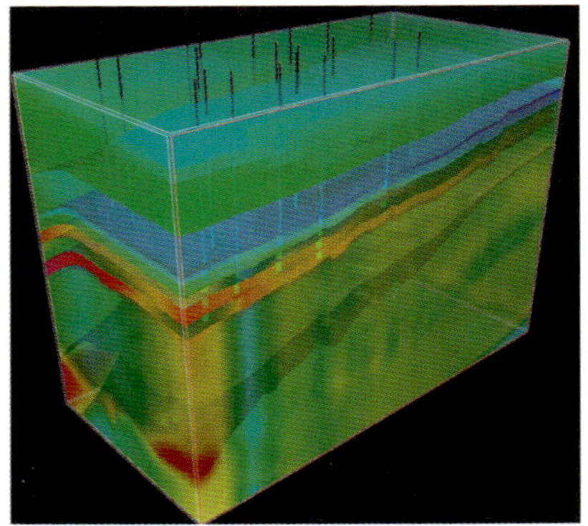

图 1−2−21　变速成图（速度场建立）

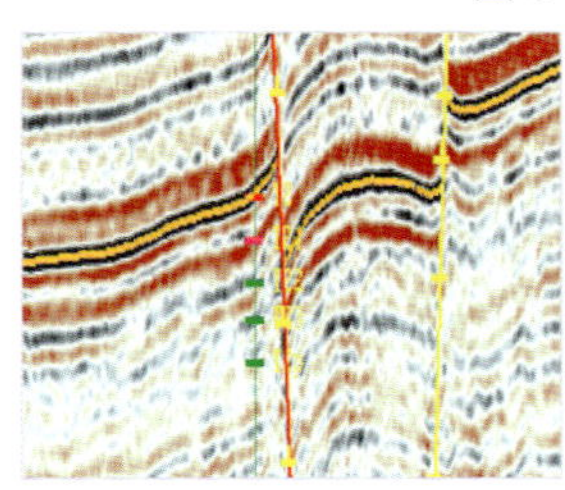

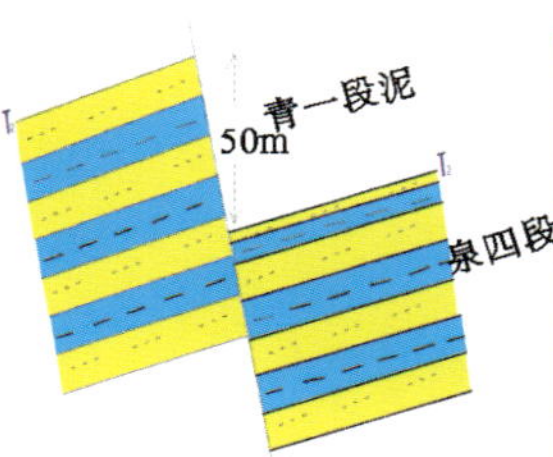


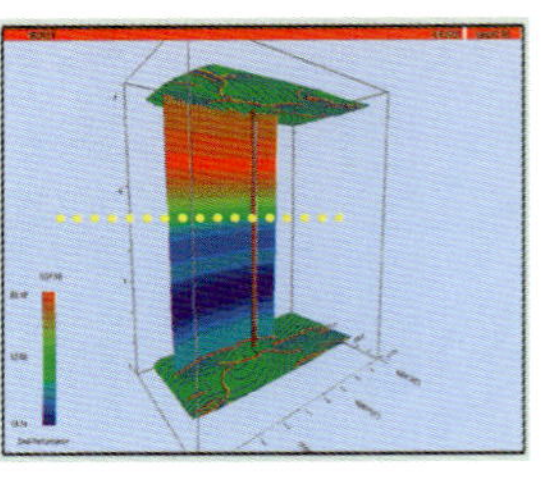

图 1−2−22　断层封堵性分析，落实圈闭有效性

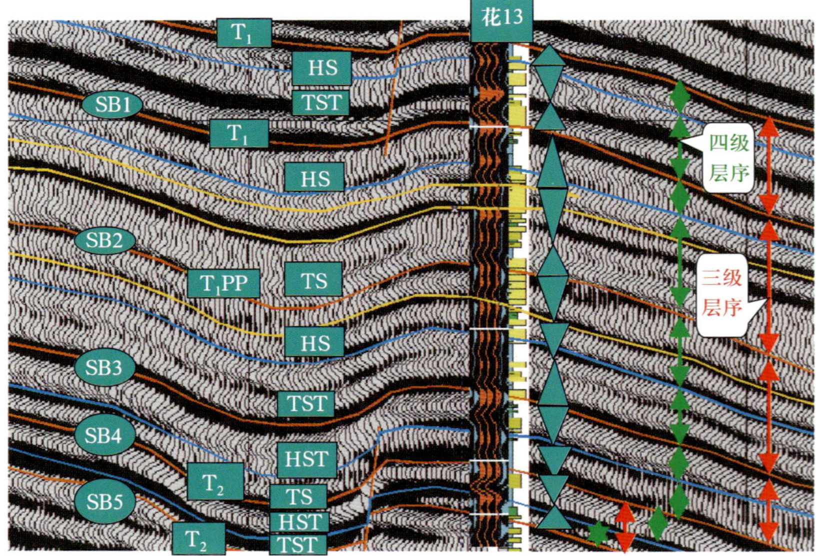


图 1−2−23　井震层序地层学分析

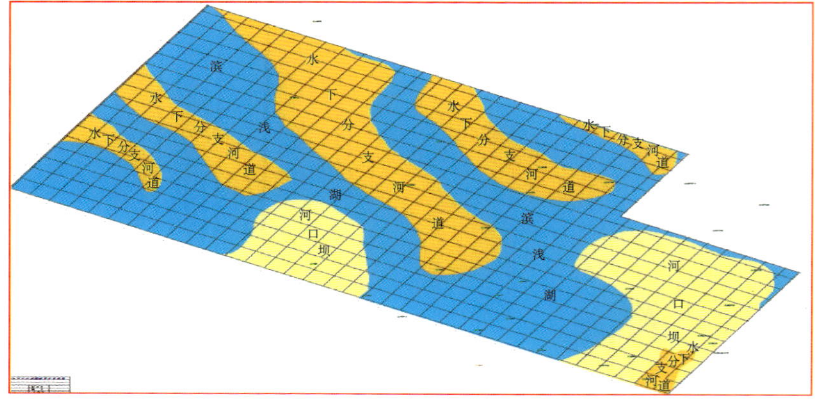


图 1−2−24　体系域平面图

25)；再结合属性分析，揭示砂体空间分布规律（图1–2–26～图1–2–28）；通过测井约束反演，对主要目的层段有利的单砂体进行解释成图（图1–2–29）；利用体雕刻技术，对地震异常体雕刻成图（图1–2–30），同时结合岩性标定和层序及沉积相分析结果，确定其地质意义。

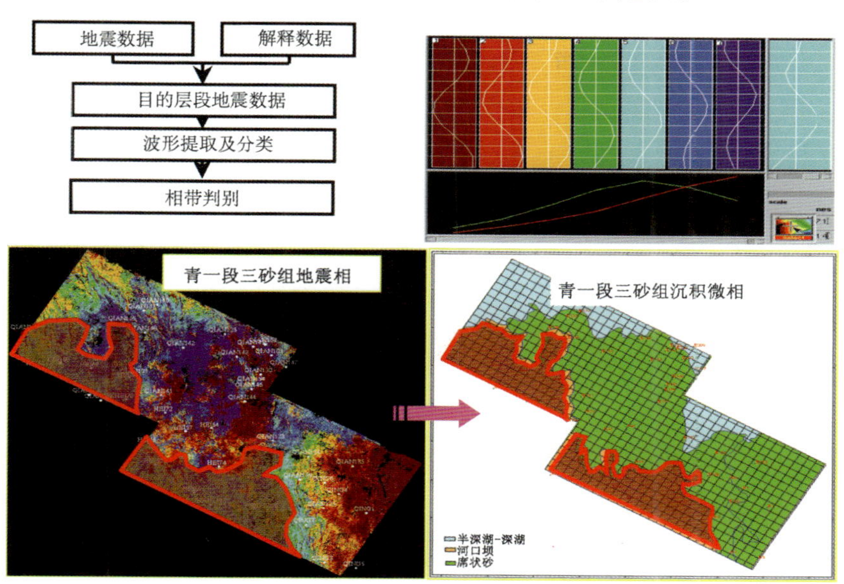


图1–2–25　地震相沉积相分析技术

主要解释效果如下：

解释上可以理清复杂断裂系统，识别垂直断距5m左右断层，落实幅度5m、面积0.10km²的低幅度构造；储层反演可分辨5m左右的单砂体。

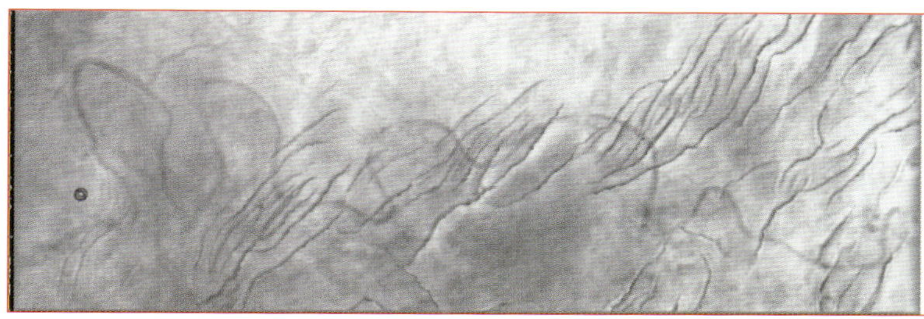

图1–2–26　沿层切片解释的青四段残留的曲流河河道

与二维解释结果对比，应用三维资料进行构造圈闭解释更加精确可靠。在圈闭类型、幅度、面积、高点位置和圈闭形态等各方面都发生了明显的变化，圈闭个数、断层数量较二维增加几倍；利用地层相似性分析技

图1–2–27　分频扫描解释砂体

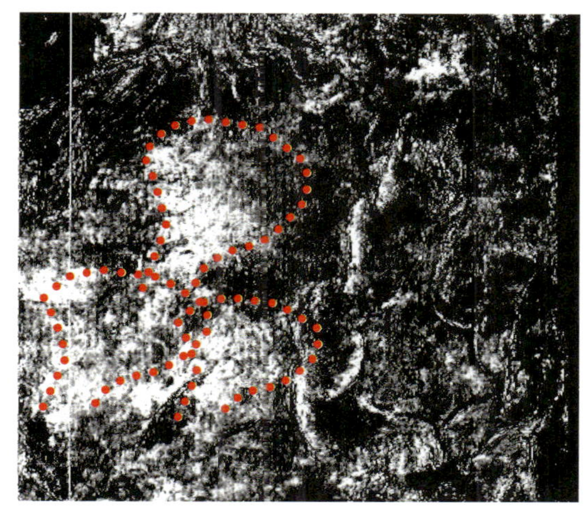

图1–2–28　沿层切片解释的扇体

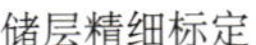
储层精细标定

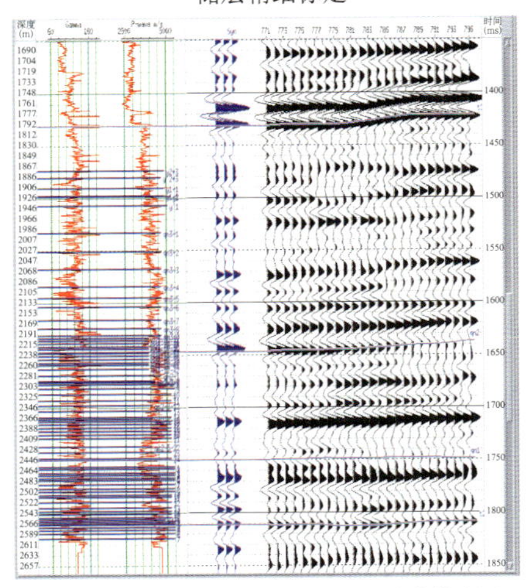

大情字井自然伽马反演剖面

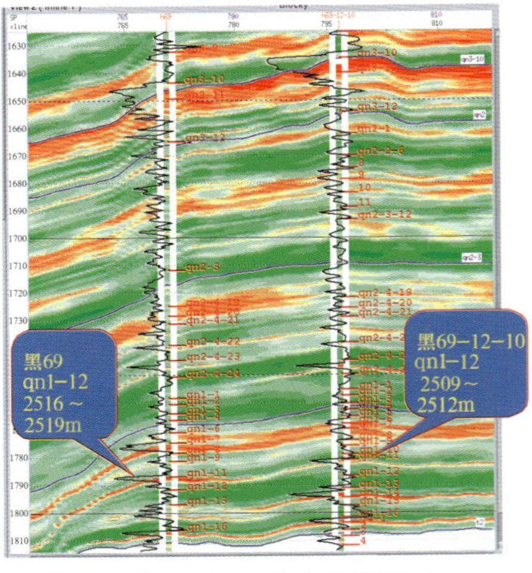


地震层位和储层标定准确是做好反演的基础，要保证储层地质特征与地震响应相匹配

大情字井伽马反演对砂岩有较好反映，分辨率较高，能够满足地质要求

图 1-2-29 大情字井多参数储层反演实例

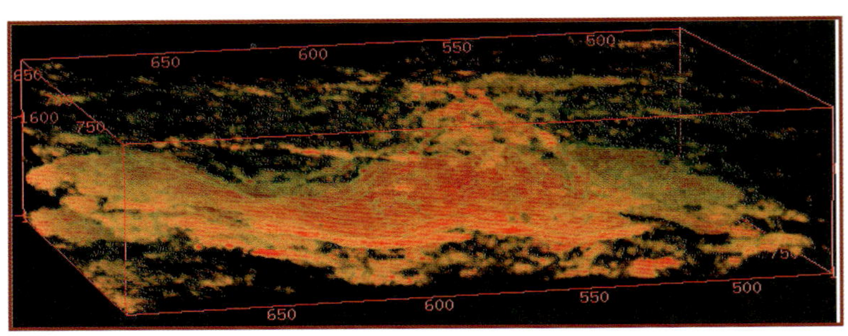

图 1-2-30 可视化解释火山体（乾 124 井区）

术得到的相干数据体进行断裂系统研究，使断层组合更加合理可靠，规律性更加符合实际地质情况，进一步理清了复杂构造地区的断裂带展布特征（图 1-2-31～图 1-2-34）。

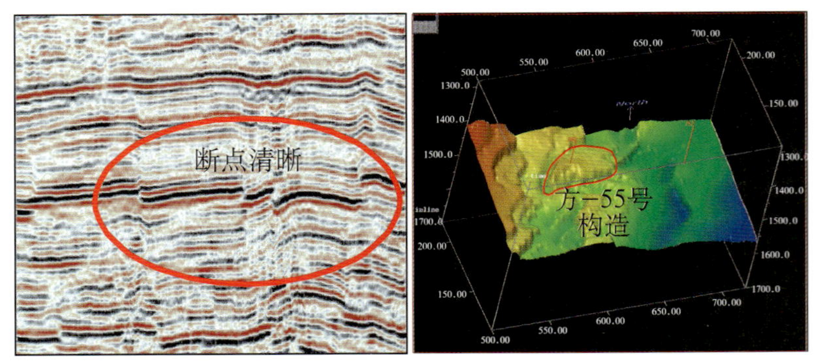


乾西北处理成果，小断层断点干脆，清晰可辨。 四方坨子地区小幅度构造圈闭可视化显示

图 1-2-31 小断层、小构造解释效果

在高保真处理的地震资料基础上，采用先进的地震—测井联合反演方法，对大情字井、乾西北等地区的主要目的层进行了储层预测。经对比分析，能够识别出 5m 左右的砂体（图 1-2-35），预测精度较高，符合率达到 75%～80%，满足了地质需求。三维地震资料的反演，基本弄清了三维地区砂体展布规

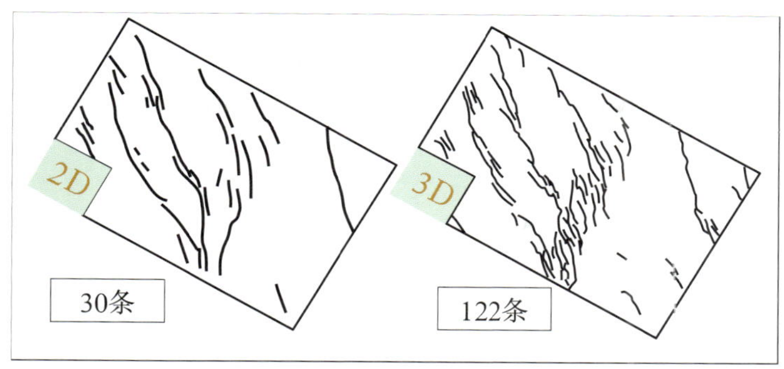


图 1-2-32　大情字井高精度三维与常规二维地震解释断裂系统比较（$T_1$ 反射层）

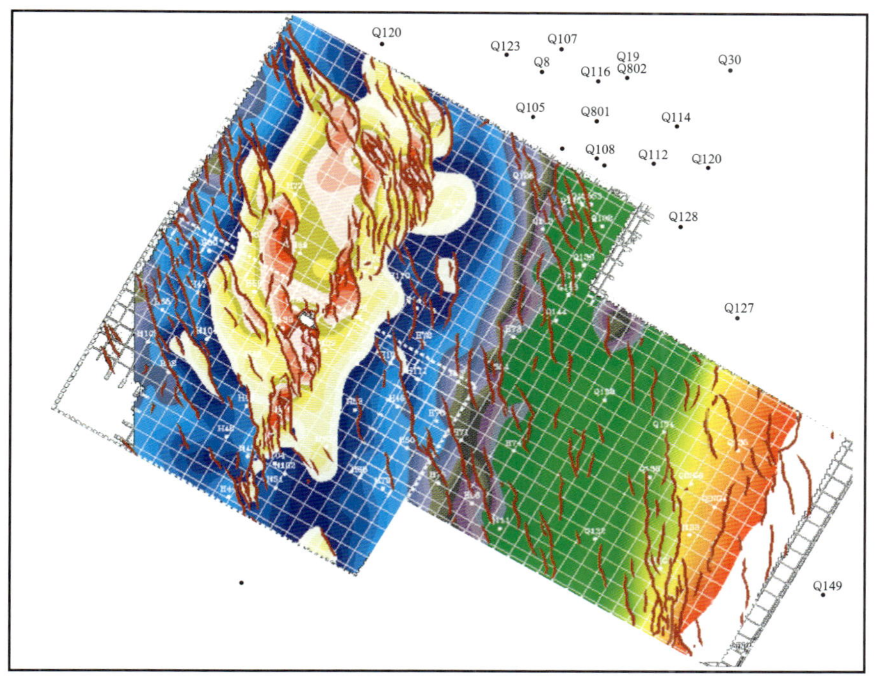


图 1-2-33　大情字井高精度三维构造图（$T_2$ 反射层）

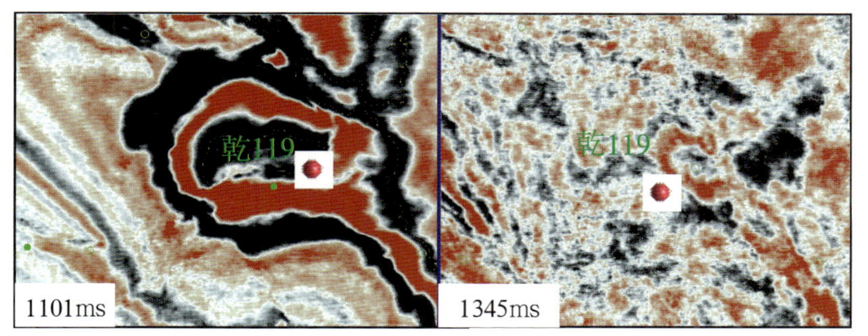


图 1-2-34　乾西北地区乾 119 井构造水平切片显示

律，预测结果与新完钻井吻合较好，验证了反演结果的可靠性，并识别出多种类型的岩性圈闭。

大情字井三维地震可准确落实更多的小构造圈闭。$T_2$ 反射层在二维资料发现圈闭 25 个，圈闭面积 59km²；而三维资料发现圈闭 45 个，圈闭面积 48km²。

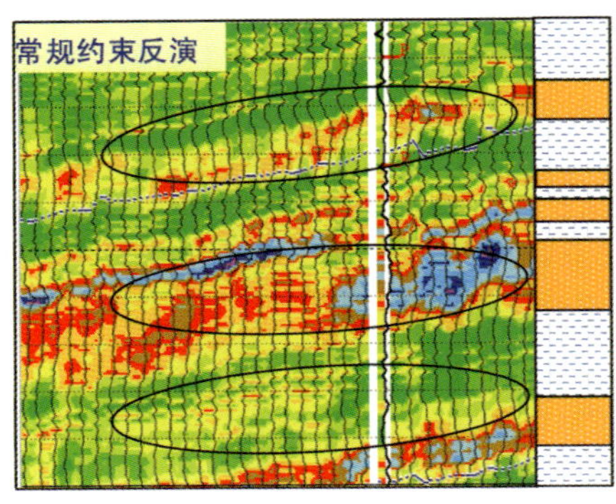


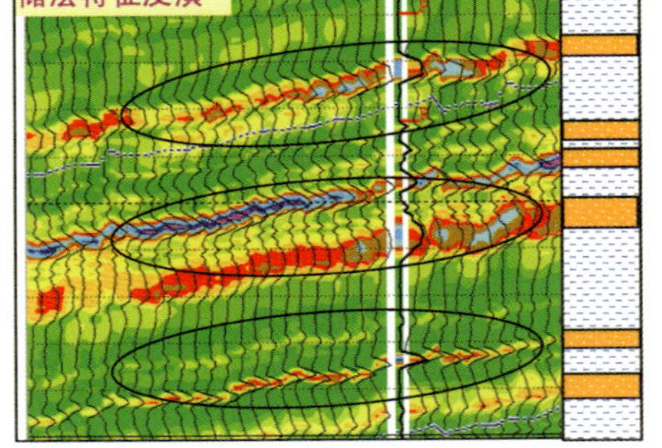


分辨 10～20m砂岩组砂泥岩边界不清　　　分辨 5m左右单砂层砂泥岩边界清楚

图 1-2-35　大情字井多参数反演与常规反演剖面对比

应用储层特征反演技术和保真处理的三维地震资料可预测薄砂层

## 七、主要地质成果与评价

1999年底吉林油田首次在保乾三角洲砂体前缘带的大情字井地区实施208km²高精度三维地震勘探，有效地解决了制约薄互层岩性油气藏勘探的一些“瓶颈”问题，不仅落实了一批低幅度小构造、小断块圈闭（图1-2-36、图1-2-37），而且识别出了一批岩性圈闭，发现了一批高产井。对深化地质认识、满凹含油理论的提出起到了至关重要的作用。

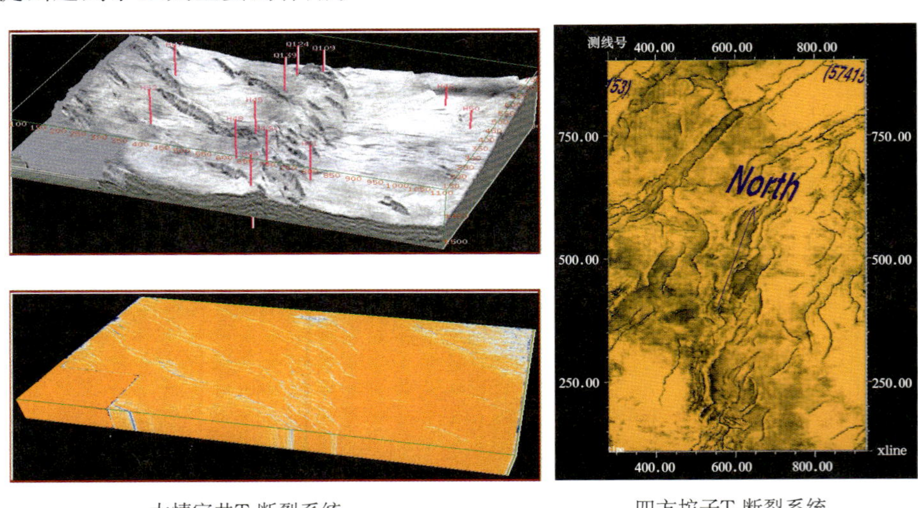


大情字井$T_2$断裂系统　　　四方坨子$T_2$断裂系统

图 1-2-36　三维相干体技术应用清晰地展示了复杂构造地区的断裂系统

2001年以来，又在其周边地区实施三维地震1100km²以上，油气勘探范围不断向周边扩展，探明含油气范围不断扩大。目前该区已经累计提交探明储量 $8400 \times 10^4$t，控制储量 $6700 \times 10^4$t，预测储量 $2768 \times 10^4$t；建成产能 $54 \times 10^4$t 的油田，成为吉林油田主要上产的地区之一（图1-2-38）。

勘探实践已经证明，没有物探技术的进步，勘探就很难获得大的突破，没有三维地震技术的应用，就不能及时解决制约勘探发展的地质问题。三维高分辨地震勘探技术在松辽盆地南部的勘探开发中起到了关键性作用，是勘探快速发现圈闭的“龙头”技术。可以说，物探技术的进步对勘探起到了催化作用，高精度的地震资料不仅有助于快速认识地下油藏地质特征，而且加快了勘探步伐，提高了探井成功率，找到了更多的石油地质储量。近三年来，高精度三维地震部署工作量与新发现石油地质储量呈明显的正

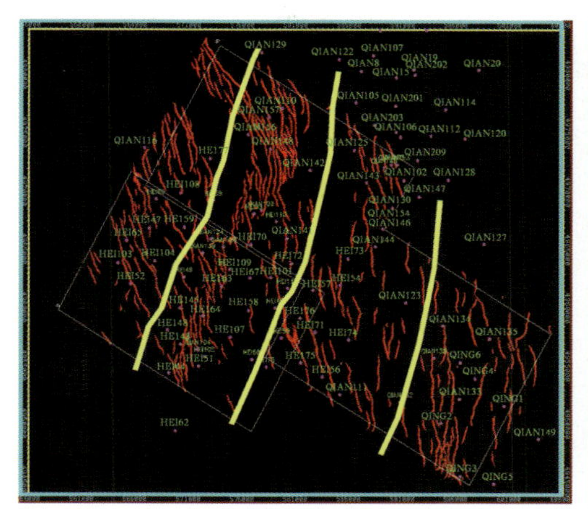

大情字井平面断裂条带分布

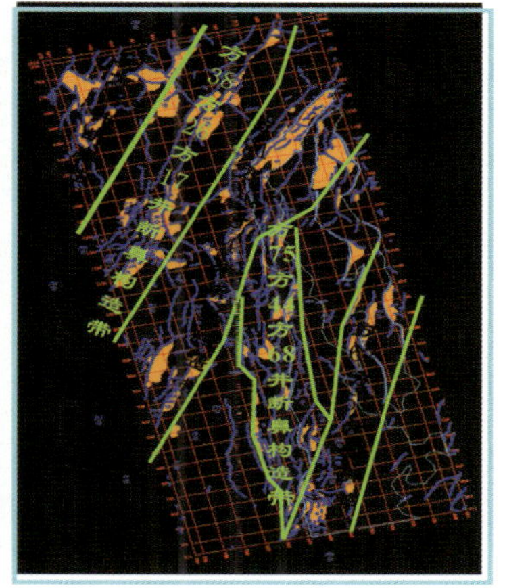

四方坨子断裂条带分布

图 1－2－37　三维地震精细解释，理清了复杂构造地区的断裂系统

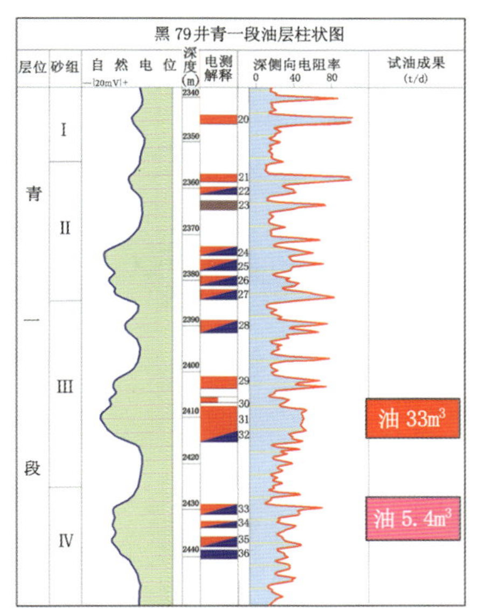


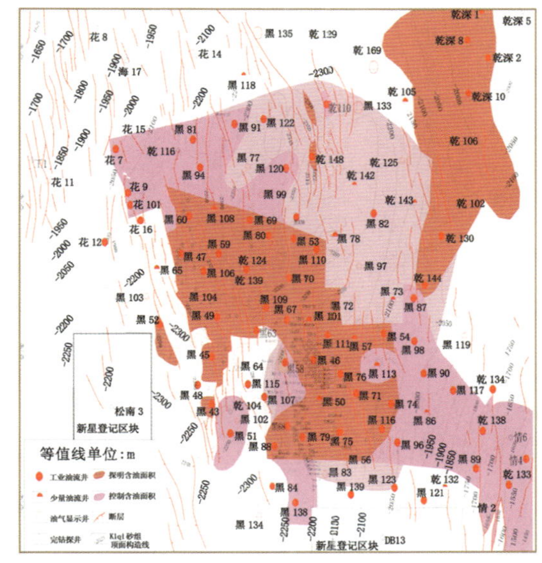


图 1－2－38　大情字井地区含油面积图

比关系，统计规律是：“1000km$^2$三维可找到 7000 × 10$^4$t 石油地质储量。”

三维高分辨地震给吉林油田大发展带来了勃勃生机，创造了可观的经济效益，是增储上产的一大法宝。依靠三维地震，吉林油田三年三级储量净增超过 2 × 10$^8$t，开发上产超过 100 × 10$^4$t，取得了有史以来最辉煌的成就，实现了新世纪的跨越式发展。

# 第三节　哈得逊高分辨率三维地震勘探

塔里木盆地哈得 4 油田自 1998 年发现以来，率先实施滚动勘探开发一体化，在不到 5 年的时间里，油田储量不断增加，产能不断扩大，地质认识不断深化，从一个边际油田发展成为一个具有亿吨级规模的特大型高效开发油田。物探技术介入油田勘探开发全过程，发挥了重要的作用。

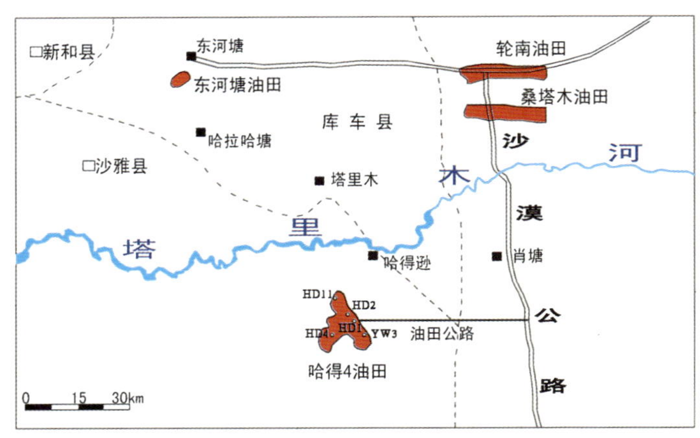


图 1-3-1 哈得 4 油田地理位置图

## 一、地理位置

哈得4油田位于新疆巴音郭楞蒙古族自治州沙雅县境内，在塔里木河南岸哈得逊乡西南约20km处，东距沙漠公路约60km。油田公路直接与沙漠公路相连，交通运输条件便利（图 1-3-1）。

## 二、区域地质概况

哈得4油田在区域上位于塔里木盆地北部坳陷，处于满加尔凹陷北部的哈得逊构造带上，北临哈拉哈塘凹陷和轮南低凸起，西面与伊敏构造带相接（图1-3-2）。钻井证实，该区除了缺失泥盆系外，从震旦系到第四系的其余地层均有分布，受多期构造运动的影响，本区主要发育了下古生界构造层和上古生界—中新生界构造层，两套构造层之间以明显的角度不整合相接。其中下古生界构造层整体南倾，是轮南低凸起西南端向满加尔凹陷延伸的一个鼻状隆起。本区主要目的层石炭系东河砂岩是超覆沉积于下古生界构造层之上的滨岸相沉积物。东河砂岩以上地层以整合或假整合的方式相接触，其间发生过多次沉积间断。在印支—喜马拉雅早期发生构造反转，地层整体向南抬升，形成现今构造形态。

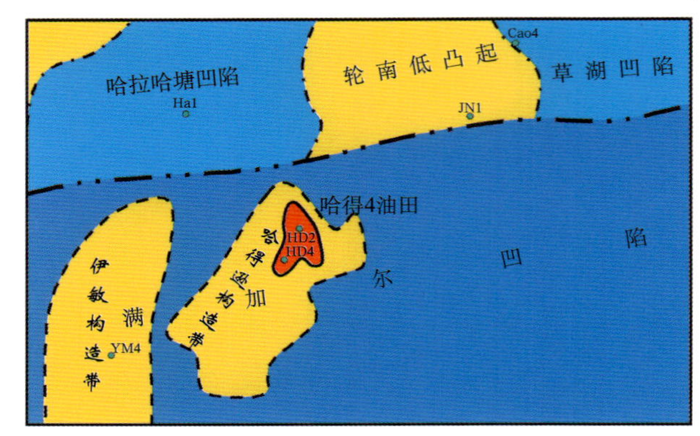


图 1-3-2 哈得逊地区区域地质位置图

## 三、地表及人文环境

哈得4油田位于塔克拉玛干沙漠的北缘，气候上属于内陆干旱沙漠性气候，降水稀少、相对湿度低、冬夏季漫长、冬冷夏热、春秋短、日照长、温差大。地处塔里木河河泛平原上，地表起伏较小，海拔从930m至960m不等，整体西高东低。区内地貌复杂，地表类型主要为蜂窝状沙丘和浮土，其中南部为蜂窝状沙丘覆盖，沙丘最大高差在30m左右；北部浮土地广泛分布，水系发育。地表植被主要为胡杨林和红柳等灌木（图 1-3-3）。无常住居民。

## 四、勘探程度

哈得逊构造带的地震勘探始于1986年。1990年至1993年部署实施了一批二维测线，基本成网（2km × 2km）。到1998年止，局部二维测线密度达1km × 2km。1997—1998年，根据二维地震资料解释先后设计并实施了哈得1、哈得4井，分别在石炭系泥岩段薄砂层和东河砂岩段见到良好油气显示，均获高产工业油流，从而揭开了本区精细勘探的序幕。

塔里木油田分公司随即对该区勘探进行了整体部署。1999年初编制了该区东河砂岩油藏（$C_{III}$）的评价部署方案及滚动开发规划方案，部署完钻了3口勘探评价井和2口开发评价井，均获得成功。同时，

哈得11井区卫星照片

哈得逊南部

哈得逊中部

哈得逊北部

图 1–3–3 哈得逊地区地表条件

为进一步精细落实油藏的构造形态，解决开发过程中遇到的构造、储层问题，探明油藏石油地质储量，1999 年在本区部署了 360km² 的大面元（50m × 50m）三维地震勘探。

到目前为止，哈得逊地区共有各类钻井 80 余口，其中探井 15 口，探井密度为 0.01 口 /km²。实施了 4 块共约 1440km² 的三维地震，其中在哈得 4 与哈得 11 两块三维区发现了油藏，探明储量近 $8000 \times 10^4$t。

## 五、以往物探资料品质与难题

哈得 4 油田的发现井——哈得 1 井、哈得 4 井都是利用二维地震资料确定的。二维资料在目的层段的信噪比和分辨率都较低，资料品质差。如HD93–419 和 HD01–421 分别为1993 年和2001 年采集的二维地震资料，相距2km。虽然后者在信噪比上有了明显改善，但分辨率没有得到显著提高（图 1–3–4），仍不能解决尖灭线识别问题。实钻资料表明，用二维地震资料解释的构造具有较大的深度误差，一般为 10～20m，所预测的地层尖灭线也不准确。

哈得逊地区的主要勘探目标为石炭系东河砂岩低幅度构造圈闭和地层圈闭。目的层顶面埋深一般超过 5050m，构造幅度小于 25m，属于典型的超深度、低幅度构造。同时，本区东河砂岩储层厚度较薄（小于 30m），自南向北超覆尖灭，储层物性很好。对薄储层的尖灭线的准确识别也成为研究的重点。勘探面临以下几个难点：

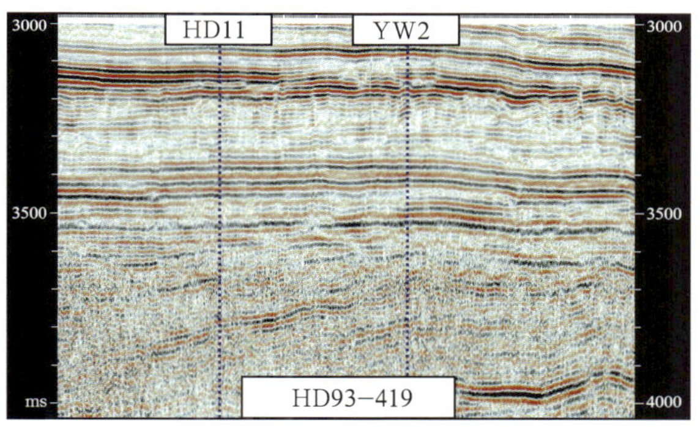


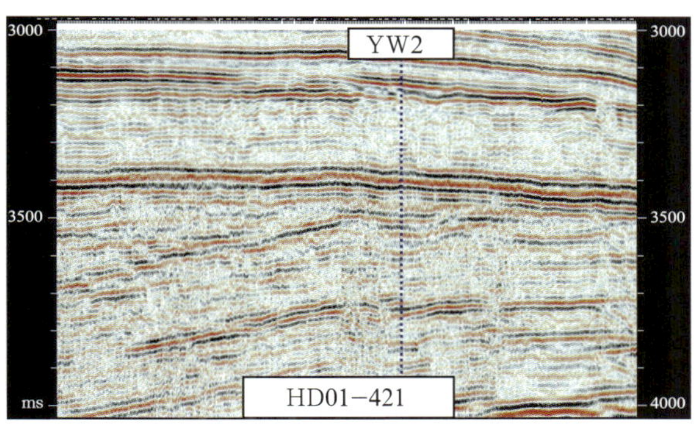


图 1–3–4 哈得逊地区二维地震剖面示例

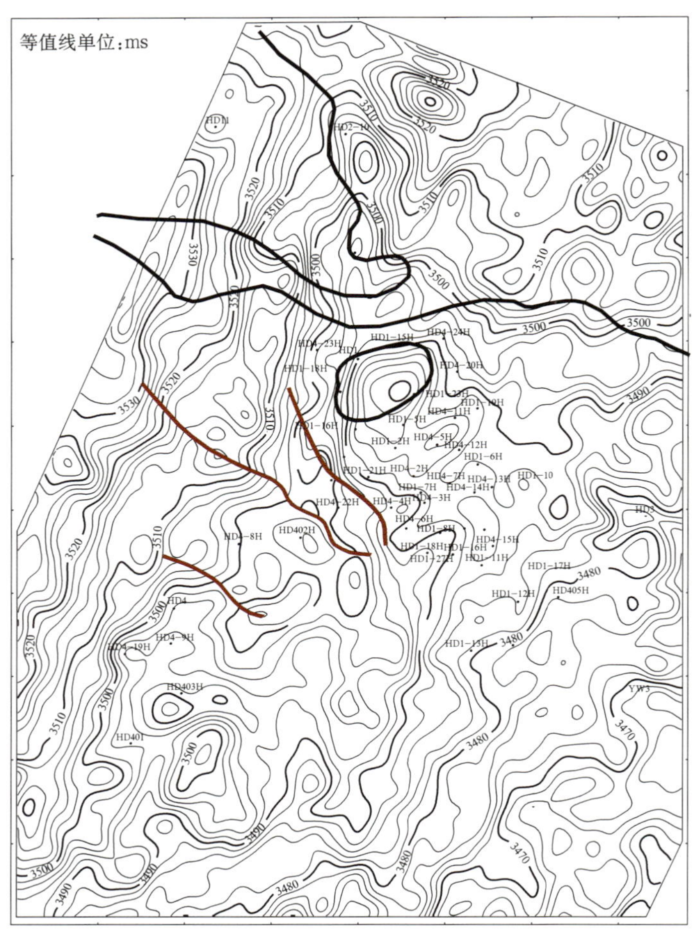

图 1—3—5 哈得 4 油田地震 Tg2″ 反射层等 $t_0$ 图

(1) 准确落实构造难。由于地表条件变化大（图 1—3—3），地下地质情况复杂，尤其是受本区普遍发育的二叠系火成岩的影响，速度横向变化很大；同时由于研究对象是低幅度构造（在等 $t_0$ 图上，构造幅度只有 6ms，图 1—3—5），对速度精度的要求很高，进一步增加了速度研究的难度。因而准确落实构造形态比较困难。

(2) 准确识别地层尖灭线难。如前所述，本区目的层埋深大、储层薄。准确落实东河砂岩的分布范围是一个既非常必要，又非常困难的课题。即使是三维地震资料，经常规处理后的主频达到 38Hz，分辨能力为 28m（图 1—3—6），仍不能有效解决尖灭线识别问题。实施高分辨率处理后，地震主频进一步提高，才使从剖面上直接识别东河砂岩地层成为可能。

## 六、主要技术措施及效果

针对准确落实构造和地层尖灭线这两个难题，勘探和开发人员紧密结合，从物探、地质、测井、钻井等多方面入手，联合攻关，基本解决了目前生产中遇到的各种问题和矛盾。其中在物探方面，主要采用了以下技术措施：

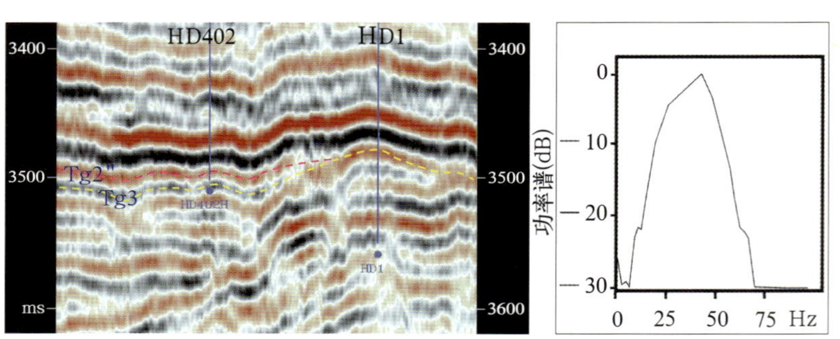

图 1—3—6 过 HD402 井三维地震剖面（常规处理）及目的层段频谱分析

(1) 利用“高分辨率保真处理和 VTI 各向异性速度处理”（凌云，2003）这一特殊处理流程，对地震资料进行重新处理。采用了三维时频域球面发散与吸收补偿、地表一致性反褶积、VTI 各向异性速度分析等高分辨率处理新技术。

重新处理后剖面质量得到明显改善（图 1—3—7），地震频带得到有效拓宽，主频提高到 45Hz（图 1—3—8），可直接识别出工区南部储层厚度大于 25m 的东河砂岩顶底反射。于是确定了解释方案，经变速成图发现哈得 4 构造的圈闭范围向西大大扩展，面积增加 14.2km²（图 1—3—9），从目前看这种方案与钻探结果更加吻合。

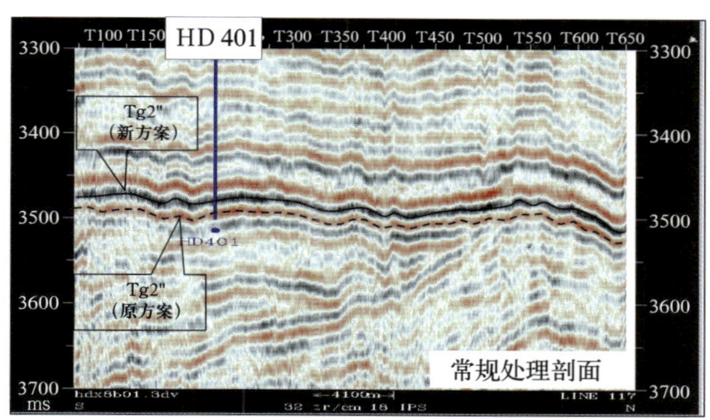


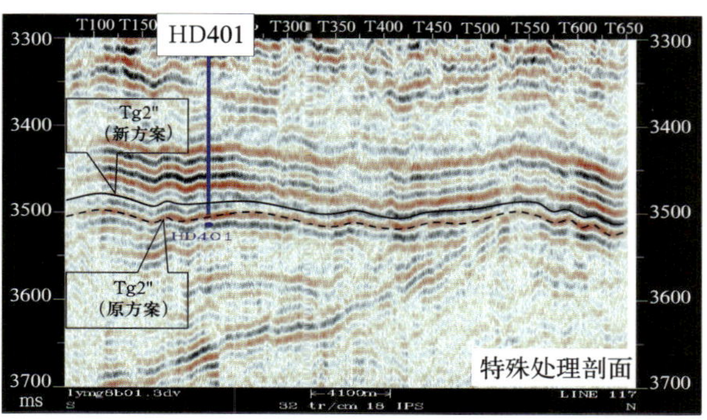


图 1-3-7　过 HD401 井常规处理与特殊处理三维地震剖面对比

在常规处理剖面上，Tg2″（新方案）表现为一低频波峰。在特殊处理剖面上，由于分辨率的提高，该波峰在东河砂岩沉积厚区“分裂”为波峰—波谷—波峰共三个轴，更能反映东河砂岩厚度的变化。经VSP和合成记录标定认为该波组是东河砂岩的地震响应

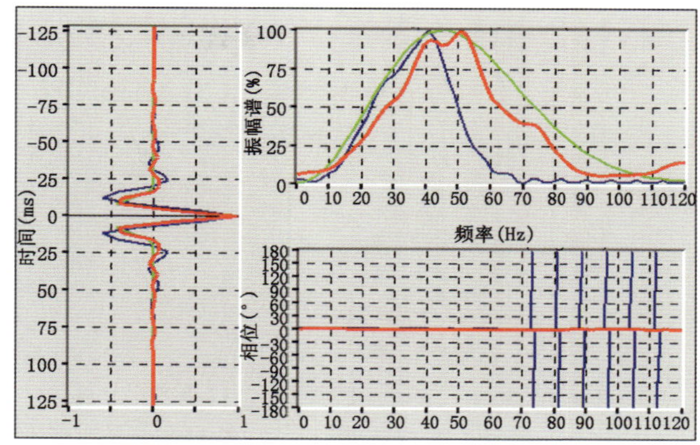


（红色：重新处理资料；蓝色：常规处理资料；绿色：45Hz雷克子波）

图 1-3-8　哈得 402 井地震子波对比

（2）应用大深度—低幅度构造描述配套技术系列，较为准确地落实了东河砂岩的顶面构造形态。这套技术系列包括：精细层位标定、全三维精细层位解释、火成岩速度特征分析、层位控制法建场、井控时深转换以及高精度工业制图技术。其中火成岩速度特征分析与层位控制法建场是关键环节。

按照层位控制法的思路，为了有效控制火成岩对下伏地层平均速度的影响，必须弄清整套火成岩的厚度和层速度的横向变化。通过在波阻抗剖面上精细解释火成岩高速层顶底反射，并用这套控制层位在速度场中提取火成岩层速度，再通过时深转换求取火成岩

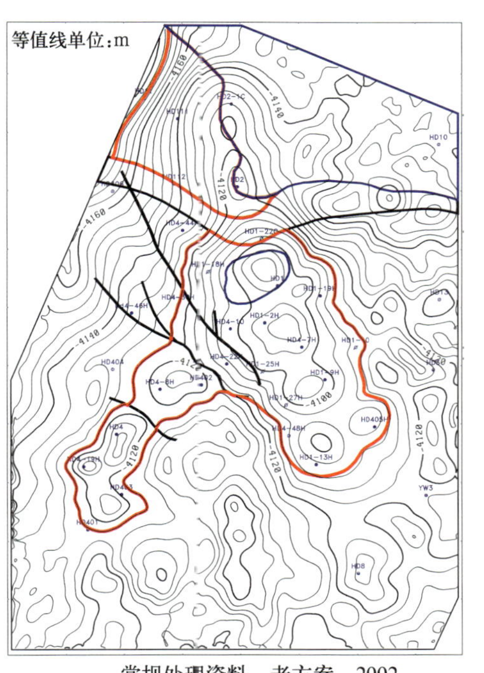


常规处理资料，老方案，2002

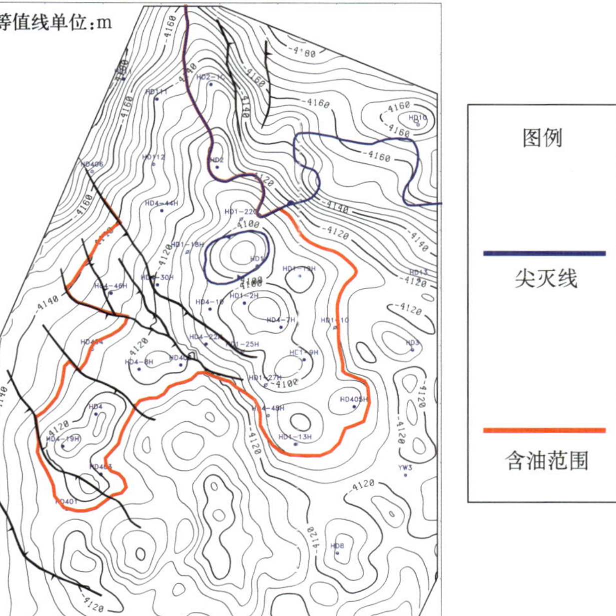


重新处理资料，新方案，2003

图 1-3-9　哈得 4 井区新老东河砂岩顶面构造图对比

厚度并与钻井资料对比，经多次迭代，最终可以得到较为准确的 $t_0$ 控制层位和相应的层速度，从而大大提高整个速度场的精度。

这套方法的应用使成图精度大大提高。从图 1–3–10 可以看出：在实施三维地震之前所定的井，深度误差一般在 10m 左右，通过三维地震资料速度建场，深度误差一般在 3m（0.6‰）以内。

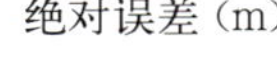


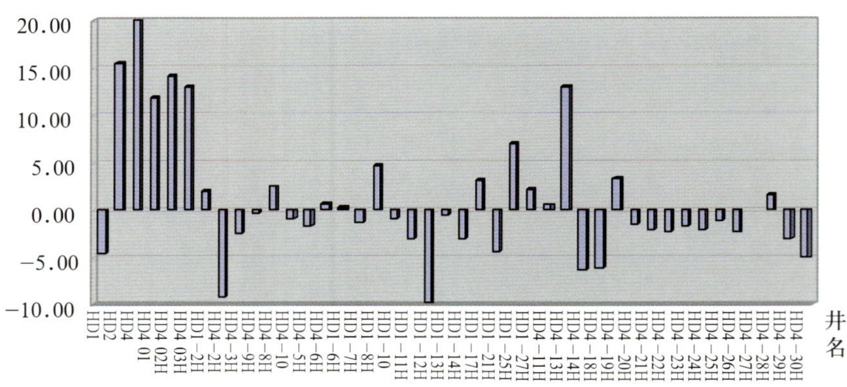


图 1–3–10　哈得 4 油田钻井设计深度与实钻深度误差统计图

（3）储层横向预测配套技术系列包括模型正演、波阻抗反演、地震属性提取与综合分析、地震相分析、三维可视化解释、沉积古地貌恢复、构造演化分析等技术。其中对地震属性的提取与综合分析是关键。前面提到，通过地震资料高分辨率处理，可以直接分辨厚度大于 25m 的储层，储层厚度在 10～25m 之间时，可以根据振幅特征加以识别。当储层厚度小于 10m 时，主要采用地震属性与古地貌分析相结合的办法来预测东河砂岩的分布。

## 七、主要地质成果与评价

高精度的构造图确保了哈得 4 油田大斜度井和双台阶水平井的顺利实施，钻井成功率达到 100%（图 1–3–11），实现了油藏的高效开发。

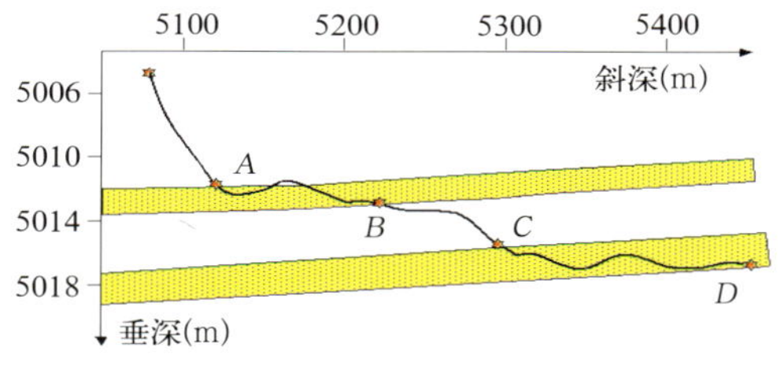


图 1–3–11　哈得 1–1 井实钻轨迹示意图

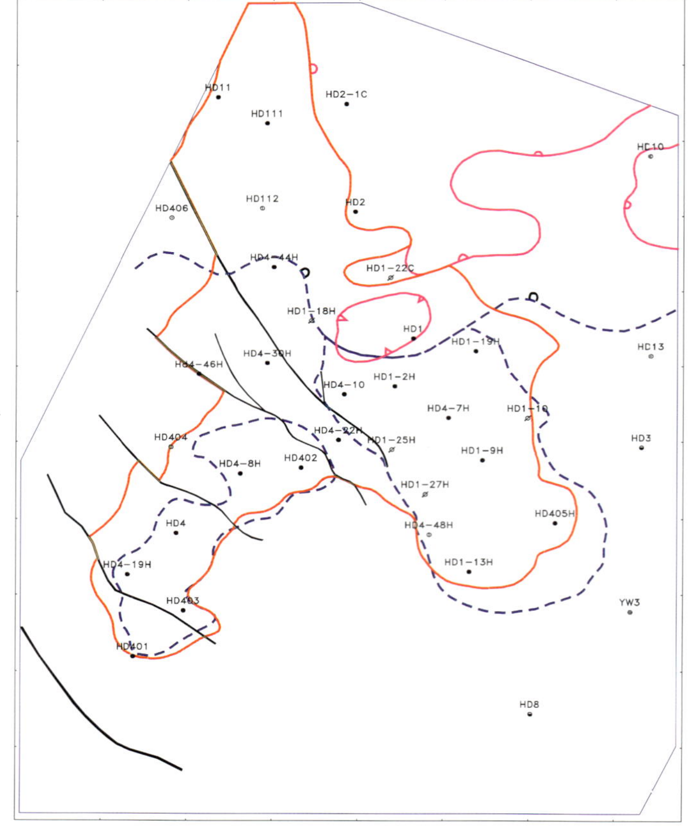


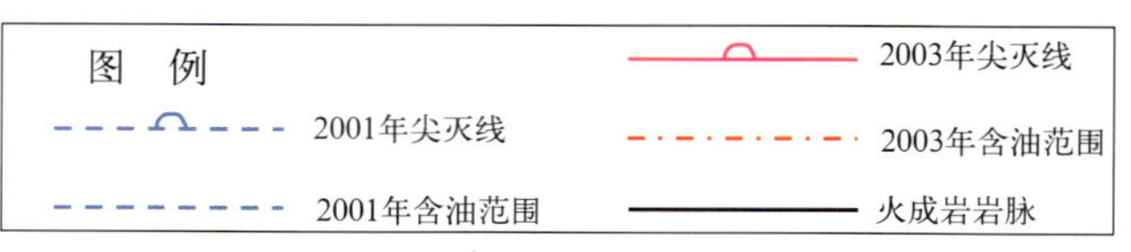


图 1–3–12　哈得 4 油田新老尖灭线及含油范围对比

储层横向预测重新勾画出东河砂岩尖灭线展布形态，落实了哈得4以北的哈得11地层圈闭油藏（图1—3—12），哈得4油藏含油范围向北扩大28.6km²。

利用储层横向预测技术，对哈得4这个具有倾斜油水界面的非常规复杂油藏，在2001提出滚动勘探开发的4个方向（图1—3—13），滚动开发井全部成功。发现构造西部好于构造高部位，增大了含油面积。石油地质探明储量从最初的1008 × 10⁴t，逐步增加到现在的近亿吨。

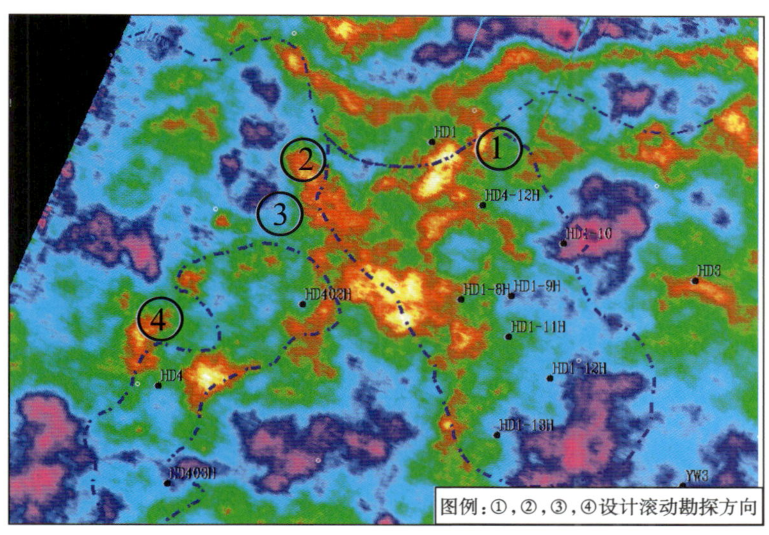


图1—3—13　2001年滚动勘探建议图

通过实施勘探开发一体化，将物探、地质、钻井、测井等多方面的科研人员有机地结合起来，最大限度地共享对油藏的认识，最终实现对哈得4油田这个大深度、低幅度、薄储层、具有倾斜油水界面的非常规复杂油藏的高效开发，并在开发过程中不断有所发现，不断获得突破，成为物探技术向开发领域延伸的成功范例（图1—3—14）。因此，高分辨率采集、处理技术和以构造精细描述和储层横向预测为核心的解释技术的一体化运作，通过与油田开发生产的有机结合，必将发挥出巨大的技术优势和资源优势，对油田发展起到巨大的推动作用，并产生巨大的经济效益和社会效益。

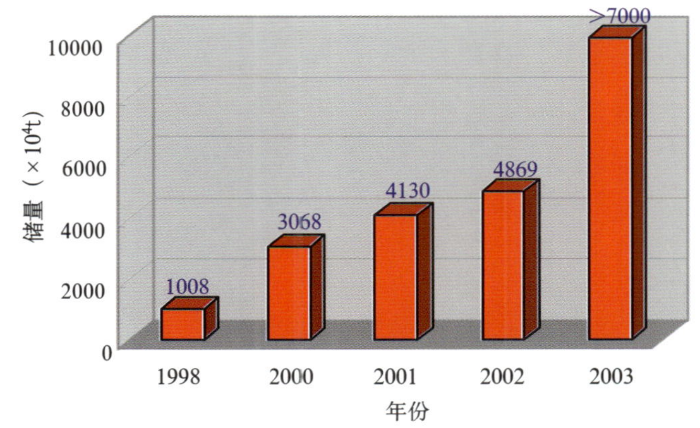


图1—3—14　哈得逊油田历年储量柱状图

# 第四节　轮南奥陶系潜山油藏高分辨率三维地震勘探

轮南奥陶系潜山埋藏大于5000m，碳酸盐岩储层非均质性严重，成藏规律复杂。高分辨率三维地震通过优化观测系统、三步法偏移处理、潜山内幕强振幅雕刻等技术的综合应用，使潜山油藏评价取得了明显的成果，钻井成功率在80%左右，3年来控制、探明油气当量15487.1 × 10⁴t，累计生产原油超过80 × 10⁴t。

## 一、地理位置

轮南奥陶系潜山位于新疆维吾尔自治区南部的塔里木盆地，行政隶属于阿克苏库车县和巴州轮台县。其交通方便，北缘有314国道穿过，中间有塔中沙漠公路，另有油田专用公路（图1—4—1）。

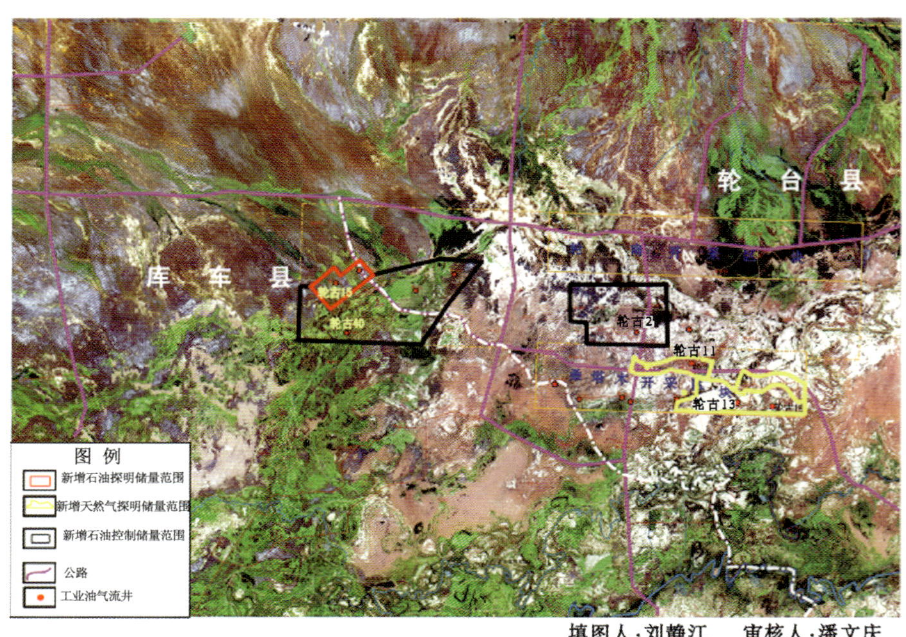


图1—4—1 轮南地理位置图

## 二、区域地质概况

轮南奥陶系潜山位于塔里木盆地塔北隆起轮南低凸起中部。轮南低凸起北靠轮台古陆，东、南、西依次为草湖凹陷、北部坳陷、哈拉哈塘凹陷三个具备生、排烃能力的凹陷所环绕，是油气长期持续运移的指向区和聚集区，因此，轮南古潜山具有形成大油气田的良好的构造地质背景（图1—4—2）。

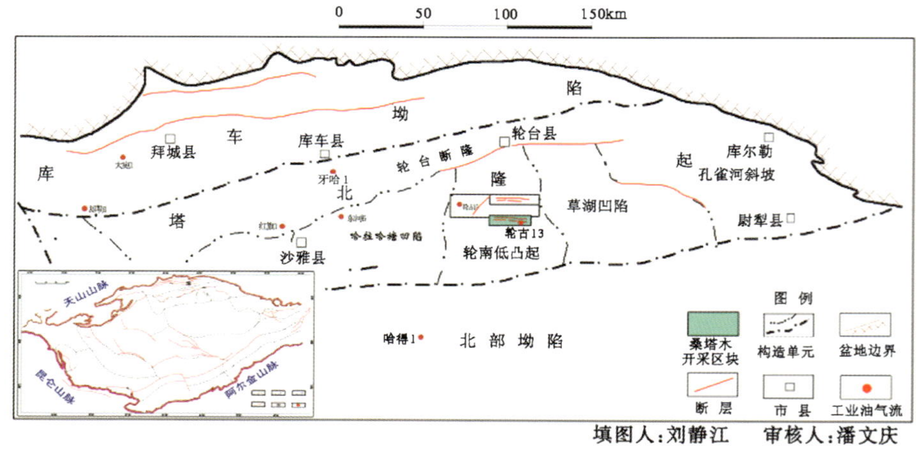


图1—4—2 轮南区域构造位置图

## 三、地表及人文环境

轮南奥陶系潜山位于塔克拉玛干沙漠北缘。该区地势相对平坦，地表海拔920～930m左右，属沼泽、浮土、红柳覆盖区(图1—4—3)。气候上属大陆性干旱气候，年平均气温24℃，冬季寒冷，最低气温−25℃，

图 1-4-3　轮南地表及人文环境图片

夏季炎热，最高气温44℃。该区终年干燥少雨，但逢七、八月份也常有山洪暴发。油田公路和沙漠公路贯穿其中，交通便利。其主要为维吾尔人居住区，人口稀少，新开垦农田以种植棉花为主，经济欠发达。

## 四、勘探程度

轮南地区的地震勘探始于20世纪50年代，二维地震资料采集始于20世纪70年代后期，二维测网密度已达2km × 2km～1km × 1km，至今先后完成了4个区块的三维地震勘探工作。1989—1991年首次施工的轮南—桑塔木三维地震工区，偏移前满覆盖面积为1100km²，其范围包含了除轮南西部外的轮南奥陶系潜山，面元50m × 50m；1998—2001年，在老资料采集区内，分三次在中部平台区（69km²）、轮南西部（322 km²）和桑塔木地区（245 km²）完成了20m × 20m面元的高分辨率三维地震勘探。

轮南奥陶系潜山勘探面积约2450km²。该区已完钻探井88口，探井密度约为1口/28 km²，58口井获得工业油气流，探井成功率66%。

## 五、以往物探资料品质与难题

### （一）二维地震资料品质与难题

（1）轮南奥陶系潜山埋深大于5000m，二维资料分辨率和信噪比低（图1-4-4），无法满足潜山储层预测的要求。

（2）资料处理中速度选取不当，绕射波不能正确归位，同相轴连续性差，潜山面的这种情况尤其突出。

（3）由于二维测线采集跨越年度大，所采用的仪器、激发接收条件及当时的潜水面不相同等因素，造成不同年度测线的闭合差大（10～60ms），给资料解释带来很大困难。

### （二）三维地震资料品质与难题

（1）轮南—桑塔木老三维地震资料是1989—1991年采集的，品质较二维地震资料有明显改善，消除了闭合差，信噪比和分辨率明显提高。当时轮南油田的主力产层是侏罗系和三叠系，因此，在地震资

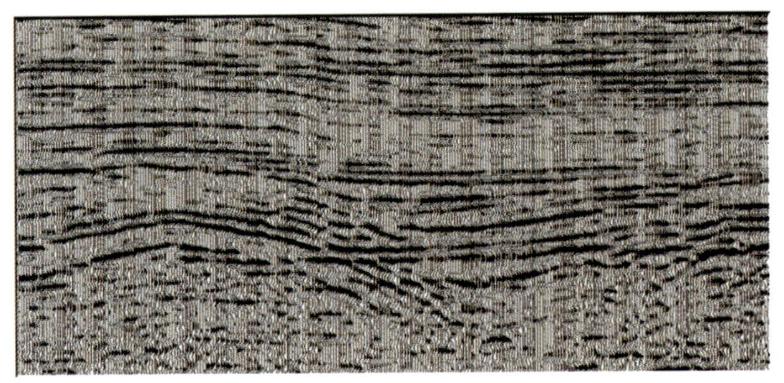
图 1-4-4　L89-217 二维地震剖面

料处理过程中，奥陶系没得到充分的重视，潜山面附近的资料连续性差，信噪比、分辨率较低，给潜山顶面解释带来一定的困难（图 1-4-5）。

（2）轮南—桑塔木老三维地震资料采集，由于面积大，地表条件差异大，施工难度较大，工期短，因此，由原石油物探局2个单位承担。由于他们的仪器类型和采集参数及所采用的观测系统不一致，覆盖次数也不同，因而，处理难度大。尽管室内采用统一处理方法，但其影响仍存在，如能量不均衡等问题没有较好地解决。

## 六、主要技术措施及效果

### （一）主要技术措施

#### 1. 地震资料采集主要技术措施

（1）在构造复杂区，采用加密炮数、增加覆盖次数来提高信噪比。

（2）优化观测系统：经过野外多次试验，采用 6L × 24S × 208R 线束观测系统（图 1-4-6）。主要参数如下：面元为 20m × 20m；覆盖次数为24（8纵 × 3横）；接收道数：1248道（6线 × 208道）。

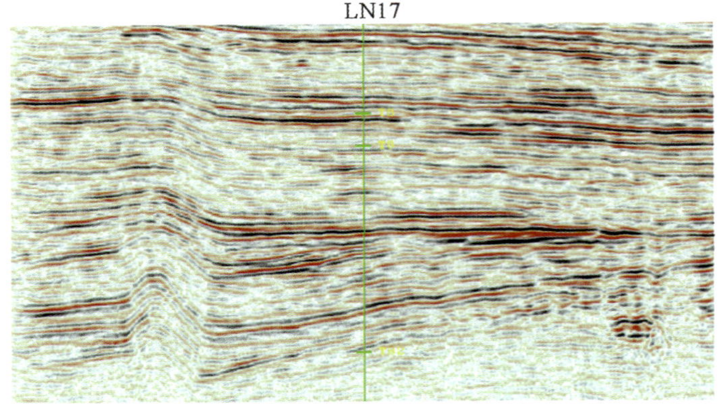

图 1-4-5　过轮南 17 井南北向三维地震剖面（1989 年采集）

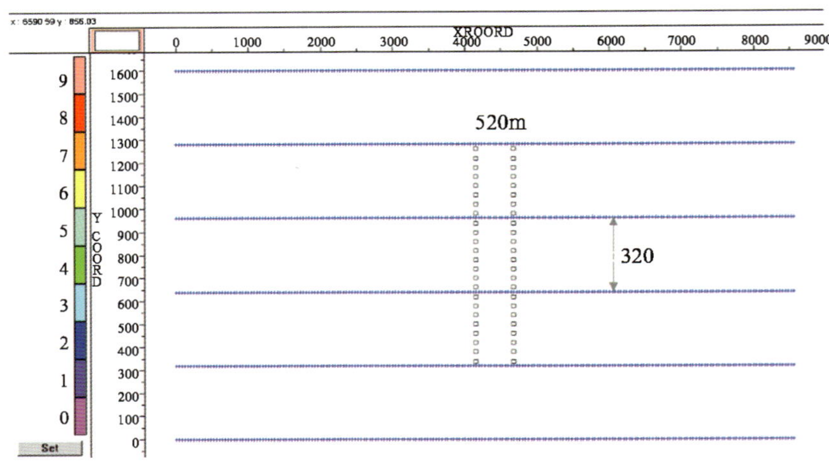

图 1-4-6　桑塔木三维地震勘探观测系统平面图

#### 2. 地震资料处理主要技术措施

（1）地表一致性振幅处理：为消除不同采集因素的影响，处理中进行了地表一致性振幅补偿，较好地解决了振幅能量不均衡的问题（图 1-4-7）。

（2）串联反褶积：采用地表一致性反褶积加预测反褶积的串联反褶积技术，不仅消除了地表条件差

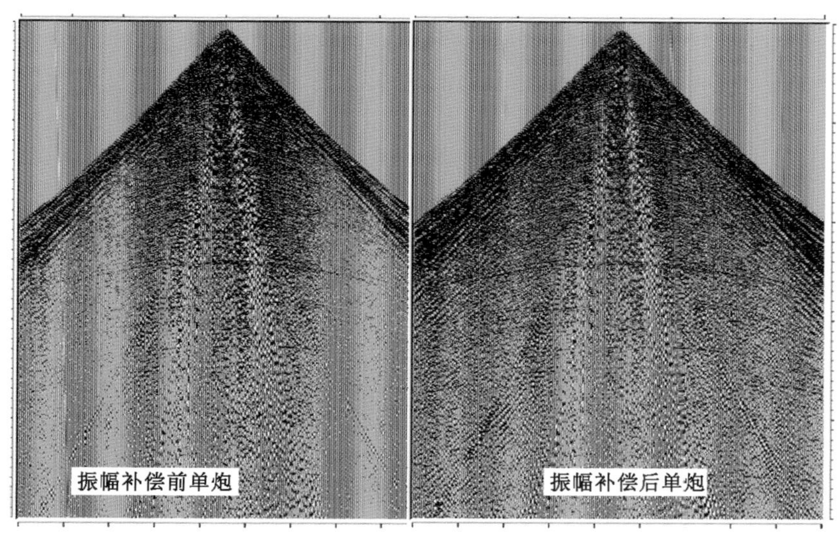


图 1-4-7　桑塔木三维地震资料振幅补偿前后对比图

异引起的道内波形的不一致，还对子波进行了较好的压缩，提高了奥陶系的分辨率。

（3）三步法偏移技术：既解决了陡倾角复杂构造偏移归位问题，又解决了横向速度不能空变的矛盾（图 1-4-8）。

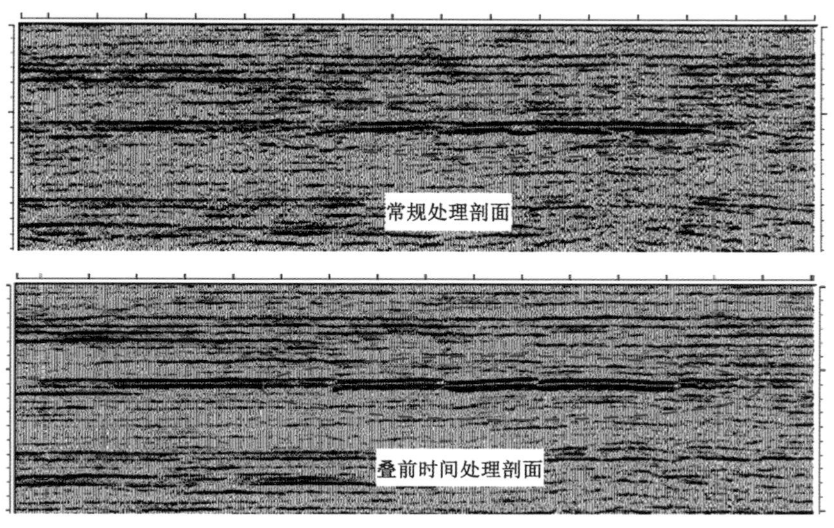


图 1-4-8　常规处理与三步法偏移最终三维地震剖面对比图

（4）叠前时间偏移：叠前偏移去掉了叠后偏移严格的零炮检距的限制，实现了共反射点偏移归位，从而达到最佳成像效果（图 1-4-9）。

### 3. 地震资料解释主要技术措施

轮南奥陶系资料解释，最为突出的是储层预测技术，主要有：古岩溶研究、振幅方法、弧长属性、地震相干法、潜山内幕强振幅雕刻、三维可视化等。

## （二）取得的效果

轮南奥陶系潜山高分辨率三维地震资料与二维地震资料及1989—1991年采集的三维地震资料相比，取得了如下的明显效果：

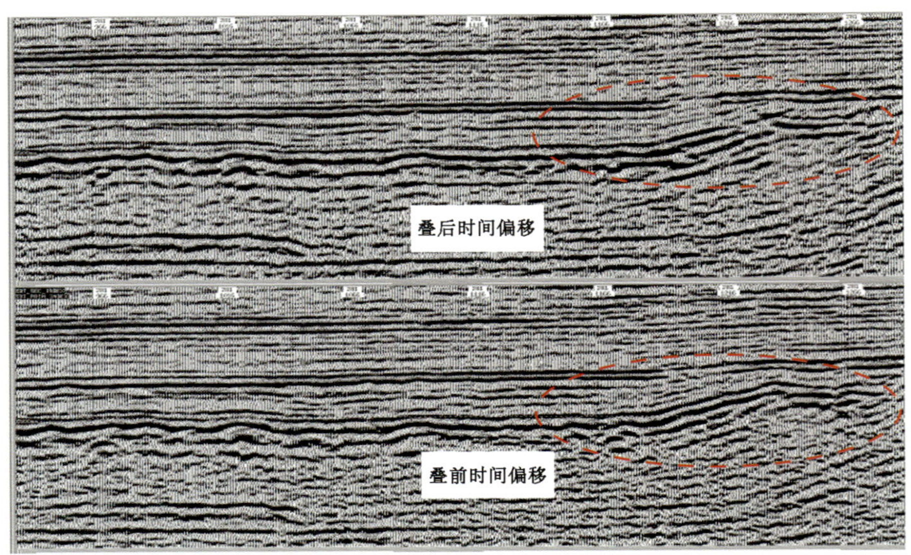


图 1-4-9　三维地震叠前与叠后时间偏移剖面对比图

（1）信噪比与分辨率均得到了较大提高。

（2）剖面整体波组特征清楚、反射波归位准确、断层清楚、断点干脆（图 1-4-10）。

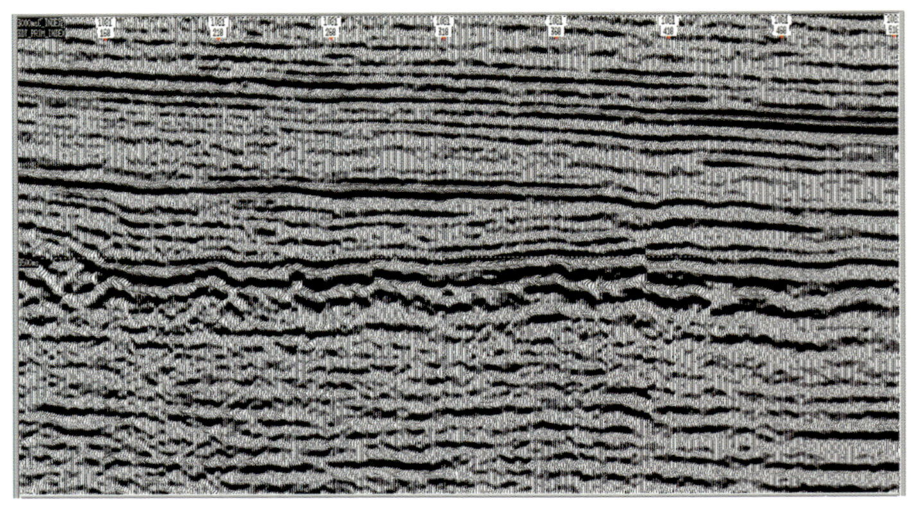

图 1-4-10　轮南潜山西部斜坡高分辨率三维地震剖面图

（3）奥陶系潜山刻画精细。

（4）各种地质现象清楚。

地震剖面上，各种潜山面绕射、潜山内幕岩溶反射等清楚；时间切片上，断层分布、走向也清楚。

（5）最终成果目的层有效频宽达到 10～60Hz。

## 七、主要地质成果与评价

地震勘探技术的进步，推动了轮南潜山钻井成功率的提高（图 1-4-11）。在超深层碳酸盐岩建立高产稳产井组，使碳酸盐岩油藏的勘探开发成为可能。轮南奥陶系潜山高分辨率三维地震勘探已取得了极为丰富的地质成果：

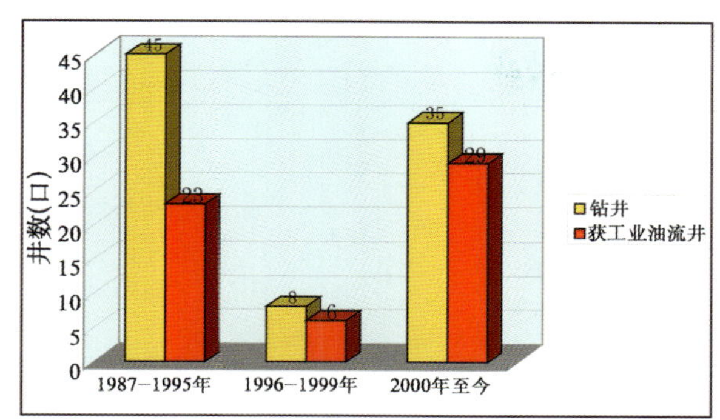


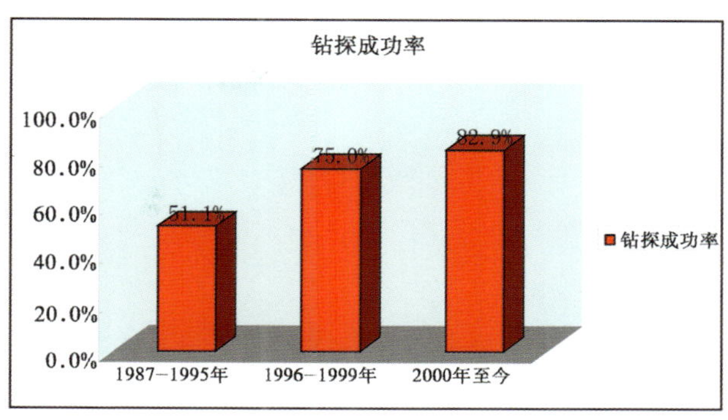


图 1—4—11　轮南潜山历年钻探成效图

（1）依靠高分辨率三维地震资料，盘活了轮南潜山 2450km²的风化壳勘探面积，并通过对盖层的精细解释，优选了轮古西、桑南、中部平台等有利评价区。

（2）通过对潜山进行储层预测，揭示了轮南潜山是受150m厚的风化壳岩溶带控制的准层状油气藏，底水与潜山面关系密切，没有统一的油水界面，具有“山高水高”的趋势（图 1—4—12），断裂和较大的裂缝是纵向控制油气的主要因素。

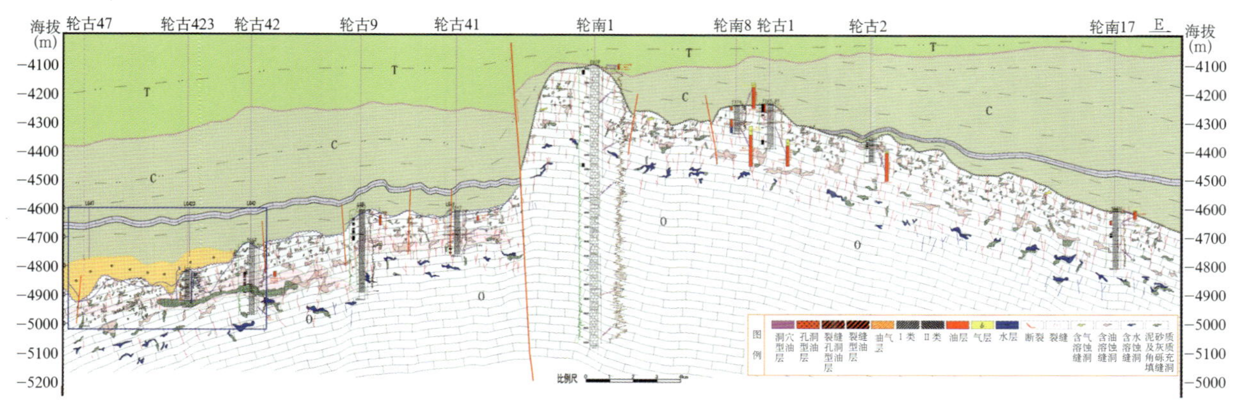


图 1—4—12　轮南西部—中部平台区油藏剖面示意图

（3）通过构造的细致研究，明确了轮南潜山油藏经历了三次充注、三次调整的宏观规律；同时，通过对古地貌的精细刻画，明确岩溶斜坡是最有利的勘探区，岩溶缝洞系统是有利钻探目标。

（4）在高分辨率三维地震资料基础上，结合最新岩溶理论和野外地质建模，使轮南潜山碳酸盐岩的钻井成功率由原来的 40%，提高到现在的 80%。

（5）在高分辨率三维地震资料基础上，经过三年勘探开发一体化运行，轮南—塔河油田三级储量已达 8.7 × $10^8$t，其中塔里木油田三级储量达到 2.9 × $10^8$t。

由此可见，通过高分辨率三维地震勘探的实施，使轮南潜山拨开云雾见真山，经过 5～10a 勘探开发，轮南—塔河地区可望成为一个十亿吨级的特大油田。

# 第五节 柴达木盆地涩北气区二维高分辨率地震勘探

涩北气区是柴达木盆地东部三湖凹陷发育的第四系生物气田，常规二维地震资料不能准确识别气田边界和定量检测含气丰度。利用高分辨率二维地震资料可以准确落实气藏面积及储量规模。

## 一、地理位置

涩北气田位于柴达木盆地东部，行政区划属青海省格尔木市辖区，距格尔木市西北方向约110～120km，气田西距东台吉乃尔湖约10km，南距涩聂湖约25km（图1–5–1）。

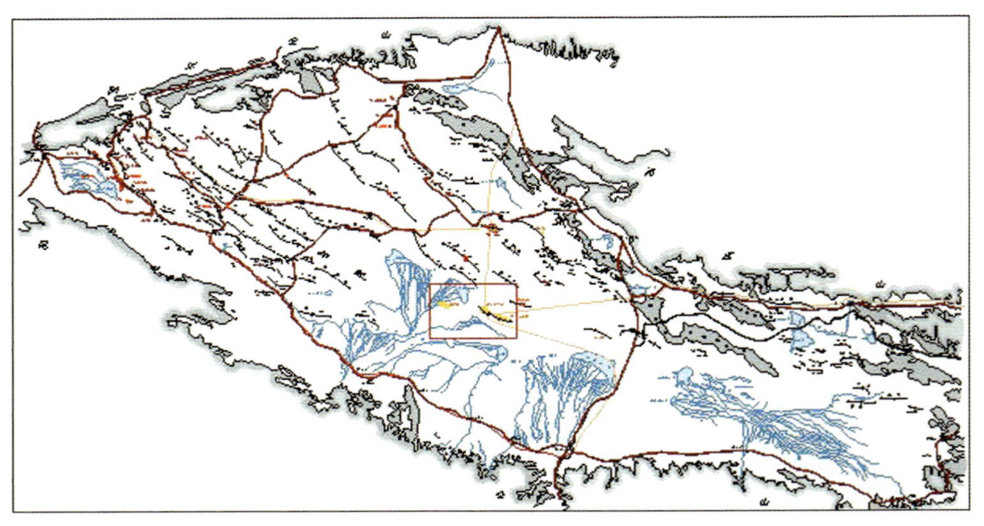

图1–5–1 柴达木盆地涩北气田工区位置图

## 二、区域地质概况

涩北气田是柴达木盆地三湖凹陷北斜坡带“台南—涩北”二级构造带上的三级构造，包括涩北一号、涩北二号、台南三大气田，南靠涩聂湖凹陷，为第四系主力生气凹陷，北邻北斜坡构造带，其中伊克雅乌汝构造为上第三系含气构造，西望台吉乃尔凹陷，东接达布逊凹陷（图1–5–2）。

## 三、地表及人文环境

该区地表以戈壁荒漠、盐碱滩、沼泽、湿碱地为主（图1–5–3），地势整体较为平坦，浅表气遍布全区，平均海拔2710 m左右。其地表缺少植被，昼夜温差大，年平均气温3.7℃，平均降雨量50～250mm/a，平均蒸发量2050mm/a，为典型的高原干旱寒冷气候。

气田区内渺无人烟，气田东有简易公路与“敦煌—格尔木”国道（215国道）相连，西北方向有便道与“茫崖—大柴旦”公路相接，交通相对较为便利。

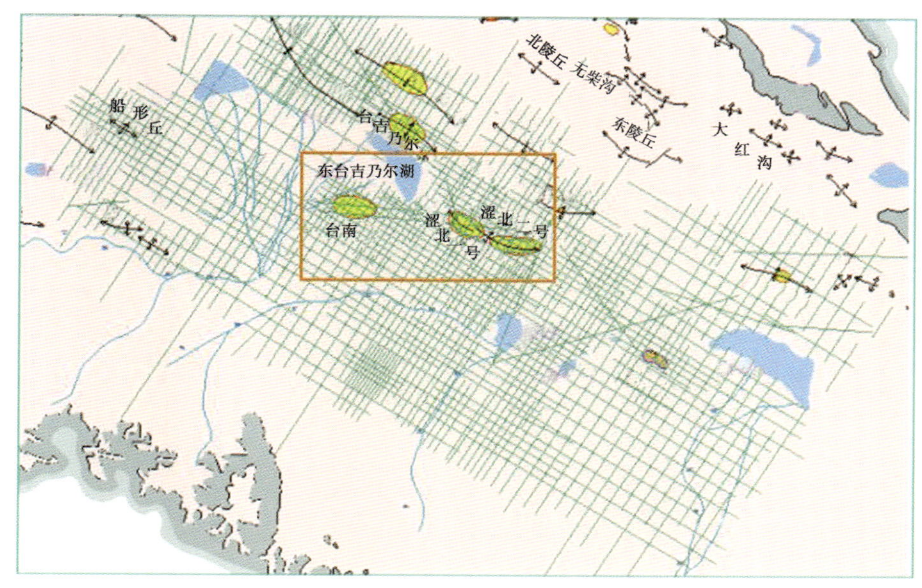


图 1－5－2　柴达木盆地三湖地区涩北气田区域构造位置图

图 1－5－3　涩北气田地表条件

## 四、勘探程度

涩北气田的天然气勘探，大致可分为四个阶段。

第一阶段（20 世纪 80 年代以前）：以地面地质勘探为主，仅有少量模拟地震。1964 年涩北一号首钻北地 1 井、北参 3 井，其中北参 3 井钻至 3058.18m 发生井喷与地面裂陷，从而证实涩北一号气田的存在；涩北二号构造，于 1975 年首钻涩中 1 井，喜获高产工业气流，从而证实了涩北二号气田的存在。70 年代中后期在涩北构造范围内完成 26 口井的钻探，在此基础上，利用取得的地质、测井、分析化验资料，进行了天然气储量初算，探明天然气地质储量不足百亿方。

第二阶段（20 世纪 80 年代）：该区的数字地震勘探始于 80 年代初，共完成常规二维数字地震资料约 1000km，测网 2km × 2km～2km × 4km。随着对地震含气异常认识的加深，1987 年发现台南气田，并以此推动了涩北一、二号气田的勘探，同时测井质量也有了较大提高，不仅解释发现了大量的新气层，而且气田面积也有所增加，使台南、涩北一号、涩北二号气田累计获得天然气地质储量近500 × $10^8$m³。

第三阶段（20世纪90年代）：随着地震勘探技术的发展，涩北地区的天然气勘探也进入了一个全新的时代。通过第四系天然气地球物理异常的研究，进一步认识了地震资料中“低频、低速、同相轴下拉”等地球物理现象的形成机理，同时开展了以AVO为代表的含气检测技术研究，并结合SVLOG、GLOG、岩层速度分析等技术，定性预测了含气面积和气层埋深，首次提出气层低界应在1700m左右，突破了原1400m以下不存在生物气的认识，并经涩19井钻探得到了证实，该时期三大气田的地质储量超过1000 × $10^8$m³。

第四阶段（2000年至今）：由于涩北一号、涩北二号、台南气田天然气储量的大幅度增长，使柴达木盆地的三湖地区跃居中国陆上第四大气区。“西气东输”战略方针的制订，进一步加快了柴达木盆地第四系天然气的开发步伐。

由于三湖地区地表条件具有特殊性，低降速带、浅表气遍布全区，且第四系沉积以砂泥岩互层为主，成岩性差。为了准确预测含气边界，2000年经研究决定进行高分辨率勘探，首先确立涩北—台吉乃尔地区为先导试验区，设计GF01、GF02两条试验线，共计30km。GF01试验测线穿过涩北气田涩24井、涩深4井、台地1井。GF02与GF01相交穿过台2井，其中涩24井、台2井为工业气流井，涩深4井为干井，台地1井为区域井。经野外反复试验及室内精细处理，试验线整体品质较高，波形、频率、振幅特征明显，中、浅层分辨率高，2.5s以上反射波主频在75Hz以上，含气区反射波主频在35Hz左右。试验线由浅至深反射层位丰富，同相轴连续性较好且波组特征明显，信噪比高，气区特性显示明显，达到了高分辨率勘探预期目标。

由于GF01测线穿过涩北一号气田气区，剖面所显示的含气边界远大于原边界，经认真分析研究，建议在原含气边界外1km处钻探涩29井，以验证高分辨率地震勘探的可靠性。钻后证实涩北气田的含气北边界将进一步扩大，全井段电测共解释气层6层，厚27m；气水同层3层，厚12m；可能气层28层，厚113m。经试气均获得高产工业油气流（图1−5−4）。

高分辨率地震勘探试验的成功，突破了以往常规二维地震勘探仅能分辨30～50m地层的界限，为定量研究奠定了基础。尤其是高分辨率二维地震剖面较常规二维地震剖面能更清楚地展现储层含气后的气水边界、含气分布范围。为识别气藏边界和准确落实钻探位置提供有力依据，2000年及2001年度共施工高分辨率二维测线29条，共计753.97km（图1−5−5）。

## 五、以往物探资料品质与难题

涩北气田区常规二维地震资料具有以下特点：

整体上浅层优于深层，第四系反射与第三系反射有较明显的区别，构造翼部好于顶部，非含气区优于含气区，频率较低，主频在20～25Hz之间，含气区频率更低或基本无反射，分辨率低，同相轴分叉、合并现象严重，波组特征不明显（图1−5−6）。

由于地层含气，在地震剖面上出现“两低一高”和反射同相轴下拉现象，即低频、低速和中强振幅。这是因为地层含气后，地层的层速度明显降低，地震波穿过气层时，就会导致反射时间延迟而引起反射同相轴下拉，从而歪曲了地下构造的真实形态，使正向构造幅度降低甚至形成负向构造。在时间剖面上，异常范围表现为浅层小深层大，且从浅至深同相轴的下拉幅度有所增大。低速异常的形成，既与地表条件有关，也与表层散失气和地层中富含天然气有关，经分析认为：

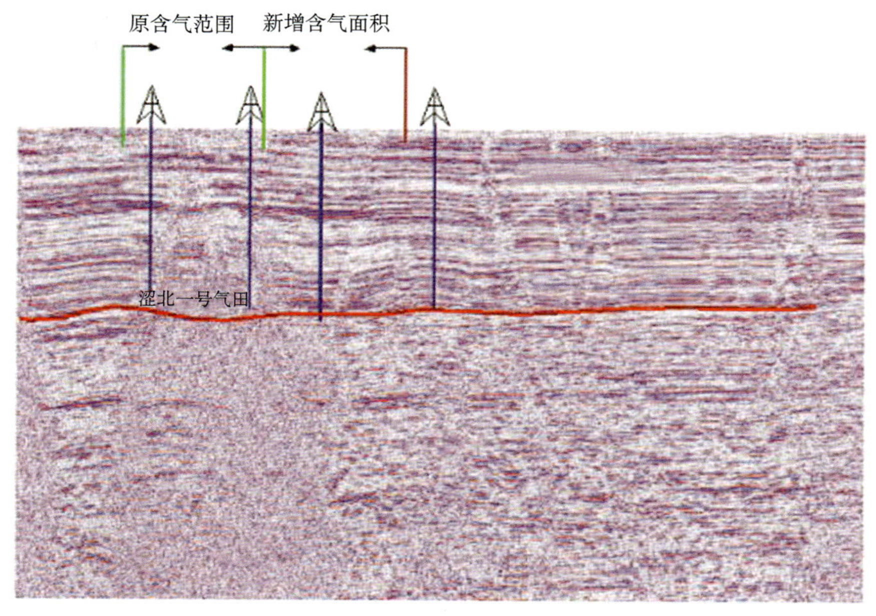


图 1-5-4　高分辨率 GF01-1 叠加剖面

（1）下陷反射的低部位相当于含气构造的高部位，在含气范围不很大的情况下，下陷反射的最低部位即是含气构造的高点部位。

（2）下陷反射的斜坡部位相当于含气构造的两翼部位。

（3）下陷反射拐点以内的范围是含气构造的含气范围。

（4）下陷反射的拐点部位相当于含气构造的气水边界。

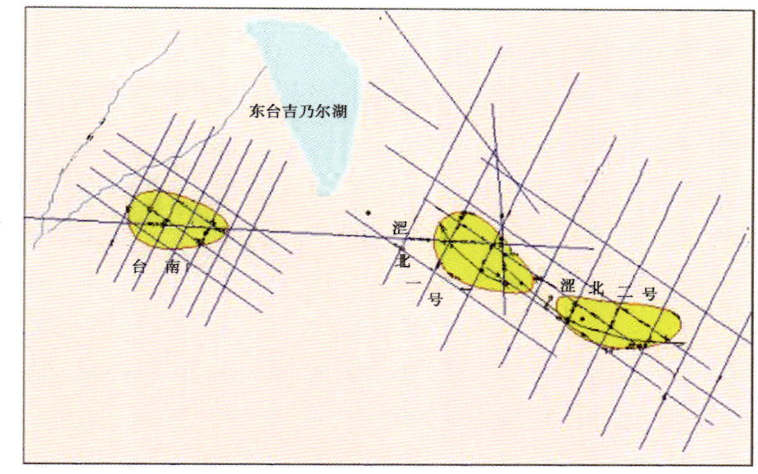


图 1-5-5　涩北气田区高分辨率地震勘探部署图

（5）含气异常在地震剖面上具有明显的分段对称性，即高频—中频—低频—杂乱—低频—中频—高频，且与气田含气性一一对应。

常规二维地震资料能够定性地反映地层含气特征，但由于资料品质较差，使得圈闭识别十分困难，难以准确落实构造形态。气区地震资料普遍存在地震异常现象，如何正确识别地震异常与含气的关系和定量评价气藏规模则是该区的另一大难题。

## 六、主要技术措施及效果

针对工区需要保护含气区低频特征的特点，打破了一般高分辨率采集的常规做法，采用了“四小两高、两多一大、两个突出”，即：小道距、小偏移距、小组合距、小井深、高采样率、高覆盖次数、多井组合激发、多检波器组合接收、大炸药量、突出气区低频信息成分、突出目的层勘探的技术方法，在含气异常的识别、含气边界的确定方面取得了重大进展。

高分辨率采集的原始资料主要存在反射波连续性差，面波、多次折射和倾斜线性干扰严重等特点。

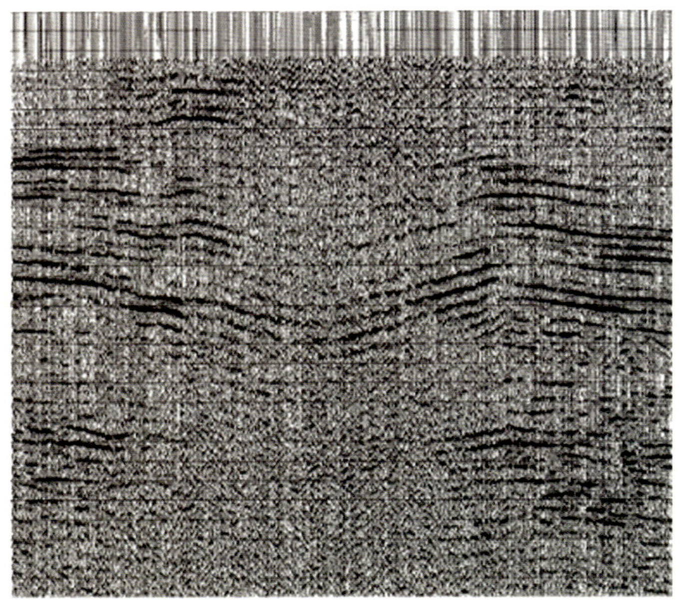

图 1-5-6　涩北一号 881122 常规地震叠加剖面

在已知含气区，浅层气对地震波能量吸收较大，高频信息损失严重，频率明显变低，反射振幅变弱，不利于高频成分的拓展（图 1-5-7）。

针对原始资料特点，处理中采取了叠前干扰波压制、振幅能量补偿、串联反褶积、分频速度分析和分频剩余静校正、分频叠加处理、叠后去噪处理等技术，进一步提高了资料品质，由浅至深反射层位丰富，同相轴连续性较好且波组特征明显，信噪比高，气区特征明显。与常规二维资料相比，剖面主频由原来的 25Hz 提高到 50Hz，2.5s 以上反射波主频达 75Hz，气区由原来的空白反射变为反射波组清晰，较好反映了气区特征和边界，为资料解释和定量含气检测奠定了良好的资料基础（图 1-5-8）。

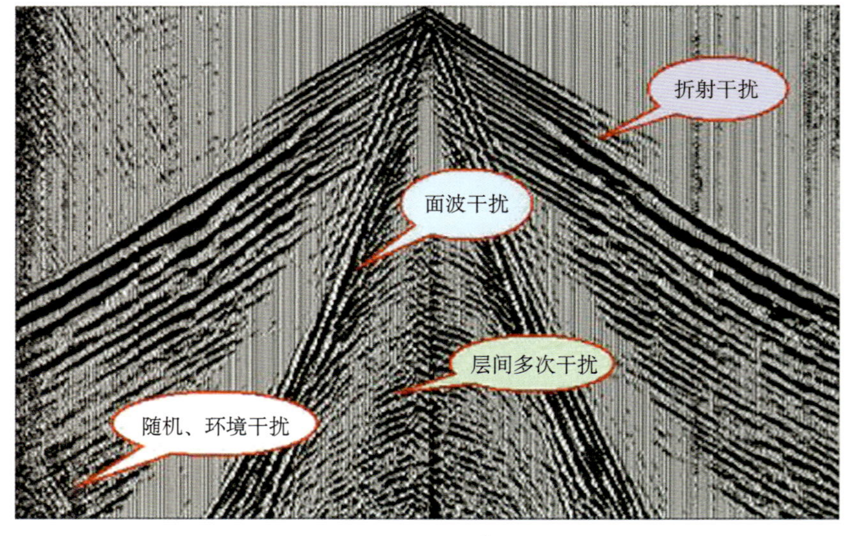


图 1-5-7　原始单炮品质

高分辨率地震资料解释是以工作站与手工解释相结合、高分辨率资料与常规二维地震资料相结合的方式进行的。

首先进行测井速度分析、子波提取、合成记录道的拆分等研究，地震、地质层位对比与综合标定标准层（图 1-5-9），运用常规地震剖面和瞬时相位剖面完成主干剖面的解释。然后利用任意折线显示和闭合回路显示等技术手段，完成与其他剖面的对比工作。在解释过程中，对地震同相轴连续性较好的部位采用自动追踪模块完成解释，而在连续性较差的异常区则采用瞬时相位剖面观察地层的走向和地层下拉点，用手工解释的方法追踪层位。

在含气区、含气边界和非气区选择控制井，在控制井的不同深度段采集速度样点，对缺少控制井的

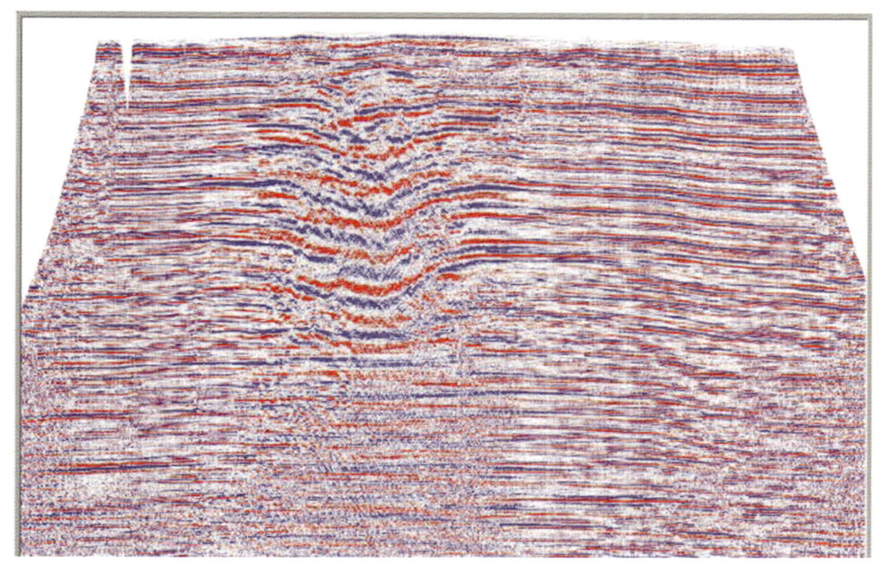

图 1－5－8　台南气田 GF1085 叠加剖面

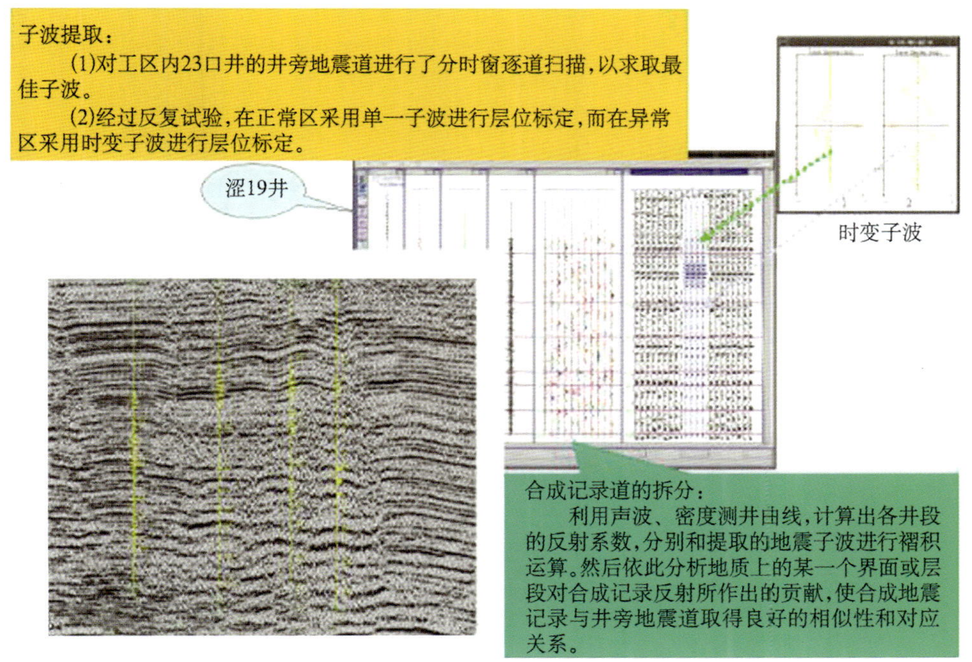


图 1－5－9　地震、地质层位标定与对比

地区，采用模拟井进行速度补偿，应用地质建模工具建立三维速度场（图 1－5－10）。根据三维速度场实现各构造层的变速成图，对各层构造图进行井点约束，得到经钻井校正后的构造图（图 1－5－11）。

含气检测是地震研究工作的重点，包括定性和定量预测两个部分。定性预测主要是利用地震资料处理模块，进行三瞬（图 1－5－12）、相干体及视极性等方面的特殊处理，分析预测地震含气异常区反射特征及其平面分布规律，然后采用ISIS反演模块进行波阻抗反演处理，对地震含气异常区进行进一步的确认，定性确定含气面积。

在定性预测的基础上，将地震信息与井信息相结合进行定量含气检测。沿气层组顶底开时窗，提取地

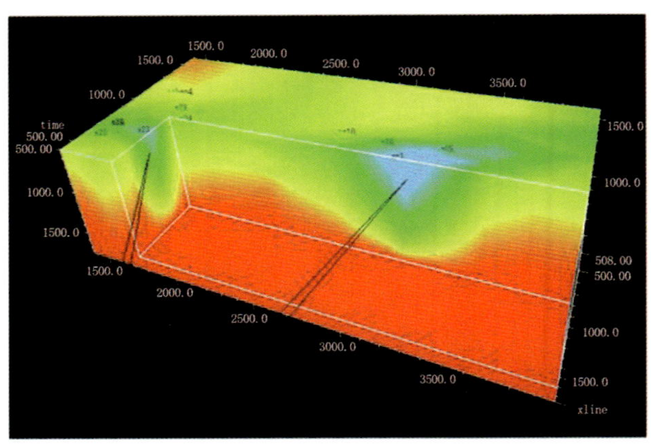


图 1-5-10　涩北气田三维平均速度场

图 1-5-11　涩北气田等深度图

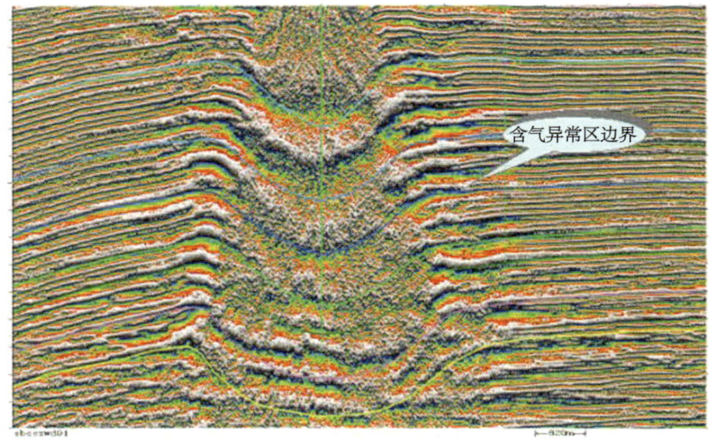


图 1-5-12　涩北气田 GF308 测线瞬时相位剖面

震参数，建立地震参数和含气厚度的统计关系。应用这些统计模型，进行含气预测获得地震预测模型，最后用地震做软数据约束，用井数据做硬数据，定量计算含气厚度（图 1-5-13）。利用含气检测（含气面积）及定量评价（气层厚度）成果，求出气田各气层组的含气体积，根据各气层组的单储系数，便可实现对地质储量的地震预测。经对计算结果分析，地震预测储量与地质计算储量差距不大，说明利用高分辨率地震资料开展定量含气预测是成功的。

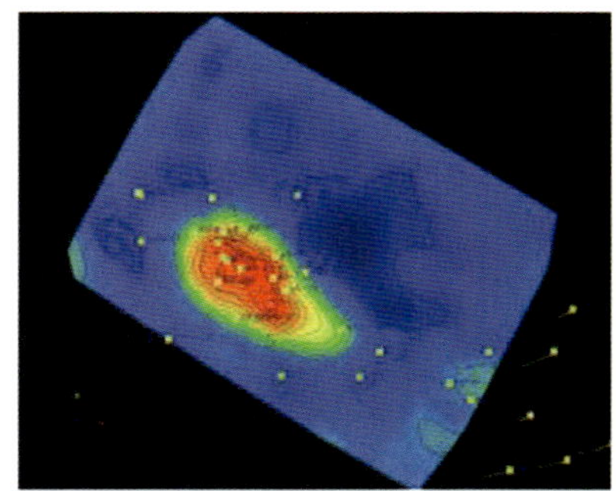

涩北一号零气层组地震预测厚度图

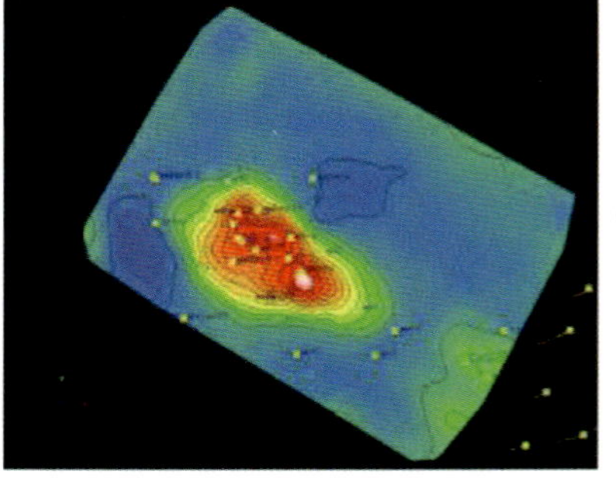

涩北一号一气层组地震预测厚度图

图 1-5-13　涩北一号气田气层厚度预测图

## 七、主要地质成果与评价

通过高分辨率地震勘探技术，对第四系气田气层特征和含气边界的认识程度不断加深，高分辨率地震剖面不仅能较准确的落实构造形态，特别是由于气区反射资料品质的提高，而且可以利用特殊处理和含气检测技术准确预测含气面积及气层厚度，通过检测，单井气层厚度有明显增加，多数含气单元面积也有所扩大，并经 8 口开发井 60 个层组的测试得到验证。

利用该项技术，2001年度，涩北一号气田上交控制储量615.23 × $10^8m^3$，涩北二号气田上交控制储量630.68 × $10^8m^3$，台南气田上交控制储量349.68 × $10^8m^3$。2002年储量升级，涩北一号气田上交探明储量498.39 × $10^8m^3$，涩北二号气田上交探明储量403.44 × $10^8m^3$，取得了巨大的经济效益。

# 第六节　川西白马庙—松华潜伏构造砂岩储层预测

白马庙—松华潜伏构造是川西地区开发浅层气藏的第一个气田。1991年地震详查发现白马庙和松华潜伏构造，1995年在蓬莱镇组首次获得工业气流。1997—1999年，针对侏罗系构造和储层进行了地震加密精查，2001年又进行了三维地震勘探。针对该区第四系覆盖物影响严重、信噪比低、目的层埋藏浅、反射能量变化大的特点，进行采集攻关试验，总结出一套较有效的采集方法，使地震资料质量明显提高，消除了低速带、地形突变引起的构造、断层假象。在储层预测中，以提取储层段振幅信息为主与提取多种储层属性为辅相结合的方法，尽可能排除多解性，使预测成果逐步逼近客观实际。1997年前共完钻15口探井，钻探成功率仅为33.3%。1998—2003年，先后根据这期间的二维、三维地震成果部署并完钻了白浅20井、松浅7井等60口探井和开发井，其中50口井在蓬莱镇组获工业气流，钻探成功率提高到83.3%。

## 一、地理位置

白马庙—松华潜伏构造地处四川省成都市的邛崃市、蒲江县、大邑县境内，东北方向距成都市中区约65km（图1–6–1）。地理坐标为北纬30°13′～30°31′、东经103°22′～103°42′之间。

图1–6–1　白马庙—松华潜伏构造地理位置示意图

## 二、区域地质概况

白马庙—松华潜伏构造隶属于四川盆地川西地区中新坳陷低陡构造区的合兴场构造群南部。它夹于北东向熊坡断层和南北向大兴断层所构成的三角带之间，东南紧邻观音寺、大兴构造，西与大兴西、八角井潜伏构造相接，向北过渡到成都的宽缓向斜区（图1–6–2）。

白马庙—松华潜伏构造地表构造较简单，为一向东北方向倾伏的大型大兴鼻状构造，褶皱较弱，无圈闭。地震详查发现，在大兴鼻状构造背景上的白马庙场和松华场附近，形成了多个局部潜伏圈闭，故得名白马庙潜伏构造和松华潜伏构造。

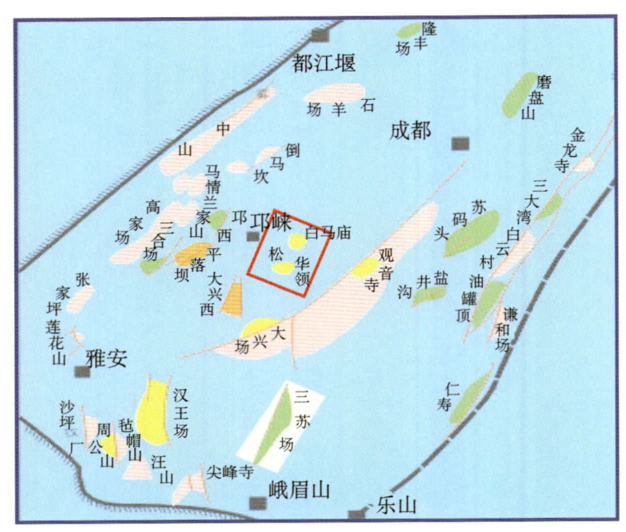

图 1–6–2　白马庙—松华潜伏构造区域构造位置示意图

## 三、地表及人文环境

白马庙地区位于成都平原西南部，地势平坦，起伏不大。该区南部及西侧为浅丘陵，最高为海拔600m，中部和北部为平原，最低为海拔450m，地形相对高差一般为50m左右，最大相对高差150m，属典型的川西浅丘与平原相间地形。

区内交通发达，川藏公路和成雅高速公路穿越该区，连接各乡镇的乡村公路四通八达；场镇众多，人烟稠密，公路沿线遍布民房、厂矿设施；集气站、电站、水产基地等星罗棋布。众多的地下电缆和密集的输气管网穿越工区。

区内水系发达，主要发育有临溪河、南河和蒲江河三大水系，并与纵横交错的人工水渠构成了密集的水网。

区内地表主要分布有第四系平原砾石区、河滩砾石区和浅丘陵黄土砾石区。植被发育，盛产水稻、小麦、油菜、蔬菜及多种水果（图 1–6–3）。

图 1–6–3　白马庙—松华地区地表景观

区内气候温和潮湿，夏秋季炎热、多雨，冬季多雾。年均气温14.6℃，无霜期276d，年降雨量900～1080mm。

这些自然地理条件，为地震资料采集施工带来不同程度的困难。

## 四、勘探程度

1965 年以前的 30 多年间，曾先后在该区进行过矿产调查、石油地质普查、地质细测等工作，发现了敦厚（现今松华镇）重力高。

四川地质调查处于 1967 年开始对该区进行地震普查和详查，到 1986 年，完成了以二叠系、三叠系为目的层的 6 次覆盖地震详查工作。1991 年，又以 15 次覆盖观测系统重新对该区进行数字地震详查，发现了侏罗系的白马庙和松华潜伏构造。1997 — 1999 年，针对侏罗系构造和储层又进行了地震加密精查。

本范例所涉及的二维地震资料为1991—1999年间采集的51条二维数字多次覆盖测线，剖面总长约1238km，测网密度达到了1km × 1km（图1-6-4）。

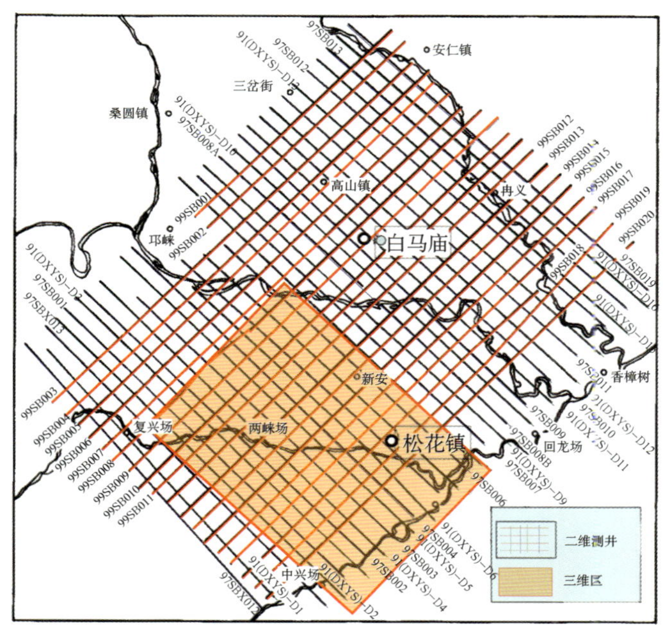


图1-6-4 白马庙—松华潜伏构造地震测线布置简图

为加快白马庙地区浅层气的开发步伐，2001年又在松华潜伏构造上进行了面元为25m × 25m、5 × 5次覆盖的三维地震勘探。三维区控制面积约152.8km²（图1-6-4）。

1995年，白马1井在蓬莱镇组首次获得工业气流，打开了在四川盆地寻找浅层气的新局面。

到1997年，根据此前的各轮地震成果完钻了白马2井、松华1井、松浅1井等15口探井，其中有5口井在蓬莱镇组获工业气流，钻探成功率仅为33.3%。

1998—2003年，先后根据这期间的二、三维地震成果部署并完钻了当浅20井、松浅7井等60口探井和开发井，其中50口井在蓬莱镇组获工业气流，钻探成功率提高到83.3%（图1-6-5）。

## 五、以往物探资料品质与难题

1986年以前为模拟地震资料，针对的目的层是二叠系、三叠系，道距大，覆盖次数仅为6次，基本未获得侏罗系浅层信息，不能用于浅层构造解释和砂岩体储层预测。

1991—1997年间的地震资料为数字多次覆盖详查资料，采用了20～40m的较小道距，覆盖次数提高到15次，目的层为二叠系、三叠系并兼顾侏罗系，获得了部分可用于构造解释和储层预测的浅层资料。

1997年以后的加密详查地震资料，是在充分总结过去几轮资料采集经验和分析资料质量基础上采集的。针对的目的层主要是侏罗系，获得了基准面之下200～1000ms较齐全、丰富的浅层资料，为浅层构造和储层解释提供了良好资料基础。但由于当时应用的是TIMAP IV和PE3280资料处理系统，加上处理水平的局限，未能很好解决低信噪比地区的静校正问题，浅层处理效果不理想，信噪比较低，分辨率不够高，同相轴连续性较差，不同程度地影响到浅层构造解释和储层预测。

2001年的三维资料，原始资料质量有了新的提高，三维叠加和偏移效果好，为精细描述该区浅层构

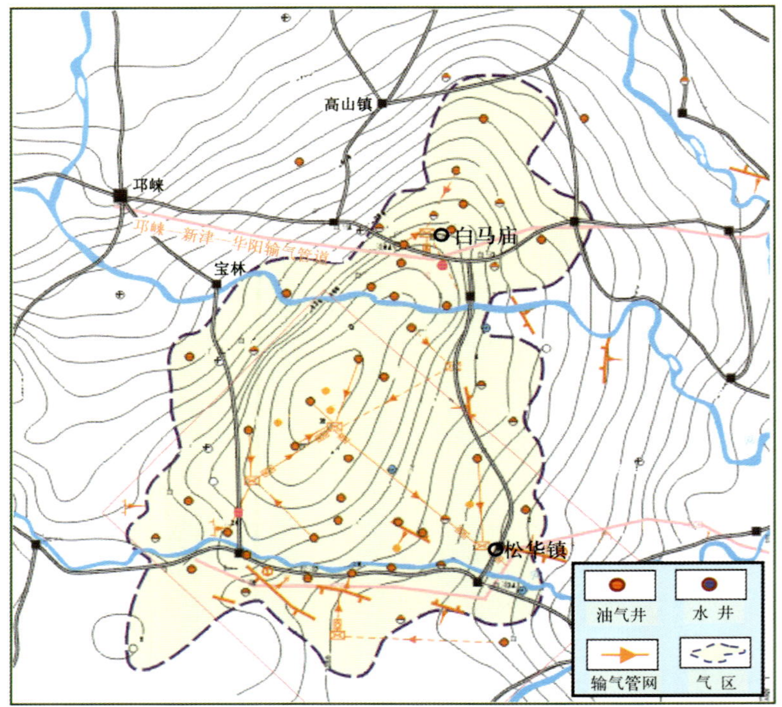


图 1–6–5　白马庙气田钻探形势图

造特征和砂岩体储层预测创造了更为有利的条件。

该区地震勘探要解决的主要问题有：

（1）落实白马庙—松华潜伏构造规模和构造细节。

（2）落实与砂岩体储层密切相关的中小断层分布特征。

（3）选择适用于河湖相砂岩体储层预测的方法技术，排除因泥质层带来的预测多解性。

（4）寻找高产区带。

## 六、主要技术措施及效果

主要技术措施及效果如下：

（1）针对该区第四系覆盖影响严重、信噪比低、目的层埋藏浅、反射能量变化大的特点，进行多次资料采集攻关试验。总结出了一套较有效的采集方法技术，使后期采集的二维、三维地震资料质量明显提高。

（2）应用先进的 SP2 和 PC 集群计算机系统对资料进行处理，以做好低降速带静校正、叠前叠后去噪为主要手段，提高浅层资料成像质量。经反复处理，二维、三维地震浅层资料质量得到大幅度改善（图 1–6–6、图 1–6–7）。

（3）处理与解释紧密结合，在处理过程中最大限度消除因低速带剧烈变化、地形突变等因素引起的构造、断层假象。充分利用二维测网密、三维资料信息丰富和连续追踪的特点，对目的层精细对比追踪，以达到客观反映构造细节变化、提高构造成果精度的目的（图 1–6–8）。

（4）应用振幅加强突出了砂岩体的强振幅特征，提取强振幅信息，初步描述砂岩体的分布状况；应用伽马反演剖面剔除因高伽马泥质条带引起的强振幅部分（图 1–6–9、图 1–6–10）。两者相结合，提高砂岩体预测的可信度。

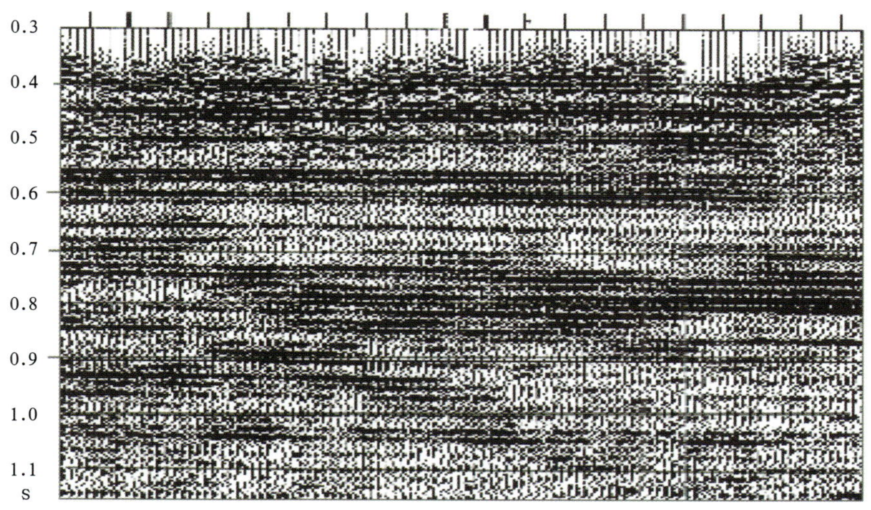


图 1-6-6　白马庙潜伏构造浅层地震攻关剖面段

1999 年资料：浅层目的层齐全，0.4s 附近反射清晰；反射信息丰富，剖面视主频可达 60～70Hz。1986 年资料：信噪比低，基本未获得可用于构造和储层解释的浅层信息

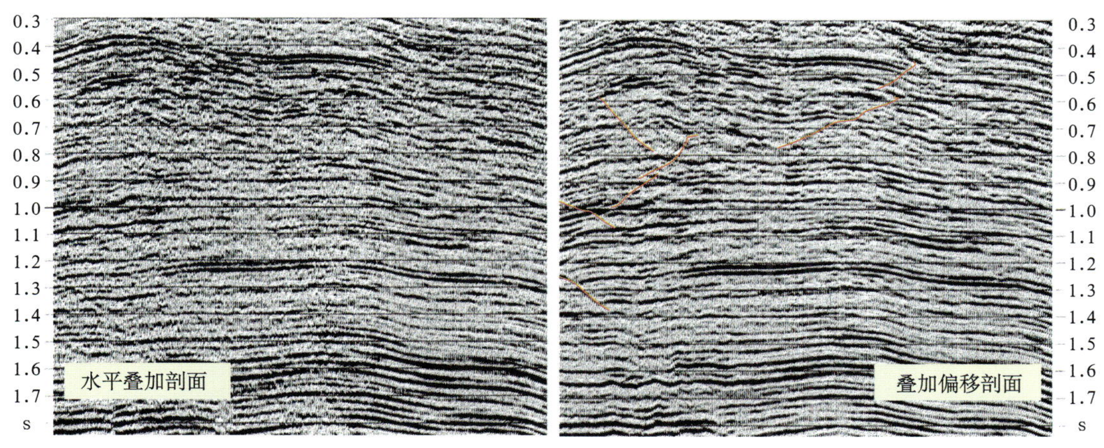


图 1-6-7　白马庙—松华潜伏构造三维 Inline283 线时间剖面

三维资料获得了 0.3s 附近的浅层信息。目的层齐全、信息丰富、信噪比和分辨率高，为构造解释和储层预测奠定了良好基础

（5）侏罗系蓬莱镇组砂岩储层具有相对低阻抗、低速和高孔隙度的特征，应用波阻抗、速度、孔隙度反演相结合综合预测储层发育程度（图 1-6-11～图 1-6-13），提高储层预测的可信度。

（6）应用储层发育程度预测结果，结合储层段构造成果、储层段中小断层发育特征、储层段下伏层断裂分布规律和应用三维数据体识别河道砂岩体成果，综合预测侏罗系蓬莱镇组砂岩体储层高产区带，提高勘探效率。

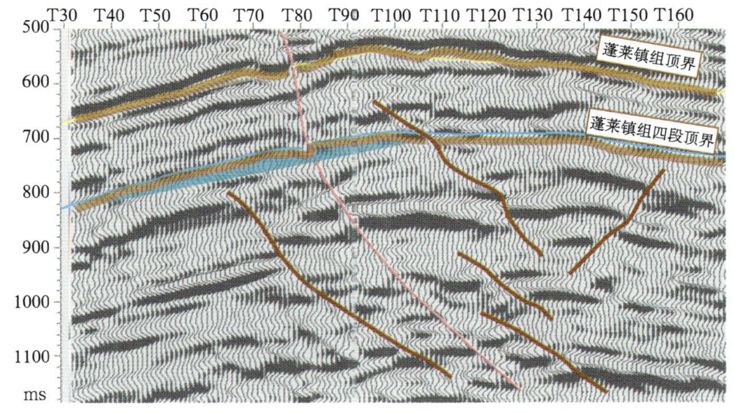


图 1-6-8　白马庙—松华潜伏构造三维 Inline308 线偏移剖面

高质量的蓬莱镇组反射清晰地反映了构造细节变化和小断层展布特征

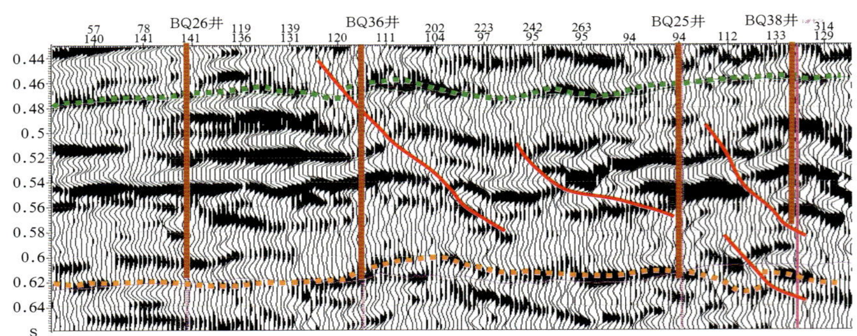

图 1-6-9　白马庙 — 松华潜伏构造振幅加强剖面

反映的蓬莱镇组砂岩体强振幅地震响应更加突出

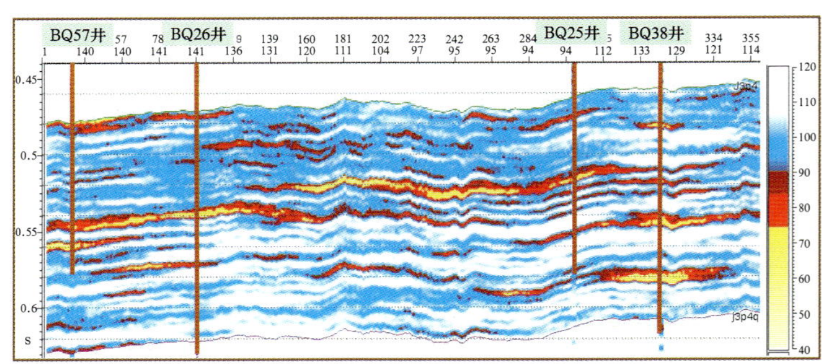

图 1-6-10　白马庙—松华潜伏构造自然伽马反演剖面

图中红、黄色条带为BQ38等4口井钻遇的API值小于80的砂岩体

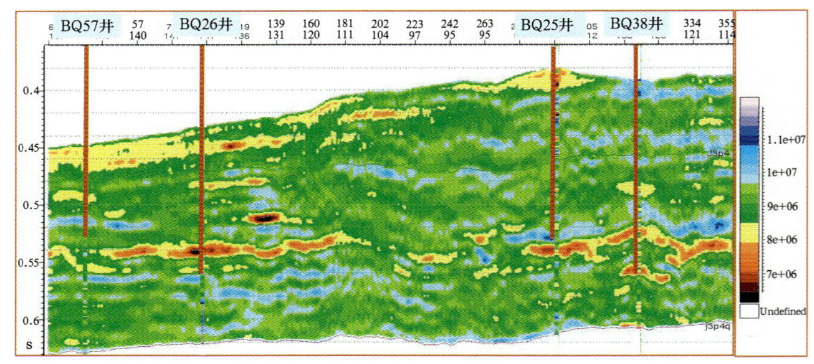

图 1-6-11　白马庙—松华潜伏构造波阻抗反演剖面

BQ25等井钻遇的蓬莱镇组砂岩体储层均表现为高阻抗（图中红、黄色条带）地震响应特征

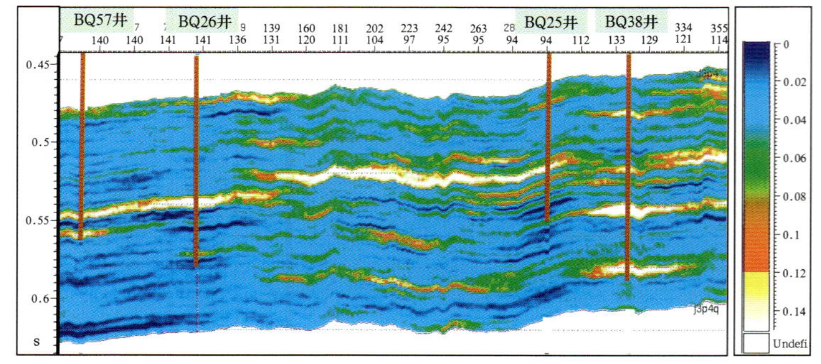

图 1-6-12　白马庙—松华潜伏构造孔隙度反演剖面

图中草绿—白黄色条带的相对孔隙均大于6%，BQ38等井钻探均获工业气流

## 七、主要地质成果与评价

在1998年以后对白马庙—松华潜伏构造的地震勘探，由于装备更新，技术进步，资料处理目的性强，严格控制了各关键环节的处理过程，使侏罗系浅层资料品质提高，消除了非地质因素造成的构造、断层假象。在此基础上所获得的构造成果，落实了蓬莱镇组上部构造圈闭面积为98.3km²，构造形态准确，构造细节丰富可靠（图1–6–14）。经与1998年以前16口完钻井的蓬莱镇组顶界钻深比较和1998年以后陆续完钻的60口井钻探检验，深度相对误差为1%以下，从构造角度保证了开发白马庙—松华气田的需要。

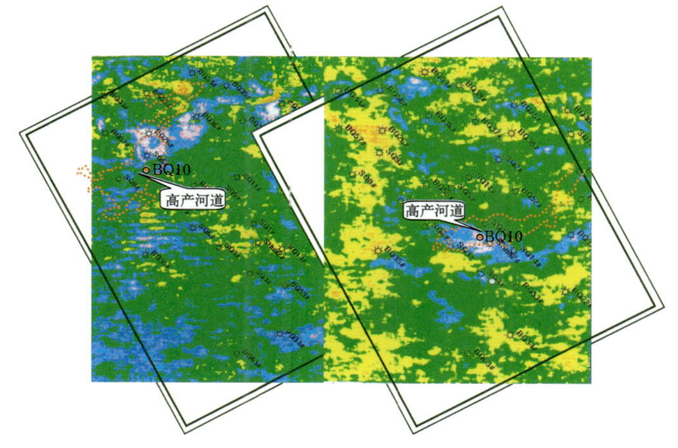


图1–6–13 白马庙—松华潜伏构造蓬莱镇组第四储层段速度反演切片

该图清楚地反映了1号和2号河道砂岩体，分别位于该2个砂岩体上的白浅102、白浅103井均获约$5\times10^4m^3$/d工业气流

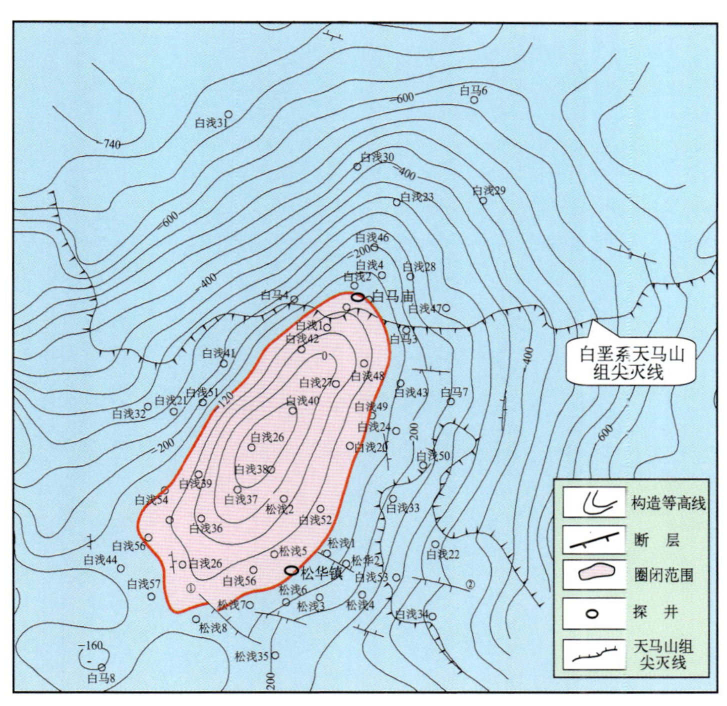


图1–6–14 白马庙—松华潜伏构造蓬莱镇组顶界构造图

该构造成果经16口探井和60口开发井的检验，蓬莱镇顶界深度相对误差小于1%

在储层预测中，以提取储层段振幅信息为主，以提取多种储层属性为辅，实施了单项预测和多项综合预测相结合的技术思路，尽可能排除多解性，使预测成果逐步逼近客观实际（图1–6–15）。成果经1998年以来的60口探井、开发井检验，钻遇砂岩体的符合率为84%，储层发育程度预测符合率为81%，获气成功率从以前的33.3%提高到83.3%。

目前，根据储层预测成果和钻探成果落实蓬莱镇组主要储层段含气面积约166km²，获天然气预测储量$243.02\times10^8m^3$，可采储量$133.66\times10^8m^3$。本区已成为四川第一个目的层埋藏浅、见效

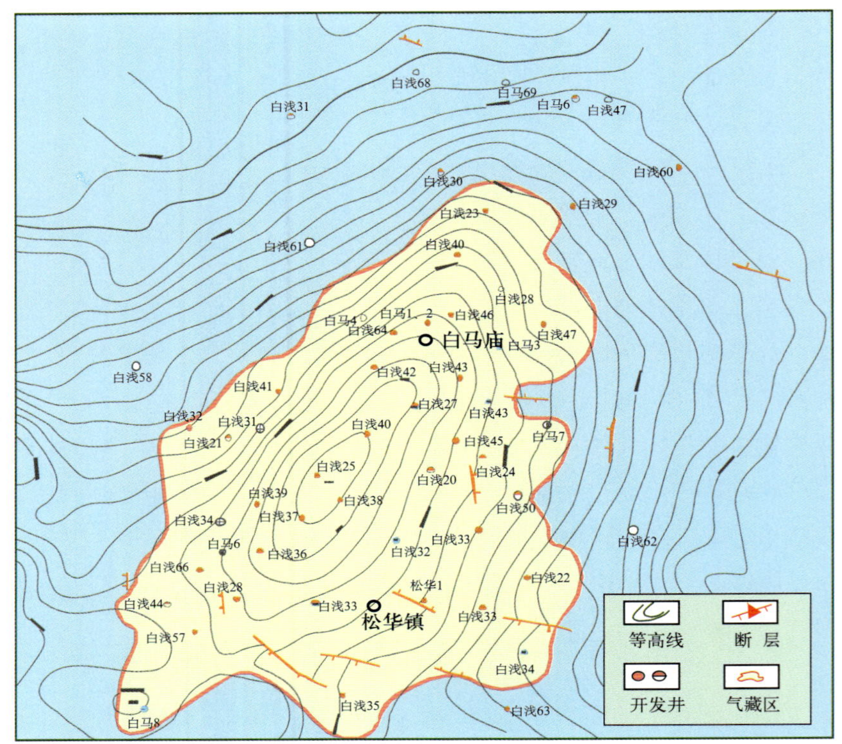


图 1-6-15　白马庙—松华潜伏构造蓬莱镇组气藏综合预测图

该图依据蓬莱镇组砂岩体分布和储层发育程度预测成果综合编制。经1998年之后的60口开发井检验，钻遇砂岩体的符合率为84%，储层发育程度预测符合率为81%，获气成功率为83.3%

快、效益高的中型气田。

白马庙—松华潜伏构造的地震勘探，成功地实现了河湖相砂岩体气藏的构造解释和储层预测，将勘探符合率和成功率提高到了新的高度，为四川的天然勘探和开发做出了突出贡献。同时，这套地震勘探方法，开创了四川浅层天然气次生气藏勘探的先例，将对其他地区类似气藏的勘探起到重要的指导作用。

# 第二章　复杂地表区地震勘探

中国石油天然气股份有限公司复杂探区主要有复杂山地、黄土塬、大沙漠和滩海四大类，它们已成为中国石油当前油气勘探的重点领域。复杂山地勘探领域主要分布在塔里木盆地库车、塔西南，四川盆地龙门山山前、大巴山—米仓山山前，准噶尔盆地南缘，鄂尔多斯盆地西缘，柴达木盆地西北缘，酒泉盆地祁连山前，以及吐哈盆地博格达山前和火焰山等地区，以逆掩推覆构造油气藏为主要勘探对象；黄土塬勘探领域主要分布在鄂尔多斯盆地、民和盆地及塔里木盆地塔西南坳陷，主要油气藏类型有砂岩岩性油气藏、海相碳酸盐岩油气藏和复杂高陡构造油气藏等；大沙漠勘探领域主要分布在塔里木盆地、准噶尔盆地大沙漠区，主要油气藏类型有岩性地层油气藏、裂缝型碳酸盐岩油气藏、低幅度构造油气藏等；滩海勘探领域主要分布在环渤海湾地区，主要油气藏类型有各类构造油气藏、岩性地层油气藏和特殊岩性体等。

各类复杂探区地震勘探都有各自特殊的特点和难题，其共同点是地表条件恶劣，野外施工难，地质—地球物理条件差，造成地震资料品质差，信噪比低，准确成像困难。特别是在复杂山地探区，除地形陡峭、老地层出露、表层激发岩性横向剧变等难点外，地下地质条件也十分复杂，逆掩推覆，高陡构造成像精度很差，甚至根本不能成像，长期以来一直是油气勘探取得重大突破的瓶颈。

经过多年的不懈攻关，以塔里木库车坳陷克拉2大气田的发现为重要标志，山地地震勘探技术获得了重大突破，开创了山地地震勘探的新局面。然而从复杂探区油气勘探对物探技术的需求方面看，复杂探区物探技术攻关虽历经数十载，近年来也已在部分地区有所突破和进展，但从总体上来看，物探技术攻关依然任重道远。本书从复杂探区物探范例中优选了8个典型的实例，展示复杂探区物探技术攻关最重要的进展，希望能对其他地区的技术发展有所启迪和借鉴。这8个范例是：（1）塔里木盆地克拉2气田山地地震勘探；（2）塔里木盆地迪那2气田山地地震勘探；（3）准噶尔盆地霍尔果斯背斜山地地震勘探；（4）祁连山逆掩推覆带窟窿山山地地震勘探；（5）黄土塬山区网状三维地震勘探；（6）塔里木盆地大沙漠覆盖区三维地震勘探；（7）陆梁油田复杂表层区低幅度构造油气藏地震勘探；（8）吐哈盆地雁木西地区山前冲积扇区表层静校正技术。

## 第一节　塔里木盆地克拉2气田山地地震勘探

克拉2大型整装气田的发现是中国油气勘探从平原、沼泽、丘陵移师复杂山地取得的重大突破，是复杂山地地震勘探成功的典范。该气田的勘探成功为中国油气勘探开辟了新的领域，标志着油气勘探又进入了一个全新的阶段。尤其是在克拉2气田勘探过程中形成的一套地震数据采集、处理、解释的配套技术系列，为复杂山地勘探提供了很好的技术借鉴。

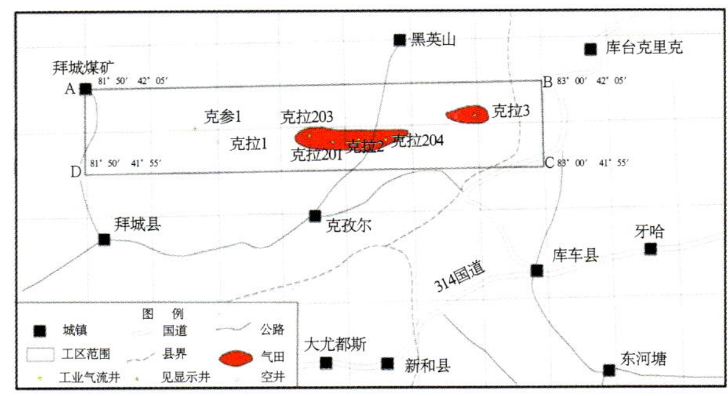


图 2-1-1　克拉 2 气田地理位置及克拉苏地区石油天然气勘探矿权范围示意图

## 一、地理位置

克拉 2 气田位于中国新疆维吾尔自治区阿克苏地区拜城县境内，西距拜城县约 60km，东距库车县约45km，南离克孜尔乡约20km，南距314国道 39km，北距黑英山乡约 22km（图 2-1-1）。

## 二、区域地质概况

克拉 2 气田所处的塔里木盆地库车坳陷，属于南天山带的前陆盆地，北邻南天山造山带，南为塔北隆起，面积 28515km$^2$。它可以进一步划分为四个构造带和三个凹陷（图 2-1-2），四个构造带由北至南分别为北部单斜带、克拉苏—依奇克里克构造带、秋里塔克构造带和前缘隆起带；三个凹陷从西向东分别为乌什凹陷、拜城凹陷和阳霞凹陷。克拉 2 气田位于克拉苏—依奇克里克构造带中西部。

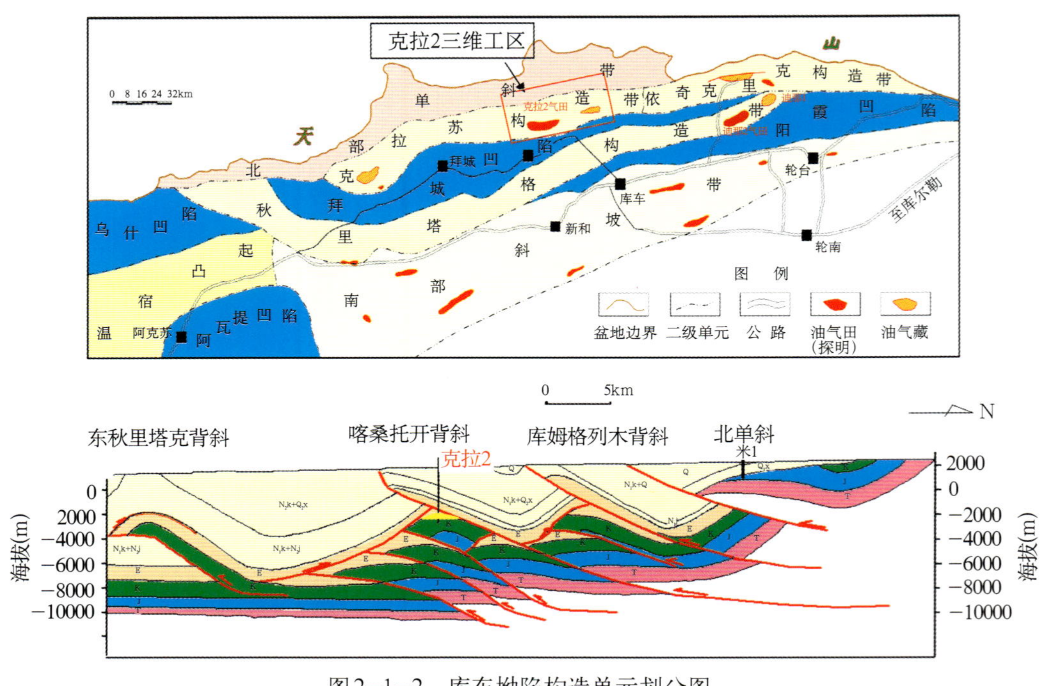


图 2-1-2　库车坳陷构造单元划分图

克拉苏构造带的形成与演化主要受控于大宛齐北—克拉苏断裂带。构造带内发育各种类型的断层相关褶皱（如断层转折褶皱、突发褶皱、断层传播褶皱、双重构造等）。克拉 2 构造就是在双重构造背景下，形成的一个突发褶皱。

## 三、地表及人文环境

克拉 2 气田地势总体上表现为北高南低，东西部高，中部低的趋势；工区内地表起伏大，最大高差 450m。气田西南部为喀桑托开背斜轴部，地形较复杂，山丘相对高差大，且地面常覆盖一层第四系的砂砾，地面海拔 1500～1600m；气田中部较平坦，地面海拔 1460～1470m；气田东部地形相对复杂，地面海拔 1480～1600m(图 2-1-3)。工区属温带大陆性干旱气候，降雨量小，日照时间长；冬季干冷，夏季干热，最低气温 −24℃，最高气温40℃。春季多风，风力一般4～5级，最大10～12级，沙尘暴影响比较严重。区内人烟稀少，经济不发达。

图2−1−3　克拉2气田地表地貌照片

## 四、勘探程度

该区地震勘探始于1983年，1995年完成地震普查工作，二维地震南北向测线线距达4～8km，东西向测线线距达8km，在此基础上发现了克拉2号构造。1996年底，在地震普查的基础上加密南北向地震测线，地震测线距达到4km，进一步落实了克拉2号构造，并提供了克拉2井井位。1998年，克拉2井在下第三系—白垩系喜获高产工业气流，标志着克拉2大型整装气田的诞生。

1999年，为了落实克拉2气田的规模，在克拉苏地区开展了大规模的二维地震勘探，完成了地震详查工作。在克拉2构造主体部位，地震测网密度达到了1km × 0.75km，总计完成二维地震剖面约700km。

2000年，为了精细刻画克拉2气田的构造形态、断裂特征，开展克拉2气田气藏描述，针对克拉2气田部署了一次覆盖面积为404.04km²、满覆盖面积为209.54km²的三维地震。通过对三维地震资料的精细构造解释，完成了克拉2气田气藏描述。

到目前为止，针对克拉2气田共完钻探井和评价井6口，探井密度8km²/口；除克拉202井外，其他5口井先后在下第三系白云岩、砂砾岩、白垩系大套砂岩中获工业气流，钻探成功率达83%。

## 五、以往物探资料品质与难题

### （一）以往地震资料品质

从1995年完成二维地震普查工作至2000年完成三维地震勘探，克拉2地区地震资料品质的改善是巨大的（图2−1−4），克拉2构造的形态、高点位置、高点埋深、构造幅度、构造面积、溢出点位置、断裂系统等都发生了较大变化（图2−1−5），三维地震后构造解释趋于更加合理。

### （二）地震野外施工的主要难点

（1）地表相对高差较大，表层条件复杂，静校正难度大。

（2）工区内表层模型复杂，主要表现在岩性多变，激发和接收条件较差（图2−1−6）。

（3）地下地质情况复杂：可分为盐上和盐下两个构造层，目的层为盐下高陡构造层（图2−1−7）。复杂的地质条件给地震观测系统设计带来困难。

### （三）地震处理难点

（1）表层结构复杂，静校正问题突出。

（2）戈壁地貌以及黄土覆盖下松散堆积的巨厚砾石层，使地震波散射严重，各种干扰波发育，资料信噪比低（图2−1−8）。

（3）工区内地表、地下构造复杂，断层十分发育，速度横向变化大，叠加成像及偏移归位难。

### （四）速度场研究难点

克拉2气藏地表条件和地下构造本身的复杂性增加了速度建场的难度。此外，该气藏上覆地层的地质特征也是非常复杂的，上覆蒸发岩地层的横向不均匀分布及其内部岩性成分在横向上的复杂变化均会导致速度场变化和构造的不确定性。

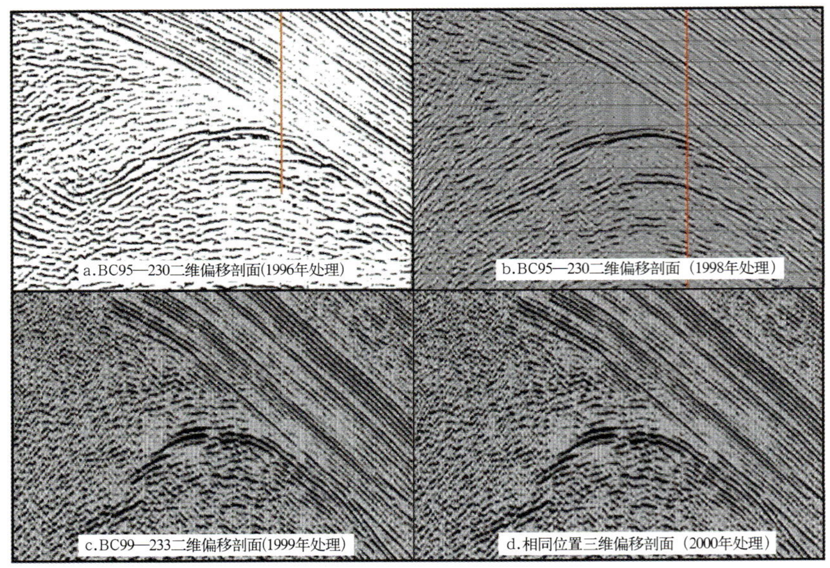


图 2-1-4　克拉 2 气田历年地震剖面对比图

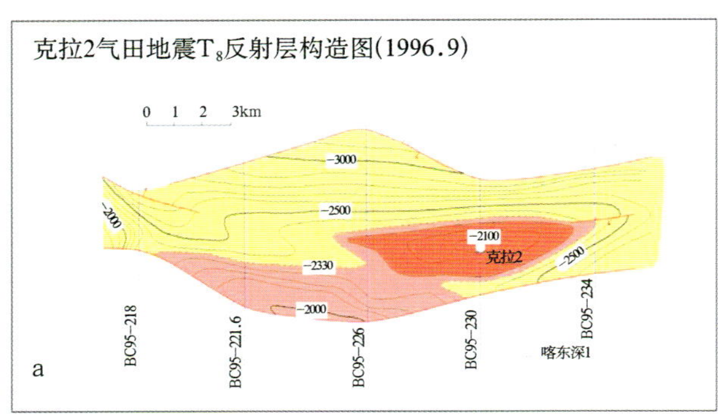


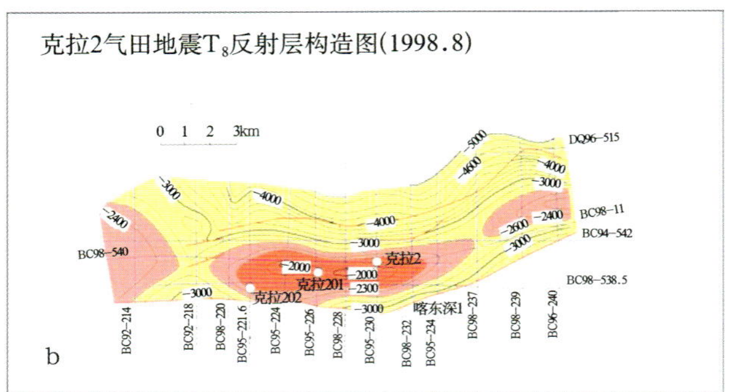


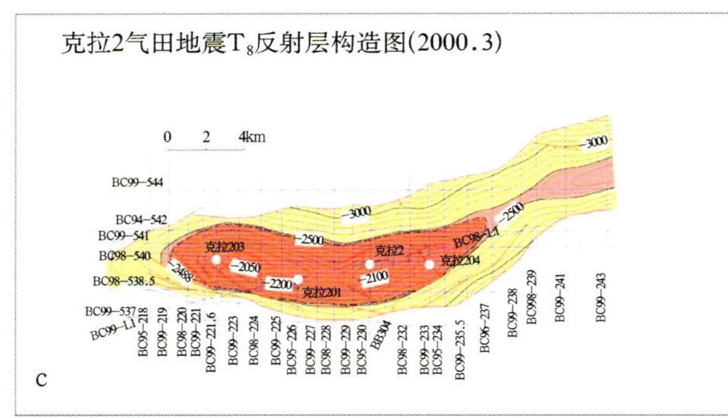


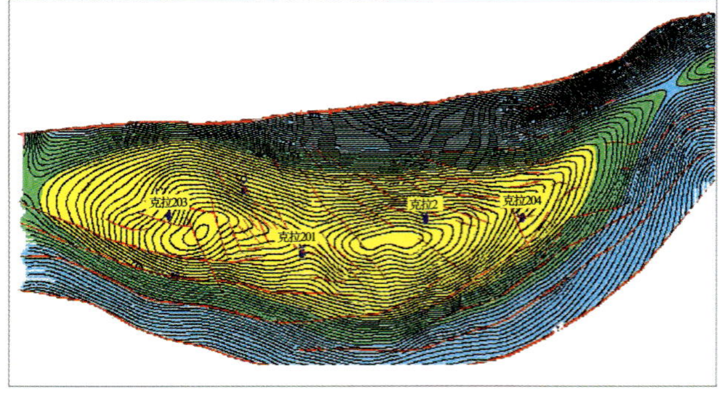


图 2-1-5　克拉 2 气田历年构造图对比

## 六、主要技术措施及效果

### （一）地震资料采集采用的针对性技术措施

（1）利用卫星遥感数据及矢量数据体所反映出的不同地表岩性，合理布置表层调查点。利用多种手段建立三维表层结构模型；然后通过多种静校正方法的试验和对比、分析来选择合理的静校正方法。

（2）在调查的基础上进行激发岩性分区和激发试验，并进而确定不同岩性区的激发技术和方式；通过动态实时的变观设计，避开激发条件差的地区或障碍区。

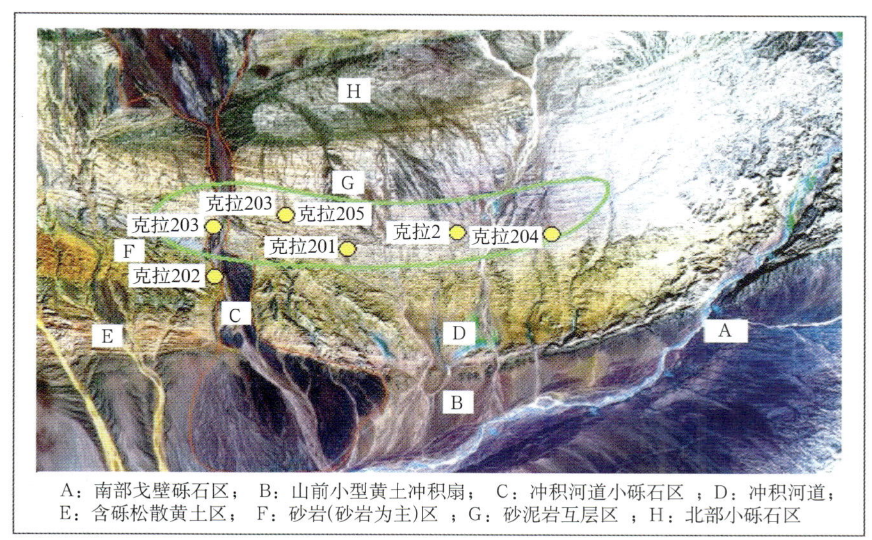


图2-1-6　克拉2气田表层模型（卫星照片）

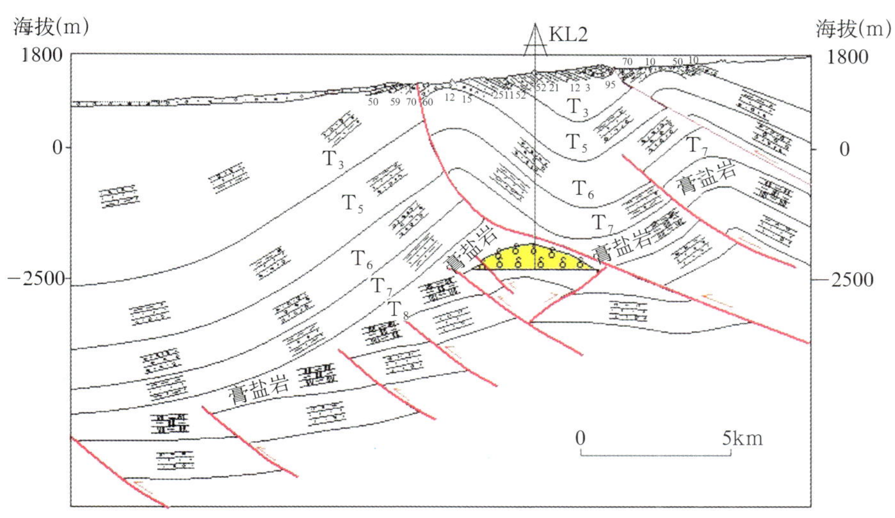


图2-1-7　克拉2气田南北向地表露头与地下地质结构剖面图

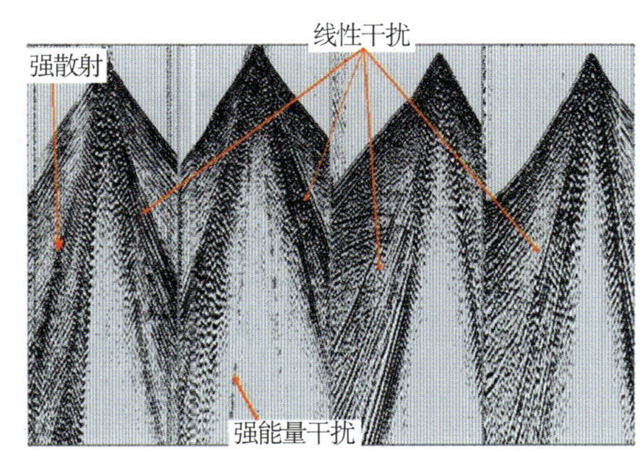


图2-1-8　克拉2气田三维地震原始单炮记录

(3) 采用多种震源联合施工，改善地震激发条件。在山体部位，采用单深井、高密度TNT炸药保证激发能量；而在山前砾石区，使用大吨位可控震源尽可能地补偿松散砾石层对能量的衰减。

(4) 针对地层倾角大、产状变化大等情况，选择小道距、长排列的观测系统；坚持在地层下倾方向激发，地层上倾方向接收。

## （二）地震资料处理采取的主要技术措施

(1) 进行多种剩余静校正方法的试验和对比，最终选用了地表一致性剩余静校正方法。剩余静校正后，地震反射成像效果改善明显，反射同相轴更加光滑。

(2) 在OMEGA和GRISYS上对地震资料进行系统的叠前去噪，并将线性干扰和高能干扰分频压制

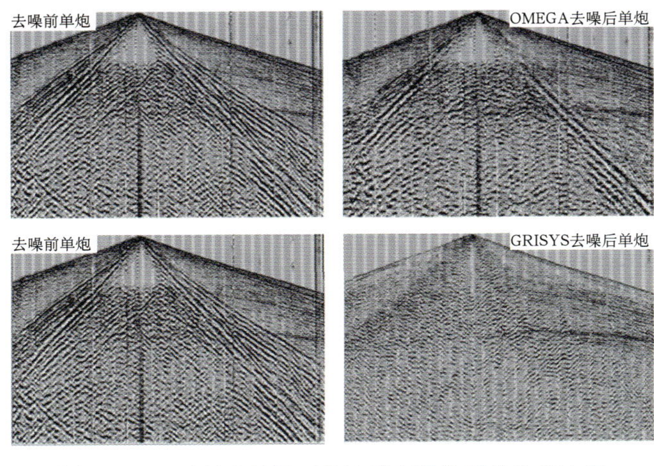

图 2–1–9　克拉 2 气田三维地震去噪前后单炮对比图

放在叠前（图 2–1–9），以确保地震资料中能量的相对关系。

（3）利用二维资料、VSP 资料调查工区速度场的变化规律，并在此基础上对原始资料优势频带进行分析，优化速度分析参数，确定合理的速度谱。

（4）建立合理的叠加速度场，选用常规 DMO 进行叠加成像；做好偏移方法试验、选择以及偏移速度场的建立工作。

通过对山地地震资料采集—处理的联合攻关，克拉 2 气田三维地震剖面的浅、中、深层反射波能量均衡，波组特征明显，无明显的蚯蚓状反射，信噪比高，对侧面反射有了很好的压制。在克拉 2 气田构造主体部位，主要目的层段 $T_8$～$T_{8-2}$ 反射波组连续性好，断点清晰可靠，工区范围内一级品率达到 90% 以上。

### （三）地震解释技术

（1）结合地质露头、倾角测井等资料，利用地震、地质反复迭代法建立合理的地震解释模型。

（2）对三维地震资料进行全三维解释。

（3）利用时间切片配合地震剖面解释，提高构造解释的精度（图 2–1–10）。

（4）利用相干数据体对断层解释的指导作用，对克拉 2 气藏断裂特征进行精细刻画（图 2–1–11）；并利用三维可视化软件描述主要断层在三维空间的展布。

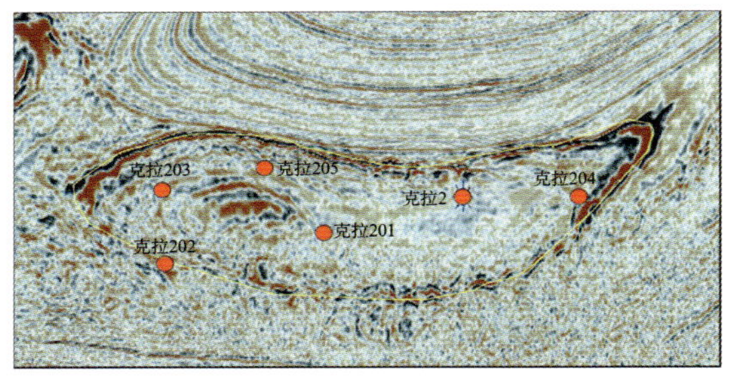

图 2–1–10　克拉 2 井区三维地震 2230ms 时间切片

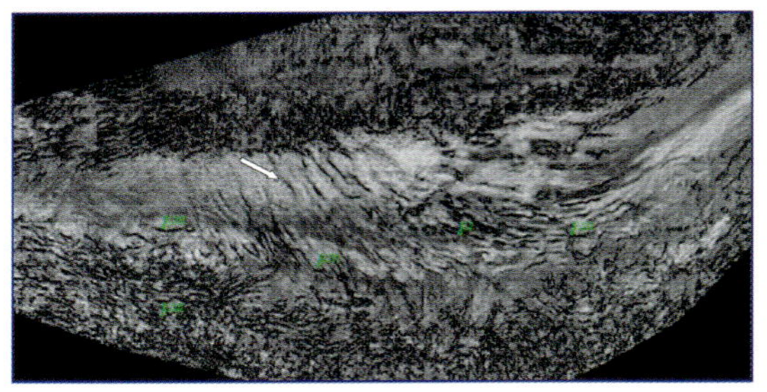
图 2–1–11　克拉 2 气田地震相干数据体沿 $T_8$ 反射层切片

（5）利用平点分析技术对克拉 2 三维资料中的平点反射进行解释（图 2–1–12），圈定克拉 2 气藏在平面上的含气范围与构造图上的含气范围基本相当（图 2–1–13）。

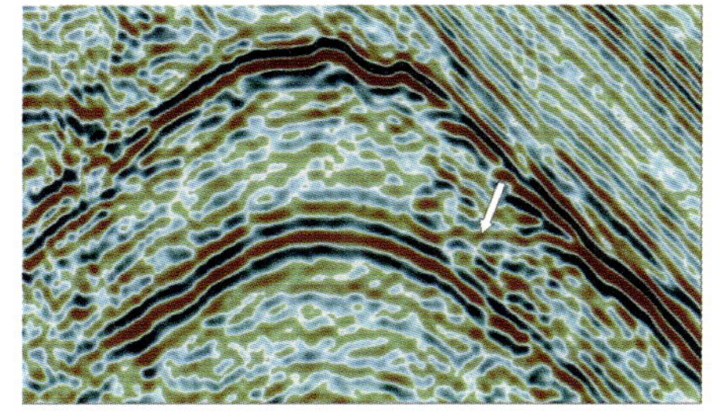
图 2–1–12　Inline870 剖面“平点”显示（箭头所指）

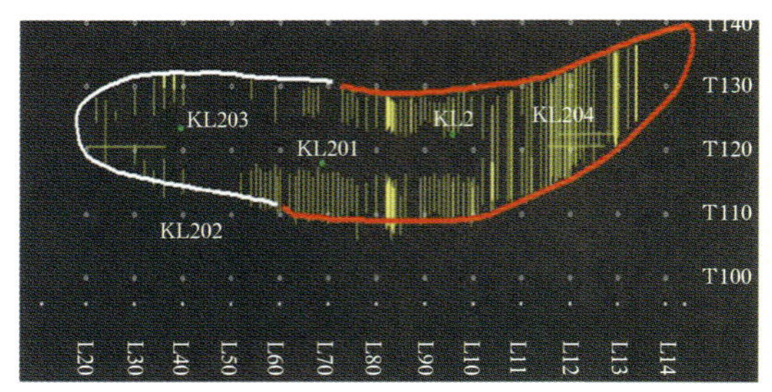

图 2–1–13　克拉 2 井区三维地震资料平点解释圈定的气田范围

（6）利用地震信息交汇分析技术、三维可视化技术（图2−1−14）、多井约束地震反演技术，对气田储层的横向分布特征进行描述（图2−1−15、图2−1−16）。

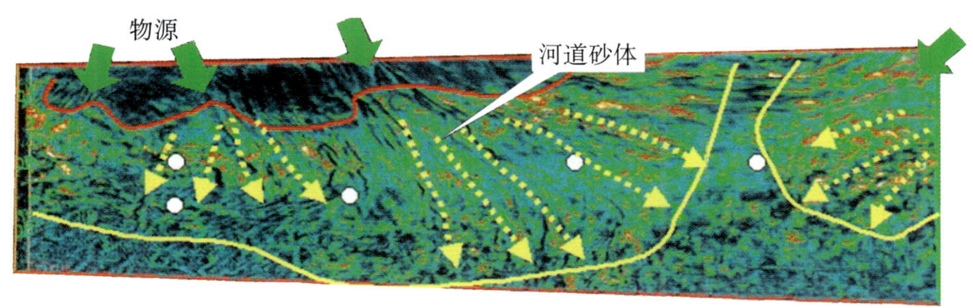


图2−1−14　克拉2气田三维地震$T_8$以下40ms至76ms振幅透视图(三维可视化技术 )

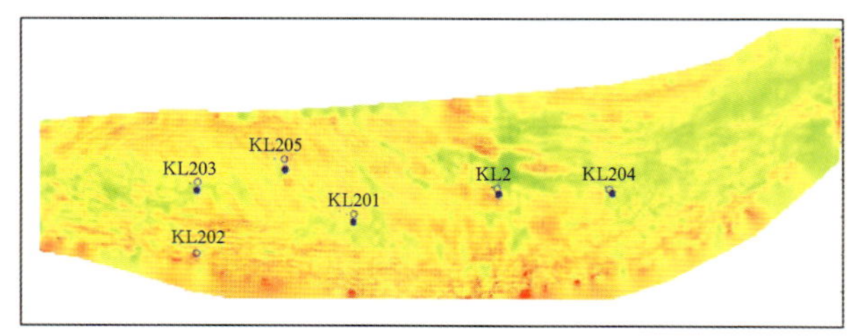


图2−1−15　白垩系巴什基奇克组第一岩性段+下第三系砂砾岩段渗透率平面图

（红为高渗透率，黄较红渗透率略低，绿为低渗透率）

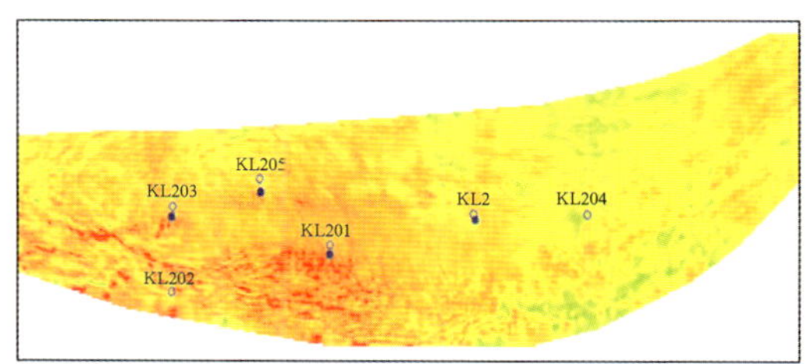


图 2−1−16　白垩系巴什基奇克组第二岩性段渗透率平面图

（红为高渗透率，黄较红渗透率略低，绿为低渗透率）

（7）DMO速度处理在克拉2三维资料处理中获得成功，为解释人员提供了DMO数据体和DMO速度谱，DMO速度比水平叠加速度更能反映地层的真实速度。

针对高陡构造区地震勘探的特点，设计了一套新的速度建场方法：VP3建场方法。其核心思想是在大套标准反射层控制下，建立三维构造模型；进行$t_0$反偏移，建立起偏移$t_0$图与速度场之间的联系；再用三维模型迭代方法计算地层层速度。

图2−1−17为最终的克拉2地区三维平均速度场，其总体规律为：南北分带、东西分块；构造轴部速度高，南北两翼速度低，东北角出现异常高速，这与克拉2的区域地质情况吻合。图2−1−18是过克拉2井的南北向三维地震测线，可以看出$T_8$反射层之上的巨厚低速膏盐层主要分布在构造轴部以南；浅层未固结、成岩作用较差的低速层主要分布在构造轴部以北，而构造主体轴部为成岩作用较好的上第三系吉迪克—康村组的高速度层。

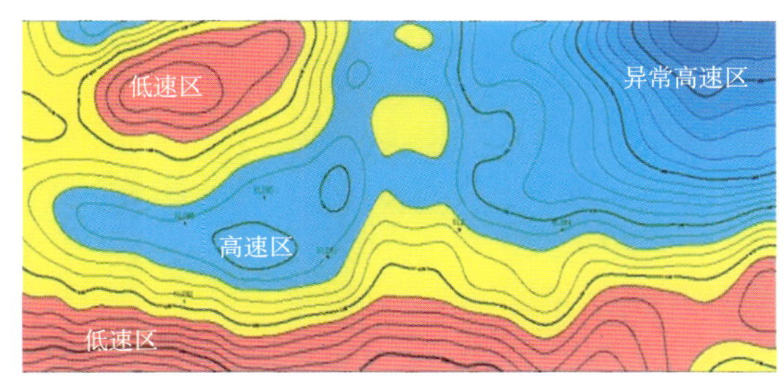


图2−1−17　$T_8$反射层平均速度平面图

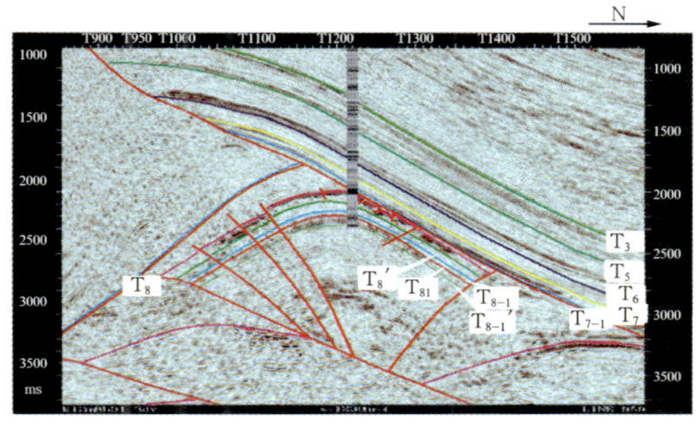


图2−1−18　过克拉2井南北向三维地震剖面

## 七、主要地质成果与评价

1996年9月，在5条南北向二维测线的控制下，发现了克拉2构造。在地震$T_8$反射层构造图上，克拉2构造圈闭面积9.4km²，圈闭幅度240m（图2-1-5a）。

1998年8月，该区二维地震测线加密到2km × 2km。在地震$T_8$反射层构造图上，落实克拉2构造圈闭面积35km²，圈闭幅度600m（图2-1-5b）。

1999年底，该区加密二维地震测网至1km × 0.75km～1km × 1km。2000年4月，在二维地震资料、5口探井和取得的地质、测井、试气、化验等资料的基础上，完成了克拉2气藏描述，并上交天然气未开发探明储量（Ⅱ类），含气面积47.1km²（图2-1-5c），天然气原始地质储量2506.10 × $10^8$m³，可采储量1879.58 × $10^8$m³。

2000—2001年，对克拉2三维地震资料进行采集处理一体化攻关，三维地震资料品质较二维有了很大的改善。利用上述新的技术手段和方法，进行构造地质建模、构造精细解释和储层横向预测，完成了该气田的精细描述。在上述工作基础上，对克拉2气田天然气探明储量进行了重新计算[储量级别仍为未开发（Ⅱ类）探明储量级别]，重算天然气探明地质储量2840.29 × $10^8$m³，可采储量2130.22 × $10^8$m³，即新增天然气探明地质储量334.19 × $10^8$m³，新增可采储量250.64 × $10^8$m³。

回顾克拉2气田的勘探历程，有三点认识：

(1) 山地地震勘探新技术在克拉2气田的发现和探明过程中起了决定性的作用。对比该区1995—2000年采集处理的二维、三维地震资料和解释结果（图2-1-4、图2-1-5）可以发现，随着山地地震技术的进步，该区地震资料的品质有了质的飞跃，构造形态与断裂系统解释更加细致合理，与该区钻探结果的吻合程度也更高。

(2) 库车地区主要的圈闭类型为盐下高陡构造圈闭。落实此类构造有两大难题：一是构造区目的层段信噪比低（上覆盐层与下伏地层之间形成一强反射界面，对下伏目的层段反射信号有屏蔽作用，而且高陡构造两翼反射主要来自远道，信号较弱），二是速度场复杂（复杂的地表条件和构造本身的复杂性增加了速度建场的难度，而且该气藏上覆蒸发岩地层的复杂变化也增加了速度场变化的不确定性）。在克拉2气田勘探过程中，针对此类问题而形成的山地地震勘探技术将对库车地区的勘探前景产生巨大的影响。

(3) 各种地震资料采集、处理和解释新技术在该区的试验、攻关、甚至成功运用是该区勘探获得成功的重要技术前提和基础，此类新技术试验、攻关与运用应在以后的勘探工作中得到加强，技术进步就意味着勘探突破。

# 第二节　塔里木盆地迪那2气田山地地震勘探

库车前陆盆地山高沟深，地表地下条件复杂，地震资料品质差，基本上为勘探的盲区。通过持之以恒的物探技术攻关，地震资料品质大幅度提高，最终发现了亿吨级的大气田——迪那2气田，进一步夯实了西气东输的基础。

## 一、地理位置

迪那2气田位于新疆维吾尔自治区库车县境内，东距阳霞乡约90km，北离依奇克里克乡约31km，南邻314国道约30km，迪那河从气田东部流过（图2—2—1）。

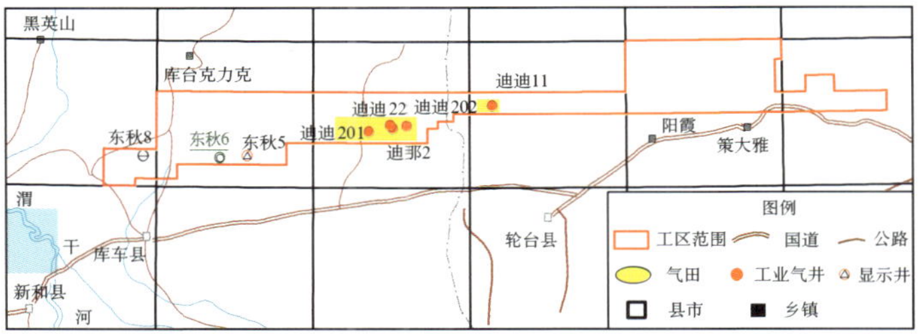

图2—2—1　迪那2气田地理位置及迪那地区石油天然气勘探矿权范围图

## 二、区域地质概况

迪那2气田隶属于塔里木盆地库车坳陷秋里塔格构造带，位于秋里塔格构造带东段（图2—2—2）。秋里塔格构造带北隔拜城凹陷与克依构造带相望，南邻前缘隆起带，西起阿瓦特背斜，东接阳霞凹陷，处于南北油气田遥相呼应的中间地带。该构造带介于库车坳陷三叠系—侏罗系烃源岩生烃凹陷与前缘隆起之间，是油气向前缘隆起带运移的必经之路，区域构造位置非常有利。

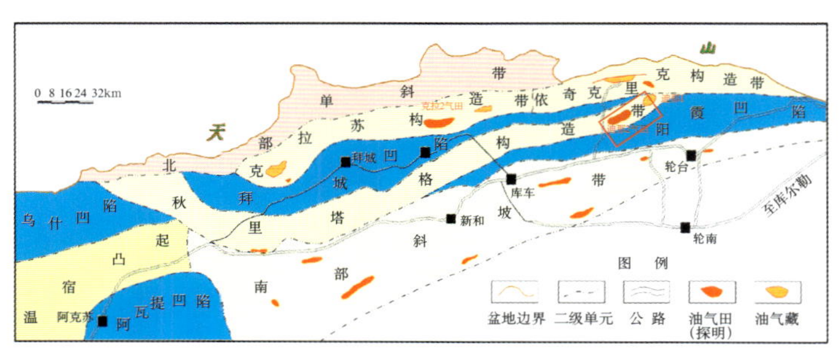


图2—2—2　迪那2气田所在构造单元位置

## 三、地表及人文环境

迪那2气田工区地形复杂，地表高差较大，地形北高南低，海拔在1000～2646m之间。工区东北部和西部为高大复杂山体分布区，地层倾角在20°～40°，局部倾角较大，可达40°～60°，相对高差在1000～1600m之间；中部为第四系砾石覆盖区；南部为戈壁砾石区。整个工区植被稀少，山体岩石裸露基本无植被，戈壁滩有稀疏的植被，在迪那河边植被相对繁盛（图2—2—3）。

图2—2—3　迪那2气田地表地貌图

迪那2气田地面南北向季节性河流发育，河床由第四系砂砾组成，气田南侧发育一排第四纪冲积扇。气田东部是南北流向的迪那河，常年有水，发源于南天山，向东南方向分为两个支流，分别流经群巴克乡和轮台县。

迪那2气田交通方便，南部30km是近东西向的314国道，西侧5km处为南北贯通的314国道到依奇克里克的乡间公路，气田南北向的大冲沟都可以通车。

工区属温带大陆性干旱气候，气候干燥，降雨量少，日照长，冬季干冷，夏季干热。工区内人迹罕至，动植物稀少。迪那河下游为一些绿洲，居民以维吾尔族为主，主要从事农牧业生产，经济较落后（图2—2—4）。

## 四、勘探程度

20世纪50年代，在区内完成了重力、磁法、电法勘探工作及地面地质调查。1994年开始在工区内部署少量二维地震进行普查，1998年、2000年先后在本区开展了大规模二维地震勘探工作，发现迪那2号构造，并上钻迪那2井。为了进一步落实该构造圈闭，两次加密测网，构造主体部位测网密度达到1km ×

2km～2km × 2km。2001年4月29日，迪那2井钻至上第三系吉迪克组底砾岩段顶部，在井深4875.59m处发生强烈井喷，获高产工业油气流，标志着迪那2气田的诞生。

图2-2-4　迪那2气田卫星照片

2001年6月，为了进一步落实迪那2气田，针对构造整体部署三维地震，满覆盖面积433.95km²。

迪那2气田完钻探井和评价井4口（迪那2、迪那22、迪那201、迪那202），先后在下第三系砂岩中获得工业油气流，钻探成功率100%。2002年底，利用三维资料及3口评价井取得的地质认识，完成了气藏的描述，提交气藏的控制储量和探明储量。目前探井密度19km²/口，勘探程度很低。

## 五、以往物探资料品质与难题

### （一）原地震资料品质评价

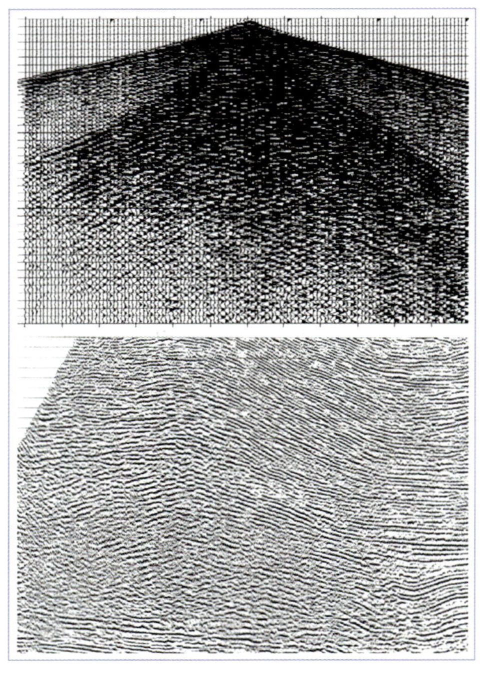

图2-2-5　迪那2气田二维测线攻关前地震单炮记录和剖面（DQ98-260）

受复杂地表条件、地下构造影响，地震波侧面干扰和散射干扰十分严重且能量强，静校正问题突出，地震记录信噪比极低；不同年度、不同单位采集的测线存在高程、浮动基准面、静校正量不闭合等问题。在原剖面上迪那2构造南翼断裂带反射杂乱，目的层同相轴不易对比追踪；构造北翼断层附近地层接触关系不清；相邻测线构造形态有所差异，影响成图精度；断裂系统解释精度不够(图2-2-5)。造成构造形态和高点位置不清，钻井位置难以确定。

### （二）存在的物探技术难题

迪那2气田地表及地下地质条件十分复杂，是整个库车山地地震施工条件比较差的地区。地震采集、处理、解释都存在一系列难题。

#### 1.采集难题

(1)地面条件复杂，多种类型的地貌并存，施工难度大。

(2)近地表模型复杂，主要表现为工区中部和南部巨厚的松散砾石和半胶结砾石分布广，潜水面深，难以在高速层激发，激发能量衰减快；山体、冲沟及断崖部位老地层出露，地层倾角较大，岩石坚硬，激发和接收条件差。

(3) 地下地质结构复杂，以上第三系盐层为界，上下可分为两个构造层，盐层以上为断层传播褶皱，盐层以下为逆冲高陡构造（目的层），观测系统设计难度大，信噪比难以提高；构造南翼上覆巨厚的塑性膏盐岩层，对地震波能量吸收强，影响地震资料的品质。

**2. 处理难点**

(1) 表层模型复杂，地表高程变化大，静校正问题突出（图2–2–6）。

(2) 地震波场复杂，侧面波、浅层折射波、断面波、绕射波发育，地震资料信噪比低，差异大。

(3) 速度纵横向变化大，子波一致性差（图2–2–7），叠加及偏移成像困难。

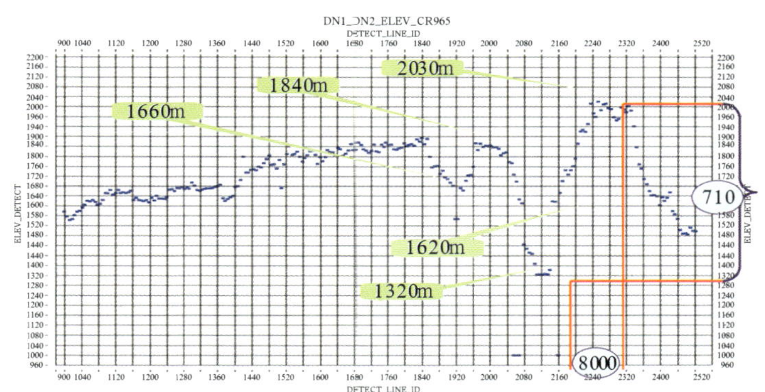


图2–2–6　迪那2构造地表高程图

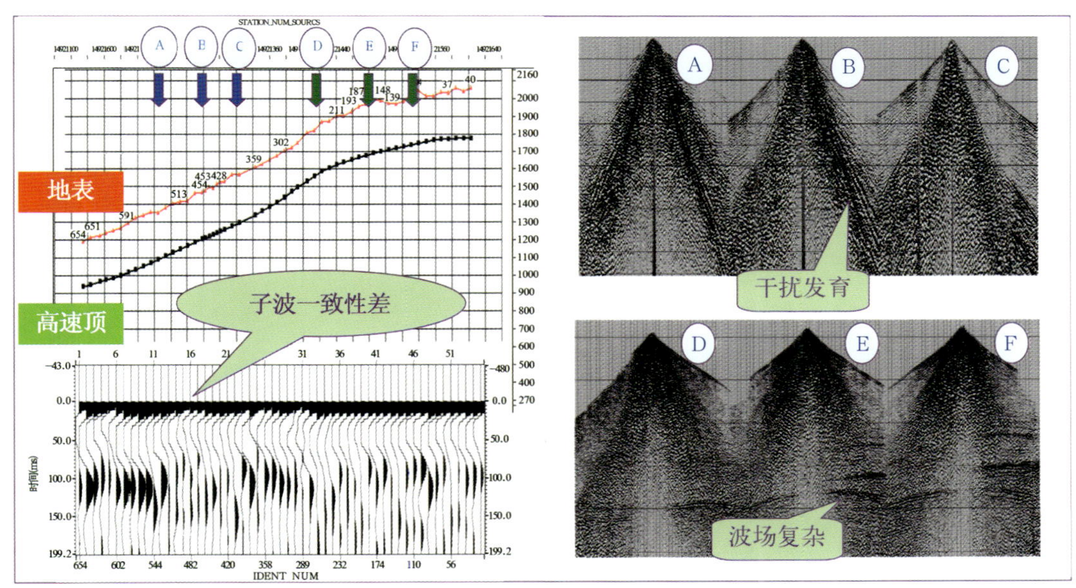


图2–2–7　迪那2工区单炮特征分析图

**3. 解释难点**

(1) 地层变形严重，构造样式复杂，局部地区同相轴连续性差、构造主体部位断层不清。

(2) 目的层位于大的逆冲推覆断层和膏盐层之下，给速度建场和变速成图带来极大困难。

## 六、主要技术措施及效果

### (一) 主要技术措施

**1. 地震采集**

(1) 精细表层结构调查，小折射、微测井、大炮初至相结合，提高静校正精度。

(2) 采用可控震源和井炮联合施工，逐点设计激发井深，改善激发条件。

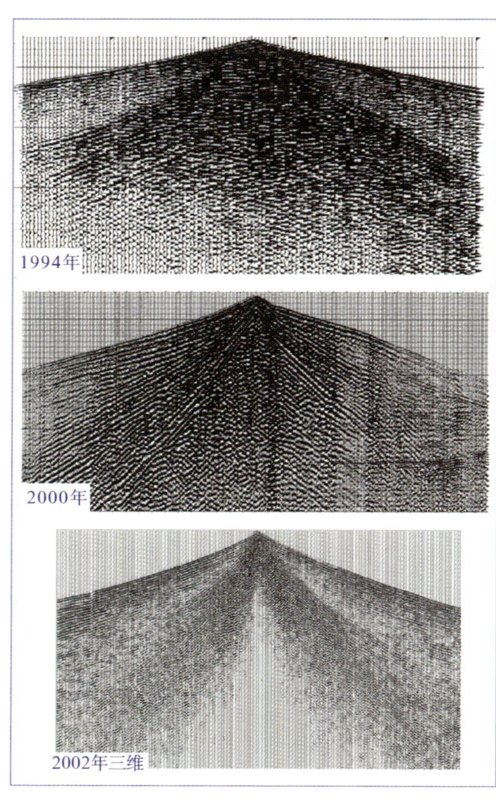

图2-2-8　攻关前后单炮记录对比图

（3）小道距、长排列、规则与不规则的观测系统联合实施。为了保证大倾角、深目的层的反射信息，坚持下倾方向激发，上倾方向接收。

（4）利用卫星照片及大比例尺数字化地图指导野外生产和施工组织，合理设计辅助物理点、表层调查点及试验点。

（5）处理、解释前期介入，为地震采集提供技术思路，确保资料采集方法的合理性和实用性。

通过地震资料采集攻关，野外原始单炮记录信噪比明显改善，为地震资料目标处理奠定了良好基础（图2-2-8）。

**2.资料处理**

（1）解释人员对处理各关键步骤及时检查、指导。

（2）建立全区最优的三维表层模型，实现静校正闭合；应用地表一致性剩余静校正技术，速度分析与静校正多次迭代，较好解决静校正问题（图2-2-9）。

（3）叠前采用分步综合去噪技术：预测滤波和区域滤波技术压制面波干扰、模型减去法压制线性干扰、异常振幅处理技术压制野值随机干扰、随机噪声衰减法（RNA）压制随机干扰，通过分步综合去噪，单炮记录品质得到逐步提高。

（4）地表一致性处理技术消除子波波形差异，对地震波进行了地表一致性能量补偿，使子波一致性得到改善，地震波能量得到均衡。

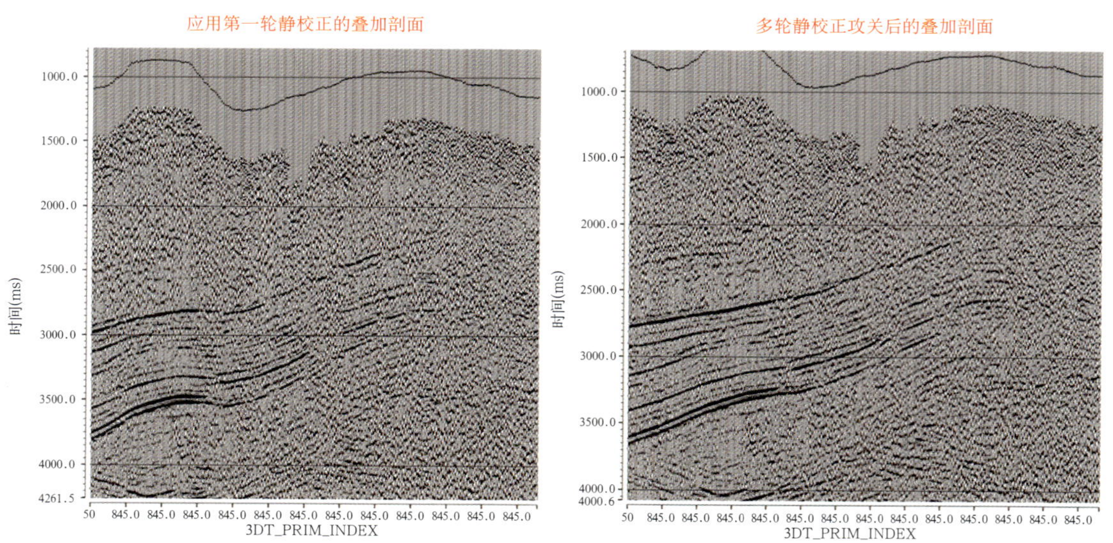

图2-2-9　迪那地区静校正前后效果对比图

（5）精细速度场研究，多角度、多侧面对速度场进行监控，确保准确、合理。

（6）采用DMO处理技术，使不同倾角的同相轴都能较好地叠加成像。

(7) 建立全区统一的偏移速度场，叠后偏移归位较准确。

通过处理攻关，剖面效果明显改善(图2—2—10)。

3. 地震解释

(1) 利用各井人工合成地震记录、岩性剖面及VSP测井资料对过井地震剖面进行综合标定。

(2) 以断层相关褶皱和盐相关构造理论为指导，进行综合构造解释建模（图2—2—11）。

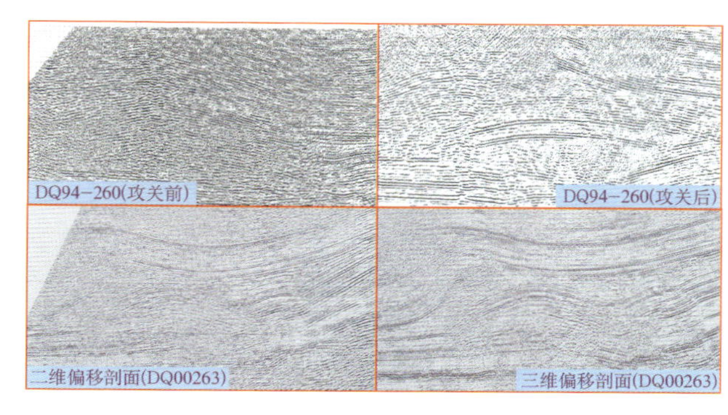


图2—2—10　过迪那2井二维测线与三维测线对比图

(3) 三维采用加密线、局部放大解释、任意线结合多线沿层解释、时间切片解释（图2—2—12）和相干数据体解释（图2—2—13），提高构造解释精度（图2—2—14）。

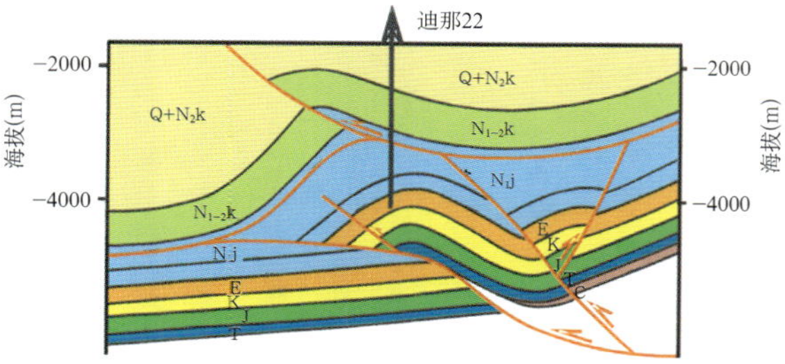

图2—2—11　迪那2气田构造解释模型图

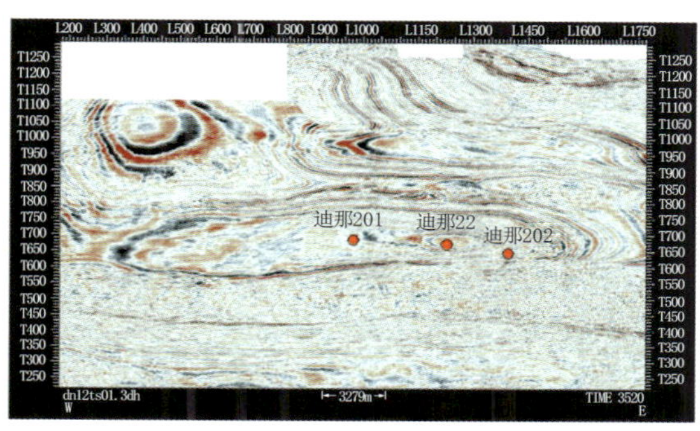


图2—2—12　迪那2号构造3520ms时间切片

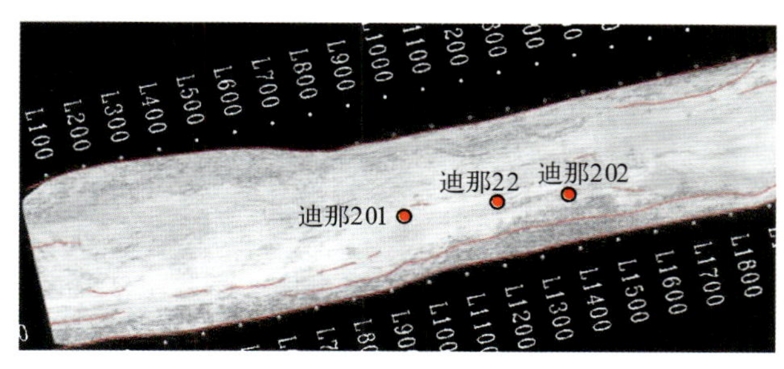


图2—2—13　迪那2号构造相干数据体$T_6$反射层沿层平面图

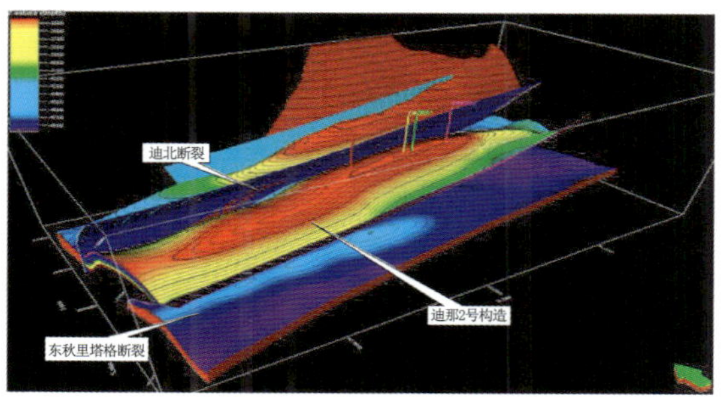


图2—2—14　迪那2号构造三维立体模型

(4) 加强速度预分析，剔除异常速度谱点，用三维射线追踪求层速度，层位控制法建立迪那2井区精细速度场，完成目标区各层位变速成图。

## （二）技术效果分析

(1) 1998年前，地震测线不成网（2km × 4km），资料品质差，只发现构造显示（断鼻），构造不落实。

(2) 2000年通过二维采集处理攻关，地震资料品质得到改善，信噪比、分辨率提高，发现构造北倾。通过加密测网（1km × 2km），落实迪那2号构造并上钻迪那2井，发现迪那2大气田。

(3) 2001年通过处理攻关，重新落实迪那2号构造，部署迪那22、迪那201、迪那202三口评价井，钻井成功率100%。

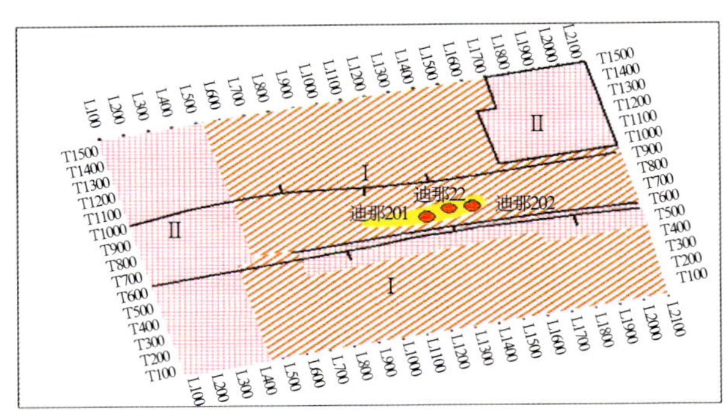

图2-2-15　三维地震勘探资料品质图

（4）2002年通过三维采集处理解释一体化攻关，尤其是处理、解释“一体化”反复迭代，地震剖面信噪比、分辨率有较大提高，在成图范围内一级品率达到85%，圈闭范围内一级品率为100%，满足了上交探明储量的需要（图2-2-15）。

## 七、主要地质成果与评价

2000年7月，利用1998年重新处理资料和2000年新采集测线，完成迪那2号构造初步解释，迪那2构造$T_8$反射层圈闭面积59.2km²，高点海拔-3900m，圈闭幅度400m（图2-2-16），上钻迪那2井，获高产工业油气流，发现迪那2大气田。

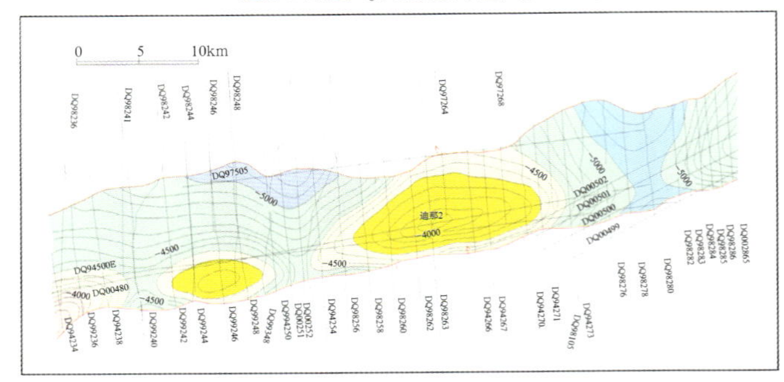

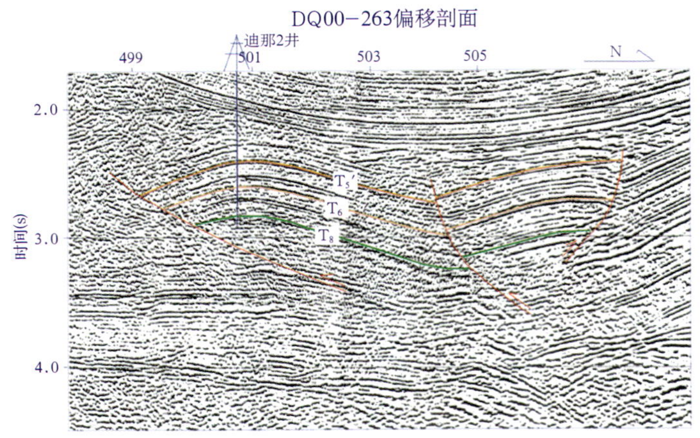

图2-2-16　迪那2井的构造图及过井地震剖面

2001年10月利用重新处理二维地震资料，落实迪那2号构造，迪那2构造$T_6$反射层圈闭面积76km²，高点海拔-3050m，圈闭幅度500m（图2-2-17）。结合刚进入目的层迪那22、迪那201、迪那202井取得的认识，上报DQ94-254测线以东上第三系吉迪克组底砾岩段—下第三系上部地层控制天然气地质储量556.82×10⁸m³，凝析油地质储量394.1×10⁴t。

2002年底，利用三维资料及3口评价井取得的地质认识，完成气藏最终描述（图2-2-18）。迪那2气田东高点（Inline800线以东）天然气探明地质储量为738.35×10⁸m³，凝析油探明地质储量532.38×10⁴t；西高点（Inline800线以西）天然气控制地质储量358.55×10⁸m³，凝析油控制地质储量258.53×10⁴t。按气田储量评价标准，迪那2气田属于超深层、高丰度、大型、高产、低含凝析油的凝析气田。

迪那2大气田的发现和落实，是山地地震技术攻关取得重大突破的结果。通过物探技术攻关，加快了勘探步伐，节约了勘探投资，降低了勘探成本，提高了钻井成功率，形成了山地高陡构造物探技术系列，积累了丰富的山地勘探经验。

迪那2气田物探攻关的成功，深化了秋里塔格构造带的地质认识，带动了地质综合研究，拓宽了库车东部地区油气勘探新领域，坚定了在库车坳陷寻找大中型油气田的信心，夯实了西气东输的资源基础，为塔里木油田开创油气勘探新局面奠定了良好的基础。

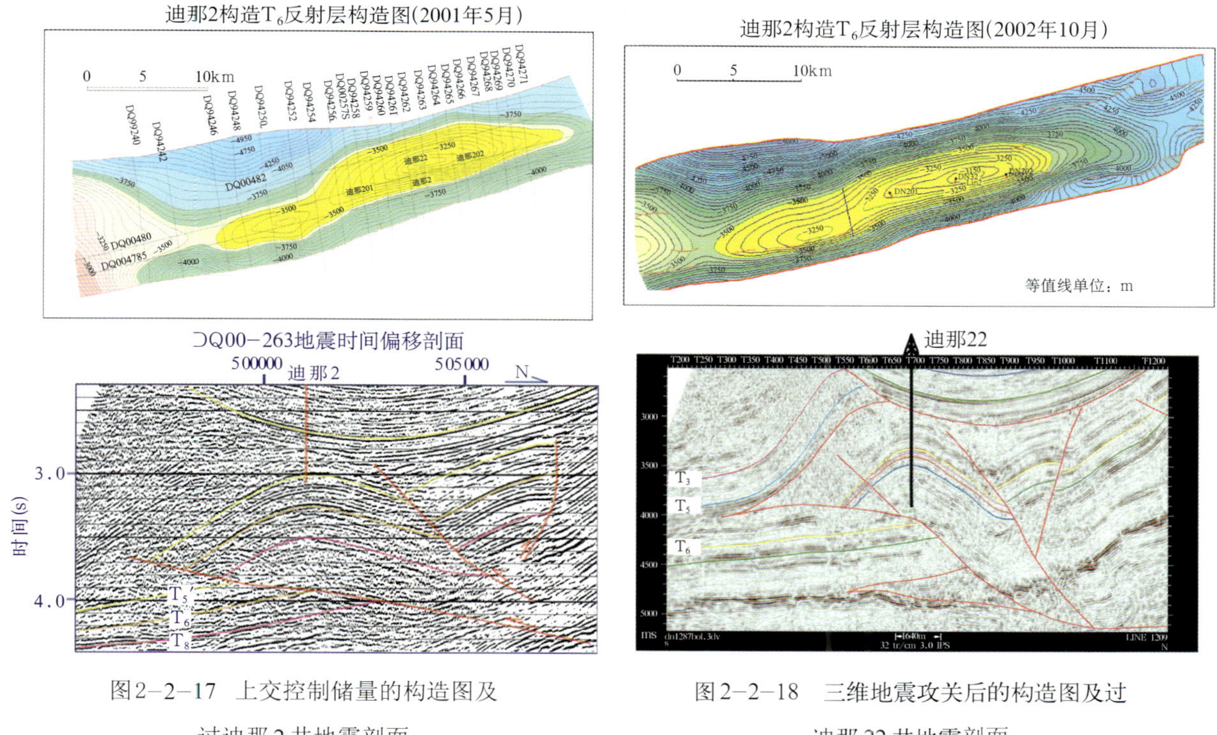


图2-2-17　上交控制储量的构造图及过迪那2井地震剖面

图2-2-18　三维地震攻关后的构造图及过迪那22井地震剖面

# 第三节　准噶尔盆地霍尔果斯背斜山地地震勘探

霍10井是霍尔果斯背斜的油气发现井，霍10井的突破离不开山地地震技术的进步。复杂山地地震勘探水平的提高使准噶尔盆地南缘区油气勘探又翻开崭新的一页。

## 一、地理位置

霍尔果斯背斜地处新疆北部沙湾县安集海镇南15km处（图2-3-1），工区东距新疆首府乌鲁木齐约200km，西40km为新疆最早发现的独山子油田，向南30km即可达天山山脉的一支——伊林黑比尔根山。

图2-3-1　工区位置示意图

## 二、区域地质概况

霍尔果斯背斜在区域构造区划上位于准噶尔盆地北天山山前冲断带霍玛吐背斜带西段（图2-3-2）。

准噶尔盆地北天山山前冲断带为近东西向的条形地带，是海西期褶皱回返基础上发展起来的一级构造单元。霍玛吐背斜带由霍尔果斯、玛纳斯、吐谷鲁三个平面上呈品字形排列的背斜所组成。这三个背斜的沉积地层、构造特征及演化都极具相似性。霍尔果斯背斜是其中圈闭面积最大、埋藏最深的一个。

霍尔果斯背斜在地表表现明显，地貌上构成近东西向的长条状隆起山地，背斜中部被霍尔果斯河由南向北所切割。背斜地势西高东低，西起安集海河，东抵宁家河，全长55km，宽9～11km，为一典型的线状背斜构造，背斜长轴在平面上呈一向北突出的弧形，弧顶长轴走向80°～90°。向西、向东两侧延伸分别转变为SWW和SEE走向。

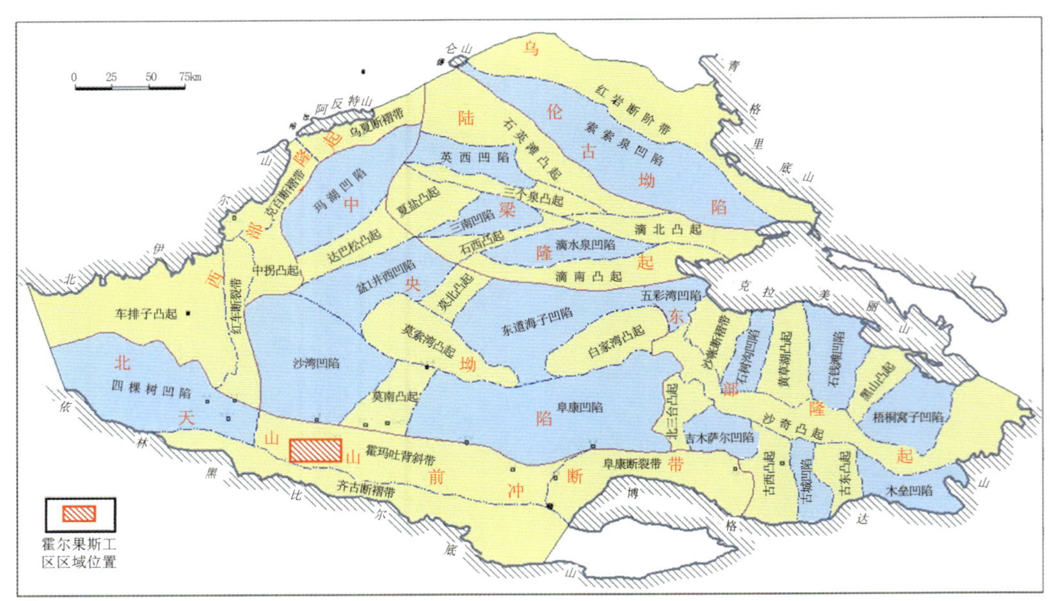


图2-3-2　工区区域地质位置示意图

## 三、地表及人文环境

工区地震地质条件复杂，相对高差大，起伏剧烈，海拔在718～1414m之间；表层岩性和低降速带横向变化剧烈，激发、接收条件差。根据地表岩性可以划分为四种类型：农田草场区、露头区、洪积物堆积区、河道砾石区（图2-3-3）。

农田草场区：地表主要为第四系的薄层黄土，下伏巨厚的砾石，最大厚度为150～200m（图2-3-4）。

露头区：背斜核部出露地层主要为下第三系，地层近于直立；岩性为砂泥岩互层；背斜两翼依次出露上第三系和第四系西域砾岩，向两翼地层倾角变缓（图2-3-4）。

洪积物堆积区：岩性主要为第四系的黄土及砂、砾石覆盖物，砾径平均在2～16cm，胶结松散，广泛存在土质夹层，砾石层厚且分布广（图2-3-4）。

河道砾石区：霍尔果斯河横切构造，河床滞留沉积发育，厚度可达几十米以上，砾径在4～30cm（图2-3-4）。

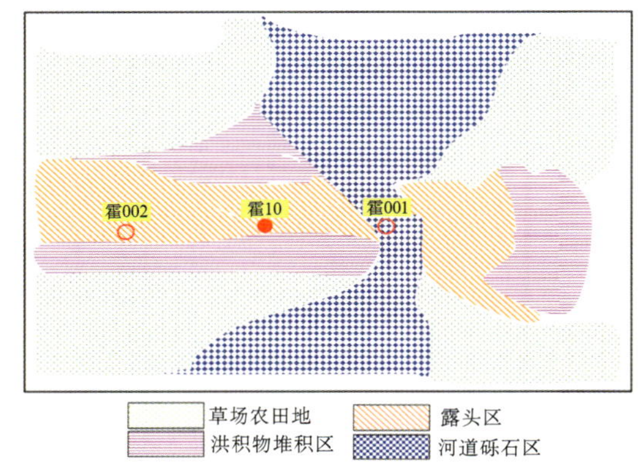


图2-3-3　霍尔果斯地区地表岩性分布示意图

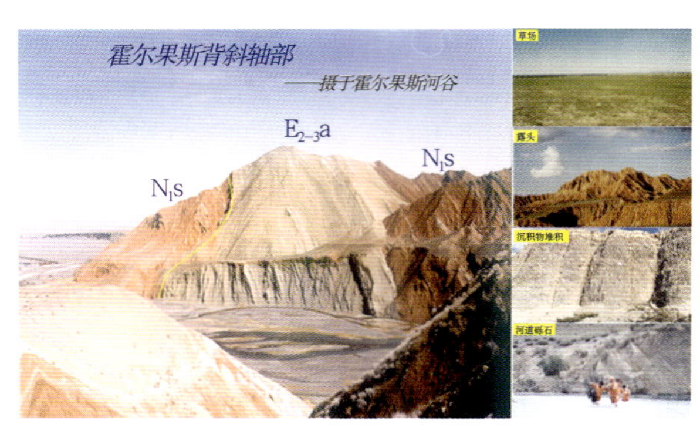


图2-3-4　霍尔果斯背斜区地貌

## 四、勘探程度

霍尔果斯地面背斜为1940年进行1：100000地质填图时发现（图2－3－5）。1951年完成了1：25000构造细测。在背斜中部霍尔果斯河谷两岸$N_1t$、$N_1s$地层中，发现大量油气显示（油苗、气苗、泥火山和固态沥青等）。1985—1991年开始进行二维地震勘探工作，二维地震主线间距2～3km，并在霍尔果斯背斜作了一条沿构造轴向展布的联络测线。地震地质解释发现霍尔果斯背斜地表与地下不是同一背斜。地表背斜为霍尔果斯滑脱断层之上浅层薄皮不对称背斜构造，南翼缓、北翼陡，主要层位为下第三系安集海河组之上地层。而霍尔果斯滑脱断层之下的背斜比上盘地表背斜完整，圈闭层位也要多。

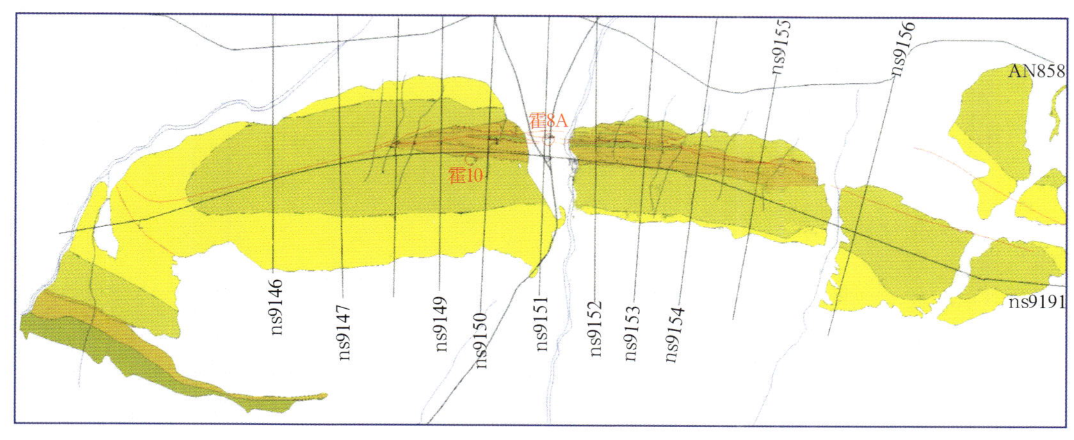


图2－3－5　霍尔果斯背斜勘探程度示意图

1953—1991年在该构造上钻井11口。井深一般260～1623m，完钻层位$N_1t$、$N_1s$、$E_{2-3}a$，只有霍8A井钻至断层下盘$E_{2-3}a$完钻。霍2井于井深706～708m、678～684m（$N_1s$）试油，获原油1.9 m³/d；霍8A井于井深1821.5～1826m（断层下盘$N_1t$）试油，原油产量3.82m³/d。在其他井的钻井过程中，油气显示丰富。

## 五、以往物探资料品质与难题

### （一）资料品质分析

由于受地表条件和复杂构造的影响，霍尔果斯背斜区二维地震资料品质较差，背斜主体部位几乎均为三类剖面（图2－3－6），背斜两翼资料品质相对较好。91%以上剖面资料品质为二、三类（表2－3－1）。

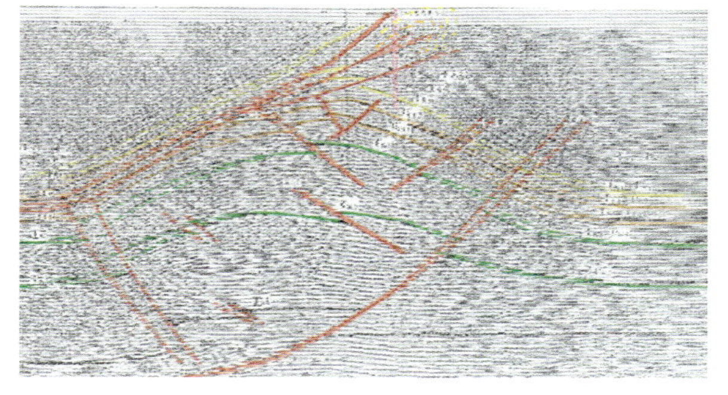

图2－3－6　过霍尔果斯背斜主体部位ns9151地震剖面

**表2－3－1　重复处理前后资料品质统计**

| | 霍尔果斯背斜 | | |
|---|---|---|---|
| 长　度 | 269.7km | | |
| 结　果 | 一类 | 二类 | 三类 |
| 处理前 | 9% | 42% | 49% |
| 处理后 | 39.8% | 45.2% | 15% |

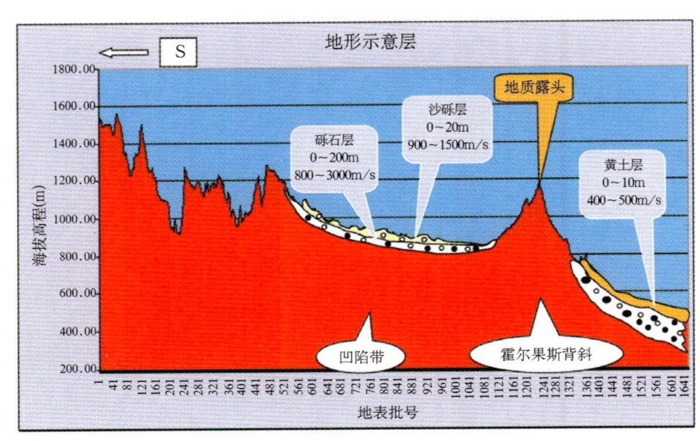


图2-3-7　霍尔果斯背斜地区地表结构示意图

### （二）存在问题

多年地震、钻井资料表明工区具有巨大的油气勘探潜力，但由于工区地表条件和地下地质条件的极端复杂多变，给资料采集、处理和解释带来五大难题：

(1)工区地形地貌变化剧烈，激发接收条件差，原始资料信噪比低。

(2) 工区表层结构复杂多变，低降速带在纵横两个方向变化大，影响静校正量的准确求取，难以建立准确的表层结构模型，静校正问题突出（图2-3-7）。

(3)工区地层以砂泥岩互层为主，沉积相带及岩性横向变化快，造成地震反射缺乏稳定的强反射界面，地层反射波能量弱，给资料采集、处理带来很大困难。

(4) 工区地下构造复杂，地表背斜地层产状近于直立，且发育反转构造，断裂发育，存在近于平行地层的霍玛吐断裂，地震反射波场极为复杂，资料处理成像难（图2-3-6）。

(5) 工区浅、中、深构造不一致，霍玛吐断裂切割深层隐伏构造，霍玛吐断裂下盘存在多个构造三角楔，构造变形强烈，构造解释及准确落实圈闭形态难。

## 六、 主要技术措施及效果

针对工区存在的问题和难点，考虑到霍尔果斯背斜圈闭面积大，全部实施三维地震覆盖工作量太大这一特点，决定首先重复处理原二维资料，落实霍尔果斯背斜圈闭形态和构造转换关系；其次利用各项采集、处理新技术针对霍尔果斯背斜主体部位实施三维，精细刻画霍尔果斯背斜主体部位；最终利用二、三维资料联合解释，落实钻探井位。

### （一）重复处理原二维资料中的关键技术措施

由于霍尔果斯地区极为复杂的地震地质条件，任何一种在简单地区已成熟应用的技术在这里实现起来都异常困难，此外在静校正、去噪等方面又存在新的难题，必须进行资料处理技术攻关，综合应用各种物探信息和各种新方法、新技术，提高地震资料的成像质量。

#### 1.静校正配套技术——多种静校正方法最大限度消除静校正问题

针对霍尔果斯表层结构复杂，静校正问题突出的情况，应用综合建模法静校正、折射波静校正、层析静校正、模拟退火静校正、地表一致性剩余静校正、折射波、反射波剩余静校正等方法，建立区域统一的浮动基准面，提高静校正的精度（图2-3-8）。

#### 2.有效的叠前去噪技术

针对工区存在的能量较强的浅层多次折射、面波等干扰，采用叠前多域去噪、视速度滤波、相似系数滤波、小波变换均值加权去噪、$t-x$域线性噪声衰减等技术有针对性的进行衰减（图2-3-9）。

#### 3.调相叠加技术，提高叠加数据的品质

针对工区地震资料信噪比低的问题，在叠加处理中采用迭代调相叠加代替常规叠加。在调相叠加前，对模型道进行改造，衰减模型道中的随机噪声和规则干扰，提高模型道的信噪比和同相轴的连续性。在实施调相叠加过程中，通过动静校正后的叠前CDP道集与模型道之间的细微调整，提高了叠加剖面的品质和同相轴的连续性、信噪比（图2-3-10）。

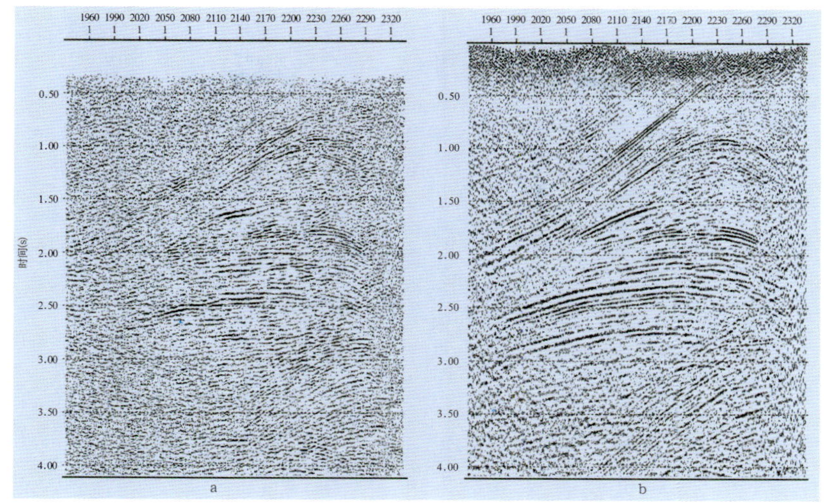


图 2-3-8　折射波静校正（a）与层析反演静校正（b）对比

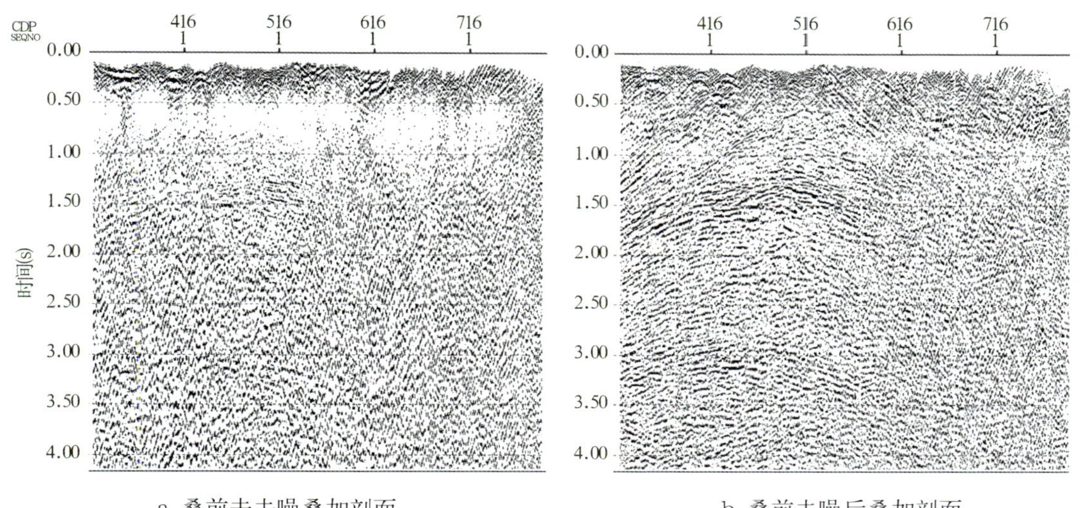


a.叠前未去噪叠加剖面　　b.叠前去噪后叠加剖面

图2-3-9　叠前去噪效果对比

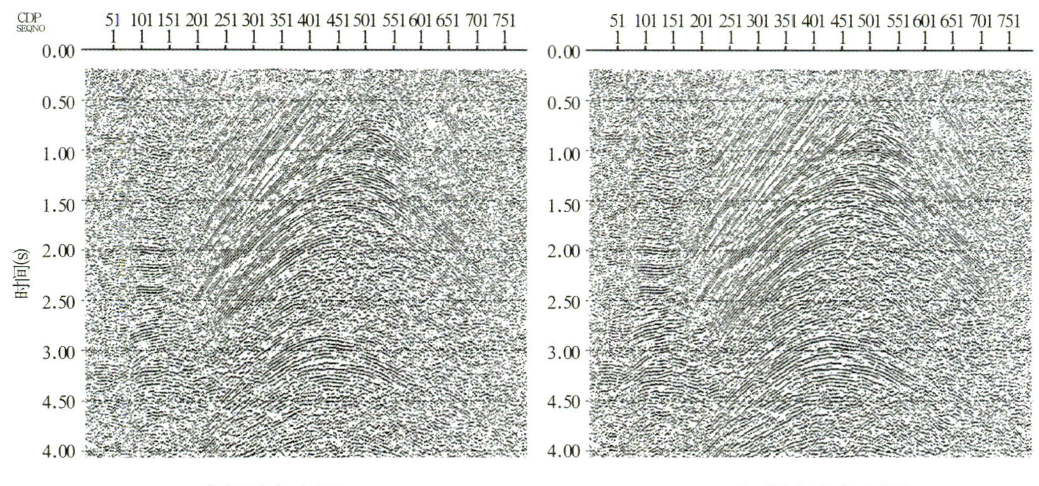


a.常规叠加剖面　　b.调相叠加剖面

图2-3-10　调相叠加效果对比

中国石油地球物理勘探典型范例

### 4.成熟的子波处理技术

由于采集年度、地表激发岩性、激发方式的不同，造成单炮记录的频率成分、频带的差异。采用子波处理技术消除这种差异，提高记录上波形、频率和相位的一致性（图2–3–11）。

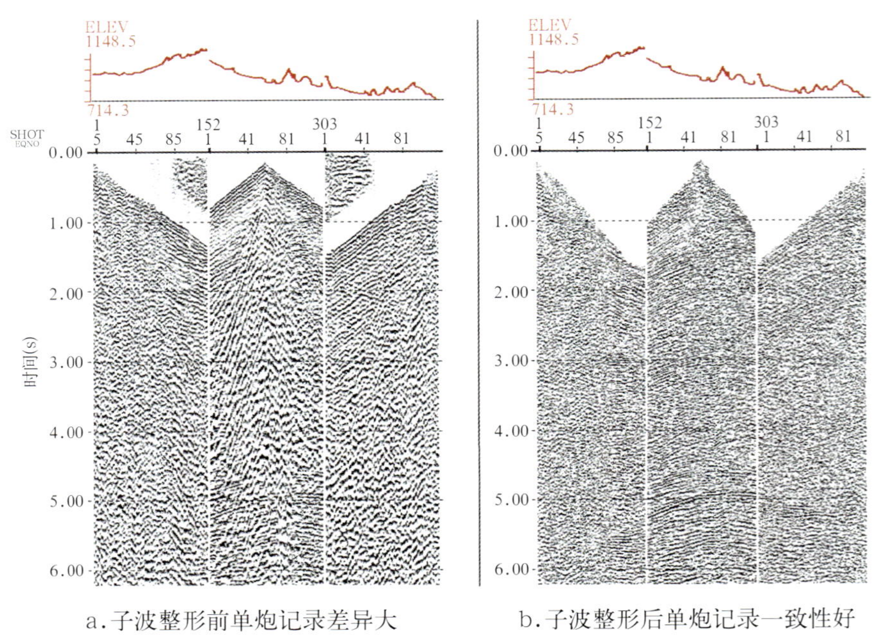


图2–3–11　子波处理效果对比

### 5.重复处理攻关效果评价

通过各项处理技术在资料重复处理中的应用，累计共有5条91.7km山地地震剖面从原三类不可用资料升为二类可用资料，一、二类剖面所占比例由原来的51%上升为85%（表1），节约了大量重新采集投入（图2–3–12）。

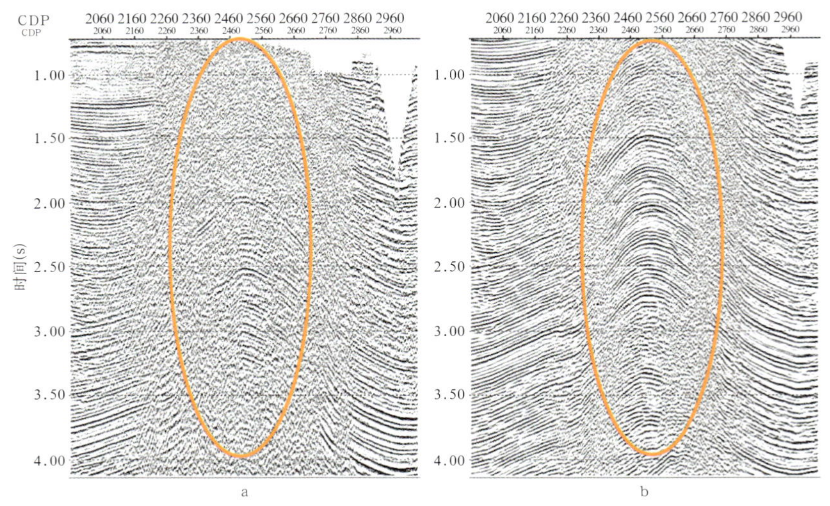


图2–3–12　霍尔果斯背斜重复处理前（a）后（b）地震资料比较

## （二）霍尔果斯山地三维采集、处理联合攻关关键技术措施

通过重复处理霍尔果斯二维资料，基本查清了霍尔果斯背斜圈闭形态和构造转换关系，但其构造内幕和高点位置存在多解性，直接钻探尚存风险，决定在其主体实施霍尔果斯山地三维。

### 1.资料采集关键技术措施

1）针对地质目标的观测系统设计技术

采用窄方位角观测、较小面元尺寸、较大炮检距、较高覆盖次数；采用锯齿状炮点施工，使炮检距和方位角分布更加合理。保证深层及大倾角有效反射信息的接收，提高剖面叠加效果（图2—3—13）。

2）针对不同地表条件优选激发参数

在精细表层结构调查及地质露头调查的基础上，搞好激发分区，做好不同地表岩性出露区的激发试验工作，优选激发参数（图2—3—14、图2—3—15）。

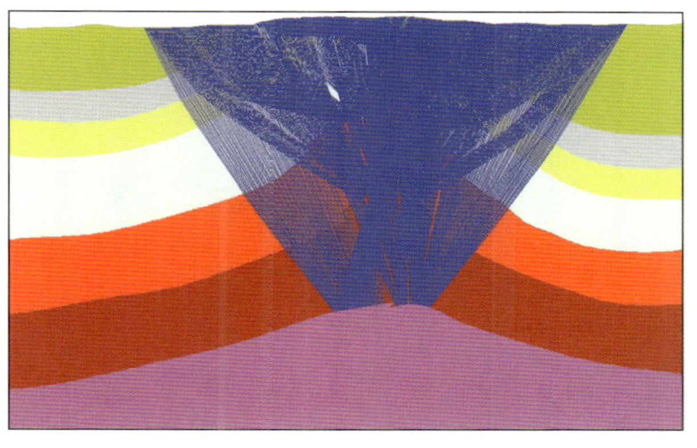

图2—3—13　针对地质目标的观测系统设计技术

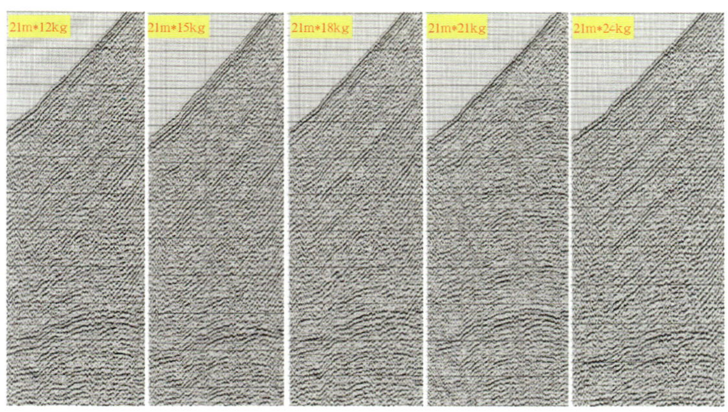


图2—3—14　老地层出露区不同药量激发单炮效果对比

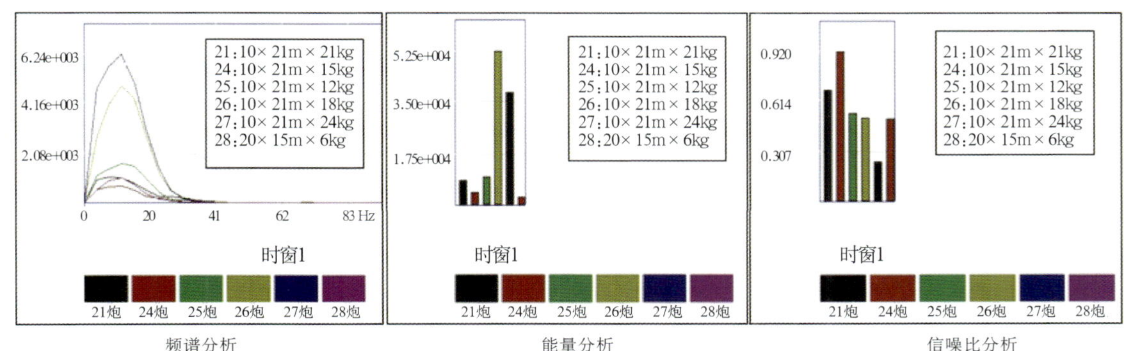


图2—3—15　地层出露区不同药量激发频谱、能量、信噪比分析

3）野外近地表结构综合调查技术

采用小折射、微测井方法做好全区表层调查，建立精确的静校正数据库，通过大炮初至折射法解决复杂山地静校正问题，保证静校正精度（图2—3—16）。

### 2.资料处理关键技术措施

1）以综合建模法为核心的静校正配套技术

在霍尔果斯山地三维资料处理中，采用微测井和小折射静校正、折射波法静校正、层析反演静校正、波动方程延拓静校正及综合建模法静校正等多种静校正方法结合来解决静校正问题，取得了较好的效果（图2—3—17）。

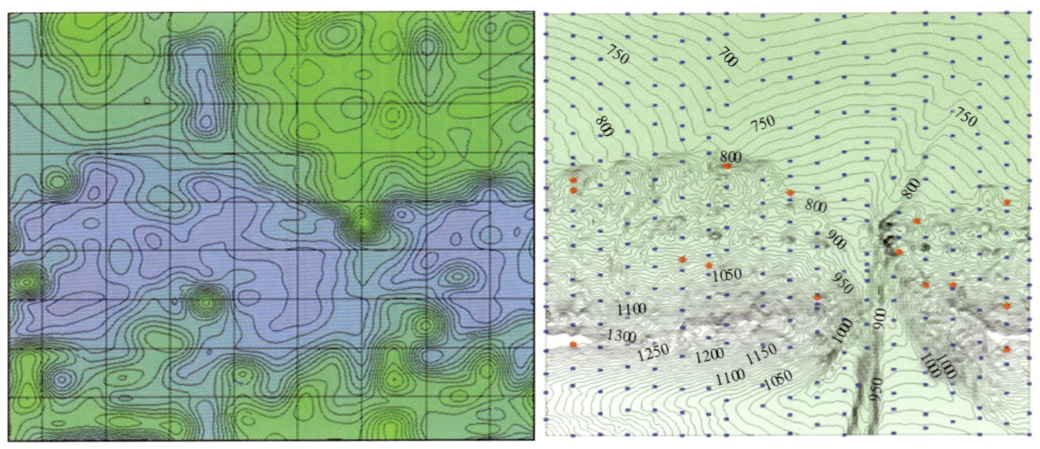


图2-3-16　工区低降速带平均速度图和小折射微测井点分布图

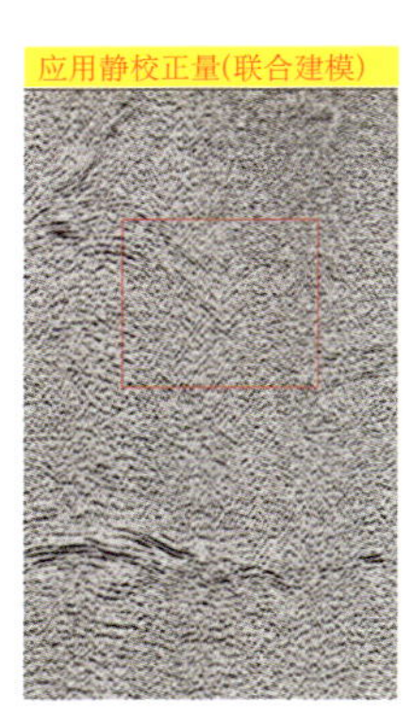


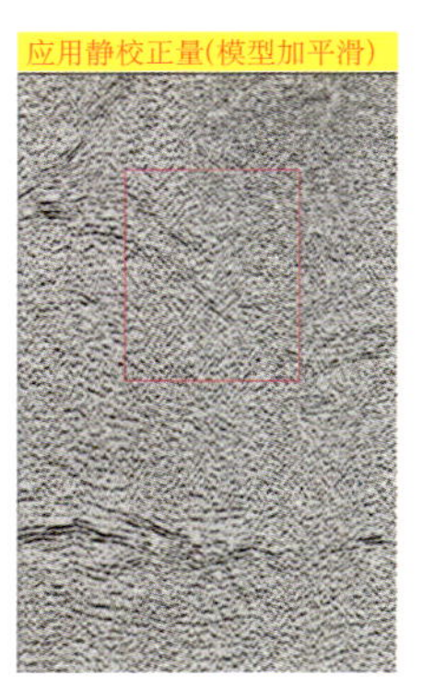


图2-3-17　不同静校正方法叠加效果比较

2）叠前四域联动去噪技术

工区多种干扰波发育，原始资料信噪比很低，应用叠前四域联动去噪技术压制多种强烈干扰，明显提高资料的信噪比（图2-3-18）。

**3.采集、处理联合攻关效果评价**

三维采集、处理联合攻关效果更为明显，霍尔果斯三维资料与同位置二维测线相比较资料品质有了很大提高。原来得不到资料或资料品质较差的地区，地震资料品质明显改善，资料信噪比明显提高，构造浅、中、深三个层次都得到了较好的反射，同相轴连续性显著增强，断层较为清晰，为地震资料精细解释和构造落实创造了条件（图2-3-19）。

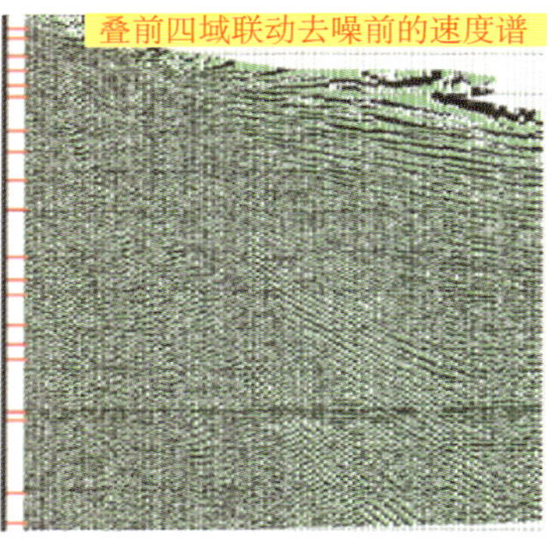


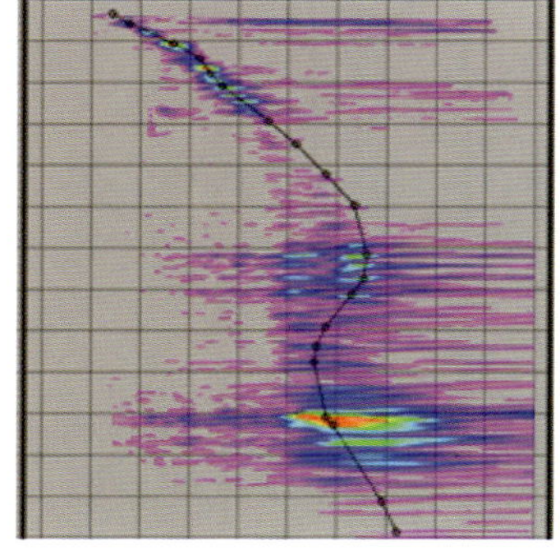

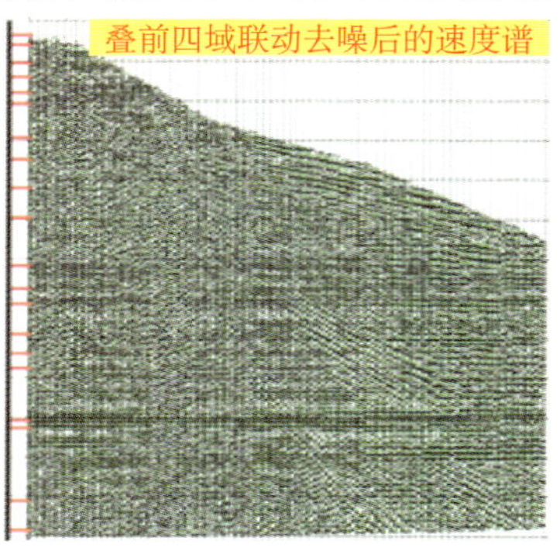


图2-3-18　叠前四域联动去噪前后的速度谱对比

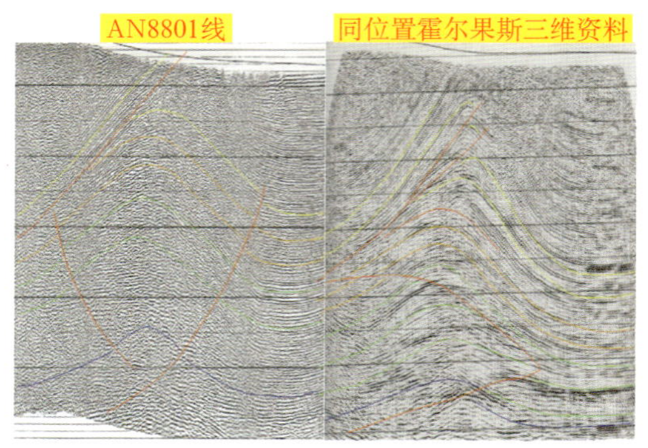


图2-3-19　霍尔果斯三维资料与同位置二维测线品质比较

## （三）二维、三维地震资料联合解释关键技术措施

### 1.综合标定技术

霍尔果斯背斜层位确定十分困难，采用了VSP测井、声波合成地震记录、倾角测井、地面地质、区域大剖面、地震波组特征、地层接触关系等多种方法进行综合标定，以确保层位确定的正确性（图2—3—20）。

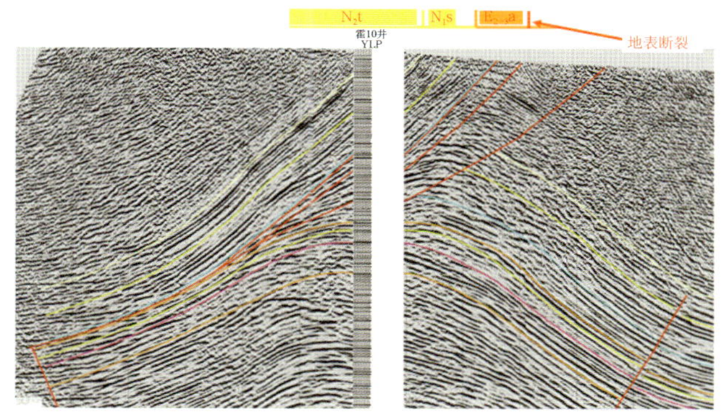


图2—3—20　过霍10井综合标定剖面（Inline 352）

### 2.断层相关褶皱理论指导的构造建模技术

以断层相关褶皱理论形成的几何模型和数学原理为指导，在地震层位解释和地震剖面特征分析的基础上，将地面地质、倾角测井等资料有机结合，完成构造地质建模（图2—3—21）。

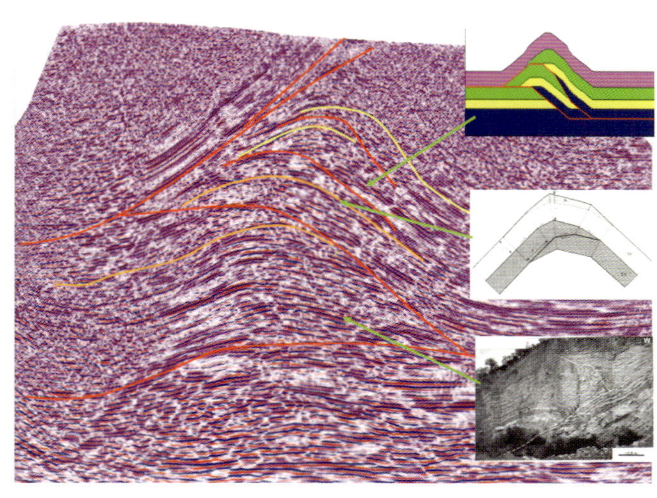

图2—3—21　断层相关褶皱理论指导下的构造地质建模（Inline 450）

### 3.三维速度建场

由于霍尔果斯背斜构造的复杂性，常规的利用迪克斯公式求取层平均速度的方法已不能适用于本区。为求准工区的速度，进行了多种尝试，最终采用如下方法：利用工区构造解释成果建立三维构造模型，同时制作工区探井及邻区重点探井各层层速度与深度量版，将统计分析的层速度填充到构造模型中得到速度模型，参考霍尔果斯三维叠加速度体，以探井速度资料作校正，完成速度建模（图2—3—22）。

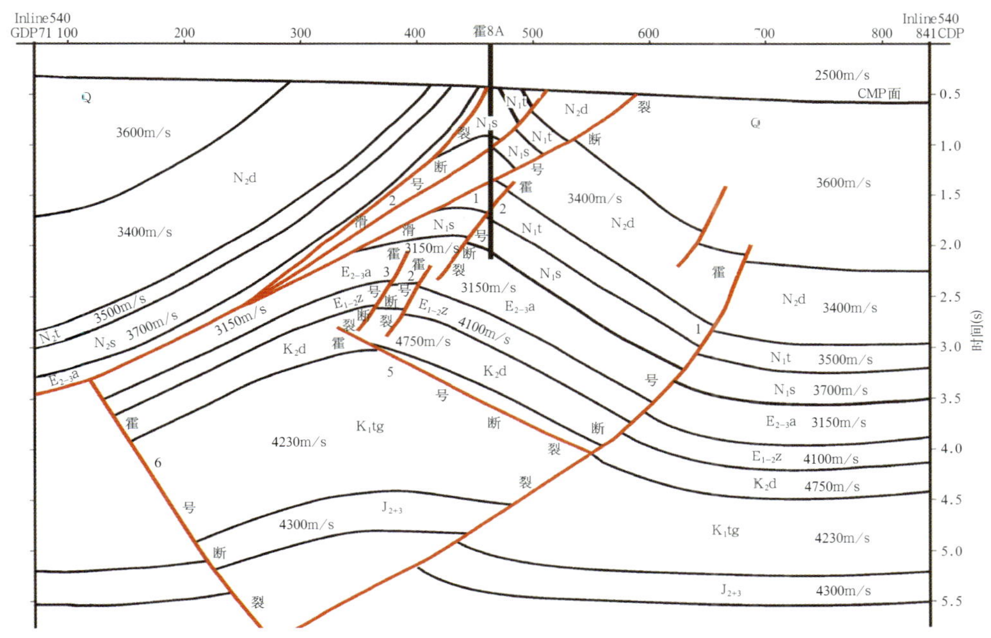


图2—3—22　霍尔果斯三维速度模型

## 七、 主要地质成果与评价

### （一）精细刻画了霍尔果斯背斜构造形态

通过对二、三维地震联合攻关所获得资料的精细解释，精细刻画了霍尔果斯背斜构造形态及构造高点位置。霍尔果斯背斜圈闭形成于喜马拉雅期，为一近东西向延伸的长轴背斜，东西两端倾没明显（图2—3—23）。时间切片上该背斜及局部构造高点反映较清楚（图2—3—24）。主要勘探目标是霍尔果斯滑脱断层之下的深层背斜。层位为$T_{K_2}$—$T_{N_2}$，$T_{N_1}$、$T_{N_2}$地震反射层被霍尔果斯滑脱断裂所切割，背斜形态不甚完整，形成断背斜或断鼻圈闭；$T_{E_2}$、$T_{E_1}$、$T_{K_2}$地震反射层背斜形态较完整，两翼产状基本对称，主要目的层紫泥泉子组顶界圈闭面积为194km$^2$，高点埋深3174m，闭合度1500m。由于受霍尔果斯滑脱断裂向北滑移挤压作用的影响，造成由深至浅各层构造高点逐渐向北偏移。

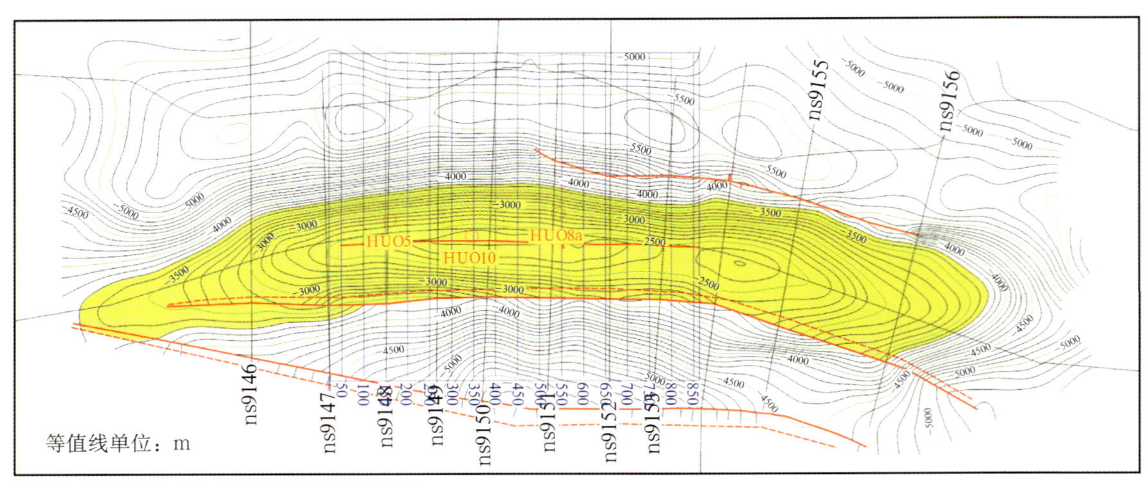


图2—3—23 霍尔果斯背斜紫泥泉子组顶界构造图

### （二）重新认识霍尔果斯背斜构造样式

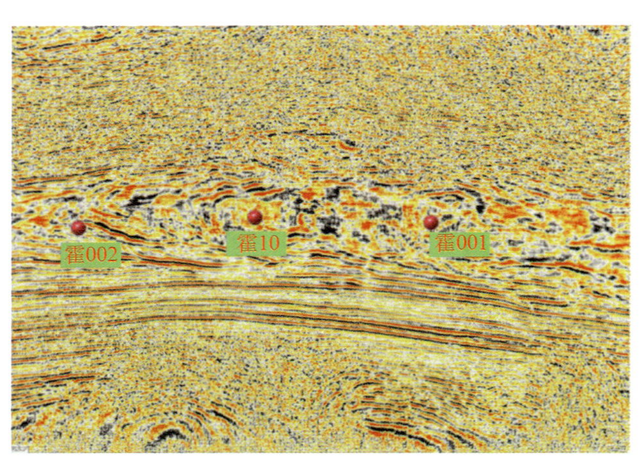


图2—3—24 霍尔果斯背斜2144ms(2858m)时间切片

从剖面上看(图2—3—25)，霍尔果斯背斜的形成是由于来自天山的侧向挤压，深部构造三角楔上限沿安集海河组塑性泥岩、下限沿西山窑组（$J_2x$）煤层向北插入，产生正向和反向逆断裂，反向逆断裂上盘地层明显褶皱，而且随着地层褶皱及位移量增加，在安集海河组泥岩底界形成层间内部调节断裂。以此断裂为界，上盘地层褶皱明显变陡，下盘地层褶皱缓。而其下的楔形体内部地层褶皱较缓。随着构造活动强度增加，霍玛吐上滑片沿安集海河组塑性泥岩向上突破，斜切霍尔果斯隐伏背斜南翼，突破至地表，形成地表断褶构造。这样，在空间上，霍玛吐断裂的下盘，由深到浅，即三角楔之下、三角楔内部、反向逆断裂与层间调节断裂之间、层间调节断裂与霍玛吐断裂之间，地层变形由深到浅依次变陡，而且背斜轴面南倾，构成霍玛吐断裂下盘隐伏背斜各构造层向上由缓依次变陡的构造样式。

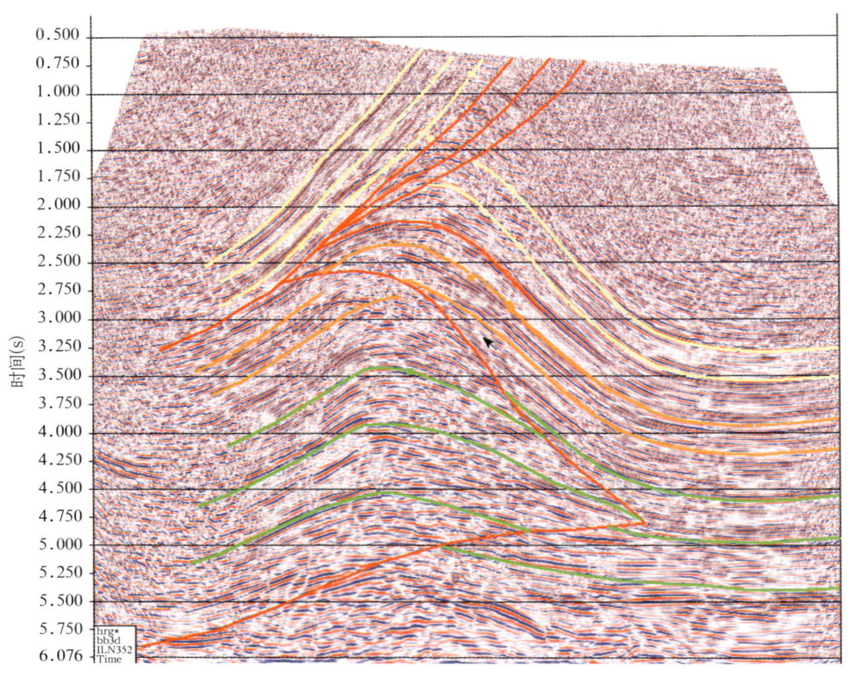

图2–3–25　霍尔果斯背斜构造样式解释（Inline 352）

## （三）上钻霍10井获重大突破，提交控制+预测油气当量2.18×$10^8$t

在对圈闭精细描述的基础上，通过分析工区生储盖条件，分析构造形成与油气演化空间、时间匹配关系，提出了霍10井井位部署建议。目前霍10井已完钻，在主要目的层安集海河组和紫泥泉子组显示极为丰富，累计3层24m井段见油浸级砂岩，6层28m井段见荧光显示，16层见气测异常显示，综合解释油气层14层。目前已试油3层，在紫泥泉子组紫二段3159～3170m试油，用3.175mm油嘴求产，获油44.5t/d、气32450$m^3$/d(图2–3–26)，从而发现了霍尔果斯油气田。在紫泥泉子组紫二段3064～3067m试油，用5.56mm油嘴求产，获气147667 $m^3$/d、油1.5t/d。在紫泥泉子组紫二段2981～2999m试油，用 4.7625mm油嘴获气179570 $m^3$/d、油27.8t/d（图2–3–27）。

图2–3–26　紫泥泉子组紫二段3159～3170m放喷情况

目前霍10井区已提交控制含油面积28$km^2$，控制石油地质储量1621×$10^4$t（图2–3–28），提交控制含气面积30$km^2$，控制天然气地质储量466.37×$10^8m^3$，凝析油地质储量405×$10^4$t；提交下第三系紫泥泉子组（$E_{1-2}z$）油气藏预测含油面积68$km^2$，预测石油地质储量3936×$10^4$t，提交预测含气面积69$km^2$，预测天然气地质储量1073×$10^8m^3$，凝析油地质储量932×$10^4$t；合计提交控制+预测油气当量2.18×$10^8$t。

在霍尔果斯油气藏的发现过程中，地震勘探发挥了非常重要的作用。该区早在20世纪50年代就被广大石油地质家所看好，但至今才获得突破，关键因素之一是通过地震攻关精细刻画了霍尔果斯背斜的构造样式，准确落实了构造高点。从实钻结果看，地震资料预测的主要目的层位和断点位置与实际钻探结果相差不大，同时利用地震资料对钻探过程进行跟踪监控也见到好的效果，准确地预测了何时钻入霍玛吐断裂带，减少了钻探风险，为油气藏的发现打下了坚实的基础。

霍尔果斯油气藏的勘探历程告诉我们，针对这一类复杂目标，只有不断提高采集、处理、解释各项技术水平，才能逐步精细刻画构造形态及演化，最终实现油气勘探的突破。

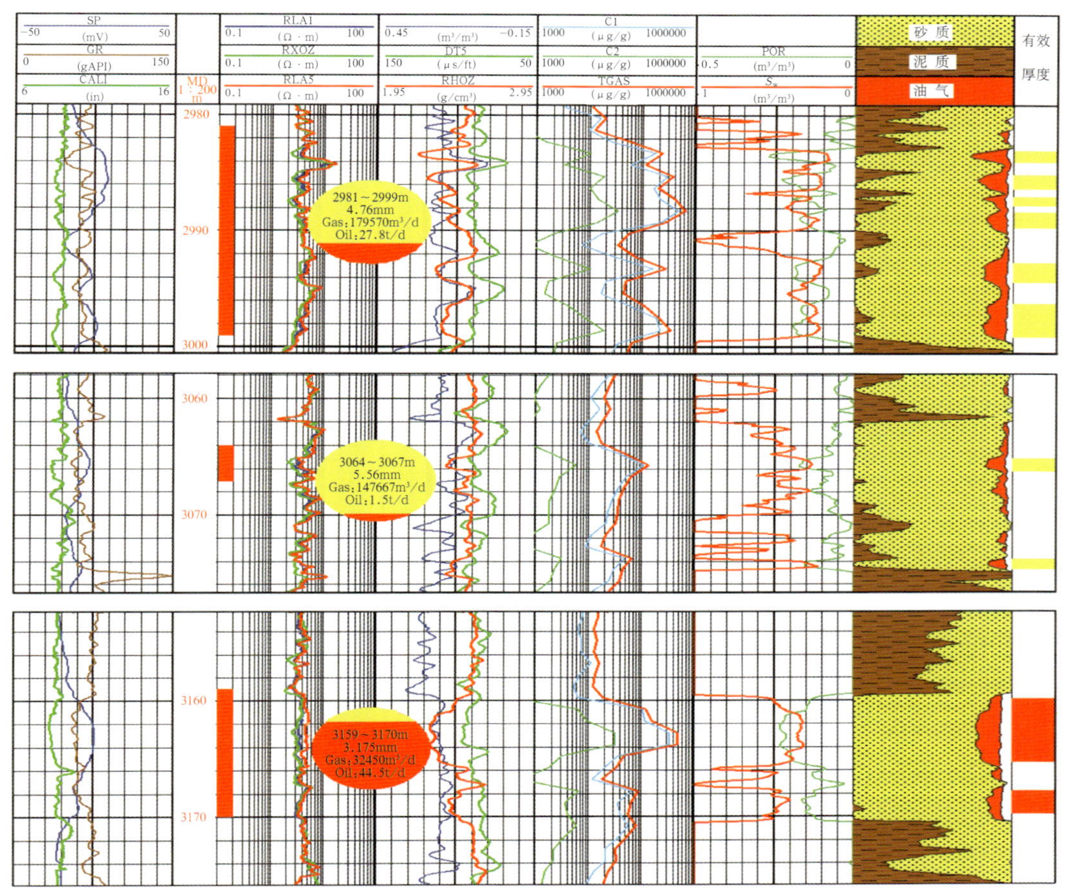


图2-3-27 霍10井测井处理与试油成果图

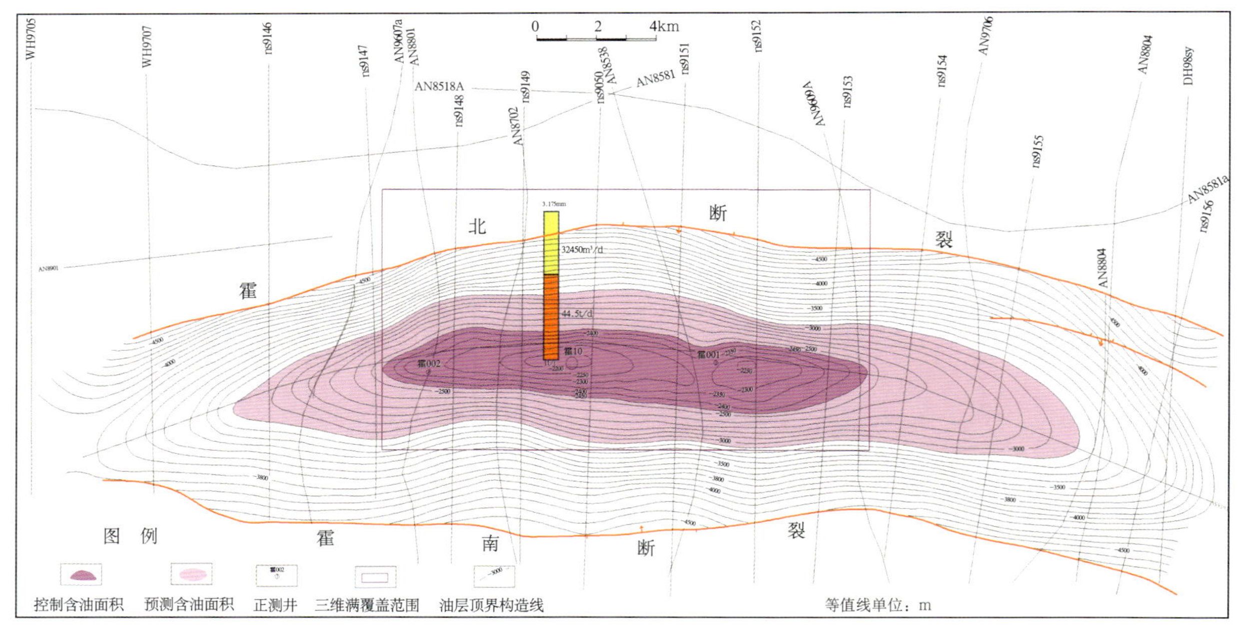


图2-3-28 霍尔果斯背斜紫泥泉子油气藏含油气面积图

# 第四节　祁连山逆掩推覆带窟窿山山地地震勘探

祁连山北缘逆冲断裂带地区地表出露的志留系、奥陶系老地层逆掩推覆于盆地沉积盖层之上，以往地震资料少、品质差，构造规模不清楚，通过2001年以来的二维、三维地震联合攻关，逆掩推覆体下盘获得了可靠的资料，突破了勘探禁区，形成了实用的地震勘探技术，促进了地质认识的深化，使青西油田范围向山里不断扩展。

## 一、地理位置

酒泉盆地窟窿山逆掩推覆构造带位于玉门市西南方向，距离玉门市约70km，工区内只有两条山间土路横贯工区南北：一是通往青西油田的油田公路（通到窿5井）和从窿5井到平大板牧场的山沟季节路；二是通往旱峡煤矿的土路。另外，还有几条小冲沟可利用来做地震后勤和生产支持（图2–4–1）。

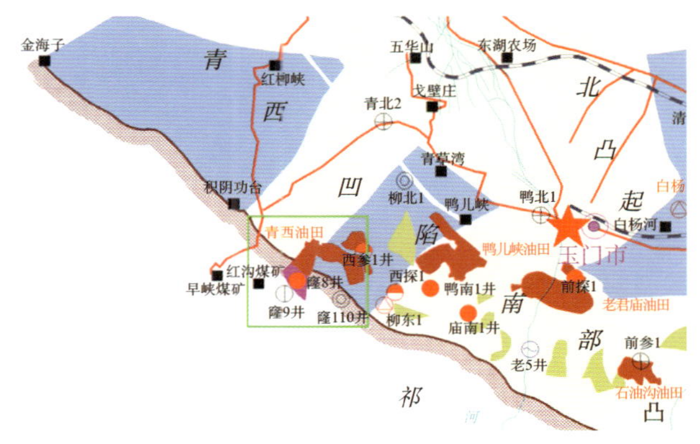


图2–4–1　酒泉盆地窟窿山逆掩推覆构造带地理位置图

## 二、区域地质概况

酒泉盆地是在古生界褶皱基底之上发展起来的中、新生代陆相沉积盆地，所处大地构造位置为阿尔金地块、阿拉善地块与北祁连造山带的结合部位，即走廊过渡带的西端，盆地面积约22000km²。酒泉盆地自西向东分为酒西坳陷、嘉峪关隆起、酒东坳陷。窟窿山构造位于酒西坳陷青西凹陷南缘，受祁连山北缘逆冲作用，在青西凹陷南部形成一个大型逆冲断裂带，呈北西向展布，东起509断裂，西至红柳峡，东西长36km，面积约为202km²（图2–4–2）。

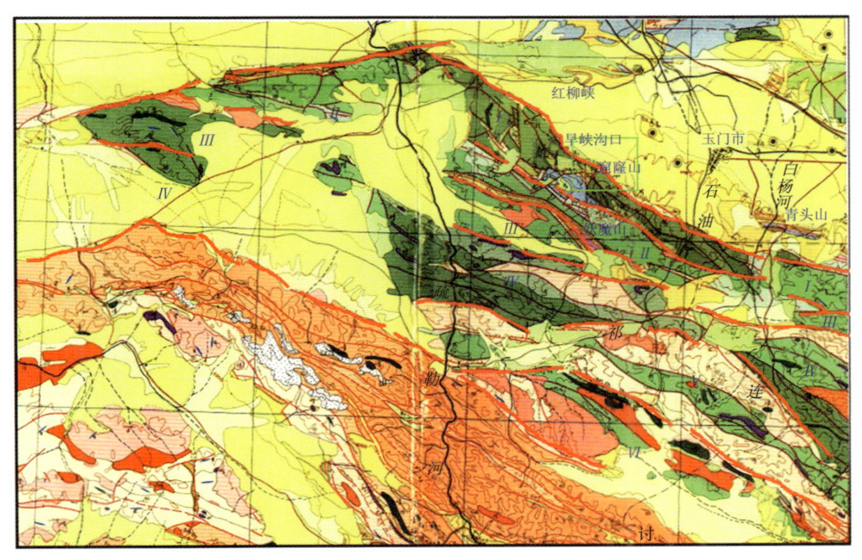


图2–4–2　窟窿山地区区域地质平面图

## 三、 地表及人文环境

窟窿山地区属祁连山北缘山地区，地貌上总的趋势南高北低，南部妖魔山最高海拔4586m，北部山前最低为2090m，工区海拔高差达2000m以上；工区绝大部分地方的海拔在3000～3600m之间；工区地形复杂，地势起伏大，沟壑纵横，相对高差大部分在数百米之间。

窟窿山地区属高寒亚干旱气候区，冬长夏短。周围雪山上有长达7～8个月不融化的积雪。4～5月份是多风季节，6～7月份为雨季。该区无常住居民，常年风沙，由于地形高陡，地震施工条件极为恶劣（图2–4–3）。

图2–4–3 窟窿山地区区域卫星立体遥感图片和工地照片

## 四、 勘探程度

酒泉盆地祁连山北麓逆掩推覆构造勘探始于20世纪80年代，其中主要方法有大地电磁测深和穿沟二维弯线地震勘探。1985年在酒西盆地南缘主要冲沟完成了5条二维测线（图2–4–4），侦察推覆情况。二维剖面落实了祁连山北缘与盆地接触关系为逆掩推覆关系，限于当时的采集处理水平，推覆体以下剖面品质较差，不能满足推覆带下盘构造形态的确定。

2000年又沿窟窿山沟施工1条弯线（图2–4–5），与老剖面对比，虽有提高，仍然不能解决地质问题，说明仅仅依靠装备进步不能有效打破逆掩推覆体勘探禁区。发展和完善针对逆掩推覆体的山地地震勘探技术，才能满足勘探开发对地震资料的要求。

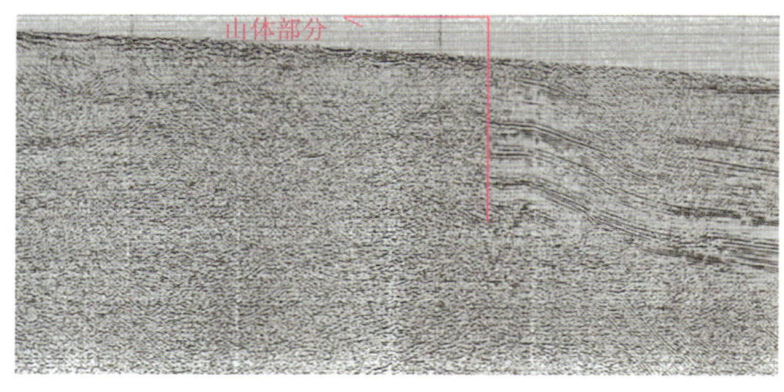


图2–4–4 1985年与美国公司合作采集的QF—Ⅲ测线剖面

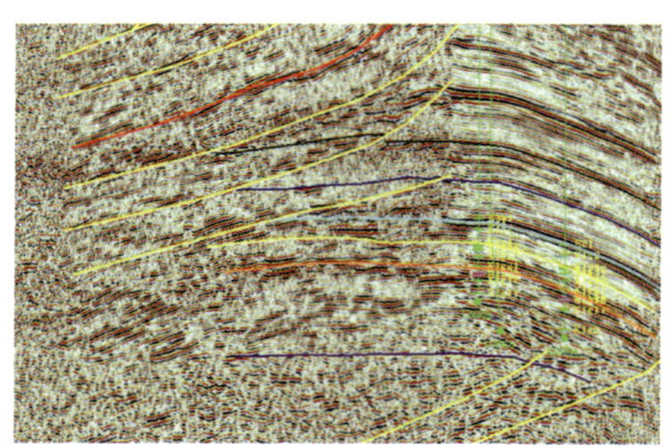

图2–4–5 2000年窟窿山进沟二维地震弯线

20世纪90年代开始就在该区进行了预探工作，但没有突破，直到2000年窿5井工业油流的发现，拉开了窟窿山地区大规模勘探的序幕。2001年钻探的窿8井又获高产，进一步扩大了油藏的面积，证实本区具有丰富的油气资源，可以形成大型油气藏。目前，该油田在山里山外已实钻开发井、探井52口，形成了$40 \times 10^4$t以上的产能。

在2001年以前，由于地震资料品质差，窟窿山地区逆掩推覆体下盘的构造特征不清，制约了油气勘探开发进程，为此从2001年开始，进行了二维、三维地震攻关。

## 五、以往物探资料品质与难题

窟窿山逆掩推覆构造地震勘探在1985年、2000年进行了两次常规二维穿沟弯线施工，地震资料信噪比和频率很低，推覆断面不清，推覆带上、下盘地层很难见到连续的同相轴，用这些资料不能搞清推覆体的规模和构造特征。分析发现本区地震勘探的难点主要体现在以下几个方面：

（1）地质结构复杂。主要目的层为逆掩推覆体所覆盖，速度反转、大倾角和断裂破碎特征，造成地震波反射路径畸变、透射能量弱，推覆体高速层对地震波的屏蔽作用，使得界面不能准确成像，地震资料信噪比非常低。

（2）工区海拔高（3000～3600m）、地形复杂、相对高差大（100～150m）、气候恶劣、交通不便、岩石坚硬给施工组织、钻井和放线带来极大困难。加之表层岩性多变，使得各种绕射、侧面干扰波非常发育，导致资料信噪比低。

（3）逆掩推覆体下伏地层埋藏深，逆掩推覆体倾角陡，以往施工排列长度不够，无法得到深层的有效信息。QF−III测线排列长度仅为3900m，2000年弯线仅为5505m。

（4）静校正问题严重。工区地形起伏剧烈，岩性复杂多变，低降速带厚度变化大，高速层速度变化大，无法准确获取表层地质结构，难以保证静校正量的计算精度。噪音强和能量弱使静校正问题更为严重，影响反射层成像。

## 六、主要技术措施及效果

（1）针对目的层埋藏深、倾角大的特点采用长排列、小道距、高覆盖的观测系统，利用远偏移距地震道接收深层地震信息（图2−4−6）。窟窿山新二维地震排列长度达8385m，覆盖次数140次以上，道距30m。三维地震排列长度7180m，覆盖次数108（18 × 6）次，面元10m × 20m～20m × 20m（图2−4−6）。

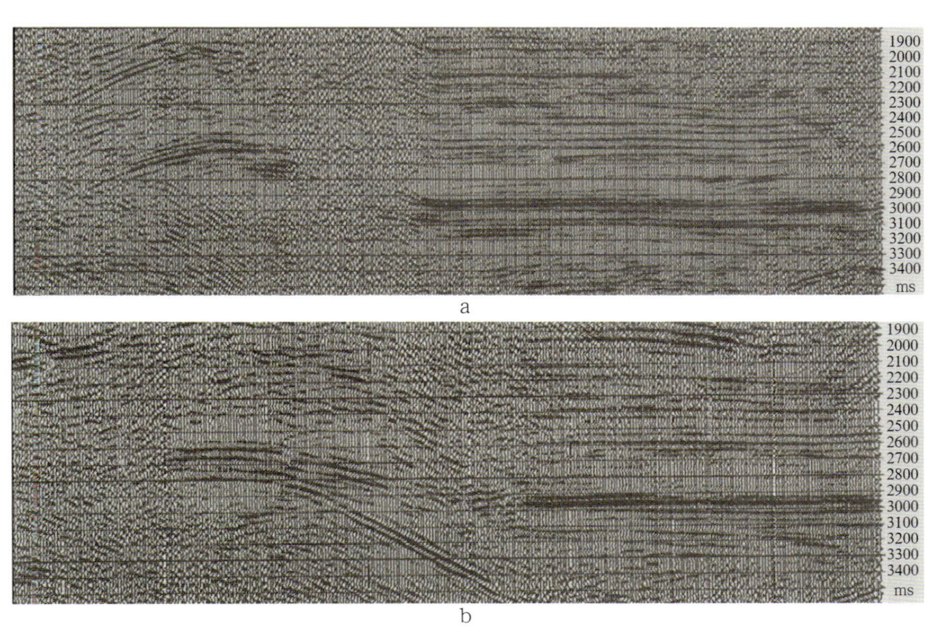


图2−4−6　三维地震近、远道叠加效果对比图（a — 0～5760m；b — 5760～7280m）

（2）针对该区地震射线传播受地下断裂破碎情况影响、造成下传能量弱的问题，增加激发井数至2口，加大激发药量到28kg，提高了地震反射的能量（图2–4–7）。

图2–4–7　该区单、双深井激发野外记录

（滤波：15～40Hz；左单，右双）

（3）2002年经过多次论证，从多达18种观测系统中优选最佳者进行三维攻关试验，最终选取了双边接收、细分面元的观测系统：10m × 20m面元覆盖次数达138次、基本面元为20m × 20m（16束基本面元为10m × 20m，细分成10m × 10m）、最大接收道数5580道；二维地震采用30m道距、覆盖次数140次以上，宽线覆盖次数达到140 × 8次，最大接收道数为1120道。细分面元的技术使得每一个CMP面元的反射信息更丰富，炮检距分布更均匀（图2–4–8）。

（4）充分利用三图（卫星照片、地质图、地形图），逐点对炮点进行选位，在满足覆盖次数要求的情况下，选择好的激发岩性布设炮点。根据露头的实际调查进行实时调整、实时论证，不仅使激发点位满

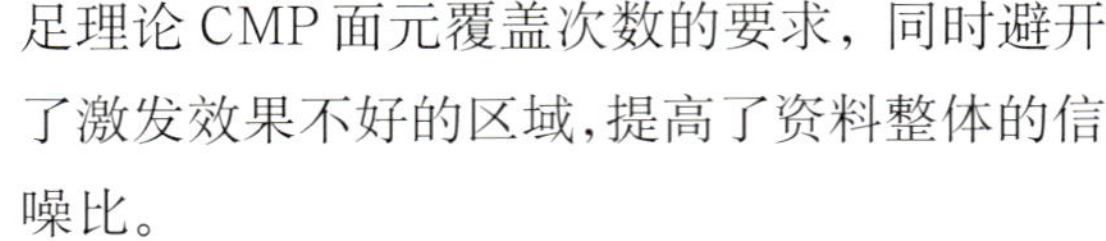
足理论CMP面元覆盖次数的要求，同时避开了激发效果不好的区域，提高了资料整体的信噪比。

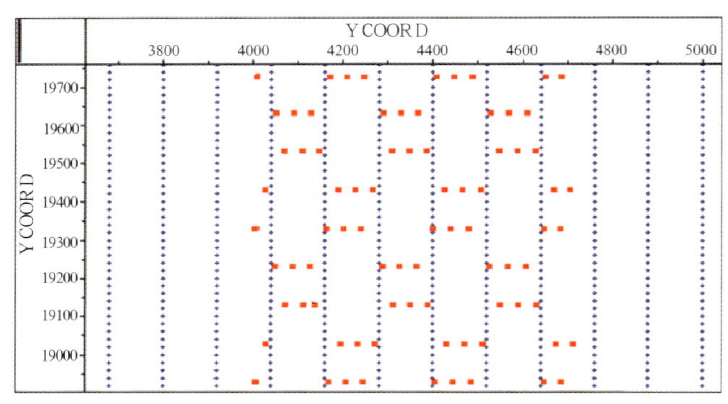


图2–4–8　窟窿山三维地震观测系统示意图

（5）加强地质露头调查工作，进行大规模的地质露头调查，2001年二维地震测线全部进行露头调查工作，2002年30km²三维共计调查检波线27条，长度为416km。为激发点选取、表层调查工作、静校正以及后续的资料处理解释提供了可靠的地质资料（图2–4–9）。

（6）2001年二维地震130km，共进行表层调查248个点；2002年窟窿山三维地震30km²，共完成控制点269个，结合以往该区的52个控制点，合计本工区共使用控制点321个。控制住了不同年代地层、同年代不同岩性地层，使复杂区表层调查精度有了很大提高，提高了静校正计算精度（图2–4–10）。

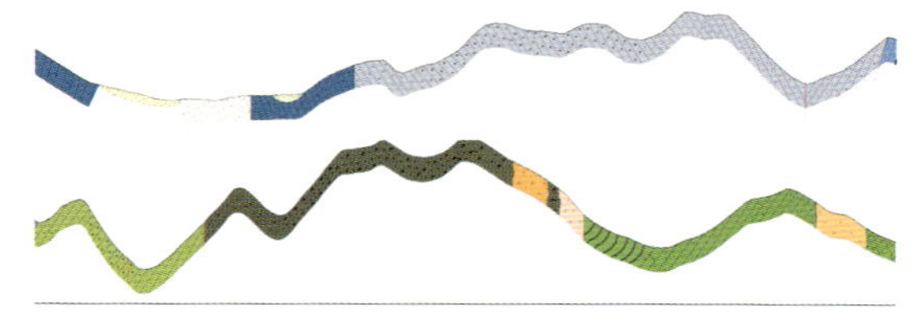

图2–4–9　窟窿山地区3213线地质露头剖面图

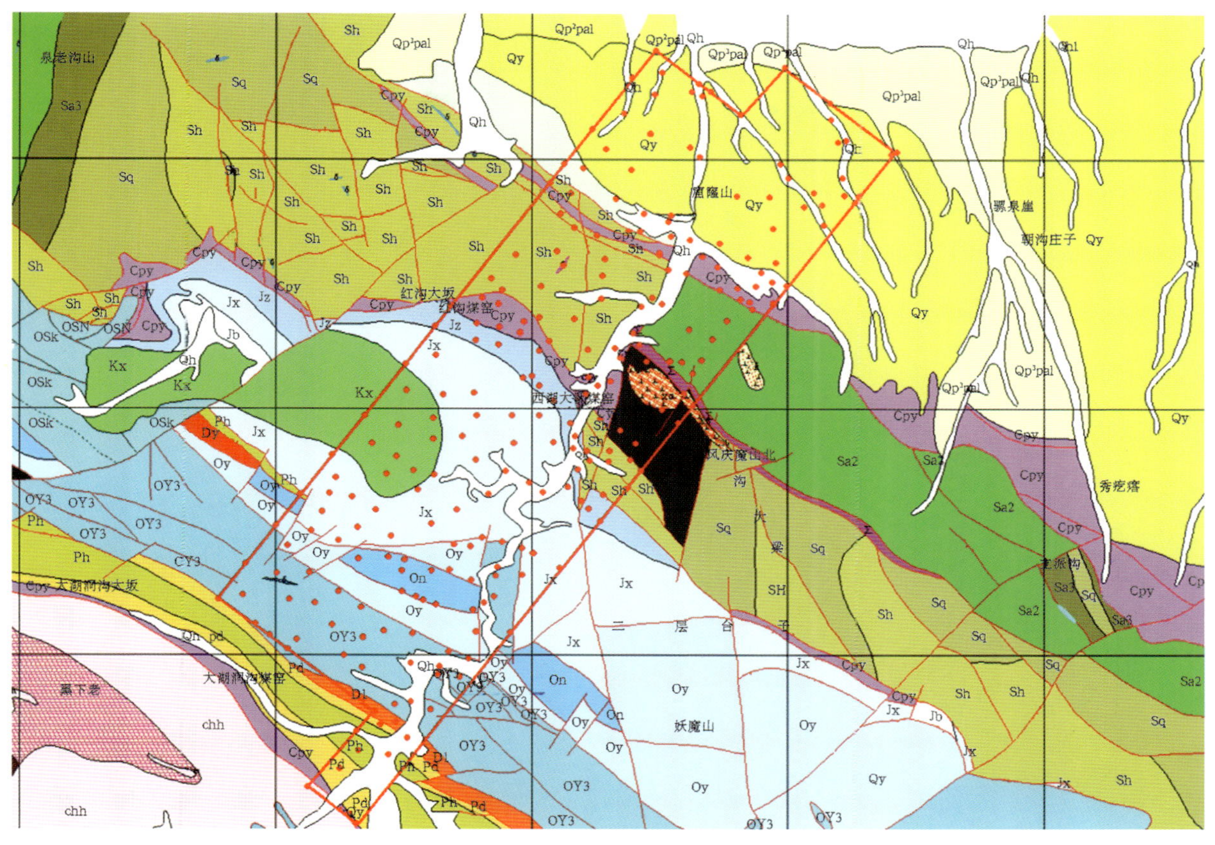


图2－4－10　窟窿山三维地震表层控制点分布图

(7) 多种静校正方法配合使用，在老地层出露山区，采用初至反演静校正方法，北部第四系出露的砾石山区采用层析反演静校正方法，两种技术的结合完成了该区的最终野外静校正量计算，取得了较好的效果。

(8) 通过多轮的攻关处理，优化了处理流程，选用了合理的处理参数，取得了较好效果（图2－4－11、图2－4－12）。

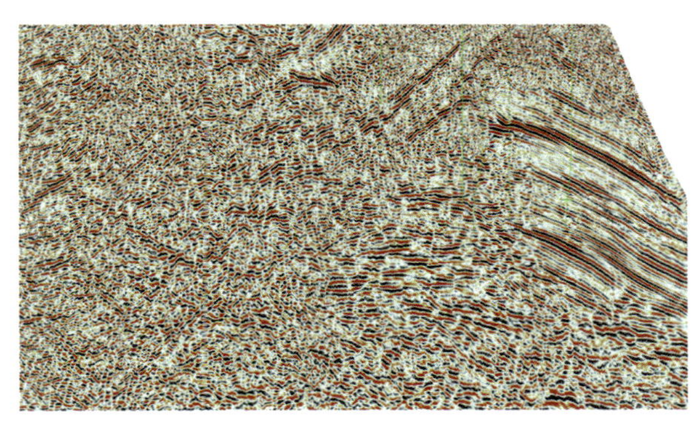

图2－4－11　窟窿山二维地震JX01－1测线最终处理剖面

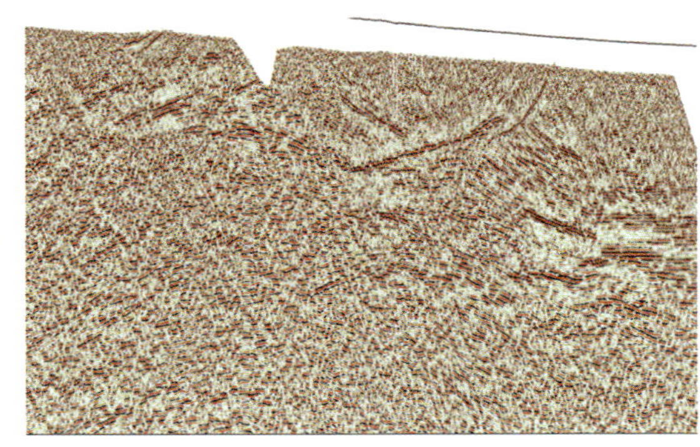

图2－4－12　窟窿山二维地震JX01－7测线最终处理剖面

(9) 强大的设备支持是攻关得以顺利完成的保障。使用直升机支持作业，并采用多达6000道的采集设备，克服了人力无法做到的施工困难，为野外攻关完成奠定了基础。

通过以上关键技术的应用，窟窿山地震攻关取得了较好的效果，信噪比有了明显的改善，较以往剖面有很大的进步，断面、断层清楚，下盘同相轴成像较为连续，总体构造格局合理（图2－4－13），基本能满足该区勘探的需要。

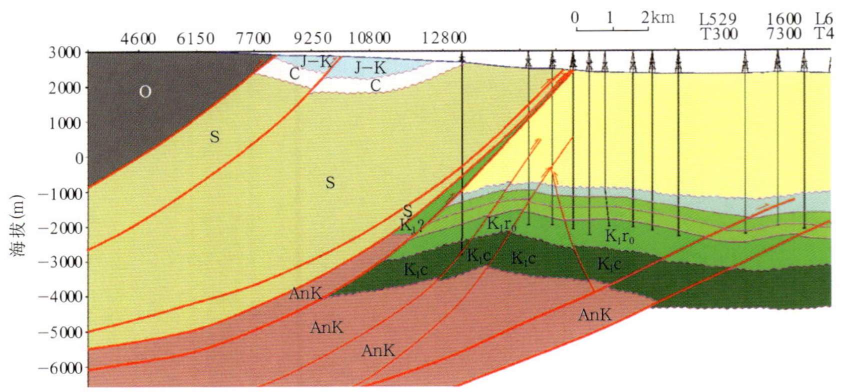


图2−4−13 青西油田南北向连井构造横剖面图

## 七、主要地质成果与评价

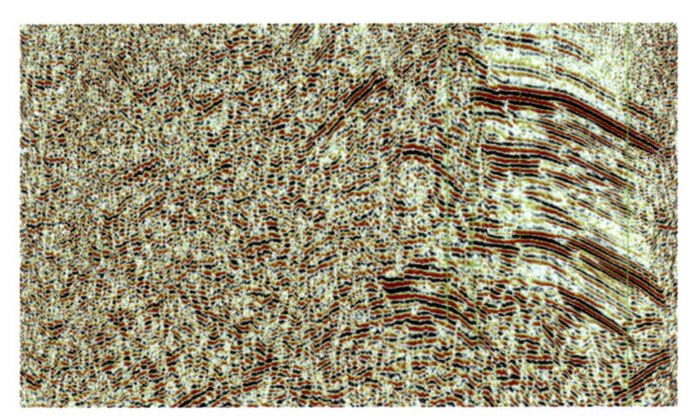

图2−4−14 窟窿山三维Inline508线地震剖面(JX01−01位置)

针对窟窿山逆掩推覆带地震勘探这一世界级的难题，勘探与生产分公司和玉门油田分公司都非常重视，在该区2001—2003年共完成攻关二维地震328km、三维地震30km²。通过二、三维地震的联合攻关，在祁连山逆掩推覆带地区获得了地震资料，填补了该区资料空白，得到的资料品质逐年提高，基本满足该区构造解释的需要，反映的地质现象清楚、可靠。2003年第一次做出完整的窟窿山地区构造图（图2−4−14、图2−4−15）。

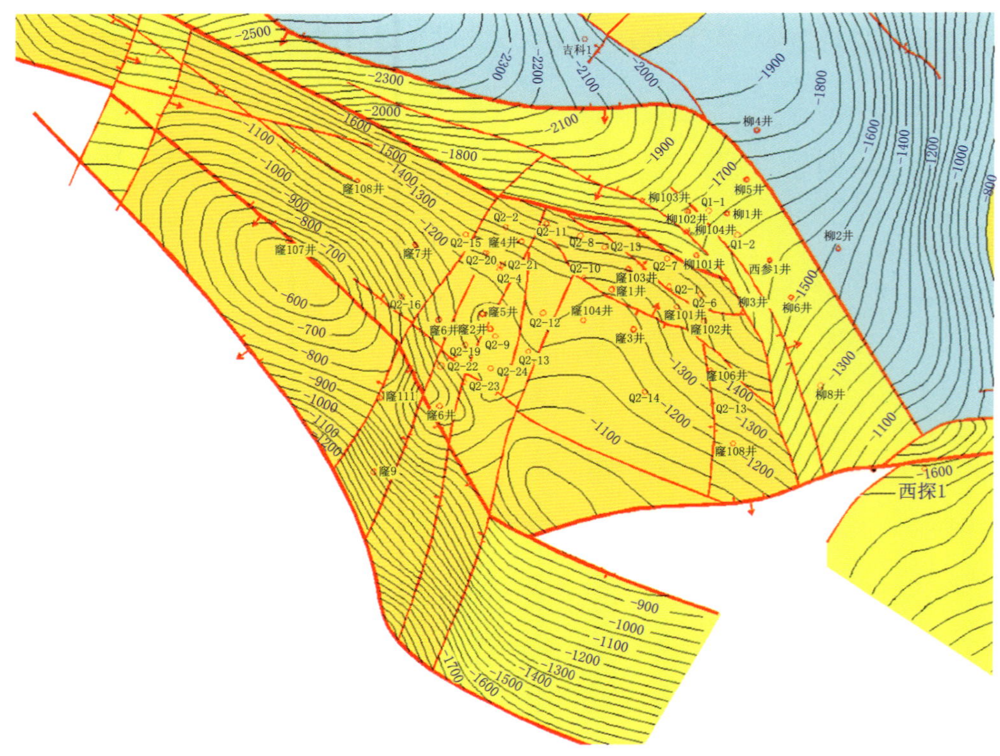


图2−4−15 窟窿山地区下白垩统下沟组顶构造图

通过二维、三维地震联合解释，对青西凹陷南缘的地质结构、窟窿山逆掩推覆构造带的整体形态及构造内部不同级次的断裂特征有了比较明确的认识。落实祁连山北缘逆掩推覆距离在4～6km之间，窟窿山构造北翼（山外部分）的结构与规模已基本查明，其南翼（山下部分）构造轮廓基本清楚（图2-4-16）。

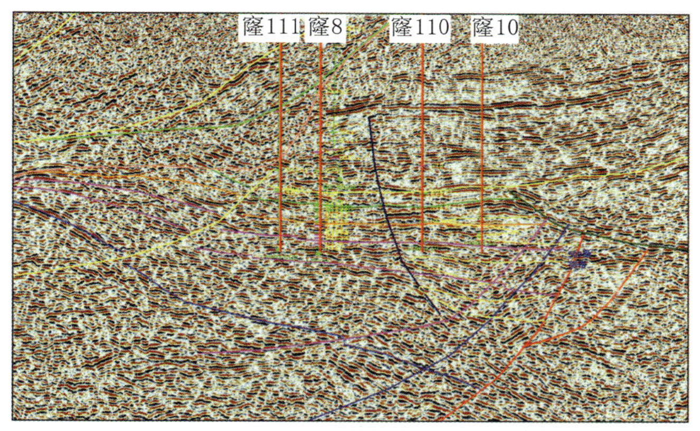


图2-4-16　2001年JX01-2测线解释剖面图

窟窿山油藏重点发现井窿8井初产201m³/d，165m³/d已稳产2年。2003年在窿8井区块新增探明含油面积4.4km²，石油地质储量1139×10⁴t，三维地震在储量计算中发挥了重要的作用。目前依据地震资料部署的多口探井在下沟组发现油气层，其中2口开发井获得百方高产，两口评价井获低产油流。重点窿9、窿10井油气显示活跃，有望突破，向南、向东拓展了油藏规模。

逆掩推覆带地震勘探取得了明显的效果和勘探效益，同时为相邻盆地相同地表、地质结构勘探提供了一系列针对性勘探思路和技术系列。2002年以来玉门油田在祁连山北缘逆掩推覆带整体进一步加大了勘探力度，又陆续发现了一批山前逆掩推覆构造，祁连山北缘整体推覆构造带逐渐清晰，为明确以后的勘探方向奠定了基础，为油田的发展储备了勘探目标。



## 第五节　黄土塬山区网状三维地震勘探

鄂尔多斯盆地黄土塬腹地，沟壑纵横，黄土覆盖区沿沟二维地震勘探始于20世纪70年代的常规构造勘探。20世纪90年代初期开始进行沿沟二维高分辨率地震勘探，资料质量有了明显改进，钻井成功率明显提高。截至目前，长庆在3km以上可以进行地震勘探的所有沟系已绝大部分进行了施工，但测网密度(平均测网密度仅达0.3km/km²)，勘探精度仍无法充分满足地震油藏预测和描述的需要。黄土塬直测线虽已取得突破性的进展，但受巨厚黄土层的影响，资料的品质与沟中弯线资料相比还有一定的差距，仍不能完全达到勘探开发工作的要求。1999年长庆物探处引进全俄地球物理研究院不规则三维地震勘探的基本设计思想和处理系统，结合黄土塬区特点和原有的处理系统进行了技术开发，并在庄8井区进行了应用，首次在黄土塬区获得了三维地震资料，面积62km²，满足了地震油藏预测和描述的需要，取得了较好的效果。

### 一、地理位置

庄8井区网状三维位于甘肃省庆阳县南庄乡柔远河支沟——刘八沟水系（图2-5-1），地处黄土塬山

图2–5–1　庄8井区地理位置示意图

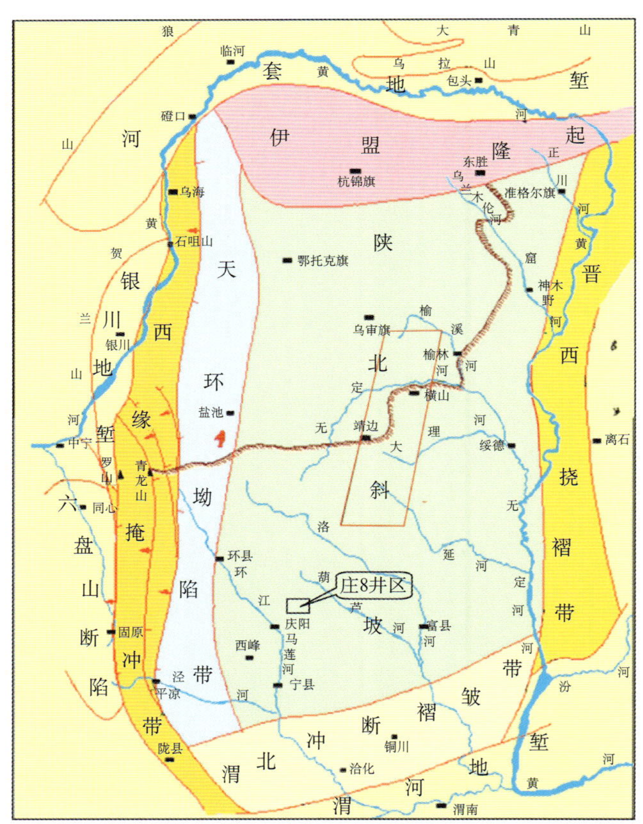


图2–5–2　工区区域构造位置示意图

区。巨厚黄土覆盖的塬、梁、峁、坡与水流切割的冲沟交错，地表高差大。

## 二、区域地质概况

庄8井区网状三维位于鄂尔多斯盆地地层倾角不足1°的西倾大单斜上（图2–5–2），局部构造和断裂欠发育，仅有一些低幅度（10～50m）的鼻状隆起带。

## 三、地表及人文环境

庄8井区网状三维地震工区位于鄂尔多斯盆地黄土塬腹地，黄土厚度30～300m，由于冲刷切割，形成树枝状水系与沟、塬、梁、峁、坡并存的独特黄土地貌景观（图2–5–3、图2–5–4）。

工区面积62km²，共有冲沟97条，总长度为136km。除主沟长度15km外，长度2～3km以上的沟只有15条，长度在2km以下的81条，沟中白垩系、第三系地层出露，潜水面相对较浅，地震波激发、接收条件良好。

## 四、勘探程度

黄土覆盖区沿沟二维地震始于20世纪70年代初，地质目标是构造勘探。

20世纪90年代初期开始进行沿沟二维高分辨率地震勘探，资料质量有了较大改进，钻井成功率明显提高。但工区内仅有3条沿沟弯曲测线。

图2-5-3　工区地貌

区内已有探井5口：庄6、庄7、庄8、城76、城113，其中庄8和城76井在长$_1^2$砂岩中获得工业油流。

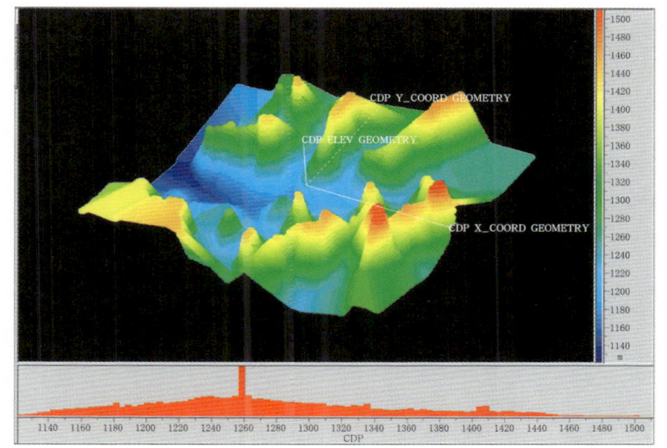


图2-5-4　地表高程立体显示

## 五、以往物探物探品质与难题

区内有3条沟中弯曲测线，测网密度仅$0.3km/km^2$，除沟口（冲积砾石）、沟脑（厚黄土）段资料品质较差外，其余地段浅（$T_K$）、中（$T_T$）、深（$T_C$）反射层齐全，信噪比大于4，目的层段视主频50~60Hz，频宽10~100Hz。由于沟系分布的不均匀，仅沿沟布线的勘探程度及勘探精度限制了鄂尔多斯盆地以岩性为主的油气藏预测和描述工作的开展。

1999年9月，经过实地踏勘和可行性研究，由长庆物探处和俄罗斯全俄地球物理研究院合作，开始了中国首例黄土塬山区网状三维地震勘探新方法的研究和实践。完成了艰苦的野外采集之后，进行了基础静校正和网状三维资料处理攻关。针对资料的不规则性、不均匀性，试验了数据选排、面元均化、特殊信噪分离等多种技术方法，获得了可喜的地质成果，达到了预期的目标。这为鄂尔多斯盆地南部广大黄土塬地区油气勘探打开新局面，开拓了新的视野。

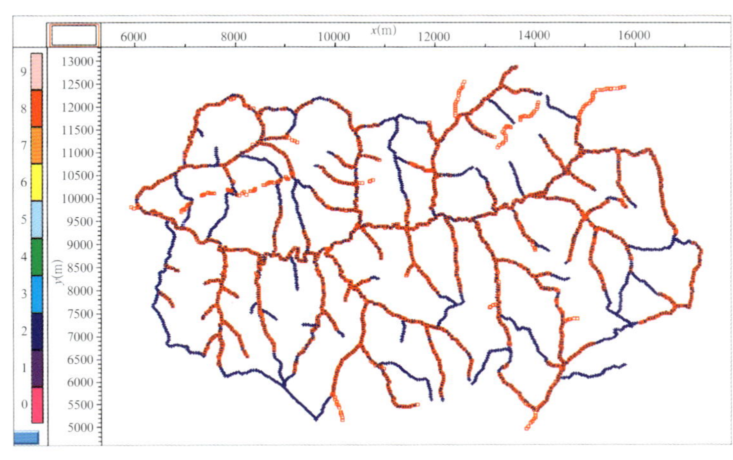


图2-5-5　炮点及接收点位置图

## 六、主要技术措施及效果

### （一）野外采集技术

网状三维地震勘探施工方案设计合理与否决定了整个勘探工程的成败。因此，设计时在考虑采集和处理系统特点和能力的前提下，充分利用沟中老地层出露利于激发、接收的优势，灵活设置接收点和激发点位置（图2-5-5），尽可能避开黄土梁、塬、峁，使绝大部分激发、接收点位于具

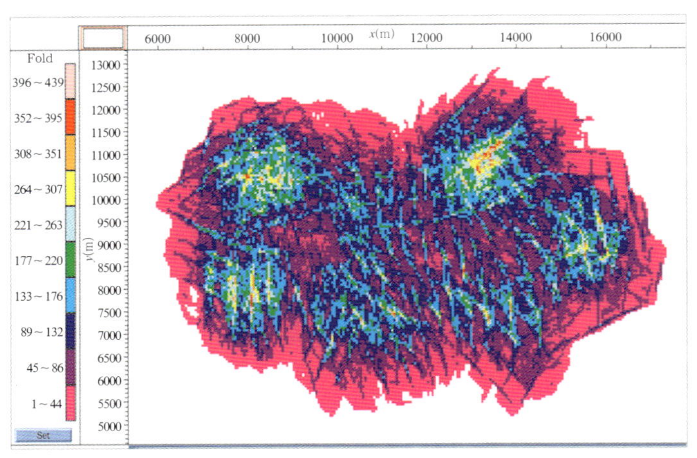


图2-5-6　全部偏移距覆盖次数分布图

（施工排列、地下反射面积不规则，炮检距、方位角、覆盖次数等分布不匀）

有良好表层地震地质条件的沟系中。实际施工采集排列范围以刘八沟水系为主，南北局部跨相邻水系。布设8个排列小区，84条接收线，每片炮点200～350个，总计1981炮、9513个接收点站。单排列接收点站最少1125道，最多1254道。大部分激发、接收点选在沟中老地层出露处，小部分为联络跨塬支沟而摆放在黄土塬上。沟中单井或双井激发，井深15m，药量6～8kg，塬上9井组合激发，井深9m，单井药量3kg。检波器线性或面积组合，道内高差小于1m。野外采集面积约70km²(图2-5-6)。

## （二）地震资料处理技术

### 1. 多域多次迭代折射静校正

本区排列穿沟过塬，地表起伏不平、高差较大，激发和接收岩性多变，造成面元内纵横向初至时间不均匀，静校正量变化剧烈。具体做法如下：以地表高程、微测井资料、野外大炮初至折射波信息为基础，先以微测井表层速度场为前提解决初始静校正问题，然后在炮域、接收点域、共中心点域等多域采用逐步逼近、多次迭代法计算各炮、检点的相对静校正量，经反复修改提交基础静校正模型(图2-5-7)，初步解决了区内大部分地区的基础静校正问题(图2-5-8)。

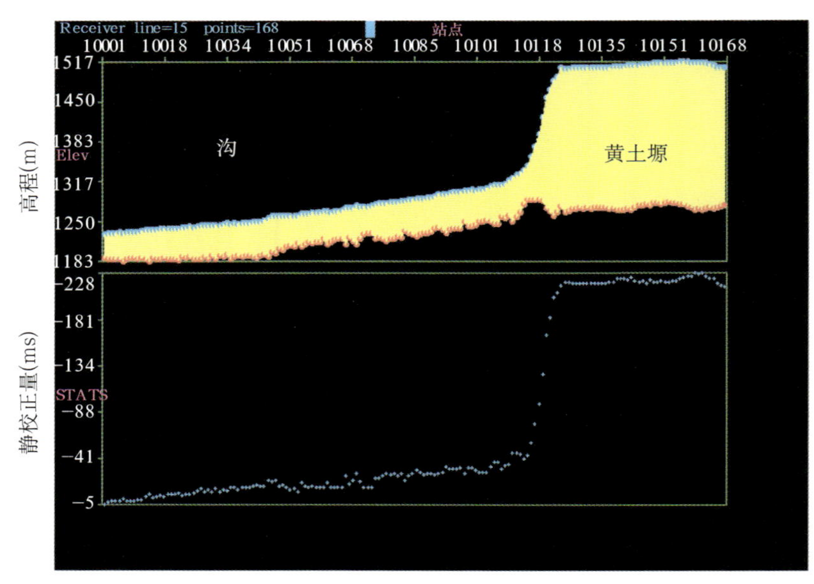


图2-5-7　基础静校正模型（穿沟塬接收线之一）

### 2. 面元均化

面元均化是网状三维资料处理中解决覆盖次数和炮检距不均匀问题的重要措施。目前，采用的方法是通过从相邻面元“借入”缺失的炮检距成分来补偿炮检距配置不均的面元。通过数据重排消除重复、重叠、多余的同偏移距道以获得相对均匀分布的覆盖次数和炮检距（图2-5-9、图2-5-10）。

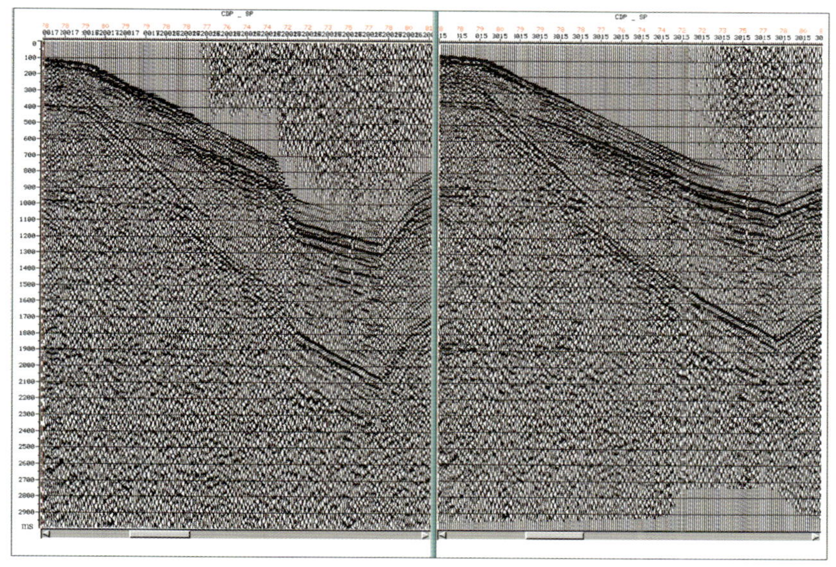

图2-5-8　静校正前后的炮集

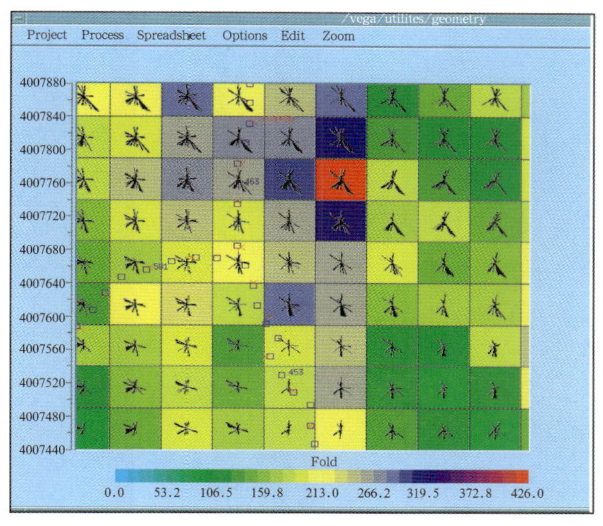


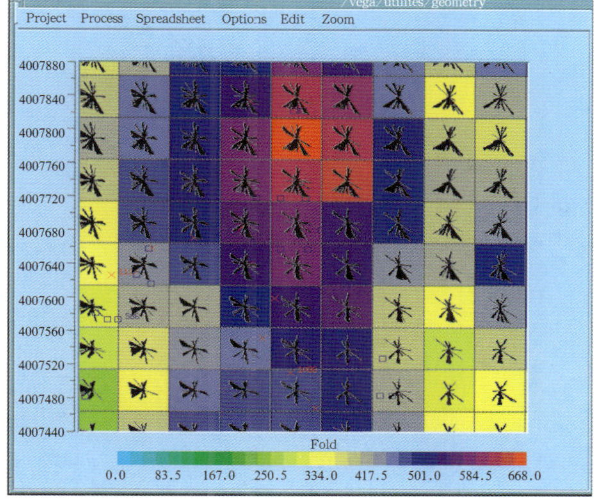


图2-5-9　面元均化前、后覆盖次数分布

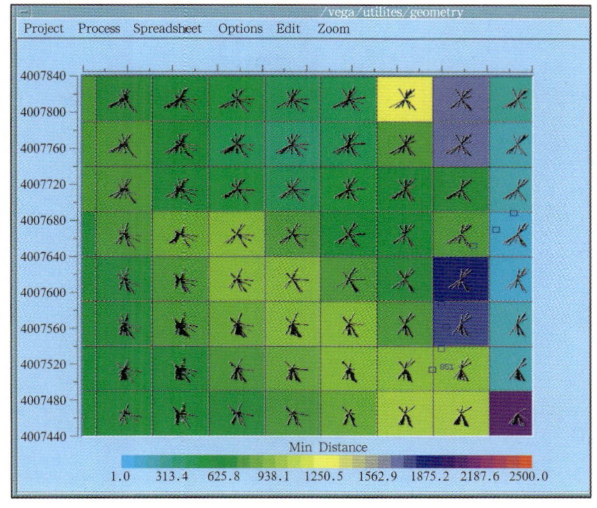


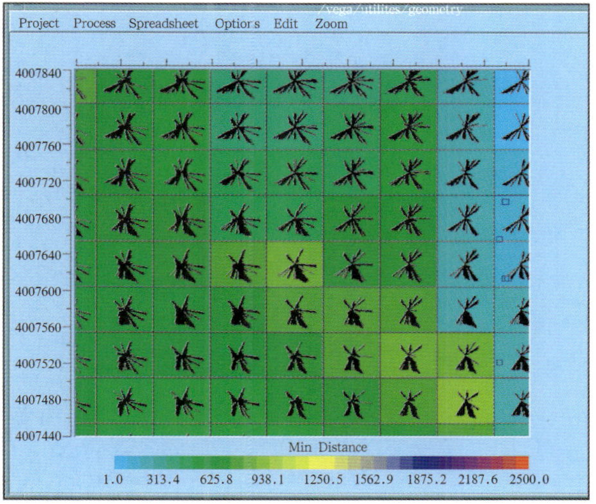


图2-5-10　面元均化前、后炮检距、方位角分布

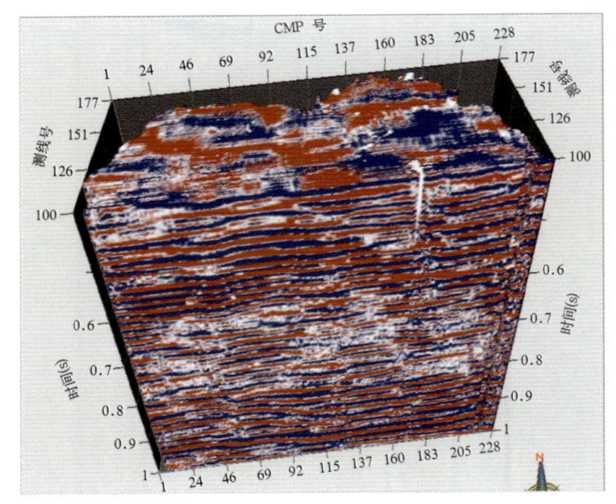


图2-5-11　庄8井区三维数据体可视化显示

3. 地表一致性保真处理

针对网状三维资料的特点，采用了振幅补偿、三维地表一致性反褶积、三维地表一致性剩余静校正等保真处理手段。

4. 处理效果——与二维沟中弯线对比

对比从三维数据体(图2-5-11)中切出的刘八沟剖面与二维刘八沟剖面，可见三维剖面目的层段信噪比、分辨率均略高于二维剖面(图2-5-12、图2-5-13)。同时，三维资料进一步落实和细化了庄8井低幅度鼻状隆起带。

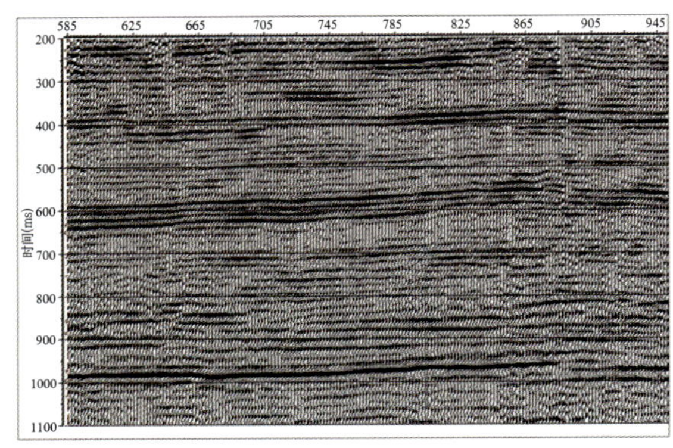


图2-5-12　二维沟中弯线剖面（刘八沟）

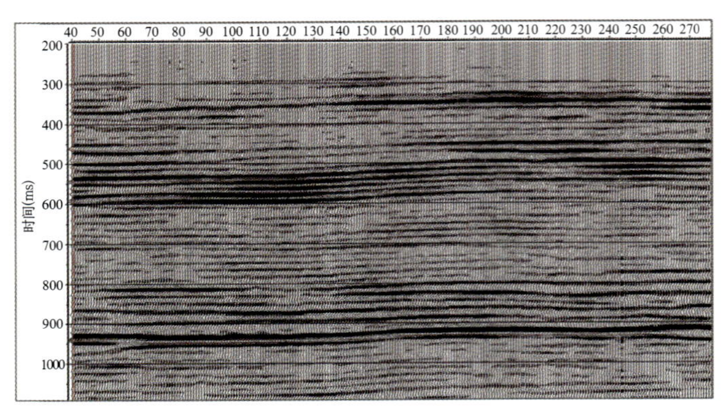


图2-5-13　三维数据体中对应刘八沟的剖面

## 七、主要地质成果与评价

（1）细化了庄8井的构造形态，准确落实了小幅度圈闭。

（2）通过储层预测搞清了该区主力油层组长$_{1}^{2}$以及直罗组中部砂岩厚度的展布规律（图2-5-15），并对其油藏规模进行了预测，实现了不增加钻井即提交了该区长$_{1}^{2}$控制储量$256\times10^{4}$t，落实含油面积6.4km$^{2}$。

（3）地质现象清晰。

①三叠系延长组长$_{6}$三角洲前积反射。

延长组长$_{6}$期发育着一条几乎贯通整个工区的水下河道。随着时间的推移，这条河道一分为二，一条分布在工区的西北角，另一条位于庄8井西，方向为北西转近南北向分布，砂体发育，连续性好。由小到大的时间切片可清楚地反映出该三角洲由西向东进积（湖退）的过程（图2-5-16）。

②奥陶系顶部侵蚀沟槽反射。

从椅状显示上可清楚地看到侵蚀沟槽切割的深度以及延伸的范围（图2-5-17）。

（4）依据地震资料提供的构造、砂岩厚度、振幅属性、时间切片等资料，并结合油气显示，对庄8井区长$_{1}^{2}$、长$_{6}^{3}$目的层进行了油藏预测，提供建议井位4口（图2-5-18）。

（5）庄8井区网状三维地震勘探首次在黄土塬山区获得了丰富的地下面积反射信息，实现了黄土塬山区地震勘探从线向面的跨越。所获地质成果表明该项目实施是成功的，并证实了网状三维地震是黄土塬山区油气勘探的又一重要途径。

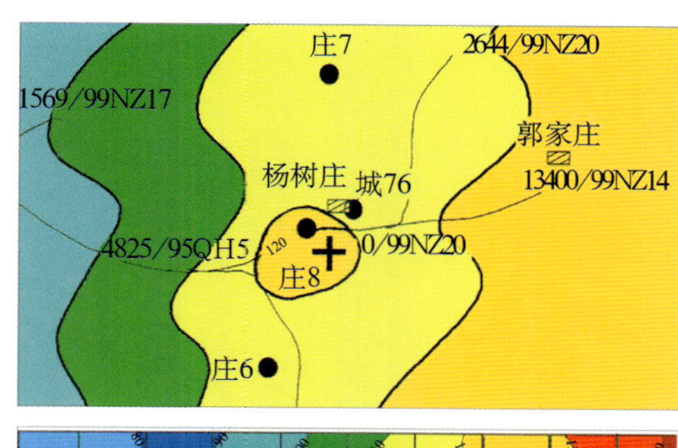


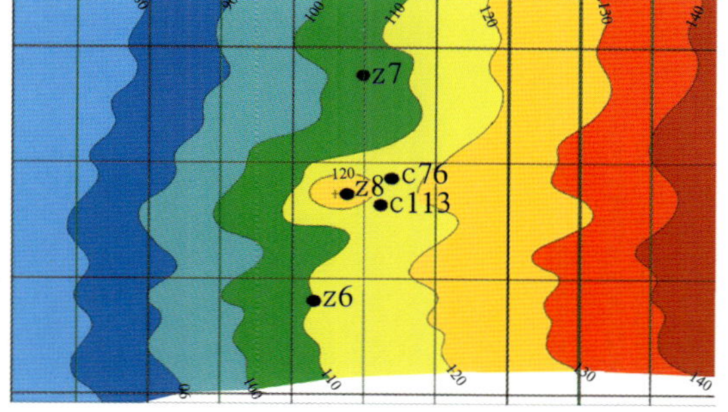


图2–5–14　庄8井区地震$T_{J_9}$反射层构造图

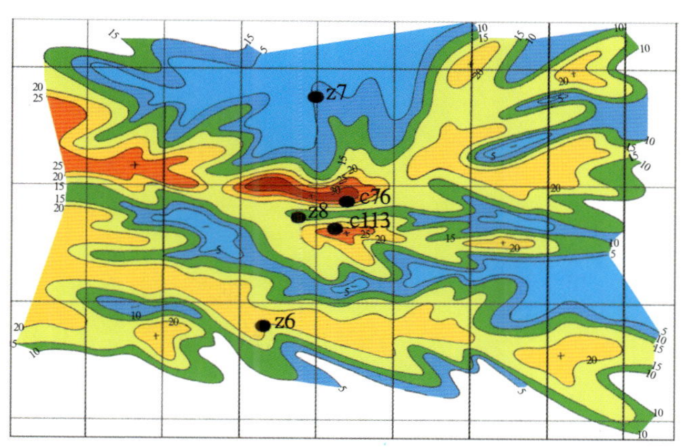


图2–5–15　直罗组中部砂岩厚度图

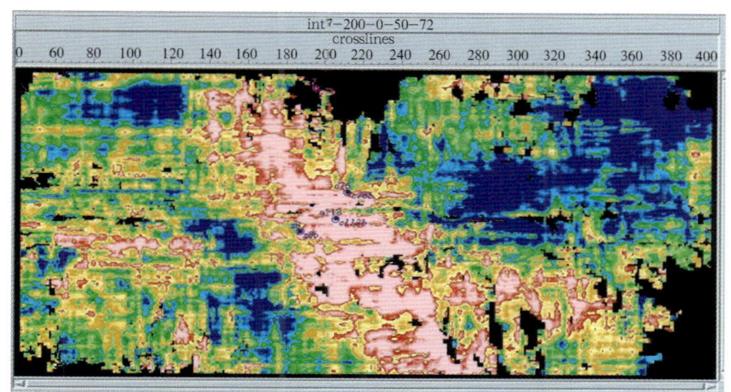


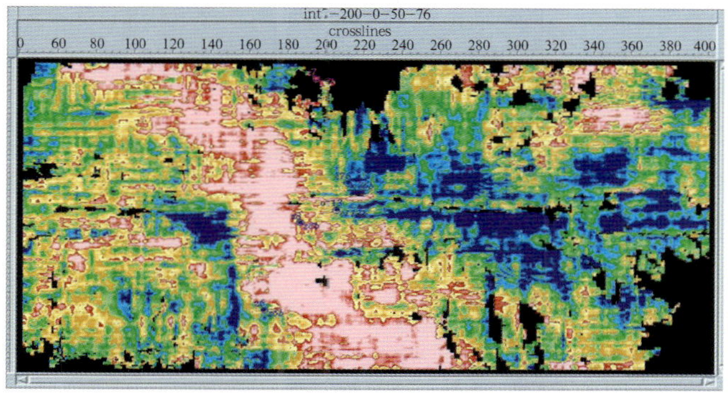


图2–5–16　延长组长$_6$前积结构在水平切片上的反映（上为72ms、下为76ms）

（6）网状三维地震是在沟系发育程度高的黄土塬山区，开展油气勘探工作的关键手段，是降低低效井数量、提高油气勘探成功率和勘探开发整体效益的实用技术，选择埋深适中的勘探目的层进一步开展网状三维地震无疑将扩大黄土塬区油气勘探的领域，加快鄂尔多斯盆地油气增储上产的步伐。

总之，网状三维地震勘探技术取得了初步的效果，对鄂尔多斯盆地中生界和古生界勘探均具有很好的适用性和广阔的发展前景，尤其是对“小而肥”的侏罗系油藏开发将会发挥更大的作用。

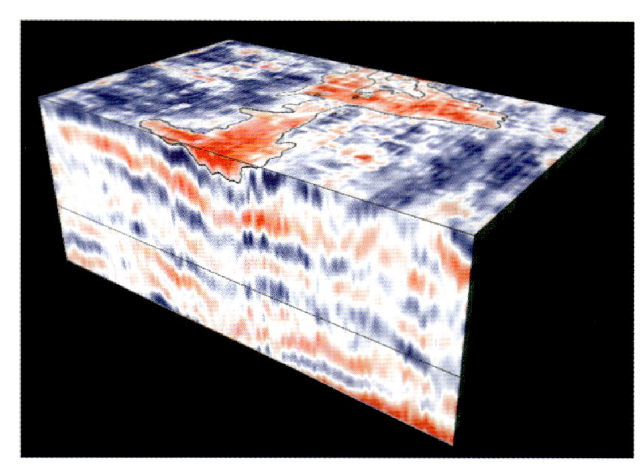

图2–5–17　庄8井区沟槽椅状显示

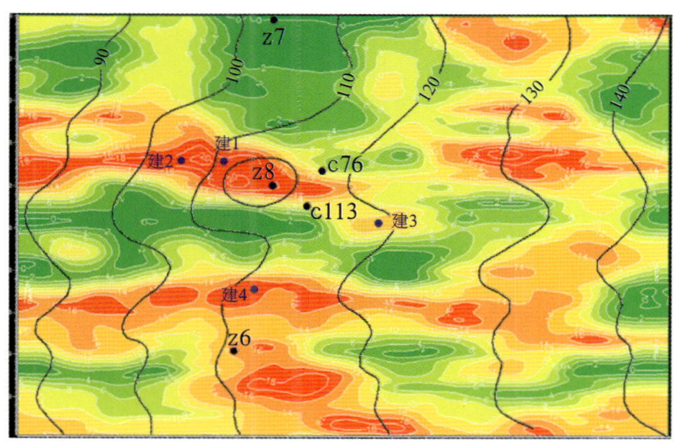


图2–5–18　延长组长$_1^2$油藏预测图

# 第六节　塔里木盆地大沙漠覆盖区三维地震勘探

塔中16井区地处大沙漠腹地，地震反射波信号衰减严重、分辨率低、信噪比低，下古生界目的层埋深大。经过三维地震重新采集、处理和解释一体化攻关，极大地改善了地震资料品质，获得了很多新的地质认识，推动了塔中地区多目的层勘探和评价的进程。

## 一、地理位置

塔中16井三维地震工区位于新疆维吾尔自治区南部且末县境内，东南距且末县城约180km，西距沙漠公路约5.5km，南距塔且公路约7km（图2−6−1）。

## 二、区域地质概况

工区位于塔里木盆地中央隆起塔中低凸起东部。塔中低凸起在区域构造位置上属于中央隆起中段，总体上表现为一个比较完整的由多个次级构造带组成的大型古生界台背斜构造，走向北西西，在现今构造图上呈东高西低之势；其上主要发育6个次级构造带，平面上为北西、北北西或北东走向，自东向西呈扇形发散、撒开，向东在塔中5井一带收敛，呈帚状展布。以中央断垒带为分水岭可分为北部和南部两个斜坡带。塔中16井三维地震工区位于塔中北坡的塔中10构造带东部末端处，向北东方向越过了塔中I号断裂带（图2−6−2）。

## 三、地表及人文环境

工区位于塔克拉玛干大沙漠腹地，为流动大沙丘覆盖区，地表遍布近北东—南西向复合型沙山、沙丘，走向性较强，海拔从1030m至1170m不等，沙丘相对高差一般为40～60m，最大相对高差可达60m以上；气候条件恶劣，属于典型的大陆性干旱气候，常年干旱少雨多风，降水量少、蒸发量大，昼夜温差大，无河流、无地表植被，亦无定居居民。施工期地表温度均在60℃以上，施工条件尤为艰苦。同时区内分布的大量的油井、输油管线、输电线路、公路以及公路两侧的绿化带和防沙带也给野外施工带来很大的不便（图2−6−3）。

## 四、勘探程度

地震勘探二维测网达到1.5km × 2km～2km × 4km，先后完成针对不同目的层的三维地震勘探4块，覆盖面积905.85km$^2$；完钻探井2口、评价井5口；塔中16石炭系东河砂岩油田开发井网已完善。本工区的勘探历程大致可分为以下三个阶段。

### （一）勘探阶段

1994年发现塔中16号石炭系东河砂岩圈闭，上钻本工区第一口探井塔中16井，同年完成塔中16井区第一块三维测网，偏前满覆盖面积34.96km$^2$； 1995年在第一块三维工区东面完成塔中16井东三维，工区偏前满覆盖面积250.31km$^2$；1997年在塔中16井三维工区西北上钻塔中44井，同年完成塔中44井区三维地震，偏前满覆盖面积347.61km$^2$。

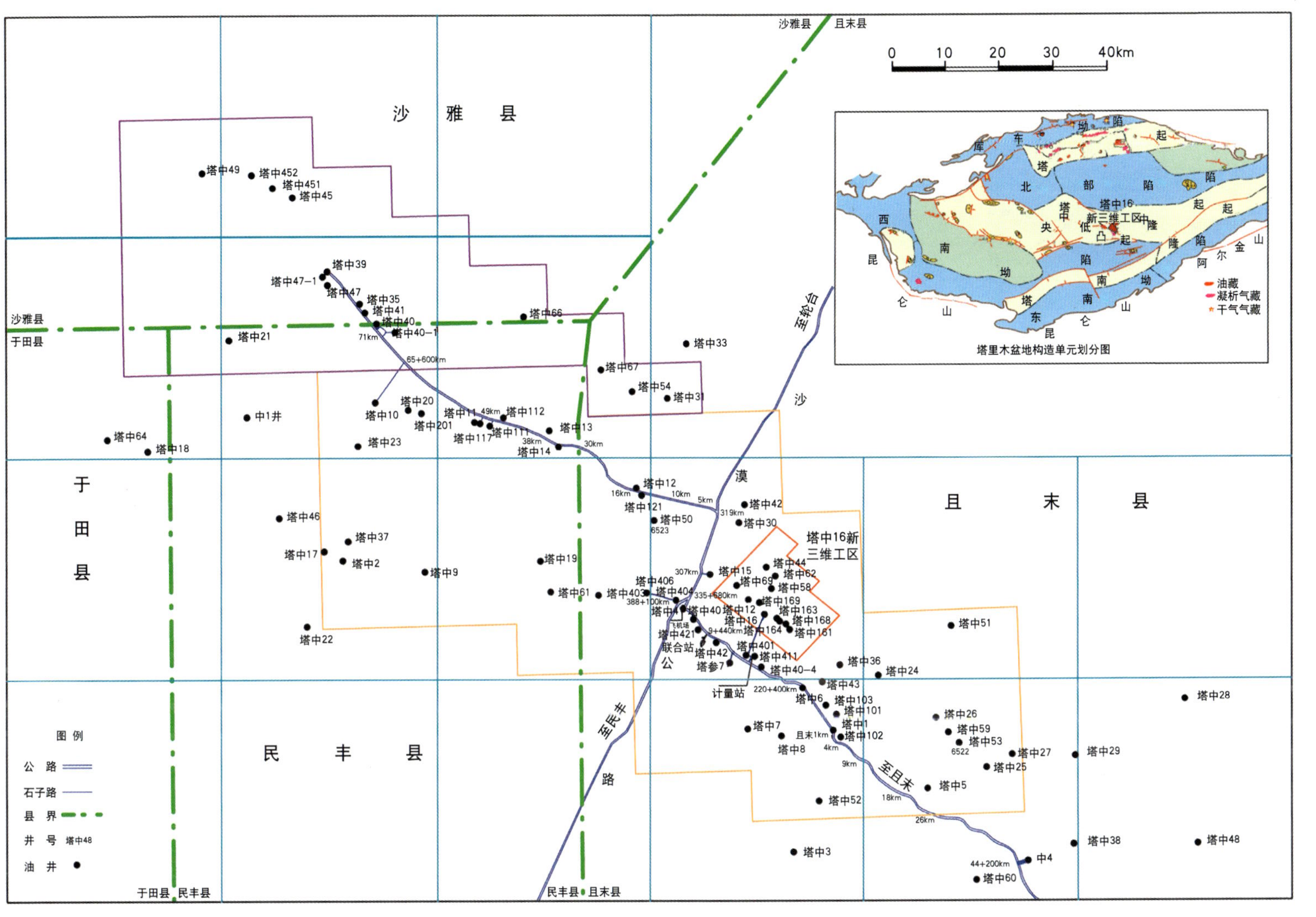


图2-6-1　塔中16井区三维工区地理位置图

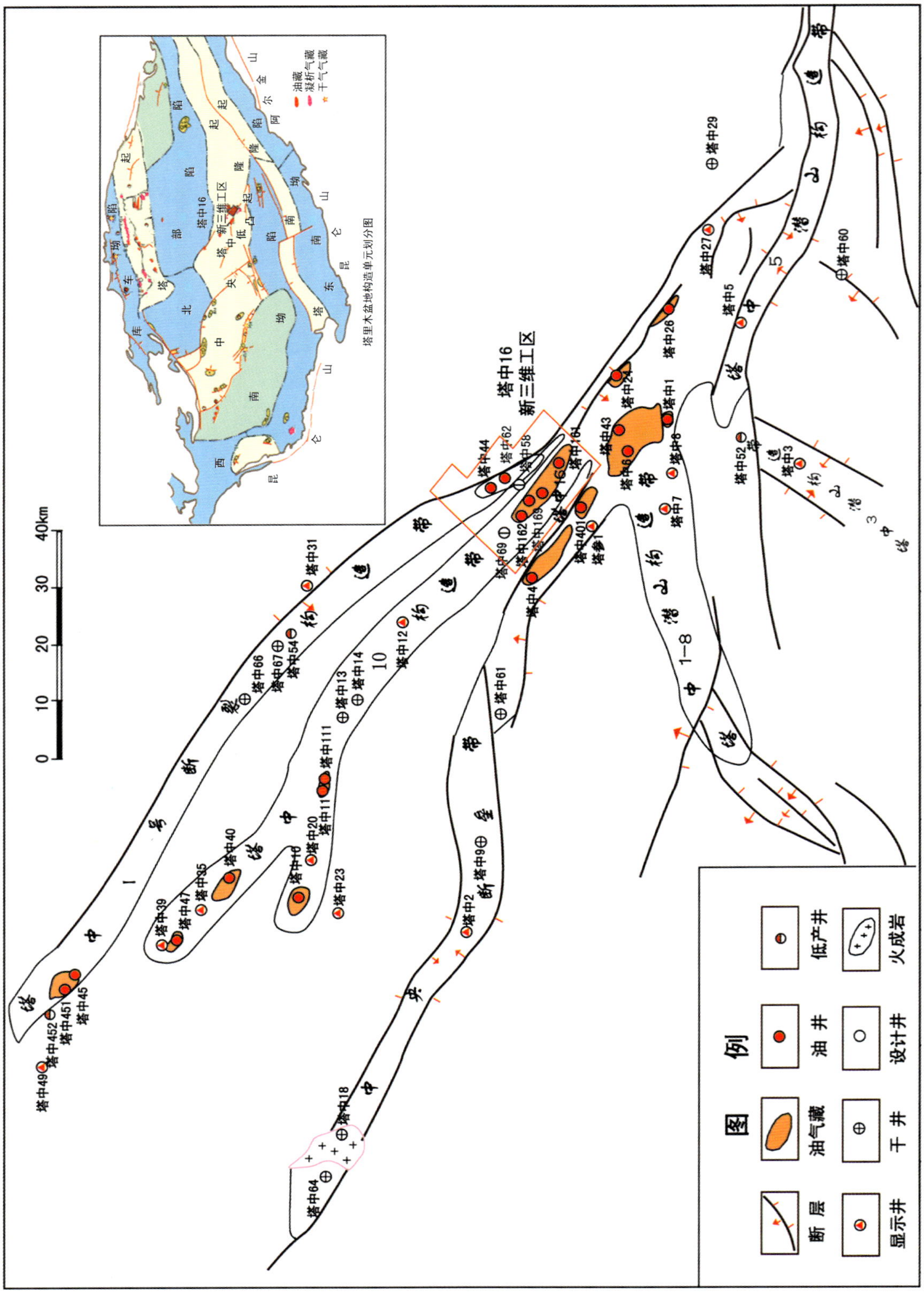

图2-6-2 塔中低凸起次级构造带划分图

### （二）评价开发阶段

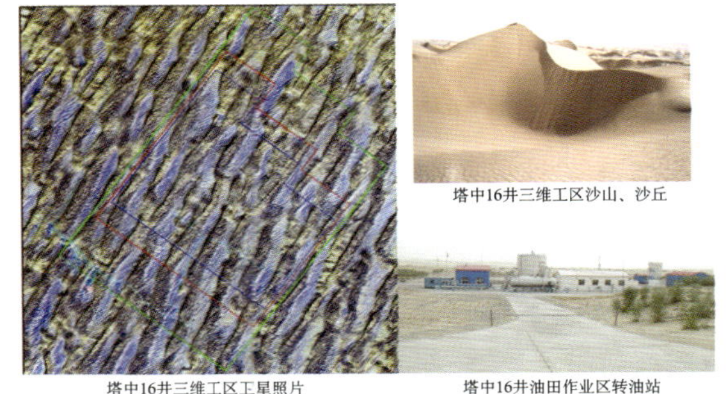

图 2－6－3　塔中 16 井区三维工区地表环境

1996 年上钻塔中 161 和 164 井，年底上交石炭系 $C_{III}$ 油组未开发探明石油地质储量 976 × $10^4$t；1996—1997 年上钻奥陶系评价井塔中 162 和 168 井，上交塔中 16 井区预测储量石油 1164 × $10^4$t、天然气 58.14 × $10^8$m$^3$；还上交塔中 44 井区上奥陶统控制储量凝析油 21.3 × $10^4$t、天然气 13.56 × $10^8$t。塔中 16 井区石炭系油田 1997 年开始试采投产，目前年产原油超过 20 × $10^4$t。2000 年经开发复查上交石炭系 $C_{III}$ 油组开发探明石油地质储量 1270 × $10^4$t。

### （三）勘探评价再认识阶段

随着勘探认识的深入和三维地震野外采集、处理技术的进步，在 2002 年针对塔中 16 井区奥陶系碳酸盐岩目的层重新部署三维地震勘探，偏前满覆盖面积 272.97km$^2$。2003 年上钻塔中 169 井、塔中 62 井、塔中 58 井和塔中 69 井，其中塔中 169 井和塔中 62 井在志留系获得工业油气流，塔中 62 井在上奥陶统礁滩体获得工业油气流。

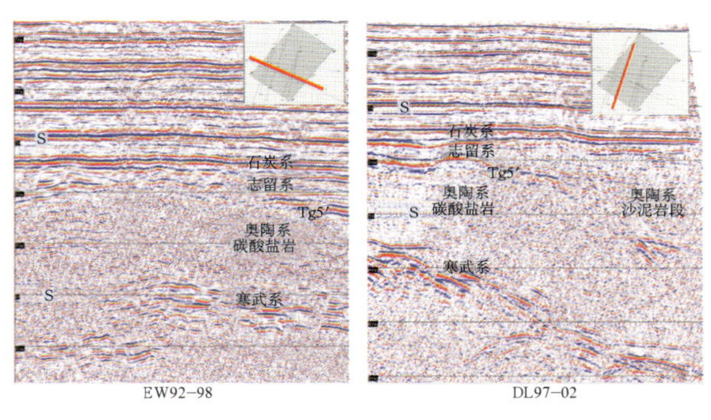

图 2－6－4　塔中 16 井区二维地震资料品质状况

## 五、以往物探资料品质与难题

### （一）以往塔中 16 井区二维地震资料品质状况

本工区二维地震测线年度跨度大（从 1983 年到 1999 年），闭合差大(5～40ms)，静校正问题严重，资料品质参差不齐，石炭系以上资料品质尚可，奥陶系以下（Tg5′及以下地震反射）信噪比、频率较低（图 2－6－4）。

### （二）以往塔中 16 井区三维地震资料品质状况

（1）原始单炮记录信噪比过低，有效反射被各种噪音淹没，在原始单炮上基本不能识别有效反射波信号（图 2－6－5）。

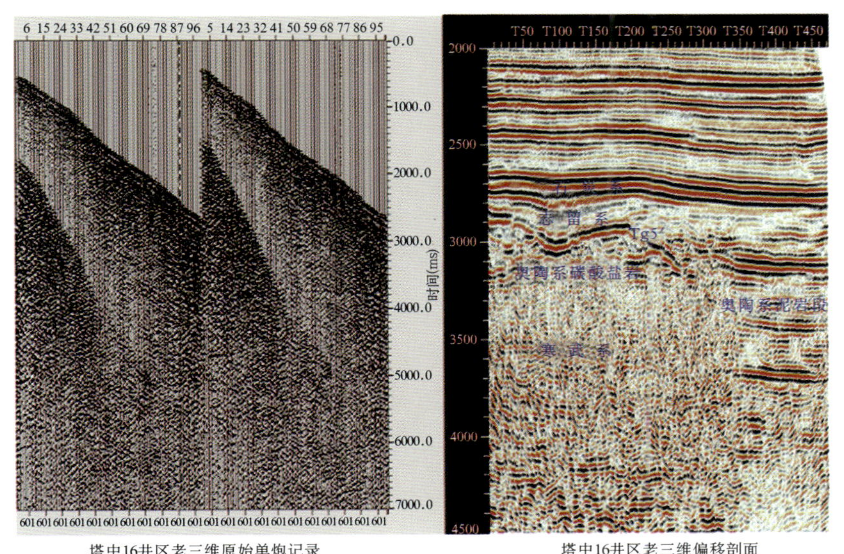

图 2－6－5　塔中 16 井区老三维地震资料品质状况

（2）在成果地震剖面上深层资料品质差，奥陶系碳酸盐岩内幕、寒武系无法追踪，Ⅰ号断裂带不清楚（图2–6–5）。

（三）技术难题

（1）沙丘起伏导致激发、接收条件变差，原始资料高频能量衰减严重，频率低，目的层有效信号的优势频带分布范围较窄（约10～30Hz），主频约为15Hz；不同接收条件引起的能量分布不均衡；静校正问题比较严重；地震子波一致性差。

（2）奥陶系碳酸盐岩目的层埋藏较深（4000m以下），内幕没有良好的反射界面，而储层预测对地震资料品质要求高。

## 六、主要技术措施及效果

### （一）主要技术措施

#### 1.地震采集的主要技术措施

（1）三维观测系统优化技术：采用小面元（25m × 25m）、中覆盖次数（60次覆盖，东部构造部位加密到90次）观测系统，其主要优点是：小面元有利于资料分辨率提高和断层绕射收敛；炮检距和方位角分布比较均匀，保证了纵、横向速度分析精度；重复一半排列利于解决静校正问题。

（2）深井激发及配套的钻井技术：在大沙漠区实现不变观条件下100%潜水面以下5m激发（图2–6–6），以提高深层有效反射能量。钻井能力由井深4m提高到8m、40m、84m，钻井机具由风钻发展为水钻、麻花钻，对实现深井激发起了关键作用（图2–6–6）。

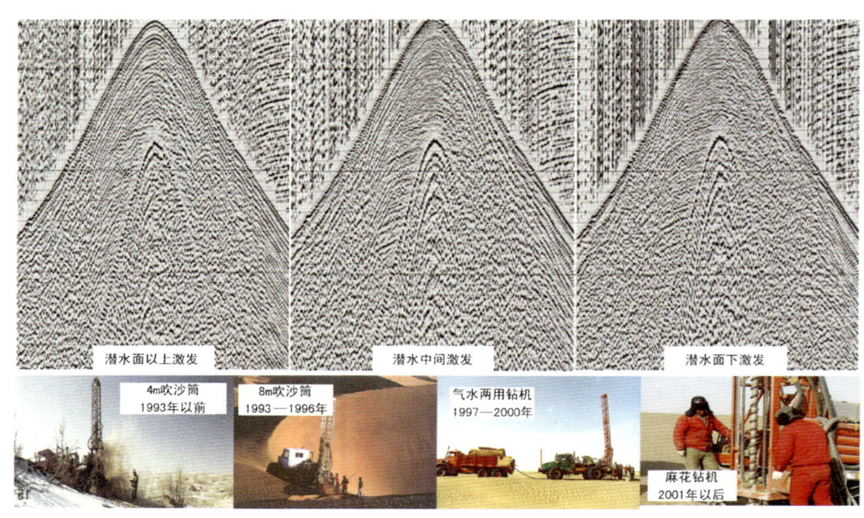


图2–6–6　塔中16井区新三维工区激发条件对比图

（3）检波点偏移设计技术：利用卫星照片进行检波点偏移和加密炮点设计，寻找好的接收点位，尽可能将检波器移到低洼地，改善接收效果（图2–6–7、图2–6–8）。

（4）精细表层结构调查和静校正技术：野外表层调查以小折射调查为主，辅以水坑调查，采用微测井进行补充，提供了准确的基础数据。

#### 2.资料处理采取的主要技术措施

（1）系列迭代去噪技术：系列去噪较好地压制了噪声，叠前资料的信噪比明显提高，在单炮上可以较清楚地看到地震反射波（图2–6–10）。

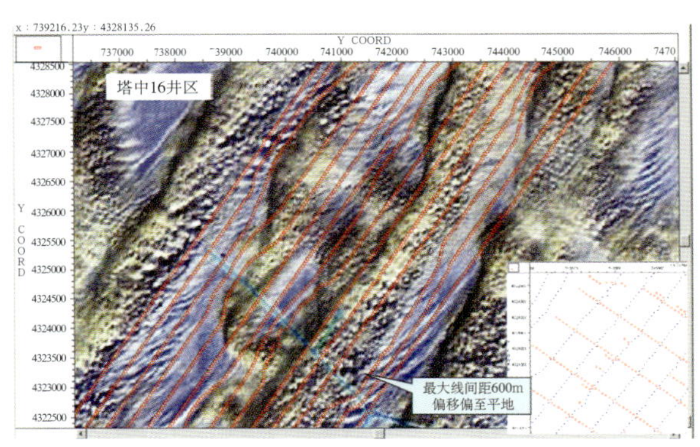


图2-6-7　基于卫片的检波点和加密炮点设计示意图

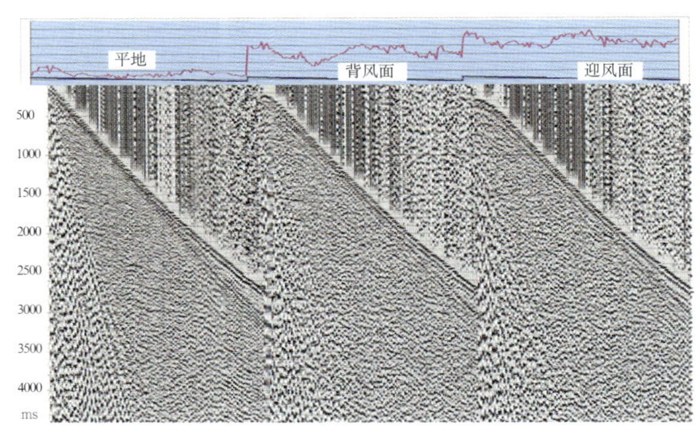


图2-6-8　塔中16井区新三维工区不同接收条件下排列试验原始单炮对比

1口×14m×22kg原始单炮（同一炮激发）

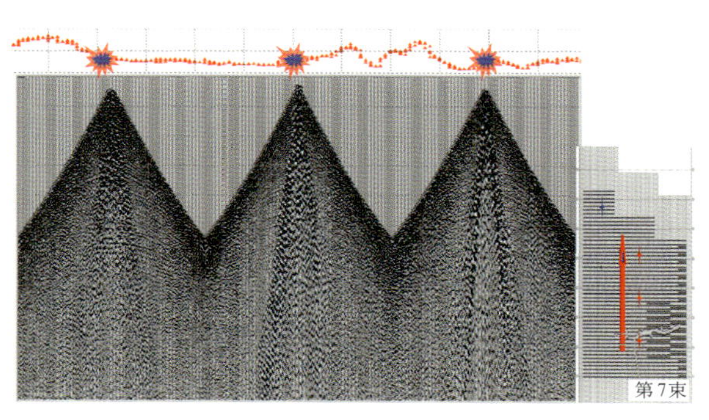


图2-6-9　塔中16井区新三维第7束线原始单炮记录

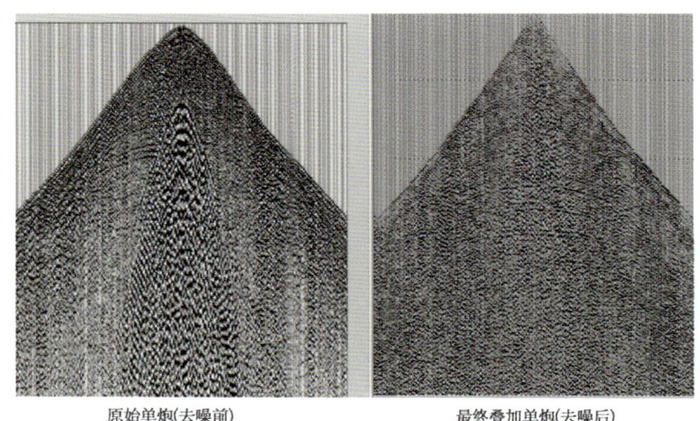


图2-6-10　塔中16井区三维地震系列迭代去噪前后单炮对比图

（2）地表一致性全三维处理技术：利用地表一致性振幅补偿、地表一致性反褶积和地表一致性剩余静校正等一系列地表一致性处理手段，消除由于地表沙丘因素对地震波能量、子波波形、静校正等方面的影响（图2-6-11）；运用剩余振幅补偿技术消除CROSSLINE方向上振幅能量随沙丘起伏变化的现象。

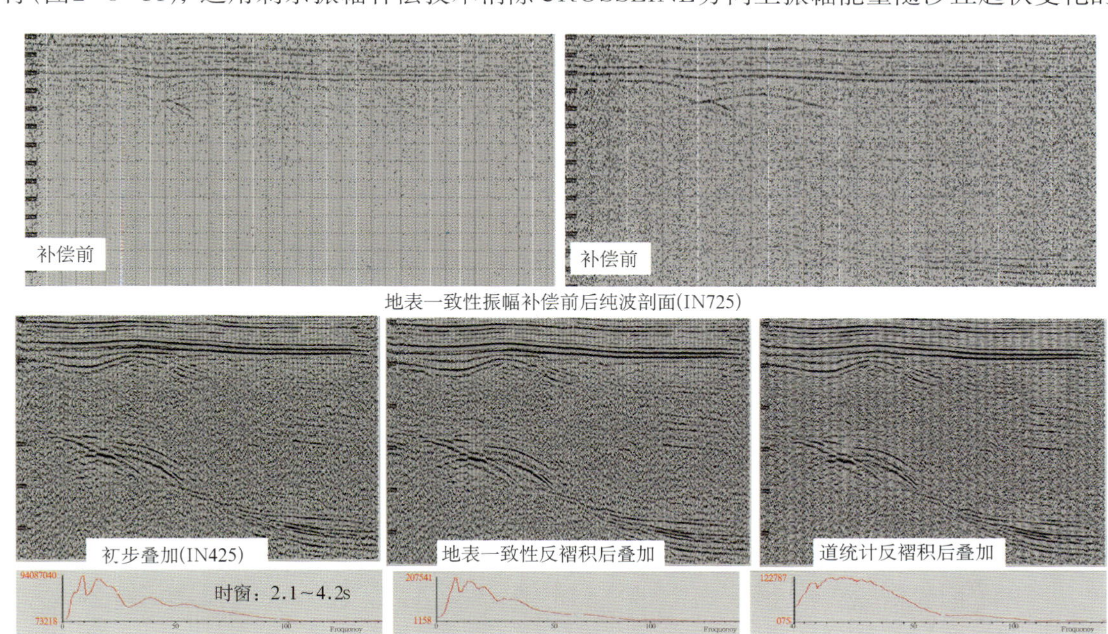


图2-6-11　塔中16井区三维地震资料地表一致性全三维处理效果对比图

（3）多次迭代剩余静校正与精细速度分析技术：运用井速度约束、非等间隔选取速度分析控制点等多种手段准确提取速度信息，改善叠加效果（图2–6–12）；进行地表一致性优势频带自动剩余静校正的多次迭代（图2–6–12），很好地解决了静校正问题。

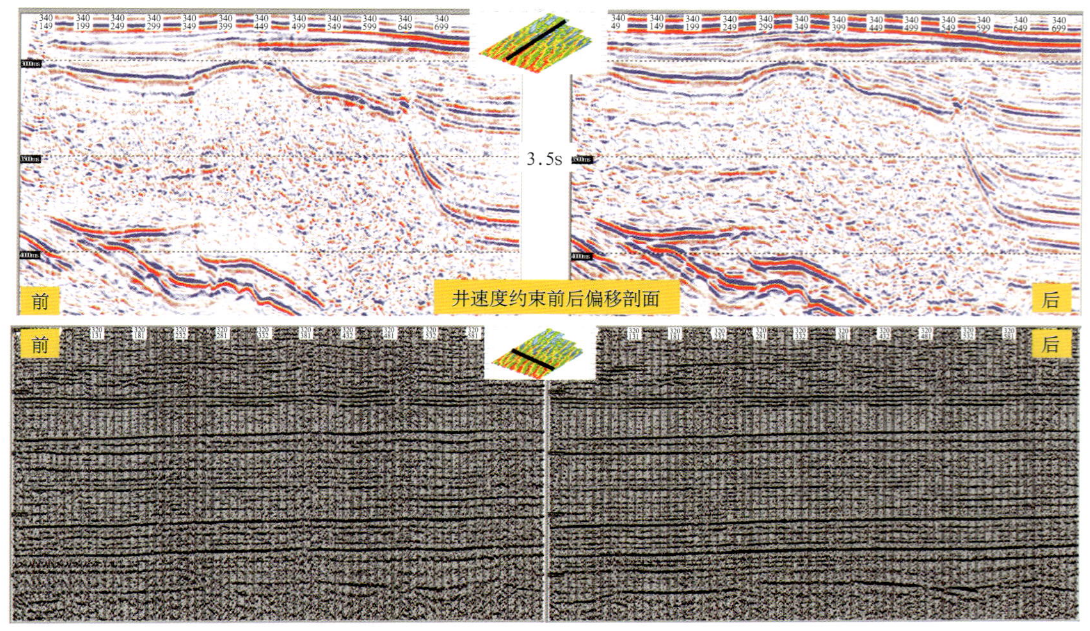

自动剩余静校正前后叠加剖面(CR320)

图2–6–12　塔中16井区三维地震速度分析和剩余静校正效果对比图

（4）三维DMO和三步法偏移技术：在倾角较大处DMO叠加效果明显；三维地震偏移采用STOLT一步法＋两步法有限差分偏移技术后，各种侧面波、绕射波归位较好（图2–6–13）。

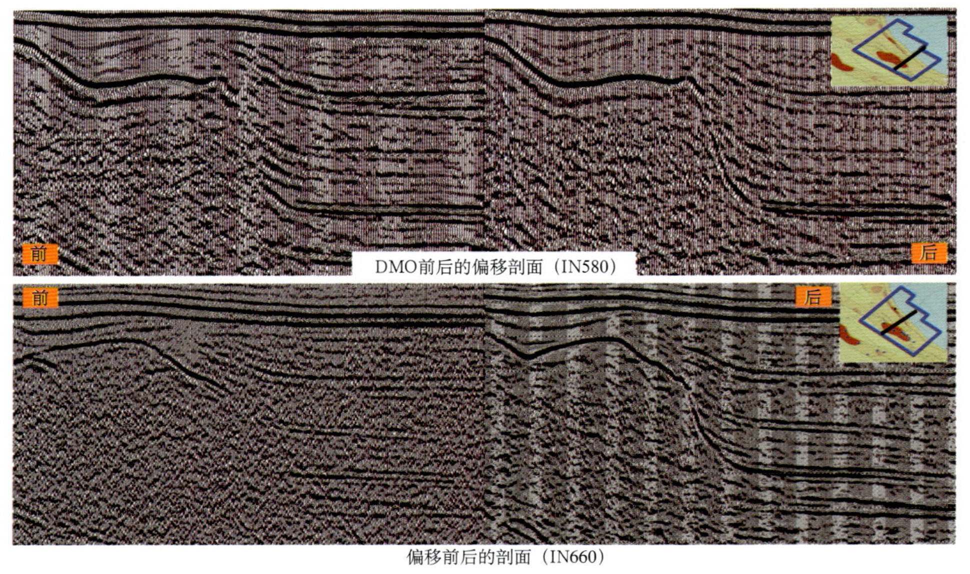

偏移前后的剖面（IN660）

图2–6–13　塔中16井区三维地震DMO和偏移效果对比图

### 3.解释技术措施

三维地震资料解释采用Landmark人机联作解释工作站，在传统构造解释的基础上，综合振幅、频率、相位等信息对奥陶系碳酸盐岩进行了储层横向预测。

（二）效果分析

技术措施所带来的效果主要表现在：

（1）奥陶系灰岩潜山顶面、寒武系反射成像质量高，偏移归位效果好，尤其是塔中Ⅰ号断裂带附近有了较高质量的反射波；东河砂岩底不整合面及志留系底不整合面均比较清楚，上奥陶统与下覆地层的不整合关系也隐约可见；奥陶系内幕信噪比有明显提高，地质信息更加丰富(图2–6–14)。

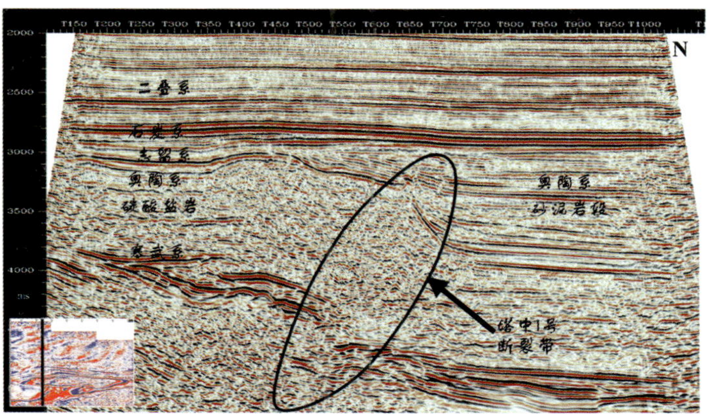

图2–6–14　奥陶系、寒武系、1号断裂带成像好，不整合关系清楚（Inline300）

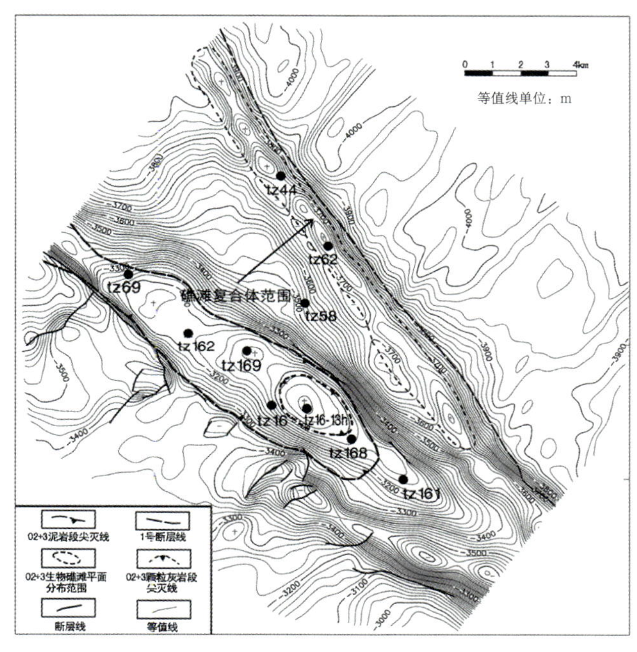

图2–6–15　塔中16井区奥陶系良里塔格组顶面构造图

（2）与二维资料、老三维资料相比，在信噪比、波组特征、地质现象等方面都有明显改善。

## 七、主要地质成果与评价

技术攻关实施后主要有如下地质认识：

（1）更精确地了解了塔中16井区奥陶系灰岩顶面及内幕的构造形态、奥陶系各不同地层的空间分布和断裂系统的分布(图2–6–15)，对该地区的构造演化史有了新的认识。

（2）通过对奥陶系碳酸盐岩潜山及内幕进行地震属性提取和分析，首次展示了大型岩溶的垂向及平面分布（图2–6–16）。塔中169井在距奥陶系灰岩顶221～259m处钻遇了38m岩溶发育带，录井发现8m主要被细砂岩充填的溶洞，证实了串珠状地震反射是溶洞的反映。

(3)运用地震地层学和层序地层学的分析方法对上奥陶统礁滩复合体进行刻画(图2–6–17)，初步确定了其平面分布情况（图2–6–15)。塔中44、塔中62井证实了礁滩复合体刻画是正确的。

（4）勘探目标：礁滩复合体型、古风化壳型、构造＋岩溶型，提供了4个钻探井位均被采纳。

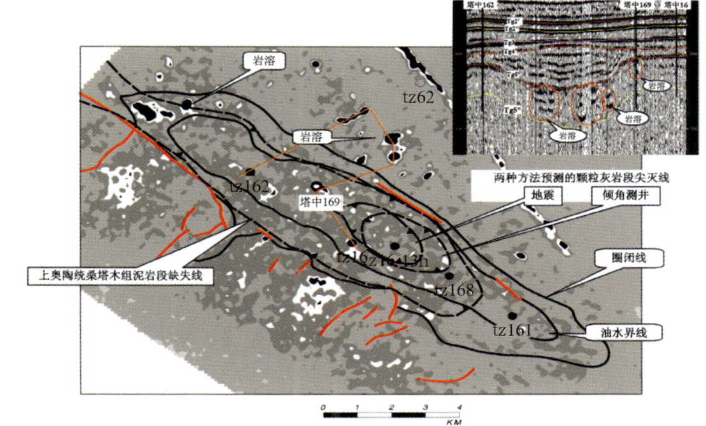

图2–6–16　塔中16号背斜均方根振幅图（Tg5′下30～300ms）

通过塔中16井区三维地震勘探攻关，初步形成了大沙漠区深层碳酸盐岩油气藏三维地震勘探采集、处理技术，深化了对塔中地区地层、构造尤其是奥陶系碳酸盐岩地层、储层分布规律的认识，打破了以往塔中地区长期以来油气勘探囿于构造圈闭的格局，扩大了塔中地区油气勘探的领域，拓展了油气勘探的视野，不仅对目前塔中地区油气增储上产有着很大的现实意义，而且对今后塔中地区多目的层勘探具有深远的指导意义，推动了塔中整体勘探和评价的进程，增强了对塔中地区整体部署三维地震的信心（图2–6–18）。

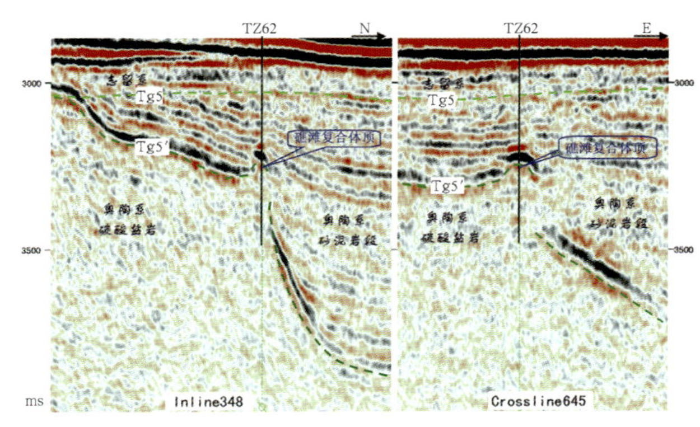


图2–6–17　过塔中62井纯波偏移地震剖面

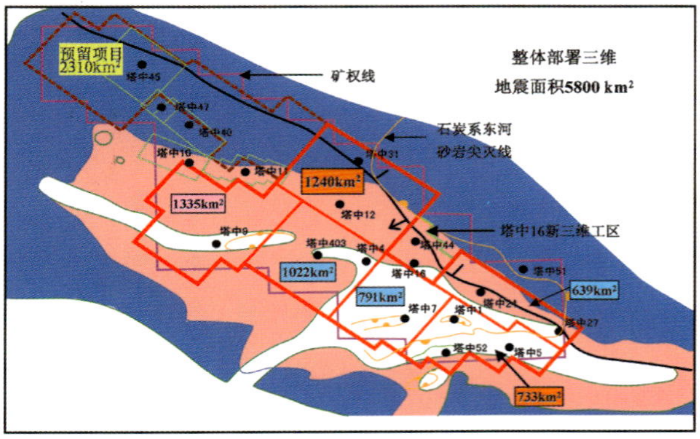

图2–6–18　塔中地区三维地震整体部署图

# 第七节　陆梁油田复杂表层区低幅度构造油气藏地震勘探

陆梁油田是中国陆上石油勘探在新世纪发现的第一个亿吨级沙漠整装油田，也是中国石油天然气股份有限公司2001年和2002年最大的产能建设区块。而这一油田的发现来之不易，它是40年来地球物理技术进步的结果，也是油气勘探工作锲而不舍奋斗的结果。

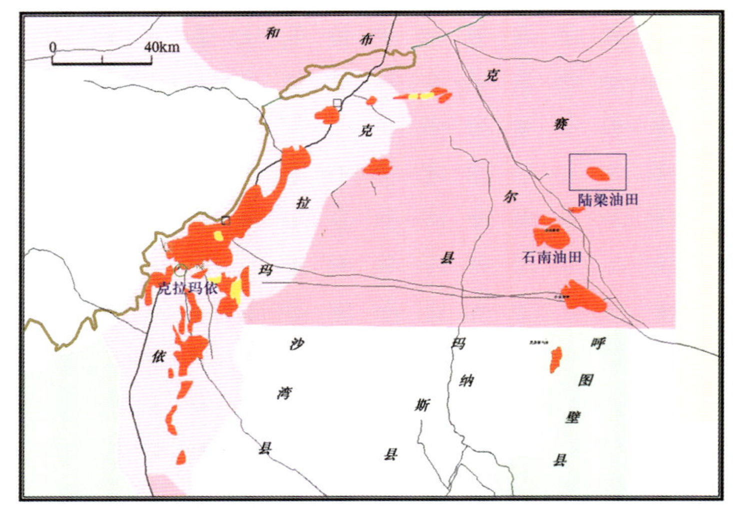


图2–7–1　陆梁油田地理位置图

## 一、地理位置

陆梁油田位于准噶尔盆地古尔班通古特沙漠北部，距克拉玛依市公路距离240km，行政隶属和布克赛尔县，南距石南油气田约20km，交通条件便利（图2–7–1）。

## 二、区域地质概况

陆梁油田位于准噶尔盆地腹部陆梁隆起三个泉凸起西部，北面为英西凹陷（图2–7–2）。

陆梁隆起紧邻盆地两大生油凹陷，西部为玛湖凹陷，南部为盆1井西凹陷，构造位置十分有利，是油气运移的重要指向区。

## 三、地表及人文环境

三个泉地区地表主要为固定—半固定沙丘、黄泥滩，局部地区有第三系露头（图2—7—3、图2—7—4）。地面海拔420～520m（图2—7—5）。低、降速带厚度30～50m。全年气温温差悬殊，夏季干热，最高气温可达45℃以上，冬季寒冷，最低气温可达−42℃以下，年平均气温7℃，生存环境恶劣，无固定居民。干旱少雨，年平均降水量80mm。浅井钻至300～550m可采工业用水。

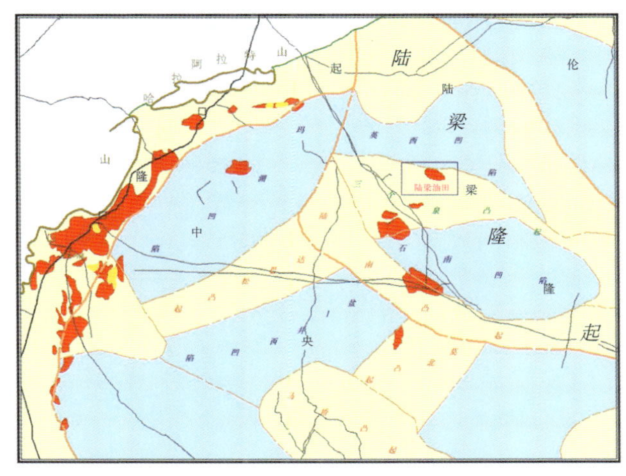

图2—7—2　陆梁油田区域构造位置图

图2—7—3　陆梁油田地表沙丘与植被

图2—7—4　陆4井三维工区南部的第三系露头

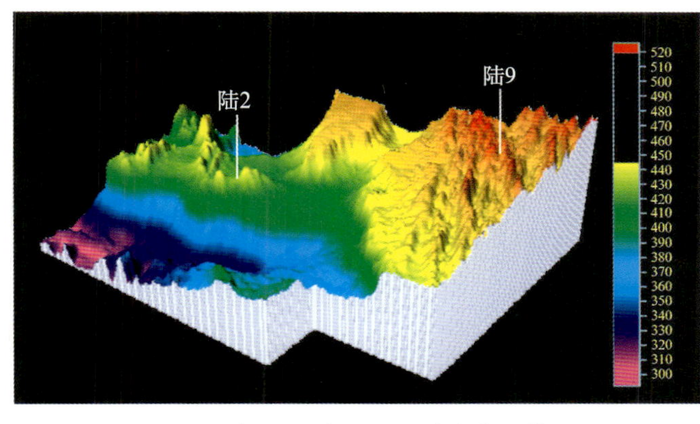

图2—7—5　陆4井三维工区地表高程立体显示图

## 四、勘探程度

三个泉凸起由于其优越的构造位置长期以来备受石油地质工作者的高度重视，综合研究认为这是一个十分有利的油气聚集区，突破只是时间问题。

自20世纪50年代开始，三个泉地区进行了1：20万的地面地质及重磁力普查，60年代完成了地面地质详查，从70年代起开始进行地震勘探，至1999年已有1982年、1987年、1990年、1993年和1995年采集的二维常规地震资料约800km，地震测网密度达到2km × 1km。基本查清陆梁隆起区构造形态、地层分布范围及厚度变化，划分了二级构造带，发现了三个泉1号背斜、2号背斜等一些大型圈闭，为勘探决策提供了依据。

陆梁隆起区油气钻探自1981开始，至1999年已完钻10余口井，其中在三个泉凸起西部的陆4井三维工区内有4口井，分别是陆2井、陆4井、陆7井和陆8井，总进尺10654m，其中陆4井、陆7井在侏罗系西山窑组获得低产油流。

1981年在三个泉1号背斜高点上钻探了陆2井（依二维地震资料解释成果），在白垩系吐谷鲁群井壁取心见到外渗原油。自石炭系至侏罗系，共试油12层，结果为水层或干层，钻探结果不理想。1986年根据综合研究成果在陆2井以西163m处钻探了陆4井，重点是查明侏罗系地层的含油性，在西山窑组2032～2044m井段试油，抽汲求产，累计产油0.15m³，水89.95m³。

1993年利用新一轮二维地震资料研究了三个泉1号背斜的构造形态，认为陆2井、陆4井的钻探位置偏离背斜高点，新的高点在陆2井以东约7km处（图2-7-6）。1995年又对三个泉1号背斜进行了精细描述，证实了高点位置并钻探了陆7井（图2-7-7），完钻井深2238m，完钻地层侏罗系三工河组。

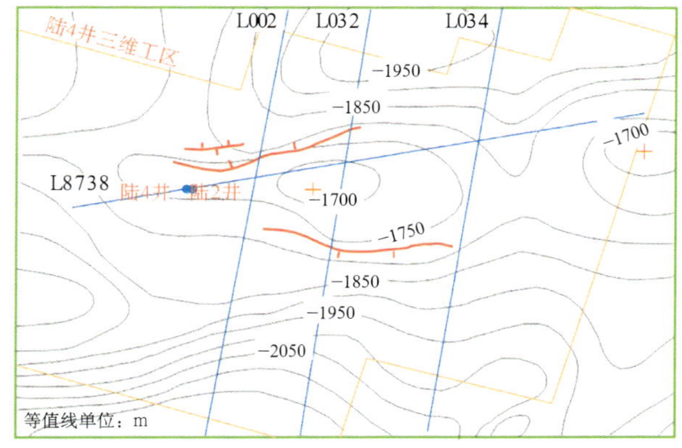


图2-7-6　三个泉1号背斜侏罗系三工河组顶界构造图（1993年，二维资料）

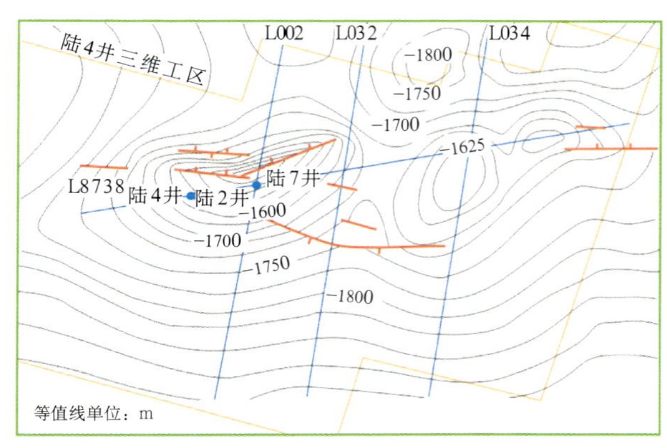


图2-7-7　三个泉1号背斜侏罗系三工河组顶界构造图（1995年，二维资料）

陆7井在西山窑组取心2筒均获含油岩心。在西山窑组2057.5～2063.5m井段试油，抽汲求产，产油0.021t/d，水9.71m³/d,累计产油2.299t，累计产水300.71m³，结论为水层；在西山窑组2067.5～2070m井段试油，抽汲求产，产水8.4m³/d,累计产油0.1t，累计产水128.49m³，结论为水层。

钻探表明陆7井所钻位置也不是构造高点，而是在三个泉1号背斜中高点以西的下倾位置，且构造深度比陆2井反而要低20m，这是该井未获突破的重要原因之一。

以上钻探成果表明，三个泉1号背斜侏罗系、白垩系油气显示活跃，构造高点的确定是钻探突破的关键。

## 五、以往物探资料品质与难题

三个泉1号背斜是一个宽缓的、轴向呈近东西向的长轴背斜。利用常规二维地震资料基本能够确定背斜整体形态，但背斜高点位置以及中、小断裂分布难以确定。主要物探资料的难点有三个方面：

（1）不同年度的地震资料存在闭合差，闭合差范围20～50ms。

（2）地形、表层结构复杂，局部发育陡坎，陡坎高差100～120m。低、降速带厚度30～150m。存在明显的长波长静校正问题。

（3）地震资料信噪比低，中、小断裂成像模糊，似断非断，可靠性差（图2-7-8）。

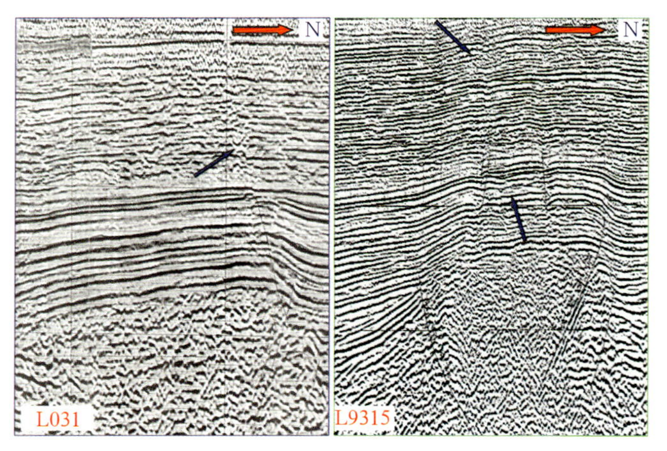


图2-7-8　二维地震资料存在长波长静校正和断裂显示不清的问题

## 六、主要技术措施及效果

### （一）实施陆4井区大面元三维地震采集

1999年6月在陆梁隆起三个泉凸起西部实施了陆4井区大面元三维地震资料采集，野外采集于10月完成，工区南部的大陆坎是野外施工的难点。施工面积677.82km²，三维资料面积612.80km²，满覆盖面积413.38km²。覆盖次数3×15次，CMP面元50m×100m。

野外施工采用SYSTEM－Ⅱ型480道数字地震仪，WT300型气水两用钻机，SN4型10Hz检波器，激发方式为10口井浅井组合激发，井深6m，单井药量2kg，接收检波器36个，面积组合，点距3.8m，排距4m，组合基础$L_x$=38.5m，$L_y$=12m，记录长度6s，采样间隔2ms，前放增益420dB。

### （二）开展以静校正适用方法优选为核心的处理技术攻关

陆4井区三维地震资料处理重点在静校正方法应用、处理参数和流程优化等方面，经过反复研究和大量的试验，使得三维地震资料的信噪比、分辨率较以往的二维地震资料有了明显的改善，特别是折射静校正方法的应用在获得高质量的地震资料方面起到了关键作用。

三个泉地区以往低、降速带调查主要采用的是传统的沙丘曲线法确定几个大区并划分出若干小区，沙丘曲线有三个区包括了陆4井三维工区的西南和东北边部分，边界划分不太可靠。针对该工区复杂的低、降速带结构和地表变化，野外采集在进行“时—深曲线”调查时，布设了4条控制线，分别做了大折射、小折射和微测井。由于数据比较少，造成了曲线的误差，难以解决地表陡坎及低、降速带速度和厚度纵、横向变化大等问题。为此，展开了三种静校正方法的对比研究处理：

（1）首先采用沙丘曲线法计算，资料初叠时，发现在工区南部第三系露头的陡坎部位一些剖面上出现同相轴错断、连续性差、浅层无反射的现象，即使对沙丘曲线的计算公式进行了多次的修改，剖面效果仍不理想。分析认为沙丘曲线法只适用那些地势较为平缓、有一定厚度低降速层的沙漠区，而对于像陆4井区这样地表条件复杂、低降速带厚度和速度横向变化剧烈、地表又有高差达120m左右陡坎的地区，用该方法来解决静校正问题是不合适的。

（2）分别采用了小折射分层法和FOCUS软件中折射静校正法计算静校正值，在主测线方向资料品质有一定程度的改善，但联络线方向地震剖面同相轴又发生错断，因此这两种方法也未能解决问题。

（3）采用初至折射静校正方法，该方法的最大优势是充分利用单炮记录上的包含近地表折射信息的初至，通过多种算法得到一个准确的折射界面和近地表模型，最终求取静校正量。

运用折射静校正方法解决了工区陡坎部位资料品质差、长波长静校正等问题（图2－7－9）。查清了本

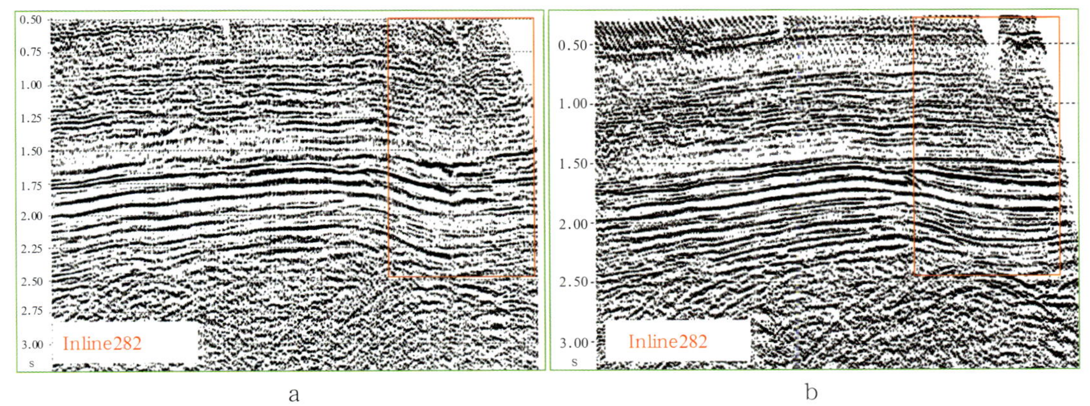


图2－7－9　沙丘曲线法（a）与折射静校正方法（b）叠加剖面效果对比图

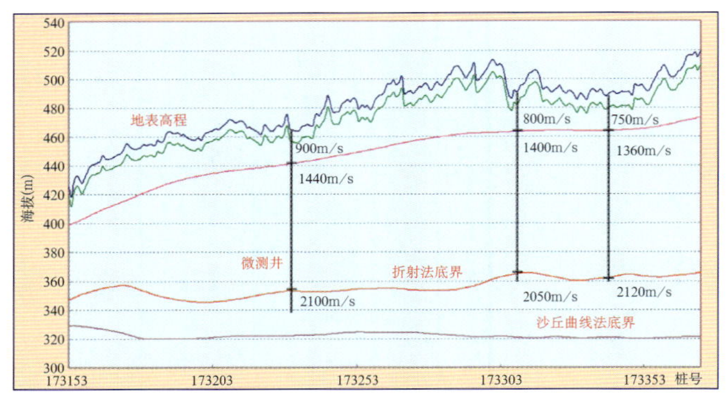


图2-7-10　沙丘曲线法与折射静校正法计算的低降速带底界对比图

区的低降速带表层结构：第一层速度350～500m/s，厚度7～12m；第二层速度650～900m/s，厚度15～40m；第三层速度1350～1450m/s，厚度40～100m。

对比表明折射静校正方法与沙丘曲线法求取的低、降速带底界存在着明显的差异，通过微测井资料验证折射静校正方法计算的低降速带底界精度高（图2-7-10）。

折射静校正方法是首次在准噶尔盆地复杂表层结构研究中运用，该方法有效地解决了低降速带底界求取不准、长波长静校正等问题，目前该方法已广泛地用于盆地三维地震资料的工业化处理。

(4) 地震资料的处理在振幅补偿、反褶积、速度分析、剩余静校正等方面做了大量细致的分析对比工作，通过参数的优化、流程的优化得到了高质量的地震资料。

数据体偏移之后一些剖面有斜干扰现象，影响了资料的信噪比及数据体的整体质量，分别采用了中值预测反滤波（MPAF3D）、三维频率空间域预测滤波（FXY）、高频提升（DIFSEC）等修饰性处理方法消除了斜干扰现象，最终取得了较为满意的结果，频谱分析地震主频达到40Hz，满足了地质任务的要求。

三维相应地震剖面与1995年二维地震剖面相比，三维地震资料在信噪比、分辨率等方面较1995年度二维资料有明显改善（图2-7-11）。

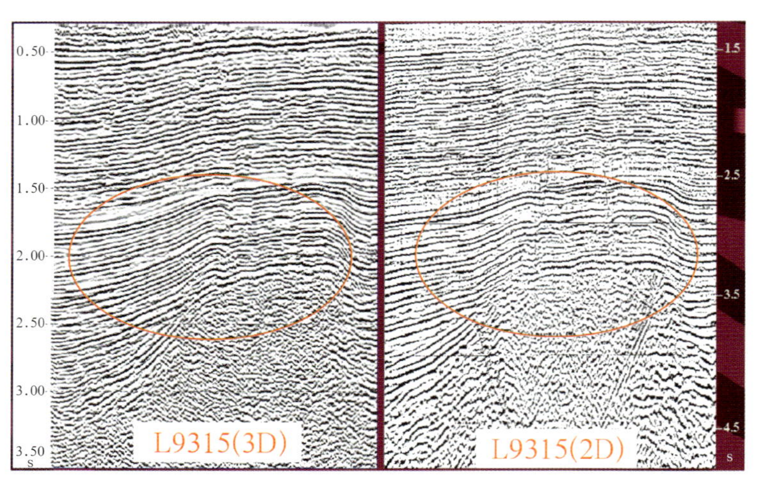


图2-7-11　二维地震剖面与三维相应剖面效果相比

(5) 综合应用多种解释技术如地震资料相干分析技术、三维可视化技术、地震属性分析技术等落实了构造高点、查清了小断裂的分布。

三维资料解释证实了三个泉1号背斜是一个宽缓的、长轴方向近东西向的大型背斜构造，圈闭在时间切片上有清晰、完整的显示（图2-7-12）。同时发现三个泉1号背斜上发育有3个高点，由西向东分别是西高点、中高点和东高点。特别是东高点显示为一个低幅度背斜形态，在振幅剖面上有清楚的显示（图2-7-13）。应用地震资料相干分析技术辅助断裂解释，大大提高了解释精度（图2-7-14 ）。

2000年利用三维地震资料，共新发现和证实构造圈闭11个，为勘探决策提供了可靠地震地质资料（图2-7-15 ）。

## 七、主要地质成果与评价

陆梁油田的发现充分证明了三维地震技术在油田勘探开发中发挥的巨大作用。在三维地震资料的采集、处理与解释过程中，通过技术攻关、新方法和新技术的综合应用，获得了高质量的、可靠的地震资料，经过精细解释准确圈定了三个泉1号背斜的构造形态及其高点的位置，同时在三维工区内还发现了

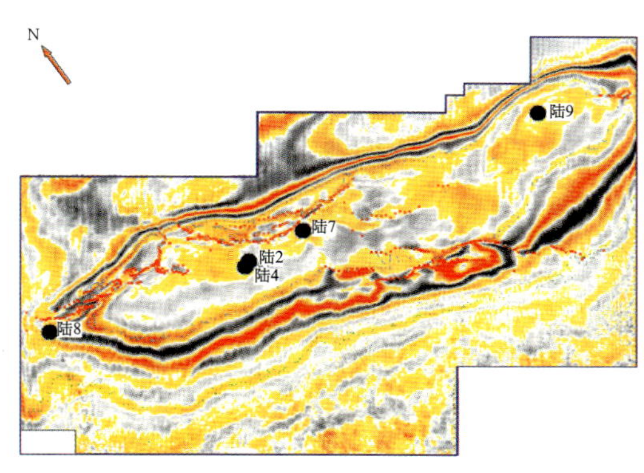


图 2-7-12　三个泉 1 号背斜在时间切片上有清晰完整的显示(1568ms)

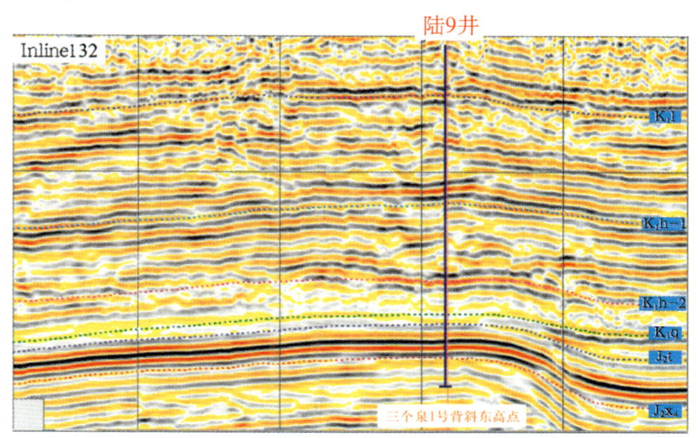


图 2-7-13　三个泉 1 号背斜东高点地震剖面显示（Inline132）

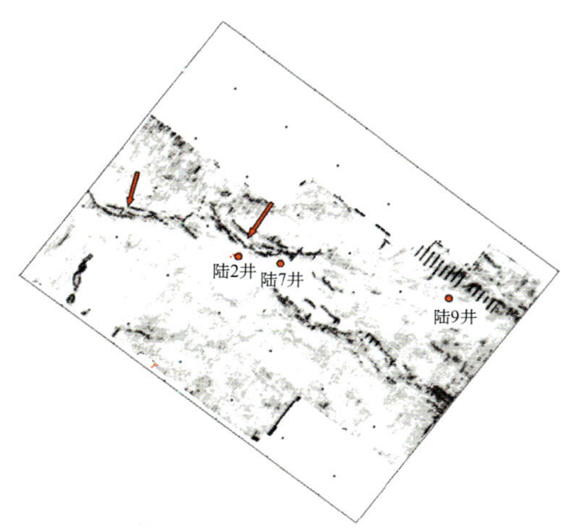


图 2-7-14　陆 4 井区侏罗系西山窑组地震相干平面图

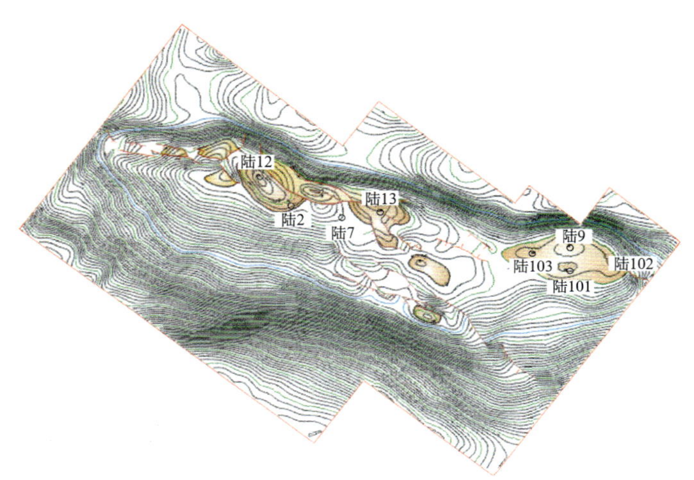


图 2-7-15　三个泉 1 号背斜侏罗系西山窑组西 4 段砂层组顶界构造图（2000 年，三维资料）

11个低幅度构造，形成了一个构造群，这是二维地震资料解释所不能实现的，目前这些圈闭已全部上钻，钻探成功率在 85% 以上，取得了巨大的勘探效益。

2000 年 6 月，在三个泉 1 号背斜东高点钻探的陆 9 井分别在侏罗系西山窑组和头屯河组、白垩系呼图壁河组试油获工业油流，发现了多层系油藏，特别是白垩系呼图壁河组在近 700m 地层内有 9 个砂层组获得工业油流，综合研究发现白垩系油藏还具有“一砂一藏”、“多层含油”的特点，在盆地勘探史上十分罕见，意义深远。白垩系的勘探突破开辟了盆地找油的新领域，极大推动了全盆地白垩系的综合地震地质研究工作。

2000—2001 年对三个泉1号背斜区低幅度油藏进行了整体评价，探明石油地质储量总计超过 $1 \times 10^8$t，实现了当年勘探、开发、评价油气田的高速度和高效益。其中 2000 年探明陆 9 井区块侏罗系西山窑组和白垩系呼图壁河组油藏石油地质储量 $6755 \times 10^4$t；2001 年探明侏罗系头屯河组油藏石油地质储量 $1183 \times 10^4$t，白垩系呼图壁河组呼 1 段地质储量 $2250 \times 10^4$t。

2001 年还探明陆 9 井区块以西的陆 11 井、陆 12 井、陆 13 井、陆 15 井区等 4 个区块侏罗系石油地质储量 $530 \times 10^4$t。

2000—2001年利用2年的时间对三个泉1号背斜区低幅度构造群进行了勘探开发，新增探明石油地质储量超过1 × $10^8$t，一个亿吨级沙漠区整装油田诞生了。目前陆梁油田生产形势良好，已建成为一个年产120 × $10^4$t产能的高效油田。

陆梁油田的发现为新疆油田公司油气快速增储上产、实现总产量突破千万吨起到了关键性作用。

陆梁油田的发现充分证明了地球物理技术在油气勘探中的重要作用，体现了三维地震勘探技术在研究构造形态以及确定构造高点、油田的勘探开发中无可比拟的优势。

## 第八节　吐哈盆地雁木西地区山前冲积扇区表层静校正技术

吐哈油田自发现以来陆续钻探了近200口探井，其中近三分之一的探井因构造原因而失利。从地球物理的角度来讲，究竟是什么原因造成的失利？为此，我们对多条过井测线进行了系统分析，认为构造失真的主要原因之一是存在严重的“野外（长波长）剩余静校正”，在时间域直接影响了构造的真实形态。2001年以雁木西三维工区为先导试验区进行了从采集到表层建模、静校正计算、资料重复处理、成图方法研究等一系列系统试验。该思路在相似的胜北地区进行验证，进一步证实了技术思路和方法选择是正确的。

### 一、地理位置

雁木西油田位于火焰山西端，南部为著名的陆上低点艾丁湖。行政隶属新疆吐鲁番市（图2–8–1），位于吐鲁番市西17km，312国道从雁木西油田北部穿过，交通较为便利。

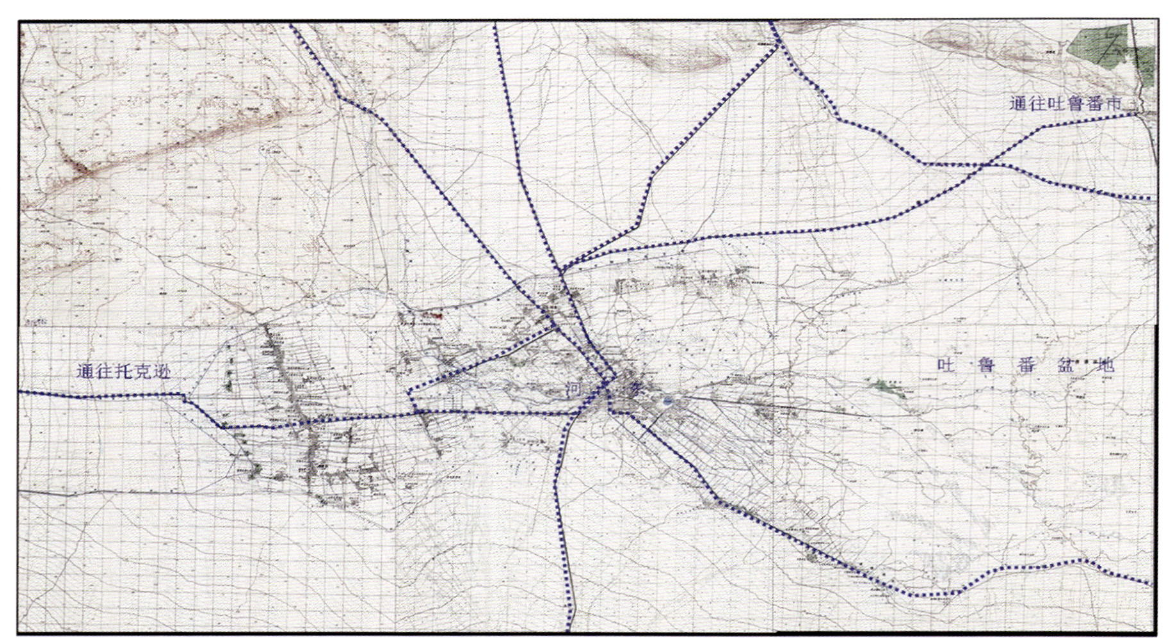


图2–8–1　吐哈盆地雁木西地区地理地区位置示意图

## 二、区域地质概况

西部古弧形带行政上隶属于新疆吐鲁番地区，自北向南包括玉果、葡北、葡萄沟、神泉、胜南和雁木西6片三维工区。古弧形带位于台北凹陷西部，西起托克逊凹陷，东至胜北次凹，南起鲁西凸起，北到博格达山，面积约1000km²。其中，雁木西构造带位于古弧形带的西南部，呈北西向展布，属于吐哈盆地吐鲁番坳陷内次级凹陷，面积约110km²。该区处于胜北生油次凹油气运移的指向位置，含油气构造为受燕山期古隆起影响的继承性披覆构造，后期构造运动小，油气保存条件好(图2–8–2)。

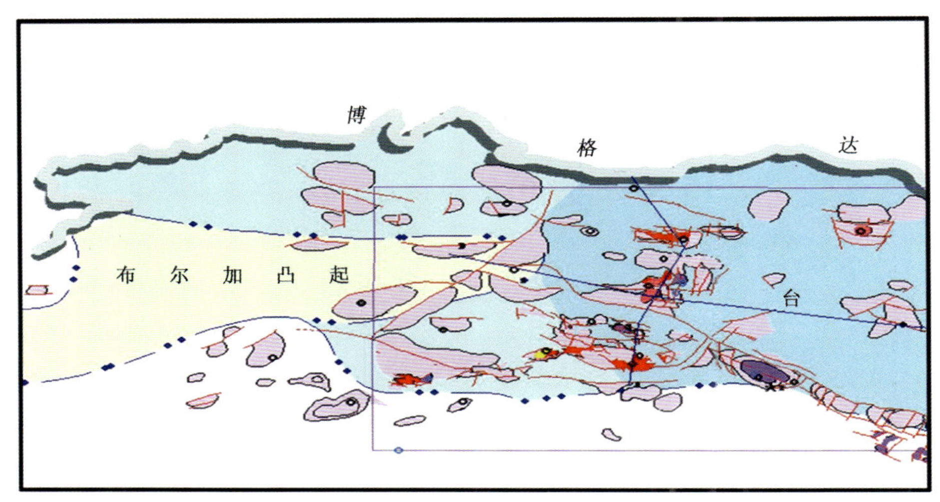


图2–8–2 吐哈盆地雁木西地区地质位置示意图

## 三、地表及人文环境

雁木西地区地表平坦，地势南高北低，海拔最大相差280m，受北部火焰山的影响，工区内发育规模不等的冲积扇；工区内主要为戈壁砾石地表，有较多农田、村庄分布，众多坎儿井分布在工区内；区内居民主要为维吾尔族、少数汉族居民以及新疆建设兵团；区内气候干燥少雨。由于农田和村镇的分布在一定程度上影响施工进度，油田的开发建设也对地震资料采集造成干扰，不同程度地影响资料的品质。

## 四、勘探程度

雁木西地区二维地震测网1km × 2km，并且为三维所覆盖(满覆盖面积86km²)，2D地震工作量1100km。

从1996年开始，至今已钻探井有雁1、雁2、雁3、雁5、雁6、亚1等11口，探井密度0.6 km²/口。在第三系、白垩系中见到不同程度的油气显示，油层井4口，探井成功率22%。第一口发现井是雁6井，1998年11月30日，在白垩系1789.0～1798.0m井段试油，产油13.44m³/d；在第三系1617.0～1625.0m井段试油，产油15.86m³/d，目前已建产能15 × 10⁴t。

该区邻近胜北生油次凹且处于油气运移的指向位置，构造形成期早于烃源岩排烃期，这些有利成藏条件，必然导致西部弧形带是一个油气富集带。其中燕山期古构造控制了油气藏的聚集，雁木西构造处于由雁木西向神泉倾斜的鼻状古隆起的南翼，受中燕山期形成的雁木西南断层所控制，受晚喜马拉雅期构造运动影响小，油气保存完好。然而，该区中浅层石油地质条件的复杂性，主要表现为构造幅度低、速度横向变化快、砂层薄、小断层发育、储层横向变化大的特征。

然而后续钻探的雁602评价井钻探失利，又说明该区中浅层石油地质条件的复杂性以及地球物理情况的复杂性。

## 五、以往物探资料品质与难题

工区地震资料品质较好，信噪比、分辨率均较高。由于表层条件复杂，以往方法无法对表层结构进行准确调查，无法提供准确的静校正量。区域上存在长波长剩余静校正量，导致剖面解释出现假构造，使低幅度构造落实困难。如雁9井的钻探证实9号构造不存在，雁602井倾角测井与地震剖面产状不符，时间剖面和深度剖面构造差异很大（图2−8−3）。以往试图通过变速成图、叠前深度偏移等解释和处理方法来解决速度空间变化的问题，但均无成效。如何准确落实该地区低幅度构造成为必须解决的物探难题。

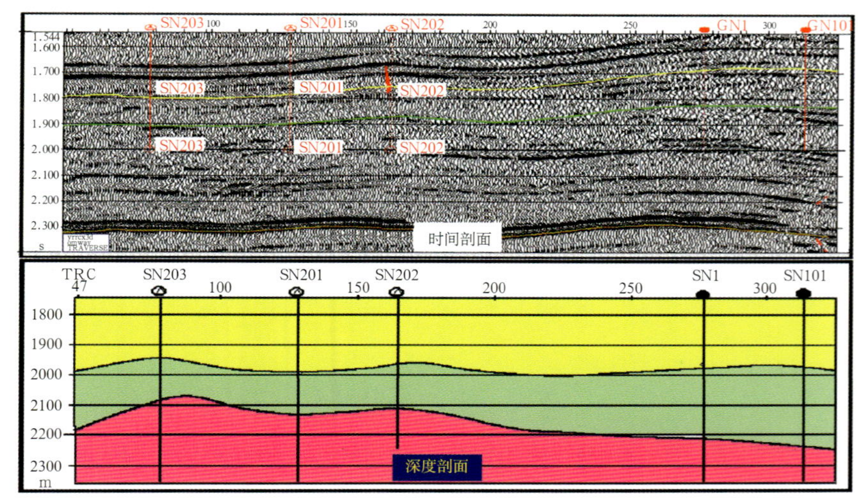


图2−8−3 雁木西地区时间剖面和深度剖面形态误差

究竟是什么原因造成低幅度构造无法准确落实，钻探失利？为此我们对雁木西地区多口过井测线进行了系统分析：内容包括采集方法、处理技术、速度建场及成图方法等。最终把问题的焦点放在了表层结构上。

（1）通过小折射的解释成果与大钻的表层声波测井资料的对比，发现小折射解释的高速层顶面与声波测井相差甚大，最大相差200m（图2−8−4）。

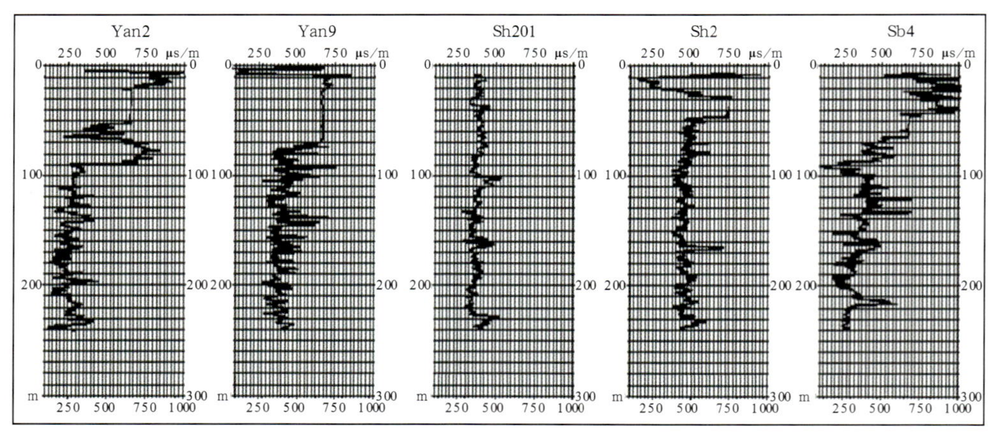


图2−8−4 表层声波测井资料

（2）通过对以往小折射观测系统地分析，认为存在以下问题：

①排列长度太小。

如果用目前的采集和解释方法，当低降速带厚度很大时，根本无法追踪到高速层顶界面。而从上面分析的表层声波测井曲线可以看出，在雁木西、胜北地区表层低降速带厚度在70～100m之间，所以常规小折射观测排列无法达到要求。另外因为小折射排列中部道距太大，未采集到真正的拐点，从而可能导致解释错误（图2−8−5、图2−8−6）。

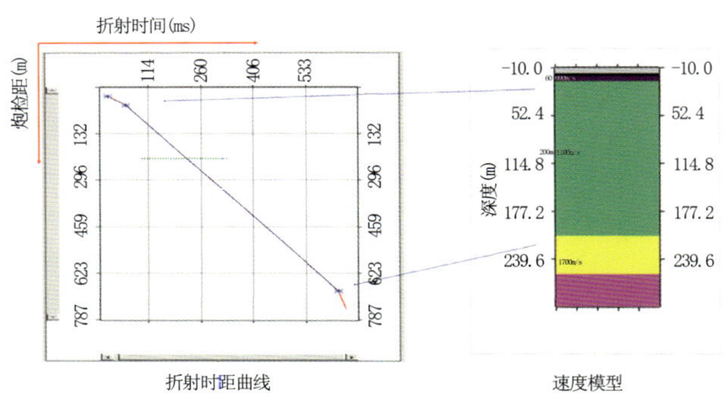

图2−8−5　排列长度太小，无法追踪到高速层顶界面

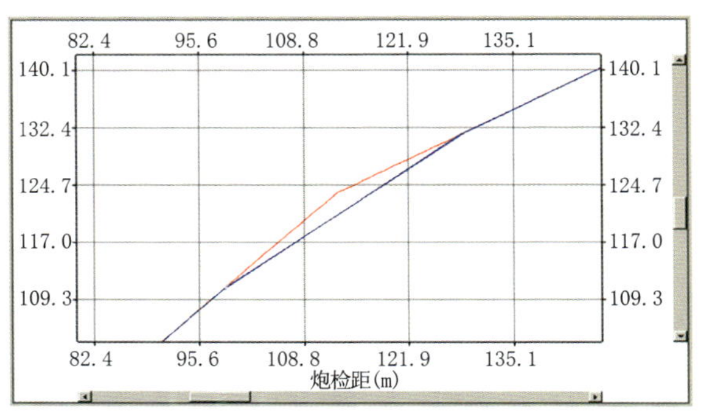

图2−8−6　因为排列中部道距太大，未采集到真正的拐点，导致解释错误

②小折射资料的解释算法不合适。

常规小折射解释是建立在水平层状介质的假设和折射理论基础上的。而现代冲积扇属于快速沉积体，往往没有明显折射层，在用延迟时解释时需要用户分组并确定拐点，存在较大误差，从而导致解释结果不正确。

③微测井深度明显不够。

以往由于对表层认识的局限，微测井深度在30m以内，不能完全解决表层问题。

## 六、主要技术措施及效果

以雁木西地区为先导试验区，开始表层调查试验工作，包括采集、处理和速度场研究。试验从解剖山前冲积扇入手，根据冲积扇形态纵横向布设深微测井11口，同时在面上展开布设小折射460个（图2−8−7），利用层析成像方法处理解释资料。

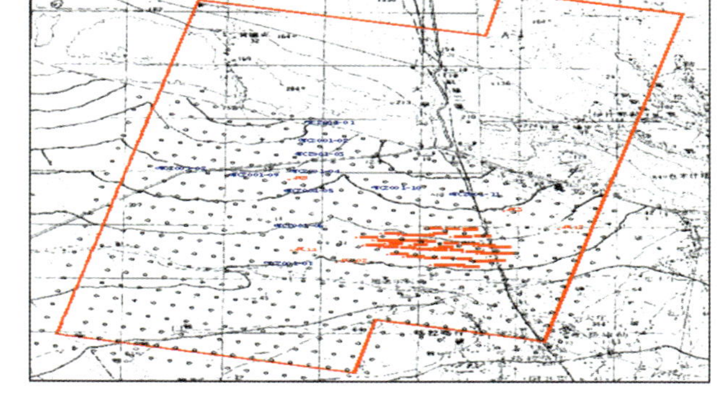
图2−8−7　重新布设的小折射与微测井

### （一）野外采集

#### 1.小折射

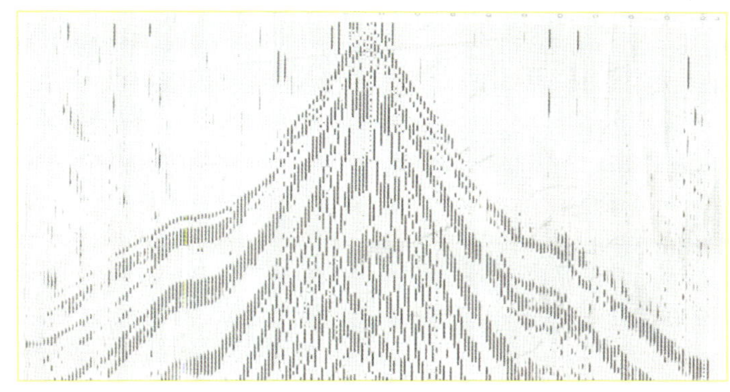
图2−8−8　小折射原始资料
（SN388仪器，192道4个双边密排列接收，排列长度398m，1ms采样）

室内通过模型追踪，对常规小折射进行了改进。一是为了采集到较深的高速层顶界面，增加排列长度至398m；二是为了得到较高精度的低速带信息，保持小道距；三是野外施工实测各个检波点的高程（图2−8−8）。

#### 2.微测井

微测井采用传统的井下激发、地表接收的方法，统计速度变化规律，并记录潜水面深度，统一换算成海拔高度。图2−8−9示意解剖冲积扇微测井点位（右）和时深关系（左

图：横坐标是时间，纵坐标是深度），可以看出：冲积扇沿南北向（水流方向）速度变化大，东西向（垂直水流方向）速度变化小，没有明显的折射层，符合现代冲积扇沉积理论。

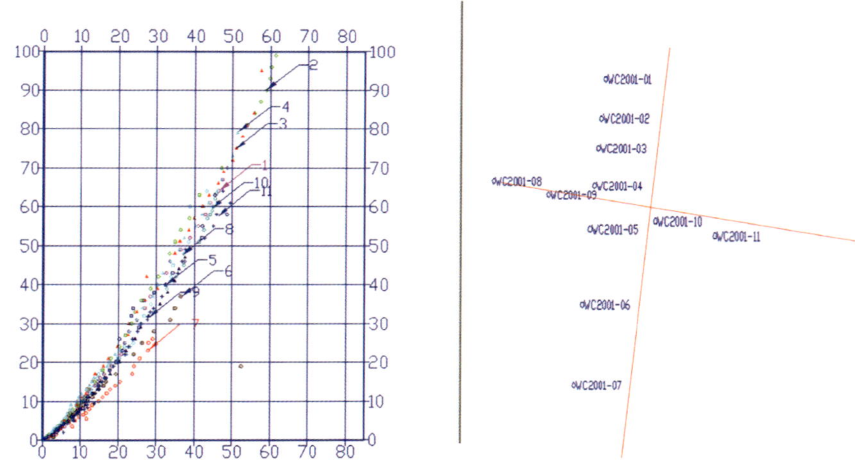


图2-8-9　微测井散点图

（二）处理解释

采用深微测井控制下的层析成像算法解释小折射资料。层析成像假设地质模型由速度单元组成，采用射线追踪和反演理论求取。该技术对地形起伏和速度分析没有限制，比基于层状介质假设的常规折射波解释方法（如互换法、延迟法）更接近真实地质情况，能够得到更加准确的速度信息。

**1.非线性初至波层析成像速度反演技术**

应用非线性共轭梯度法解反演问题，用射线路径和射线路径的导数来反演，同时反演速度参数与射线路径。

**2.约束反演技术**

用微测井、小折射的速度模型、已知的地质信息、速度导数等来约束反演。

（三）效果分析

通过该套技术应用，查明真正的高速层顶界面，建立了冲积扇模型，找出了中国西部地表巨厚砾石区浅表层调查的方法，重复处理资料使信噪比、分辨率大幅度提高（图2-8-10至图2-8-14）。

## 七、主要地质成果与评价

通过应用新的表层校正量对老资料进行重新处理，在雁木西地区新发现Ⅰ、Ⅱ、Ⅲ类圈闭各一个，面积5.8km$^2$，提供的雁19井在白垩系1773～1779m井段，中途测试获19.5m$^3$/d高产工业油流，扩大含油面积2.3km$^2$，增加可采石油储量38×10$^4$t。其白垩系油层顶预测深度比实钻深度偏深7m，相对误差较小（0.39%）（图2-8-15）。目前，通过滚动探边，白垩系、第三系已累计探明石油地质储量1509×10$^4$t，可采储量500×10$^4$t。新建产能15×10$^4$t。

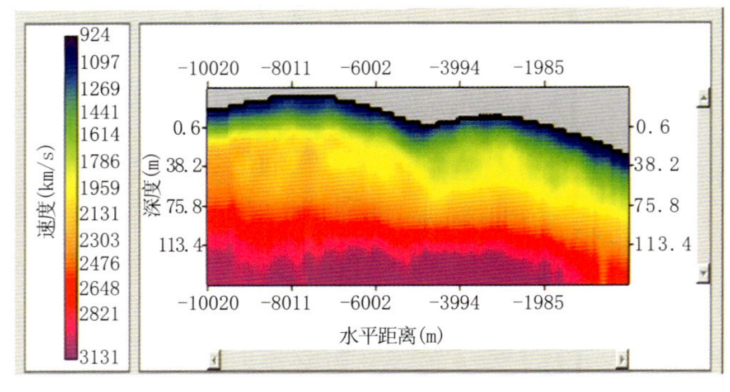


图2-8-10　新采集小折射层析反演计算结果

用该方案在胜北地区进行二次试验，通过实钻，证实了技术思路和方法选择是正确的（图2-8-16）。

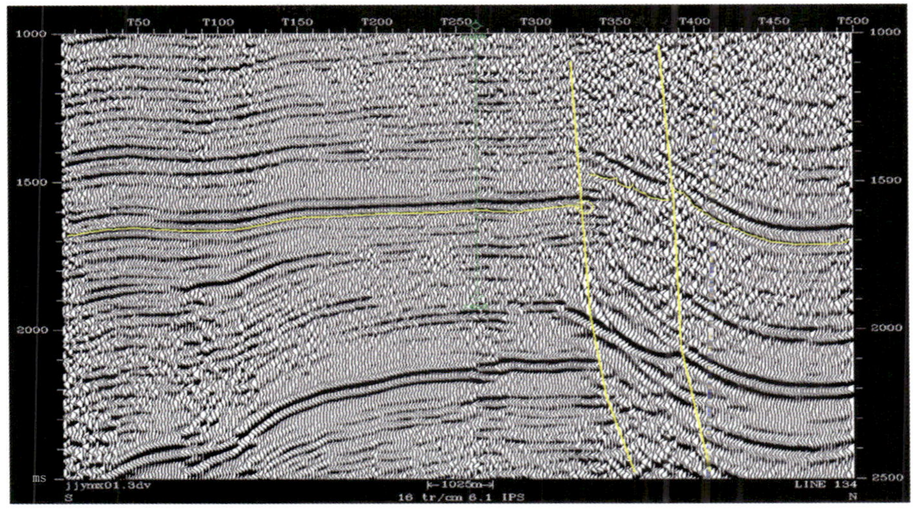


图2–8–11　过雁9井老剖面

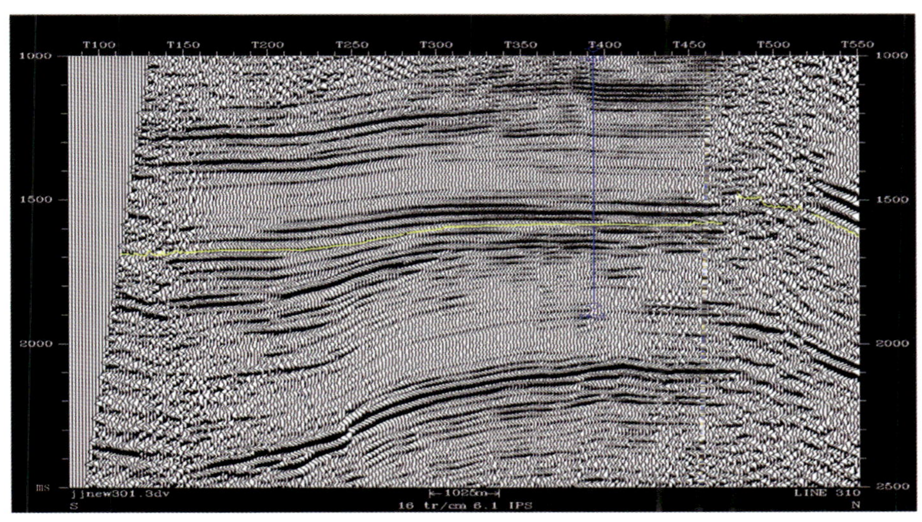


图2–8–12　过雁9井新剖面

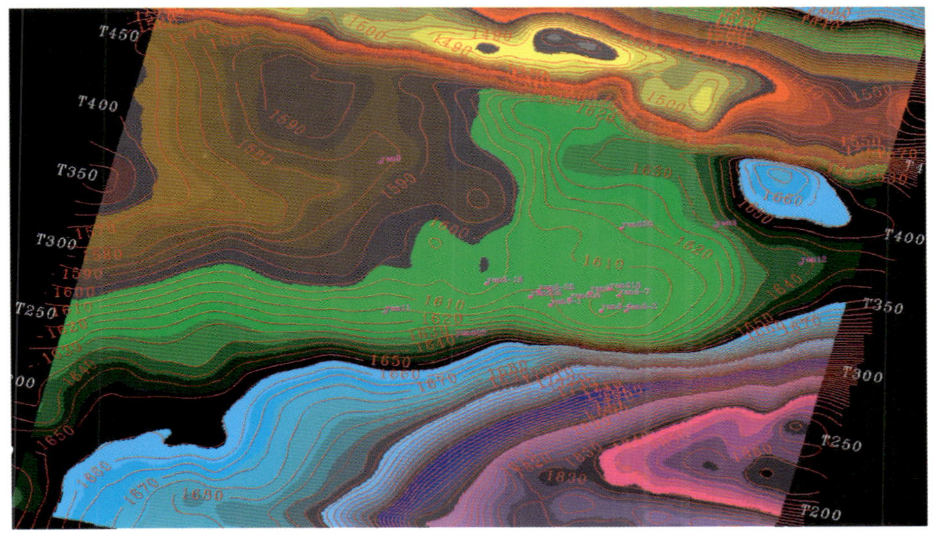


图2–8–13　雁木西老资料等 $t_0$ 图

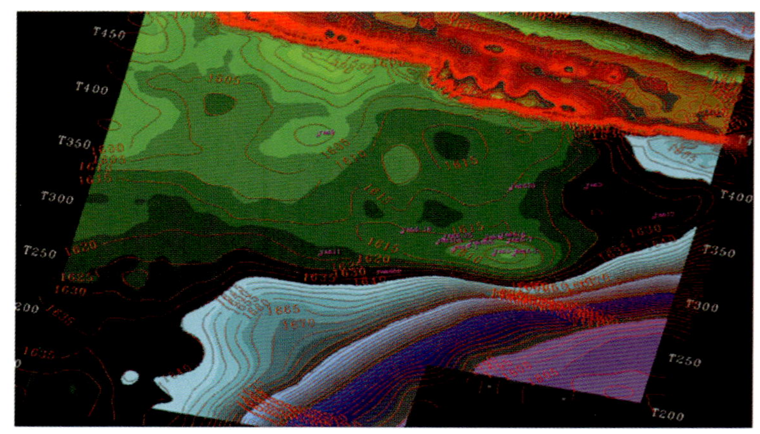

图 2-8-14　雁木西新资料等 $t_0$ 图

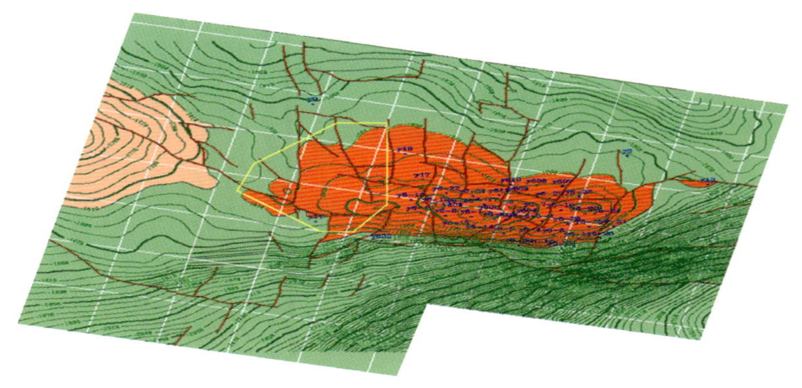

图 2-8-15　白垩系油层顶构造图（应用层析反演模型结果）

吐哈盆地山前冲积扇横向、纵向的剧烈变化所产生的长波长静校正问题，在时间域反映出的假构造很容易给解释造成误导。表层的一体化解决方案系统分析以往采集、建模、静校正计算、处理的方法，查清了问题的症结所在，理清了技术思路并在实践中证明是可行的，可以推广到全盆地乃至西部地区。

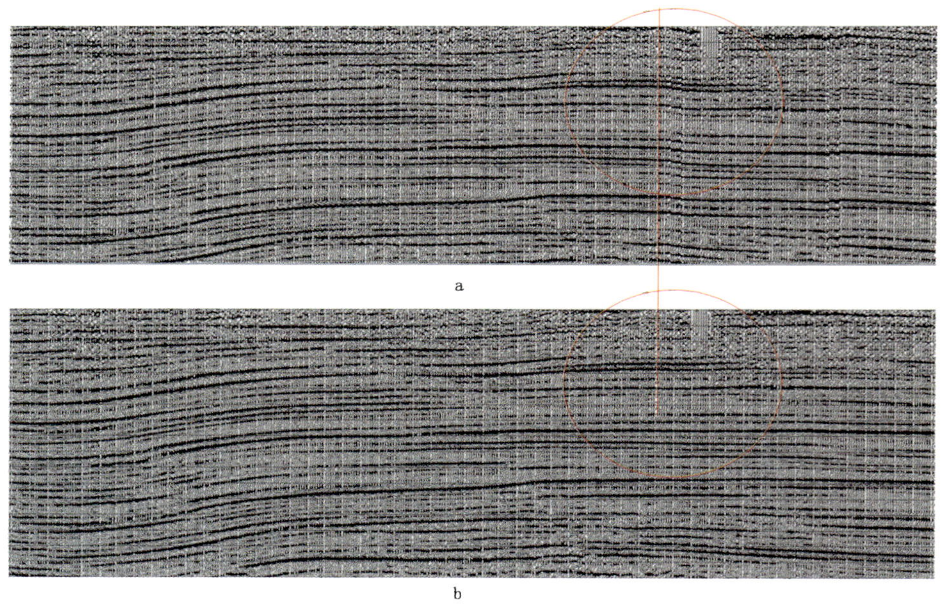

图 2-8-16　胜北 8 号构造层析静校正前（a）后（b）对比

# 第三章　复杂岩性体地震勘探

复杂岩性体油气藏主要包括渤海湾、二连、海拉尔、准噶尔、鄂尔多斯等盆地砂砾岩体油气藏，渤海湾、松辽盆地火山岩油气藏，酒西盆地砂砾岩体与白云岩裂缝性油藏，川东飞仙关鲕滩油气藏，以及塔里木碳酸盐岩孔—缝型油气藏等。随着勘探程度的提高，这些复杂类型的岩性体油气藏也正成为中国石油天然气股份有限公司重要勘探领域之一，也是地球物理勘探面临的最大难题之一。

复杂岩性体非均质性强，类型多，识别描述难度大，勘探风险也比较大。复杂岩性体的地震勘探技术目前尚处在探索之中。这里选取5个有代表性的岩性体类型的地震勘探成功实例，希望能起到借鉴和启迪作用。这5个范例是：（1）黄沙坨火山岩油气藏精细三维地震勘探；（2）青西油田裂缝性油藏三维地震勘探；（3）川东罗家寨潜伏构造鲕滩储层二、三维地震勘探；（4）川东大天池—明月峡构造石炭系储层二维地震勘探；（5）川南麻柳场构造碳酸盐岩薄储层预测。

## 第一节　黄沙坨火山岩油气藏精细三维地震勘探



黄沙坨地区为辽河盆地勘探程度较低的地区之一，2000年以前在沙三段的粗面岩钻获高产工业油气流，但由于地震资料品质较差，制约了本区的油气勘探，为此进行了采集、处理、三维解释及储层预测等联合地震技术攻关，取得了较好的勘探效果。

### 一、地理位置

黄沙坨地区地理上位于辽宁省盘锦市东部，地理坐标为东经122°26′～122°45′，北纬41°10′～41°20′。行政上分别隶属辽中县、台安县管辖（图3–1–1）。

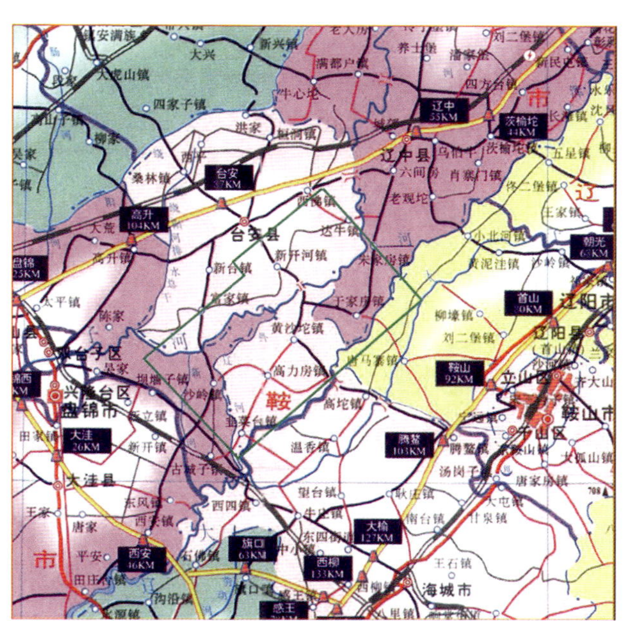


图3–1–1　黄沙坨油田地理位置图

### 二、区域地质概况

黄沙坨油田构造位置处于辽河盆地东部凹陷中部的一个构造单元，南起欧利坨子断裂背斜构造带倾末端，北邻铁匠炉构造，东接三界泡潜山带，西抵董家岗—大湾超覆带，面积约120km²（图3–1–2）。沙三中段火山岩为主要勘探目的层。

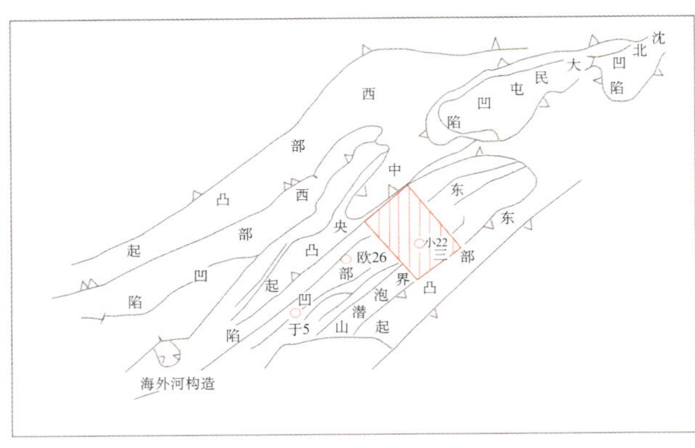


图3-1-2　黄沙坨油田地质位置图

## 三、地表及人文环境

本区位于现代下辽河三角洲平原上，地势平坦，地面海拔5～6m，地面多为水田，沟渠交错，辽河、浑河穿越工区。区内村镇密集，沙丘、树林等较多，地表条件较为复杂。气候变化大，属于海洋与大陆季风性气候过渡带，常年温度在－24℃～38℃之间，平均气温18℃，1月份气温最低达－24℃，8月份气温最高达38℃。年平均降雨量为605mm，多集中在7～8月份。公路四通发达，交通便利（图3-1-3）。

图3-1-3　地表状况图

## 四、勘探程度

该区经历了30多年的勘探。1989—1990年首次进行三维地震勘探，钻探井3口，仅在沙一、沙三上段的碎屑岩中见油气显示，未发现任何规模储量的油气藏，尤其由于在构造高部位小4井的钻探失利，使得放弃了对该区的进一步勘探，因而1999年以前为辽河盆地勘探程度较低的地区之一。

1999年，借鉴邻区欧利坨子地区欧26井沙三中火山岩勘探的成功经验，从区带评价的角度加强对本区油气成藏条件的认识，认为黄沙坨构造与欧利坨子构造具有相似的构造演化发育特征。通过构造精细解释，发现了黄沙坨构造，经过综合评价，部署了小22井。钻探小22井在沙三中段粗面岩井段中，获得了高产工业油气流，揭开了黄沙坨地区的火山岩勘探序幕，但粗面岩的分布范围、厚度、裂缝的发育程度都有待于进一步评价。2000—2002年重新进行满覆盖面积380km$^2$的精细三维地震采集，并以地震技术研究与应用为核心，形成了火成岩油藏研究的三大技术系列之一。至2003年底，工区内完钻各类探井43口，产油800t/d以上，已累计产油70×10$^4$t以上，累计上报2176×10$^4$t探明石油地质储量，找到了具有千万吨级储量规模的黄沙坨油田。

## 五、以往物探资料品质与难题

黄沙坨地区三维地震资料是1989年采集、1990年第一次处理的。受当时采集、处理技术及本区复杂的地质条件等多方面因素影响，资料品质较差：一是不仅火成岩与碎屑岩的地震反射特征差异不大，而且目的层以下的地层反射结构也不清楚（图3–1–4）；二是频带窄、分辨率不够，主要目的层沙三中段地震反射频宽在10～50Hz之间，主频仅18Hz左右。加之本区油藏埋藏较深，断裂系统复杂，构造面貌较为破碎，现有资料难于满足构造形态落实、圈闭评价和储层预测的需要。

## 六、主要技术措施及效果

### （一）3D地震资料采集技术

2000—2001年黄沙坨地区进行精细三维地震采集，主要采用了追踪最佳岩性激发、根据目的层埋深变化及构造情况进行分区观测系统设计等技术，提高了原始资料的品质。该区是辽河盆地第一块二次精细三维采集区块，聘请第三方设计，实行现场监督制，加强施工过程中的质量监控，取得了明显效果。

### （二）精细三维地震资料处理技术

图3–1–5　新采集处理三维地震剖面

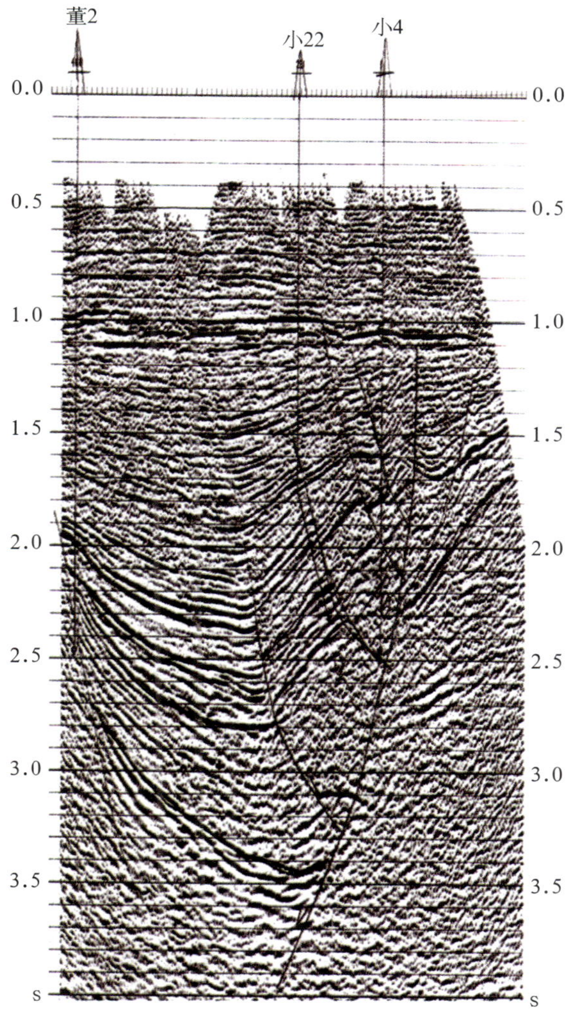


图3–1–4　老三维地震资料剖面

老资料重新处理后，资料品质有较大改善，基本上可以解决构造解释和实现火成岩追踪问题（图3–1–5）。但由于分辨率和信噪比仍偏低，难以满足火成岩储层（粗面岩）分布与裂缝预测的需要。通过对二次采集资料应用叠前去噪技术、叠前提高信噪比技术、复杂构造成像及提高分辨率技术，在信噪比、分辨率方面得到明显改善。

### （三）全三维构造精细解释技术

通过对新处理地震资料，采用相干分析、可视化等技术手段进行全三维精细构造解释（图3–1–6至图3–1–8），落实本区构造格局，分析构造演化史。从相干时间切片（图3–1–9）和可视化成果图看，黄沙坨构造被北东和北西两组断裂分成多个大小不等的断块，北东向的界西、界东、黄沙坨等主干断层延伸方向、延伸长度均较清晰；北东向构造条带被北西次级断层所切割，形成多个断块（图3—1—10）。

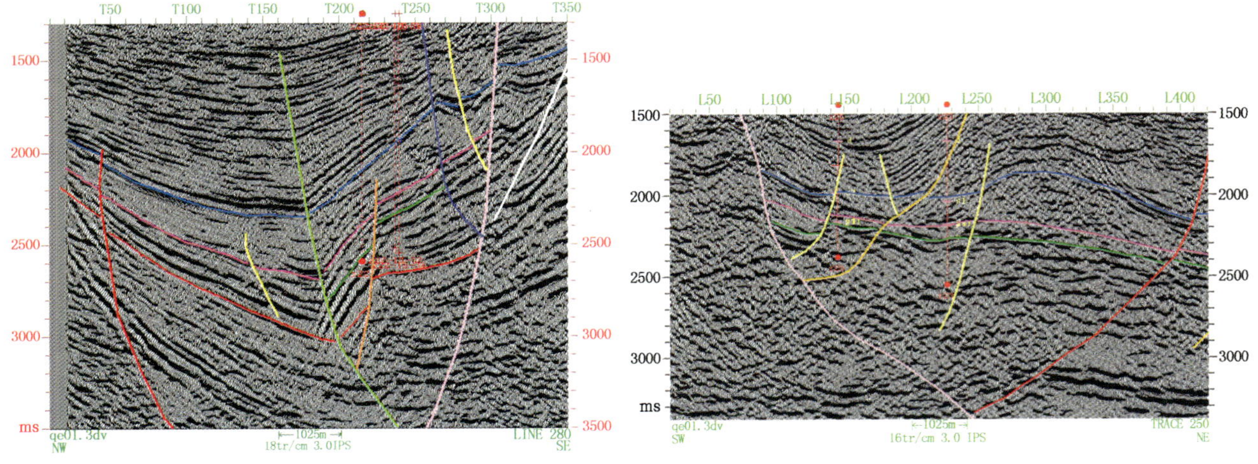

图3—1—6　三维纵测线（Inline 280）

图3—1—7　三维横测线（Crossline 250）

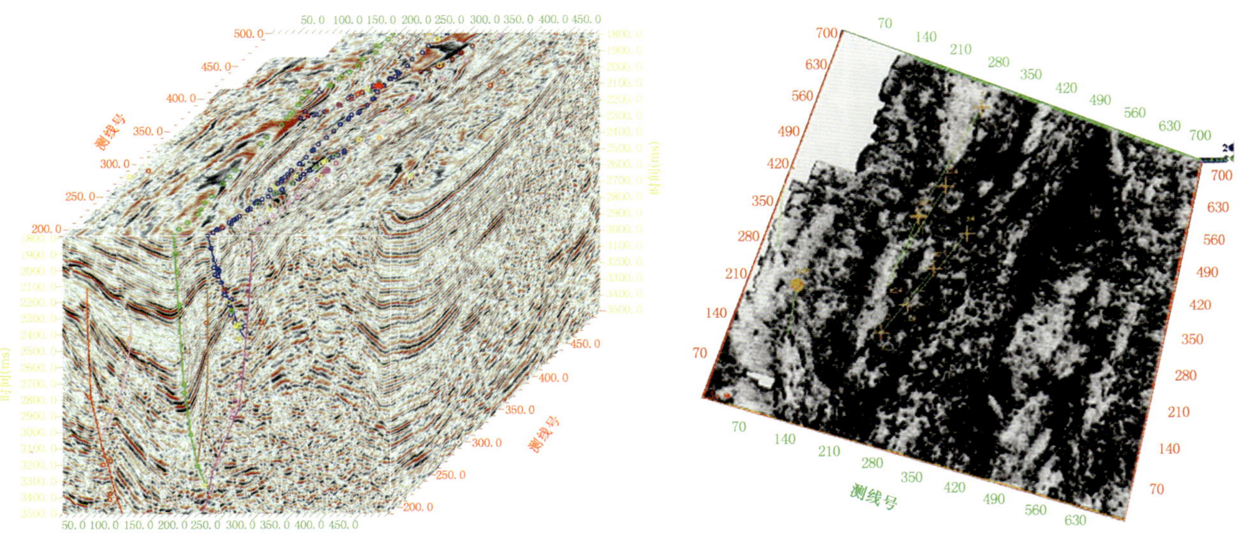

图3—1—8　全三维立体解释

图3—1—9　相干体时间切片（2400ms）

（四）火成岩储层预测技术

1．火成岩地震相特征分析技术

利用相对保幅地震资料，在一定时窗范围内对目的层统计分析地震波的几何形状、频率、能量变化及其他各种地震属性，从而在剖面上或平面上划分各种地震属性综合特征总和相近的区域，再依据井点的地质、测井资料对相应的地震相做出地质解释。

2．粗面岩储层分布预测技术

研究区内主要储层粗面岩与玄武岩波阻抗值差异很小（图3—1—11），但测井响应交绘分析发现自然伽马和中子孔隙度对岩性最为敏感（粗面岩：GR>100API、CNL<24%；玄武岩：GR<100API、CNL>24%），因此，首先运用波阻抗反演预测火成岩宏观分布，之后进行以GR反演为主并与中子孔隙度反演相结合的反演方法（图3—1—12），预测粗面岩分布范围、厚度（图3—1—13）。

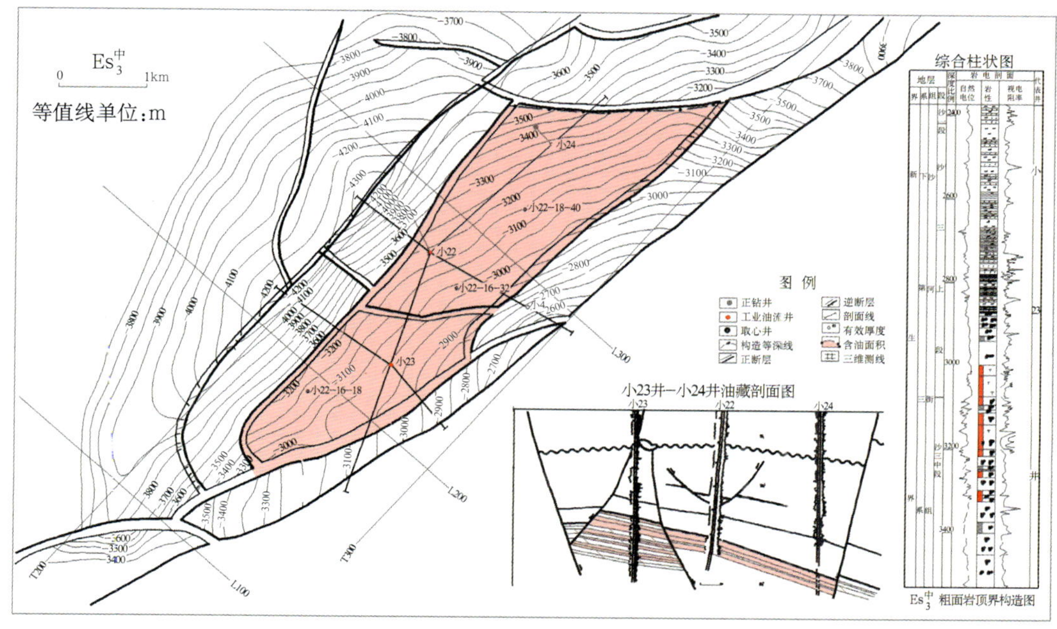


图3-1-10　粗面岩顶界构造图

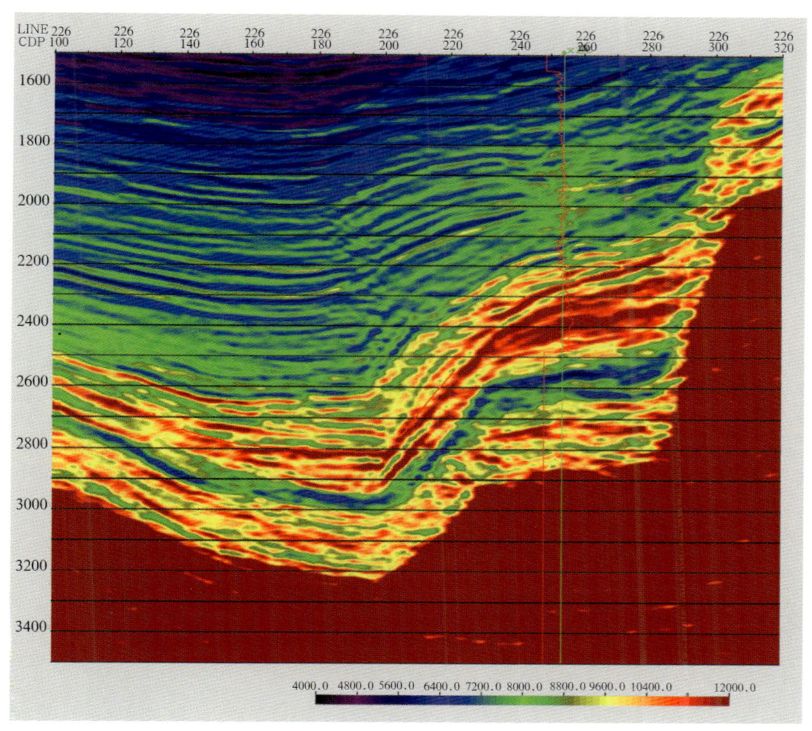


图3-1-11　过小22井波阻抗剖面

### 3. 裂缝预测技术

构造缝为本区火成岩的主要储集空间。研究中采用了四种方法对粗面岩裂缝的发育状况进行了尝试性的预测。

1）层拉平相干技术

采用层拉平相干技术对粗面岩的裂缝发育情况进行宏观预测。区域上，从南向北裂缝的发育程度逐渐降低（图3-1-14）。

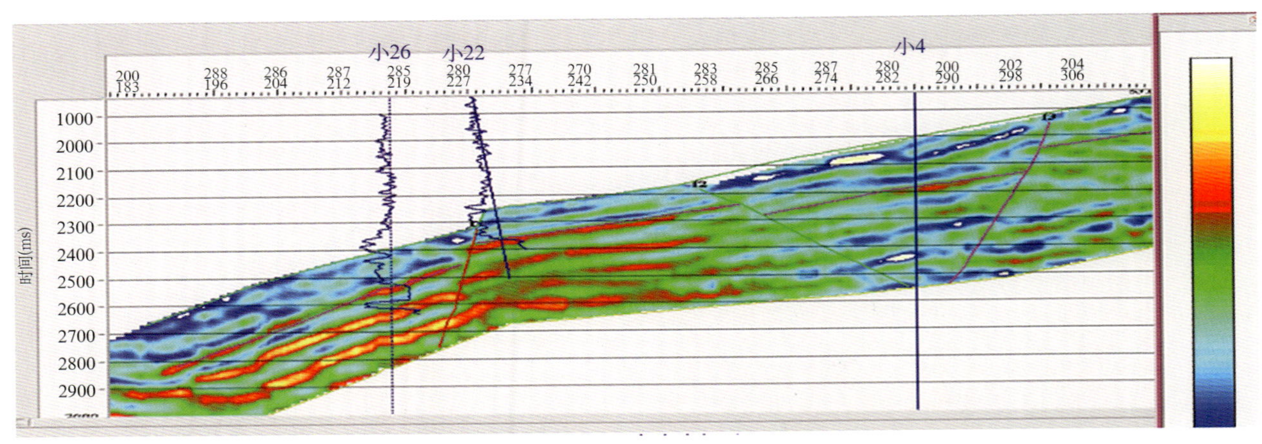


图3-1-12　小26-小22-小4井自然伽马反演剖面

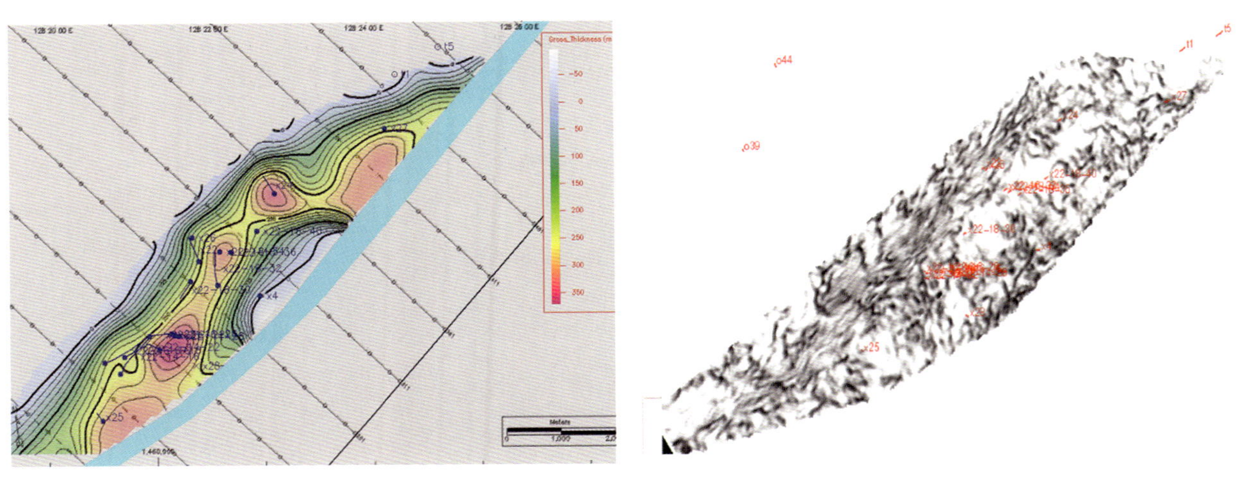

图3-1-13　粗面岩厚度分布图

图3-1-14　层拉平预测裂缝特征

2）沿层倾角扫描技术

对地震资料进行沿层倾角扫描，得到地震反射层面横向的倾角变化，以此近似反映构造曲率的横向变化梯度（图3-1-15）。

3）电阻率反演预测技术

尝试了利用深浅侧向电阻率以及冲洗带电阻率的反演进行储层裂缝发育状况的预测。裂缝发育区呈窜珠状平行于主断裂分布。同时裂缝的发育与粗面岩的厚度有关，厚度大的地方裂缝相对较发育（图3-1-16）。

4）地震属性预测技术

沿目的层提取多种地震属性信息，分析后发现均方根振幅、主频$f_2$、能量半衰时间、反射强度斜率及弧长等5种属性的异常区具有很强的一致性，与该区实施开发产量较高的井位分布条带相吻合。这与粗面岩裂缝的发育区具有很强的相关性，即异常区在界西断层下降盘以北东向沿小25-小23-小22井方向呈串珠状分布（图3-1-17）。

四种方法预测结果对比分析认为：针对本区高角度的构造裂缝，相干体技术和沿层倾角分析方法可宏观识别裂缝；电阻率差比法和地震属性分析对识别裂缝，具有半定量的意义。

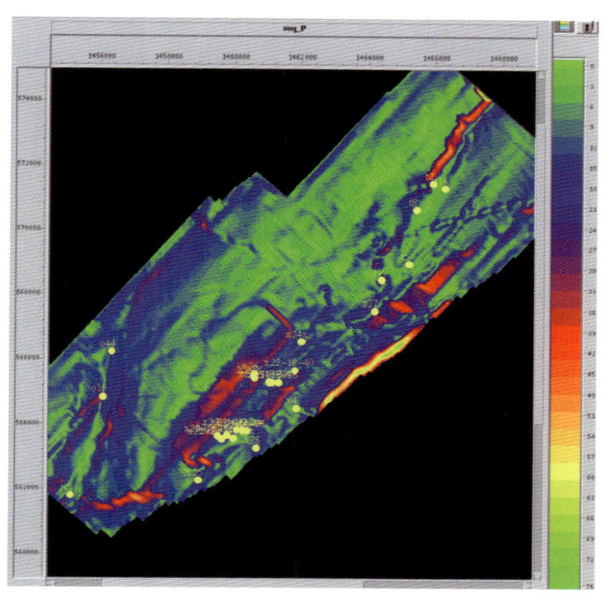

图3-1-15　倾角扫描预测裂缝

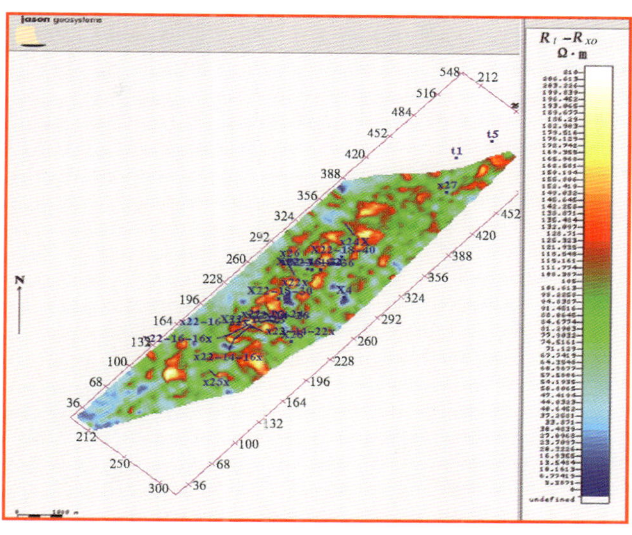

图3-1-16　电阻率反演预测裂缝

## 七、主要地质成果与评价

该区精细三维地震勘探使整个地质研究取得了较新的认识：

（1）黄沙坨构造是一个依附于界西断层的大型断裂鼻状构造，构造轴向西倾。该构造的形成及演化被一系列北东向主干断裂所控制，并被晚期发育的一些近东西、北西向次级断裂所切割，分为多个断块，使鼻状构造进一步复杂化。

（2）本区的火成岩属喷发岩，主要储集岩性为粗面岩，其喷发中心在小23井附近，厚度中心沿界西断裂北东向呈串珠状弧形展布，预测粗面岩分布面积为35.8km²。

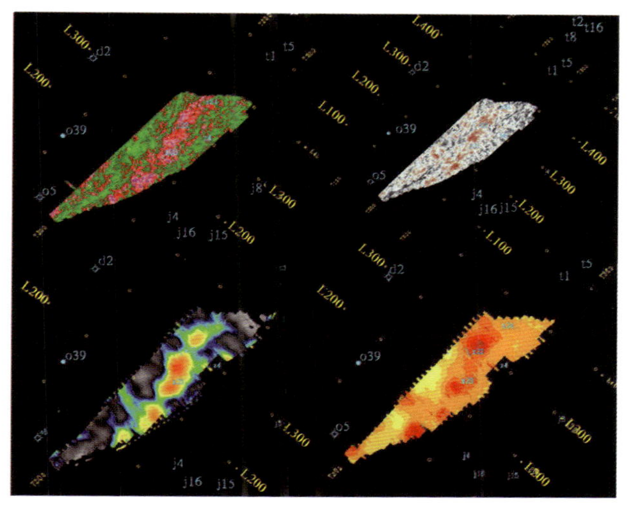

图3-1-17　地震属性预测裂缝分布趋势图

（3）粗面岩基质物性较差，次生的构造缝为本区火成岩的主要储集空间，裂缝分布具有强烈的非均质性。构造裂缝主要发育在断层附近构造曲率较大部位，在构造破碎带内裂缝发育、裂缝密度高，远离断层裂缝密度减小。裂缝发育区与粗面岩厚度分布区一致，如小23井至小25井区裂缝较发育，油井产能较高。将粗面岩储层预测结果与本区的油气成藏条件综合分析，预测有利勘探面积为19.7km²。

截至2003年底，上报探明石油地质储量2176 × $10^4$t。累计生产原油44 × $10^4$t，累计产气8374 × $10^4$m³。当年生产原油29.4 × $10^4$t，目前开井43口，平均日产原油802t，天然气3316.67m³。年生产石油30.0 × $10^4$t，天然气121 × $10^4$m³，取得了较好的经济效益和社会效益。成为辽河油田分公司特殊岩性体火山岩油气藏勘探上的重大发现。

# 第二节　青西油田裂缝性油藏三维地震勘探

近年来，玉门油田应用三维地震综合勘探等技术，攻克了祁连山前青西深层复杂裂缝性油气藏勘探难关，基本探明了近五千万吨级储量规模的青西油田。

## 一、地理位置

青西油田位于甘肃省玉门市西南，距市区约30km，其西南紧依祁连山北麓，西北至红柳峡，东南抵玉门鸭儿峡油田。玉门市至青西油田矿区公路已建成通车，油田内简易公路纵横交错，硬戈壁亦可通行汽车（图3–2–1）。

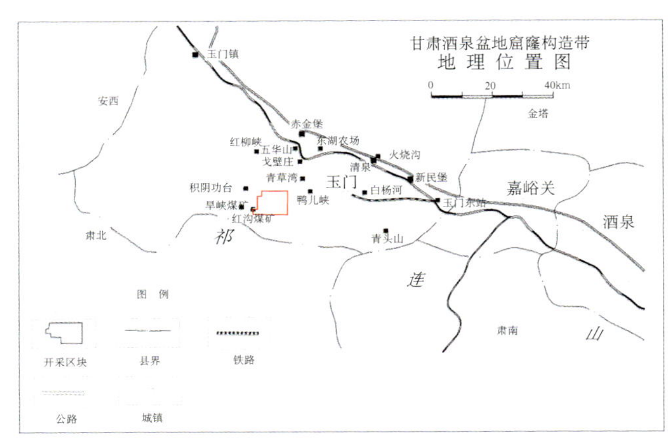


图3–2–1　青西油田地理位置图

## 二、区域地质概况

青西油田位于酒泉盆地酒西坳陷青西凹陷青南次凹南缘，窟窿山逆掩推覆带东部。酒西坳陷位于酒泉盆地的西部，其南、北边界分别为北祁连山北缘逆冲断裂带和阿尔金走滑断裂带的分支——红柳峡断裂，由于祁连山持续向北推覆，酒西坳陷南缘部分已掩伏于祁连山下，现今面积约2700km$^2$。酒西坳陷在发展演化过程中主要经历了古生代褶皱基底、中生代裂谷断陷直至新生代前陆坳陷漫长而复杂的演化历史。酒西坳陷在中生代时期具东西分块、凹凸相间的地质结构，自西向东依次分为青西凹陷、鸭北凸起、石大凹陷、南部凸起；新生代前陆坳陷具有大冲断带（推覆体）、小前缘坳陷的特点。青西油田中生代断陷呈北东向，构成北东向隆、坳相间的构造格局，新生代前陆坳陷呈北西向，二者近于直交，造成上下层序叠加不完全；燕山期生烃凹陷控制成烃，喜马拉雅期逆掩推覆带控制成藏（图3–2–2）。

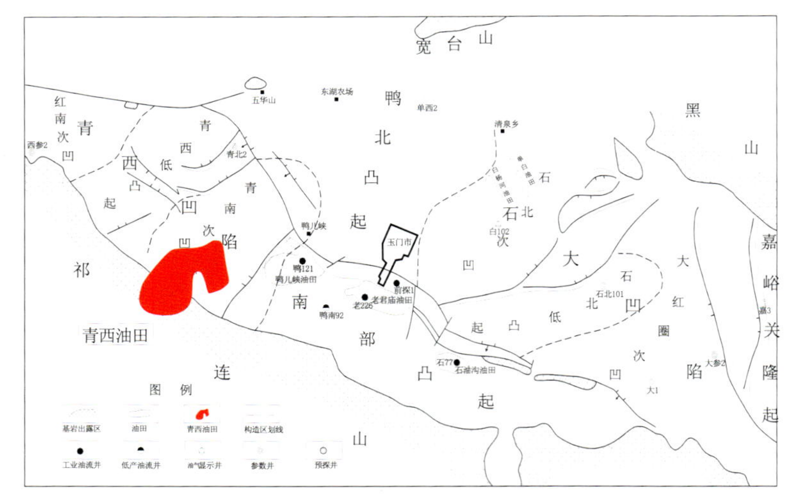


图3–2–2　青西油田区域地质位置图

## 三、地表及人文环境

青西油田属山前带，地势总体南高北低，地形复杂，地势起伏大，沟壑纵横，南部妖魔山最高海拔4586m，北部与平坦戈壁相接，最低海拔2090m，工区相对海拔高差2496m，绝大部分地方的海拔在3000～3600m之间。油田所在区域属大陆性气候，冬季寒冷，长达5～6个月，夏季凉爽，年温差大，最高气温32℃，最低 –26.7℃，日平均温差10～15℃；窟窿山周围存在常流水，其他地段为季节性河流，夏季时有洪水暴发，年降水量132mm，年蒸发量1634mm。春秋多季风，最大风力可达9级。油田区内植被少，人烟稀少，只有少数牧民。已开通中国移动及中国联通移动通讯，通讯较方便（图3−2−3）。

图3−2−3　青西油田地表环境

## 四、勘探程度

青西油田于1984年由西参1井发现。该井在下白垩统下沟组试油获7m³/d低产油流。此后几年在该地区钻探井9口，只有3口井获得工业油流。由于油藏类型复杂，目的层埋藏深，受当时的技术条件限制，1989年停止了对该油藏的勘探。1998年利用三维地震资料部署的柳102井获日产百方以上高产油流，重新揭开了青西油田勘探的序幕。截止2003年6月底，油田范围大部已为三维地震覆盖，三维工区面积105km²；进山二维地震测网密度已达1km × 3km；VSP测井4口；完钻探井26口。

## 五、以往物探资料品质与难题

青西地区截至目前已完成柳沟庄三维53km²、青西三维30km²、鸭儿峡三维98km²、积阴功台三维100km²。由于：（1）本区山高坡陡，激发接收条件差，干扰波发育；（2）表层结构复杂，静校正问题突出；（3）断裂发育，逆掩推覆体屏蔽强，波场复杂，成像困难等方面的原因，导致地震资料目的层品质普遍较差。1988年采集的柳沟庄三维资料品质是本区目前最好的，但也存在深层−目的层能量弱、频率低等问题。2000年采集的积阴功台三维因靠近山前资料品质最差，三维剖面波组特征不明显，基底反射不清楚，断层及断点不清晰，构造不清，层位的准确标定对比追踪困难。总之以上4块三维资料品质差，不能满足青西油田岩性横向预测和裂缝性油藏描述的要求。

## 六、主要技术措施及效果

### （一）三维地震资料连片处理技术

连片处理后效果显著：

（1）整体形态结构清楚，可满足区域整体地质评价的需要。

（2）应用全三维处理技术及坐标旋转、子波处理等配套技术，拼接效果较好，波组特征协调一致，消除了多块三维地震资料的时差、相移、频谱差异及能量不均衡现象，区块间衔接自然。

（3）精细的速度分析与三维剩余静校正多次迭代较好地解决了剩余静校正的问题，与老剖面比，无论信噪比还是分辨率改善都比较大。

（4）目的层信噪比较高，波组特征清楚，对比性强。

（5）深层构造及基底反射特征清晰，清楚地显示出青西低突起基底反射。

（6）相对振幅保持并未做叠后修饰处理，基本能满足青西油田岩性横向预测和裂缝性油藏描述的需要（图3−2−4～图3−2−6）。

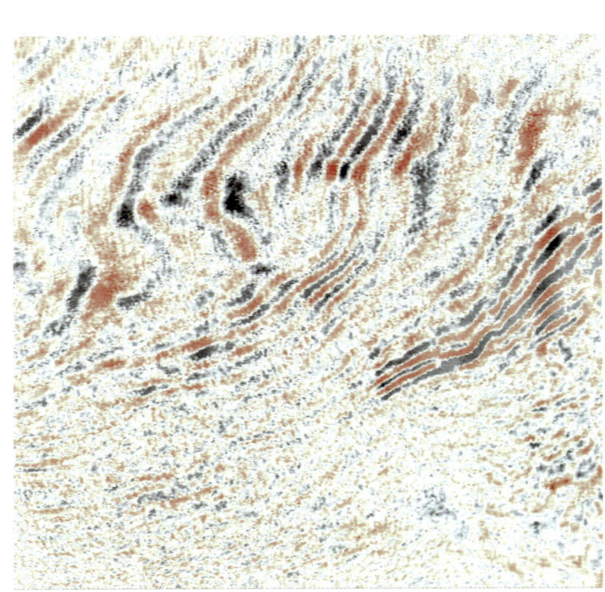

图3−2−4　地震资料连片处理前水平时间切片

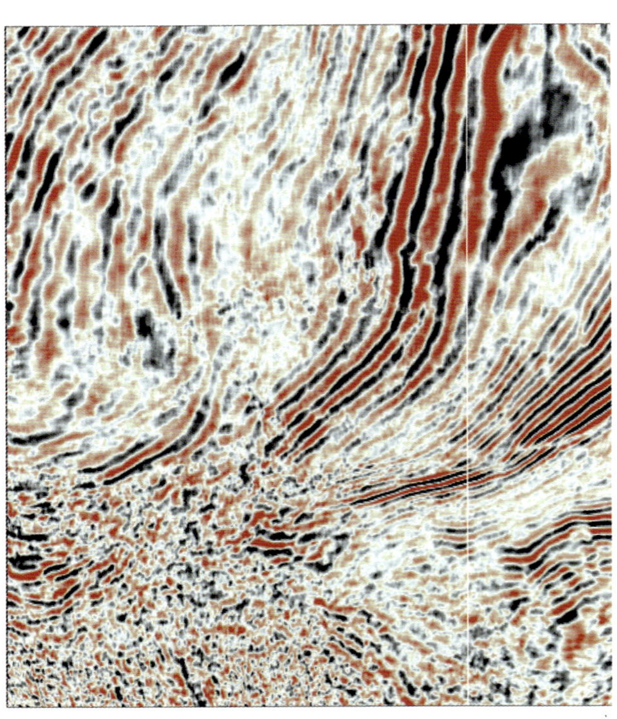

图3−2−5　地震资料连片处理后水平时间切片

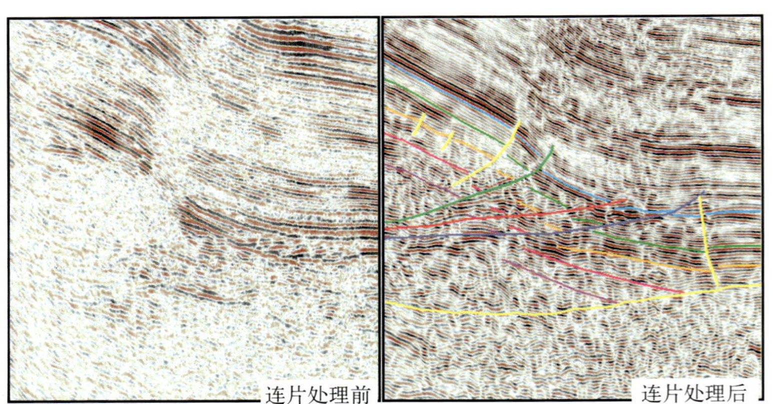


图3−2−6　地震资料连片处理前后剖面对比

### （二）冲断带构造建模技术

在对酒西坳陷山前带进行综合性的区域地质研究的基础上，将前陆冲断带的断层相关褶皱理论和冲断构造理论应用在地震资料解释与构造建模中，对窟窿山逆掩推覆带进行整体研究，研究尺度由大到小，整体解剖其构造面貌，注意在全局上把握规律，对局部构造进行精细描述，并应用模型正演进行校正。构造解释过程中，充分结合地质露头、钻井及测井资料、非零偏VSP资料。研究表明，窟窿山构造整体为一个前陆冲断带挤压背斜构造，面积约127.7$km^2$（其中山下掩伏面积达60～80$km^2$）。青西油田为一个受窟窿山构造控制的晚期成藏的裂缝性油藏（图3−2−7至图3−2−10）。

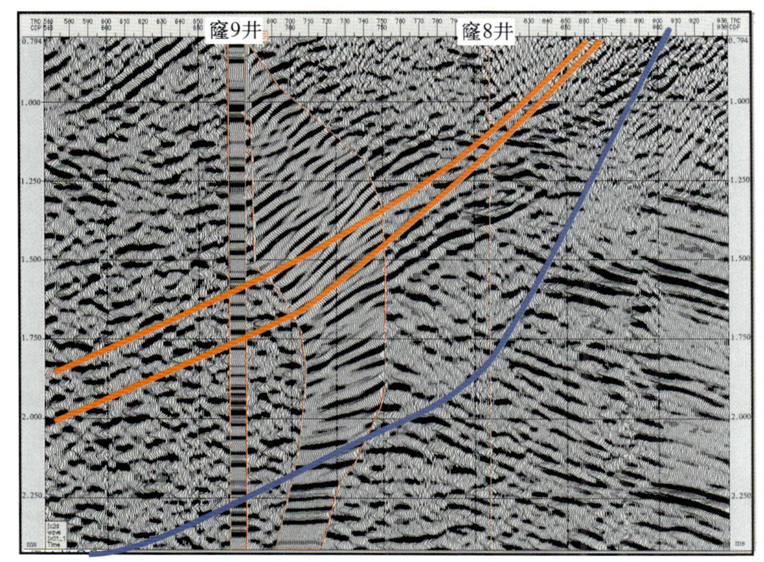


图3-2-7　窿9井零偏VSP和非零偏VSP标定

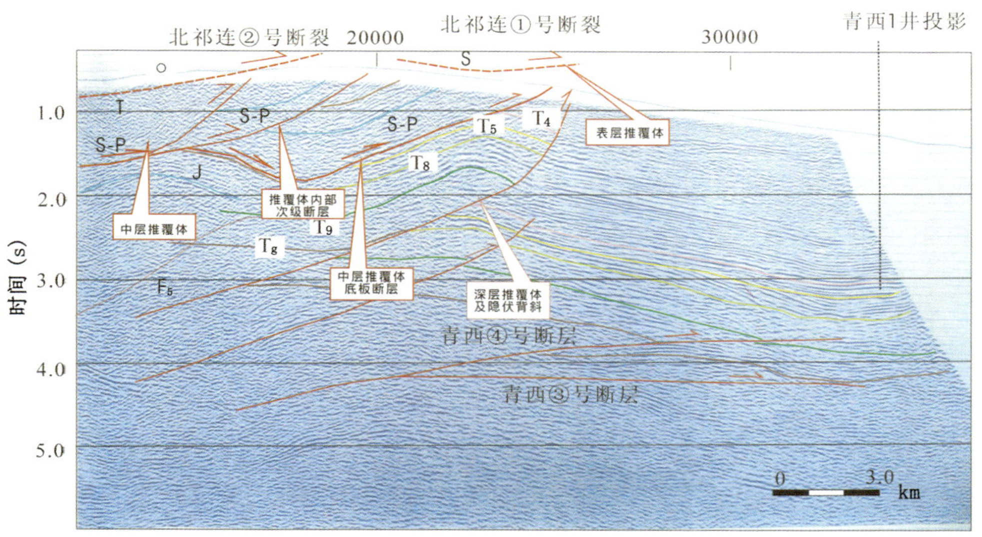


图3-2-8　JX01-03地震解释剖面

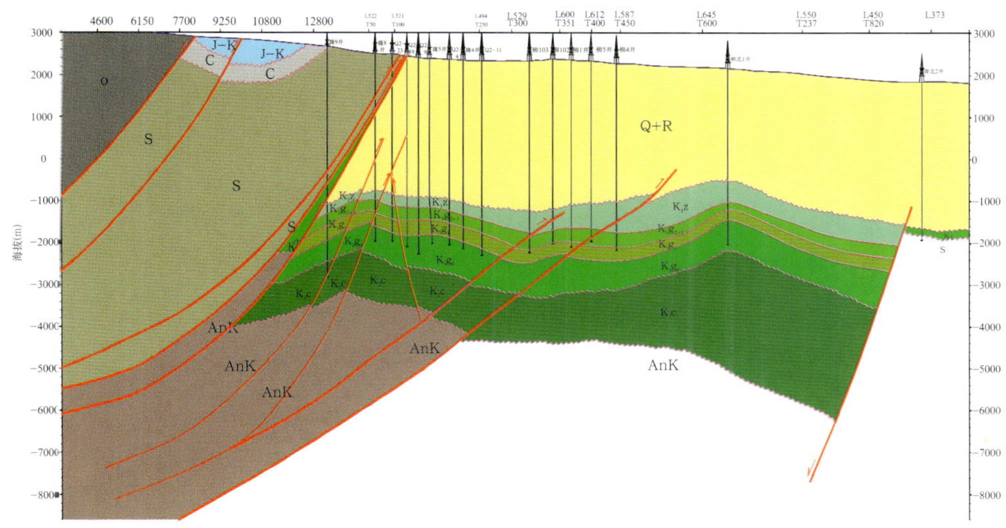


图3-2-9　青西油田南北向连井构造横剖面

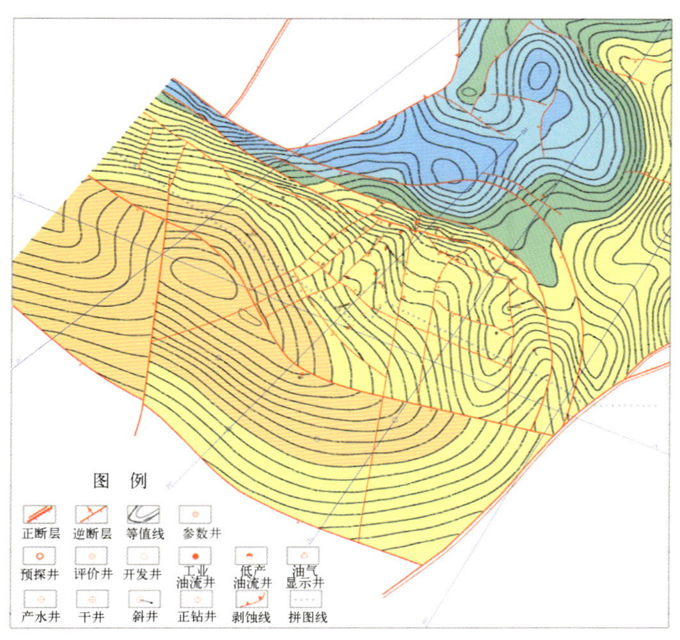


图 3-2-10 青西油田下白垩统 $K_1g^1_1$ 顶构造图

## （三）地震裂缝识别与描述技术

### 1．控油断层研究技术

（1）通过地震解释断裂系统与成像测井解释的裂缝系统的关系研究发现两者具有较好的一致性，两组断层的相互切割造成了两组裂缝系统的相互切割，改善了局部储层的储集及渗滤能力，控制了油气的局部富集。

（2）结合区域应力场分析和测井断层解释的成果，利用水平时间切片精细解释出北东向具有走滑性质的撕裂断层（调节断层）及伴生的三、四级断层，研究撕裂断层控制裂缝的开启性与封闭性。研究表明撕裂断层控制裂缝的开启性好（图3-2-11、图3-2-12）。

（3）利用成像测井建立裂缝—断层—油层的关系。成像测井显示，裂缝受断层控制，纵向上断层发育带就是裂缝发育带，裂缝发育带就是油气层段，油气层受20～60m北东向撕裂断层（调节断层）及伴生的三、四级断层控制（图3-2-13、图3-2-14）。

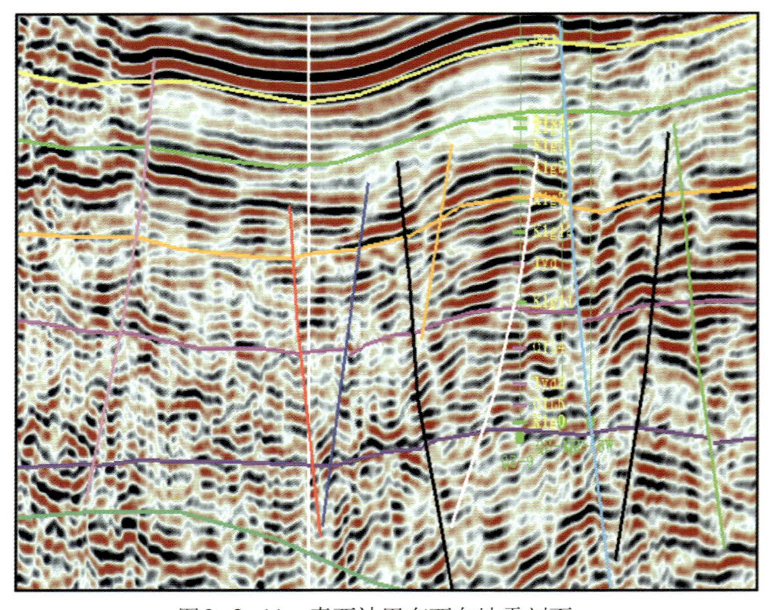

图3-2-11 青西油田东西向地震剖面

### 2．地震多属性裂缝平面预测技术

经过优选，利用地震相干数据体、地震相和振幅属性进行裂缝平面预测（图3-2-15）。

### 3．Fraca 裂缝随机建模技术

Fraca 软件能对地下不同尺度和规模的裂缝建立裂缝静态模型。

（1）裂缝样式描述：应用单井及多井裂缝分析、主要目的层控油断层分析、主要构造层曲率分析确定影响油藏特征的裂缝类型（微裂缝、与断层有关的构造裂缝、裂缝带等），并通过统计分析得出裂缝的

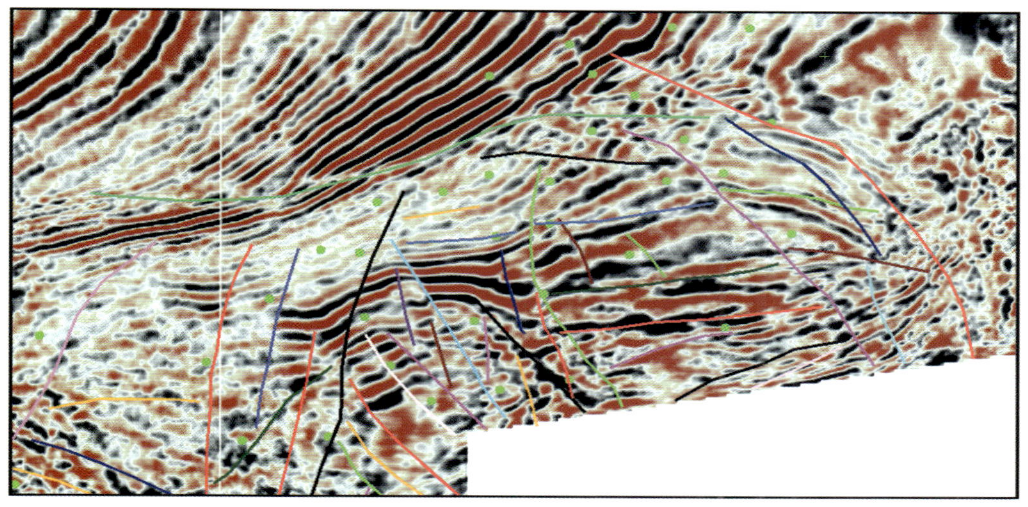

图3-2-12　青西油田地震水平时间切片

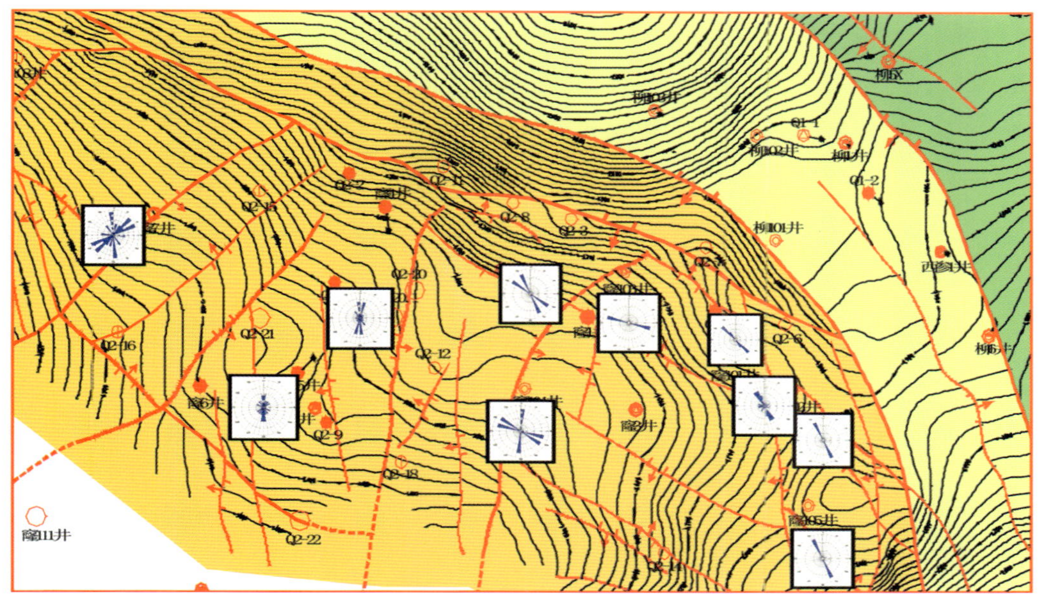

图3-2-13　青西油田断裂系统与裂缝系统关系图

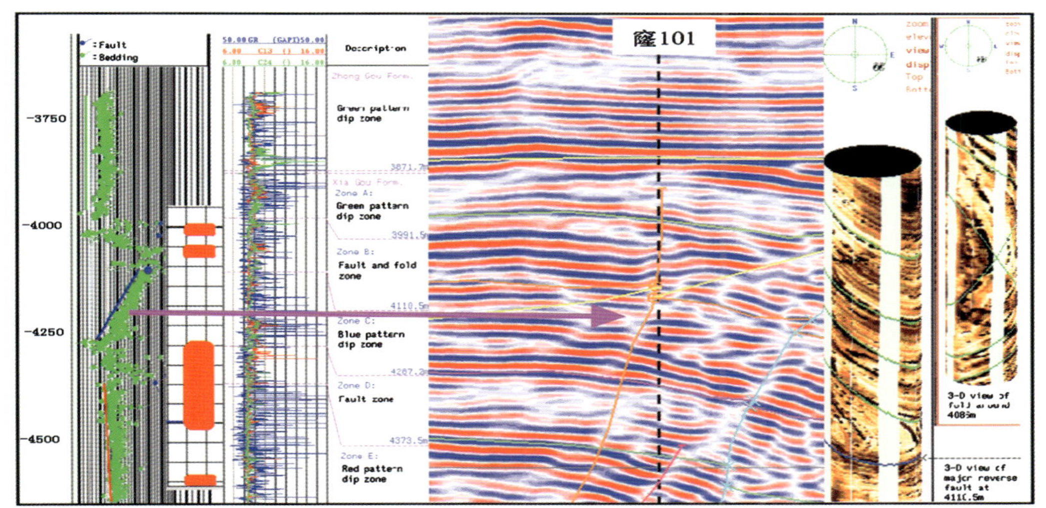


图3-2-14　青西油田裂缝—断层—油层关系图

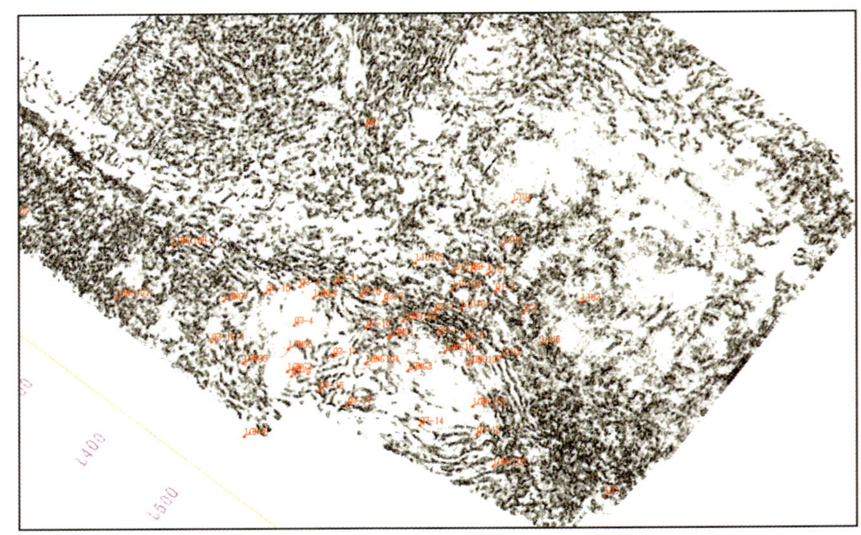


图3-2-15　青西油田下沟组 $K_1g_0$ 顶沿层相干数据体平面图

各种几何参数（裂缝分组、裂缝密度、裂缝方位和裂缝倾角），最终确定裂缝展布样式的可能控制因素（构造曲率、断层、岩性等）。

（2）裂缝开启性（封闭性）分析：将已获得的各单井裂缝分析结果与生产动态资料（PLT）进行对比，以确定裂缝对油藏动态所产生的影响，定性分析主要裂缝组与裂缝开启性（闭合性）之间的关系。

（3）裂缝模型验证：利用已有井资料（裂缝密度和裂缝方位），并结合地震多属性裂缝平面预测的成果，对裂缝模型进行定性评价，提供一个与实际钻探情况较吻合的综合裂缝模型（图3-2-16～图3-2-20）。

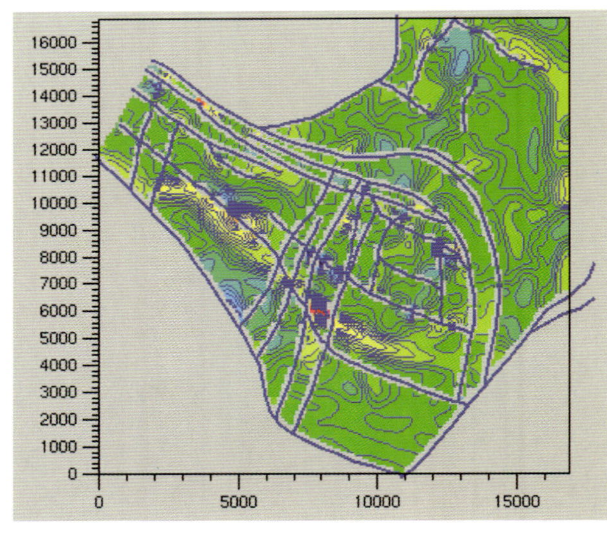


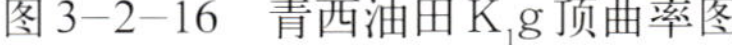
图3-2-16　青西油田 $K_1g$ 顶曲率图

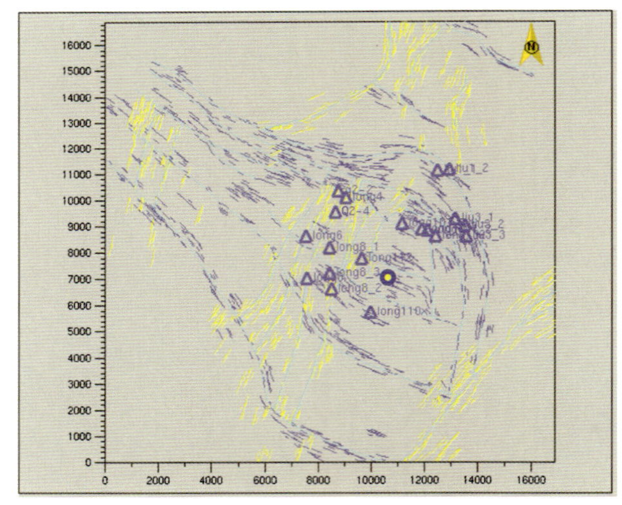


图3-2-17　青西油田 $K_1g$ 顶裂缝预测分布图

## （四）Jason岩性预测技术

利用地质统计原理建立波阻抗数值与储层特征参数之间的对应关系，进行岩性反演，并应用随机函数理论，对预测的多解性进行分析，从而提高预测的可靠性。研究表明青西油田下沟组砂砾岩主要集中分布在西南部的窿7井—窿6井区，纵向上主要分布在 $K_1g_0$ 和 $K_1g_1$ 段。下沟组自西向东，砂砾岩由厚变薄，其中窿7井井区最厚；$K_1g_0$ 段最厚达250m以上，$K_1g_1$ 段最厚近120m。根据反演结果结合地质资料

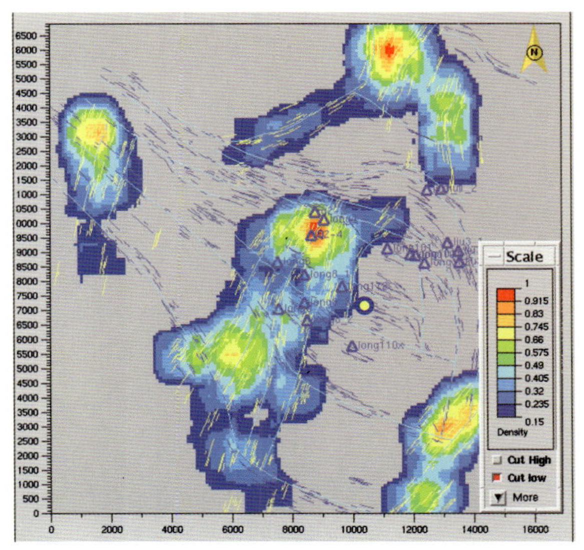

图3-2-18　青西油田$K_1g$顶南北向裂缝预测分布密度图

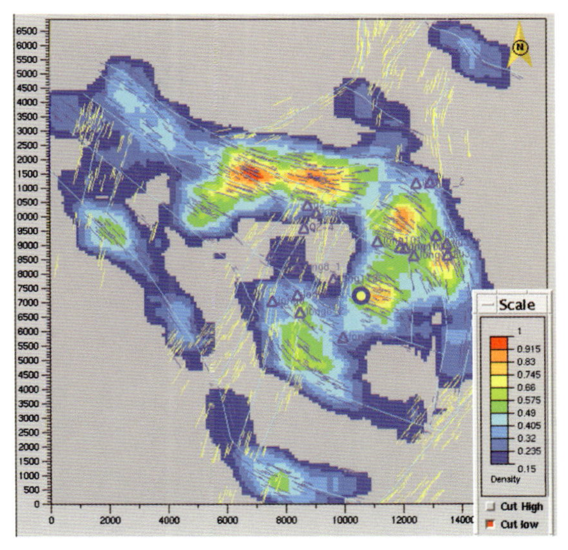

图3-2-19　青西油田$K_1g$顶东西向裂缝预测分布密度图

划分的沉积相图合理，边界明确（图3-2-21～图3-2-24）。

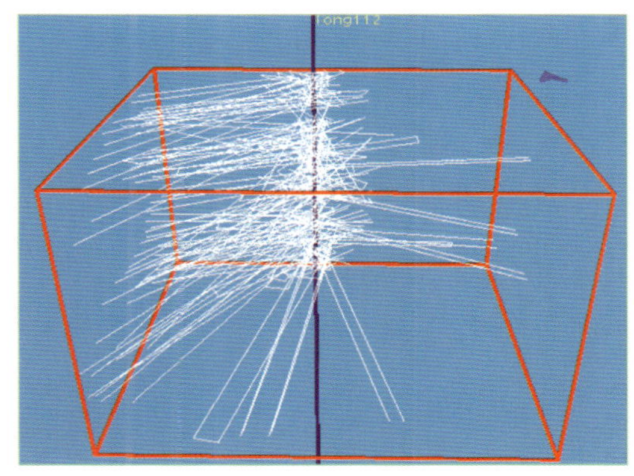

图3-2-20　青西油田$K_1g$顶微裂缝预测图

## 七、主要地质成果与评价

近年来，通过进山山地地震采集—处理—解释一体化技术攻关和综合研究，积极探索复杂裂缝油气藏描述及评价技术，取得了丰富的地质认识及成果：

（1）查明了逆掩断层下盘窟窿山构造的整体规模，落实了窟窿山构造的整体形态。

（2）钻探证实窟窿山背斜是青西油田的主要含油气构造，三、四级断层控制了裂缝的发育程度，从而也控制了油气的局部富集与高产。

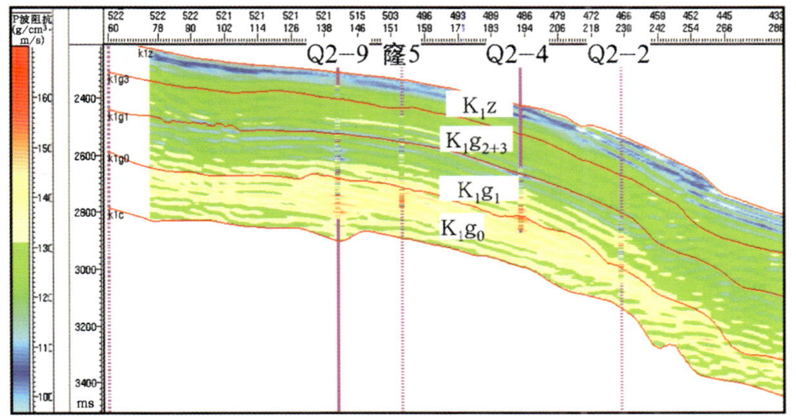


图3-2-21　青西油田过Q2-9至Q2-2井波阻抗剖面

（3）扇三角洲前缘亚相分流河道微相为主的砂砾岩是青西油田南部最有利的储集层，半深湖亚相内的泥云岩是青西油田有利的储集层。

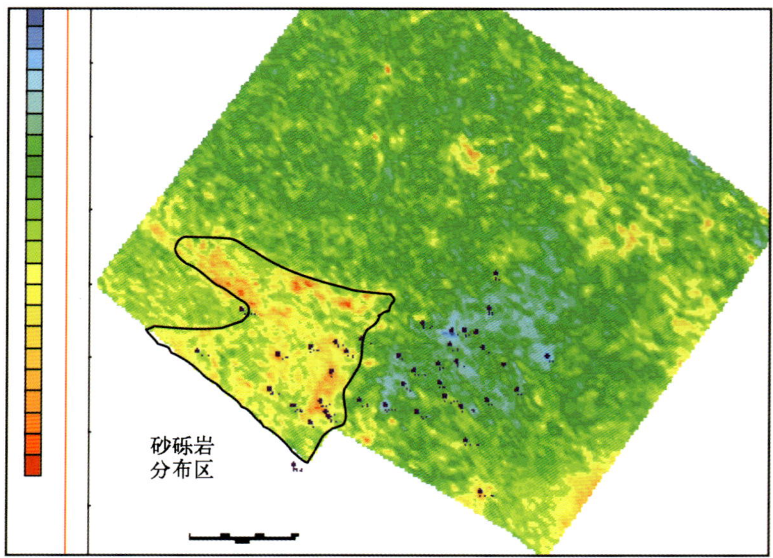


图 3-2-22　青西油田下沟组 $K_1g_1$ 波阻抗平面图

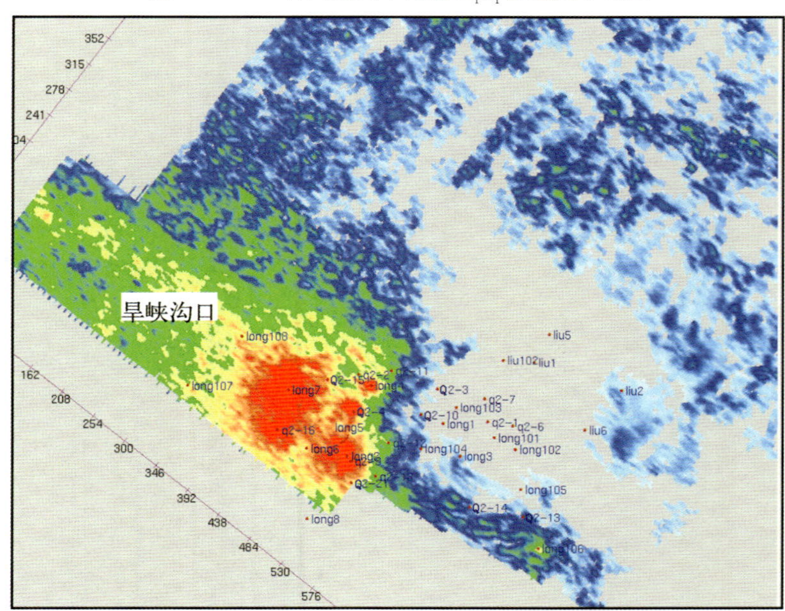


图 3-2-23　青西油田下白垩统 $K_1g_1$ 砂体厚度预测图

图 3-2-24　青西油田下白垩统 $K_1g_1$ 沉积相图

（4）基质孔隙与裂缝的有效配置形成稳产高产油气层。

（5）油气藏主要控制因素为构造、岩性和裂缝。构造控制油气分布，岩性控制油气富集，裂缝控制渗流能力。

（6）窟窿山中西部北东向裂缝发育带和扇三角洲前缘砂砾岩发育区的叠合区（即窿4—窿5井区）为青西油田的高产区块。同时用地质认识突破指导油气勘探突破，经历了以柳102井为代表的泥云岩区的突破、以窿4井为代表的砾岩区的重大发现及以窿8井为代表的窟窿山推覆带的重大突破三个阶段，窟窿山逆掩推覆构造带成为股份公司油气勘探的重要目标之一，走出了一条实践、认识、再实践、再认识的成功之路。

# 第三节 川东罗家寨潜伏构造鲕滩储层二、三维地震勘探

通过对罗家寨潜伏构造鲕滩储层的“亮点”识别、排除膏盐层地震异常假象、储层厚度识别、储层发育程度识别及综合预测等一整套从定性到定量的储层预测方法，使储层预测成果更客观地反映了罗家寨潜伏构造及外围地区鲕滩储层的分布特征和变化规律，提高了预测精度。2000年以来，根据二、三维地震成果在该区部署了7口探井，经已完钻的罗家6井等5口井检验，储层预测符合率为100%，获气成功率为80%。

## 一、地理位置

川东罗家寨潜伏构造下三叠统飞仙关组鲕滩（以下简称鲕滩）气藏是四川西气东输工程的主供气田之一。该区地理坐标位于北纬31°10′～31°30′，东经108°00′～108°25′。行政区域属四川省宣汉县和重庆市开县境内（图3—3—1），向西距川北重镇达州市约80km，向南距川东重镇万州区约70km。该区属于较典型的大山区。

## 二、区域地质概况

该区区域构造位置属川东南中隆高陡构造区的双石庙构造群，其东南侧紧邻温泉井构造带，西北侧

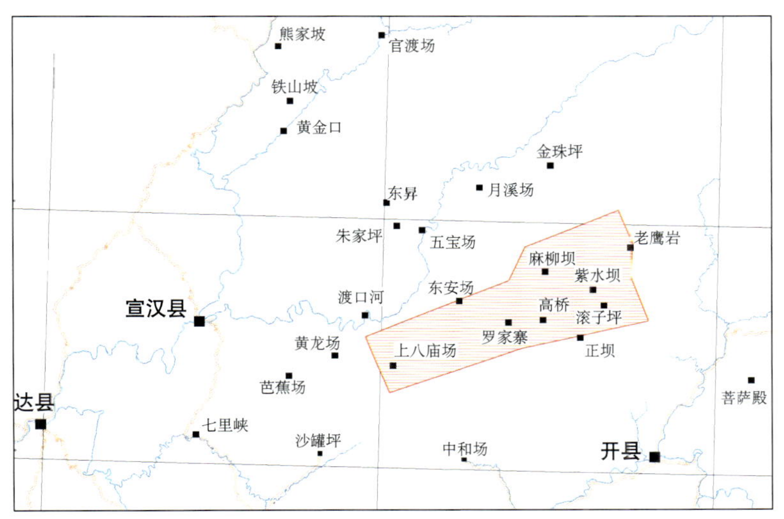


图3—3—1 罗家寨潜伏构造地理位置示意图

与双石庙、五宝场等构造相邻，东北部过渡到大巴山台缘坳陷，西端为黄龙场构造和七里峡构造北倾没端（图3—3—2）。

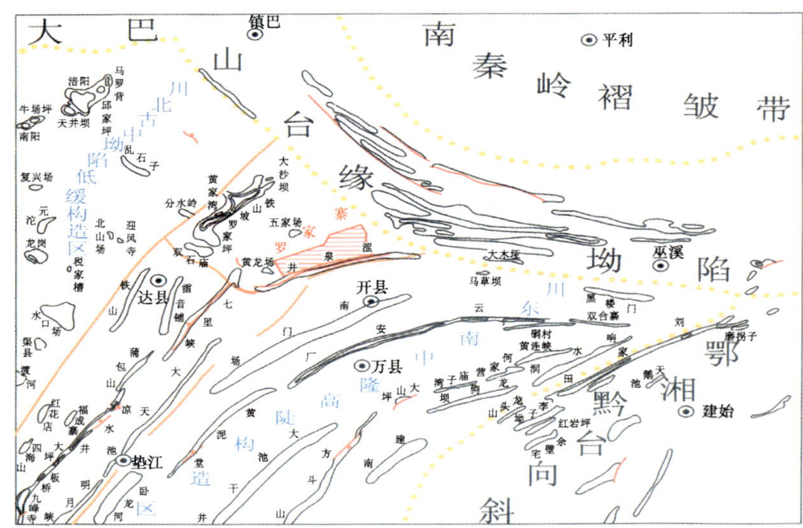

图3—3—2　罗家寨潜伏构造区域构造位置示意图

罗家寨潜伏构造在地表属于温泉井构造西北翼及五宝场向斜东南翼部分，因1987年在该区进行地震普、详查时，发现该区下三叠统嘉陵江组以下存在潜伏背斜圈闭且高点位于罗家寨乡而得名。

该区出露地层由东南向西北逐渐变新，东南侧靠近温泉井构造轴部出露中、下三叠统灰岩，西北部靠近向斜区大面积出露上三叠统和侏罗系砂泥岩（图3—3—3）。

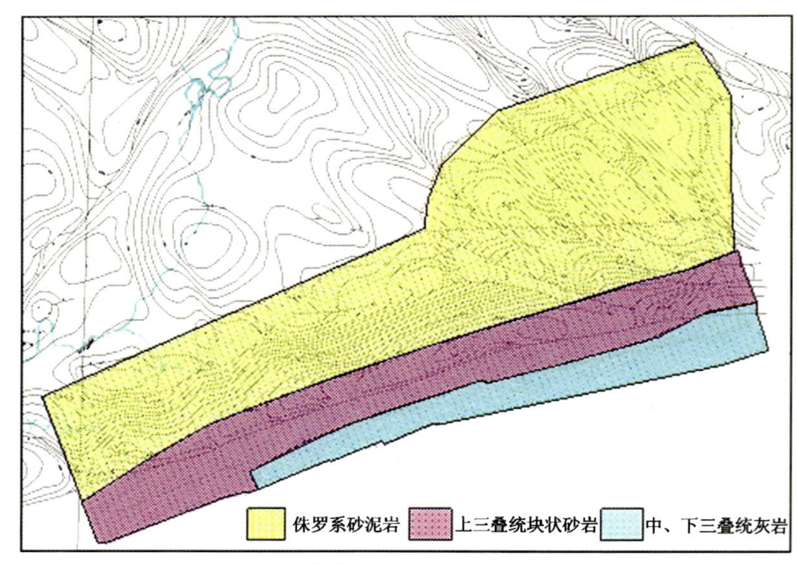

图 3—3—3　罗家寨潜伏构造地表出露层位分布示意图

## 三、地表及人文环境

该区为大巴山区的高山地貌，山势总趋势为东高西低，北高南低，东北最高处达海拔1600m，西部前江流经区域仅为海拔400m，相对高差达800～1200m（图3—3—4）。

中、上三叠统大套砂岩和灰岩出露区，山势陡峭，切割厉害，山间垮塌堆积严重。

全区植被茂密，乔、灌木丛生，季节性沟、涧较多。

图3—3—4　罗家寨地区地表、人文掠影

该区人口较稠密，小型场镇、煤矿较多，但经济较落后，交通条件差，仅工区东西两侧县级公路和区内局部机耕道可利用。

上述环境条件都不同程度地给地震资料采集施工带来困难并影响到地震资料质量。

## 四、勘探程度

1971—1985年间，在罗家寨潜伏构造以西的温泉井构造西端和大方寺向斜进行过模拟或数字多次覆盖详查。

1987年，对温泉井构造中段及东安鼻凸进行二维数字地震详查，发现罗家寨潜伏构造，但该潜伏构造东端未被控制。

1994—1996年，又对渡口河潜伏构造和温泉井构造中、东段进行数字地震多次覆盖详查。这批资料中，与罗家寨潜伏构造有关的测线共54条测线，剖面总长约500km，覆盖次数为10次，是1996年以后多次反复对罗家寨构造鲕滩储层研究、认识的资料基础。

1999—2001年间，依据二维地震成果完钻的罗家1至罗家6井获气。为了加快鲕滩气藏的勘探步伐，2001年开展了以罗家寨潜伏构造为主的三维地震勘探，三维区控制面积为462.67km$^2$（图3—3—5）。

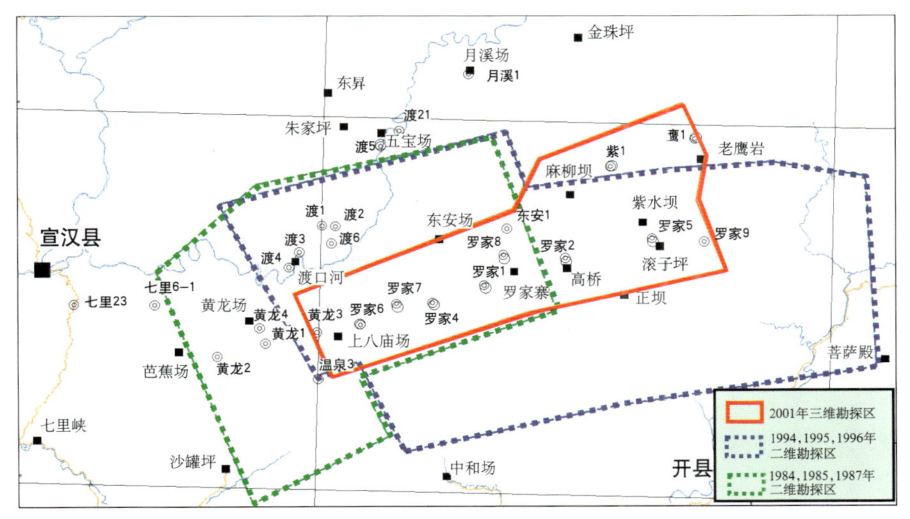


图3—3—5　罗家寨地区地震勘探程度简图

1995—2000年，在罗家寨潜伏构造西侧的渡口河构造完钻的渡1至渡4井，均于飞仙关组获中、高产天然气流，揭示了鲕滩储层广阔的勘探前景。

1999年开始，针对罗家寨潜伏构造鲕滩储层完钻的第一批探井——罗家1井、罗家2井，于飞仙关组分别钻获45.84 × $10^4m^3/d$、63.20 × $10^4m^3/d$的高产工业气流。2000—2001年，又依据二维地震成果先后完钻了罗家4至罗家6井等3口井，其中罗家5井、6井于鲕滩储层获中、高产天然气流，为在罗家寨潜伏构造实施三维地震勘探奠定了基础。

到目前为止，在罗家寨潜伏构造上依据二、三维地震成果共部署了探井9口，已完钻井7口，获气流井6口，获气成功率为86.7%。

## 五、以往物探资料品质与难题

覆盖罗家寨潜伏构造的二维地震资料是1994—1996年度新采集的。采集过程中，对施工方法、施工参数进行了充分论证，并实地进行了大量试验工作，因此原始资料质量普遍较高；在资料处理中，应用了先进的SP2、PC集群和Omega软件，以保真、提高分辨率和信噪比为目的对资料进行了反复处理。从二维水平叠加剖面看，约80%的剖面段信噪比和分辨率较高，特别是控制罗家寨潜伏构造区域的二叠系、飞仙关组波组，反射波特征明显，同相轴连续，为罗家寨潜伏构造的构造解释和储层预测提供了较好的基础资料。但是，罗家寨潜伏构造南侧近温泉井构造主体的部分剖面段，信噪比和分辨率都有不同程度的降低，对构造解释和储层预测有一定影响。同时，由于本区侧面反射严重，不同程度地影响到二维地震资料的偏移归位效果，也必然影响到构造解释和储层预测。

覆盖罗家寨潜伏构造主体的三维资料，是地调处通过科学论证、精心设计、严格施工，在大山区险恶地形条件下实施的全三维山地地震资料采集，原始资料质量高。三维资料应用PC集群系统实现了全三维处理，归位效果好。总体来说，三维资料质量较二维资料有大幅度提高，弥补了部分二维资料质量不尽理想的缺陷，为深入认识、预测鲕滩储层创造了良好条件（图3−3−6）。

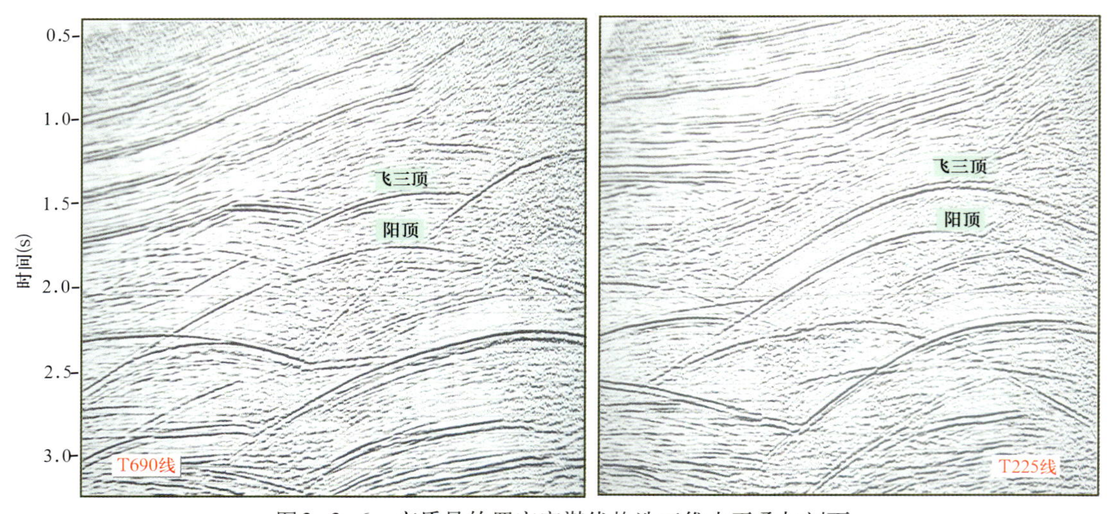


图3−3−6　高质量的罗家寨潜伏构造三维水平叠加剖面

“飞三顶”至“阳顶”间的鲕滩储层反射波分辨率高、同相轴连续、特征明显

对钻探成果和以往地震资料进行分析认为，罗家寨潜伏构造鲕滩储层的勘探主要存在以下需待解决的难点：

（1）以往的二维资料解释，存在断层组合和平面展布的多解性，圈闭不能落实。因此，要进一步落实罗家寨潜伏构造断层展布规律、圈闭的可靠性及与周邻构造的接触关系。

（2）鲕滩储层发育与沉积相、地震相的关系及地质分布规律。

（3）寻找一套预测鲕滩储层分布、储层厚度、储层优劣、气水干层分布和排除预测多解性的有效方法技术。

## 六、主要技术措施及效果

### （一）二维、三维资料相结合，精细解释构造

通过人机联作对三维地震资料进行精细构造解释，并结合三维区之外的二维资料进一步统一解释，合理成图。构造成果较详细地反映了罗家寨潜伏构造目的层段的构造形态、圈闭规模、断层展布特征及与周邻构造的关系（图3–3–7）。

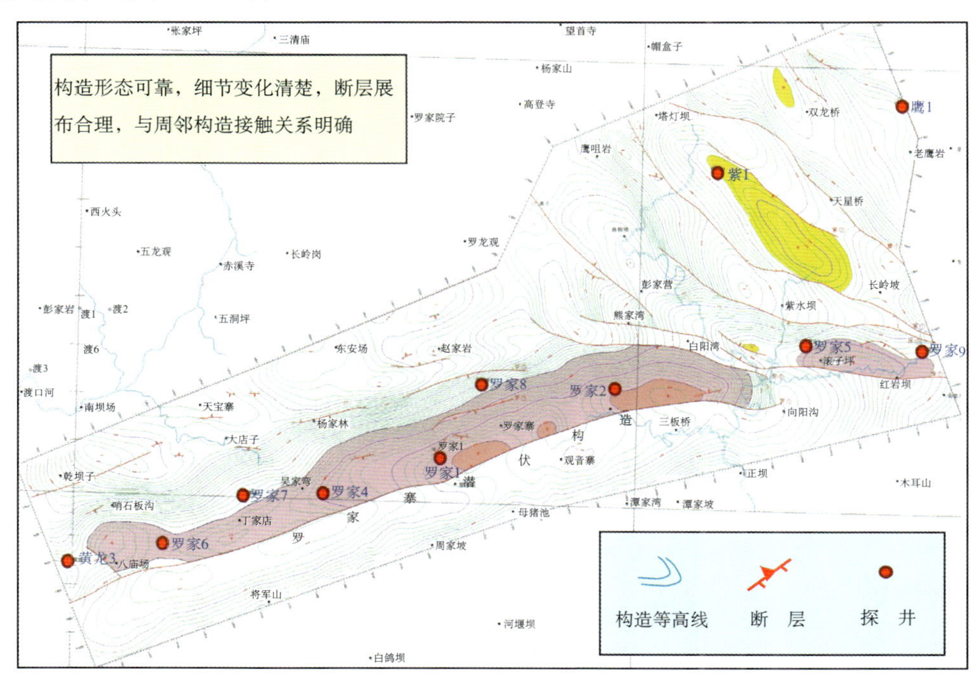

图3–3–7　罗家寨地区“飞三”顶界地震构造图

### （二）鲕滩储层分布预测

#### 1．沉积相、地震相综合分析

在罗家寨潜伏构造及其外围地区，利用地面剖面、钻井、测井、地震资料对川东北部飞仙关期沉积相进行分析，认为飞仙关期碳酸盐台地相（图3–3–8）与飞仙关组中上部的“单强振幅地震相”和“双强振幅地震相”有较好的对应关系，由此指示了根据地震剖面划分地震微相来识别鲕滩储层的可能性。

#### 2．强振幅信息拾取

模型正演和已知井对鲕滩储层的标定表明，在存在鲕滩储层的地震剖面段，都表现为连续强振幅地震相，具有“亮点”响应特征（图3–3–9）。拾取剖面上的“亮点”或对三维数据体拾取储层段强振幅信息，可以描述鲕滩储层的基本分布特征（图3–3–10）。

#### 3．排除膏盐层对鲕滩储层预测的影响

坡1井钻探揭示，部分地区的鲕滩储层中夹有膏盐层，将鲕滩储层分为上、下储层。膏盐层具有强波阻抗特点，其存在会严重影响利用振幅信息预测鲕滩储层的精度。为此，对地震资料进行波阻抗反演，

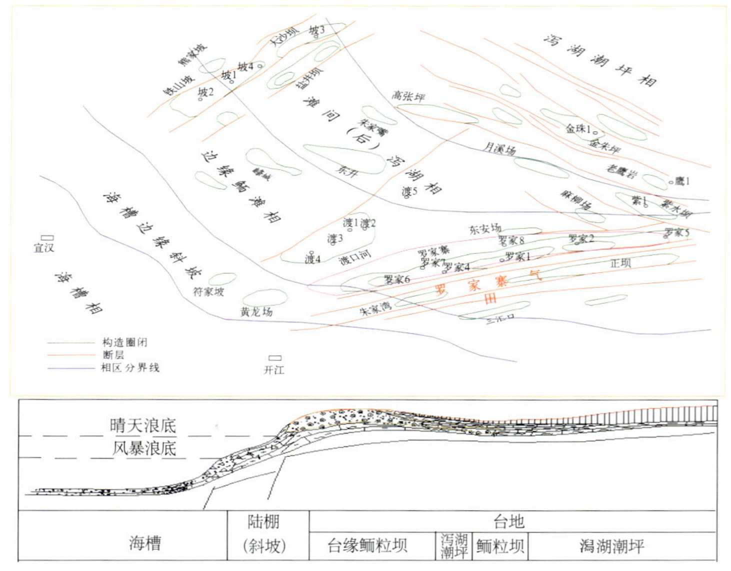


图3-3-8　罗家寨地区沉积相带分布图

罗家寨潜伏构造位于碳酸盐岩台地边缘相区，有利于鲕滩储层发育

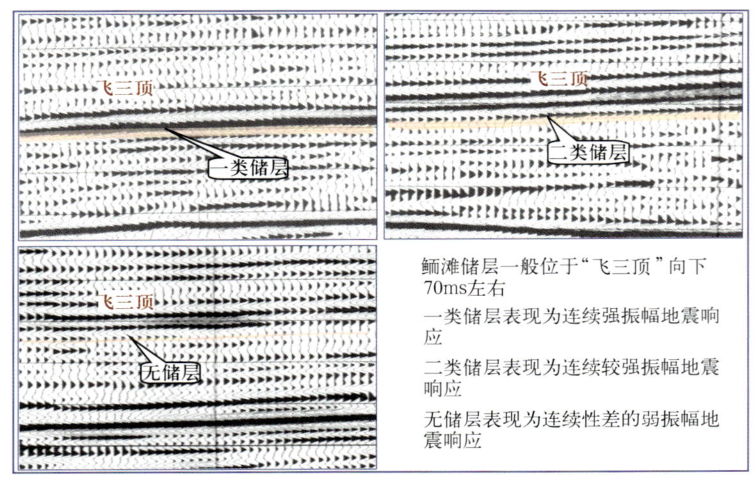


图3-3-9　罗家寨潜伏构造鲕滩储层的“亮点”响应特征

鲕滩储层一般位于“飞三顶”向下70ms左右，一类储层表现为连续强振幅地震响应；二类储层表现为连续较强振幅地震响应；无储层表现为连续性差的弱振幅地震响应

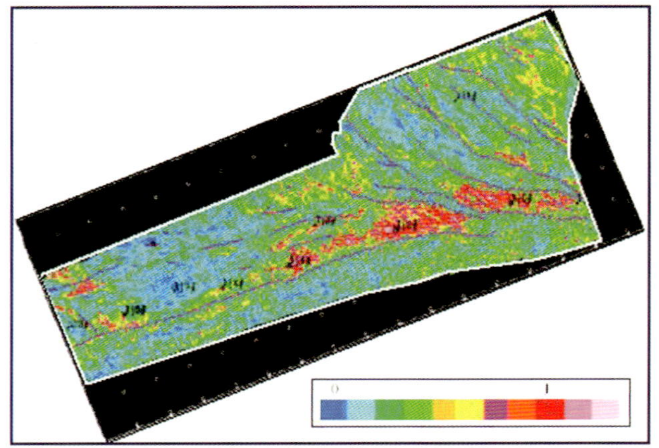

图3-3-10　罗家寨潜伏构造鲕滩储层三维沿层振幅切片

图中红、黄色团块为强或中强振幅区，指示了鲕滩储层相对发育

从鲕滩储层分布预测中剔除反映膏盐层的强反射信息（图3-3-11、图3-3-12）。

## （三）鲕滩储层厚度预测

综合应用Strata和地质统计反演，提取鲕滩储层厚度信息，描述鲕滩储层厚度分布特征（图3-3-13）。

## （四）鲕滩储层优劣预测

根据Strata速度反演结果，提取储层段低速异常信息，预测鲕滩储层的发育程度；通过孔隙度反演，提取相对高孔隙度信息（图3-3-14、图3-3-15），从不同的角度预测鲕滩储层的发育程度。

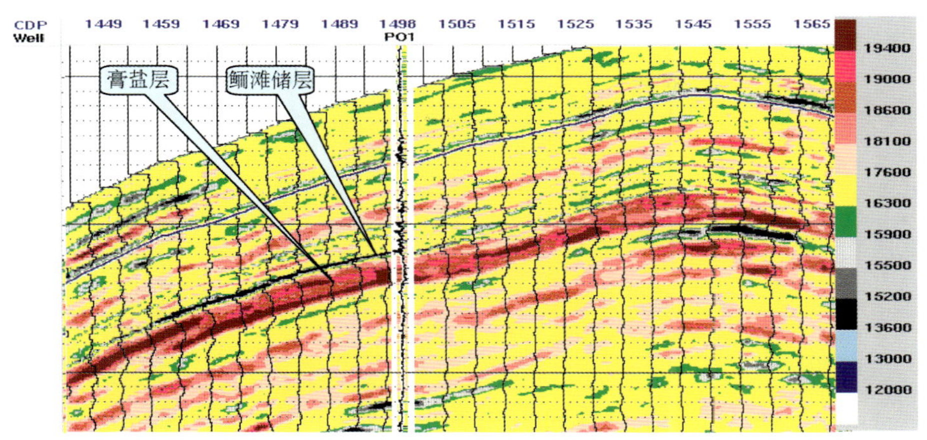


图3-3-11　飞仙关组鲕滩储层段波阻抗反演剖面

在反演剖面中，储层表现为低阻抗特征，膏盐层表现为高阻抗特征

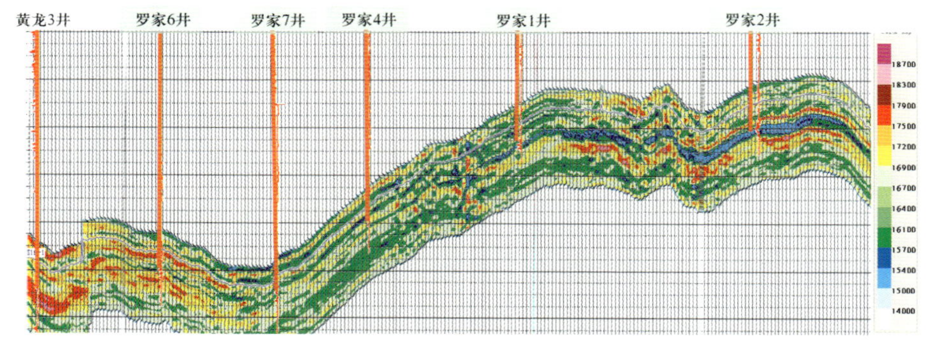


图3-3-12　罗家寨潜伏构造鲕滩储层段连井波阻抗反演剖面

罗家1、罗家2高产气井区段表现为低波阻抗特征，不产气或低产气井区段为中—高波阻抗特征

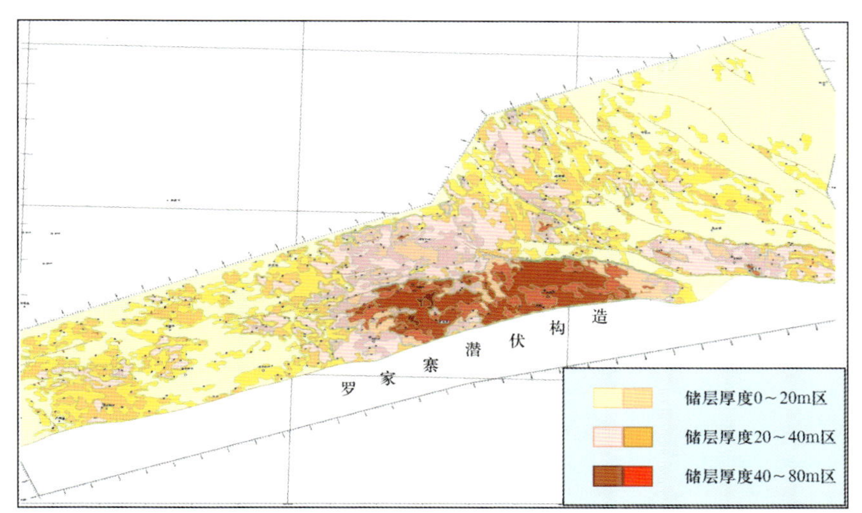


图3-3-13　罗家寨潜伏构造鲕滩储层厚度分布图

应用储层厚度预测成果和孔隙度反演成果进行储能系数计算（图3-3-16），来进一步对鲕滩储层发育区带和高产区带进行描述。

（五）气、水、干层探索预测

应用电阻率反演、沿层频谱分析和AVO技术，探索储层段气、水、干层的分布特征（图3-3-17～

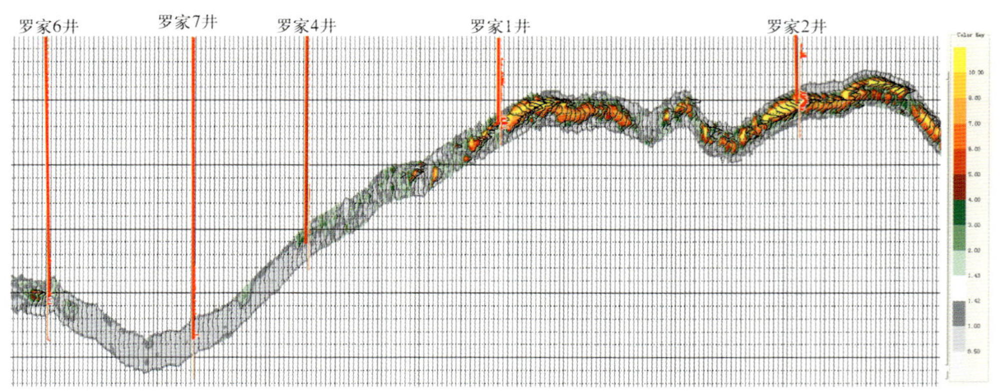


图3-3-14 罗家寨潜伏构造鲕滩储层段连井孔隙度反演剖面段

罗家1、罗家2 高产气井区段表现为5%以上高孔隙度特征，
不产气或低产气井区段表现为3%以下低孔隙度特征

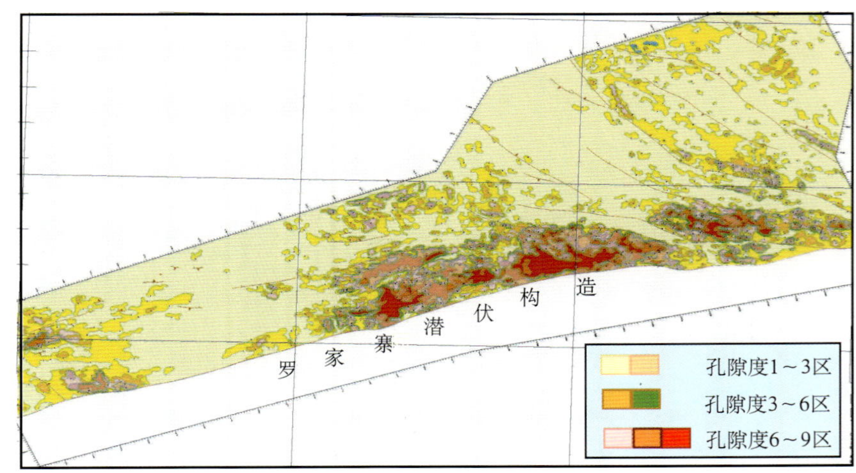


图3-3-15 罗家寨潜伏构造鲕滩储层孔隙度分布图

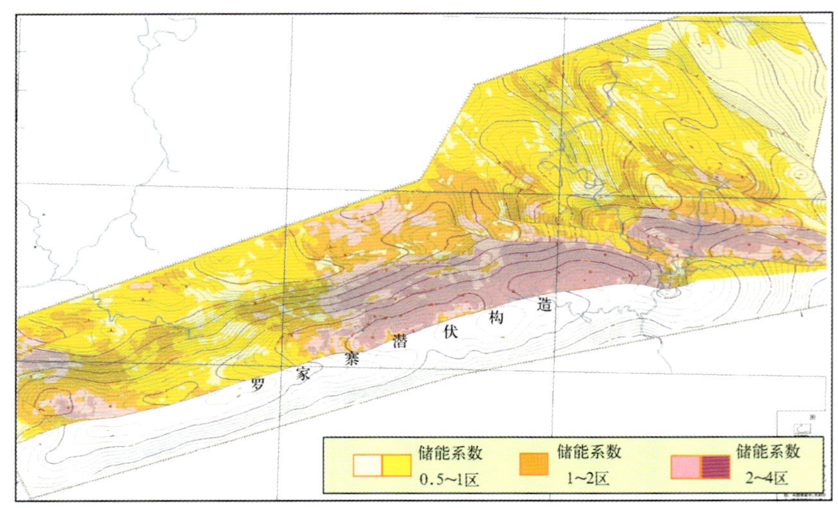


图3-3-16 罗家寨潜伏构造鲕滩储层储能系数分布图

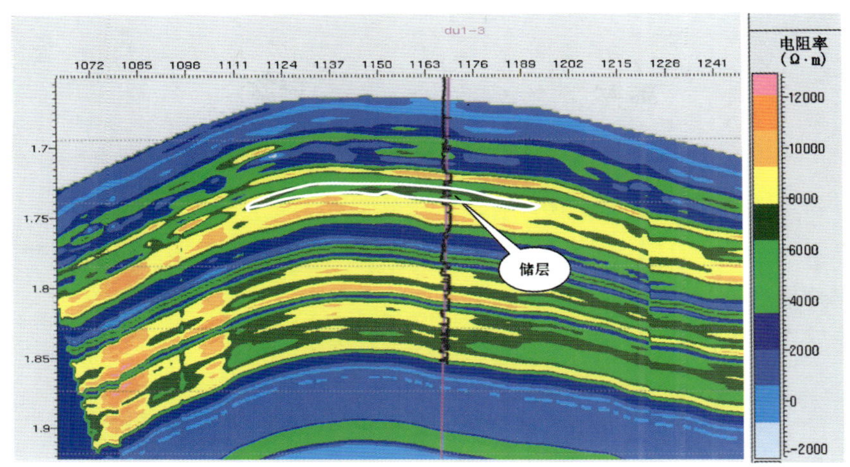


图3-3-17　鲕滩储层电阻率响应特征
鲕滩储层段电阻率表现为中—低值

图 3-3-19)。

## 七、主要地质成果与评价

通过对罗家寨潜伏构造二维、三维资料的精细构造解释，所获构造成果精度高。构造成果经罗家4、罗家6井等4口探井检验，“飞四”底界深度相对误差为1.2%，成果满足了对该构造鲕滩气藏深入勘探开发的要求，同时为该构造外围地区鲕滩气藏的勘探提供了详实的构造依据。

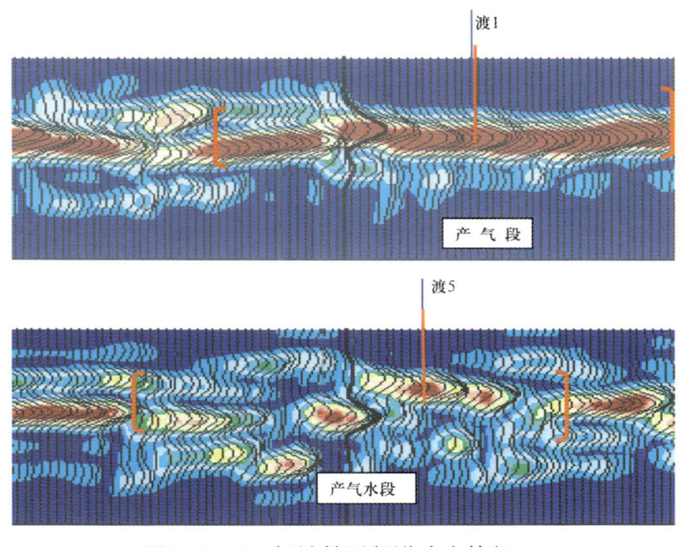


图3-3-18　鲕滩储层频谱响应特征
渡 1 井产气段，频谱集中，峰值高；
渡 5 井产水段，频谱分散，峰值低

通过对罗家寨潜伏构造鲕滩储层的“亮点”识别、排除膏盐层地震异常假象、储层厚度识别、储层发育程度识别及综合预测等一整套从定性到定量的储层预测方法，使储层预测成果更客观地反映了罗家寨潜伏构造及外围地区鲕滩储层的分布特征和变化规律，提高了预测精度。2000年以来，根据二、三维地震成果在该区部署了7口探井，经已完钻的罗家6井等5口井检验，储层预测符合率为100%，获气成功率为80%。特别是罗家6、罗家7井分别获 $30.26\times10^4m^3/d$、$44.96\times10^4m^3/d$ 高产天然气，与预测的储层发育区和储能系数高值区柜吻合。

在探索气、水、干层分布的预测中，预测罗家8井为水区，钻探证实产水，预测见到了初步效果。

通过对罗家寨潜伏构造鲕滩储层的二维、三维地震勘探，预测出该构造及外围地区鲕滩Ⅰ类储层区面积 $32km^2$，Ⅱ类储层区面积 $19.4km^2$。结合钻探成果计算，获天然气预测储量 $925.86\times10^8m^3$，控制储量 $818.23\times10^8m^3$，探明储量 $581.08\times10^8m^3$。

罗家寨三维是地质调查处首次在大山区、高陡复杂构造条件下实现的宽方位三维地震勘探。通过资料采集、处理、解释一体化作业，其成果充分表明三维地震勘探对于解决高陡复杂构造的构造问题和储

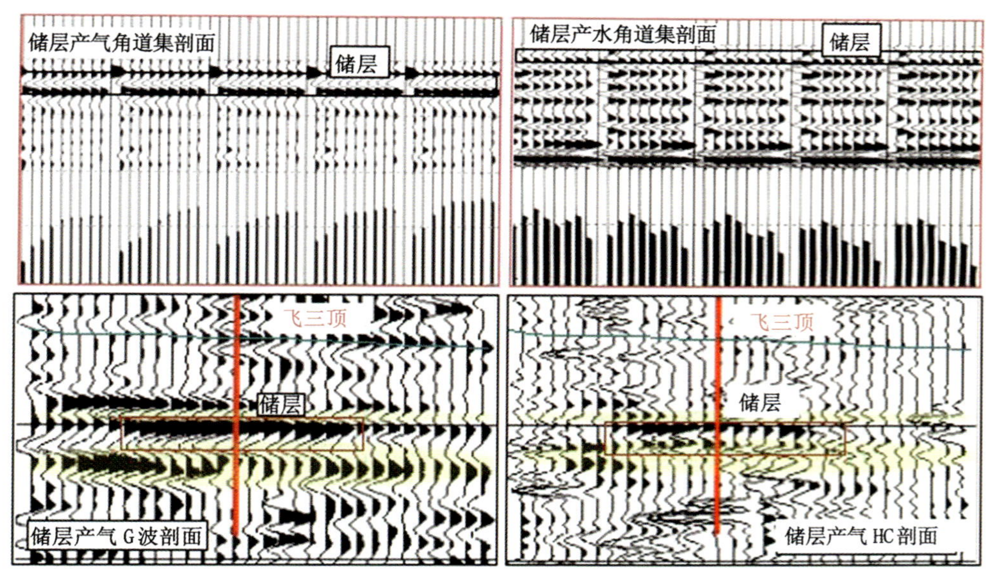


图 3-3-19　鲕滩储层 AVO 响应特征

含气层角道集能量随炮检距的增加而增强；水层角道集能量随炮检距的增加无变化规律

含气层 G 波剖面与 P 波剖面极性一致，HC 剖面为正值

层预测问题具有很大的潜力。从罗家 2 井发现鲕滩储层至今，仅经历了短短几年时间，二维、三维地震和钻探紧密联系的勘探，使罗家寨潜伏构造鲕滩储层高效地进入开发阶段，成为川东地区接替石炭系储层的第一个大型整装气田。扎实的地震勘探工作为罗家寨气田的发现和开发做出了重大贡献。罗家寨潜伏构造的地震勘探方法技术将在川北地区逾 4000km$^2$ 的鲕滩储层勘探区块中发挥更大的作用。

# 第四节　川东大天池—明月峡构造石炭系储层二维地震勘探

1977 年，在川东相国寺构造完钻的相 18 井于石炭系钻获高产天然气流，拉开了石炭系储层勘探序幕。此后在川东高陡构造部署的 10 口石炭系区域探井，均因钻遇陡带而失利，石炭系勘探进程受阻。20 世纪 80 年代后期，在充分论证的基础上，确立了大天池—明月峡构造为石炭系储层勘探的突破口。经过长达 10 年的地震、钻探滚动勘探，大天池—明月峡构造的石炭系储层勘探得以突破。地震工作为川东石炭系气藏勘探开发立了第一功。

## 一、地理位置

大天池—明月峡构造行政区域属四川省开江、大竹县和重庆市梁平、垫江县。地理坐标为北纬 30°10′～31°17′，东经 107°6′～108°14′，面积约 3630km$^2$。该区西距川东重镇达州市约 60km，南距重庆市约 120km（图 3-4-1）。

## 二、区域地质概况

大天池—明月峡构造属川东南中隆高陡构造区明月峡构造带。地面为高梳状线性背斜，走向北东。

构造两翼不对称，东南翼陡，倾角为55°～80°，并有局部倒转；西北翼较缓，倾角为20°～40°。地面构造完整，由天池铺高点和文家坝高点组成。构造东北端在开县兴隆场附近倾没，消失于罗顶寨向斜，西南端与佛耳崖构造正鞍相接；构造西北翼隔罗成寨向斜、大方寺向斜与七里峡、蒲包山、凉水井构造相望，东南翼隔南雅向斜、梁平向斜与南门场、黄泥堂构造遥相对应（图3–4–2）。

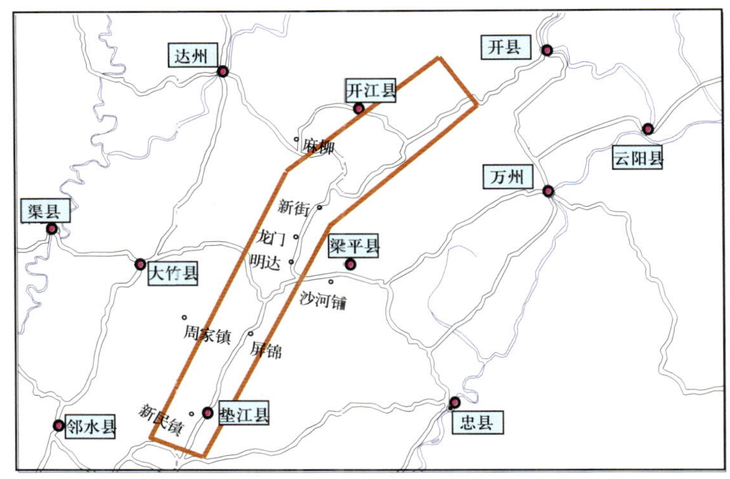


图3–4–1　大天池—明月峡构造地理位置示意图

## 三、地表及人文环境

该区除东北端的临江镇附近为地势较平坦的丘陵区外，其余区域均系中、高山区，地形起伏大，沟谷纵横，切割厉害，竹林遍布，荆棘丛生。地表高度一般为海拔500～600m，但最高处可达海拔1200m左右，低洼沟谷处仅为海拔200m左右，高差很大（图3–4–3）。

该区交通较便利，东部有梁平—开县、梁平—垫江公路贯穿南北，还有开江—梁平、开江—开县、梁平—达州等多条公路横穿构造东西；此外，各区、乡之间简易公路也较发达。

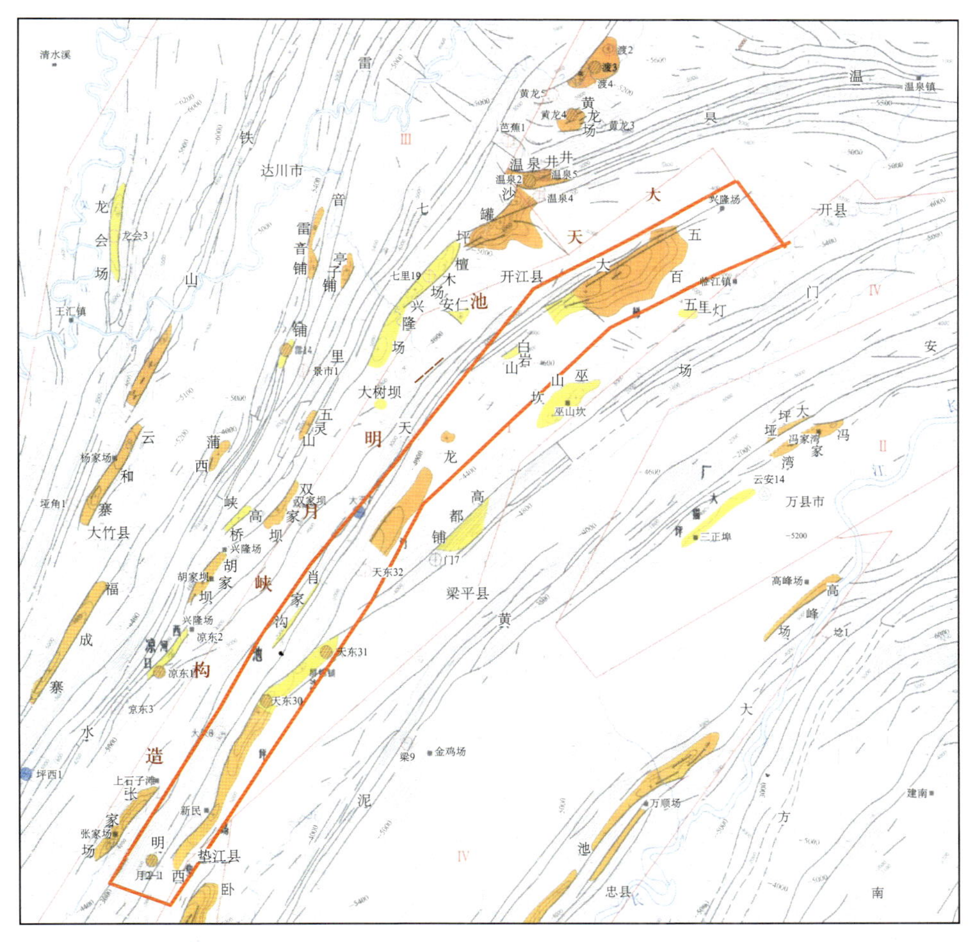


图3–4–2　大天池—明月峡构造区域构造位置示意图

图3-4-3 大大池—明月峡构造地貌掠影

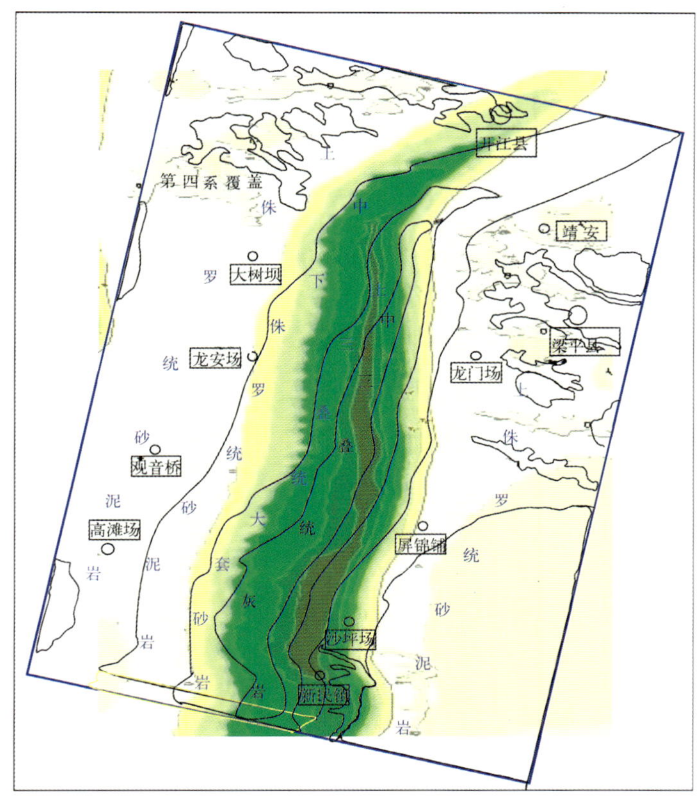


图3-4-4 大天池—明月峡构造地面地质简图

大天池—明月峡地面构造为正地形，构造轴部为高山区，出露地层为中、下三叠统灰岩，对地震波的激发接收十分不利，且施工难度大；构造两翼部及倾没端出露上三叠统大套砂岩和下侏罗统自流井群砂、泥岩，也增加了地震资料的采集难度。构造两侧的向斜区，广泛出露中、上侏罗统砂泥岩，为地震资料采集创造了良好地震地质条件（图3-4-4）。

## 四、勘探程度

地质调查处对大天池—明月峡构造的地震详查始于1987年。1987年至1992年间，地质调查处分别对大天池构造北段、大天池构造东翼、大天池—明月峡构造主体进行了分阶段的数字地震详查，提交了3份成果报告。通过详查，基本查明了中、下三叠统至奥陶系主要目的层构造形态和断层展布情况。

为进一步落实大天池—明月峡构造石炭系构造及储层展布特征，1993—1996年，又对该构造带进行了二维数字地震加密详查或精查。至此，大天池—明月峡构造共有1987年之后采集的多次覆盖地震测线共178条，剖面总长约3370km，覆盖次数为10～15次，测线间距已达到了0.5～1.5km（图3-4-5）。这些资料构成了突破大天池—明月峡构造石炭系勘探的全部地震资料。

1978年，原地质矿产部部署的川61井和四川石油管理局部署的邓1井均因构造或储层问题而失利。1987—1992年，根据这期间的各轮地震成果在大天池—明月峡构造的不同部位完钻了天东1井等22口石炭系探井，其中获工业气井12口，钻探成功率仅为54%。

1993年以后，根据此阶段不断深入的多轮地震勘探成果部署并完钻了天东19井等40口探井、开发井，获工业气井32口，钻探成功率提高到80%。

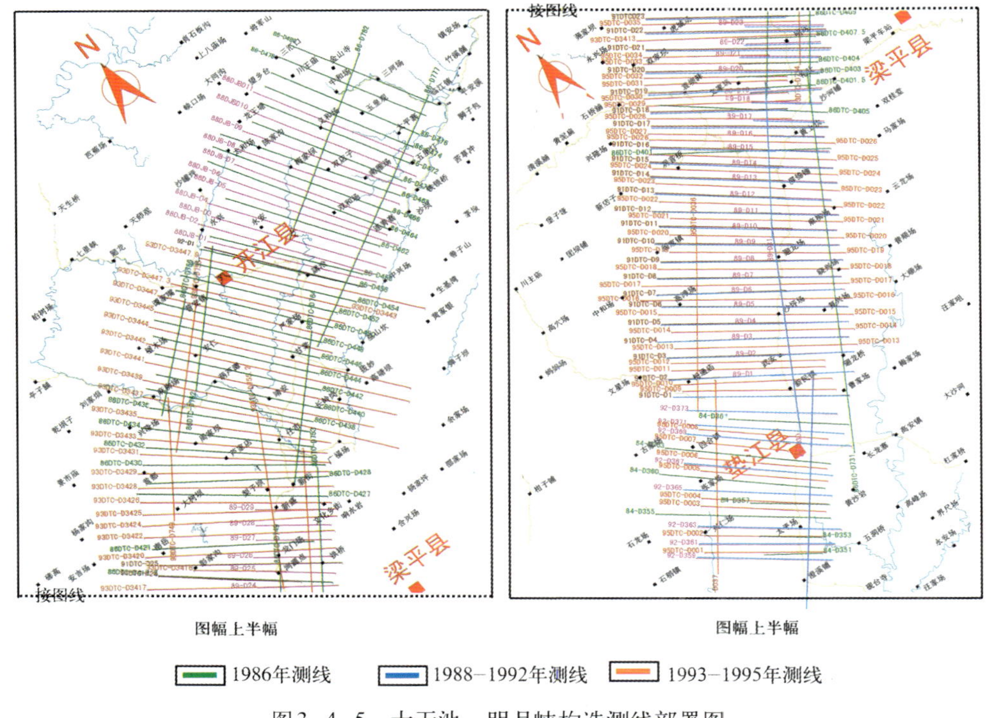


图3－4－5　大天池—明月峡构造测线部署图

## 五、以往物探资料品质与难题

1986年以前，由于受到地震勘探装备、技术和测线距大、覆盖次数低的局限，所获的模拟多次覆盖资料频带窄、信噪比低，构造顶部资料空白区宽，不能解决构造问题。

1987—1996年的10年间，随着地震资料采集、处理设备不断更新，技术不断发展，所获地震资料质量普遍较高。构造主体的石灰岩出露区，资料空白区明显变窄，信噪比有不同程度的提高，地震成像质量也普遍改善。构造主体两翼及向斜区的资料品质有较大幅度的提高，频带较宽，信噪比和纵横向分辨率较高，二叠系—石炭系波组特征清晰。这些资料有利于发现高陡构造两翼大断层下盘潜伏构造、精细描述构造细节和石炭系储层分布特征（图3－4－6）。

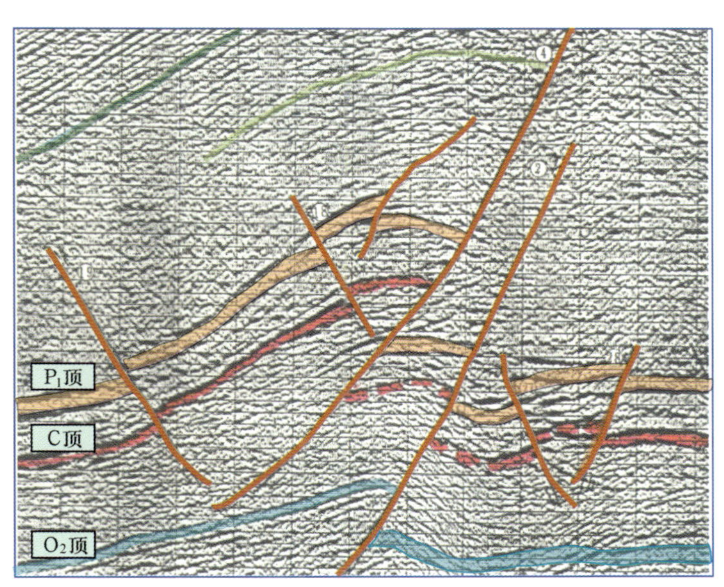


图3－4－6　大天池构造93－3446深度剖面

综合分析以往地震资料、地震和钻探成果认为，大天池—明月峡构造的石炭系储层地震勘探应主要解决以下方面问题：

（1）大天池—明月峡构造主体、陡前带和缓前带的部分地震资料分辨率和信噪比不够高，偏移效果较差，应进一步改善其质量，以满足构造、储层解释的需要。

（2）构造解释未能充分、客观描述地腹构造形态、构造细节变化和断层展布特征。特别是未能充分反映构造主体两侧大断层下盘隐伏构造的圈闭规模和高点位置。

（3）川东石炭系厚度变化剧烈（0～80m），且存在随机的石炭系缺失窗。要寻找一套识别石炭系有无、厚薄变化的方法技术。

（4）寻找石炭系储层优劣变化的预测方法，预测石炭系储层发育程度的分布特征。

（5）寻找石炭系裂缝－孔隙型储层的裂缝发育程度的预测方法。

## 六、主要技术措施及效果

针对所要解决的问题，该区的地震勘探主要采取了以下技术措施：

（1）以提高信噪比和分辨率为目的，对地震资料进行反复精细处理，进一步改善了叠加和偏移成像质量（图3－4－7）。同时，对部分资料进行高分辨率处理，增强了对半个相位以下小断层的识别能力（图3－4－8）。

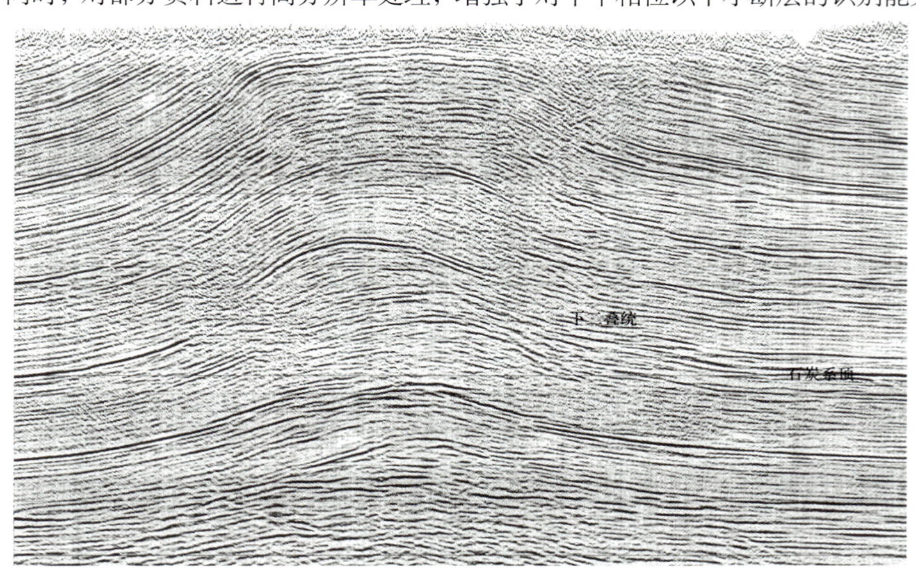


图3－4－7　大天池构造北段91－D1偏移剖面

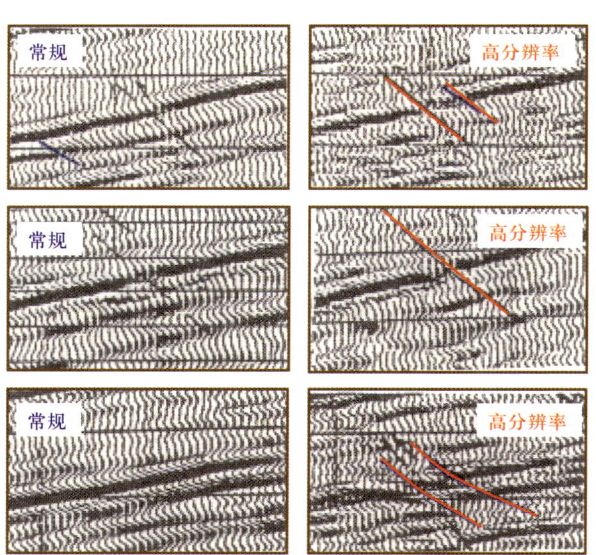


图3－4－8　常规偏移剖面与高分辨率剖面对比图
在高分辨率处理的剖面上小断层更多、更清楚

（2）通过建立构造模式、速度结构分析、构造综合解释和变层速度时深转换成图四个方面相结合，提高构造解释可信度和精度。

①以构造模式指导解释。地质、钻井、地震相结合，总结出川东高陡构造不同构造带、不同构造部位的16种构造模式（图3－4－9），有效指导了大天池—明月峡构造形态的合理解释。

②充分认识中三叠统雷口坡组中、下部和下三叠统嘉陵江组中、上部高速和易“柔流”特殊地层的地震陷阱对下伏石炭系构造形态的影响。

③“穿鞋戴帽系领带”综合解释。地震剖面解释结果、地面构造成果与钻井成果有机结合，进行剖面综合解释，提高复杂构造主体的解释可靠性（图3－4－10）。

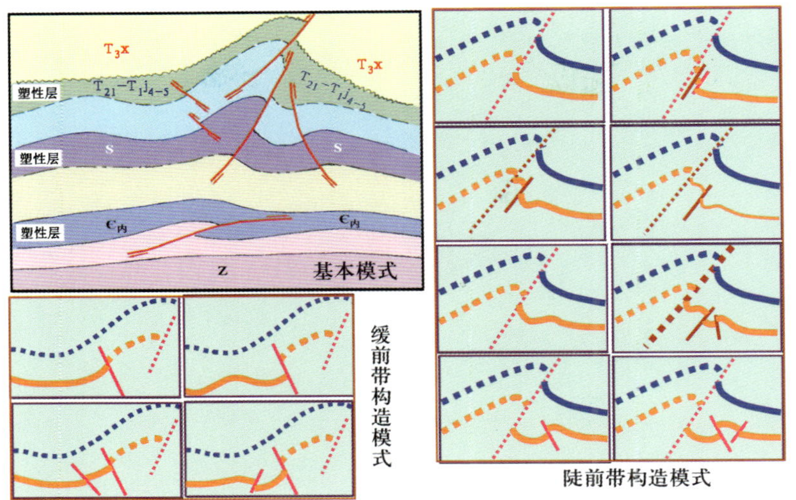


图 3-4-9 川东高陡复杂构造模式图（部分）

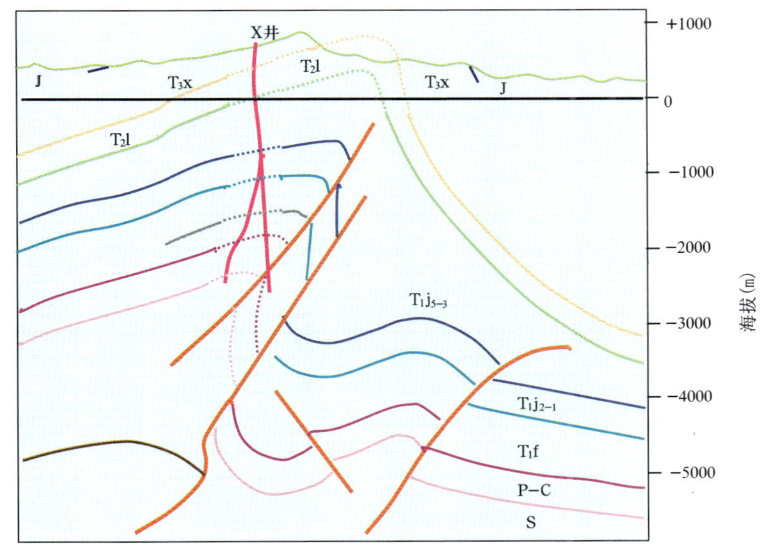


图 3-4-10 地震、地面地质、钻井综合解释剖面图

图中实线部分为地震资料解释结果，虚线部分为钻井或依据地面出露地层解释结果

④在偏移剖面基础上合理选择速度控制层，尽可能充分考虑柔性高速层次生厚度变化所引起的反射时差变化，综合建立空间速度场，进行纵、横向变层速度时深转换成图，消除高速层次生厚度变化对下伏层构造形态的影响，提高构造解释精度（图 3-4-11）。

（3）用微地震相分析、时差反算、速度剖面厚度换算等方法预测石炭系厚度。

①模型正演和实钻石炭系厚度在高分辨剖面上的标定相结合，进行石炭系微地震相分析，基本划分出石炭系缺失区、0～10m 区、10～30m 区和 30m 以上区的分布特征（图 3-4-12）。

②对石炭系大于调谐厚度的区域，拾取代表石炭系顶界强波峰到代表石炭系底界的下邻强波谷之间时差，应用已掌握的石炭系层速度进行厚度反算，进一步确定大于调诸厚度区域的石炭系分布特征。

③石炭系在速度剖面上表现为高速条带，其宽窄变化很大程度反映了石炭系厚度变化。沿石炭系层位拾取Strata反演速度剖面上大于某个速度级差的高速条带时差进行厚度转换，预测石炭系有无和厚薄变化。

将上述三种预测结果进行综合，实现了对石炭系厚度的预测（图 3-4-13）。这种结果进一步克服了

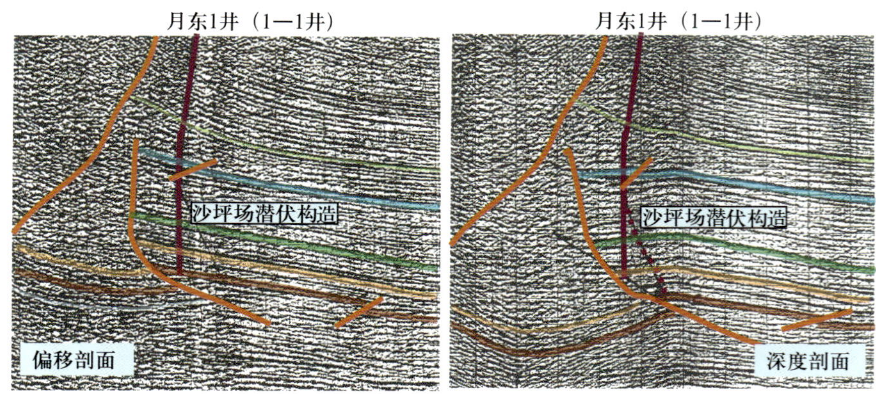


图3－4－11　过YD1井偏移、深度剖面对比图

构造未落实，月东1井未钻遇石炭系而进入陡带；构造落实后，月东1－1井侧钻中高点，获高产气流

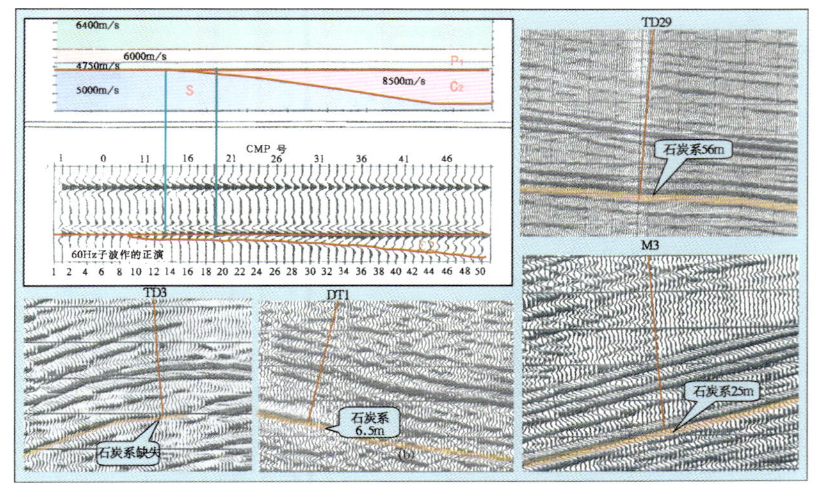


图3－4－12　石炭系模型正演及厚度识别模式

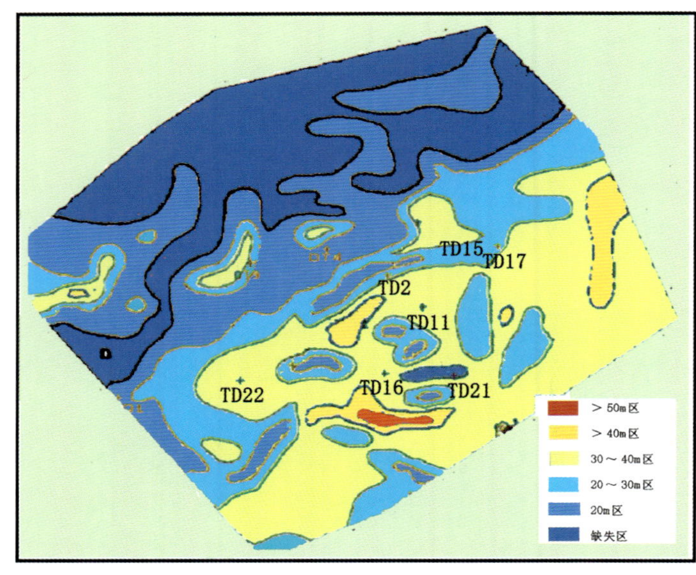


图3－4－13　五百梯构造石炭系厚度预测图

某种单一方法预测的局限性，有利于提高预测精度。

（4）石炭系储层发育程度预测。

①在石炭系存在的剖面段内沿石炭系层位拾取Strata速度剖面上的低速异常，来描述石炭系储层高孔区段的分布状况（图3－4－14）。

②裂缝的发育程度是石炭系储层获得高产、大储量的重要因素。采用构造曲率分析、高分辨率地震剖面上的小断层解释、分形分维裂缝识别相结合的方法，从构造受力的角度描述石炭系裂缝分布特征（图3－4－15）。

③低速异常预测成果与裂缝发育程度预测成果相结合，对石炭系储层发育程度进行综合预测，进一步确定石炭系储层发育有利区带，为优选钻探目标提供更充分的依据（图3－4－16）。

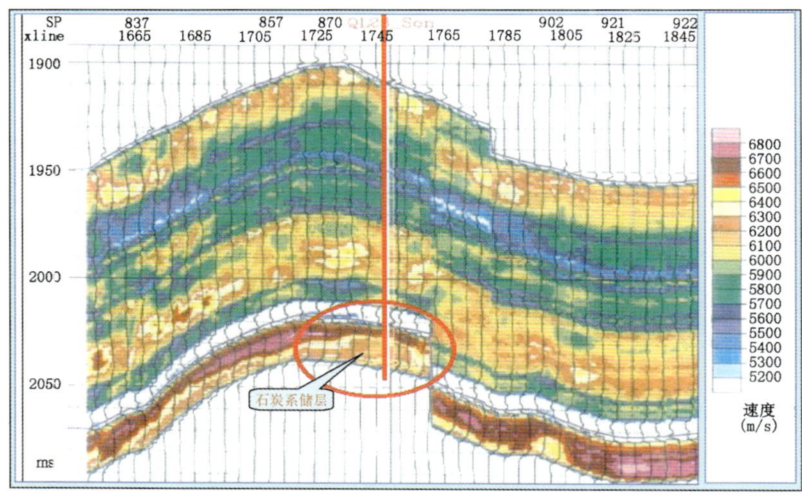


图3-4-14　大天池构造速度反演剖面

石炭系表现为高速条带（红、黄色），其中速度降低的部分（黄色）为储层发育的响应

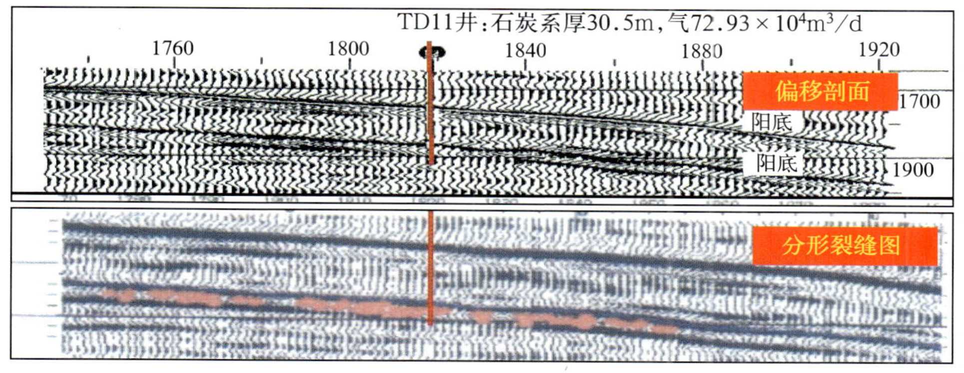


图3-4-15　五百梯构造过TD11井分形裂缝预测剖面段

下图为分形剖面，红色团块指示了石炭系储层裂缝相对发育

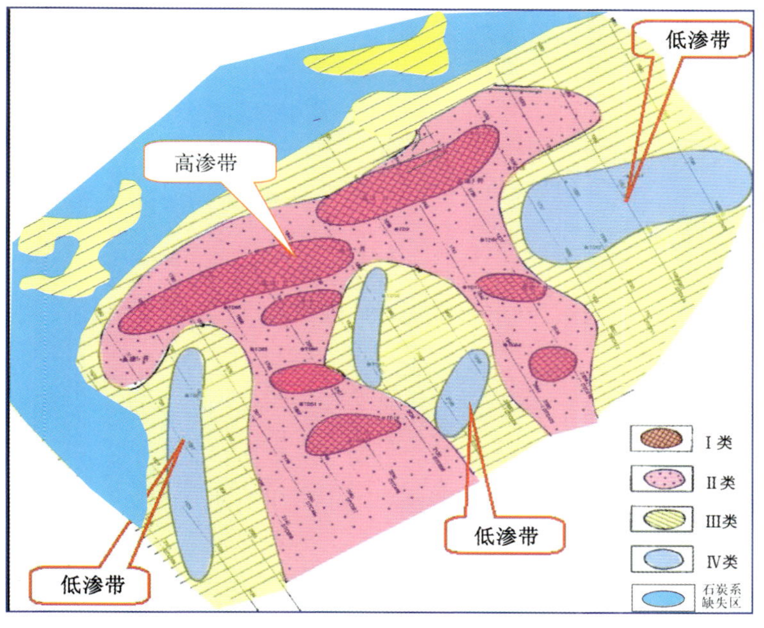


图3-4-16　五百梯构造石炭系储层综合预测图

## 七、主要地质成果与评价

（1）取得了丰富的石炭系构造成果和储层预测成果。

查明构造主体天池铺等高点5个，圈闭面积共约40km²，发现和查明构造主体两侧大断层下盘潜伏背斜圈闭9个，圈闭面积共约240km²（图3−4−17）。

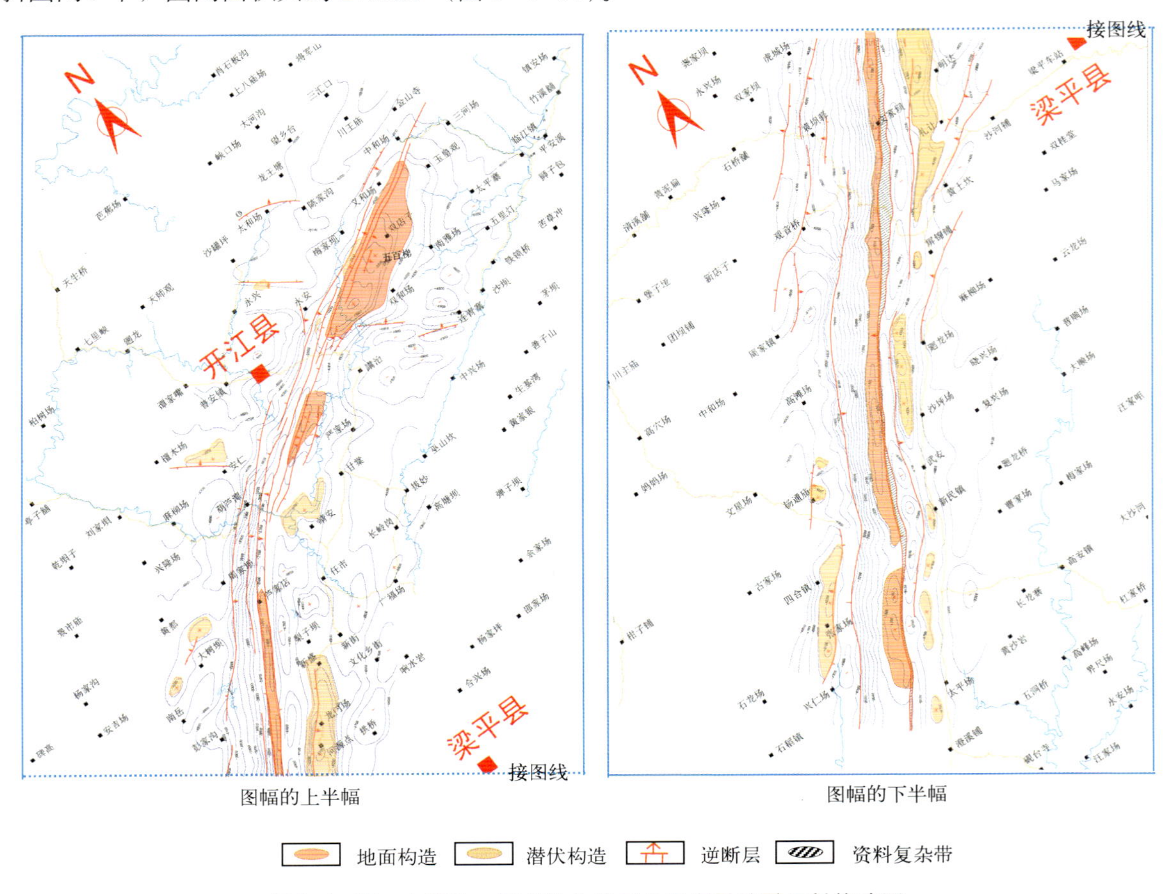


图3−4−17　大天池—明月峡构造二叠系底界地震反射构造图

结合石炭系厚度预测成果，发现石炭系构造—地层复合圈闭3个，圈闭面积共约120km²。预测出大天池—明月峡构造石炭系分布面积约1200km²，其中Ⅰ类储层区分布面积约420km²，Ⅱ类储层区分布面积约780km²（图3−4−18）。

（2）构造和储层成果可信度大、精度高。

构造成果经1986年以来的约62口探井和开发井检验，石炭系顶界深度相对误差小于3%的井为57口，符合率从以前的不足60%提高到90%以上。

储层预测成果经1992年以来的40口探井和开发井检验，石炭系厚度预测符合率达82%，储层发育程度预测符合率达79%，获气成功率从以往的54%提高到80%。

（3）为寻找大中型气田和储量升级做出了重大贡献。

经过对大天池—明月峡构造历时10余年的地震、钻探相结合的勘探，已获五百梯、沙坪场等3个气田，白岩山、千峰场等6个含气圈闭；到2002年底为止，四川盆地东部已获石炭系天然气预测储量154.8 × $10^8$m³，控制储量380.4 × $10^8$m³，探明储量2537.2 × $10^8$m³。其中大天池－明月峡构造已成为川东石炭系气藏开发的最大气区，同时也是最早进入开发阶段的气区之一。

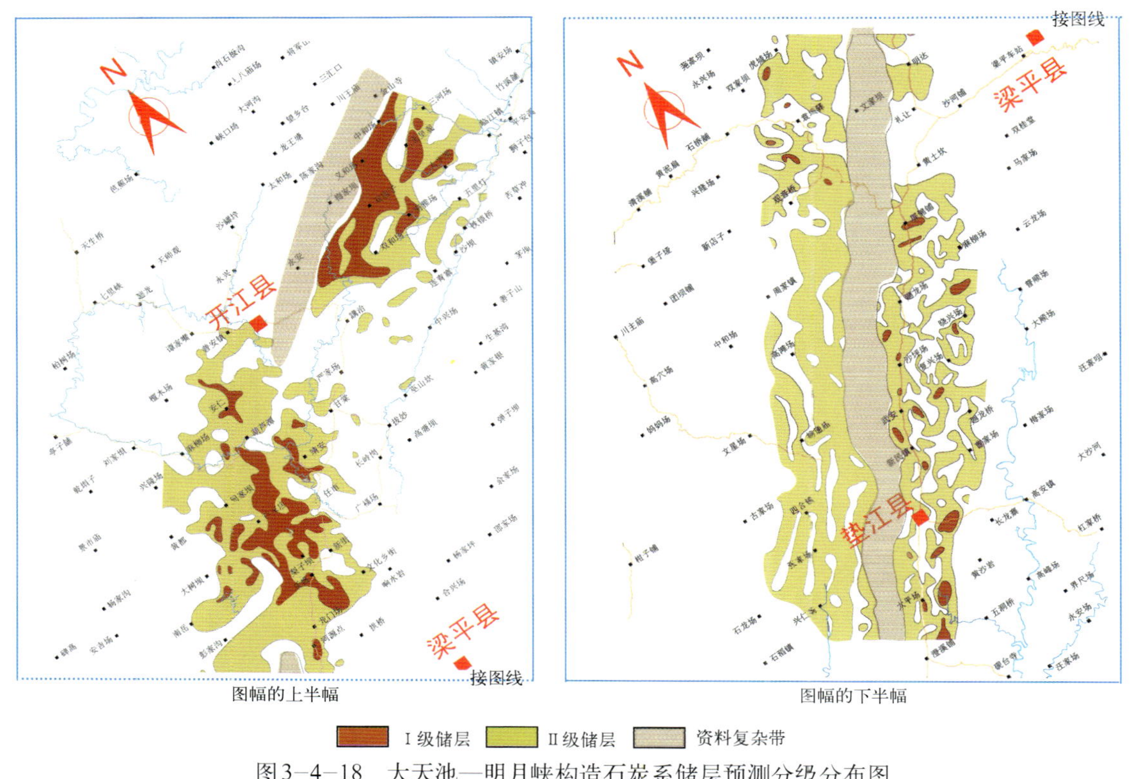

图3-4-18　大天池—明月峡构造石炭系储层预测分级分布图

（4）川东地区有10余排高陡构造带，其两翼大断层下盘均不同程度地存在潜伏“高带”和潜伏背斜圈闭，这些圈闭是寻找石炭系气藏的最主要领域。充分考虑柔性高速层影响情况下的纵横向变层速度时深转换成图方法，不仅在大天池—明月峡构造的地震勘探中发挥了很大作用，也为发现和查明川东地区其余构造带的潜伏圈闭起到了重要作用。

（5）通过对大天池—明月峡构造石炭系储层的成功地震预测，总结出了一套石炭系储层预测方法，并成功地推广应用于其构造带的勘探，为加快川东地区石炭系气藏的开发起到了决定性的作用（图3-4-19）。

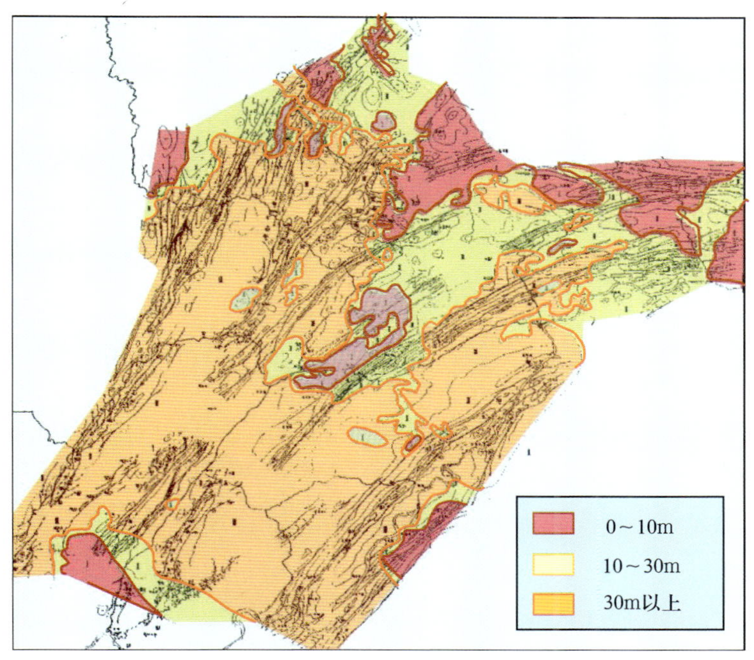

图3-4-19　四川盆地东部地区石炭系分布预测图

# 第五节 川南麻柳场构造碳酸盐岩薄储层预测

麻柳场构造的钻探始于1975年，位于构造主高点附近的麻1井因钻探效果很差，曾一度停止了对麻柳场构造的进一步勘探。1997年对麻柳场构造进行测线距为0.8～1.5km的10次覆盖数字地震详查。根据新提供的地震构造成果和嘉陵江组储层预测成果，1999年先后部署钻探了麻2井、麻3井，分别在嘉陵江组嘉四$^3$段及嘉二段获得了高产工业气流。之后在此基础上，通过地震、钻探相结合，滚动跟踪研究嘉陵江组储层，至2003年6月，麻柳场构造共完钻探井12口，获气井9口，钻探成功率为75%，其中百万方级大气井3口，且麻14井井口无阻流量超过600 × $10^4m^3/d$。

## 一、地理位置

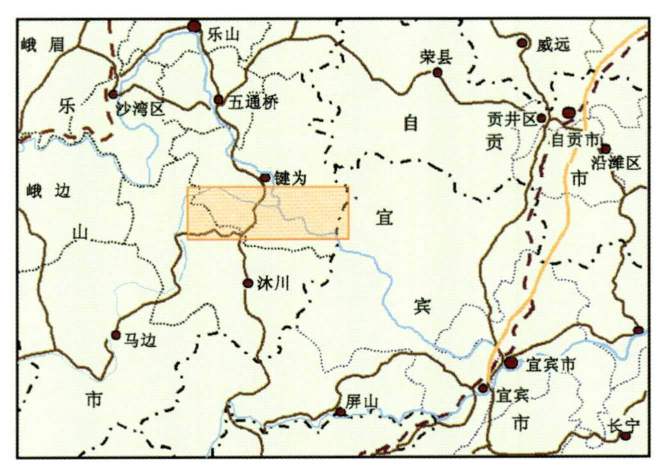


图3-5-1 麻柳场构造地理位置示意图

麻柳场构造是近几年地震、钻井相结合对嘉陵江组储层滚动勘探而发现的气田。该构造位于四川省荣县、键为、宜宾、沐川四县境，构造主体部位在键为县境内（图3-5-1）。地理坐标为北纬29°2′～29°7′、东经103°54′～104°6′。该区向西北距乐山市区约60km，向东南距宜宾市区约70km，向东北距自贡市约80km。

## 二、区域地质概况

麻柳场构造区域构造位置属四川盆地川东南中隆高陡构造区，横跨自流井构造群和天宫堂构造群。构造北部为威远构造带，南隔中林场—炭库向斜与天宫堂构造相望，东为观音场构造，西侧紧邻大窝顶、五指山构造（图3-5-2）。

麻柳场构造地面为完整的短轴状背斜构造，地层出露由西向东变新，构造轴部出露中侏罗统沙溪庙组，向斜地区出露白垩系。构造轴线由东西向转为北东向，向东南方向突出呈弧形。构造两翼不对称，西段为南翼陡、北翼缓，东段转换为南翼缓、北翼陡。该构造圈闭面积约90km$^2$（图3-5-3）。

## 三、地表及人文环境

麻柳场构造总体为丘陵地形，西南部为高山区，山势走向与地面构造走向一致，地形相对高差一般在200m以内。全区地表覆盖侏罗系和白垩系砂泥岩，激发接收条件好，有利于地震资料采集。岷江斜贯本区，支流发育。区内场镇较多，居民密集，均以农为业，但因经济发展缓慢，交通欠发达，仅两条主要公路和部分机耕道可利用（图3-5-4）。这些因素给地震勘探带来一定难度。

## 四、勘探程度

1982以前，仅对麻柳杨构造及周边地区进行过区域地质调查和单次观测地震详查。

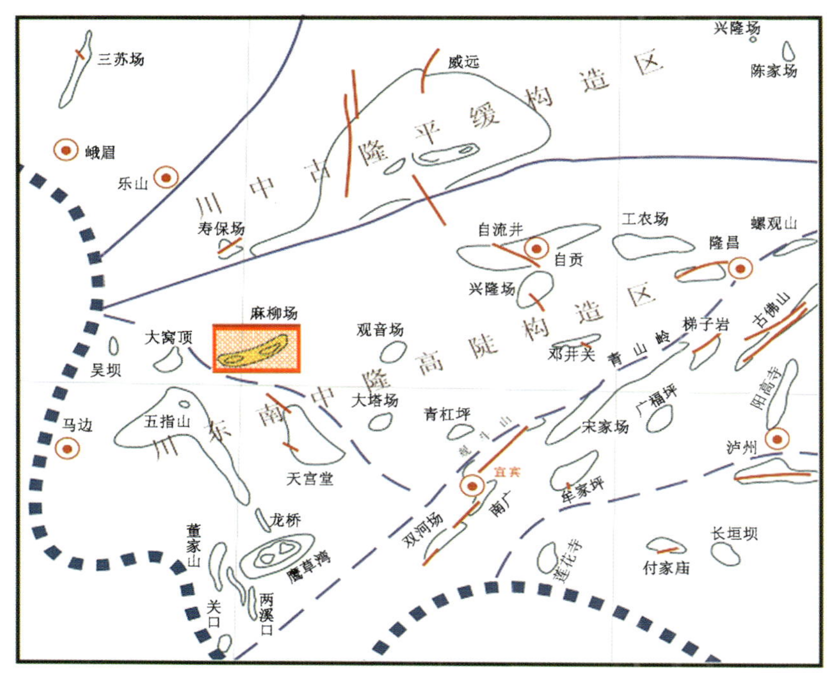


图3-5-2　麻柳场构造区域构造位置示意图

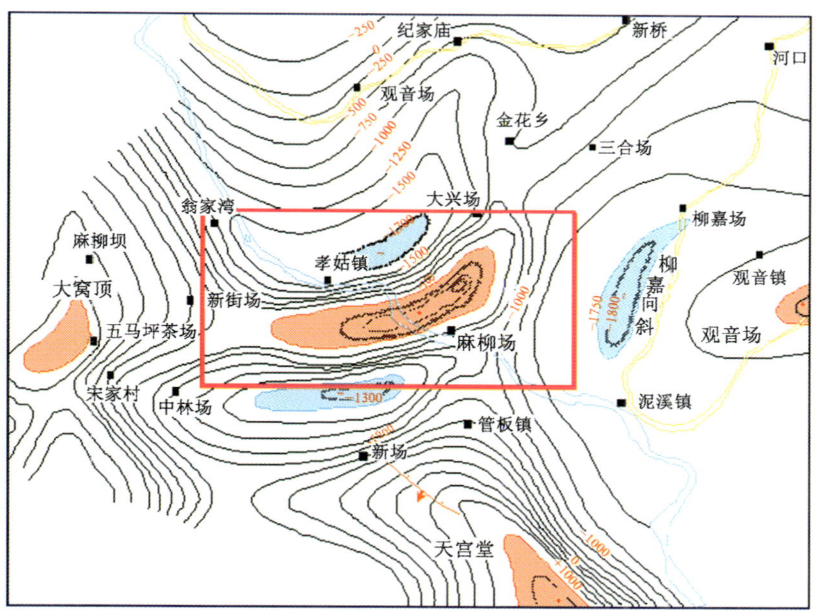


图3-5-3　麻柳场构造地面构造图

1997年，地质调查处对麻柳场构造进行测线距为0.8～1.5km的10次覆盖数字地震详查；2000年，又在麻柳场构造西端增布了4条10次覆盖测线。本范例所涉及的二维地震测线共32条，剖面总长480.645km（图3-5-5）。通过地震详查，查明了麻柳场构造的地腹构造形态、圈闭规模及断层展布特征，落实了麻柳场构造与大窝顶构造间的接触关系，为跟踪研究麻柳场构造下三叠统嘉陵江组储层提供了良好的地震基础资料。

麻柳场构造的钻探始于1975年。位于麻柳场构造主高点附近的麻1井，以阳新统为目的层完钻，该井在嘉四$^1$—嘉三段测试仅产微量气，因钻探效果很差，曾一度停止了对麻柳场构造的进一步勘探。

1999年，根据新提供的地震构造成果和嘉陵江组储层预测成果先后部署钻探了麻2井、麻3井，分

图3-5-4　麻柳场地区自然地理缩影

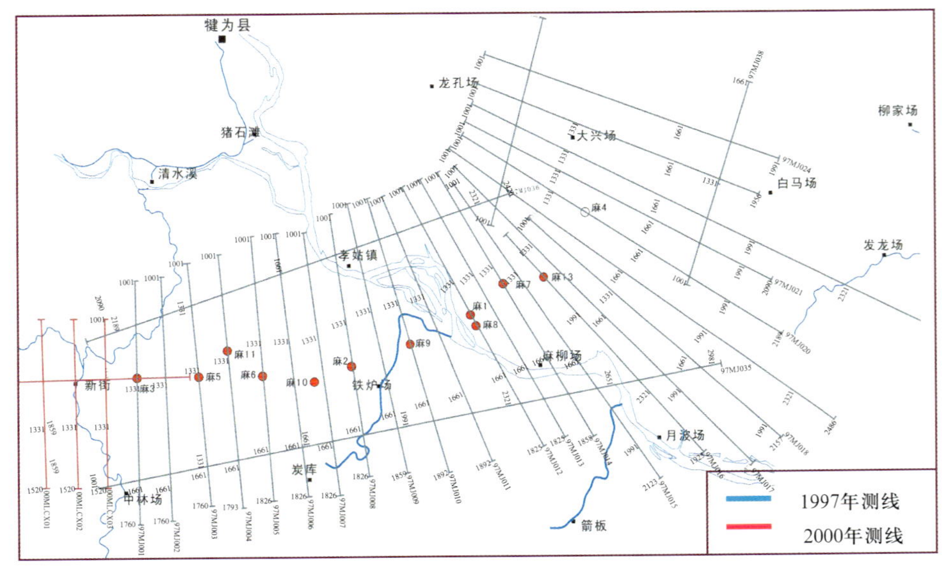


图3-5-5　麻柳场构造二维地震测线分布图

别在嘉陵江组嘉四$^3$段及嘉二段获得了高产工业气流。两口井的钻探成功，展示了麻柳场构造下三叠统嘉陵江组良好的油气勘探潜力。由此拉开了地震、钻探相结合，滚动跟踪研究嘉陵江组储层的序幕。

在1999年麻2井、麻3井钻探成果的基础上，地调处又针对嘉陵江组储层开展了三轮认识和评价工作。至2003年6月，麻柳场构造共完钻以嘉陵江组为目的层的探井12口，获气井9口，钻探成功率为75%，其中百万方级大气井3口，且麻14井井口无阻流量超过600 × $10^4m^3/d$。

## 五、以往地震资料品质与难题

(1) 1982年之前在麻柳场构造开展的地震详查工作，均是单次模拟资料，资料质量差，不能进行反复处理和实现地震信息的准确归位。因此不能满足嘉陵江组构造形态解释和储层预测的要求。

(2) 1997年和2000年对麻柳场构造所进行的数字多次覆盖详查和补充详查，由于资料采集设备和技术的进步，野外施工质量控制严格，因而所获得的地震反射资料质量普遍较好，为精确描述麻柳场构造形态和储层分布预测奠定了良好基础。但由于受资料处理解释装备和技术的限制，1998年处理的地震剖面在浅层、过江段以及构造陡缓转折部位效果较差，这些资料给描述麻柳场构造形态的细节变化和断层的合理组合带来一定影响，也给嘉陵江组薄储层的地震预测造成了困难。

（3）1999年以前仅有麻1井的钻井成果，嘉陵江组储层的标定和储层模式的建立受到了限制。

（4）碳酸盐岩薄储层预测是地震勘探技术中一直存在的难点，目前还未形成一套有效的储层预测方法技术。

分析以往的地震资料及成果，认为有以下主要问题需待解决：

（1）落实嘉陵江组圈闭规模及构造细节变化。

（2）由于嘉陵江组碳酸盐岩储层存在纵向上发育层段多、单个储层厚度薄、非均质性强及间夹膏盐层对储层预测影响大等特点，需拟定合理的储层预测研究思路，选择针对性的储层预测技术。

（3）如何及时、充分应用钻井、测井资料，不断深化对储层认识。

（4）寻找高产区带和钻探目标。

## 六、主要技术措施及效果

（1）以嘉陵江组为主要目标，以提高地震资料信噪比、分辨率和保真度为目的，对麻柳场构造地震资料进行精细常规处理。经重新处理的地震剖面质量较以往结果有明显提高（图3-5-6），为构造精细解释和嘉陵江组储层地震预测奠定了坚实基础。

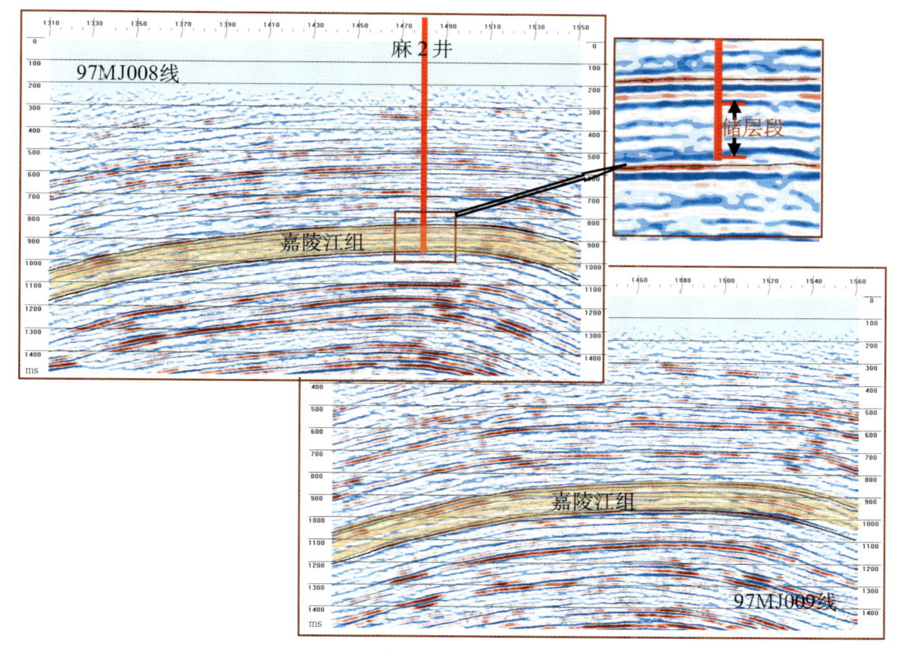


图3-5-6　麻柳场构造地震偏移时间剖面

麻柳场构造地震资料品质好，分辨率和信噪比高，同相轴连续，地质构造现象反映清晰，有利于构造解释和储层预测

（2）根据已有的钻井、测井资料及地质综合研究成果，深入分析嘉陵江组储层基本特征，加强对嘉陵江组的地质基础认识，了解储层的基本地质特征和分布规律，地震资料处理和解释密切相结合，建立符合该区实际的地质模型。

（3）通过开展对储层的多种地震反演和属性参数提取试验，分析认为Strata有井约束反演能较清晰地反映嘉陵江组薄储层的纵、横向变化特征。因此，根据不同勘探阶段的不同地质任务需要，选择了以Strata有井约束速度反演为主的储层预测技术（图3-5-7、图3-5-8）。

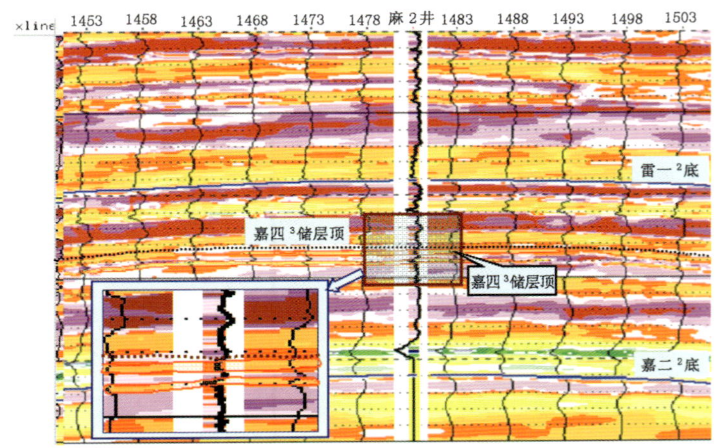


图3-5-7　过麻2井的速度反演剖面

图中嘉四³储层表现为5450～5700m/s（橙黄色）的相对低速特征，间夹的膏盐层表现为大于6000m/s的高速特征

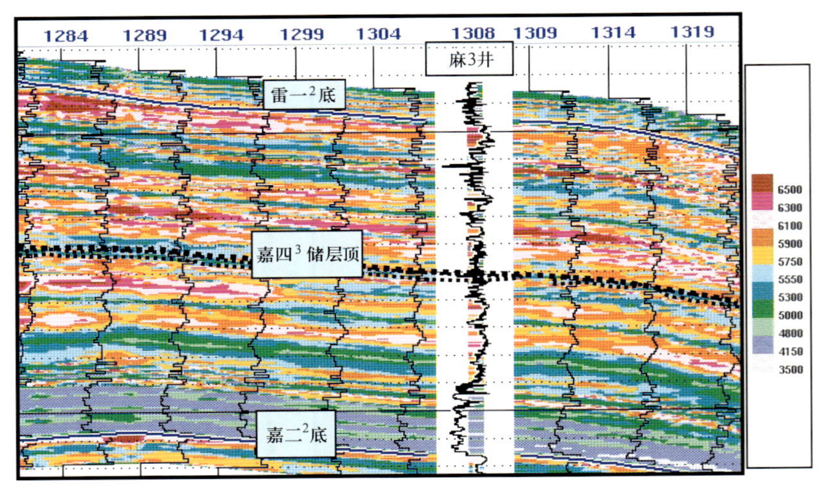


图3-5-8　过麻3井的速度反演剖面

图中嘉四³储层表现为5300～5750m/s（蓝色）的相对低速特征，间夹的膏盐层表现为大于5750m/s的高速特征

（4）钻探与地震勘探紧密结合，进行四轮滚动跟踪研究，逐步丰富麻柳场构造嘉陵江组储层预测内容，不断提高储层地震预测的精度。

1998—2000年的第一轮工作，应用了麻1井钻探成果准确标定地质层位和进行构造解释，基本上落实了嘉二²底界的构造形态和断层展布特征；以麻2井为约束条件对该区地震资料进行Strata速度反演，用储层段微地震相分析和提取低速异常相结合的方法完成了对嘉二³储层的地震预测（图3-5-9）。依据本轮构造成果钻探的麻2井在嘉三²—嘉二²段获天然气10.27 × $10^4m^3/d$，麻3井分别在嘉四³和嘉二³段测试获气16.6 × $10^4m^3/d$和14.7 × $10^4m^3/d$。

2001年的第二轮工作，增加麻3井为约束条件进行Strata速度反演，进一步提高了嘉四³、嘉四¹—嘉三储层预测的可信度（图3-5-10）。根据本轮成果完钻的探边井（麻4井）因未彻底试油，仅产微量气。

同年开展的第三轮工作，Strata速度反演又增加麻4井为约束条件，所完成的嘉四³、嘉四¹、嘉二³储

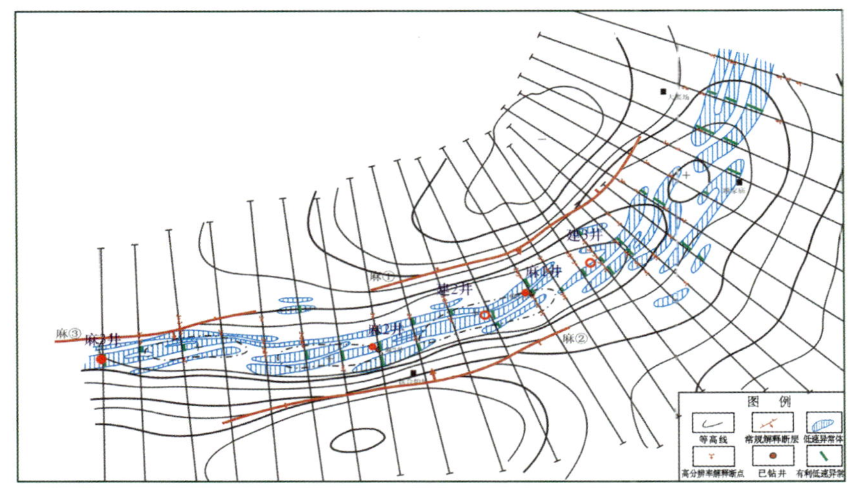


图 3–5–9　麻柳场构造嘉二$^3$储层地震预测图（第一轮）

依据本轮储层预测成果完钻的麻 3 井分别在嘉四$^3$和嘉二$^3$段测试获气 $16.6 \times 10^4 m^3/d$、$14.7 \times 10^4 m^3/d$

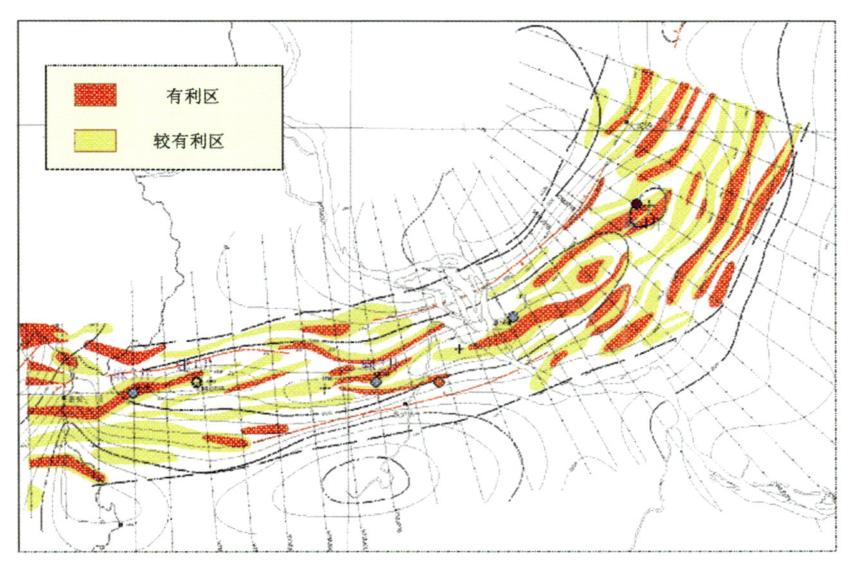


图 3–5–10　麻柳场构造嘉四$^3$储层地震预测图（第二轮）

根据本轮成果完钻的探边井（麻 4 井）因未彻底试油，仅产微量气

层预测图更详尽、客观地反映了嘉陵江组各套储层的纵横向变化特征（图 3–5–11），据此成果完钻的麻 6 井、麻 8 井、麻 9 井等井均获得了中、高产天然气流。

2002年的第四轮工作，对该区全部地震资料进行统一处理和精细构造解释，进一步落实了麻柳场构造圈闭形态、规模、构造细节及构造间的接触关系，从圈闭的角度满足了钻探部署的要求（图 3–5–12）。

为了进一步描述嘉陵江组各储层储集性能的平面展布特征，预测高产区带和为储量计算提供地震依据，以该区已完钻的6口井为约束条件，在层拉平基础上对地震资料进行 Strata 波阻抗反演（图 3–5–13）及孔隙度反演（图 3–5–14），完成了嘉四$^3$、嘉四$^1$、嘉二$^3$及嘉二$^1$等4套储层的储能系数（$H \times \phi$）分布预测（图 3–5–15）。根据本轮成果完钻的麻 7、麻 10、麻 14 井在嘉四$^3$、嘉四$^1$或嘉二段获得井口无阻流量达百万方以上的高产工业气流。

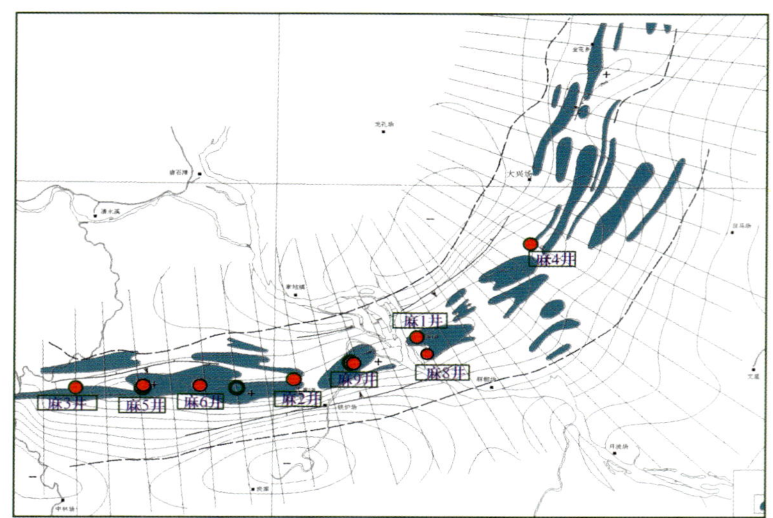


图 3-5-11　麻柳场构造嘉四$^3$储层地震预测图（第三轮）

根据本轮预测成果完钻的麻5、麻6、麻8、麻9 等井均获得了中、高产天然气流。

其中麻9 井井口无阻流量达 71 × 10$^4$m$^3$/d（图中墨绿色条带为储层发育区）

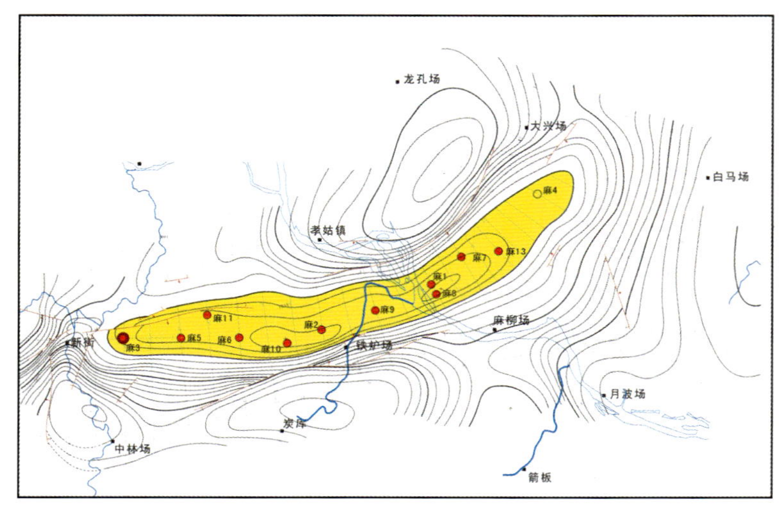


图 3-5-12　麻柳场构造嘉二$^2$底界地震反射构造图

落实嘉二$^2$底界圈闭面积为 70.3km$^2$，构造细节反映较充分，断层展布合理，构造间接触关系清楚

## 七、主要地质成果与评价

（1）通过对麻柳场构造的两轮构造解释工作，复查落实了麻柳场构造嘉二$^2$底界构造的圈闭形态、断层展布特征、构造间的接触关系，落实该构造圈闭面积为 70.3km$^2$。构造图精度高，经与该构造早期完钻的 7 口已知井钻探成果比较和后期完钻的 6 口井钻探的检验，深度相对误差均小于 1%。

（2）随着已知探井成果的逐年增加，储层预测的约束条件逐年加强，储层预测精度逐轮提高，储层预测的层数也由 1 层增加到 4 层。几年中，麻 2、麻 3 等 12 口井的钻探证明，对麻柳场构造嘉陵江组 4 套储层的地震预测是成功的，钻探效果十分显著。

（3）嘉陵江组 4 套储层的储能系数（$H \times \phi$）预测成果，较客观地描述了麻柳场构造嘉陵江组 4 套储层的高产分布区。2003 年完钻的位于储能系数高值区的麻 14 井，在嘉四$^3$～嘉四$^1$获井口无阻流量 600 ×

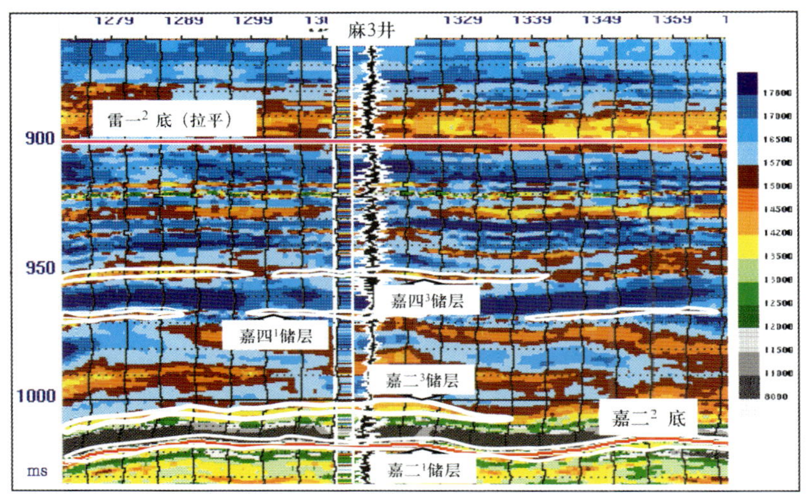


图 3–5–13　过麻 3 井的波阻抗反演剖面

嘉陵江组 4 套储层均表现为 13500 ~ 15700（黄色—红色）的中、低阻抗特征，
间夹的膏盐层表现为大于 15700 的高阻抗特征

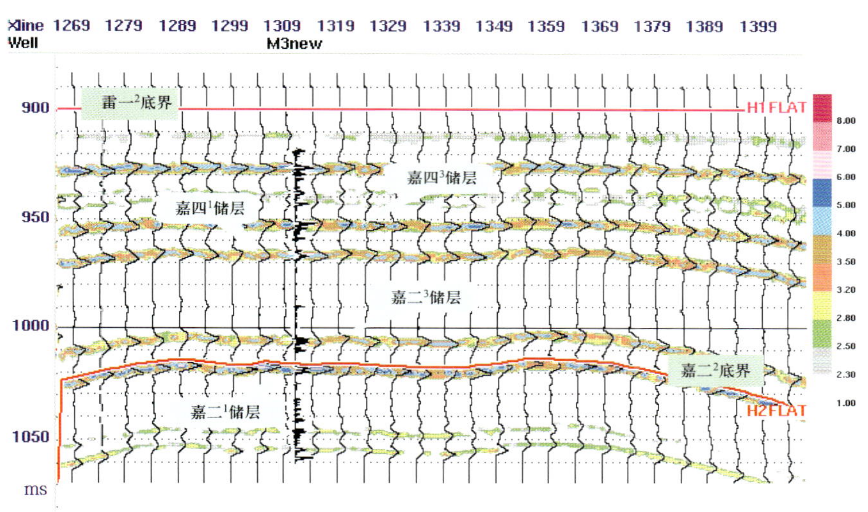


图 3–5–14　过麻 3 井的孔隙度反演剖面

嘉陵江组四套储层的孔隙度均表现为大于 2.5% 的相对高孔特征（颜色条带），
而围岩的孔隙度相对较低。纵横向储层物性特征变化明显

$10^4m^3/d$ 以上的高产工业气流，这是川南地区几十年油气勘探史上绝无仅有的。这一结果有力地证明了储能系数预测成果的有效性和可靠性。预测成果将为在麻柳场构造上进一步论证拟定高产气井和在储量计算中发挥重要的作用。

（4）钻探与地震相结合，实施滚动跟踪研究的方法效果好、效益高、收效快。1999—2003 年 5 年间，共完钻 12 口井，获工业气井 11 口，其中高产气井 3 口，钻探成功率达到 91.7%（图 3–5–12 ~ 图 3–5–15）。

目前，麻柳场构造已获天然气控制储量 $117\times10^8m^3$，预计可获探明储量 $60\times10^8 \sim 80\times10^8m^3$，成为了川南地区嘉陵江组气藏勘探的一颗明珠。

蜀南气矿（原川西南和川南气矿合并组建）是油气开发多年的老矿，麻柳场构造嘉陵江组气藏的勘

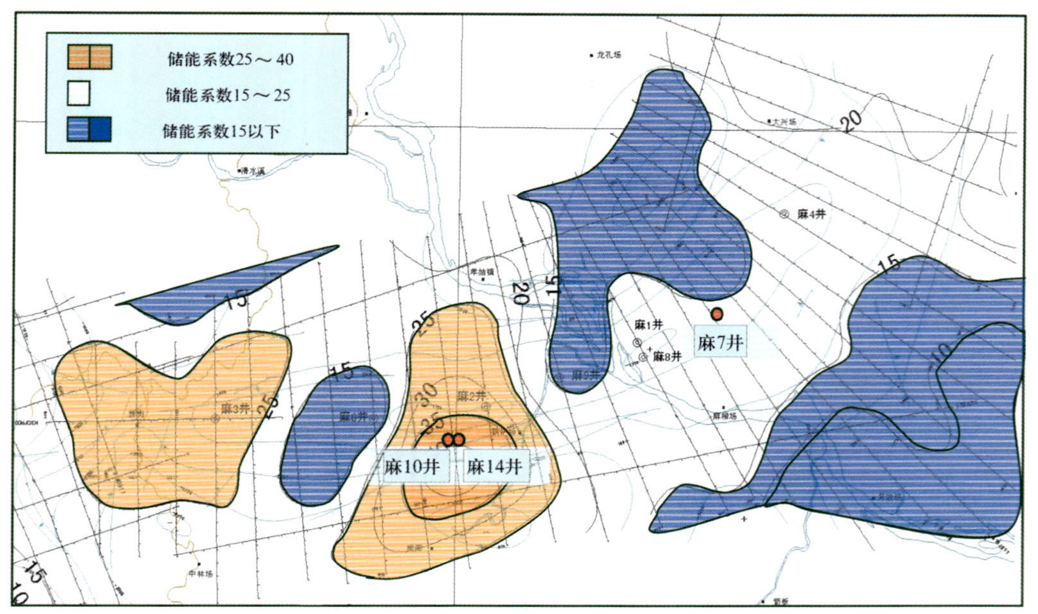


图 3–5–15 麻柳场构造嘉二$^3$储层储能系数（$H \times \phi$）预测图（第四轮）

依据本轮预测成果部署并完钻的麻 7 井获天然气无阻流量 $101 \times 10^4 m^3/d$，麻 10 井获天然气无阻流量 $457 \times 10^4 m^3/d$，麻 14 井获天然气无阻流量超过 $600 \times 10^4 m^3/d$

探成功，是地震的滚动跟踪研究立下的新的功绩，也展示了该区新的广阔勘探前景。我们相信，这套在麻柳场构造上获得成功的碳酸盐岩薄储层地震预测方法技术，将在类似条件的地区发挥重要作用。

# 第四章　精细地震勘探

精细地震勘探技术主要是指适用于成熟区滚动挖潜、精雕细刻的地震勘探技术系列，主要应用领域是渤海湾油区各油田以及其他探区中勘探程度较高的相对成熟区块。精细地震勘探技术与高分辨率地震勘探技术既有着某些相似之处，也有着许多重要的差别。高分辨率地震勘探主要强调提高地震勘探的分辨率，一般主要是强调提高纵向分辨率，而精细地震勘探强调的是在一定的分辨率基础上，通过一些精细的技术手段，来提高对地质体的识别、描述能力；前者主要适用对象是薄储层、微构造，后者主要适用的是有一定规模、空间变化规律比较复杂的地质体，如复杂小断块、潜山、特殊岩性体等。

本书精选了15个开展精细地震勘探取得较好效果的典型范例，展示了不同的精细地震勘探技术配套技术在解决不同特点地质问题中的技术思路和效果：(1) 海拉尔盆地苏德尔特地区地震目标处理技术；(2) 伊通盆地大南复杂断块区油气勘探；(3) 综合地震技术在雷家复杂断块区勘探中的应用；(4) 老爷庙地区二次三维地震勘探；(5) 大港滩海羊二庄区块三维地震资料连片处理解释；(6) 枣园—王官屯地区大面积、多块数三维地震资料连片处理与解释；(7) 高精度三维地震技术在五三东区老油田滚动勘探开发中的应用；(8) 柴达木盆地西南部大面积三维连片处理解释；(9) 充分应用地震储层滚动化预测技术高效探明和开发榆林气田；(10) 川中公山庙构造三维地震砂岩储层预测；(11) 高柳地区二次三维地震勘探；(12) 冀中探区留西—大王庄地区隐蔽油气藏勘探；(13) 巴音都兰凹陷全三维重新处理解释技术应用；(14) 准噶尔盆地腹部河道砂体的有效预测；(15) 准噶尔盆地盆5井区"速度背斜"的识别与评价。

## 第一节　海拉尔盆地苏德尔特地区地震目标处理技术

海拉尔盆地苏德尔特构造于1999年开展了480道三维地震勘探，2000年完成的常规处理解释，未能正确认识基底形态。2001年以刻画基底形态为重点，开展目标处理攻关，重新编制了$T_5$构造图，据此对苏德尔特构造进行整体部署，实现了贝16兴安岭群等高产、高丰度油藏勘探的突破。2002年，应用叠前深度偏移技术，进一步清晰刻画了基底形态和横向岩性变化，又实现了贝30井等井高产及布达特群潜山油藏勘探的突破。地震目标处理技术的不断进步，实现了海拉尔盆地苏德尔特地区勘探的不断突破。

### 一、地理位置

海拉尔盆地地处东经115°30′～120°00′，北纬46°00′～49°00′，地理上位于内蒙古自治区呼伦贝尔市境内，与蒙古国的塔木查戈盆地为统一的盆地，苏德尔特地区位于呼伦贝尔市新巴尔虎右旗贝尔苏木乡境内（图4-1-1）。

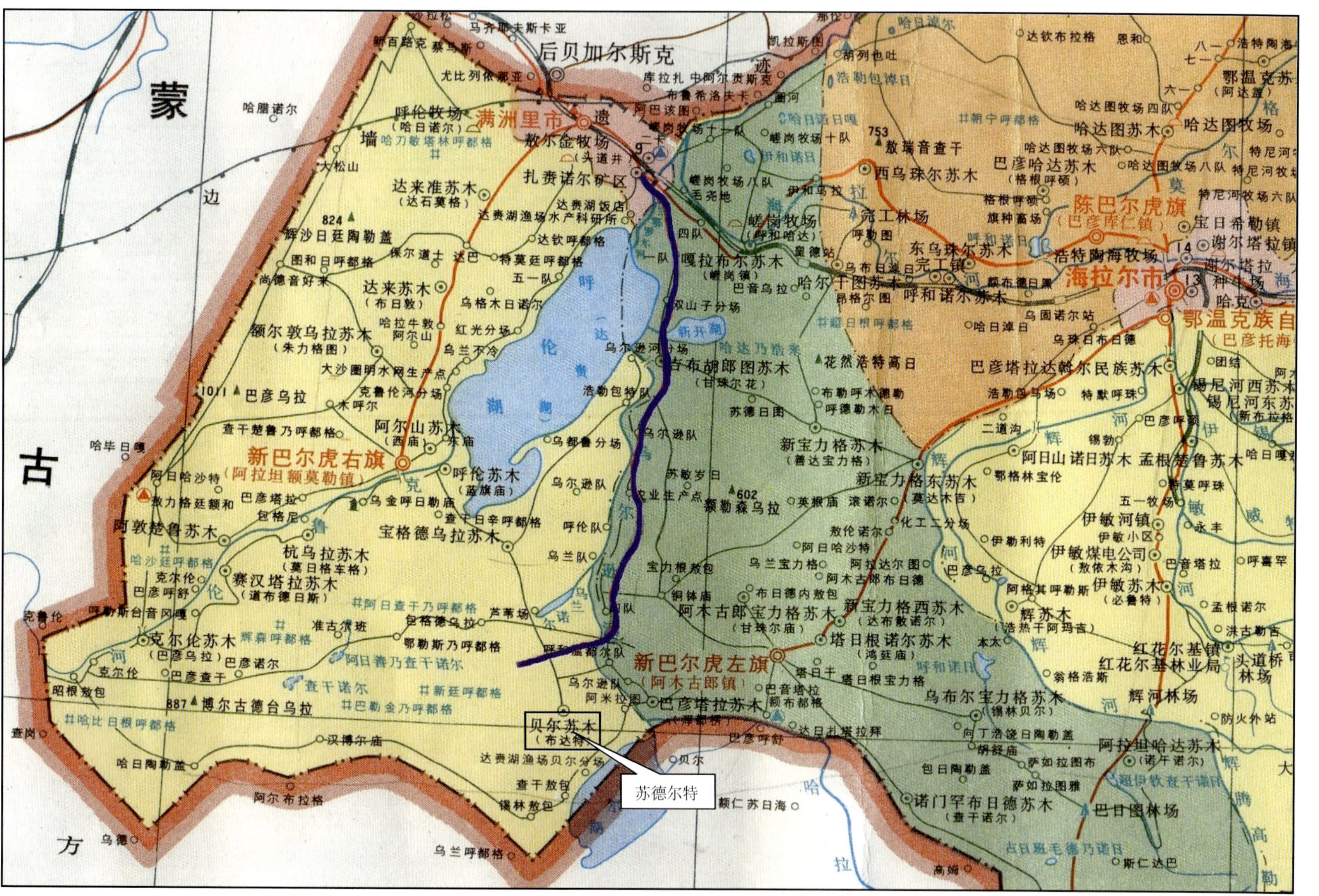


图4-1-1 苏德尔特地区地理位置图

## 二、 区域地质概况

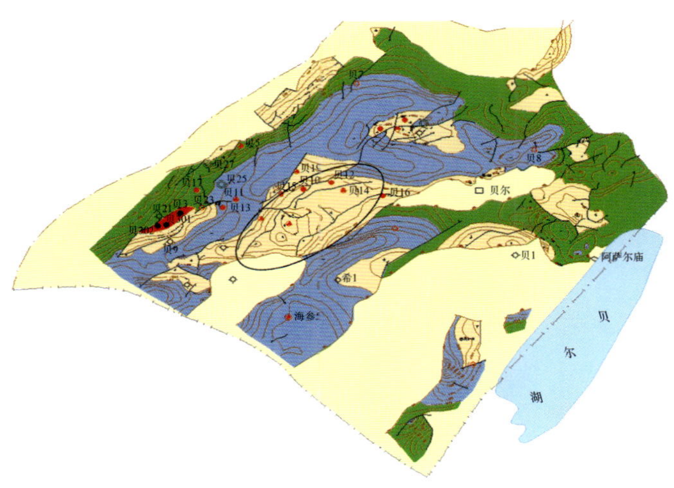

图4—1—2　苏德尔特构造带区域构造位置图

海拉尔盆地是我国东北地区在古生代褶皱基底上发育起来的较大的断陷盆地，属于中亚—蒙古地槽的一部分。中晚侏罗世—早白垩世时期由于地幔热隆张裂作用，使海拉尔盆地伸展拉张，形成断陷盆地。盆地内划分为三坳两隆五个一级构造单元，苏德尔特构造位于海拉尔盆地贝尔凹陷的贝西和贝中生油洼槽之间，呈北东向展布（图4—1—2）。海拉尔盆地沉积地层系统分为4个群、6个组、13个岩性段，自下而上为：布达特群、兴安岭群、扎赉诺尔群（分为铜钵庙组、南屯组、大磨拐河组、伊敏组）、贝尔湖群，各群间均有不同程度的沉积间断，其中以兴安岭群上、下，南屯组与铜钵庙组之间，青元岗组与伊敏组之间的不整合接触最为明显。

## 三、 地表及人文环境

海拉尔地区气候属大陆性亚寒带型，季风多而大。居民为蒙、汉杂居，多从事渔牧业。其北部有滨州铁路通过，旗、市间均有简易公路或草原自然公路相通。区内地势平坦，为广阔草原，地面海拔580～600m。

## 四、 勘探程度

苏德尔特地区20世纪60年代由地质部在贝尔凹陷进行了煤田勘探工作，70年代进行了重力、磁法、电法勘探。该区石油地质勘探始于1982年。到1985年在该区完成了2km × 4km测网的地震详查工作，发现了苏德尔特构造带。1986年在构造带西部断鼻上部署了该区第一口区域探井贝2井，钻井过程中在大磨拐河组一段、二段、南屯组一段及布达特群见低幅度气测异常。在大磨拐河组一段见15级荧光，认为油气显示较差，裸眼完井。

由于该区三面紧临生油洼槽，构造位置有利，成藏条件优越，勘探工作一直进行着。1996年在苏德尔特西构造上部署了贝10井，1997年于南一段（1837.2～1845.6m)射开8.4m，MFE－Ⅱ＋抽汲，获日产油0.024t的低产油流，展示了苏德尔特构造带的勘探前景。

针对该区的有利勘探位置，1999年在该地区完成了三维地震406km²，满覆盖面积299km²，进一步查清了苏德尔特构造带的构造形态和断层展布。同时转变观念，对布达特群录井见7级荧光显示储层也进行测试，结果贝10井在布达特群测试获0.08t/d的低产油流，2001年，对贝10井布达特群1935.0～1956.0m进行压后抽汲，获得39.769t/d的高产工业油流，发现了苏德尔特工业勘探区带。

至目前为止，苏德尔特构造带已完钻探井20口、开发控制井16口，提交石油预测地质储量$5600 \times 10^4$t。

## 五、以往物探资料品质与难题

### （一）资料品质分析

由于受上覆层断层倾角大和地层起伏较大的影响，导致下伏反射同相轴形状发生变化，相邻同相轴差异性较大；深层信噪比较低，反射能量较弱，造成地震资料不能准确成像，基底不清晰，有的同相轴无法追踪，有的地层反射信息缺失；基底有的地层反射同相轴无法与相邻区块的资料进行对比，使得该地区与相邻地区的拼接存在有500～600m的闭合差；另外，由于探井主要分布于贝3井区，而苏德尔特地区没有探井，致使两个地震工区三维解释时层位标定误差较大，由于层位对比上的差异，致使两个工区很难拼接成图。无论在断裂走向上，还是在构造深度上都存在较大差异，$T_5$反射层深度相差均在400～1000m之间。

（二）勘探难点

该地区主要地层从下到上依次为布达特群、铜钵庙组、南屯组、大磨拐河组、伊敏组、第三系、第四系。主要的地震反射层位有$T_5$、$T_3$、$T_{2-2}$、$T_{2-1}$、$T_2$、$T_1$、$T_{04}$。断层发育，而且断面倾角较大，有的地层较深，有的地层较浅，甚至出露地表，地层倾角也较大。

多期构造运动，导致构造破碎，断块发育，地层倾角大，速度横向变化大，地震成像难度大，构造识别难；断陷扇体沉积储层、基岩风化壳储层、火山岩储层发育，横向变化大，储层预测难；布达特群、铜钵庙组、南屯组、大磨拐河组，均见油气显示，油水分布复杂，油藏特征认识难。

## 六、主要技术措施及效果

（1）第一轮地震资料目标处理解释有效指导了贝12、贝14和贝16井部署，发现贝16高产富集区块。

2001年对该区进行了第一轮综合研究，首先针对二维地震和三维地震一次解释结果中存在的地震反射层位与地质层位不符，基底结构不清等问题，对该区地震资料进行了精细目标处理，使剖面品质明显改善（图4－1－3）。

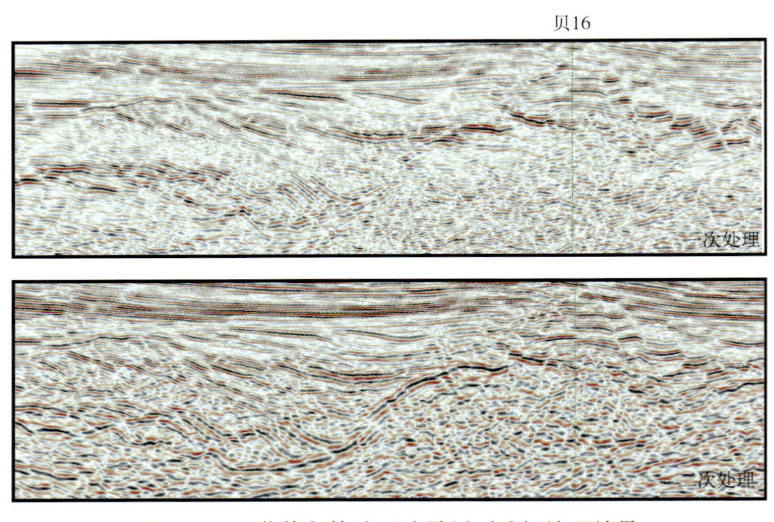


图4－1－3　苏德尔特地区地震剖面重新处理效果

针对该地区的地震波场特点，首先加强去噪技术研究，采用随机噪音衰减和径向滤波方法，保证在单炮记录上有效信号比较突出，提高信噪比；第二，针对苏德尔特地区断块与断块之间的波场特征不一致的特点，开展反褶积技术研究，优选统计子波反褶积方法，保证剖面有较高分辨率且波阻特征明显；第三，针对苏德尔特地区断层发育及断层和地层角度都非常大的特点，选取了$f-k$ stolt偏移加有限差分偏移的策略；最后通过偏移速度试验，选用了100%叠加速度做偏移，使有效波正确地归位，断层面清晰，绕射波收敛。

通过对重新处理三维地震资料的精细解释，在基底落实了4个断阶带（图4－1－4）。同时，应用三维地

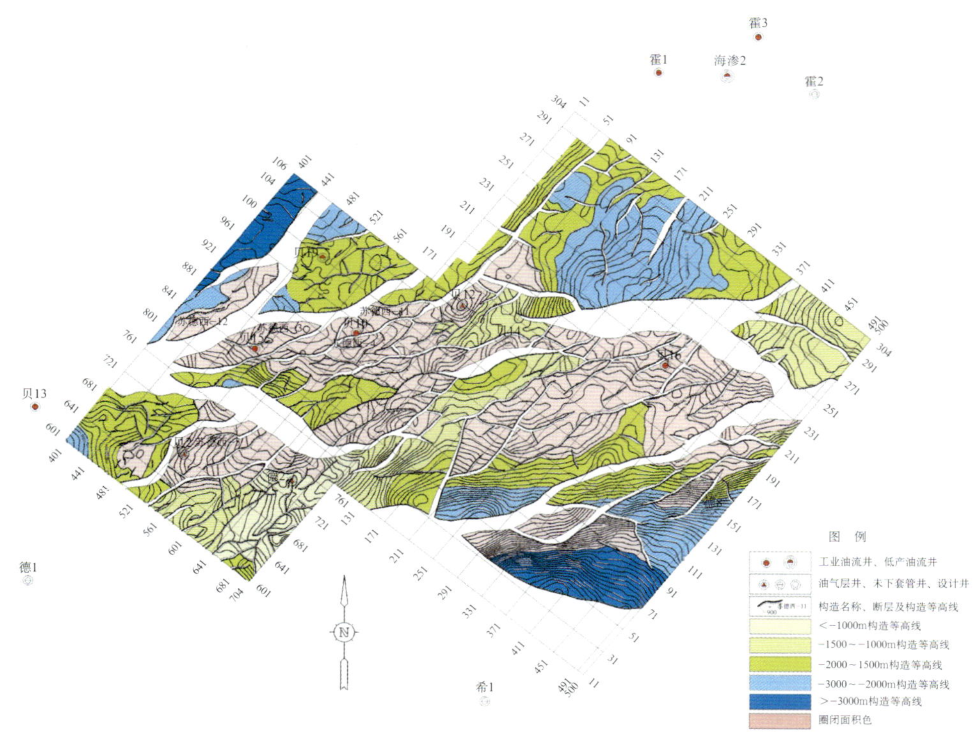


图4−1−4　贝尔凹陷苏德尔特地区三维地震$T_5$反射层构造图

震波形属性分析技术和保真振幅椭圆长轴预测裂缝技术，对基岩风化壳进行了预测（图4−1−5）。结果表明，该区布达特群裂缝发育，沿构造带成片分布。2001年在4个断阶上先后钻探了贝12、贝14和贝16井。

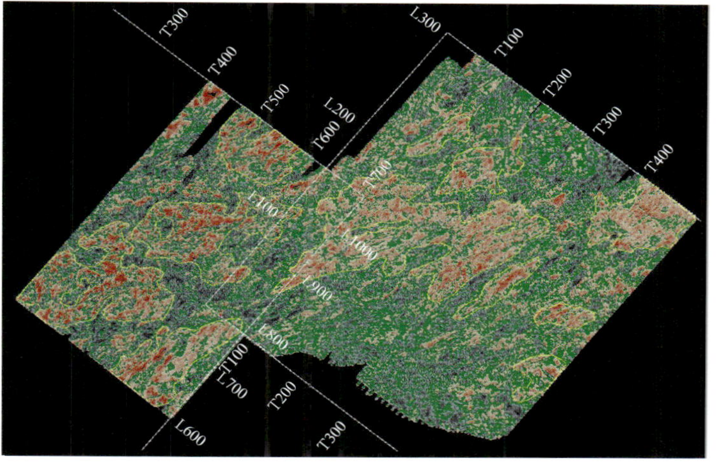


图4−1−5　苏德尔特地区基岩风化壳分布区预测图

贝12井在南屯组一段1484.0～1635.0m井段，解释油层11.6m/4层，在布达特群1698.7～1705.2m综合解释差油层16.4m/1层，可疑油层47.0m/1层，布达特群压裂抽汲获16t/d的工业油流。位于第三个断阶带的贝14井，在铜钵庙组综合解释油层18.4m/8层，布达特群综合解释油层7.0m/2层，压裂抽汲获11t/d的工业油流（图4−1−6）。除在布达特群获得进展外，更有意义的是发现了铜钵庙组一套新的含油层系，展示了该区多层位含油的特点。因此2002年由贝14井出发，通过对目的层的全三维解释，重新编制该区的$T_{2-3}$、$T_3$地震反射层构造图，发现和落实5个构造圈闭。其中第四断阶上的苏德五−15号构造，$T_3$反射层圈闭面积为4.8km²，圈闭幅度为210m。据此在该构造上部署了贝16井。贝16井在兴安岭群—铜钵庙组1299～1799m约500m井段见到含油显示，综合解释油层176.2m/53层，划分有效厚度108m。合试求产获125t/d工业油流（图4−1−7），发现了贝16高产富集区块。

（2）发展叠前深度偏移技术，实现苏德尔特构造带小断块和基底的准确成像。

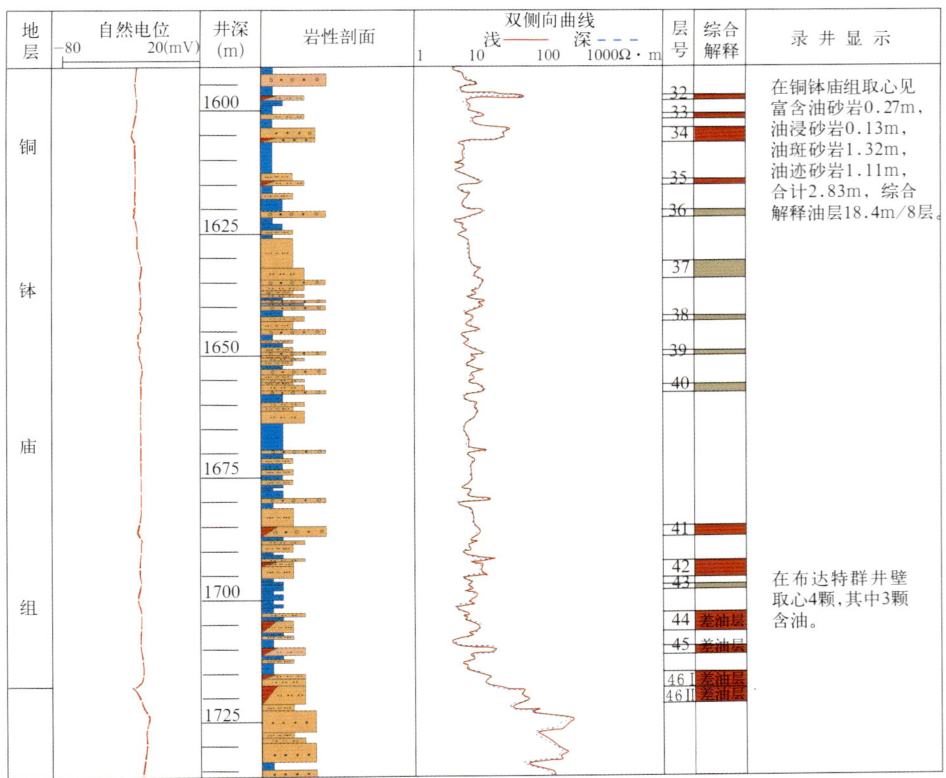

图 4-1-6　贝 14 井综合柱状图

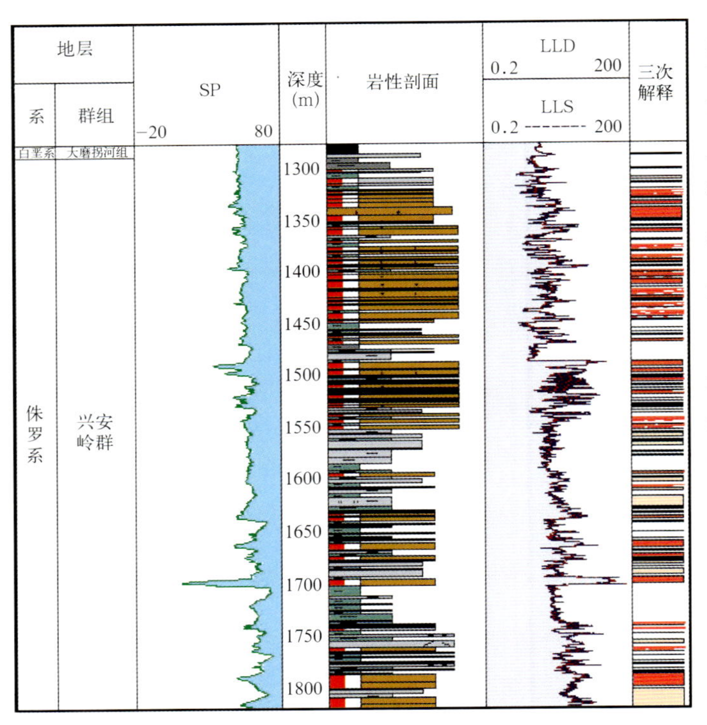

图 4-1-7　贝 16 井综合柱状图

贝 16 等井钻探结果证实，由于受原地震资料品质限制，构造解释精度较差，尤其是一些小断层的细节没有解释出来，并且缺少对主要产油层的整体构造特征的认识。根据苏德尔特地区构造复杂、岩性和速度变化大的特点，对贝 10 井、贝 16 井区地震资料进行了叠前深度偏移处理。

贝 10 井区地震资料面积136.6km²，贝 16 井区资料面积217 km²。通过叠前常规处理、精细的深度速度建模、炮域波动方程叠前深度偏移来提高地震分辨率、频率和连续性，使复杂构造区精确成像，提高了断点清晰度，落实了小断块形态，同时也使基底特征清楚（图 4-1-8、图 4-1-9）。

（3）通过全三维地震解释，落实了苏德尔特地区构造格局，搞清了苏德尔特地区断裂和构造展布特征。

应用叠前深度偏移资料，厘定层序地层格架，建立断陷盆地解释模式，重新对苏德尔特地区和贝 3 井区北部进行连片拼接处理。充分应用栅状对比追踪解释技术、三维数据体断层解释技术、全三维地震资料自动追踪解释技术、面块切片层位、断

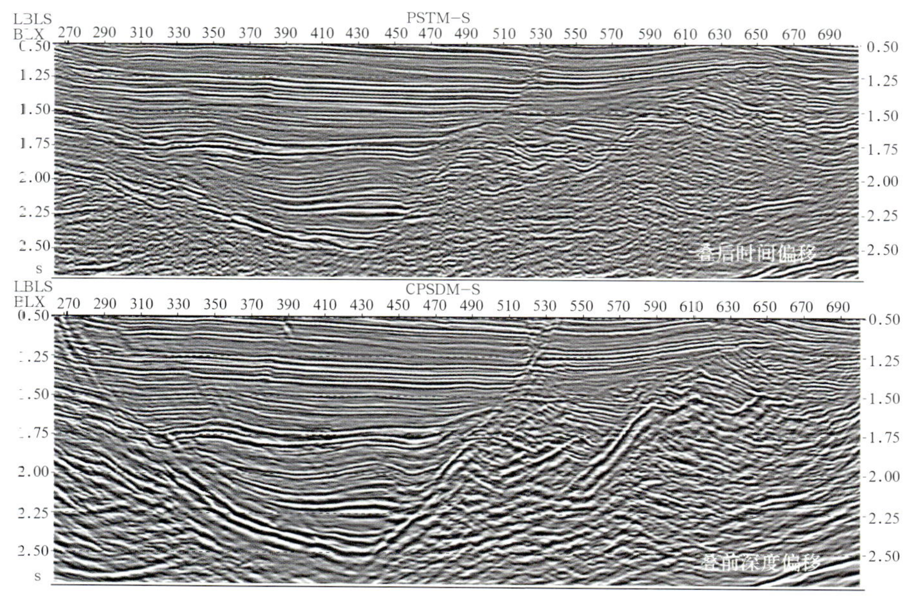


图4-1-8　贝10井区IL949地震剖面重新处理效果

层解释技术、沿层属性的断层组合技术、变速成图技术以及三维解释成果立体显示等技术进行全三维地震资料精细解释，编制目的层$T_4$、$T_5$构造图（图4-1-10、图4-1-11），落实了苏德尔特地区构造格局，搞清了苏德尔特地区断裂和构造展布特征。

（4）加强储层预测与油气检测研究，使海拉尔盆地基岩风化壳裂缝型油气藏识别获得成功。

①采用宽带约束反演与能量梯度检测技术相结合进行油气预测。

当地质体中含流体（油或气）时，会引起地震波的散射和地震能量的快速衰减，因此采用宽带约束

图4-1-9　苏德尔特地区地震剖面重新处理效果

图4-1-10　苏德尔特地区$T_4$反射层构造图

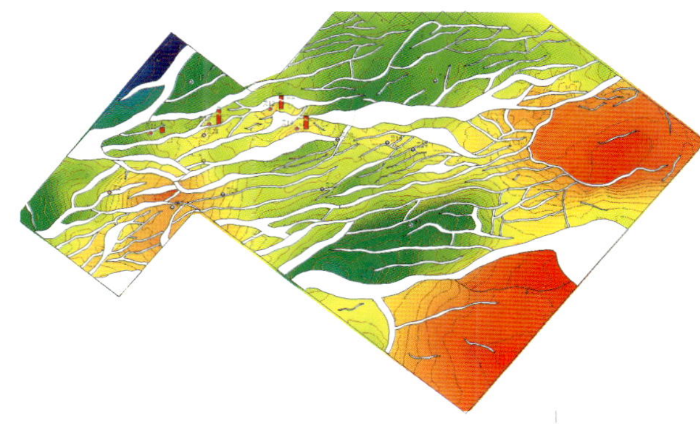

图4-1-11　苏德尔特地区$T_5$反射层构造图

反演与能量梯度检测技术预测了该区兴安岭群和布达特群的油气分布（图4-1-12、图4-1-13）。该预测结果恰好与后期完钻的3口开发井德103-226井、德103-219井和德99-212井钻探结果吻合，德103-

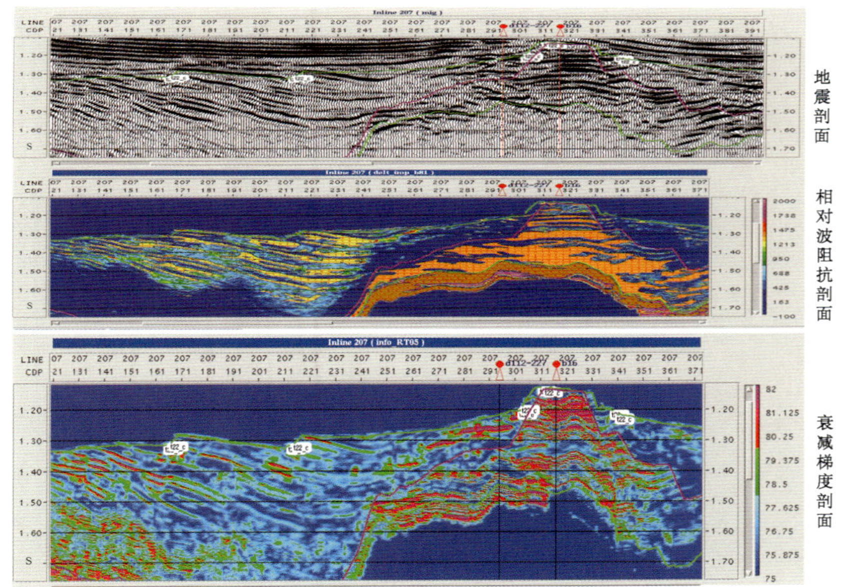


图4-1-12　宽带约束反演技术与衰减梯度识别兴安岭储层

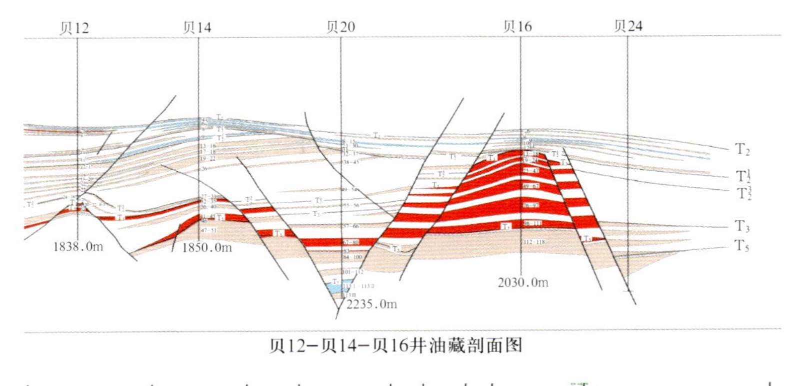


贝12-贝14-贝16井油藏剖面图

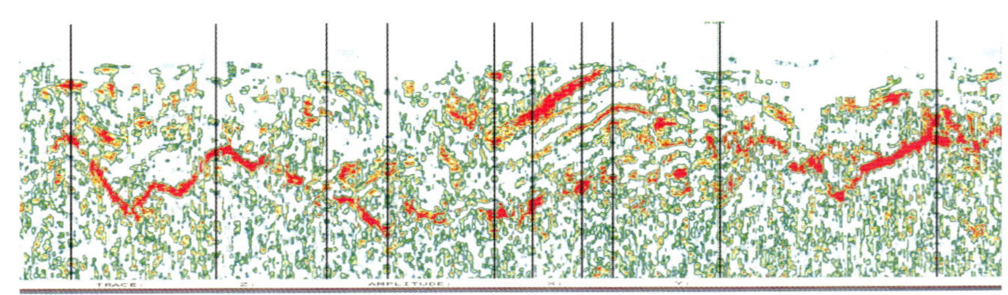

贝12-贝14-贝16井联井能量分析属性剖面

图4-1-13　能量分析属性与布达特群潜山分布有较好的相关性

226井于兴安岭群钻遇油层22层共42.2m，德103-219井于兴安岭群钻遇油层2层共6.0m，德99-212井于兴安岭群没有钻遇油层。

②充分认识断陷盆地的复杂性，深入研究储层的分布特点，贝28井区又发现高丰度油藏，布达特群古潜山油藏产能创新高。

采用波组抗反演技术、$T_5$反射层向下提取相干体切片、$T_5$沿层剩余层速度切片、$T_5$反射层向下提取吸收衰减因子、聚类分析等多种方法预测布达特群裂缝发育带。认为古潜山裂缝发育带沿隆起带连续分布（图4-1-14），面积较大，古潜山油藏在本区具有巨大的勘探潜力。

2003年根据构造解释、储层预测结果，针对布达特群古潜山油藏和铜钵庙—兴安岭群目的层整体部署了4口探井和6口滚动评价井，均见到比较好的钻探效果，其中：

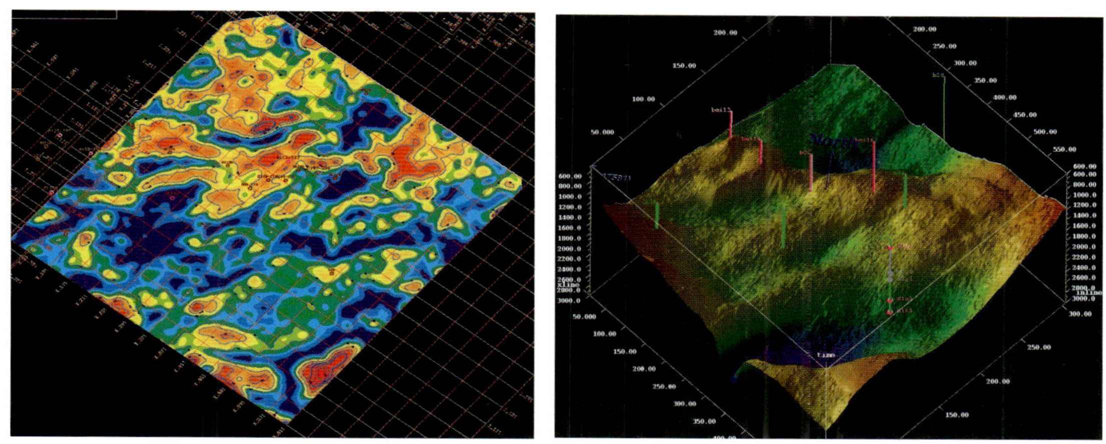

图4-1-14　苏德尔特地区基岩风化壳分布预测图

贝28井于铜钵庙—兴安岭群解释有效厚度66.0m；106层、108层压后抽汲获4.92m³/d工业油流（图4-1-15）。布达特群钻井解释有效厚度17.8m，其中布达特群110 Ⅱ层、111层，试油获5.217t/d工业油流。

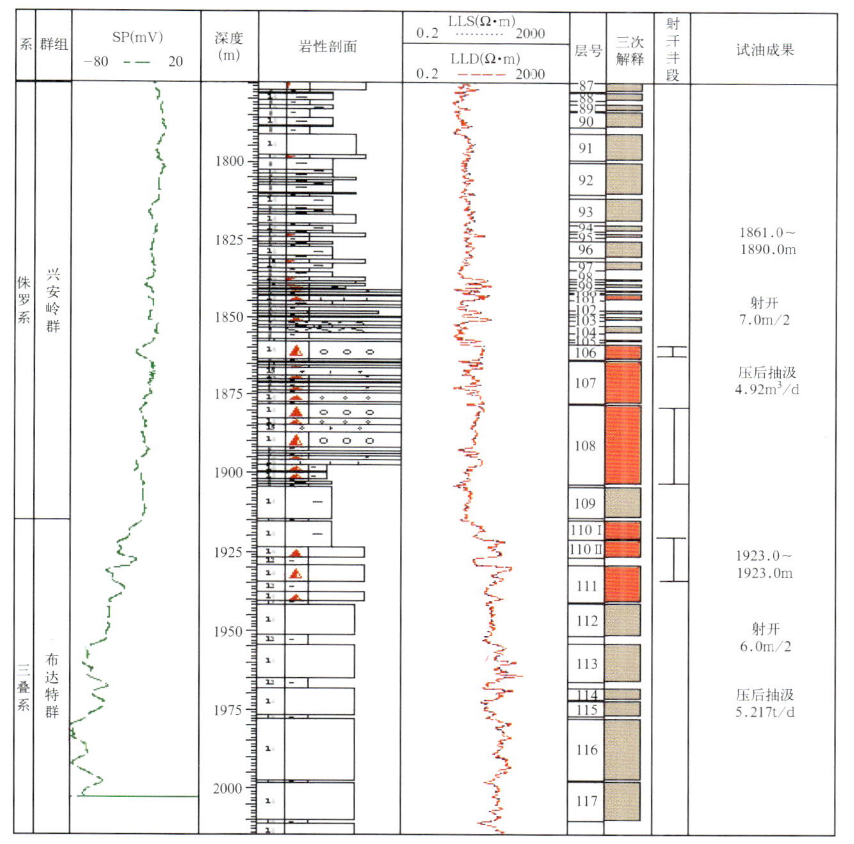


图4-1-15　贝28井综合柱状图

贝30井于布达特群解释裂缝含油层12层121.4m，划分有效厚度112m，除构造裂缝外见到了溶洞型储层，射开2195.0～2304.0m（厚度16.0m），自然产能37.35m³/d。从而改变了对布达特油藏古潜山储层的认识，充分展示了该区古潜山油藏良好的勘探前景。

贝16井两侧部署的德107-239井、德112-227井，均在不同层位见到了较好的含油显示。其中滚动评价井德112-227井在铜钵庄—兴安岭群钻遇砂岩26层86.4m、油层1层6.0m，布达特群钻遇储层26层129.0m；油层9层105.0m，布达特群自喷获产油204m³/d的高产工业油流，创历史新高（图4-1-16）。

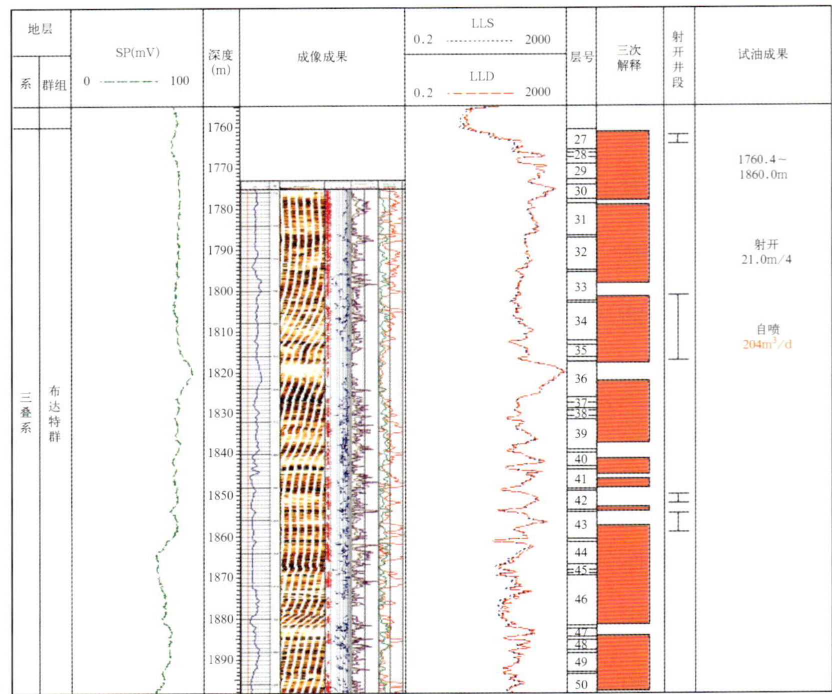


图4-1-16　德112-227井综合柱状图

## 七、主要地质成果与评价

经多轮地震资料处理解释，搞清了苏德尔特构造带整体的构造格局和构造特征，尤其是小断块的分布特点，发现兴安岭群一套新的含油层系，认为苏德尔特地区的油气主要沿大断裂展布，自2001年至今根据重新处理解释以及储层预测结果先后部署探井12口，发现贝16、贝28、贝30等高产富集区块。

经综合研究及油藏描述，铜钵庙—兴安岭群圈定含油面积17.0km²，计算石油预测地质储量2548×10⁴t（图4-1-17）；布达特群圈定含油面积35.6km²，计算石油预测地质储量3052×10⁴t（图4-1-18）。两层叠合含油面积38.6km²，石油预测地质储量合计5600×10⁴t。由于提交储量时贝30井、德120-175井、德118-190井等新井正在钻探中，而这一轮新井近百米厚度油层的发现，进一步展示了苏德尔特地区高丰度油藏的前景，表明该区地质储量还应进一步增加。

海拉尔盆地属于经过多期构造运动改造的断陷盆地，断块油藏、岩性油藏、潜山油藏等多种油藏发育。因此三维地震技术是实现勘探突破的关键。地震处理、解释、反演技术的不断进步，实现了海拉尔盆地苏德尔特地区勘探的不断突破。同时，也给勘探工作者一个启示：勘探的不断突破，需要三维地震技术的不断进步，三维地震资料目标处理和深化分析，具有巨大的应用潜力。

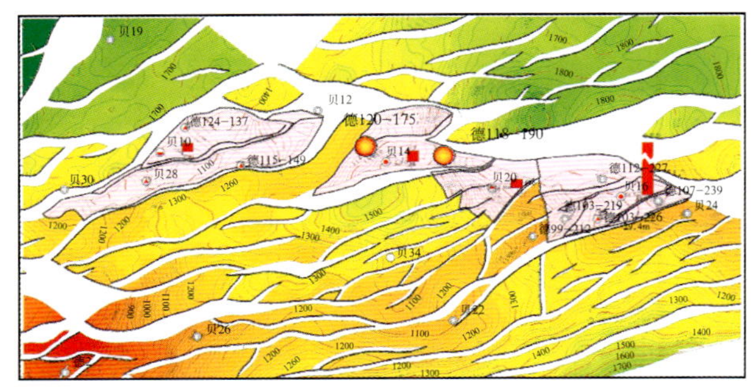


图4-1-17　苏德尔特地区兴安岭群油藏含油面积叠合图

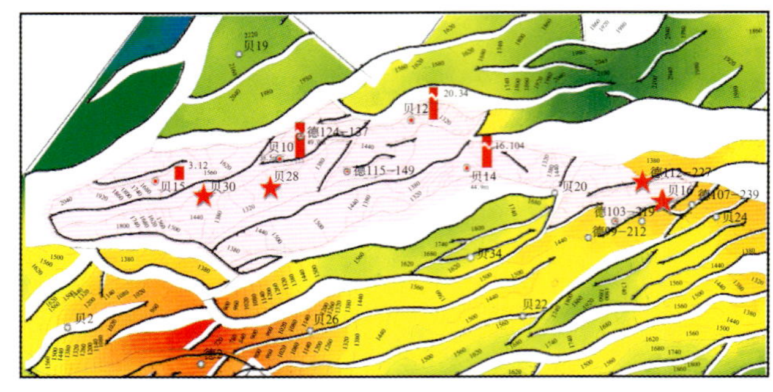


图4-1-18　苏德尔特地区布达特群油藏含油面积叠合图

# 第二节　伊通盆地大南复杂断块区油气勘探

为了解决制约伊通盆地油气勘探的地震资料品质问题，吉林油田对盆地内的大南地区开展了三维地震二次采集工作。经过地震处理技术攻关和全三维精细解释，新发现了一批构造和岩性圈闭。新钻探的星119井在双阳组试油获得了工业油流，勘探取得了新突破。

## 一、地理位置

伊通盆地处于吉林省中部长春市与吉林市之间，东北起舒兰县，西南至东辽河地区。

盆地南北长160km，东西宽10～20km，面积约2200km²，大南地区位于北纬43°25′～ 43°45′，东经125°21′～ 125°55′，行政区划属吉林省长春市双阳区及伊通县，该区南部紧邻双阳城区（图4–2–1）。

## 二、 区域地质概况

伊通盆地属第三系断陷盆地，位于佳—依地堑南段，是郯庐断裂的北延部分。由南至北可分为莫里青断陷、伊丹隆起、鹿乡断陷、岔路河断陷、乌拉街隆起五个一级构造单元，划分出五星构造带等十一个二级构造单元（图4–2–2）。大南地区处于伊通盆地中部的鹿乡断陷和岔路河断陷之间，具体包括大南凹陷、五星构造带和局部新安堡凹陷。主要勘探目的层是双阳组二段油层，其次是双一、三段油层，油层埋深1875～2500m。

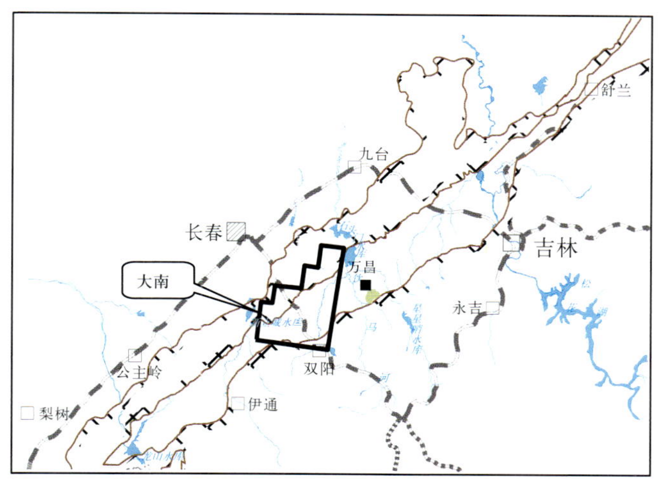


图4–2–1　伊通盆地大南地区地理位置图

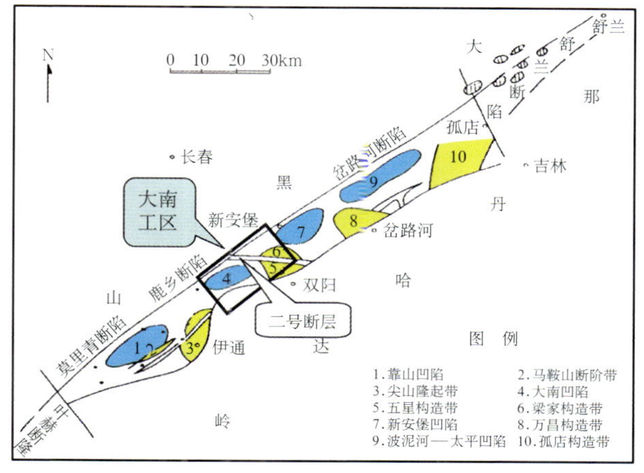


图4–2–2　伊通盆地大南工区地质位置图

## 三、地表及人文环境

该盆地被东西两侧山地所夹持，由南至北依次隶属于梨树、伊通、双阳、永吉四个县，伊通河、饮马河从本区流过。

大南地区地势起伏较大，地面海拔在215～390m之间，地貌上为明显的负地形，总体呈现东高西

图4-2-3　伊通盆地大南工区地表环境图

低趋势。区内地表多为农作物所覆盖，以旱田为主，并有大面积林区。工区北部海拔较高，地表岩层疏松，一般为泥质沙土；南部地表为基岩出露区。区内有奢岭、鹿乡、大南等几个较大村镇，并有一小型水库。大南地区交通便利，长春至双阳公路、长春至伊通公路穿越工区（图4-2-3）。

## 四、勘探程度

自1954年地质部航磁测量发现伊通盆地后，先后进行了重力、磁法、电法、地震等勘探工作。

整个盆地1985年以来共完成二维数字地震4093.32km，测网密度达1km × 1km～1km × 2km，局部为2km × 2km。1988—1993年间完成三维地震1504.625km$^2$，基本覆盖全区。盆地内完钻探井120口，进尺30.056 × 10$^4$m，探明石油地质储量3317 × 10$^4$t，天然气地质储量13.29 × 10$^8$m$^3$（长春、莫里青油田），控制石油地质储量1976 × 10$^4$t；预测石油地质储量4243 × 10$^4$t，预测天然气储量51.23 × 10$^8$m$^3$。另外发现昌2、昌13、伊6、星26等一批含油气区块，展示伊通地堑较大的勘探前景。

随着油气勘探的深入，老的地震资料已无法满足解决伊通盆地复杂的地质问题。2002年度决定对勘探潜力较大的大南地区实施287km$^2$二次高精度三维采集，工区横穿二号断层，覆盖了鹿乡断陷大部分地区和岔路河断陷的新安堡凹陷。

## 五、以往物探资料品质与难题

受地震地质条件和采集因素影响，大南地区老三维地震资料成像效果较差，资料有效频带10～45Hz，主频18～25Hz（图4-2-4）。最终解释结果是构造圈闭不落实，2号、17号断裂系统不清，两者之间的组合关系不明确；西北缘资料信噪比低，地层接触带或地层过渡带的地震反射特征模糊，导致边界断层位置、产状和地层接触关系不清楚，不能满足勘探需求（图4-2-5）。

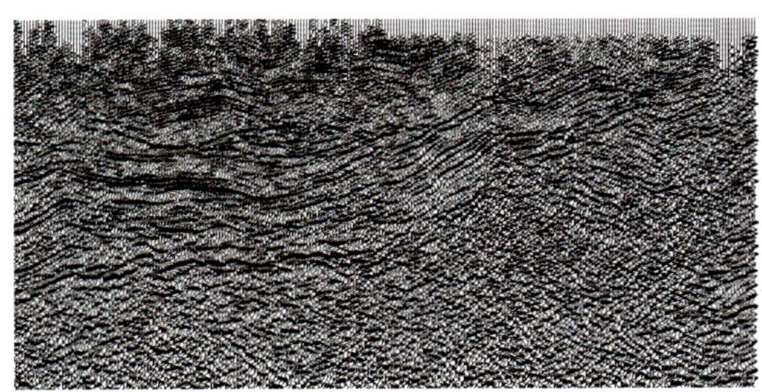
图4-2-4　大南地区老资料（Crossline578）

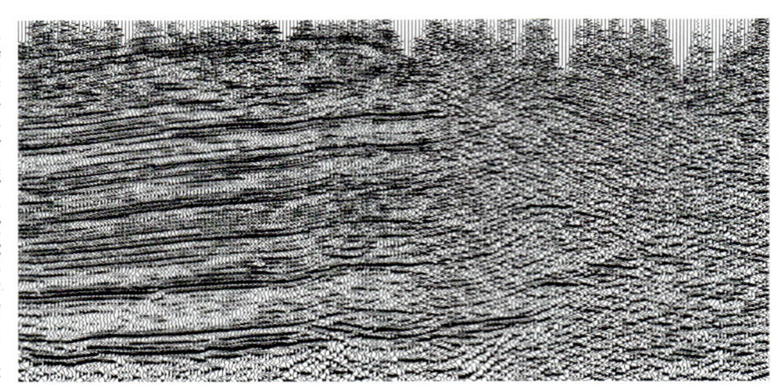
图4-2-5　大南工区鹿乡断陷老三维剖面（Inline161）
剖面的信噪比、分辨率较低，不能满足构造解释和储层描述需求

以往资料技术难题：

（1）工区各部位同一目的层埋藏深度差异大，盆地边缘及二号断层附近地层最大倾角可达20°，西北缘边界与二号断层锐角交汇区地层破碎，断裂异常发育，速度横向变化大，波场复杂，地震成像困难。

（2）原始资料信噪比低（尤其是盆地边缘及2号断层附近资料信噪比低），频带窄，分辨率较低，反射能量弱，干扰波严重，同相轴连续性差。

（3）表层低降速带厚度变化较大，一般在6～20m，激发岩性难以选取（图4−2−6）。

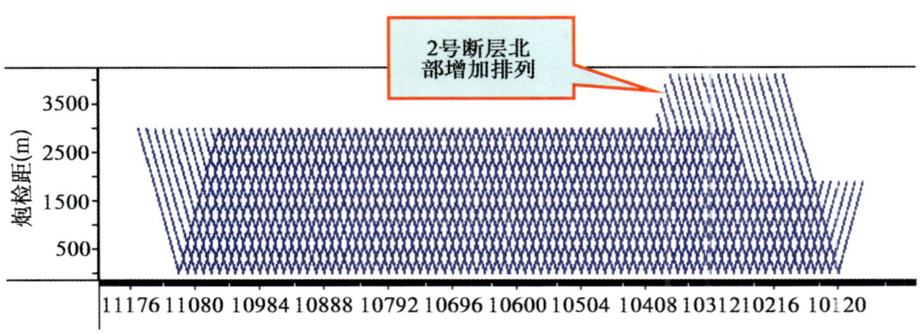


图4−2−6　2号断层北部增加排列长度

（4）西北缘断层后期受挤压应力作用发生上推逆掩，将造成下伏地层反射“盲点”，观测系统设计困难。

（5）盆地边缘近地表起伏大，静校正问题严重。

## 六、主要技术措施及效果

（1）采用动态范围较大的SN−388数字地震仪，检波器采用20DX−10地面检波器。不设低截频和陷波。为提高资料信噪比，缩小面元为25m × 25m，增加覆盖次数为10（纵）× 6（横），观测系统为12L × 24S × 120R。

（2）为获得足够的西北缘边界信息，边界附近加密炮点，使局部覆盖次数达到120次。为提高二号断层附近的成像精度，在二号断层下降盘加大排列长度，使排列长度达到144道，单线观测系统由一般的2975m−25m−50m−25m−2975m变为2975m−25m−50m−25m−4175m，使二号断层局部覆盖次数增至72次（图4−2−6、图4−2−7）。

（3）采集中，在岩性调查的基础上采用录井跟踪岩性，在胶泥层中激发，使用适中药量，在（50，60，120，140）Hz的分频记录上可见到较好的效果（图4−2−8）。

（4）资料处理中针对二号断层至西北缘间资料品质差的情况，做好叠前去噪，使面波、声波以及单频噪音等得到了有效压制（图4−2−9）。

（5）为克服复杂地表条件导致非同相叠加的问题，采用折射波法静校正与野外静校正相结合的方法，较好地解决了静校正问题（图4−2−10）。

（6）采用DMO叠加技术，通过试验选择合适的偏移手段，改善成像效果（图4−2−11、图4−2−12）。最终处理成果新三维资料较老三维资料具有较大幅度的改善（图4−2−13）。主要目的层$T_f$频宽8～60Hz，主频达35Hz（图4−2−14）。

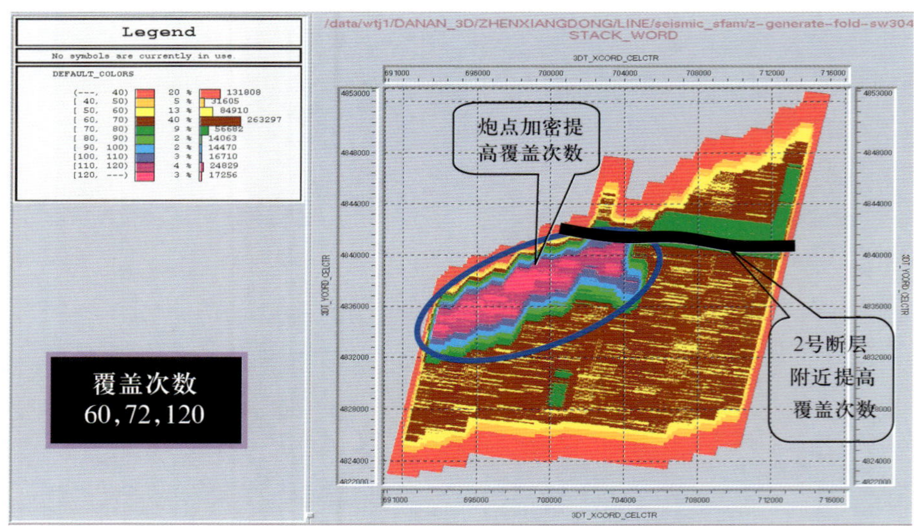


图4-2-7　大南地区三维二次采集覆盖次数图

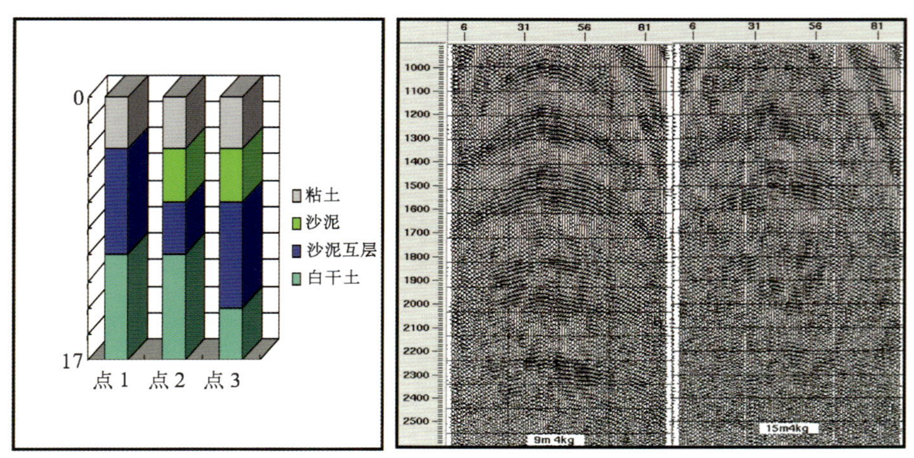


图4-2-8　选择表层激发岩性对原始资料品质影响较大

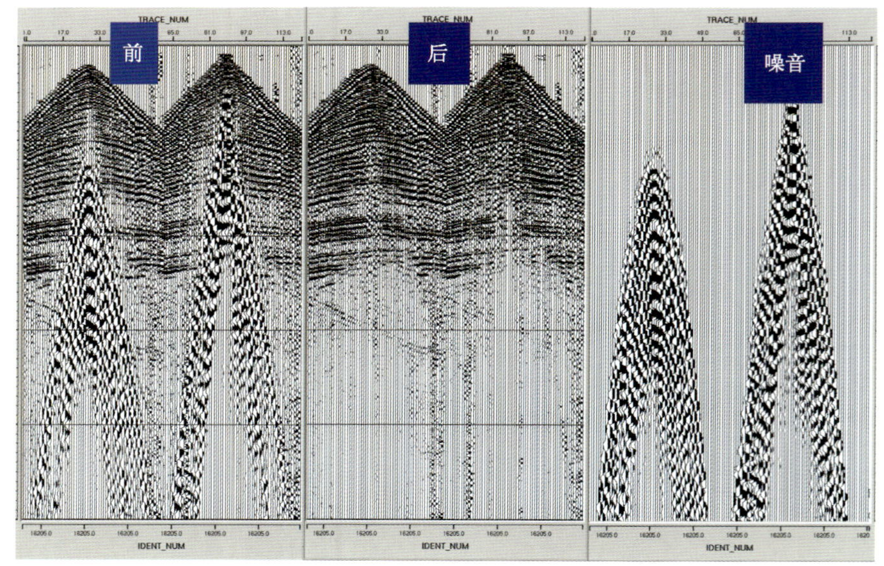


图4-2-9　面波压制效果

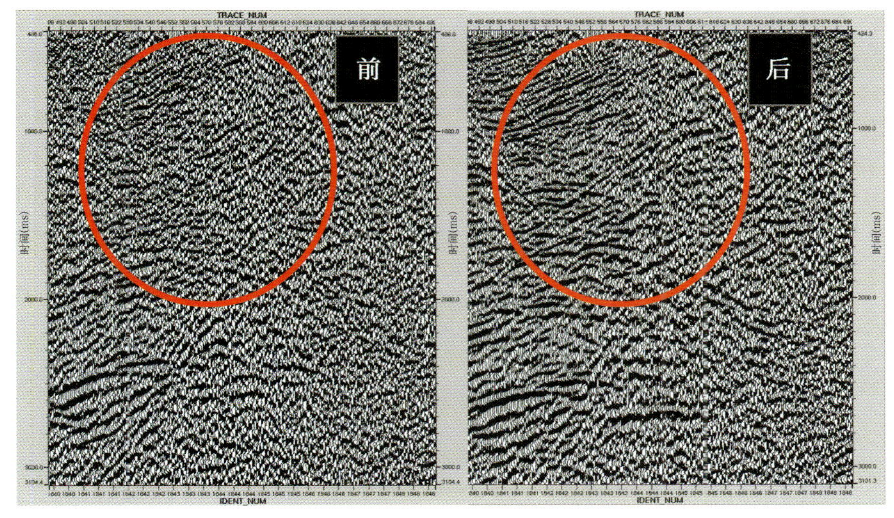


图4-2-10　静校正前后对比

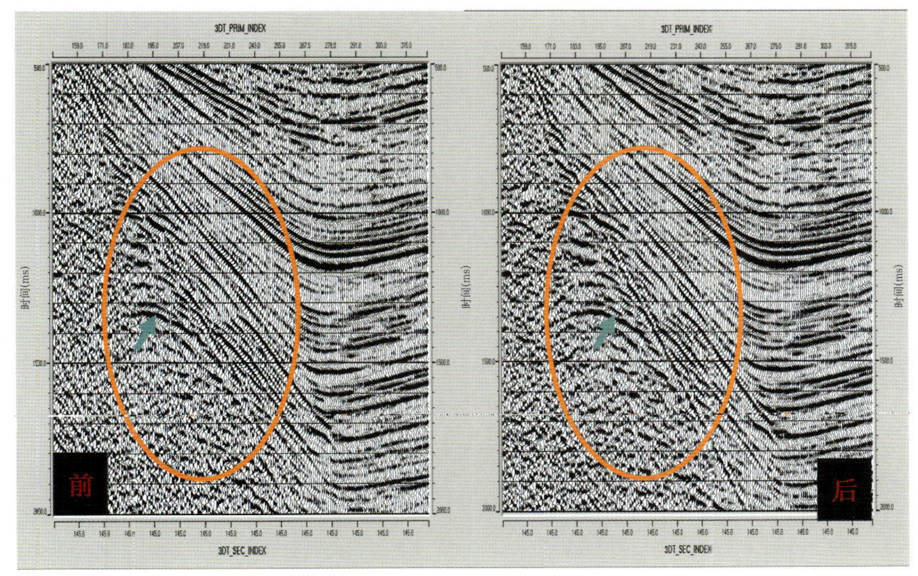


图4-2-11　DMO前后比较

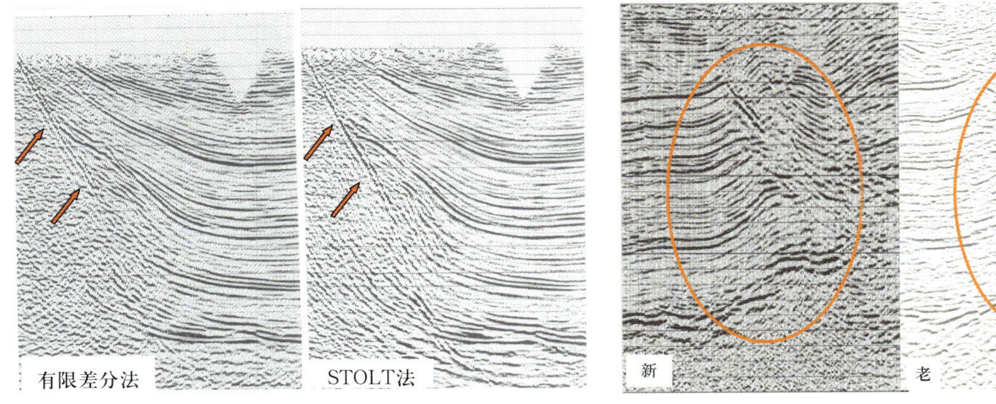


图4-2-12　偏移方法效果对比

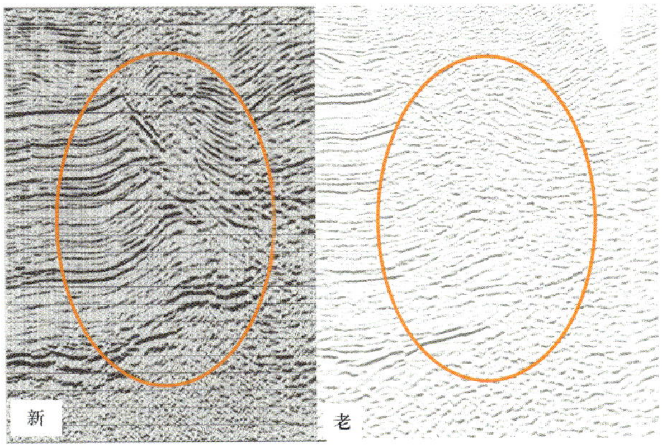

图4-2-13　新老三维地震剖面对比

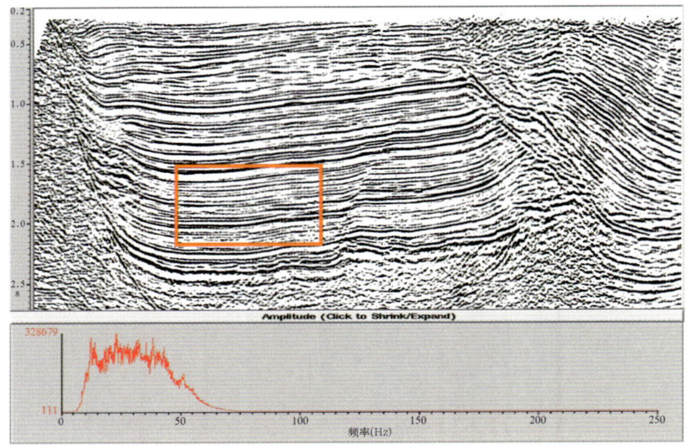


图 4–2–14　目的层段（$T_f$）频谱分析

要目的层砂体和储层的条件，并较准确地预测了盆地西北缘一系列短轴扇体。揭示了工区较好的成藏条件，是具有断块构造、断层—岩性，以及岩性控油为主的多种油气藏类型的复合成藏带（图 4–2–16、图 4–2–17），展现了 5000 × $10^4$t 以上的油气勘探潜力。

2003 年在二次三维采集后新发现的星 3 井西 1 号断垒构造圈闭上钻探了星 119 井，该井在双阳组见到超过 120m 的油气显示，其中在 2570～2581m 井段见到 1 层 11m 厚的油斑显示，测井解释孔隙度为 22%、含油饱和度为 60%，综合解释为油层，经过试油获 4t/d 工业油流和 5700$m^3$ 天然气（图 4–2–18）。

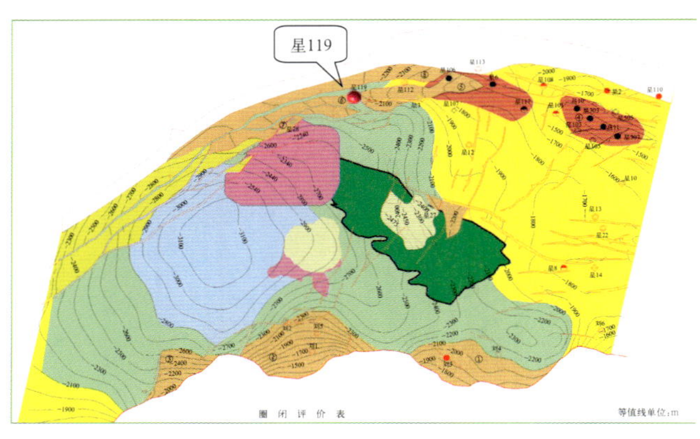


图 4–2–16　大南地区 $T_5$ 反射层构造图

现，使得久攻不克的大南复杂断块区，依靠三维地震二次采集技术进步，油气勘探取得了新的突破。大南地区重新采集的实践不仅深化了对该区石油地质的认识，进一步明确了油气分布规律，而且为伊通盆地勘探找到了新的钻探目标，拉开了新一轮勘探的序幕。

（7）在资料解释中，利用三维可视化及相干数据体技术细化解释方案，搞清了西北缘与 2 号、17 号断层的接触关系（图 4–2–15），发现了一系列与盆地走向一致的断裂，落实了一批断块圈闭。

## 七、主要地质成果与评价

通过二次三维地震采集，资料精度大幅度提高，新旧资料解释对比大南凹陷构造格局发生了很大变化（图 4–2–16），2 号、17 号控油断层位置、形态、性质和特征得以确定，落实和发现 20 个层构造圈闭，总面积 62.9$km^2$；重新采集资料具备了刻画主

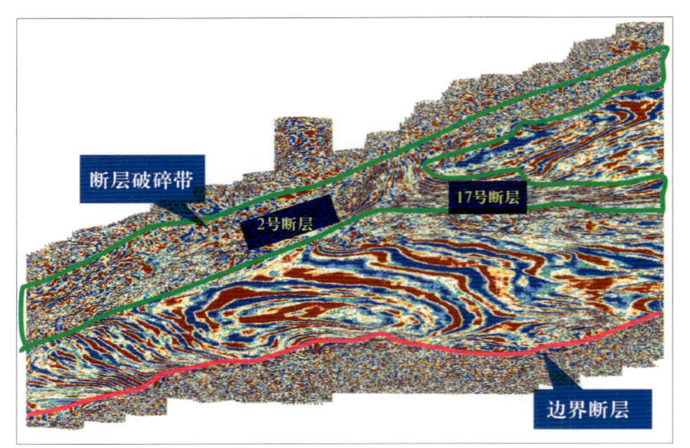


图 4–2–15　三维偏移剖面时间切片（1500 ms）

大南地区二次三维地震采集是在老三维资料的基础上，针对存在的地质问题和地震地质条件经过充分技术论证而实施的。二次采集的资料品质较好，经过资料处理技术攻关，较好地解决了复杂构造区的地震资料信噪比和偏移成像问题，精细解释后在 $T_5$（双阳组顶面）反射层发现一批新的构造和岩性圈闭目标。

二次三维地震采集技术在吉林油田复杂断块油藏勘探中起到了关键作用。星 119 井钻探的新发

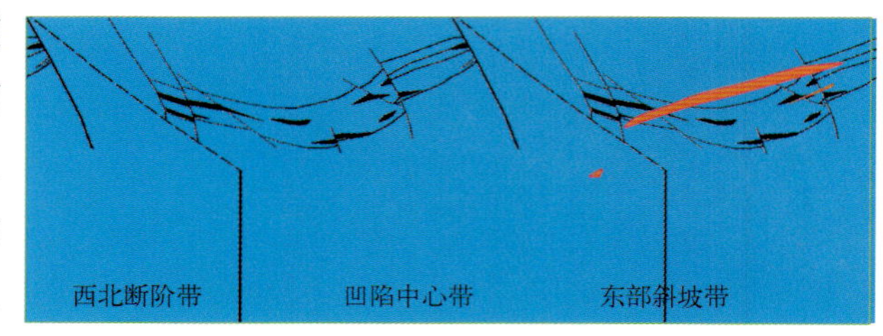


图 4–2–17　大南凹陷油气成藏模式示意图

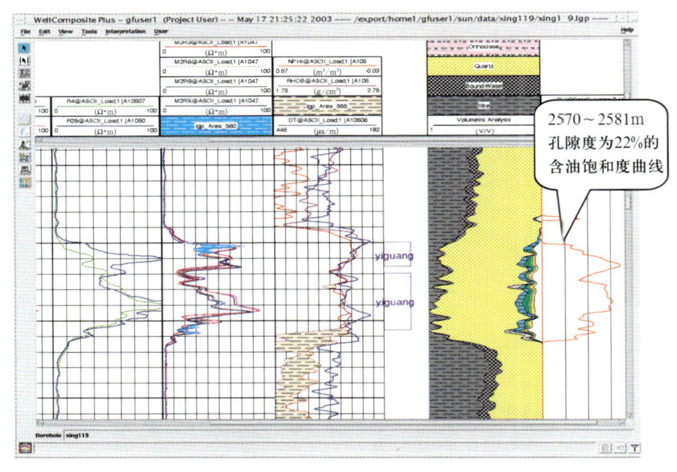


图4-2-18 星119井双三段测井处理解释成果图

# 第三节 综合地震技术在雷家复杂断块区勘探中的应用

辽河油田针对雷家地区断块构造复杂和储层变化快的特点，攻关总结了一套综合地震技术，应用于油气勘探，取得了认识上的突破并发现了有利勘探目标，从而打破了雷家地区的勘探僵局，获得了千万吨级的优质规模储量。

## 一、地理位置

雷家地区位于辽宁省盘锦市盘山县境内，东南方向距盘锦市15km，东北方向距台安县城10km，地理坐标为东经122°03′～122°52′，北纬41°15′～ 41°29′（图4-3-1）。

## 二、区域地质概况

雷家地区构造位置处于辽河坳陷西部凹陷中部次一级构造单元陈家洼陷的北部，北接高升鼻状构造

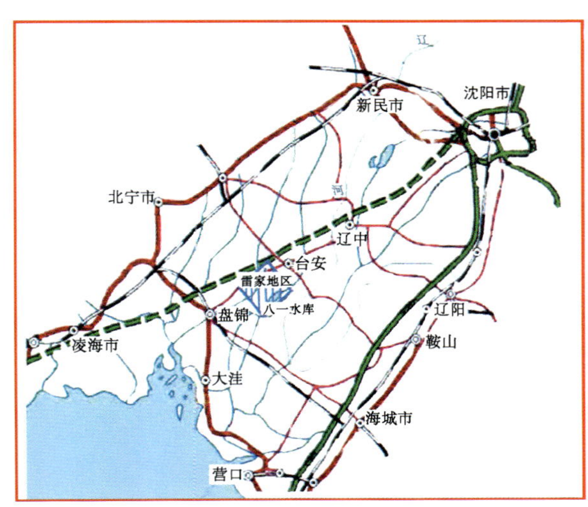


图4-3-1 雷家地区地理位置图

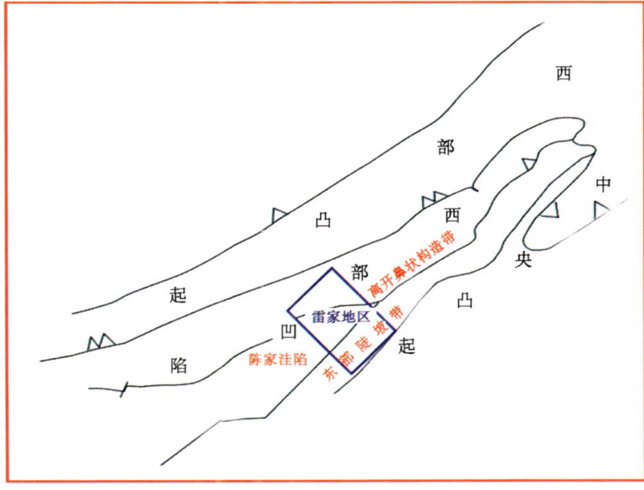


图4-3-2 雷家地区区域地质位置图

图4-3-3　雷家地区地表环境

带，东部以陡坡带与中央凸起相连，面积约200km²(图4-3-2)。陈家洼陷是下第三系继承性的沉积洼陷，最大沉积厚度6000m，钻探揭露了巨厚的沙三段，是西部凹陷六大生油洼陷之一，油气资源十分丰富。陈家洼陷南宽北窄，由南向北逐渐收敛，雷家地区处于洼陷、高升鼻状隆起与陡坡带构造交接部位，在多期次构造活动中，为应力的汇集区，形成了复杂的断块构造。

## 三、地表及人文环境

雷家地区位于现代下辽河三角洲平原上，地势平坦，地面海拔4～5m。工区内地面多为水田，沟壑纵横，鱼塘水系较多，柳河、绕阳河穿越工区，南部有八一水库，村镇、油井密集，地表条件较为复杂（图4-3-3），给地震资料的采集工作带来很大困难。沟海铁路、盘海高速公路由附近经过，沈盘公路横穿该区，乡镇公路四通八达，交通便利。该区属于海洋性和大陆季风性过渡带气候，12～1月最冷，气温在-20～10℃之间，冬季风力3～4级，冻土层厚0.5～1m，8月份最热，平均气温23℃，年平均降水量为605mm，雨季多集中在7～8月份，春季有风沙。

## 四、勘探程度

雷家地区自20世纪70年代钻探的雷11井在沙三段莲花油层获得工业油气流以来，经过30余年的勘探开发，目前二维地震测线密度平均可达0.6km × 1.2km，三维地震已基本覆盖全区，勘探面元为25m × 50m，完钻各类探井70余口，揭露的地层自下而上为下第三系房身泡组、沙河街组和东营组、上第三系和第四系，发现了沙三段、沙四段油层，累计上报探明石油地质储量1798 × $10^4$t，其中沙三段莲花油层为该区的主力油层。雷家构造带主体已基本被钻探，并已投入了全面的开发生产，勘探程度较高，但周边地区勘探程度较低。长期以来，由于地质条件复杂和地震资料品质较差等原因，该区的勘探工作处于停滞不前的状态。

## 五、 以往物探资料品质与难题

雷家地区三维地震资料包括不同年度施工、使用不同方法采集和不同参数处理的多块三维地震资料，工区边部的资料所占比例较大，覆盖次数较低；由于地表乡镇、河流、水库等因素的影响，造成野外地震施工短记录炮较多，地震剖面豁口较多；变观严重，剖面连续性差，直接影响构造解释；地震资料信噪比、分辨率普遍较低，沙三段主要目的层主频较低，仅为25Hz，频带宽度较窄，为10～35Hz，且干扰波发育(图4-3-4)。

该区的勘探工作面临着突出的地质难题：

（1）多期次、多种应力作用的断裂活动，造成断裂发育、陡坡带地层产状较陡，断点不清楚。复杂断块成为研究区的典型构造，构造落实难度很大。

（2）近物源、多物源、短水系，形成粗碎屑、相变快的沉积特征，另外，由于晚期走滑断层分割作用强，造成砂砾岩体的平面分布情况不清楚。

（3）由于断层切割形成的复杂断块以及储层的变化，使油气的分布情况不清楚，油、气、水关系十分复杂。

研究区所存在的地质难题以及地震资料品质的限制，给勘探工作带来了极大的难度。

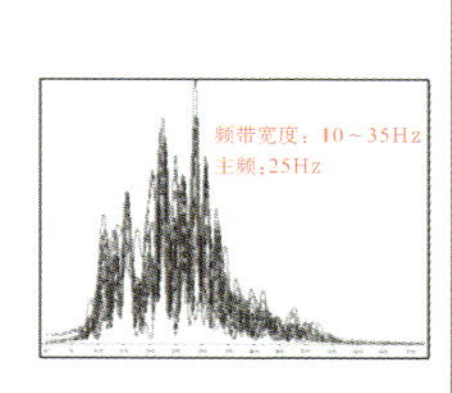


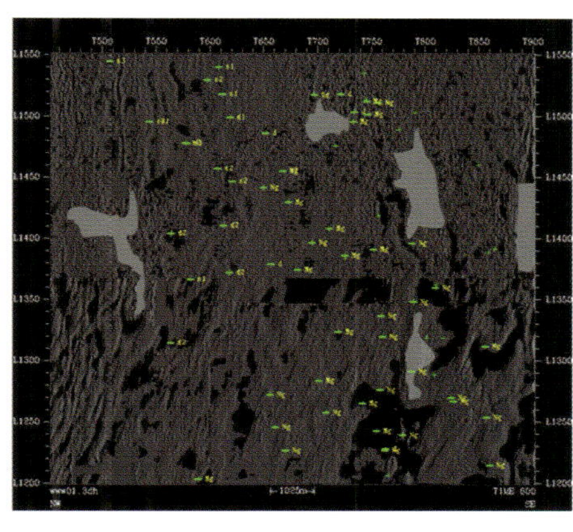

图4—3—4　雷家地区800ms地震切片(老资料)

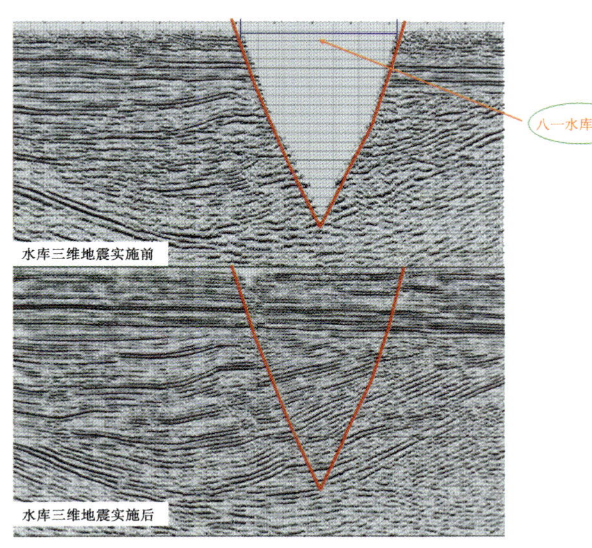


图4—3—5　过八一水库IN1180地震剖面

## 六、主要技术措施及效果

2001年针对雷家地区所存在的地质难题和物探技术难点，加强地震技术攻关研究与应用。

### （一）三维地震资料目标采集、处理技术

（1）针对区内存在的水库、沟渠等特殊地表条件的采集攻关。

采用水域内打井、套管下炸药，在水下深处泥沙中激发，减少爆炸破坏和水域污染；淤泥下方埋置检波器、加密炮点、增加接收道数等采集方法提高信噪比、分辨率，填补了水库地震资料的空白（图4—3—5）。

（2）2002年分公司在研究区安排了180km²的三维地震资料二次采集工作，并进行了采集和处理联合攻关。

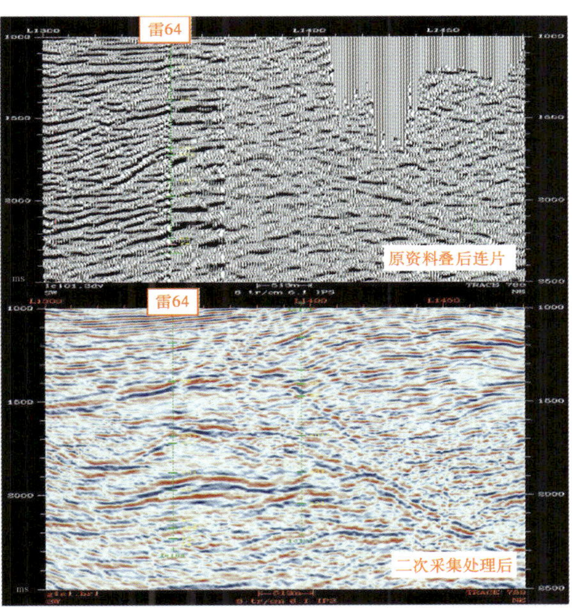


图4—3—6　雷家地区CR789地震剖面

二次采集工作应用了变井深、最佳岩性激发、大偏移距长排列、多次覆盖等技术，处理上应用了高精度速度分析、多域组合压制多次波、面元均化弥补能量损失、三维DMO技术提高复杂构造的成像质量等技术，新资料同相轴连续性、信噪比和分辨率改善效果明显（图4—3—6），为精细研究提供了资料基础。

### （二）全三维构造精细解释技术系列

对于复杂断块构造研究，在常规地震解释的基础上，充分利用Landmark解释工作站的强大功能，应用准确的层位标定技术（图4—3—7）、地震相干体技术（图4—3—8）、可视化技术（图4—3—9）、地震属性

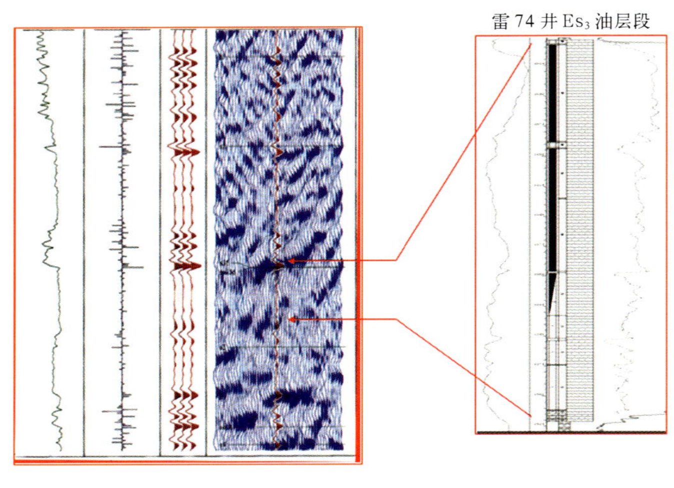


图4-3-7 雷64井合成地震记录标定层位

分析技术（图4-3-10）、构造成果可视化技术（图4-3-11）等，对地震数据体、薄片透视体、相干体、属性转换体等多种数据，进行全方位、多角度的三维观察和解释，改变了以往单剖面孤立的、片面的解释方式，准确落实了该区复杂断块构造。

### （三）地震储层预测技术

在准确的层位标定的基础上，建立准确的构造模型，联合应用地震相分析与地震异常体识别技术（图4-3-12）、测井约束波阻抗反演技术（图4-3-13）、储层参数反演技术（图4-3-14）等多种技术方法，研究和预测了砂砾岩体储层的展布情况。

### （四）“亮点”及AVO检测技术

通过地震剖面上“亮点”、“平点”直接指示气层（图4-3-15）；按照AVO原理，当孔隙砂岩中含

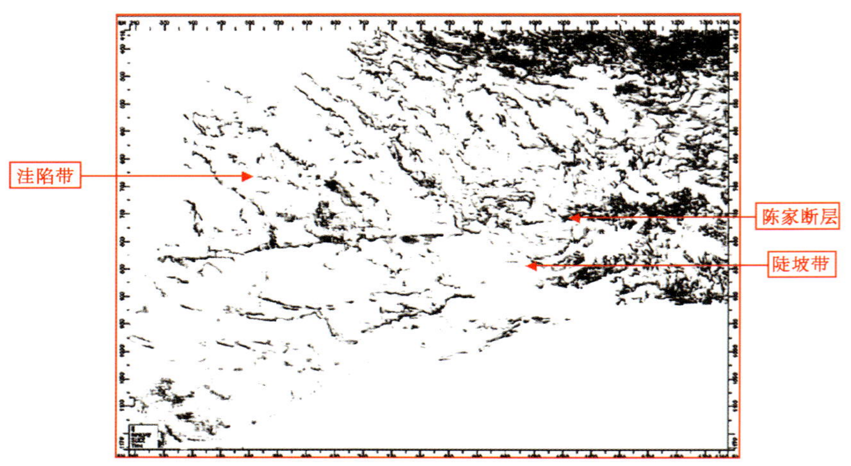


图4-3-8 1000ms相干体时间切片

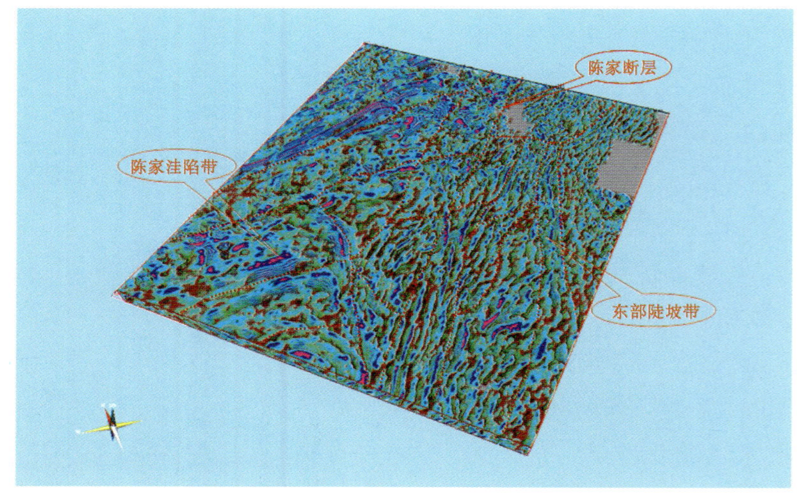


图4-3-9 雷家地区1720～1800ms水平薄片体可视化图

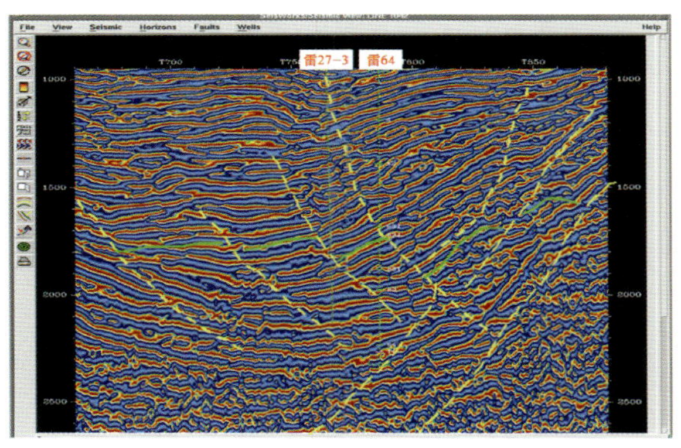


图4-3-10　IN1042地震相位余弦剖面
反映出以往钻探的雷27－3井钻遇断层，油层断失是该井钻探失利的主要原因

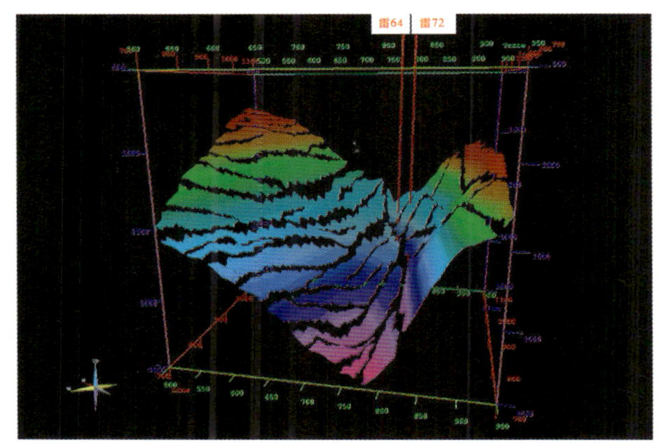


图4-3-11　雷家地区沙三段油层顶界构造可视化图

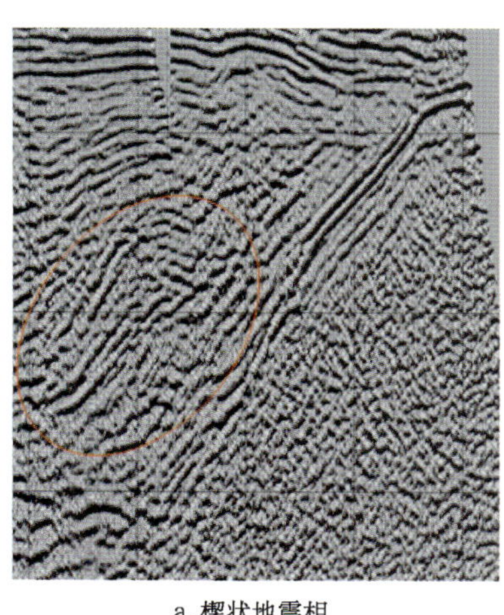

a.楔状地震相

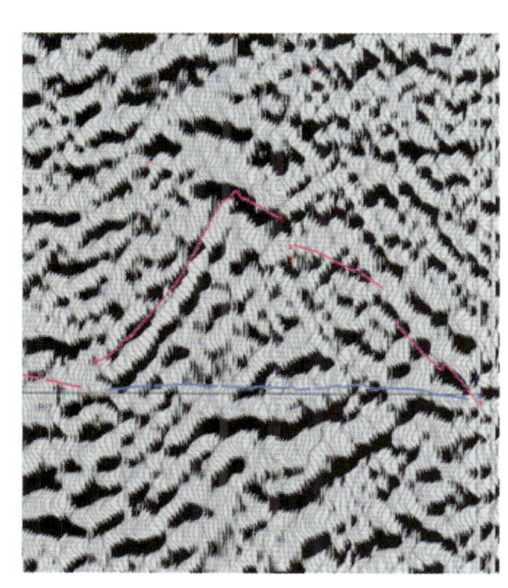

b.丘状地震相

图4-3-12　典型地震相剖面

天然气时，岩石泊松比降低，出现振幅随炮检距的增大而增大的现象，并进一步应用AVO技术对气层进行检测和预测气层的分布范围（图4-3-16、图4-3-17）。

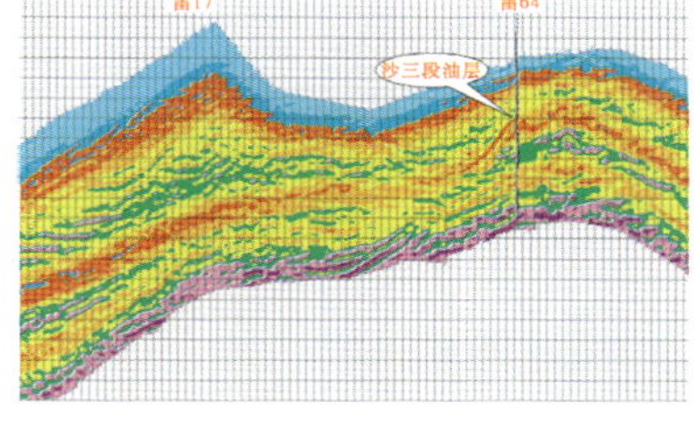


图4-3-13　雷64井至雷17井波阻抗剖面

## 七、主要地质成果与评价

通过几年来不断深入的石油地质规律研究和地震新技术的成功应用，取得了如下认识：

图4-3-14　雷家地区砂砾岩预测厚度与复杂断块配置关系平面图

（1）雷家复杂断块区由于断层发育、断距大、地层产状陡和储层变化快，造成油气分布十分复杂，构造和储层的有机配置是油气成藏和富集的关键，从而认识到构造和储层不匹配是雷家地区以往一些钻探井失利的主要原因，挖掘了该区的勘探潜力，为勘探突破奠定了基础。

（2）多期、多种应力作用的断裂活动，形成了断阶型、地堑型、地垒型、屋脊型等多种复杂断块构造，复杂断块的分布受主干断裂控制明

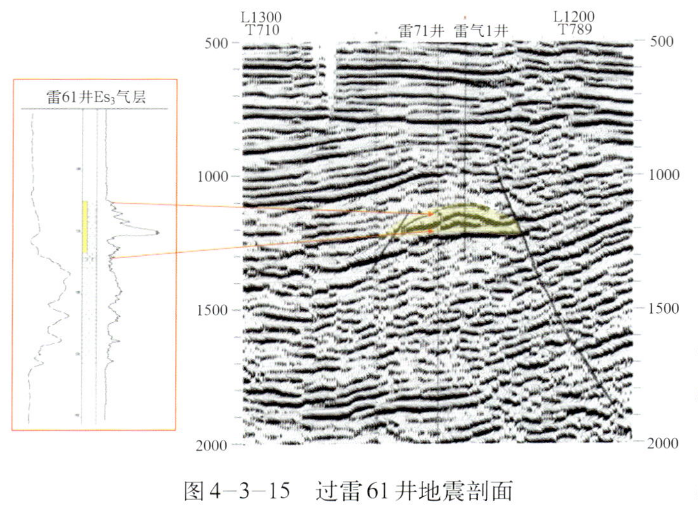

图4-3-15　过雷61井地震剖面

显，沿主干断裂呈条带状展布。

(3) 砂砾岩体由扇三角洲和水下扇成因的砂砾岩组成。总体上由东向西砂砾岩体由厚变薄，并具有沿短轴方向和长轴方向展布和呈条带状集中发育的特点。

(4) 沙三期大规模发育的砂砾岩体直接与生油岩接触，具有有利的成藏组合。总体上，砂砾岩体的分布控制油气的分布范围；主干断裂控制油气的聚集和含油断块的分布；构造背景与储集物性较好的砂砾岩体相配置形成油气富集区。

重新发现和落实了有利圈闭12个，总面积约20km²，相继部署和成功钻探了12口井（图4-3-18），均见到了良好油气显示，经试油有7口井获

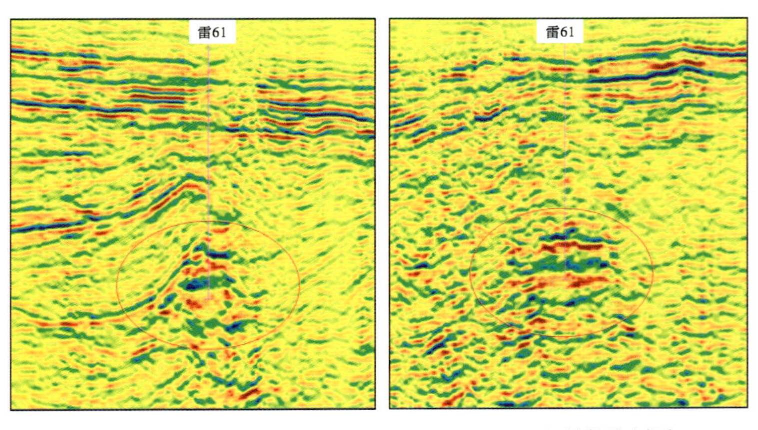

a. AVO 宽角叠加剖面　　b. AVO 泊松比剖面

图4-3-16　过雷61井AVO剖面

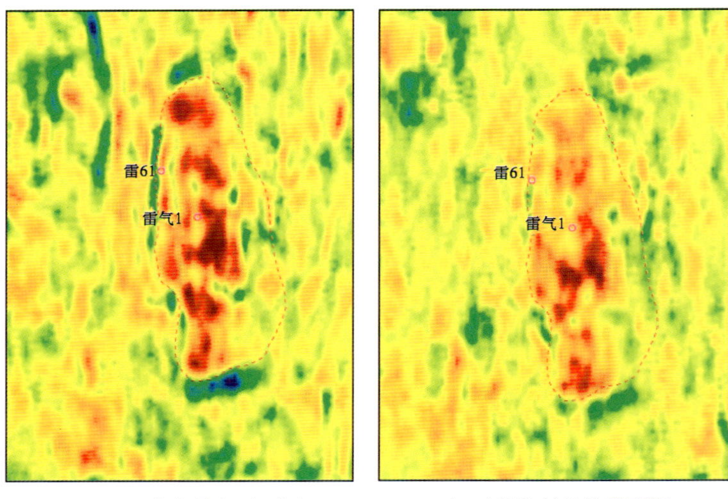

a. AVO 宽角叠加平面图　　b. AVO 泊松比平面图

图4-3-17　雷61井区AVO平面图

工业油气流，且雷64井、雷72井、雷气1井等4口井获高产油气流，其中雷64井在沙三段电测解释油层2层182.3m，在2042～2065m井段射开1层23m，10mm油嘴日产油95.46m³，日产气11512m³，获高产油气流；雷气1井在沙三段1264.0～1293.3m井段射开5层12.2m，6mm气嘴放喷生产，日产气42800m³，获高产气流，从而在雷家地区取得了“一个突破性进展”和“一个发现”的重大勘探成果。

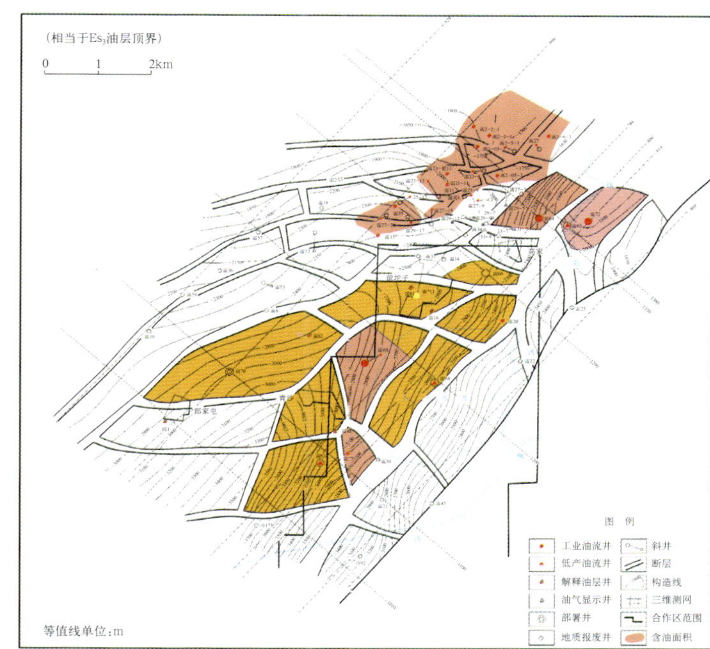

图4–3–18　雷家地区勘探成果图

一个突破性进展：突破了雷家地区长期以来的勘探僵局，取得了雷家地区巨厚砂砾岩油气藏勘探的重大进展。

一个发现：在沙三中亚段新发现了一套气层。

雷家地区2002年上报探明石油地质储量$1175 \times 10^4$t，含油面积$2.2km^2$，探明天然气储量$5.67 \times 10^8m^3$，含气面积$1.3km^2$，上报预测石油地质储量$759 \times 10^4$t，含油面积$1.8km^2$。雷64、雷61块均已投入了开发生产，其中雷64块以油层厚度大、储量丰度高、油品好、产量高而著称。

随着勘探形势的变化和面临的勘探对象的日益复杂化，地震技术在勘探实践中愈来愈发挥出重要的作用。雷家地区的勘探实践证实，以石油地质规律为指导，针对具体地质问题做到目标明确、有的放矢，地震技术应用前景十分广阔，地震技术与石油地质规律有机结合是取得勘探成功的关键。

## 第四节　老爷庙地区二次三维地震勘探

通过进行二次三维地震采集，使老爷庙地区地震资料的品质得到了改善，为构造解释及综合地质研究工作打下了坚实的基础，勘探成功率大幅度提高，从而结束了老爷庙地区有油无田的历史。

### 一、地理位置

老爷庙地区（图4–4–1）位于河北省唐山市南部沿海，行政区划隶属唐海县和滦南县。

唐山人文历史悠久，地理位置优越，自然资源丰富，经济基础雄厚，是具有百年历史的重工业城市，被誉为“中国近代工业的摇篮”。除了丰富的石油资源外，已发现并探明储量的矿藏有47种，其中包括煤炭、铁矿、石灰岩、黄金等矿产资源。农副产品主要有板栗、核桃、苹果、红果、玉米、小麦、水稻、花生等，另外南部沿海是渤海湾的重要产鱼区。

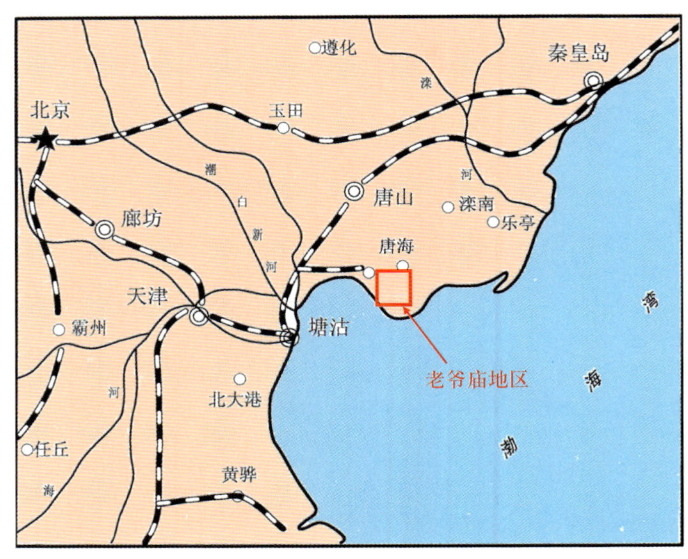


图4—4—1　老爷庙地区地理位置示意图

## 二、区域地质概况

老爷庙构造带位于渤海湾盆地黄骅坳陷东北部的南堡凹陷内，它是一个受北部边界断层——西南庄断层控制的滚动背斜构造，其北面是西南庄—柏各庄凸起，西面是北堡构造带，东面与高尚堡构造带相邻，有利勘探面积80km²（图4—4—2）。

## 三、地表及人文环境

工区内地貌复杂，分布有苇地、鱼池、卤池、河流、油井、输油管网等。

南部沿海有海中天然植物园之称的石臼坨岛；京唐港金银滩是天然的海滨浴场。地表条件的影响主要表现在：由于鱼池、卤池中喂养着鱼、虾等，不能放炮，因此需要采取变观，这在某种程度上要影响到施工的质量；另外，工区内钻机的运转所产生的振动，对地震信号的采集形成噪音干扰等。

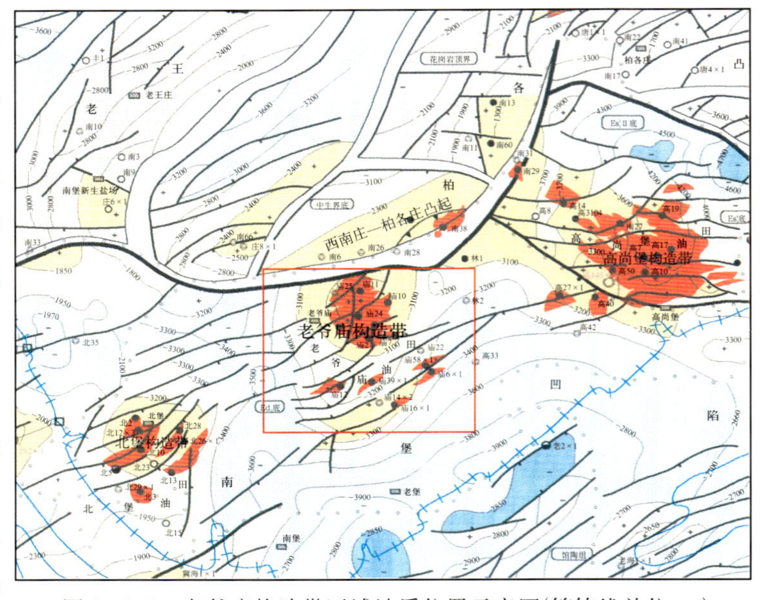


图4—4—2　老爷庙构造带区域地质位置示意图(等值线单位：m)

## 四、勘探程度

老爷庙油田的勘探始于20世纪60年代，经历了非地震勘探、模拟地震勘探、二维数字地震勘探及三维地震勘探等几个阶段。由于地震地质条件复杂，勘探工作经历了十分艰难曲折的过程。

1962—1965年完成了1∶10万的重磁普查，1988年进行过1∶5万的航磁测量，1989—1990年又在该区进行了测网密度为250m × 500m的1∶5万的高精度重力和磁法勘探。

1976—1979年模拟地震工作完成后，完钻探井2口，均未获得工业油流。1979—1987年进行了测网密度为1km × 1km的二维数字地震勘探，1985—1990年间共完钻探井31口，其中15口井获工业油流，个别井单井日产量很高，但未形成规模油田，仅获控制储量555 × $10^4$t。

1988—1990年进行了覆盖全区的三维地震勘探。1991—1992年根据三维地震资料解释成果在庙南完钻探井3口，均未能获得工业油流。这一方面说明本区构造十分复杂，另一方面也证实其地震资料还不能适应本区的勘探工作。

1992年又在该区进行了以小道距、高覆盖次数为特征的二维地震采集试验，最终剖面信噪比虽有较大幅度的提高，但受多次波的干扰，其勘探效果并不明显。

1996年在国内知名物探专家严格审查和充分论证的基础上，对老爷庙地区进行了二次三维地震采集，这也是中国陆地地震勘探史上首次进行的二次三维地震采集。

截止到2002年，全区共钻探井57口，勘探成功率为50.9%，探井密度为1.73口/$km^2$，勘探属于中期阶段。

图4－4－3　工区环境示意图

## 五、以往物探资料品质与难题

一次三维地震勘探后由于地震资料品质差，尤其上第三系馆陶组以下未见有好的地震反射（图4－4－4），对构造格局的认识更加不清楚，仅参考井资料，推测解释为被几条近东西向断层复杂化的断鼻、断背斜，构造细节十分不清楚。

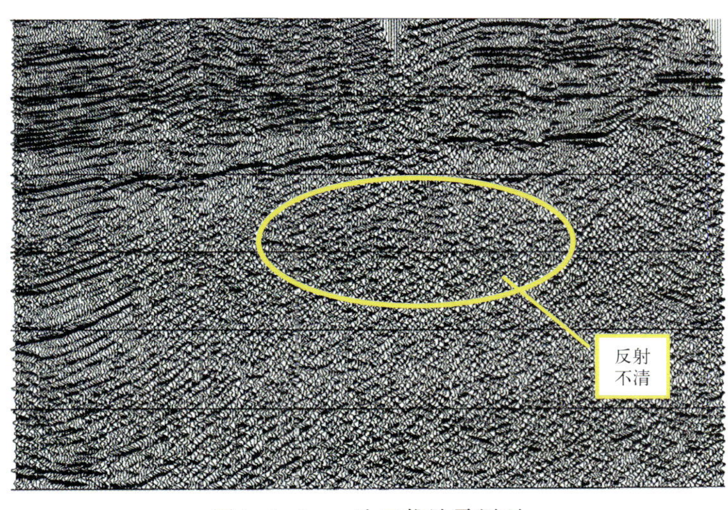


图4－4－4　一次三维地震剖面

在二维地震方法攻关取得认识的基础上，又经过充分的分析、论证，认识到该区对地震采集来说存在如下难点：

（1）地貌复杂：工区内分布有苇地、鱼池、村庄、厂矿、油井、卤池、河流、公路等，严重影响了炮点的布设，造成覆盖次数、炮检距、方位角的分布不均匀，极不利于将来的资料处理，在一定程度上会影响资料品质。

（2）中深层岩性组合差，反射界面少，且主要地质界面的反射非常微弱。本区主要目的层——中深层（东营组各段及沙河街组地层）主要为砂泥岩互层，由图4－4－5a可以看出，其速度、密度差异很小，这就造成了反射系数很小，反射极其微弱，而且岩性横向变化大，这是二次三维地震采集的首要难点之一。

（3）上第三系明化镇组上部岩性主要为中粗砂岩与少量薄层泥岩，下部为大套泥岩夹薄层细砂岩，岩性组合的特点是岩性界面多，反射系数大，因而能形成比较好的反射，同时馆陶组、东一段、东三段等还分布有大面积、多层位的火成岩，这种厚度变化大、反射强的岩性组合，像一床厚厚的“被子”一样，使激发能量很难下传，造成了严重的屏蔽现象，而且容易产生各种类型的多次波（特别突出的是层间多次波）。

（4）构造顶部断层十分发育，断块小而多，使得地震波场复杂，成像困难。

（5）十分严重的层间多次波和全程多次波强烈干扰了中深层本来就十分微弱的有效反射，进一步加大了勘探的难度。图4－4－5b是庙2井包括多次波和一次波的合成记录，可以看出馆陶组以上的上第三系反射很强，下第三系的东营组各段虽有反射，但很多都是多次波同相轴，有效反射均被淹没了。

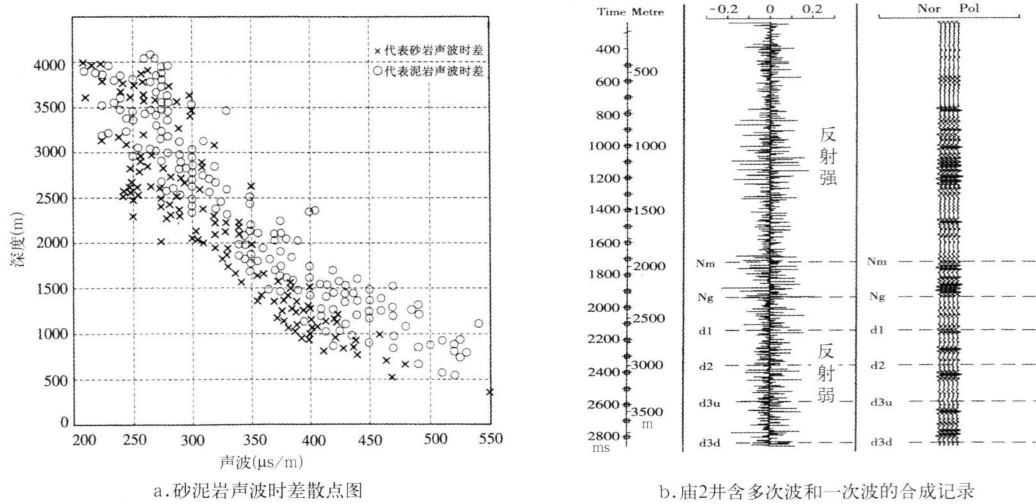


图4—4—5 影响一次三维地震资料采集质量因素

图4—4—6是本区两个典型的速度谱，2s以下反射能量很强，但主要是低速多次波的表现，这与井的合成记录分析结论一致。

以上（2）、（5）为主要技术难点，它们既是影响地震资料品质的主要原因，又是本次攻关面临的首要问题。

## 六、主要技术措施及效果

要达到预定的地质目标，对地震采集来说，核心是如何获得较高信噪比的野外资料，更具体地说，

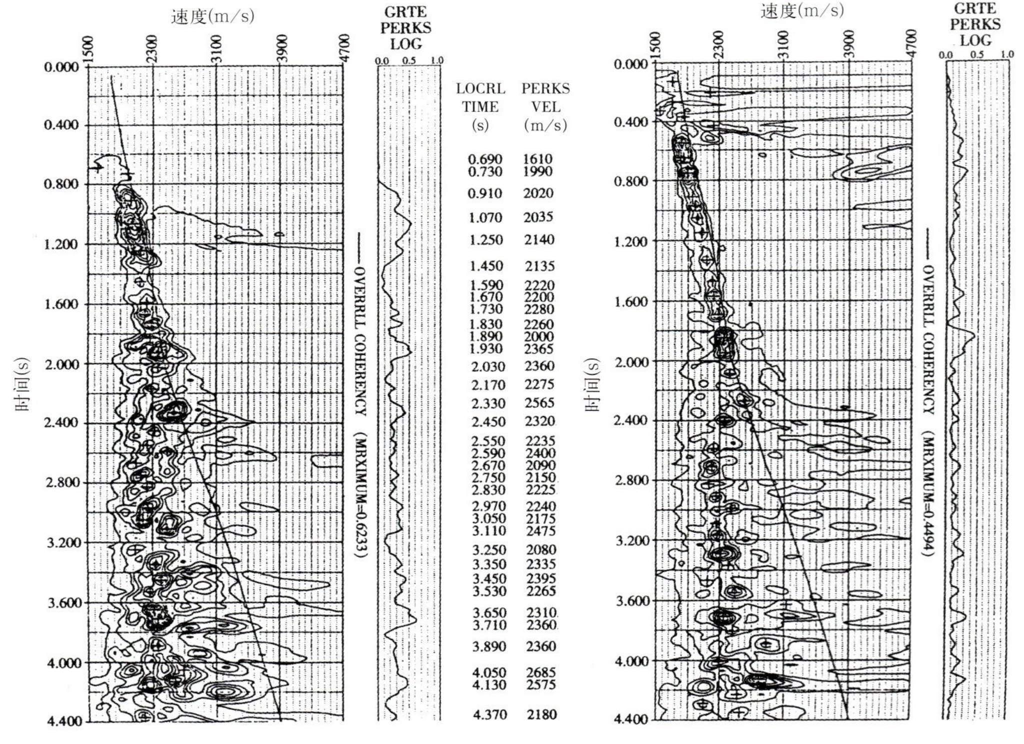


图4—4—6 老爷庙地区速度谱

就是野外采集如何体现预先的设计思想，使得所采集地震资料的覆盖次数、炮检距、方位角分布均匀，获得一个高质量的原始数据。为了解决上述难点，二次三维地震采集针对该区复杂的地震地质条件，在先期试验的基础上，采取了以下攻关技术措施：

（1）采用检波器下井接收、中密中低爆速炸药激发、大动态范围（24位）地震仪记录以及提高覆盖次数、减少环境噪音等措施，提高资料的信噪比和分辨率。

（2）在资料处理中，运用经多次试验证明是最有效的时差法，对多次波进行消除。

（3）针对本区浅层断层多、断块小的特点，选择较小的最小炮检距和对称小面元等采集参数，以便使构造顶部的绕射波收敛和陡断面反射波清晰成像。

（4）现场实时设计变观系统，保证在复杂的地貌条件下激发点位、接收点位的准确性，以及覆盖次数、炮检距、方位角的均匀性。

本次施工实放近万炮，总空炮率小于1‰，经两家处理单位处理证实，点位不准确率小于3‰，单炮记录背景能量小，现场处理剖面与第一次三维最终叠加剖面相比，多次波得到较好压制，信噪比普遍提高。馆陶组及以上的资料有较高的信噪比，分辨率也较高，目的层（东营组各段）资料品质得到大幅度改善，能量够，连续性增强，断面波清楚。从图4－4－7可看出，所采集资料的覆盖次数、炮检距、方位角分布基本均匀。

从最终处理出来的地震剖面效果看，二次三维地震采集处理资料的浅层（上第三系明化镇组、馆陶组）资料较老三维资料信噪比和分辨率有新的提高，断点非常清楚，可用于精确构造解释和储层预测；中深层（主要目的层）的信噪比提高幅度较大，连续性增强，原来沙一段基本上没有得到有效反射，现在反射比较清楚，断面波清楚，多次波得到有效压制（图4－4－8），这大大增加了资料解释的可信度，为老爷庙整体评价奠定了可靠的资料基础。

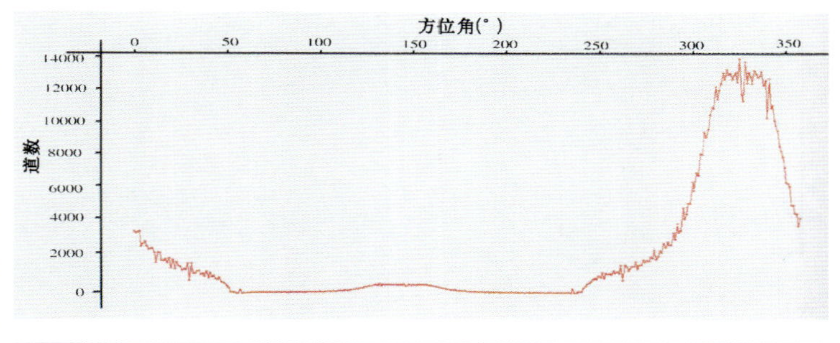


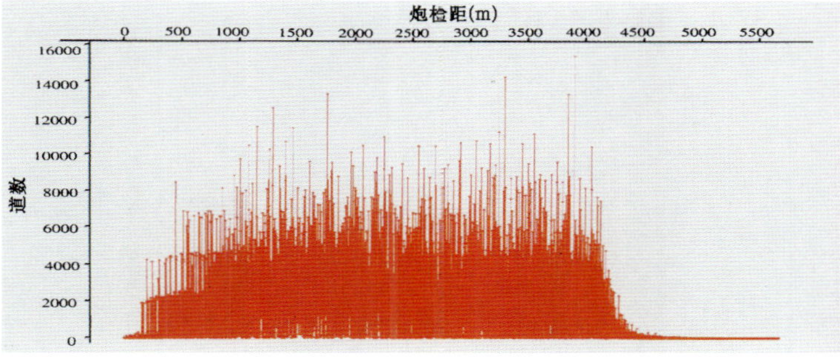


图4－4－7　资料采集的炮检距、方位角分布图

通过实施二次三维地震，使地震资料的品质得到了很大的提高，从而保障了构造解释成果的精度，构造符合率达到了90%以上。中深层构造面貌发生了较大的变化，用新的二次三维资料解释的东一段底界构造图与用一次三维资料解释的成果相比，构造形态更加落实，断层组合方案更加合理（图4－4－9）。即使原来资料较好的浅层（明化镇组、馆陶组），由于新资料品质的全面改善，用其解释的构造细节也发生了变化。东营组以下的资料品质改善较大，在一次三维地震资料上，该层段几乎没有有效反射，无从进行构造解释，而在二次三维地震资料上，该层段反射特征明显，地层产状清楚，解释出的沙一段底界构造形态为一完整的背斜，且构造相对简单，为下步的中深层勘探奠定了基础（图4－4－10）。

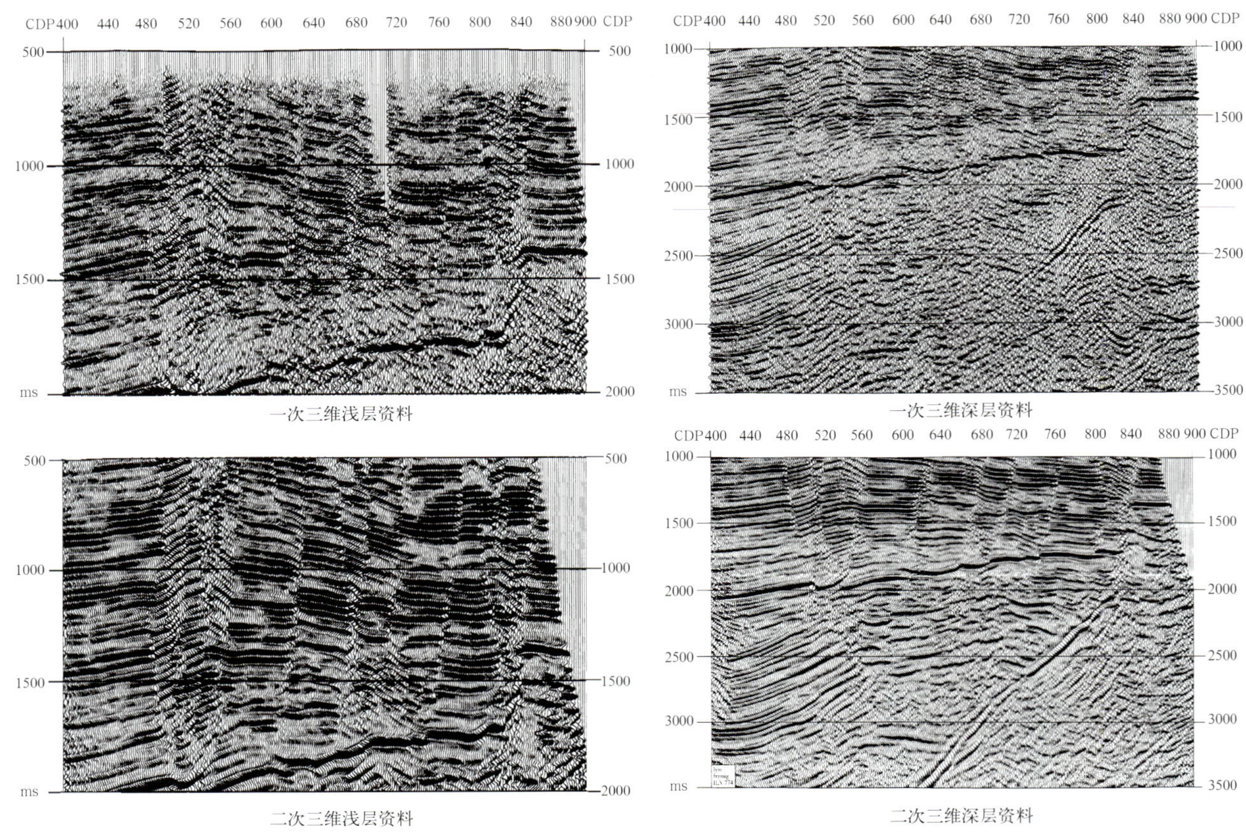


图4-4-8　一次三维资料与二次三维资料对比图

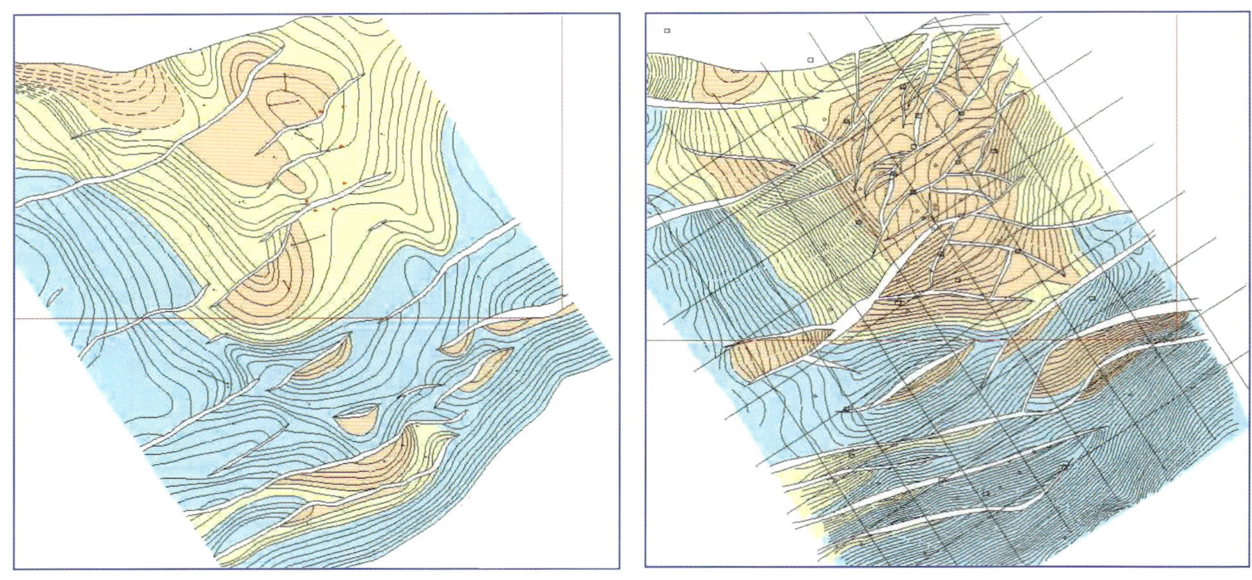

a.老爷庙地区东一底构造图（应用一次三维资料）　　b.老爷庙地区东一底构造图（应用二次三维资料）

图4-4-9　新老地震资料解释成果对比图

## 七、主要地质成果与评价

经过钻探，在不同层系发现了不同类型的油气藏，如以M28×1井、M36×1井为代表的明化镇组、馆陶组浅层背斜油气藏；以M24×2井、M28×2井为代表的东一段、东二段高产油气富集区块；以M11×8井、M36×1井、M28×1井为代表的东三段油气藏以及以M103×1井、M38×1

井为代表的东营组凝析气藏（图4-4-11）。

通过三年的勘探工作，老爷庙地区的勘探开发取得了重要的成果，为油田的增储上产做出了重要的贡献，主要体现在：

（1）二次三维地震勘探成果对老爷庙构造的勘探取得成功。

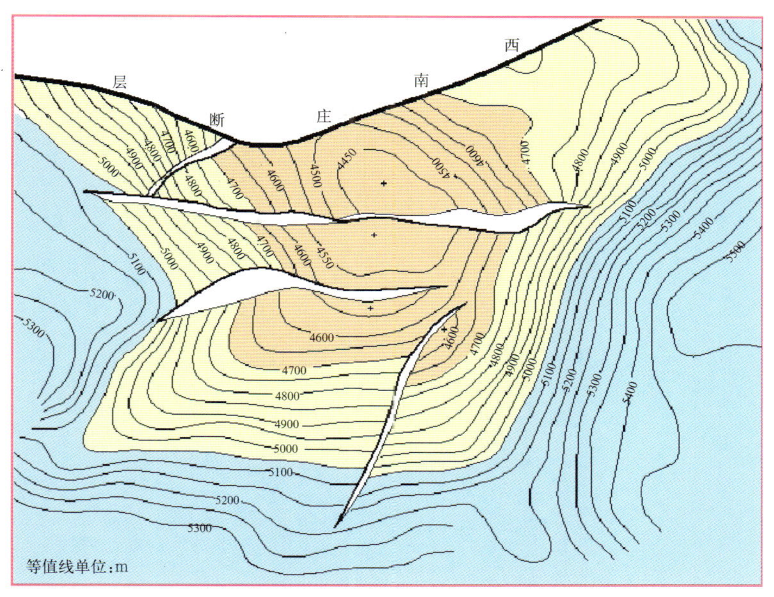


图4-4-10　老爷庙地区沙一底构造图（应用二次三维资料）

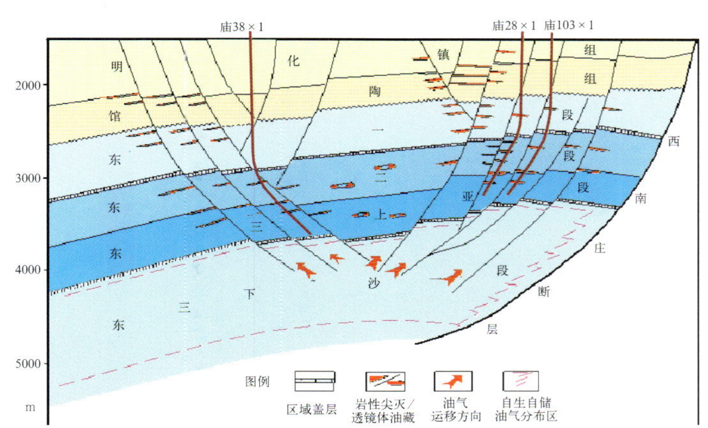


图4-4-11　老爷庙地区油气成藏综合模式图

1997—1998年，在老爷庙地区二次三维地震资料解释的基础上，通过综合地质研究、科学论证、精心设计、钻探多目标定向井，又在庙北地区部署了M30井、M36×1井、M103×1井、M106×1井、M109×1井等一批探井，口口获得成功，并发现了明化镇组、东三上亚段、东三下亚段等油藏和凝析气藏。两年的勘探，基本拿下了庙北背斜中浅层，为1997、1998两个年度储量任务的完成奠定了基础。在对庙北背斜中浅层勘探取得成功以后，利用新资料对庙南地区进行了精细构造解释。由于新资料品质较第一次三维地震资料明显提高，使得断点解释准确，构造细节落实。通过圈闭优选及深入的井位论证，选定上下层构造叠合的4号断层上升盘为首选勘探目标，部署设计了M38×1井多目标定向斜井（图4-4-12），一举获得成功，在东一段获得高产油气流，东二段、东三段见到良好的油气显示，使庙南斜坡带的勘探工作在停止了五年之后进入一个新的勘探阶段。

（2）为部署多目标定向井提供了基础。

老爷庙油田属于复杂小断块区，在这样的地区勘探，需要在勘探部署、设计和实施中精雕细刻、精打细算、科学打井。针对不同的钻探目标，我们采用了三种办法：一是对于反向屋脊断块，沿断层上升盘打一摞“草帽”；二是对于顺向断块，沿断层下降盘打一把“牙刷”；三是对于复杂断块，注意兼顾浅、中、深不同目的层位的多个高点。在地震资料品质差的地区，以上设计思想无法实施。由于老爷庙地区二次三维地震资料品质的提高，使构造得以落实，断点清晰，在设计中尽量考虑运用定向斜井技术，用一口井钻探多个目标，成功地钻探了M38×1井、M106×1井等多种类型的探井，从而提高了勘探成功率和勘探效益。

（3）获得明显的勘探效益。

老爷庙油田1995年以前共钻探了39口探井，由于地震资料品质低劣，构造不清，只有15口探井

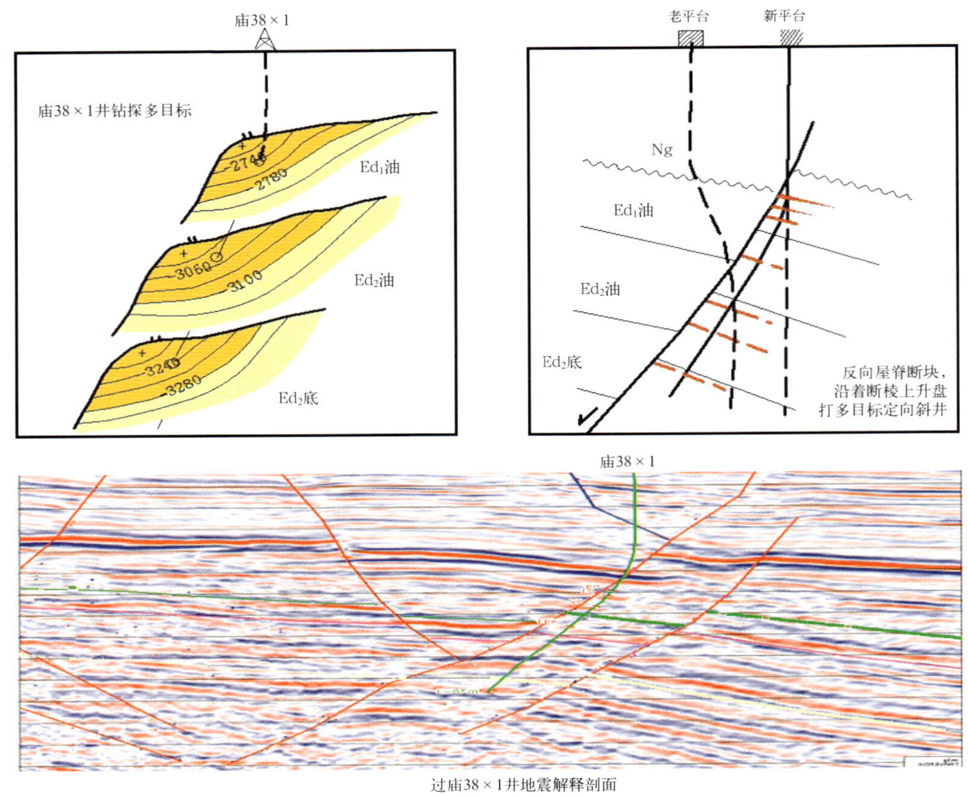

过庙38×1井地震解释剖面

图4-4-12　庙38×1井井位设计图

获得工业油气流，探井成功率为38.5%，共探明石油地质储量605×$10^4$t，平均单井探明石油地质储量15.5×$10^4$t。

自开展二次三维地震以来，在老爷庙地区共钻探井13口，完钻11口，除一口井获低产油流外，其他井均获得工业油流。正在钻进的M108×1井、M6×1井也见到较好的油气显示，探井成功率达到90%。

1997—1998年探明石油地质储量1237×$10^4$t，平均单井探明石油地质储量是1995年前的近6倍，勘探效益倍增。1995年以前探明的605×$10^4$t储量中，大部分属于待落实储量，只有M101区块的73×$10^4$t储量投入了开发；1996年以来新探明的1237×$10^4$t储量动用程度达到80%，截至目前共钻开发井30口，无一落空，现已建成年生产能力9×$10^4$t，为油田的增储上产做出了贡献，为提高探井成功率及勘探开发效益发挥了重要作用。

## 第五节　大港滩海羊二庄区块三维地震资料连片处理解释

三维地震资料连片处理技术运用于大港滩海羊二庄地区4个区块的连片处理中，取得了巨大的勘探效果，本节介绍了滩海区地震资料连片处理关键技术、处理效果及应用成果。

大港滩海区具有特殊的地表条件及复杂的地下地质结构，各年度采集的地震资料品质差异较大，近年来通过滩海区的三维地震资料品质分析及评价，对资料品质差但尚有提高潜力的重点勘探区块进行优选，并陆续完成了多块三维的连片重处理工作。2001年完成羊二庄东三维地震资料采集后，对该区4个年度三维地震资料进行了连片处理，采用叠后去噪、振幅补偿、子波一致性处理等技术，资料品质有较大程度的提高。通过构造落实和砂体评价，在羊二庄断层两侧发现落实了一批构造和砂体圈闭，经钻探获得了重大发现，成为大港滩海5000 × $10^4$t级的整装储量区。

## 一、地理位置

羊二庄三维连片处理面积210km²，包括1995年羊二庄一区三维32km²、1997—1998年赵东三维108km²、2001年羊二庄东三维70km²。

该区位于河北省黄骅市东北部，南起徐家堡村，北到南排河镇，西部是黄骅盐场，东部伸至2m水深线以外的极浅海区。北距天津新港约60km，南距黄骅港约15km（图4—5—1）。

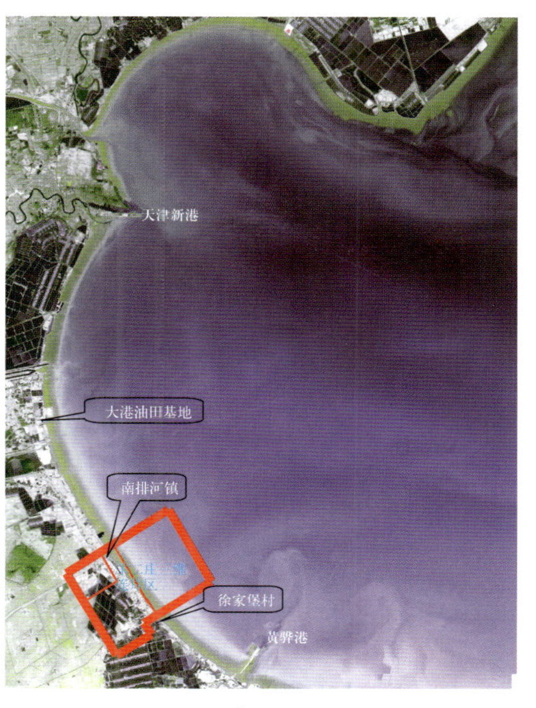

图4—5—1　羊二庄地区区域地理位置图

## 二、区域地质概况

羊二庄三维连片处理区在区域构造上位于歧口凹陷向埕宁隆起过渡的埕北断阶区。北邻张巨河油田，西靠羊二庄油田，东接赵东油田。该区处于埕北斜坡的基岩高背景区，受北东向的羊二庄—海4井断层及近东西向的赵北和张东几条大断层控制，形成了由南向北节节下掉的断阶构造，包括羊二庄南、羊二庄、赵北、海4井、张东等断阶构造（图4—5—2）。

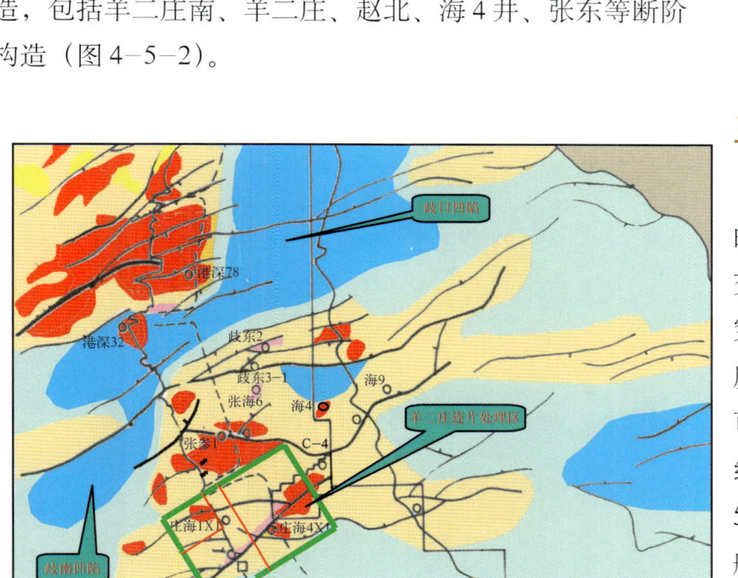

图4—5—2　羊二庄地区区域构造位置图

## 三、地表及人文环境

该区地表条件复杂，陆地上以大面积的盐田、卤池、鱼虾池为主，其间沟渠纵横交错；沿海岸线村镇密集，环海公路南北向穿过工区，外界干扰严重；滩涂部分淤泥厚度为0.3～1.0m，河口附近淤泥最大厚度可达2m左右，激发、接收条件恶劣；枯潮线附近为地捞网，作业船只进出困难（图4—5—3）；工区邻近黄骅港，进出港及作业渔船较多。该区每年的春秋两季多风，海岸线附近在5～10月的鱼虾养殖期禁止地震施工，冬季则沿海岸出现宽1～3km、高1～2m的冰排，无法进行地震施工。整个工区地表变化大，外界干扰严重，地震采集施工困难。沿海岸分布的村庄中部分为回民聚居区，地方关系复杂，在地震、钻井等施工中多次发生工农纠纷，严重影响各项工程的正常开展（图4—5—4）。

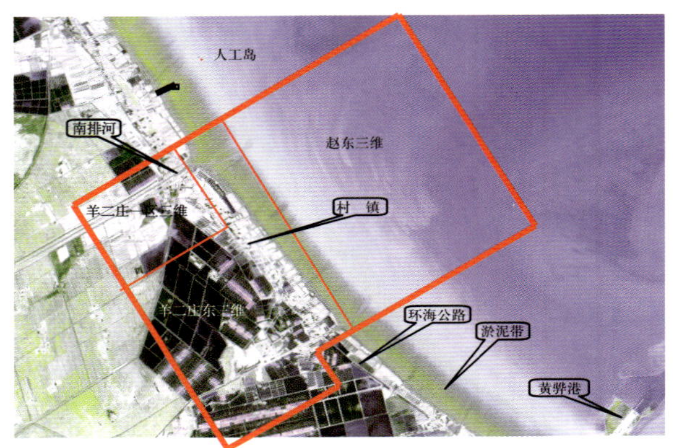


图4-5-3 羊二庄地区地表及人文环境

羊二庄东地区自1974年以来在岸边钻探的14口井相继失利。但是其西侧羊二庄油田已探明石油地质储量1782 × $10^4$t；东侧赵东油田探明石油地质储量3744 × $10^4$t。羊二庄油田及赵东油田勘探成功预示着羊二庄断裂构造带具有良好的勘探前景。截止到2000年底，该区滩涂部分没有钻井，处于勘探早中期，有较大的勘探潜力（图4-5-6）。

## 四、勘探程度

羊二庄地区的地震工作可分为两个阶段。1995年以前主要以二维勘探为主，二维测网密度达1km × 1km，1995年在陆地部分完成了32km$^2$的羊二庄一区三维地震（开发），1997—1998年完成了赵东一期和二期三维，共计208km$^2$，随着装备的不断改进和技术的进步，地震资料品质也逐年有所提高。2001年又在赵东与羊二庄地区之间完成了羊二庄东三维70km$^2$，填补了该区的三维地震空白（图4-5-5）。

河口及海面上作业渔船众多，严重影响施工效率及质量。

滩涂区淤泥厚0.3～1m，激发、接收效果差，通行困难，只能靠空气船、赫格隆等特种装备。

该区冬季气候寒冷，每年12月至次年2月沿海岸线可出现宽1～3km、高1～2m的冰排。

由于春季多风，因此鱼虾池地区施工只能选择在气候较寒冷的秋冬季节。

图4-5-4 极浅海及滩涂

## 五、以往物探资料品质与难题

该区包括羊二庄东、赵东及羊二庄一区三维。分别采集于1995年、1997年、1998年及2001年四个年度。由于该区地表条件变化大，从极浅海、滩涂过渡到陆地部分的盐田、卤池及鱼虾养殖区，在不同年度采集中采用了不同的震源、不同的检波器、不同的仪器及不同的采集参数。再加上复杂的地质结构及岩性组合，使各区块地震资料品质差异较大。

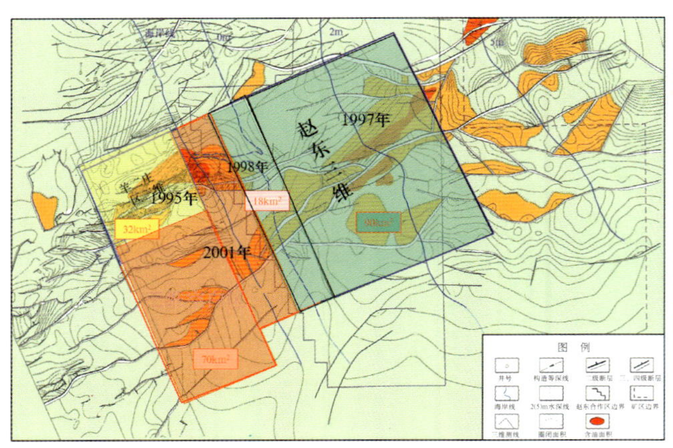


图4-5-5 羊二庄地区勘探程度示意图

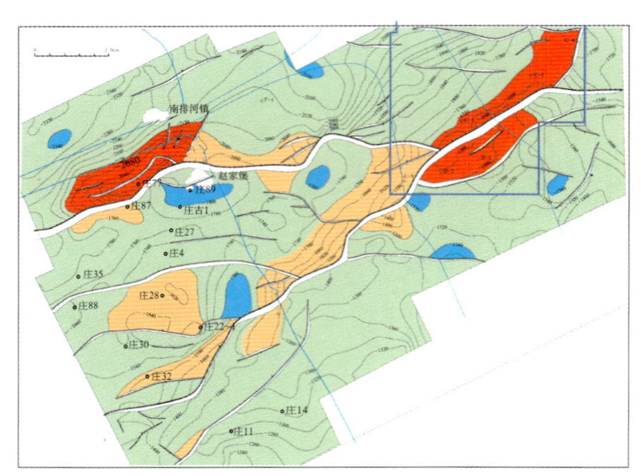


图4-5-6 羊二庄地区钻探程度示意图

该区三维地震资料多次波及高频噪声干扰严重，原始资料频率低，视主频在25Hz左右（图4—5—7），在连片村镇、居民区等地采用200g至1kg小药量激发，多次波发育，整个记录从1.5s以下为噪音所覆盖，严重影响资料的信噪比（图4—5—8）。羊二庄一区的资料记录长度为4s，深层成像差（图4—5—9），面波及野值干扰严重，中深层信噪比低（图4—5—10）。赵东区块频带较宽，原始资料的主频在30Hz左右，但存在强高频干扰（图4—5—11）。

老资料存在的主要问题是复杂带成像不清楚，信噪比较低，中浅层断点不清，断层不易识别（图4—

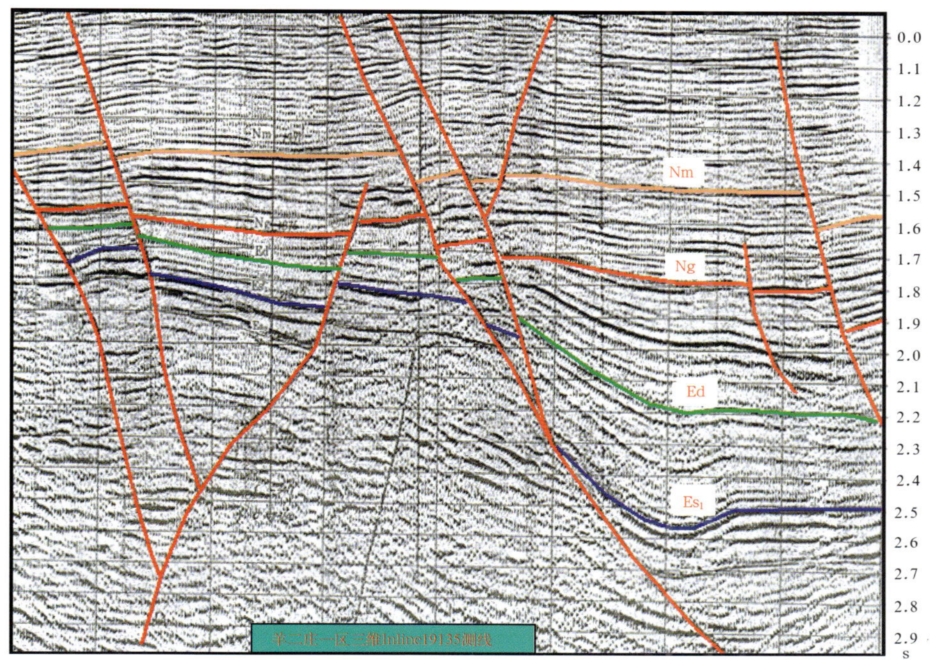


图4—5—7　高频噪声干扰严重、频率低

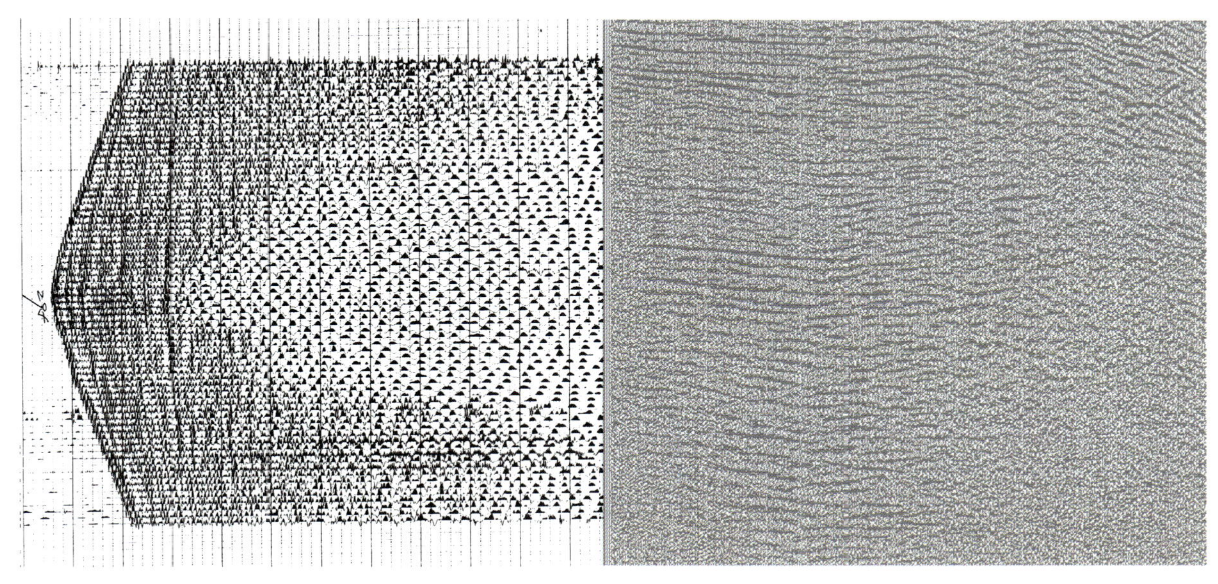

在连片村镇、居民区等地采用200g至1kg小药量激发，影响地震资料的信躁比。

多次波多发育

图4—5—8　多次波发育、信噪比低

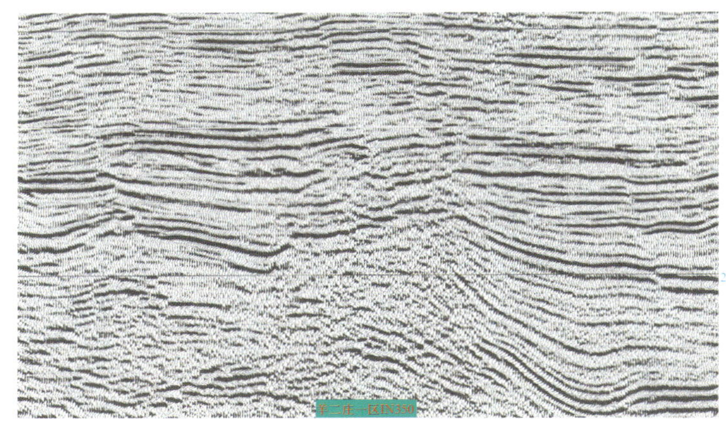

图4-5-9　深层成像差

5-12)；层间低幅度构造反映不清，各区块在震源、检波器、面元属性等方面存在差异，对连片拼接处理造成负面影响。同时在面元大小、覆盖次数方面存在差异，造成了各区块间能量的不均匀（图4-5-13)。

主要技术难点：

(1) 工区跨越极浅海、滩涂、盐田、虾池、陆地等，地表条件极其复杂，有大量的不规则观测系统，且干扰波类型多。

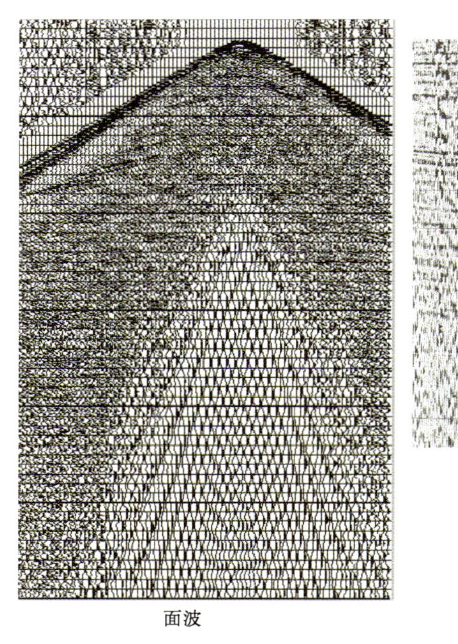

面波

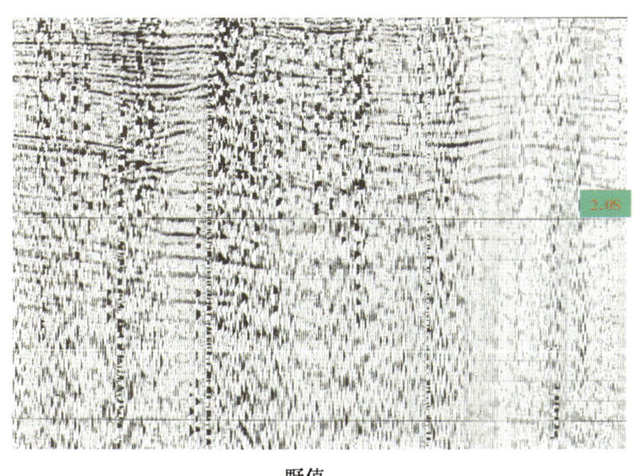

野值

图4-5-10　存在较强的面波和野值干扰

(2) 以往地震资料采集时间跨度大（1995—2001年），受采集技术、装备和激发、接收条件等因素的制约，造成原始资料品质存在较大的差异，频带、主频及子波变化大，能量分布不均。

(3) 地质结构复杂，北东、北西及近东西向断层异常发育，断块多而复杂。地震波速度横向变化大，造成偏移归位及成像差。

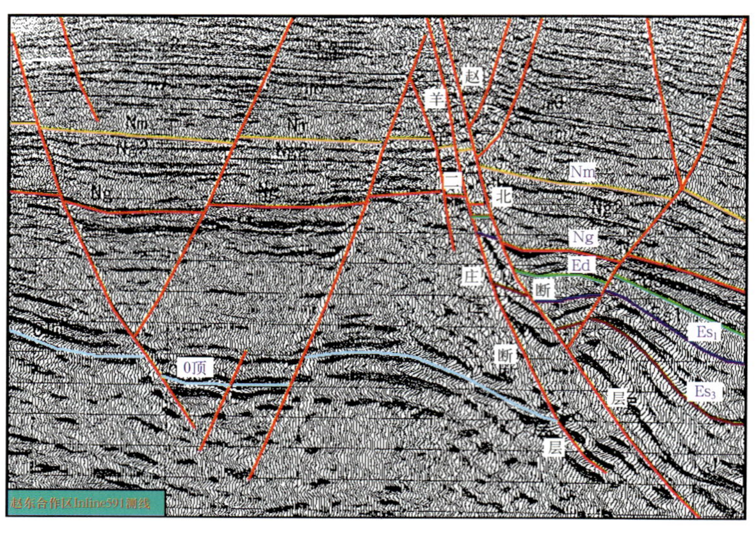


图4-5-11　原始资料的主频在30Hz左右，存在强高频干扰

## 六、主要技术措施及效果

### （一）主要技术措施

三维地震资料连片处理的关键在于

“连片”。除常规的处理流程外，其重点是针对上述技术难点所采取的关键技术。

1. 网格重构技术

由于各区块所采用的观测系统不同，使连片范围内资料的采集面元、采集方向、覆盖次数等存在差异，所以重构统一的INLINE-CROSSLINE网格是连片处理的基础。为保证其连片效果，我们主要遵循以下原则：(1) 网格走向以新采集的羊二庄东三维为主，垂直重点目标构造走向；(2) 保证新面元数据的覆盖次数、方位角、偏移距等尽可能分布均匀；(3) CDP面元25m × 25m（与连片区内主要区块采集面元一致）。

图4-5-12　复杂带成像不清楚，信噪比较低，中浅层断点不清

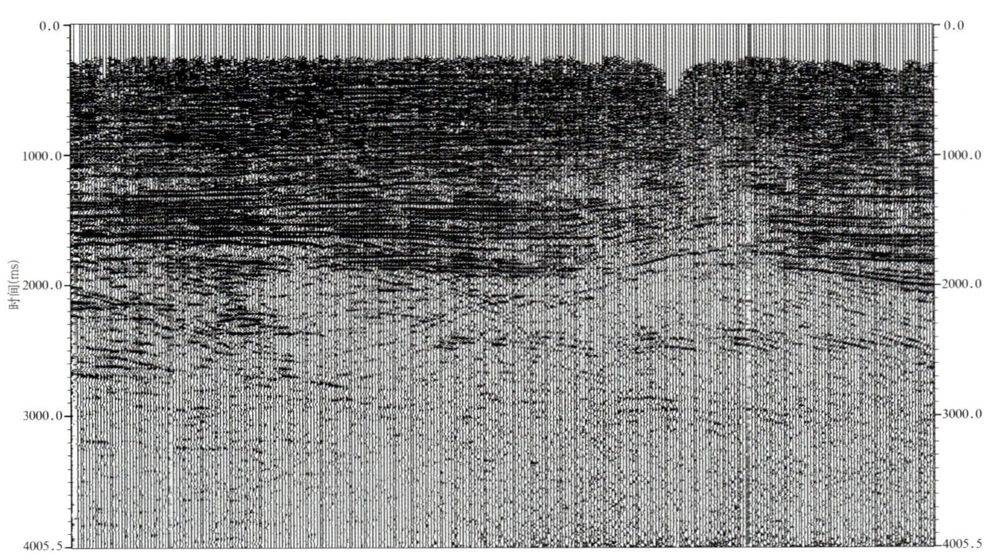


图4-5-13　能量不均衡

2. 叠前噪音压制技术

由于连片区地表横跨陆地、滩涂和极浅海，油井、村庄、公路、鱼虾池密布。潮水、海流和淤泥影响地震波的激发、接收。所以野外资料存在严重的野值、面波、多次波和较强的高频噪声干扰，在处理中我们采用双向压噪与自适应去噪技术相结合的方法，较好地压制了面波、野值干扰及高频噪声，同时采用了多次波去除技术，大大提高了剖面的信噪比（图4-5-14、图4-5-15）。

3. 振幅补偿技术

由于采用不同的震源激发（气枪、炸药）、不同的检波器接收（压电型和速度型检波器）及不同的观测系统参数施工，各区块资料的振幅差异较大，消除非地质因素引起的振幅差异是连片处理的关键环节之一。基于本区实际，重点针对由于激发方式（气枪与炸药）、激发药量（200g至8kg）不同造成的能量差异进行地表一致性振幅补偿处理，以克服单炮能量的差异。采用球面扩散补偿技术对各区块本身的能量及区块间能量的差别进行调整，效果显著（图4-5-16）。

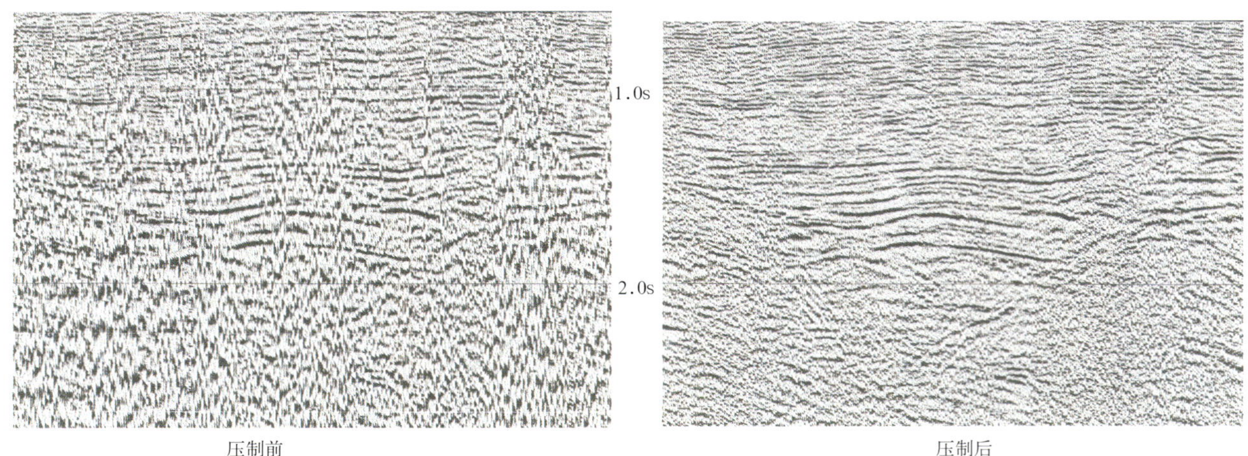


图4-5-14　面波压制前后剖面对比

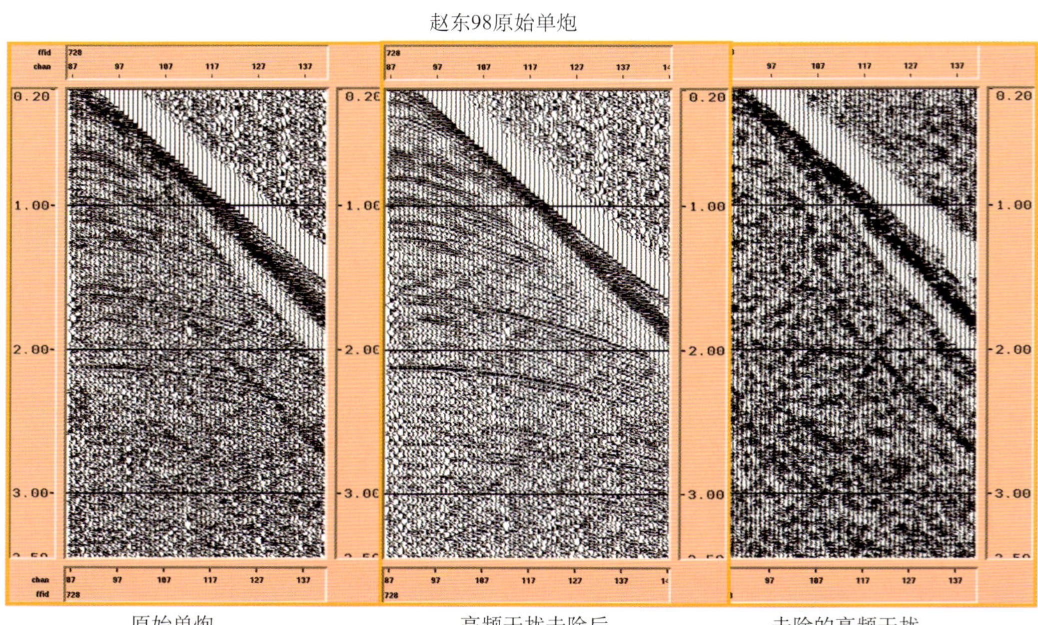


图4-5-15　自适应去噪前后剖面对比

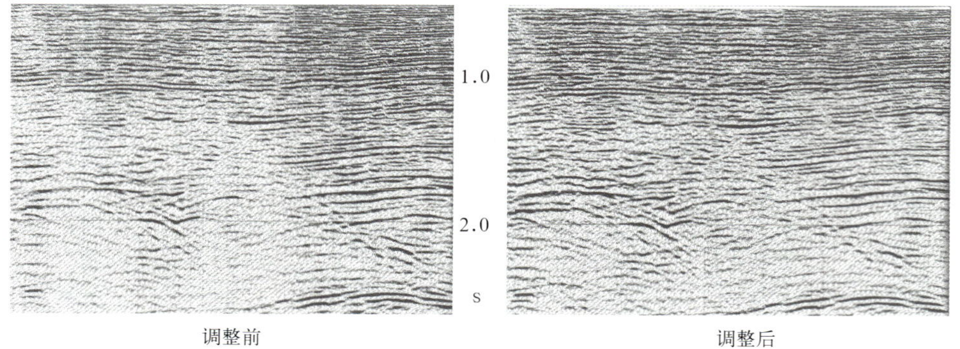


图4-5-16　能量调整前后剖面对比

4．子波一致性处理技术

由于气枪震源与炸药震源、压电检波器与速度检波器之间存在子波与相位等方面的差异，因此需要进行子波整形，使各区块资料的频率、相位达到统一。在处理中以陆地炸药震源和速度检波器为基准，对采用气枪、压电检波器采集的极浅海区的资料进行相位和频率的调整，使之全区统一（图4—5—17、图4—5—18）。

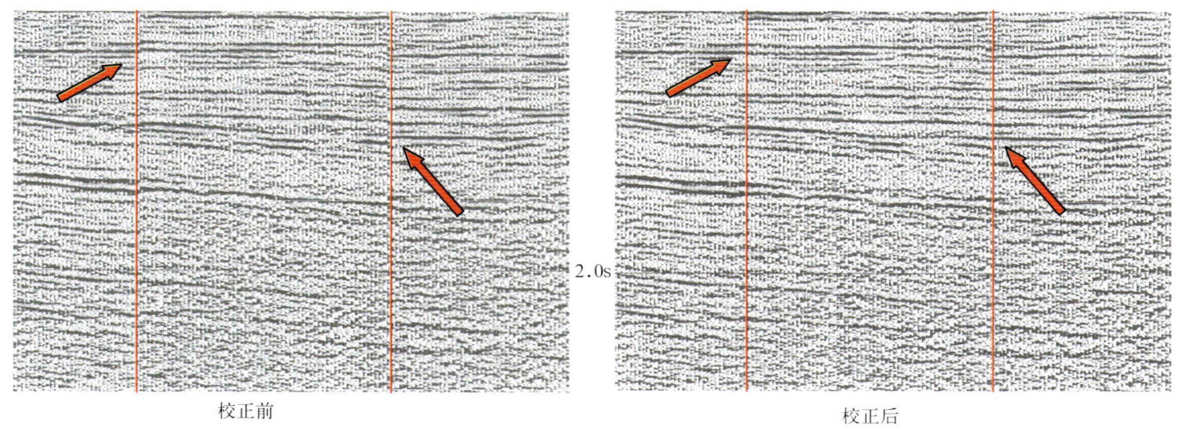


图4—5—17　相位校正前后剖面对比

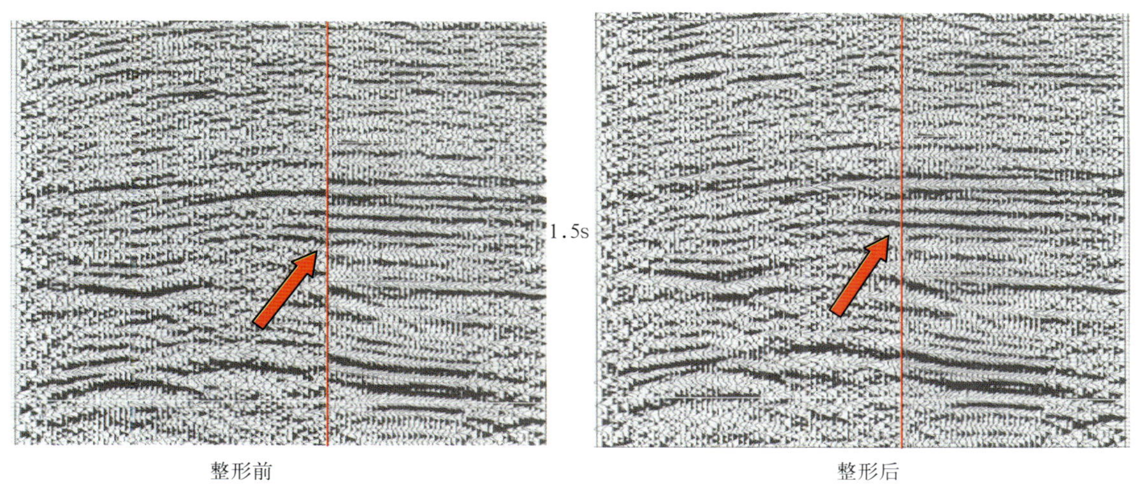


图4—5—18　子波整形前后剖面对比

5．三维时空一致性剩余静校正技术

虽然连片区地形起伏不大，但由于跨越陆地、滩涂、极浅海等多种地表，不同地表地震资料差异明显，因此做好静校正很有必要。处理中以统一的高程为基准，将陆地与海域资料校正到同一个基准面，取得了一定效果（图4—5—19）。

6．精细速度分析和DMO叠加技术

速度是影响叠加、偏移的最主要因素。因而做好速度分析至关重要。在速度分析中主要采取以下措施：（1）衰减多次波，突出有效波；（2）选用8～45Hz控制频率范围；（3）结合地层变化，在地层缺失部分做好速度对比、分析；（4）速度变化大的地方，用速度扫描进行校正；（5）加密速度分析点，保证较多的不整合接触处的速度变化合理；（6）充分利用处理软件的交互功能，对道集资料进行认真分析，确保速度解释的准确（图4—5—20、图4—5—21）。

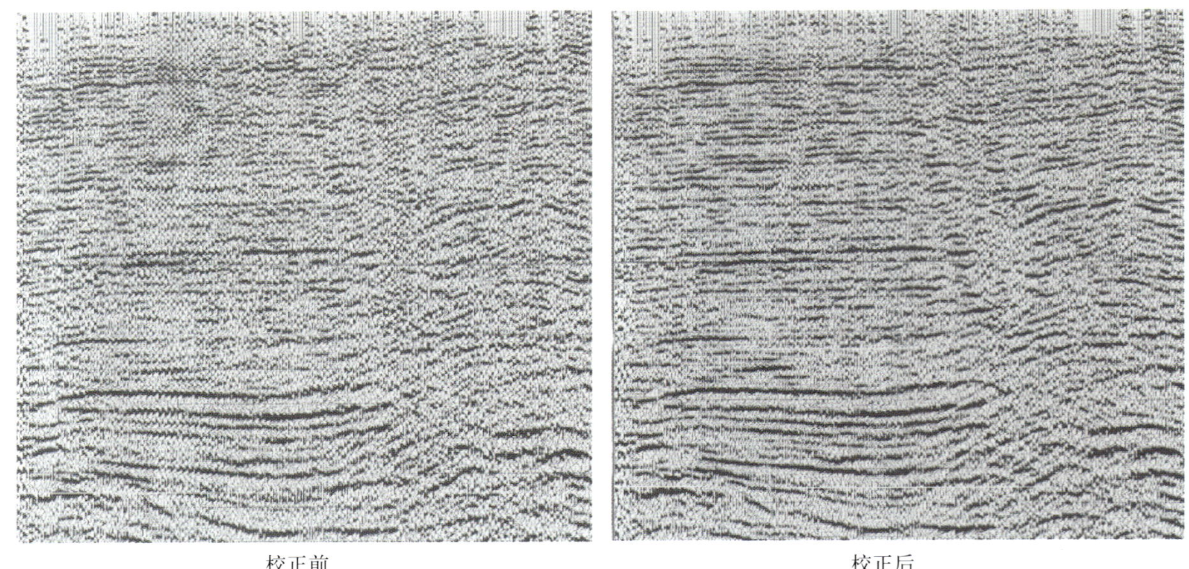

校正前　　　　校正后

图4-5-19　剩余静校正叠加剖面对比

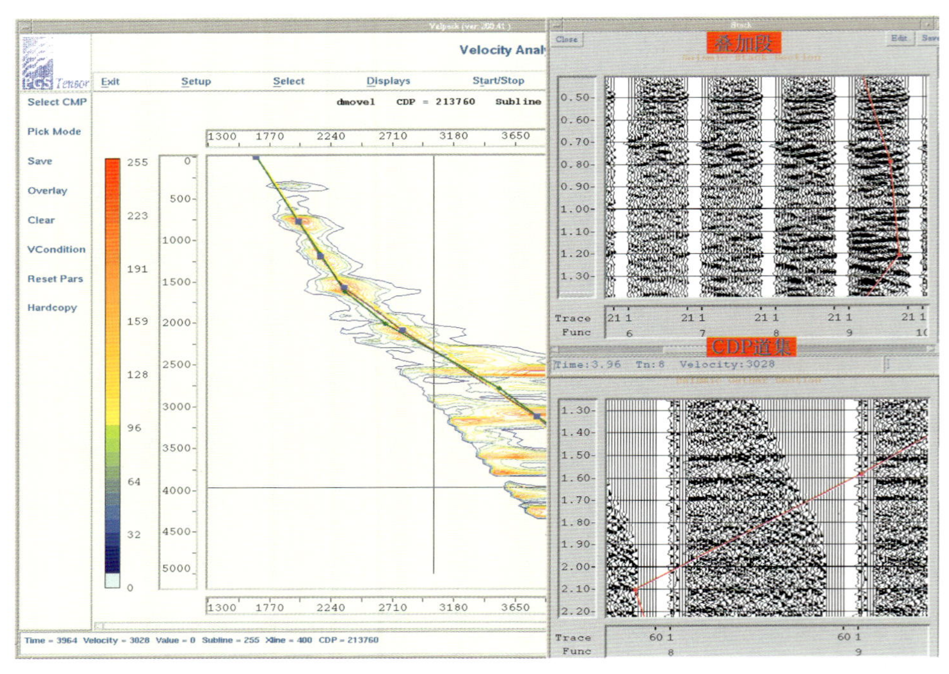


图4-5-20　交互速度分析

## （二）连片处理效果分析

### 1．有利于整体追踪解释

通过连片处理，消除了各区块三维数据在振幅、频率、相位等方面的差异。同时处理中融合了目标处理技术，使连片后的信噪比、分辨率有所提高，断层成像清楚，断层两侧地质成像及老地层的接触关系有明显改善，反映的地质现象丰富，有利于统一解释、砂体连续追踪及整体评价（图4-5-22～图4-5-24）。

### 2．有利于各区块拼接部位构造断层解释

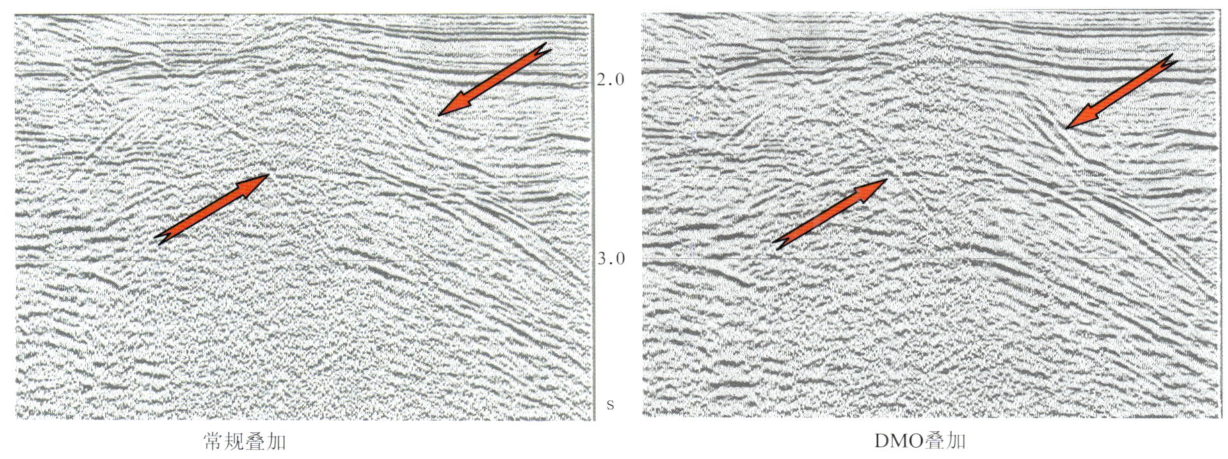


常规叠加　　DMO叠加

图4－5－21　DMO 叠加前后剖面对比

由于各区块单独偏移的边界效应，很难在区块周边正确成像。通过连片处理，解决了拼接部位构造、断层的正确归位问题，使中深层波组特征清晰，复杂带成像清楚，有利于构造、断裂的正确解释（图4－5－25、图4－5－26）。

图4－5－22　消除了各区块三维地震剖面振幅、频率、相位等方面的差异，信噪比、分辨率有所提高

## 七、主要地质成果与评价

通过对不同年度、不同区块的地震资料进行连片处理，使该区地震资料统一连片，同时地震资料品质有了较大提高。利用本次连片重处理的三维资料进行精细解释，共发现和落实构造圈闭18个，总圈闭面积104km²，总圈闭资源量为6951×$10^4$t（图4－5－27），这些圈闭主要分布在羊二庄和赵北断层两侧。主断层下降盘以逆牵引背斜和断鼻为主，主断层上升盘为披覆型背斜、断鼻、断块构造和地层超覆剥蚀形成的地层圈闭为主。综合研究认为该区具有圈闭类型多、圈闭面积大、油源丰富及储盖组合好等特点，具备形成复式油气聚集带的有利

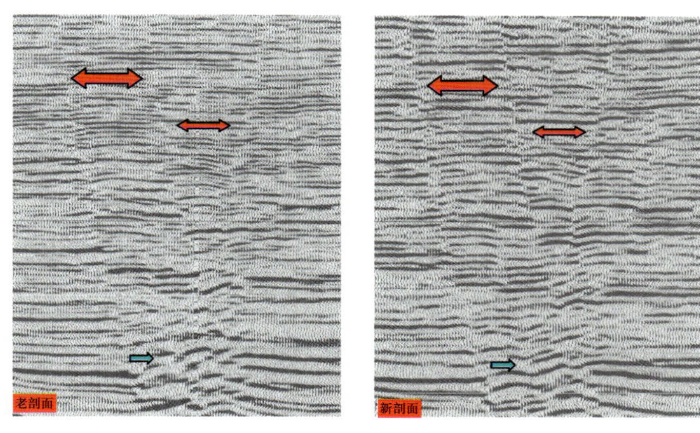


图4－5－23　新剖面断层成像清楚

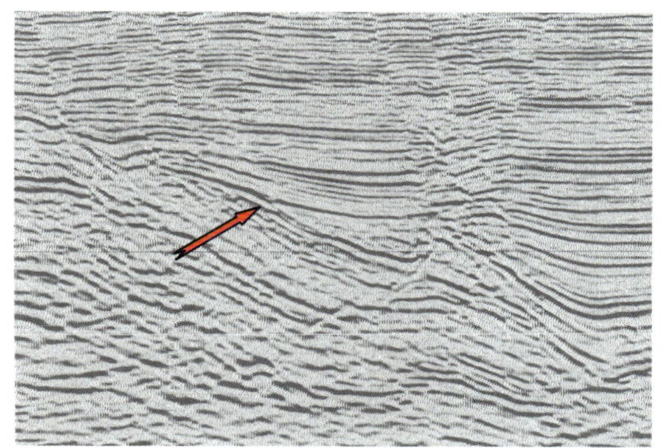

图4－5－24　断层两侧地层成像及与断层的接触关系有明显的改善，反映的地质现象清楚

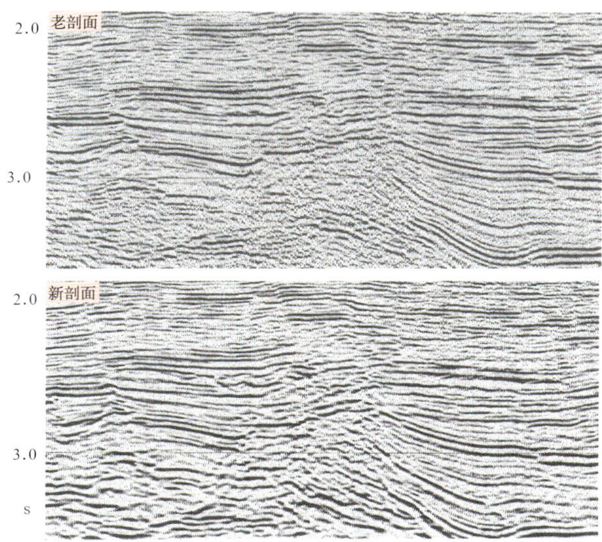


图4-5-25　中深层波组特征清晰

条件。

2001—2003年先后在该区部署实施了庄海1×1井、庄海4×1井、庄海8井等8口探井，其中7口井试油后获得高产油气流，勘探成功率88%。2001年新增预测石油地质储量1334×$10^4$t，2002年新增探明石油地质储量455×$10^4$t，2003年新增预测石油地质储量3719×$10^4$t。本次三维连片处理资料取得了较好的效果，处理解释后在羊二庄地区发现了一个5000×$10^4$t级的勘探有利区块，为大港滩海勘探开发提供了有力的保证（图4-5-28）。

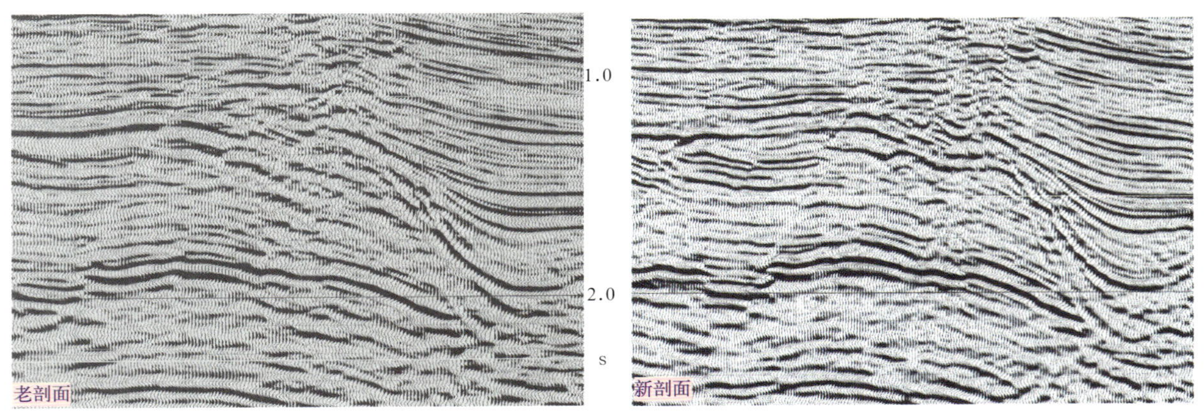


图4-5-26　复杂带成像清楚，整体面貌和成像有明显改善

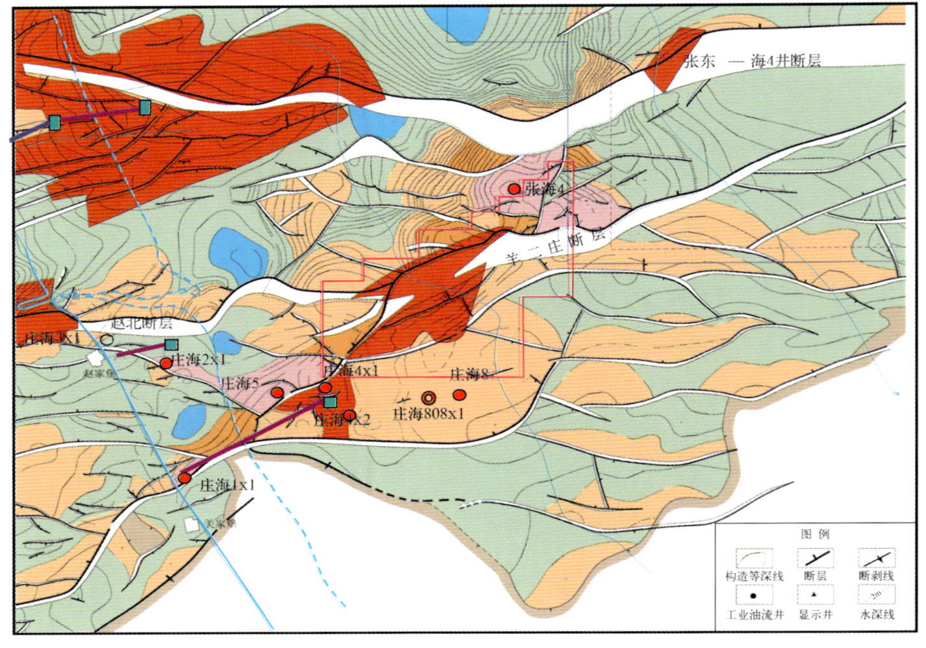


图4-5-27　共发现和落实圈闭18个，层圈闭面积104km²，总圈闭资源量为6951×$10^4$t

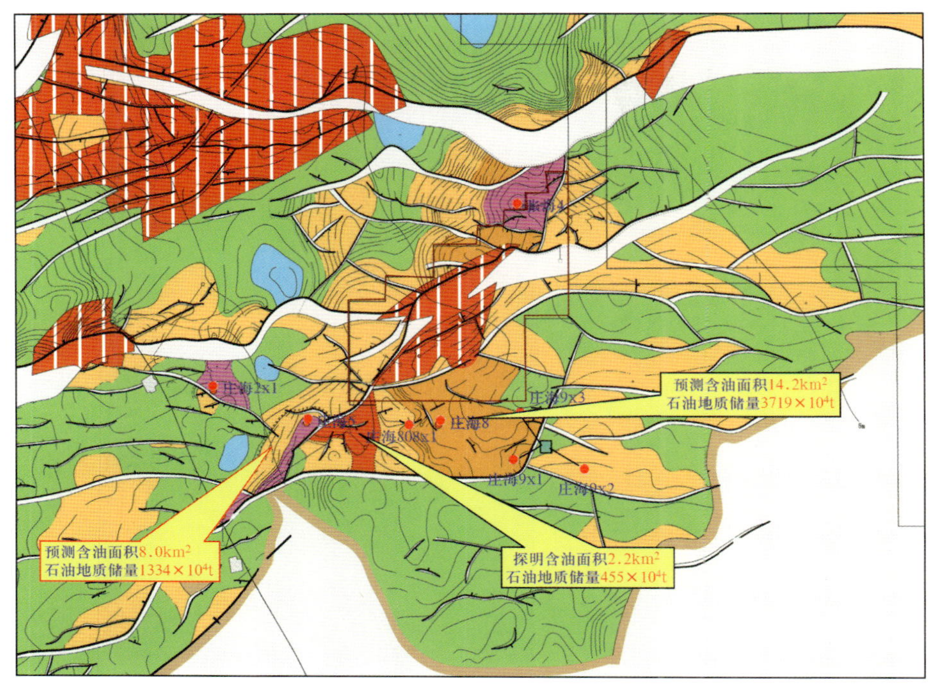


图4-5-28　利用该区三维连片处理资料综合评价钻探取得较好效果

# 第六节　枣园—王官屯地区大面积、多块数三维地震资料连片处理与解释

枣园—王官屯地区位于孔店潜山构造带主体部位，是孔店南部双断型箕状凹陷中的大型中央隆起。钻探证实该区是一个多层系含油的复式油气聚集区，第三系已发现了枣园、王官屯两个亿吨级的大油气田。但其构造翼部和极具勘探潜力的中生界新领域的勘探程度低，属于典型的高成熟区带新层系、新领域精细评价、滚动挖潜、寻找效益储量的有利地区。但原有三维资料信噪比低，不同年度采集、处理的三维区块间边界效应严重，影响了整体评价工作。本次多块三维连片处理与解释项目的实施，大幅度提高了三维资料的整体品质。经综合研究仅在官东地区就新探明了一个千万吨级的效益储量区，取得了喜人的勘探成果。

## 一、地理位置

该工区位于河北省沧州地区南部，北靠京津，东临渤海。境内有京沪铁路、京福高速公路、104国道、廊泊公路贯穿南北，有神黄铁路、石港高速公路、307国道等重要交通干线（图4-6-1）。

## 二、区域地质概况

枣园—王官屯工区位于黄骅坳陷的孔南地区，孔店南区总勘探面积4200km²，由孔店、小集—段六拨、沧市、乌马营—灯明寺、徐杨桥—黑龙村、盐山、东光7个二级构造带和沧东、南皮、常庄、

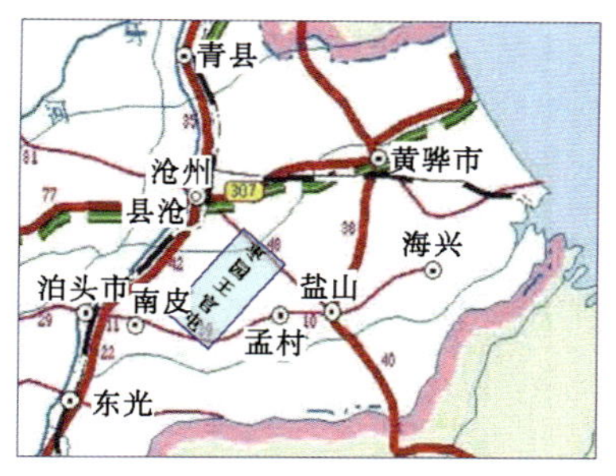


图4-6-1 枣园—王官屯工区地理位置图

盐山、吴桥5个沉积凹陷组成。枣园—王官屯连片处理范围处于孔店潜山构造带主体部位（图4-6-2）。由枣园、沈家铺、官西—肖官屯、孔东—小集、捷地—姚庄子、舍女寺、店子、叶三拨、段六拨、段南、乌马营等11个区块的三维地震资料组成，实际处理资料的满覆盖面积为625km²。

## 三、地表及人文环境

本地区处于华北平原，属温带大陆性季风气候，四季分明，光照充足，适合农作物生长；河流属海河水系，流经境内的河流主要有京杭大运河、黑龙港河、南排河等，储有丰富的地下淡水；地下蕴藏着丰富的石油、天然气资源，是大港油田的主力产油区之一，大港油田南部油气开发公司坐落于沧县旧州镇。境内有闻名中外的国家重点保护文物“沧州铁狮子”，省级重点保护文物杜林登瀛桥、沧州古城遗址，市级文物保护单位一代文宗纪晓岚墓等文化古迹（图4-6-3）。属于环渤海经济开放区区内。地理条件优越，交通通讯发达。

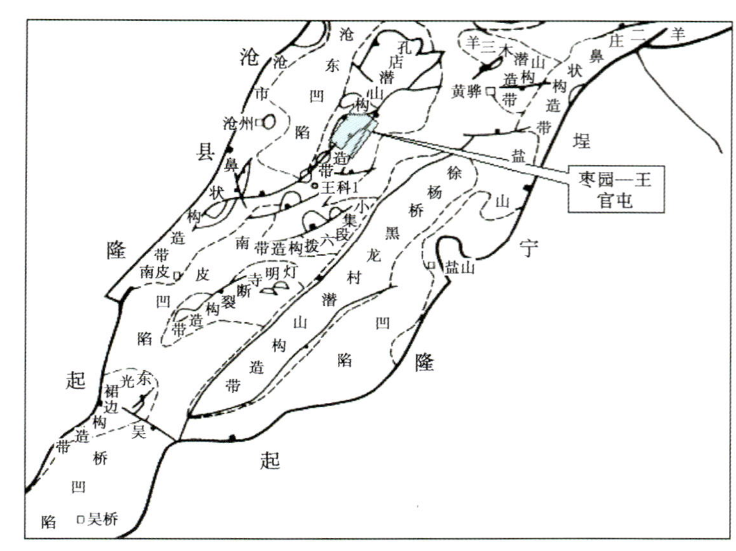


图4-6-2 枣园—王官屯区域地质位置图

## 四、勘探程度

枣园和王官屯油田位于孔店构造带主体部位，是黄骅坳陷主要勘探成熟区带之一，勘探面积590km²。截至2002年，孔店构造带二维地震工作量已达8825.5km，测网密度可达1km × 1km，局部地区为0.5km × 0.5km。构造主体已全部被不同年度的三维地震资料所覆盖。孔店构造带历年来已钻探井375口，探井密度1～2口/km²，其中见油气层井238口，获工业油流井167口，工业气流井3口，钻探成功率45%。发现了枣园、王官屯等大油田和一批中小油田，截至2002年已探明含油（气）面积124km²（1.6km²），探明油（气）储量27826 × 10⁴t（7.42 × 10⁸m³），建生产能力132.05 × 10⁴t/a，已进入勘探中—晚期，储量增长缓慢。

图4-6-3 沧县人文环境园

## 五、以往物探资料品质与难题

### （一）物探资料品质状况

（1）连片处理由11个区块的三维地震资料组成。原始资料采集时间从1984—1988年，跨度较长，原始资料品质具有较大差异。大部分三维区的采集时间集中在1987—1990年，由于受当时的技术、设备水平所限，观测系统大部分采用两线施工，造成方位角窄、覆盖次数低（20次）；此外，仪器的现场质量监测能力不强，原始资料的整体信噪比较低。

（2）由于每块三维都是独立采集和处理，在进行全区评价拼图时常常发现各三维区之间自成体系，无论在解释方案、断层组合上都很不相同，难拼合在一起。特别是官东地区处于几块三维的结合部位，不能进行精细的构造解释。

（3）受火成岩等特殊岩性的影响，各区块采用不同的速度成图，因此在三维区拼接过程中存在断层及构造线拼接不上等情况。

（4）由于枣园—王官屯地区主要勘探层系孔一段属河流相沉积，岩性横向变化大，导致地震剖面上多为弱反射或无反射，无法追踪油层。

### （二）地质难题及物探技术难题

（1）区内钻探程度高，构造主体部位探井密度已接近1口/$km^2$，剩余目标隐蔽分散。

（2）该区断裂活动十分强烈，断层多，断块小，且多发育微幅度圈闭。

（3）主要勘探层系孔一段属河流相沉积，地层横向变化大，加之断裂活动，许多井缺失地层，地层的有效对比难度大。

（4）油藏类型多样，油水关系复杂，现有的地震资料难以满足储层横向预测的要求。

（5）资料处理中各区块之间的时间、能量的调整，既要保持相对振幅关系，又要整体提高连片处理的信噪比和分辨率。此外，叠前去噪手段和效果很重要。

（6）由于缺乏先进的技术手段，研究工作很难深入，勘探逐渐走入低谷，连片处理前的8年间，共完钻6口探井，均无大的发现，探明储量增加缓慢。

## 六、主要技术措施及效果

### （一）高精度地震资料连片处理

为打开本地区油气勘探的新局面，大港油田在1999年10月至2000年5月间对该区的枣园、沈家铺、王官屯、段六拨、叶三拨等11块三维进行了连片处理与解释（图4-6-4），满覆盖面积达625$km^2$。涉及面积之大、块数之多为东部油田之首例。主要采取的技术措施如下：

（1）精细的叠前去噪：采用了自适应面波压制、叠前双向压噪、聚束滤波去多次波等技术提高资料信噪比。

（2）精细的能量调整：采用球面扩散补偿、精细的区块间能量调整做好时、空能量均衡，同时保持相对振幅。

（3）子波处理：通过全面的反褶积试验、采用频率域反褶积和预测反褶积结合及不同检波器相位校正、子波整形做好子波处理工作。

（4）高密度的交互速度分析技术。

（5）三维随机噪音衰减和高精度DMO技术，为偏移提供精确的叠加数据体。

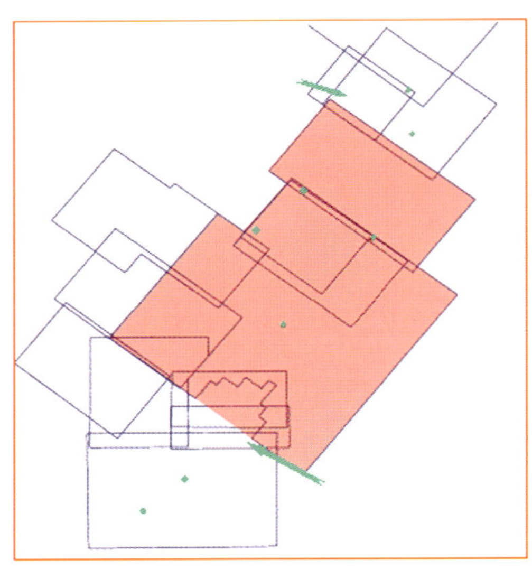
图4-6-4 枣园—王官屯三维连片处理区块示意图

（6）偏移技术：项目确定之初就遵循处理、解释一体化的原则开展。特别是在最终偏移阶段体现得尤为突出。按照地质模型的指导，对初步偏移成果进行层位解释，经反复迭代建立全区精细地质模型。在声波测井和VSP速度的标定下确立最终偏移速度场。

通过精细的连片处理，实现了南区孔店构造带主体部位11块三维的大连片，做到了各区块之间振幅能量的均衡和波形相位的一致，消除了老三维分区块处理时的边界效应，有利于整体评价；其次是反射波组特征明显好于老剖面，断点清楚，断层归位准确，特别是逆断层的解释进一步深化了以往的地质认识。如官古1井断层，以前在地震剖面上一直解释为正断层，重新处理的剖面上看，逆断层可靠，逆冲结构清楚，为王官屯潜山的评价提供了依据（图4-6-5、图4-6-6）。

## （二）精细解释、整体评价

（1）精细地层对比：针对重点目标区，采用高频旋回技术，根据其频谱特征在纵向上的差异判断其层位归属，结合标准地层剖面研究和地震地层学方法进行地层精细对比。

（2）立体层位标定：采用VSP桥式标定、合成地震记录标定、时深转换法标定等多种方法进行精细的层位标定，指导构造精细解释（图4-6-7）。

（3）人机交互的多种解释方法相结合：利用剖面纵向拉伸识别低幅度构造，利用高密度时间切片识别微幅度构造（图4-6-8），利用变面积显示进行砂体追踪（图4-6-9），利用时间切片与剖面联合解释确定断点位置、断层展布及构造形态（图4-6-10），利用任意测线搞清井震之间的关系（图4-6-11）。

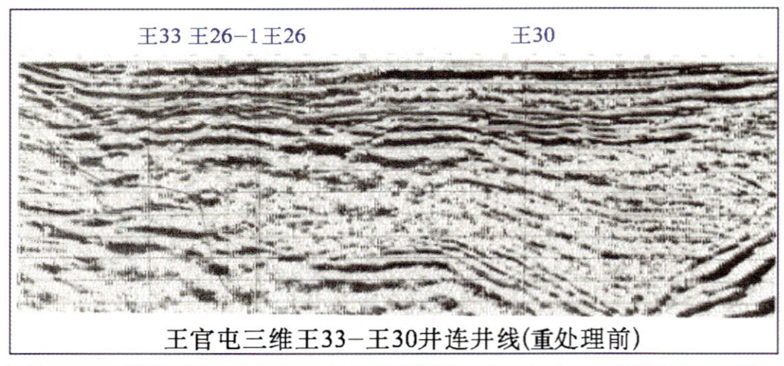

王官屯三维王33-王30井连井线(重处理前)

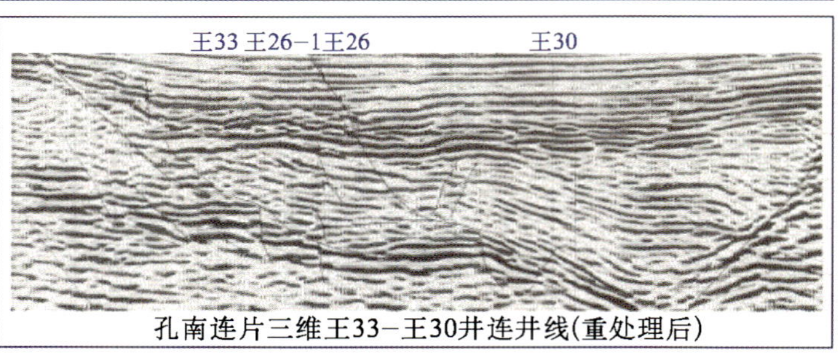

孔南连片三维王33-王30井连井线(重处理后)

图4-6-5 王官屯地区剖面重处理前后对比

（4）储层研究：采用了测井约束反演及沿层地震信息提取为主的预测技术，对官东地区孔一段河流相储层进行精细预测（图4-6-12）。

（5）从整体解剖的观点开展油藏综合研究：明确了大断层与下降盘的反向调节断层共同构成油气运聚网络；本区的块状油藏没有统一的油水界面，具有低块低油水界面、高块高油水界面的特征。主要有两种油藏类型：一是以官104井、王102×1井为代表的块状油气藏，另一类是以王27井断鼻为代表的构造岩性油气藏。在此基础上对重新落实的圈闭逐一评价，对比筛选，确定正确的钻探部署。

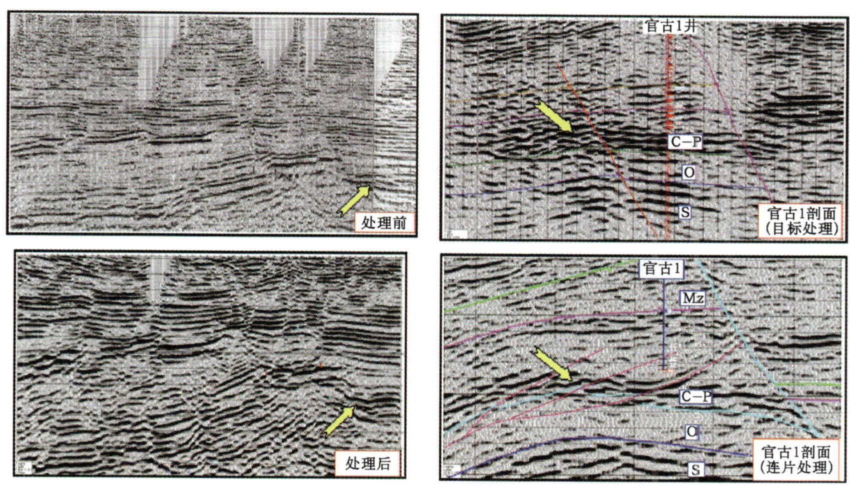


图4-6-6　王官屯地区剖面重处理前后对比

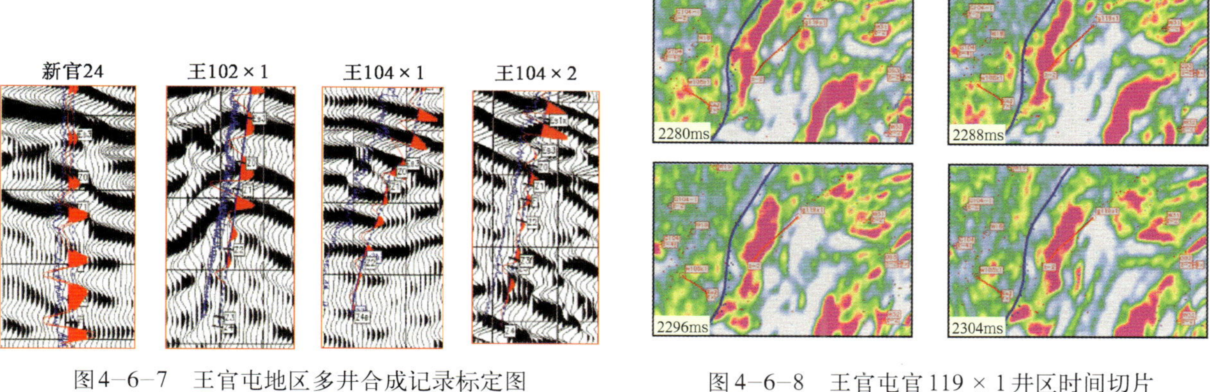


图4-6-7　王官屯地区多井合成记录标定图

图4-6-8　王官屯官119×1井区时间切片

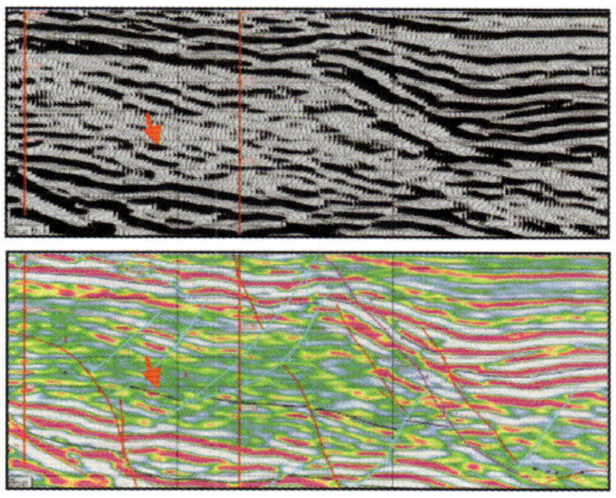

图4-6-9　王官屯官东地区变面积显示剖面

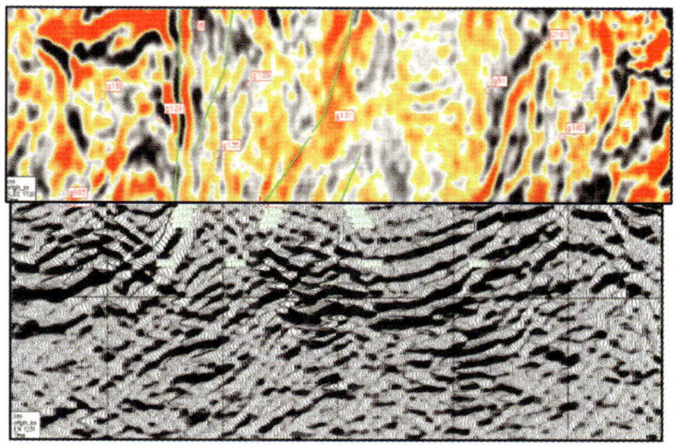

图4-6-10　王官屯官东地区时间切片与剖面联合解释示意图

## 七、主要地质成果与评价

在官东地区的精细勘探中，应用精细勘探技术，取得显著勘探成效。利用连片处理成果，2000年以来先后部署井位11口，有7口井见到油层，探井成功率64%（图4-6-13）。其中王102×1井电测解释油层65.1m/13层，试油日产64t；王104×2井电测解释油层62.9m/19层，油水层24.2m/5层，试油获日产油78t；王43井日产油17.6t，王44井电测解释油层28.7m/10层，油水层16.6m/5层。累计新增探明含油面积4.5km$^2$，新增探明储量1111×10$^4$t。探井累计生产原油25516t，发现一高丰度、高产能的优

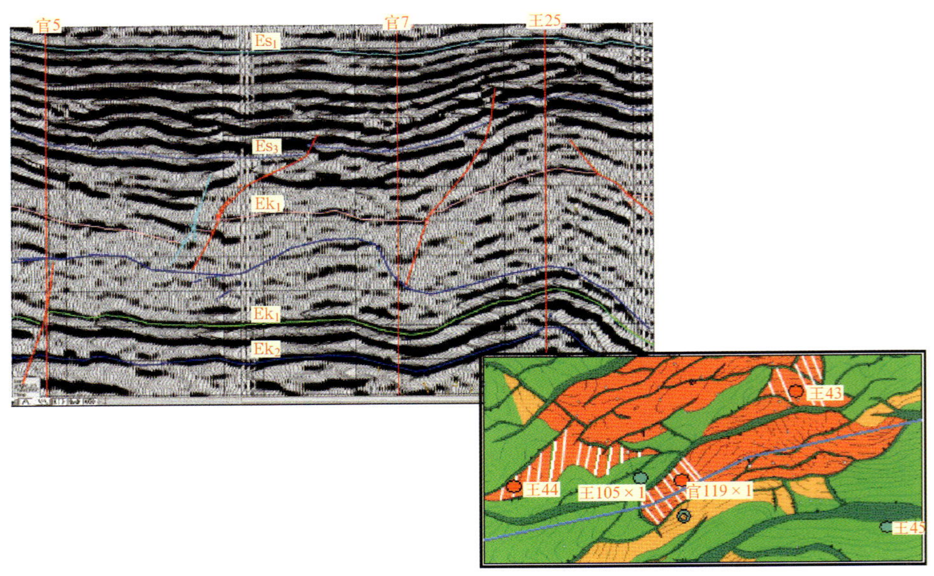


图4-6-11　王官屯官东地区连井剖面

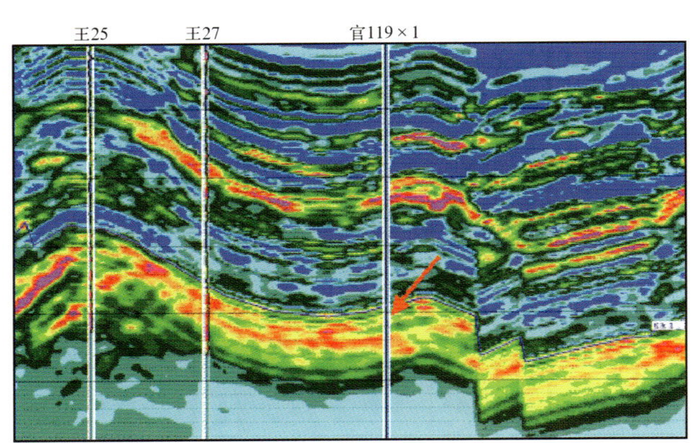


图4-6-12　王官屯官东地区测井约束反演

质整装储量区块。油层埋藏浅，产量较高（20～80t/d），试采效果好，储量丰度 $300\times10^4t/km^2$。

继官东成为千万吨级优质高效储量区块之后，利用连片三维资料又在沈家铺断棱带发现5个有利圈闭，先后部署官125、枣81、枣107×1、官146×1、官145×1等井，均获高产和工业油流，新增探明储量 $266\times10^4t$，预测储量 $300\times10^4t$，使该区形成 $500\times10^4t$ 级的资源规模。

枣园—王官屯地区大面积三维的连片处理，为构造精细解释、全区整体评价提供了可靠保证。成功的勘探实践使我们认识到：在基本成藏规律指导下，选择好目标区是勘探取得成功的基础；利用高精度地震目标连片处理提高地震资料的品质，利用“标准剖面、高频旋回技术”进行精细地层对比，解决复杂地层分层问题，利用相干切片、时间切片、垂直剖面、可视化立体显示等手段，提高低幅度圈闭与微小断层解释精度是枣园—王官屯地区勘探取得成功的关键。

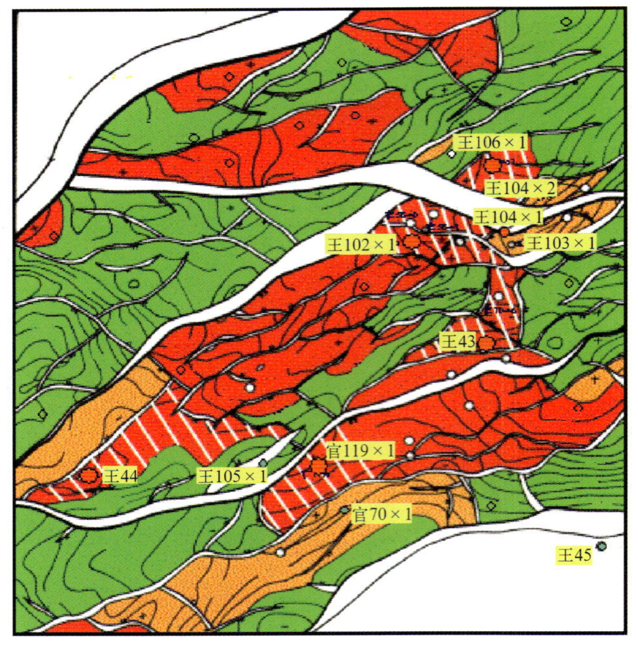


图4-6-13　王官屯官东地区精细勘探效果分析图

# 第七节 高精度三维地震技术在五三东区老油田滚动勘探开发中的应用

五三东区在老油田滚动勘探开发中实施了高精度三维地震勘探，基本搞清了该区地层接触关系、断裂分布、沉积相和冲积扇体的分布，从而使钻井成功率大幅度提高，说明即使在油田开发的老区，地震技术仍然能发挥重大作用。

## 一、地理位置

五三东区位于中纬度内陆盆地——准噶尔盆地西缘，西北抵盆地西部界山加依尔山前山山脚，南依天山北麓，东濒古尔班通古特沙漠。该区上乌尔禾组油藏距克拉玛依市以东约20km（图4－7－1）。

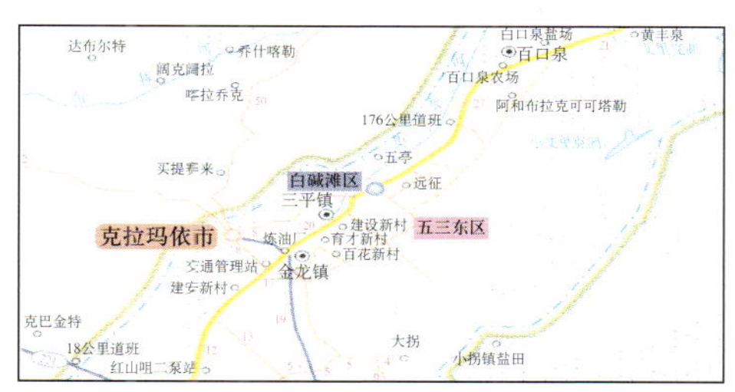

图4－7－1 五三东区地理位置

## 二、区域地质概况

区域构造上，五三东区上乌尔禾组油藏位于克—乌断裂下盘的单斜带上，西面紧邻五三中区，北面为五二东区，东面为八区，南面为五区南油藏；乌尔禾组油藏由东南向北西超覆不整合于下二叠统佳木河组之上，构造形态为一向东南倾的单斜，地层倾角6°～20°（图4－7－2）。

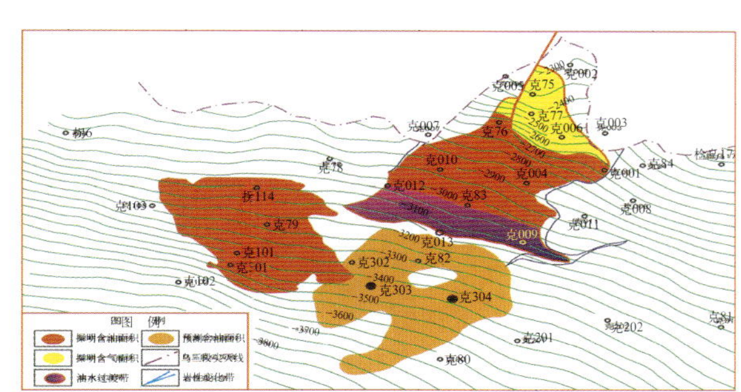

图4－7－2 五三东区区域构造位置

## 三、地表及人文环境

该区属典型的大陆性荒漠气候，干燥、多风、温差大，大风、寒潮、冰雹、山洪等灾害性天气较多。平均年降水量为108.9mm，蒸发量3008.9mm。

油区地表为盐碱地，地形平坦，海拔269～317m，主体海拔272m，工区低速带厚度10～30m，低降速层速度约为400m/s，217国道、石西油田公路和高压线路经过该区，交通电力方便，具备较好的开发地面条件（图4－7－3）。

图4－7－3 五三东区地貌

## 四、勘探程度

五三东区二维地震测网密度为1km × 2km，已达到详查程度，基本查清了工区内各大层系的构造形态和地层分布。由于油藏类型及控制因素不清，故1996年部署了八区南大面元三维勘探，面元为40m × 80m。虽然资料覆盖了北部，由于面元较大，地震资料品质较差，分辨率较低，不能满足开发的需要。

五三东区上乌尔禾组油藏的勘探及开发评价先后经历了1964年、1982年、1993年、1999年四个阶段。1964年12月首先在256探井获工业油流，随后又相继在检105、检104、检113和检乌8井获工业油流。1977年上报含油面积34.0km$^2$，基本探明石油地质储量2450×10$^4$t；经核查，1992年上报含油面积22km$^2$，地质储量982×10$^4$t。

为了开发该油藏，相继上钻的554井、555井和550井试油结果均不理想，未能解决乌尔禾组的油、气、水分布问题。1992年又部署开发评价井5口，试油结果极不理想，导致该区的油气水分布难以查清。1999年针对五三东克下组油藏开发评价而部署的5口井（5711，5729，5731，5760，5763）中4口井在乌尔禾组地层获得高产油气流，使五三东区上乌尔禾组油藏滚动勘探开发出现了重大转机，拉开了五区上乌尔禾组油藏开发的序幕。但是，由于砂体分布不清，断裂展布不明确，因此难以落实真正的油藏含油面积和编制合理的开发方案。

## 五、以往物探资料品质与难题

以往地震资料品质如下：

（1）地震资料分辨率较低，无法识别小断裂（图4—7—4）。

（2）地震资料品质较差，地层接触关系不清（图4—7—5）。

（3）地震资料信噪比低，划分目的层沉积微相困难（图4—7—5）。

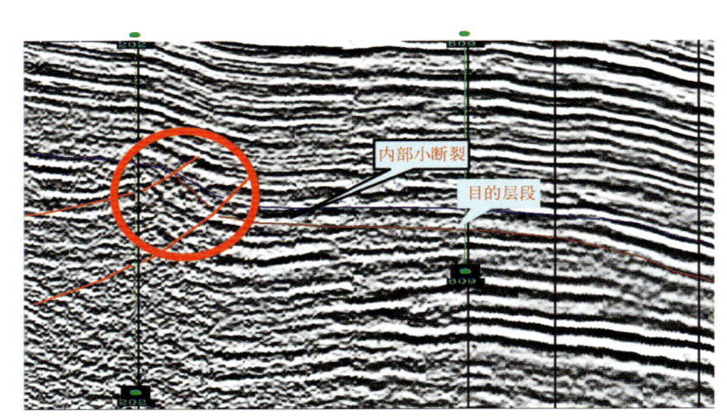


图4—7—4　五三东区主测线地震剖面（大面元三维资料）

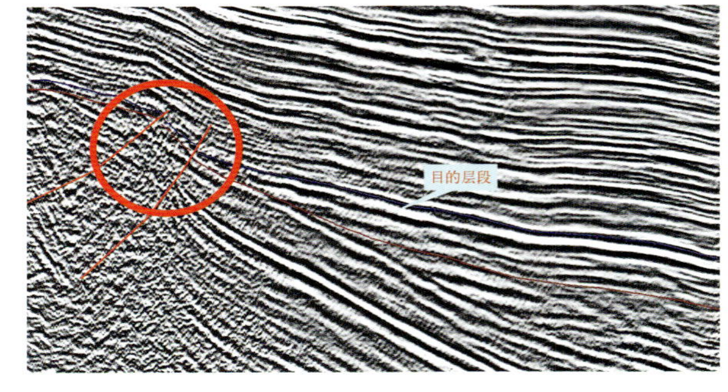


图4—7—5　五三东区联络测线地震剖面（大面元三维资料）

（4）地震资料品质不能满足油田开发增储上产的需要。

存在问题有：

（1）目的层段大小断裂及断裂系统难以确定。

（2）乌尔禾组地层尖灭线位置及砂体展布不清。

（3）难以划分沉积微相及查清油气控制因素。

（4）五三东区处于隆起剥蚀区，强烈的构造运动造成了该区断裂相当复杂，而且部分地区资料信噪比较低，这使认识断裂格局难度很大，需要运用新技术、新方法来研究乌尔禾组地层的接触关系、尖灭线位置以及砂层的展布特征，为重新认识该区的构造和储层变化规律奠定基础。

## 六、主要技术措施及效果

针对以上滚动开发的认识及存在的问题，为全面开发好该油藏，决定对该块实施三维开发地震研究。在采集、处理、解释各个环节采取各种措施严把质量关，取得良好的效果。

（一）野外采集

采用高分辨率勘探思路施工，面元缩小至25m × 25m。通过试验采取3台 × 4次震源组合，震源采用横向台距10m组合，有利于压制垂直测线方向的干扰；使用0°，90°，180°，－90°变相位扫描，压制调谐干扰。检波器采用6排方形组合，更有利于高频成分接收。

（二）室内处理

采用高分辨率处理技术，主要从以下几个环节提高地震资料分辨率和信噪比：（1）振幅补偿；（2）叠前去噪；（3）频率分析及频率扫描；（4）反褶积试验；（5）野外静校正；（6）速度分析及剩余静校正；（7）$f$–$k$ 去多次波；（8）DMO叠加；（9）叠后去噪及偏移试验。通过高分辨率处理取得了良好的处理效果，与大面元三维资料比较，小面元三维资料从浅到深反射层的视频率从以前的25Hz提高到41～50Hz，波组的连续性较以前增强了许多，波组特征清楚，强弱分明，断点归位清楚，小断裂识别能力提高；目的层段乌尔禾组地层的信噪比有很大提高，小面元三维地震资料反映的低幅度构造更合理，刻画得更精细（图4–7–6）。

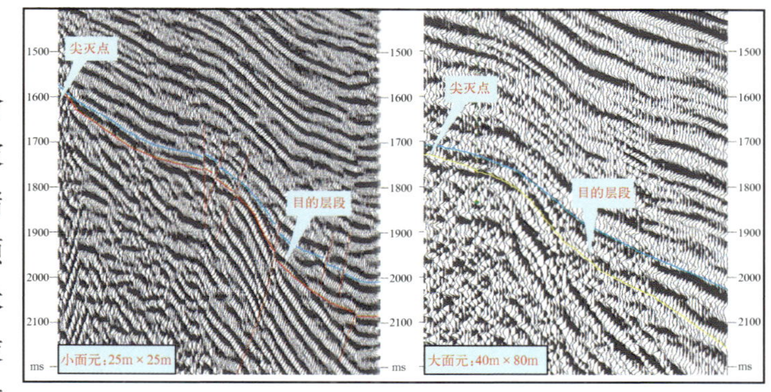

图4–7–6　地震资料品质对比剖面

（三）地震资料解释

应用多种地震解释技术和方法进行综合解释：利用相干技术辅助断裂解释；利用波形分析技术识别乌尔禾尖灭线位置及进行储层物性分类；利用多种地震属性分析技术预测地震相及有利含油区；利用约束反演技术进行储层砂体物性预测；利用三维可视化技术研究构造沉积演化机理；利用吸收系数技术判别储层含油气性。综合应用地层倾角分析技术、相干技术和三维可视化技术，精细解释了大小断裂27条。由波形分析技术预测了乌尔禾组地层尖灭线的位置，这对查清乌尔禾组储层分布情况起到了非常重要的作用（图4–7–7）。

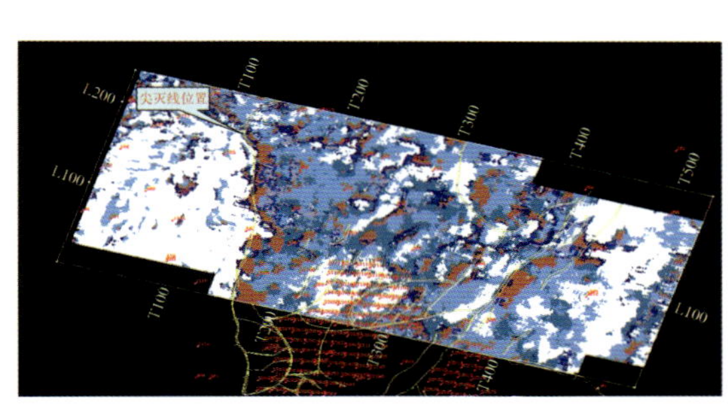

图4–7–7　五三东区乌尔禾组地层尖灭线预测图

钻井、试油及区域地质资料表明该区油气藏是构造控制下的岩性油气藏，所以认识冲积扇体对搞清油气分布规律非常重要。地震相的研究主要通过提取上乌尔禾组地层振幅属性和层拉平相干属性，可以明显划分出地震相分布图（图4–7–8），由三维可视化技术对不同地震属性进行雕刻也明显显示出扇体（图4–7–9），结合钻井、录井、测井及试油、试采资料和以往的区域地质研究成果，划分出上乌尔禾组沉积相分布图（图4–7–8）。可以看出，目前五三东开发区属于高频—弱振幅—低连续相带，对应于大扇的扇顶和扇中相沉积带，而东面克81井区属于低频—强振幅—高连续相带，对应于扇缘漫滩沉积微相带，其中沿检乌25井至克81井一

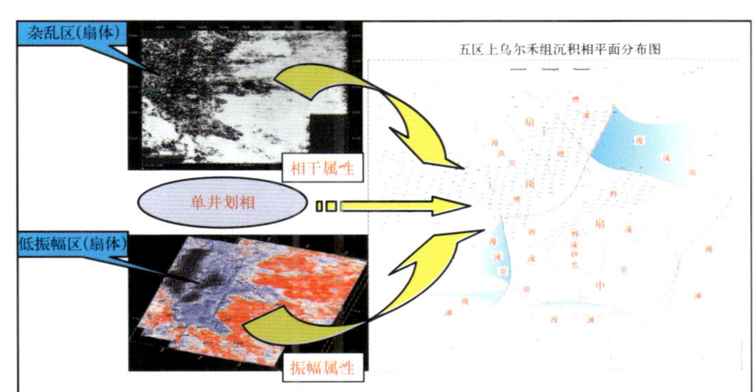

图4–7–8　利用多种地震属性识别冲积扇体

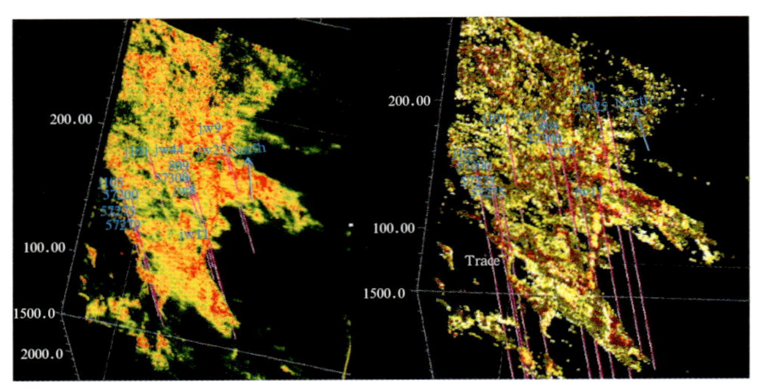

图4−7−9 利用地震属性雕刻冲积扇体

带、检乌13井至克009井一带和检乌13井至克002井一带明显分布三个冲积扇主槽带，这种特征在地震振幅属性和层拉平相干属性上表现尤其明显。

由此看来，整个工区储集层属于冲积扇扇顶、扇中主槽沉积，其岩性、物性都有利于油气储集，但检101井西断裂上、下盘油气分布具明显差异。

通过两期三维地震地质解释及一年多滚动开发，取得了以下认识及成果：

（1）发现了大小断裂27条；

（2）搞清了上乌尔禾组地层尖灭线的位置及地层的分布情况；

（3）利用多种地震属性划分了目的层的沉积微相；在此基础上搞清了油气分布规律，为合理部署开发方案提供了可靠的基础。

## 七、主要地质成果与评价

通过运用三维地震解释技术，解释的构造成果和含油面积与以前相比有很大变化（图4−7−10、图4−7−11）。通过应用新成果部署开发井网，使滚动开发钻井成功率达100%，砂体钻遇率达100%；全面完成了当年的新增储量动用、产能建设和原油生产任务。新增储量259 × $10^4$t，新增动用储量1600 × $10^4$t，新建产能50 × $10^4$t。

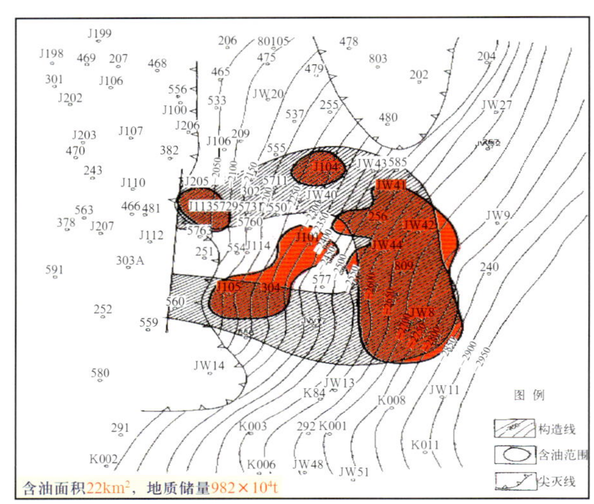


图4−7−10 五三东区1992年上报上乌尔禾组油藏含油面积图

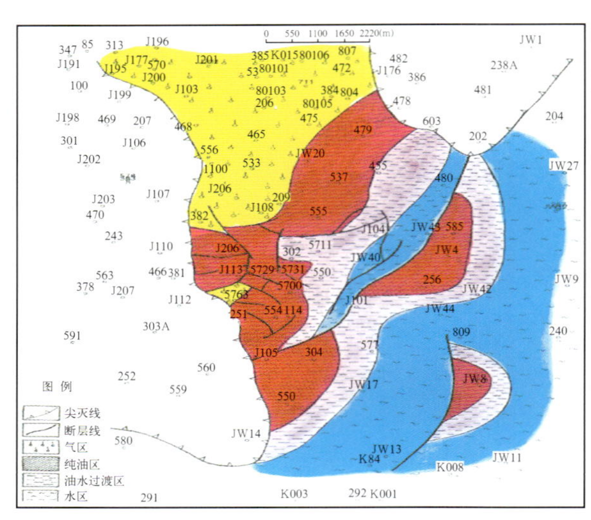


图4−7−11 五三东区上乌尔禾组油藏综合评价图

二维地震技术在五三东区油田发现初期起了重要的指导作用，但由于资料精度的限制，对于后期评价无能为力，必须实施三维地震勘探。

在评价阶段大面元三维地震技术的应用，使地震资料品质有所提高，为油藏评价提供了可靠依据。由于该区处于克乌断裂带褶皱区，地质条件比较复杂，地层受强烈构造运动的影响，致使断裂发育相对复杂，这就影响了大面元三维地震勘探地震资料的品质。

由于存在上述问题，在油田开发阶段，给油气藏开发部署带来很大风险，所以必须进行高精度地震勘探。高精度三维地震的实施，大大改善了地震资料的品质，使地震资料的分辨率和信噪比都有很大提高，为应用各种地震解释方法识别小断裂、搞清地层的接触关系、运用各种地震属性对储层进行物性分析奠定了良好的基础，具体体现在以下几方面：

（1）搞清了该区油气分布规律，恢复了老区的活力，使老区增储上产；

（2）增强了老区开发的潜力，为准噶尔盆地类似区块大力开展精细油藏描述树立了典范；

（3）地震解释新技术、新方法的应用对五三东区上乌尔禾组油藏的评价起到了至关重要的作用。

# 第八节　柴达木盆地西南部大面积三维连片处理解释

开展柴达木盆地西南部地区三维地震连片处理解释的主要目的是建立柴达木盆地主力油气区三维地震统一数据体，消除由于采集、处理手段不同导致的地震波能量、极性、频率、相位等各种差异，解决各三维区块间因施工因素差异、面元大小差异、三维偏移量差异等因素造成的衔接处相互矛盾问题，为统一解剖跃进油区的地质结构提供基础资料。

连片处理解释满覆盖面积约751.5015km$^2$，一次覆盖面积1178.69km$^2$，是当时国内面积最大的三维连片处理解释项目。该项目的开展，对深化跃进油区的整体认识、提高油田采收率、加快油田滚动勘探开发步伐及增储上产都具有十分重要的意义。

## 一、地理位置

柴西南三维连片区由跃进二号、砂西、乌南—绿草滩、跃进四号、尕南、扎哈泉和尕斯油区7个三维区块组成，满覆盖面积约751.5015km$^2$。地理上位于柴达木盆地西部英雄岭南缘，行政区划属青海省海西茫崖行署花土沟镇。工区西起尕斯库勒湖，东至东柴山，南接切克里克，北至油砂山（图4–8–1）。

## 二、区域地质概况

柴达木盆地可划分为北部块断带、西部坳陷区和东部坳陷区三个一级构造单元。三维连片区位于西部坳陷区尕斯断陷内，北为英雄岭生油凹陷，西为阿尔金山，南邻昆北斜坡，东接茫崖凹陷，是柴达木盆地油气最为富集的区带之一，也是目前青海油田主要的产油基地（图4–8–2）。

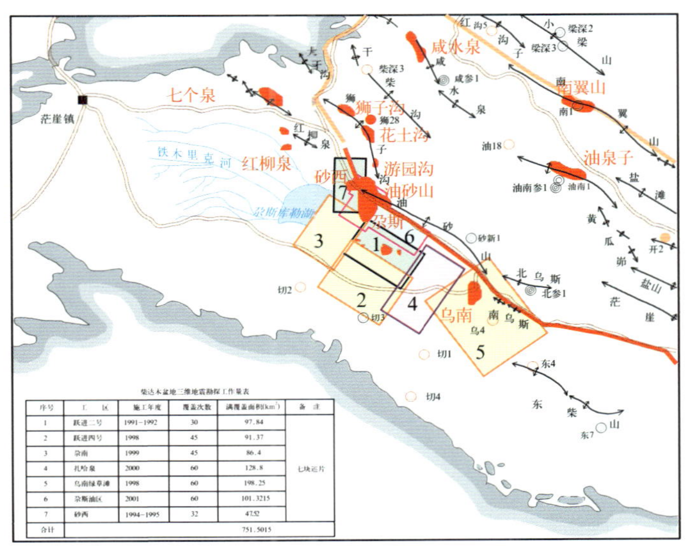


柴达木盆地三维地震勘探工作量表

| 序号 | 工　区 | 施工年度 | 覆盖次数 | 满覆盖面积(km$^2$) | 备　注 |
|---|---|---|---|---|---|
| 1 | 跃进二号 | 1991–1992 | 30 | 97.84 | 七块连片 |
| 2 | 跃进四号 | 1998 | 45 | 91.37 | |
| 3 | 尕南 | 1999 | 45 | 86.4 | |
| 4 | 扎哈泉 | 2000 | 60 | 128.8 | |
| 5 | 乌南绿草滩 | 1998 | 60 | 198.25 | |
| 6 | 尕斯油区 | 2001 | 60 | 101.3215 | |
| 7 | 砂西 | 1994–1995 | 32 | 47.52 | |
| 合计 | 751.5015 | | | | |

图4–8–1　地理位置图

## 三、地表及人文环境

工区地表为盐碱戈壁滩，地面海拔2850～3190m，植被稀少，气候条件恶劣。该区夏季气候干燥，风沙较大，冬季气候严寒，具有典型的高原戈壁气候特征。环英雄岭周缘地区海拔一般在2800～3800m，交通较为便利。工区覆盖花土沟镇和尕斯采油区，对施工不利。除花土沟镇和油田作业区外，工区内基本为无人区。

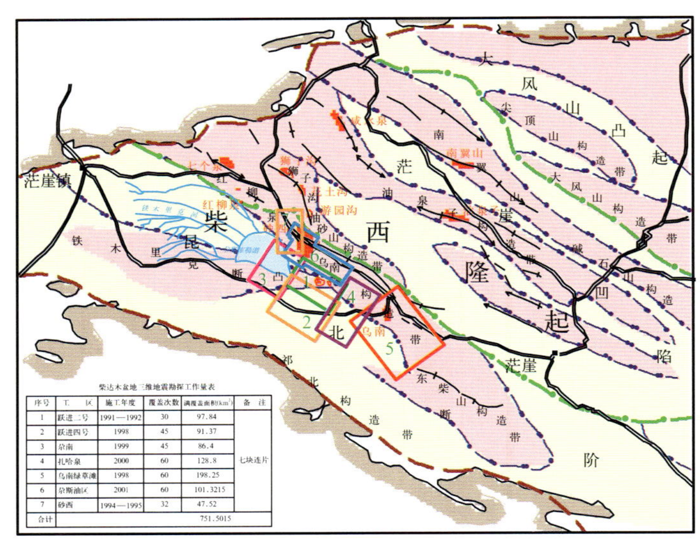


柴达木盆地三维地震勘探工作量表

| 序号 | 工　区 | 施工年度 | 覆盖次数 | 满覆盖面积($km^2$) | 备　注 |
|---|---|---|---|---|---|
| 1 | 跃进二号 | 1991—1992 | 30 | 97.84 | 七块连片 |
| 2 | 跃进四号 | 1998 | 45 | 91.37 | |
| 3 | 尕南 | 1999 | 45 | 86.4 | |
| 4 | 扎哈泉 | 2000 | 60 | 128.8 | |
| 5 | 乌南绿草滩 | 1998 | 60 | 198.25 | |
| 6 | 尕斯油区 | 2001 | 60 | 101.3215 | |
| 7 | 砂西 | 1994—1995 | 32 | 47.52 | |
| 合计 | | | | 751.5015 | |

图4−8−2　工区位置图

## 四、勘探程度

柴西南区历经45年的勘探和开发，已成为青海油田的重要产油区。全区共钻中深探井130余口，已发现油田5个（尕斯库勒油田、砂西油田、跃西油田、跃进二号油田、乌南油田），含油面积99.3$km^2$，探明储量12760 × $10^4$t，占柴达木盆地探明储量的48%。

尕斯库勒油田是青海原油生产的主力油田。20世纪70年代初通过模拟地震发现跃进一号潜伏构造，1977年钻探跃参1井和跃深1井证实为油田。深层$E_3^1$油藏含油面积38.9$km^2$，探明储量3878 × $10^4$t；浅层$N_1$−$N_2^1$油藏，含油面积12.9$km^2$，探明储量3362 × $10^4$t； $E_3^2$生物灰岩油藏含油面积4.8$km^2$，控制石油地质储量410 × $10^4$t。目前，深浅层油藏（$E_3^1$、$E_3^2$和$N_1$−$N_2^1$油藏）都已投入开发。

跃进二号构造是1985年利用二维地震发现的一个潜伏状构造，1986年首钻跃12井获工业油流证实为油田。探明含油面积2.4$km^2$，Ⅰ类石油地质储量2365 × $10^4$t。

跃西构造是1978年二维地震解释落实的构造，1978年首钻跃地1井获工业油流。探明含油面积3.5$km^2$，探明石油地质储量342 × $10^4$t。

乌南—绿草滩构造1979年钻探南参2井，发现工业油流，证实为油田。该构造含油面积26.4$km^2$，探明石油地质储量805 × $10^4$t。1998年利用三维地震资料解释成果上报探明Ⅱ级石油地质储量1695 × $10^4$t，新增890 × $10^4$t。

砂西构造是1970年二维地震勘探发现的一潜伏构造，1970年跃37井获工业油流，证实油田存在。$N_1$−$N_2^1$油藏，控制储量1817 × $10^4$t，$E_3^1$上交含油面积6.4$km^2$，探明石油地质储量708 × $10^4$t。

## 五、以往物探资料品质与难题

柴达木盆地西部南区数字地震勘探开始于1981年，尕斯油区及其周边二维地震测网密度达2km × 2km，资料品质整体较好，但砂西构造主体、乌南、跃进二号东高点等部位信噪比较低、反射特征不清、品质较差。

该区三维地震勘探始于1991年，首先在跃进二号构造上进行，相继又在砂西（1994年）、跃进四号（1995年）、乌南（1998年）、尕南（1999年）、扎哈泉（2000年）、尕斯油区（2001年）进行了三维地震勘探。由于不同年度和分块施工，施工队伍、仪器、方位、采集因素以及处理参数都有所不同，使地震资料的能量、频率、相位有较大的差异，影响了该区整体构造精细解剖和勘探开发工作。

三维区个别部位的资料品质较差，例如阿拉尔断裂下盘地震反射难以有效成像，乌南、砂西和跃进二号东高点信噪比低、反射同相轴难以辨认等，影响了对油田地质特征的认识。此外，该区储层“薄、多、散、杂”，地震剖面分辨率普遍较低，制约了储层和成藏的研究深度。

## 六、主要技术措施及效果

### （一）有效的去噪方法

采用人工交互手段剔除坏道，并结合地表一致性异常振幅压制技术，在不损失有效信号的前提下，将异常振幅压制掉，保证反褶积处理的效果。

（二）振幅补偿处理

振幅补偿采取球面扩散补偿与地表一致性振幅补偿相结合的方法消除道间差异，使全区资料的能量趋于一致，为后续的地表一致性处理和偏移成像打好基础。

（三）串联反褶积技术

利用地表一致性反褶积对子波振幅具有较好的调整作用和预测反褶积对子波具有较强压缩能力的特点，结合二者的优势，在地表一致性反褶积后再进行预测反褶积（图4–8–3）。

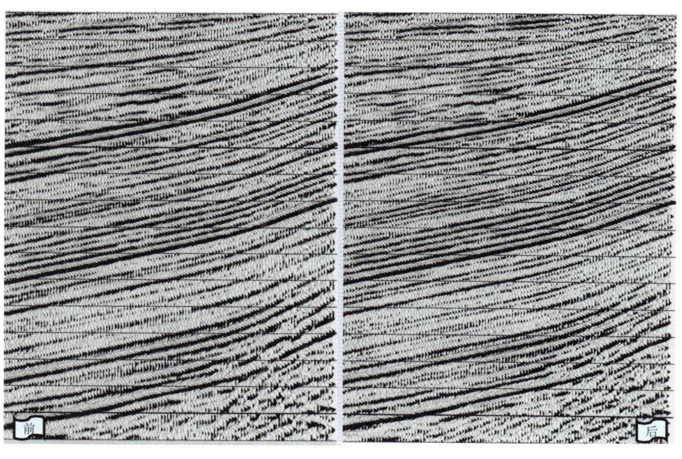


图4–8–3　预测反褶积前后的叠加

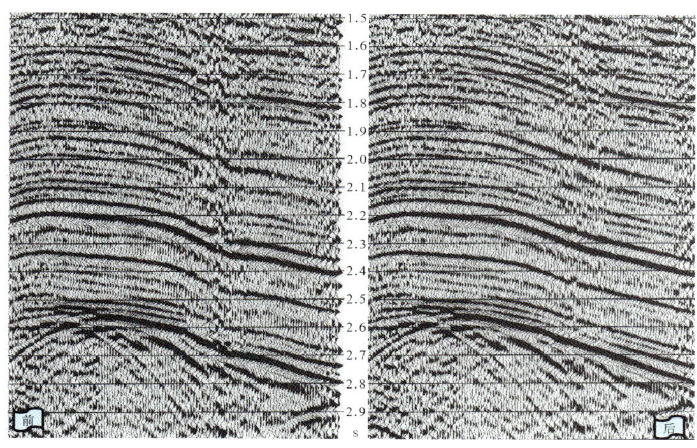


图4–8–4　模拟退火剩余静校正前后的叠加（尕斯油区）

（四）静校正技术

连片处理中采用三维自动剩余静校正、非地表一致性剩余静校正以及模拟退火法剩余静校正三种方法相结合，较好地解决了该区静校正问题（图4–8–4）。

（五）子波整形

采用子波整形技术来统一相邻区块的地震子波特征，消除各三维区块地震子波特征差异，改造子波的频率和相位特征（图4–8–5）。

（六）精细的速度分析与切除

速度分析的密度是500m × 500m。在5次速度分析的基础上确定了最终DMO速度。在对动校拉伸

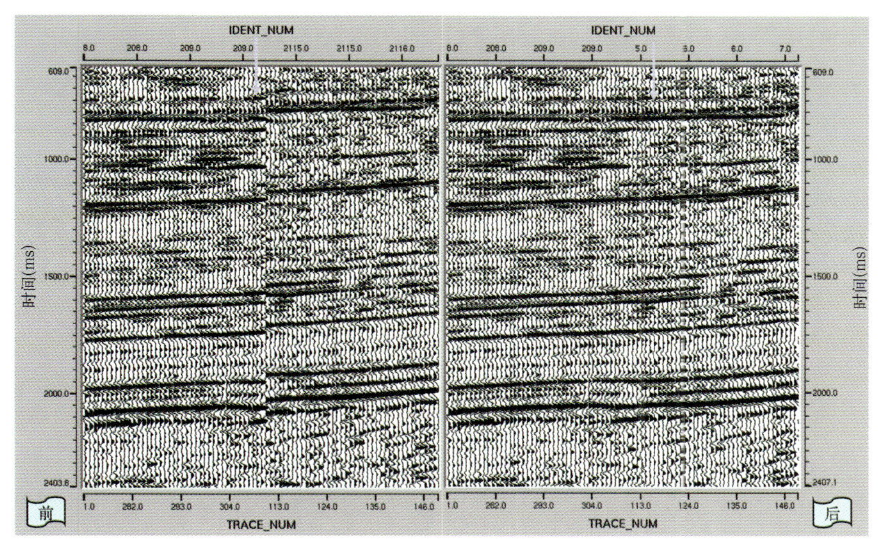


图4–8–5　子波整型前后的剖面（YJ4H–GN）

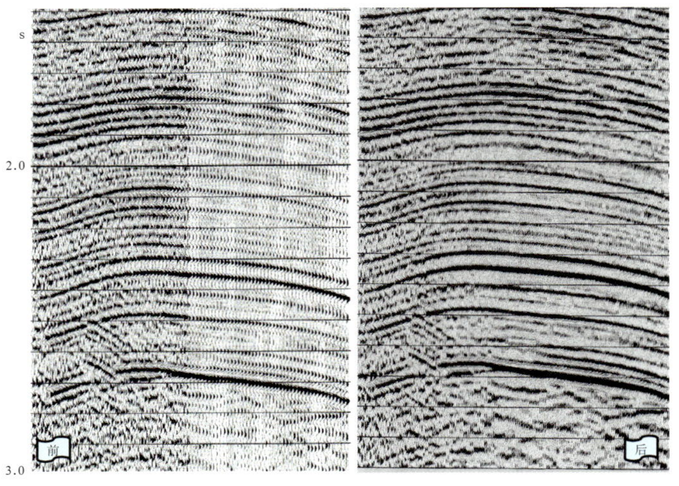


图4-8-6　面元均化前后的叠加（QHLP-IN510）

及浅层干扰进行切除的同时，尽可能多地保留了浅层有效反射信息。

（七）三维面元均化处理

通过空变方法将相邻面元道扩充到本面元内参与叠加，使CMP面元中的炮检距分布更加均匀，同时适当增加覆盖次数，使资料信噪比得到提高（图4-8-6）。

（八）三维DMO

通过DMO—叠加—叠后偏移，能够近似获得与叠前时间偏移一样的效果，从处理效果看，倾斜界面的反射波和断面波得到加强，绕射更加突出（图4-8-7）。

（九）三维RNA和道内插

采用频率—空间域（$f-x-y$）道内插模块，将面元统一内插成25m × 25m，该方法抗假频能力强，同时也可以确保插值精度（图4-8-8）。

（十）三维偏移处理

以DMO叠加速度场为基础，使用STOLT一步法偏移 + 两步法差分剩余偏移，达到三维全偏移效果，既使陡倾角反射偏移归位，又适应偏移速度场的横向变化（图4-8-9～图4-8-11）。

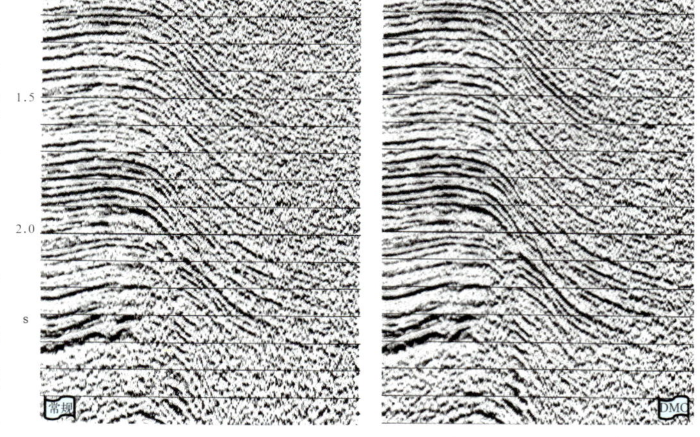


图4-8-7　常规叠加与DMO叠加（QHLP-CR400）

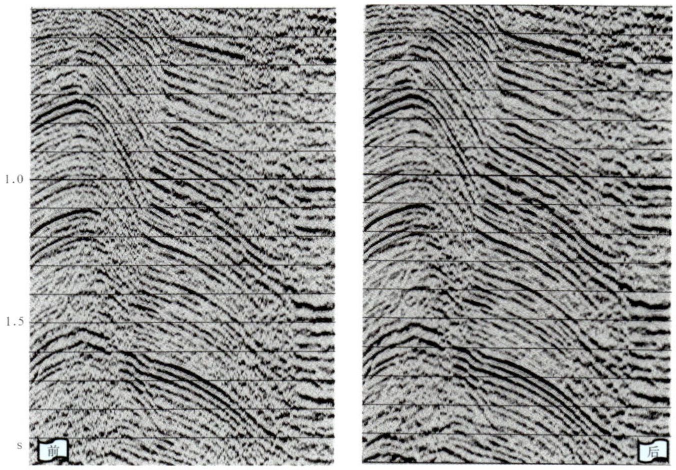

图4-8-8　RNA3D前后的叠加剖面（QHLP-IN580）

由于在处理中采取以上针对性的技术措施，以及采用了高分辨率、高信噪比、高保真等全三维处理手段，得到了质量较高的地震资料。

（十一）解释采取的主要的技术

解释采取的主要技术包括：(1) 处理解释一体化技术；(2) 储层预测技术；(3) 相干数据体解释断层技术；(4) 构造沉积演化发育研究技术；(5) 层序地层研究技术；(6) 图分析技术；(7) 精细速度场建立技术；(8) 测井资料归一化处理技术；(9) 测井约束反演技术；(10) 三维可视化技术；(11) 测井资料、地震属性综合预测储层技术。

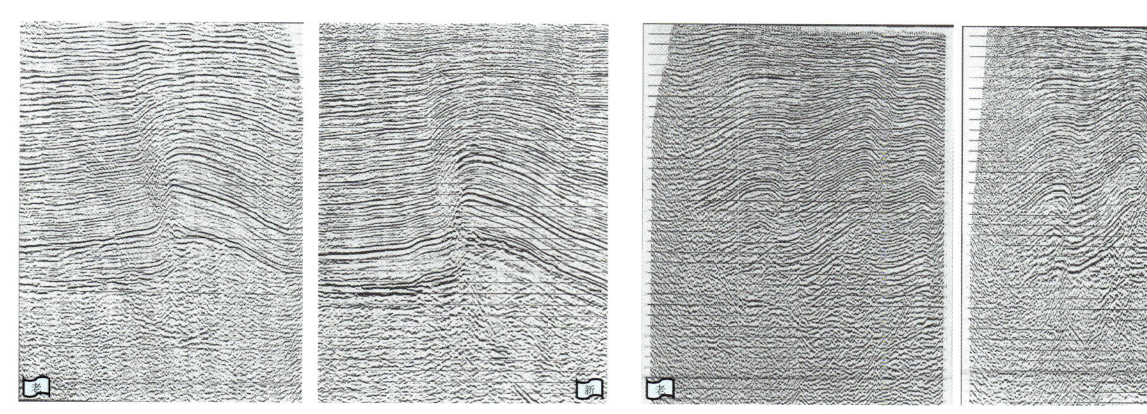


图 4-8-9　二维偏移老、新剖面（L036）　　图 4-8-10　三维偏移老、新剖面（IN1239）

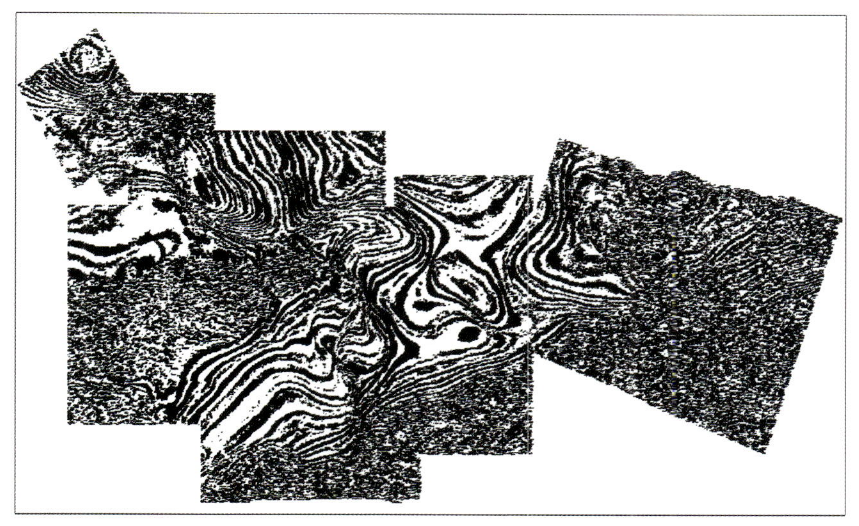

图 4-8-11　连片处理三维时间切片（2000ms）



## 七、主要地质成果与评价

三维连片处理解释取得了如下地质成果：

（1）查清了工区内断裂展布规律和相互关系。认为主要断裂控制构造的形成与演化，构造沿二级、三级断裂成带成排分布（图 4-8-12～图 4-8-14）。

（2）通过大地构造背景、不整合面、断裂生长指数和平衡剖面、沉积厚度分析，确定柴西南构造演化经历了三个不同的演化阶段：早第三纪挤压走滑阶段，晚第三纪坳陷阶段，第四纪挤压逆掩阶段。

（3）根据褶皱与断裂的组合关系，柴西南区构造圈闭可划分为对称型、非对称型及叠合型三种构造圈闭（图 4-8-15）。

（4）柴西南地层以辫状河、三角洲、湖泊沉积为主，钻井剖面上为砂泥岩互层沉积。储层发育，有多套生储盖组合(图4-8-16～图4-8-18)。

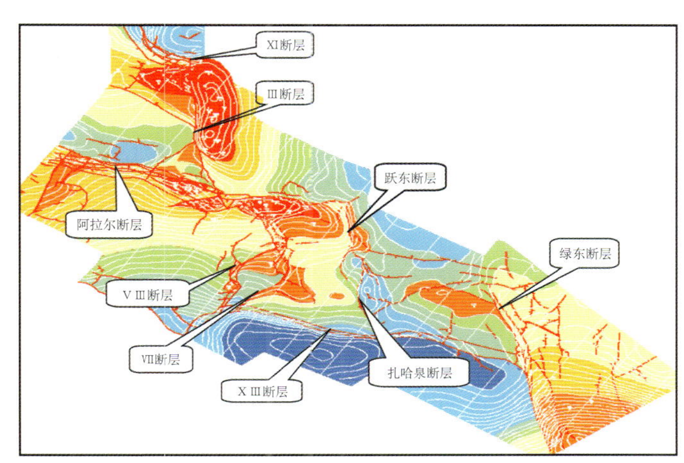


图 4-8-12　柴西南三维区主要断裂展布图

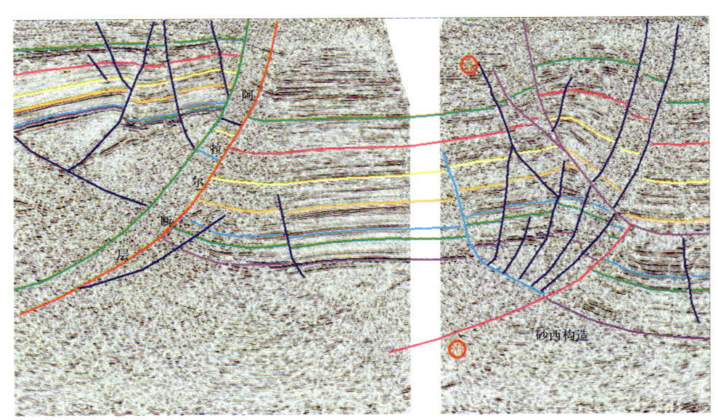
图 4-8-13 断展褶皱、断弯褶皱（LINE521）

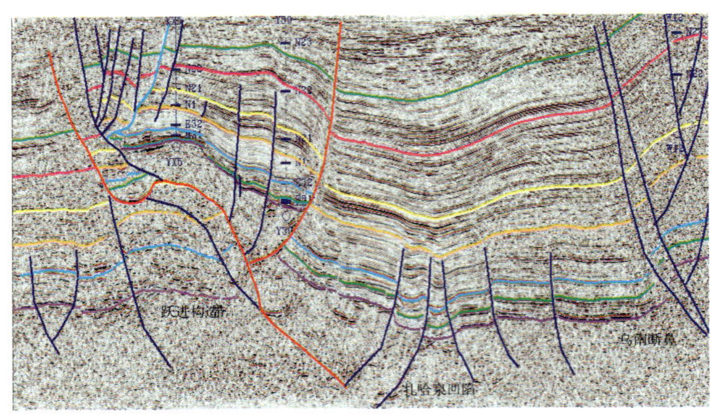
图 4-8-14 东西向为隆、凹相间（CR741）

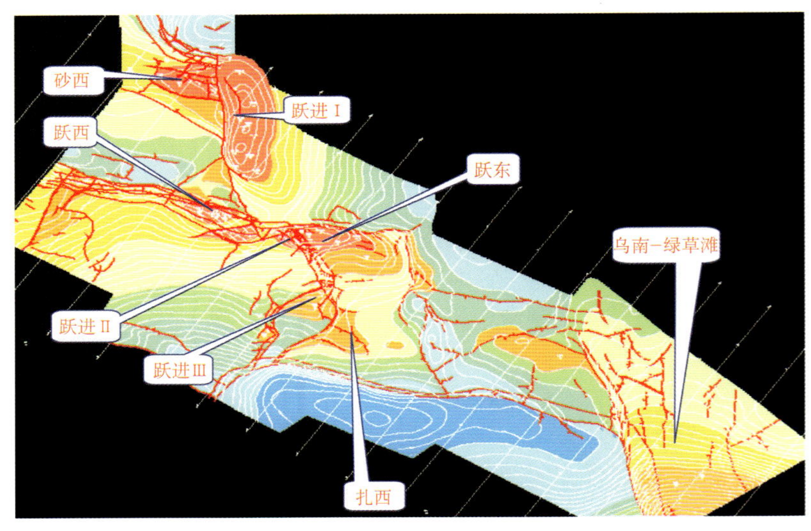

图 4-8-15 柴达木盆地西部三维连片下第三系构造分布示意图（$T_4$）

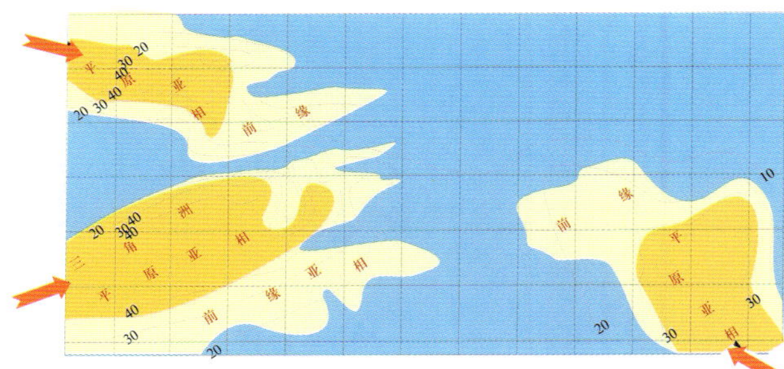
图 4-8-16 $E_3^1$ 沉积相平面图

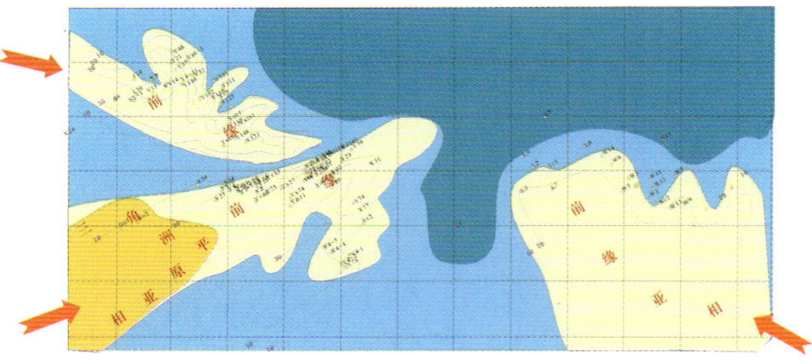
图 4-8-17 $E_3^2$ 沉积相平面图

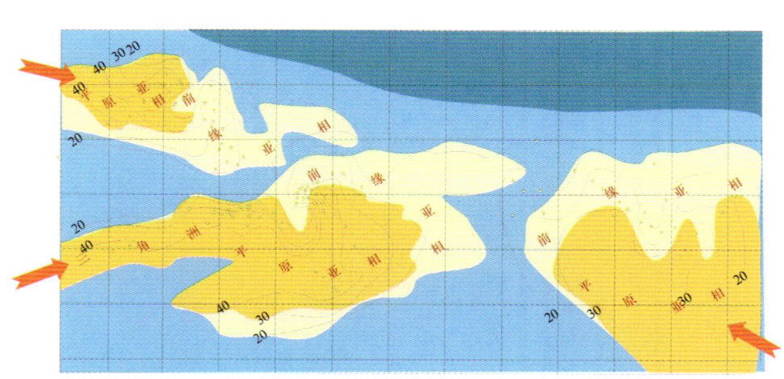
图 4-8-18 $N_1$ 沉积相平面图

（5）通过柴西南三维连片解释，发现和落实 12 个构造，面积 223km²，7 个构造层的圈闭面积 881.7km²。发现和落实 8 个有利圈闭，$T_4$ 反射层的圈闭面积为 37.2km²（图 4-8-19）。

（6）利用钻井、测井、地震、反演等多种资料，综合构造、沉积相研究成果评价认为：跃进一号、跃进二号、跃西、砂西为油气勘探最有利区，即Ⅰ类区；跃东东、跃参 2- 扎哈泉、乌南、绿草滩为油气勘探的较有利区，即Ⅱ类区；尕南为油气勘探远景区，即Ⅲ类区。

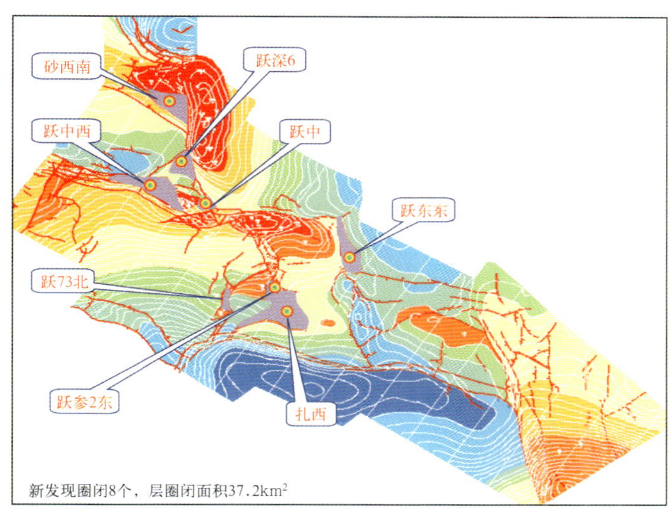


图4-8-19　柴南地区新圈闭分布示意图

根据柴西南三维连片解释成果，钻探了跃中（图4-8-20）、扎西（图4-8-21）、跃进五号等新发现圈闭，其中跃中1-1井获低产油流。在砂西、跃进一号的评价钻探中，有效扩充了含油面积，连片解释成果为增储上产提供了依据。

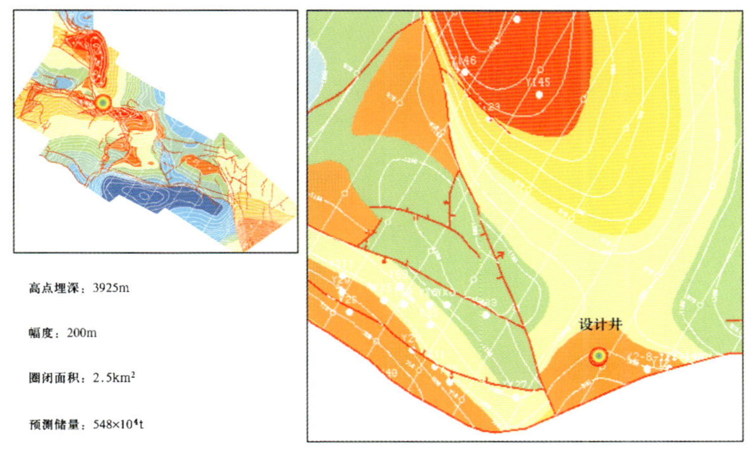


图4-8-20　跃中断鼻$T_4$构造图

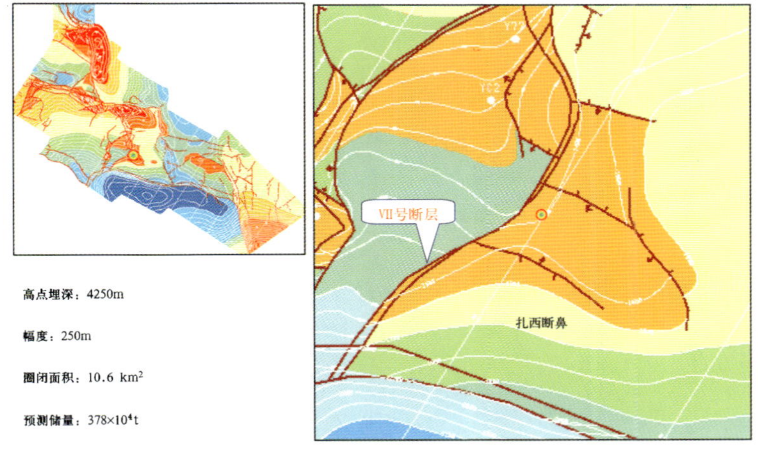


图4-8-21　扎西断鼻$T_4$构造图

# 第九节　充分应用地震储层滚动化预测技术 高效探明和开发榆林气田

鄂尔多斯盆地的天然气勘探走过漫长而艰难曲折的道路，到20世纪90年代初，在盆地从构造勘探转向岩性勘探中，发现下古生界奥陶系风化壳大型天然气地层岩性圈闭。20世纪90年代中期在探明奥陶系风化壳大气田的同时，实施“立体勘探”原则，发现上古生界二叠系陆相碎屑岩气藏。它属于河流—三角洲相低孔低渗砂岩隐蔽气藏，勘探难度大、风险高，而这样的岩性储集体又是长庆天然气增储上产现实的地质目标。在榆林气田的发现过程中，长庆油田分公司大力推广高分辨率地震勘探技术，狠抓以改善激发效果为核心的地震采集技术和措施，攻克制约储层预测的地震叠前目标处理关键技术，使地震提前介入天然气勘探及井位部署。采用榆林地区“九五”攻关形成的实用横向预测技术，利用高品质的地震剖面，反复迭代，精细刻画，完成不同版本的山$_2$砂岩储层工业化制图，实施“滚动式”布井，形成了长庆上古生界砂岩储集体的勘探方法和技术系列，使得榆林地区天然气勘探接连获得重要发现和重大进展。1998年在榆林地区提交了相对独立的上千亿立方米的探明和控制储量，成为长庆油田天然气储量增长的第二个高峰年。1999年榆林气田进入开发阶段，由于生产效果好，相继在榆林外围的统万城—镇北台、榆林南—子洲实施大规模扩边勘探，获得重大新突破。不但山$_2$的天然气储量规模突破$3000\times10^8m^3$，而且在兼探的下古生界和太原组也分别获得近千亿立方米的储量规模。榆林气田成为我国陆上高效、快捷勘探开发隐蔽性低渗透岩性气藏的一个典范。

## 一、地理位置

榆林地区位于鄂尔多斯盆地东北部，勘探范围北起阿拉泊，南至塔湾，西邻靖边气田，东抵双山，即东经109°4′56″～110°3′15″，北纬37°51′7″～38°44′32″，南北长约104km，东西宽约82km，面积约8500km$^2$，行政区划属于陕西省榆林市和横山县境（图4−9−1）。

## 二、区域地质概况

榆林气田位于鄂尔多斯盆地倾角不足1°的西倾大单斜——陕北斜坡的北部（图4−9−2），局部构造和断裂不发育，仅有一些低幅度（10～30m）的鼻状隆起带。

## 三、地表及人文环境

区内地势东北高，西南低，以无定河为界，以北是毛乌素沙漠的一部分，以南为黄土高原（图4−9−3），地面海拔1000～1400m，区内交通较为便利，西安—神木铁路、210国道纵贯南北，榆林市有飞机直航，有靖榆高速路和榆绥一级公路，以及县级和乡间有柏油路、砂石路相通，陕京输气管线穿越本区。无定河两岸沟系发育，南岸村庄、电厂、煤矿相对集中，该区年平均气温8.1℃，1月平均气温−9.9℃，7月平均气温23.5℃，气候干旱，年降水量438mm，多集中在7、8两月，主要农作物以谷

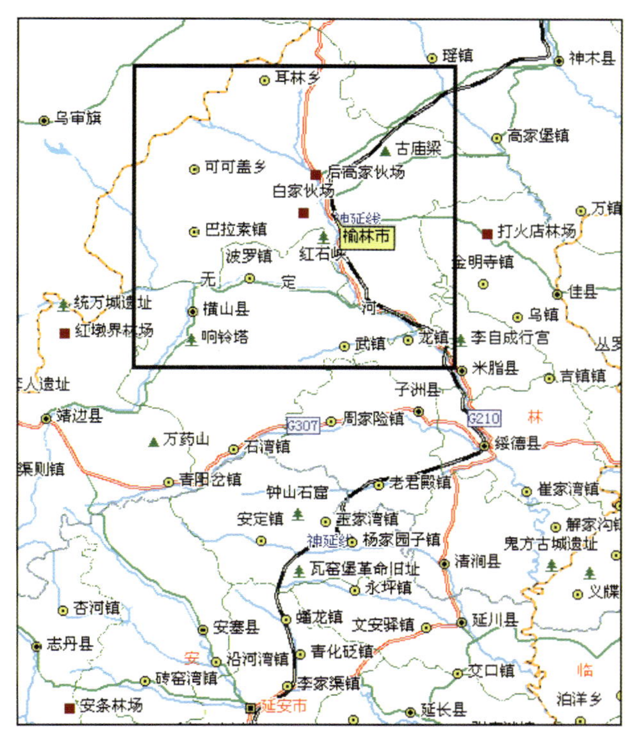


图4-9-1 榆林气田地理位置图

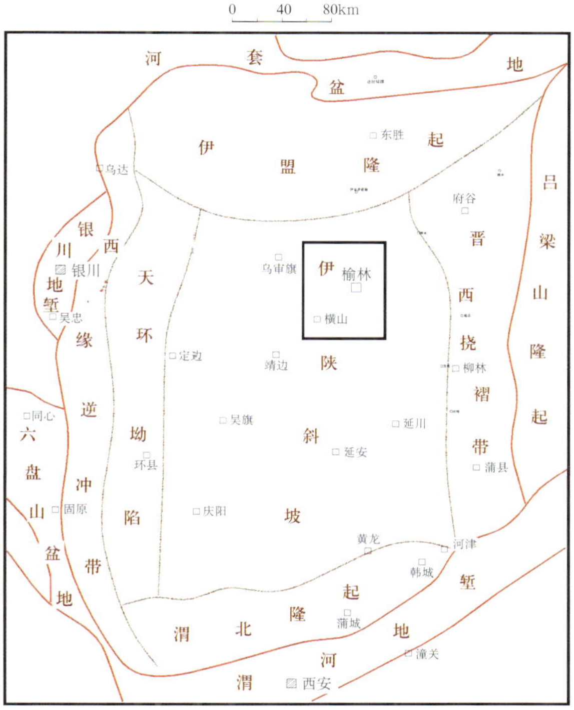

图4-9-2 鄂尔多斯盆地榆林气田构造位置示意图

子、糜子、土豆、玉米为主，工业有煤炭、机械、电力、建材、毛纺织等。

## 四、勘探程度

榆林地区天然气勘探始于20世纪90年代初期。鄂尔多斯盆地继中部下古生界奥陶系发现大气田之后，勘探进一步向东北方向的榆林地区展开。按照上、下古生界并重的“立体勘探”方针，1995年在该区完钻的陕9井于上古生界二叠系山西组山$_2$段获得$15.04\times10^4m^3/d$的工业气流，陕141井钻遇山$_2$段致密砂岩23m。当年预测山西组山$_2$段含气面积356.7km$^2$，提交天然气预测储量$446.5\times10^8m^3$。

图4-9-3 鄂尔多斯盆地榆林地区地形、地貌图

1996年根据陕141井区的8条地震剖面，依据陕141井的地震地质模式，进行特殊处理，完成第一版砂体图。利用地震资料提供的第一口探井——陕143井获日产气$10.2673\times10^4m^3$，同时对陕141井山$_2$段试气获日产$76.7789\times10^4m^3$，揭示了榆林地区在山西组高阻抗致密砂岩储集体中寻找大气田的广阔前景。通过进一步对榆林地区进行地质分析，并结合地震砂体预测，发现该区发育一条近南北向的山$_2$含气主砂带（图4-9-4），控制山$_2$段含气面积275.3km$^2$，提交了高质量的控制储量$205.73\times10^8m^3$。

1996—1998年榆林地区大规模实施地震勘探，完成特殊处理地震剖面99条2850.4km，完成整个榆林区山$_2$砂体厚度图第六版（图4-9-4），该成果表明山$_2$砂体呈大型的网状河三角洲砂体，砂体宽10km左右，南北延伸达100km以上。在此期间共提供探井井位16口，完钻完试16口，其中13口获工业气流，

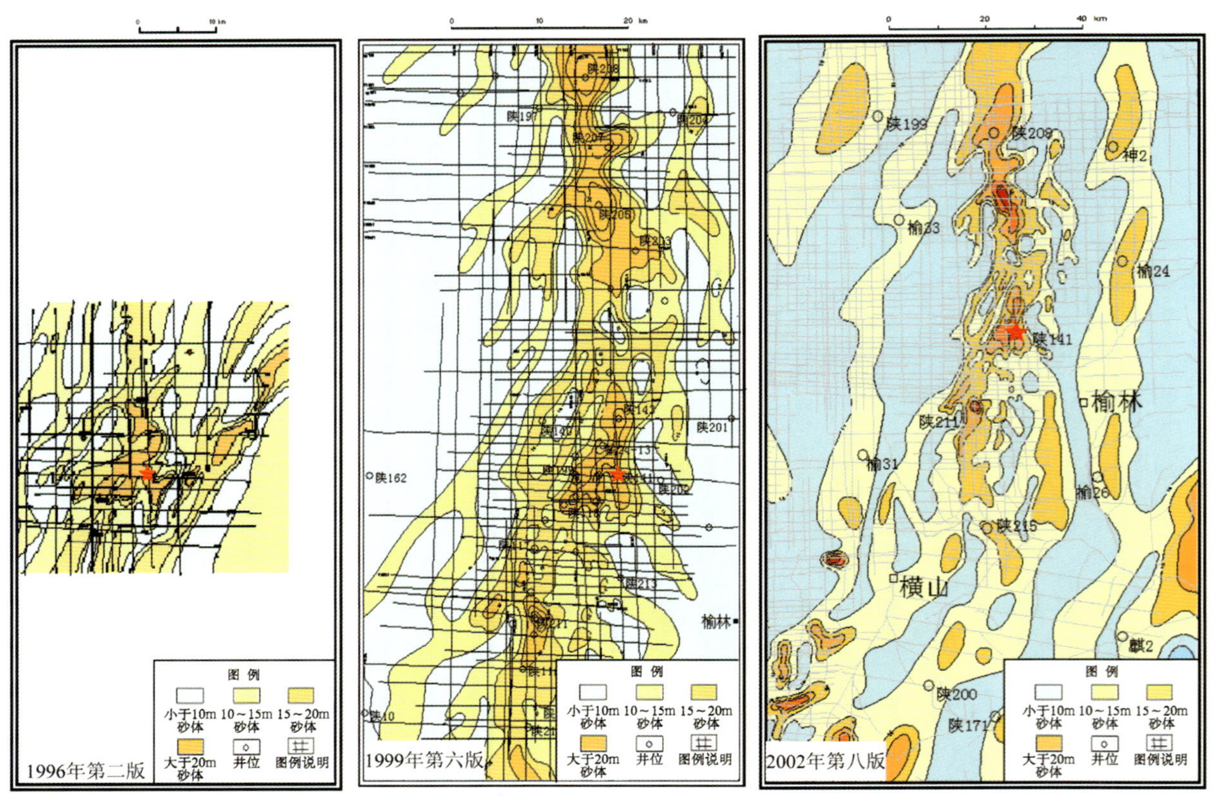


图 4—9—4　1996—2002 年榆林区山$_2$段地震预测各版本砂体图

平均无阻流量 12.7 × 10$^4$m$^3$/d，钻探成功率 81%。由此，榆林区以山$_2$储层为主，山$_1$、盒$_5$、马五$_1$和太$_1$储层为辅发现了一个大面积多层系复合含气的大气藏。经过了三年多的系统勘探，该区共新增天然气探明地质储量 737.2 × 10$^8$m$^3$，控制天然气地质储量 262.36 × 10$^8$m$^3$，预测天然气地质储量 421.34 × 10$^8$m$^3$，从而发现了榆林大气田。

1999 年为查明榆林区山$_2$大型三角洲平原网状河砂体带的南延，继续采用该区陕 141 井区储层横向预测技术，在榆林南区甩开部署陕 215 和陕 218 井，相继获得工业气流。2000 年又对整个榆林地区山$_2$段基本探明天然气地质储量进行了连片复算（含榆林南陕215井区），复算后新增山$_2$探明含气面积174.2km$^2$，新增天然气探明地质储量 395.61 × 10$^8$m$^3$。截止 2001 年底，榆林气田已累计探明天然气地质储量 1132.81 × 10$^8$m$^3$，三级储量合计达 1816.51 × 10$^8$m$^3$。

2000—2002 年围绕榆林地区山$_2$含气砂带南部及两侧展开勘探，完成第八版砂体图（图 4—9—4），提供的榆 24 井、榆 31 井、榆 32 井、麒 2 井和陕 209 井获得成功。

2003 年在榆林外围的统万城、镇北台和子洲地区加大勘探力度，其中主砂带西南侧提供的榆 37 井，山$_2$段气层厚 9.9m，孔隙度 8.1%，渗透率 60.15 × 10$^{-3}$ μ m$^2$，获得了无阻流量 102.5905 × 10$^4$m$^3$/d 的高产工业气流。与此同时，在主砂带东西两侧和南侧分别发现了统万城、镇北台和子洲三个新的含气砂带。所提供完钻的台 3 井、统 3 井和榆 29 井在山西组山$_2$段分别获得了 20.4778 × 10$^4$m$^3$/d、26.2529 × 10$^4$m$^3$/d 和 27.7790 × 10$^4$m$^3$/d 的工业气流。另外还有 10 余口井在马五、太原组和石千峰千$_5$砂岩获得工业气流。

截至 2003 年底，又经过了两年多的系统勘探，新增天然气控制、预测地质储量合计 2382.66 × 10$^8$m$^3$，从而取得了勘探新突破。

## 五、以往物探资料品质与难题

榆林地区由于表层被沙漠、黄土、碱滩及草原所覆盖，地表条件复杂，低降速带较厚，局部地段达到近200m左右。1990年前采用50m道距采集的常规地震测线（4条110km），基本用于构造解释，1993—1994年针对下古生界采集处理的高分辨率测线（28条780km），经过重处理部分测线可用于岩性解释，但分辨率较低（图4-9-5）。自1995年长庆油田开始对上古生界进行工业化评价勘探以来，坚持“地震先行、地震地质综合预测、钻井验证、反复认识、科学布井、稳步发展”的勘探方针，1996年榆林地区由下古生界勘探转向上古生界勘探，以山西组砂岩储层横向预测为重点，安排地震超前实施，大规模进行地震高分辨率勘探。该区中部（无定河以北）资料品质好（信噪比高、分辨率高），处理后剖面视主频达50Hz左右；北部属于榆溪河的源头，古河床发育，资料品质差，尤其是信噪比低；南部（无定河以南）黄土塬区，沟中弯线品质好，由于黄土塬邻近无定河水系，土质潮湿，从2000年开始实施的黄土塬直测线攻关取得较好的效果，处理后的剖面视主频达40Hz以上，可以进行岩性储层预测。

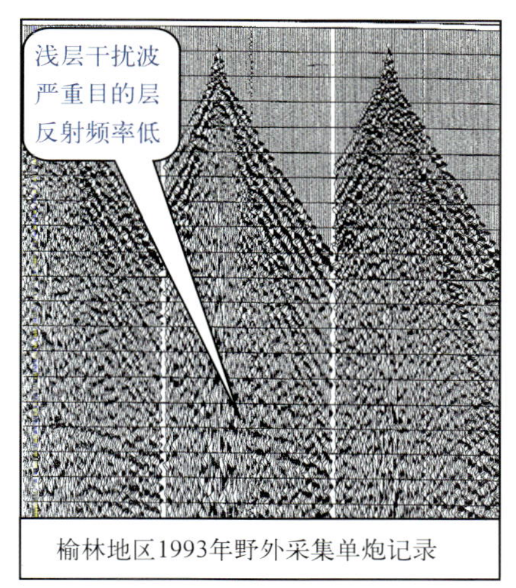

榆林地区1993年野外采集单炮记录

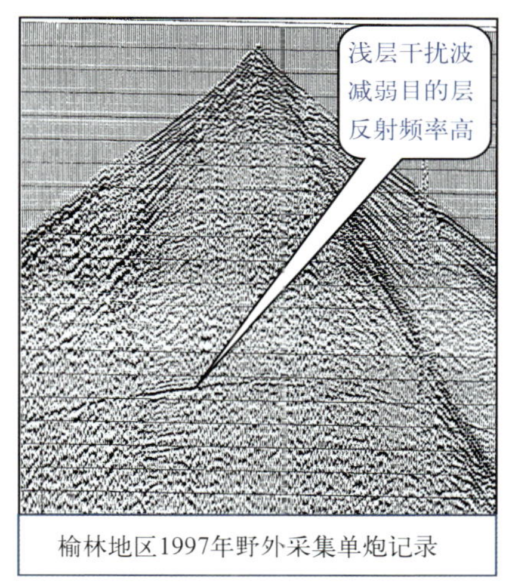

榆林地区1997年野外采集单炮记录

图4-9-5　榆林地区1993年与1997年野外采集单炮记录对比图

榆林气田的主要气层是上古生界二叠系山西组的高阻抗砂岩储集层，主力储层发育在山$_2$段。因此地震勘探的主要任务是查明山西组砂岩储层纵横向的空间展布形态。借助现有技术条件，在进行储层厚度预测的前提下，尽可能利用一些油气检测手段，进行储层的含气性预测，为钻探井位的确定和含气面积的圈定提供参考依据，实现稀井广探和上古生界天然气勘探的良性循环。

## 六、主要技术措施及效果

### （一）地震野外采集的主要技术措施

（1）提高地震钻井工艺，改善激发效果：因地制宜，灵活使用洛阳铲、麻花钻、风钻、水钻及水压钻等多种钻具进行打井，克服了沙漠、滩地易垮井、难下药的困难，保证了钻井质量与下药深度；

（2）精细调查表层，逐点设计井深，确保激发岩性：在地震施工中，严格按“点、线、段”试验后生产，遇品质差的地段，及时补充考核试验，确保原始资料的保真度和整体质量的提高，有效地提高了原始记录品质。

### （二）地震叠前目标处理的关键技术

（1）大沙漠黄土塬区复杂地貌的基础静校正＋交互折射波静校正（图4—9—6、图4—9—7）；

（2）分层分频、多次迭代剩余静校正及地表一致性剩余静校正；

（3）多域信噪分离及小波标架去噪；

（4）地表一致性处理。

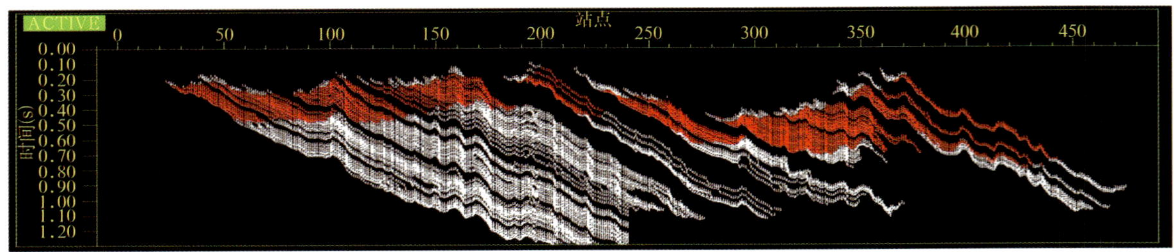


L00425b测线炮记录初至拾取结果

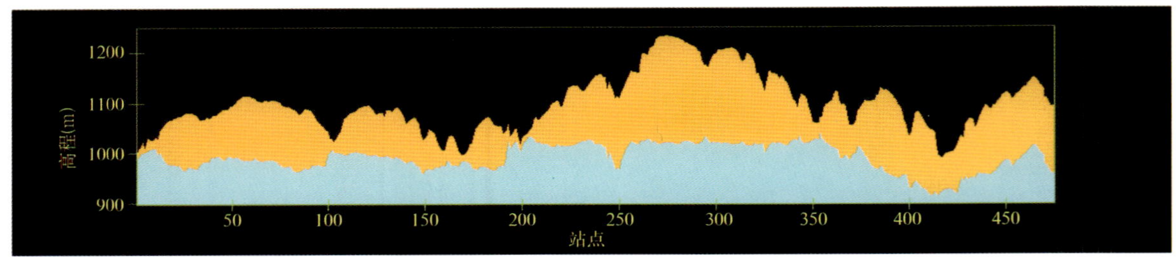


L00425b静校正模型

图4—9—6　榆林地区黄土塬直测线L00425b大炮初至及静校正模型

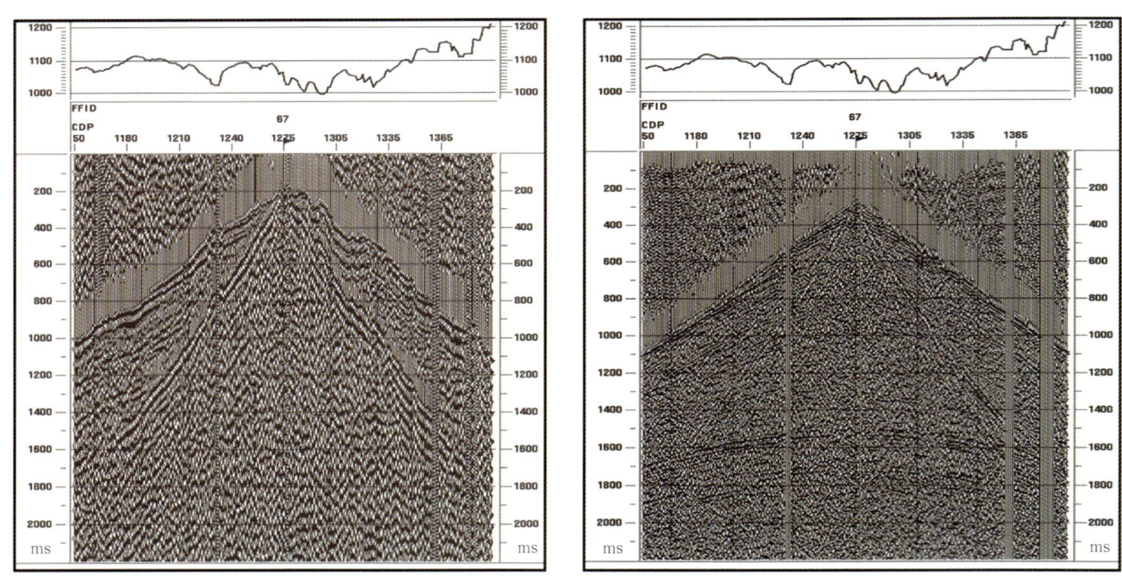


a．野外单炮记录　　　　b．交互折射波静校正＋反褶积

图4—9—7　榆林地区黄土塬直测线L00425b静校正效果

## （三）地震储层横向预测的思路

（1）对各类含气储层做详细的模型分析（图4—9—8），谨慎运用波阻抗解释法和波形特征分析，从振幅波形异常和波阻抗剖面上定性解释储层的厚度；

（2）推广应用地震带限反演新技术，用于勘探初期的储层预测（图4—9—9）。在勘探程度高的地区要进一步细化地震地质建模，做好高精度的精细反演处理，定量预测储层的厚度（图4—9—10）；

（3）利用叠前AVO技术（图4—9—11、图4—9—12），榆林气田的气饱和砂岩确定为Ⅰ类，在道集剖面上显示：随炮检距的增加，振幅减小，表明含气性好；流体因子剖面显示：好的含气砂岩应该表现负值；视泊松比（$\sigma$）叠加显示：气层表现泊松比值降低，反射率增大；AVO结合吸收系数及地震属性分析技术可进行含气性综合分析。

至2003年，在榆林区共利用地震资料为天然气勘探提供井位75口，采纳64口，采纳率85%，完钻完试51口，其中38口井获工业气流，储层厚度预测符合率75.3%，探井预测成功率74.5%（图4—9—13）；在榆林气田的上古生界天然气开发阶段提供井位112口，采纳100口，采

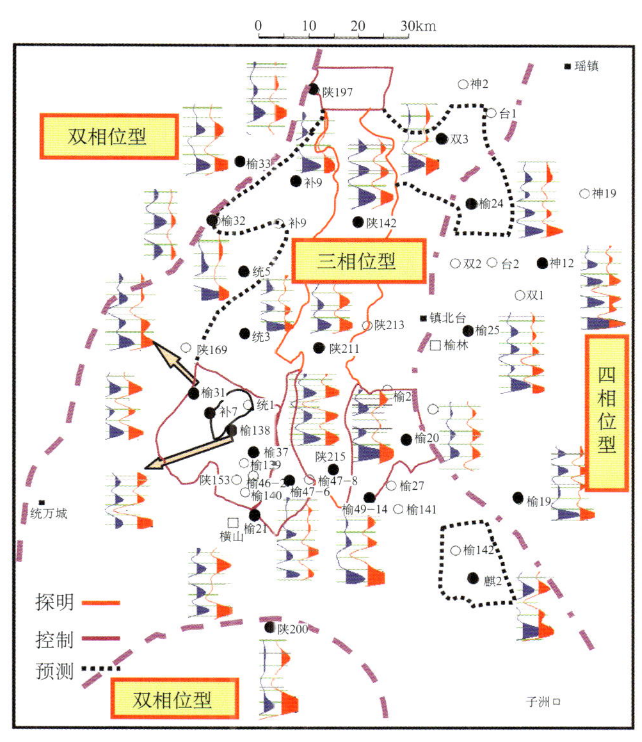


图4—9—8　林地区山$_2$段地震反射波形特征分布图

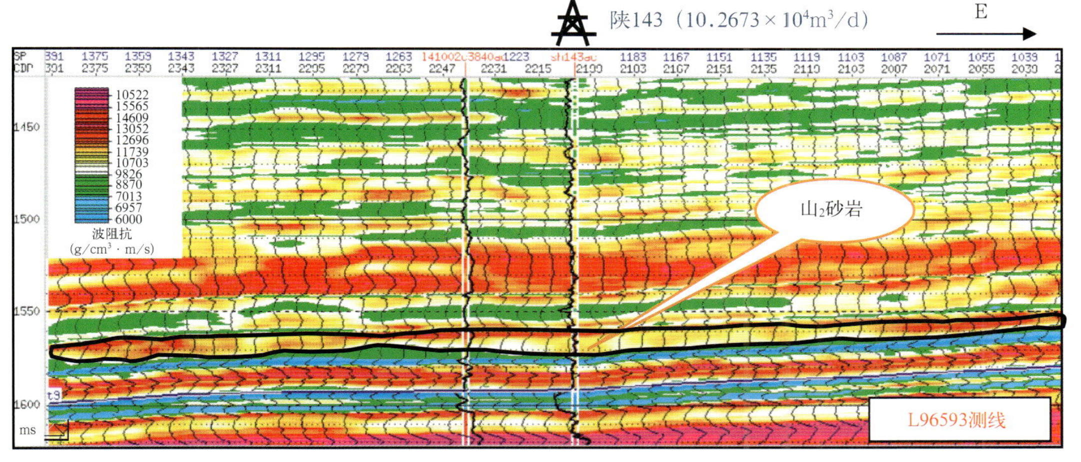


图4—9—9　利用L96593测线地震反演波阻抗剖面预测陕143井

纳率89%。开发评价井和生产井完钻完试53口，其中47口获得工业气流，储层厚度预测符合率91%，开发井预测成功率88.7%（图4—9—14）。勘探开发共获得工业气流井85口，其中百万方以上气井3口：榆47—7井、榆37井和榆43—5井分别获得156.17 × 10$^4$、102.59 × 10$^4$和100.18 × 10$^4$m$^3$/d的高产气流，这3口井均于2003年9月20日投产，生产产量都达到15 × 10$^4$m$^3$/d以上。目前，连续生产时间已5个多月，均表现出较好的稳产能力，井口压力下降趋势不明显。通过实际生产，证实了3口百万方高产井的试气无阻流量是可信的，表明榆林气田南区开发潜力较好。

## 七、主要地质成果与评价

### （一）主要地质成果

榆林气田勘探新突破是科技创新在生产实践中成功运用的体现。在勘探过程中，结合该区的地表

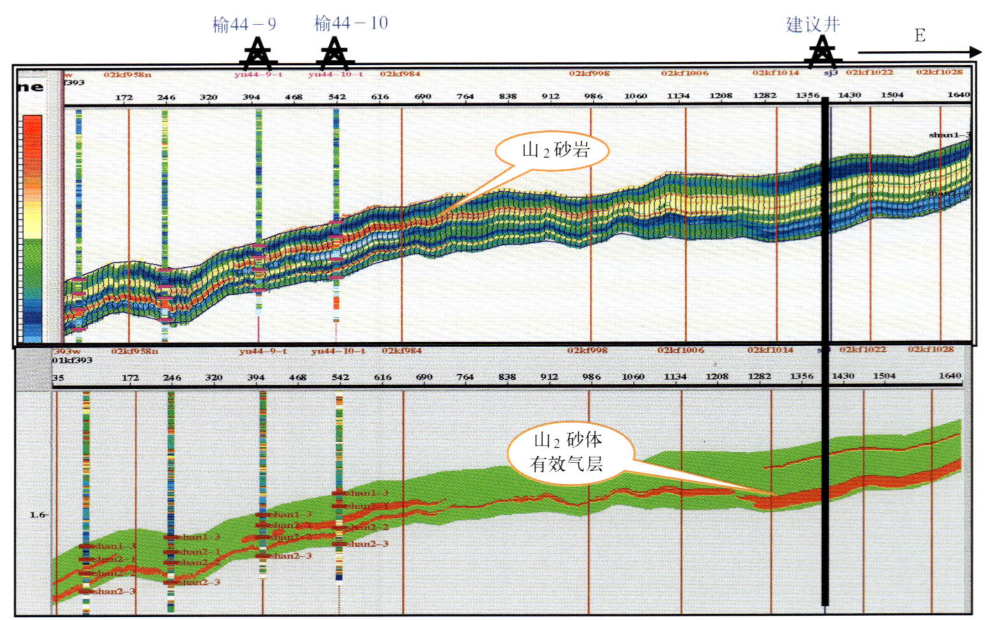


图 4－9－10　L01KF393 测线地震稀疏脉冲反演和多参数预测剖面（伽马反演与密度反演交会）

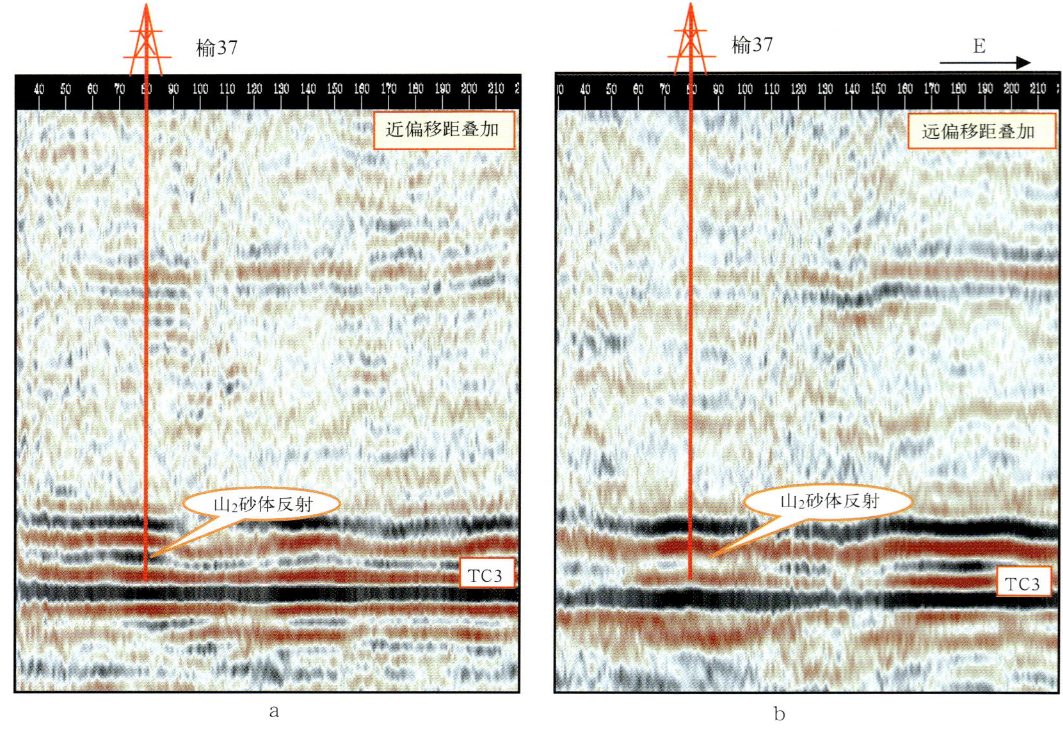


图 4－9－11　榆林区 L02KF393W 测线近偏移距剖面（a）与远偏移距剖面（b）

和地下地质特点，以现代油气勘探新理论为指导，加强了以气藏形成与分布规律为重点的地质综合研究，并开展了地震储层横向预测、测井精细评价和压裂工艺试验等多种技术联合攻关，取得了丰硕的成果，有效地保证了气田的高效勘探。近几年来在榆林地区已上交三级储量 $4275.29 \times 10^8 m^3$，加上未上交的下古生界储量 $953.07 \times 10^8 m^3$，累计三级储量达 $5228.36 \times 10^8 m^3$，按“探明储量大于 $300 \times 10^8 m^3$ 为大型气田、大于 $3000 \times 10^8 m^3$ 为特大型气田”的划分标准，榆林地区探明天然气储量已进入大型气田行列，三级储量累计已达到特大型气田规模，展示了榆林地区良好的天然气勘探效果和开发

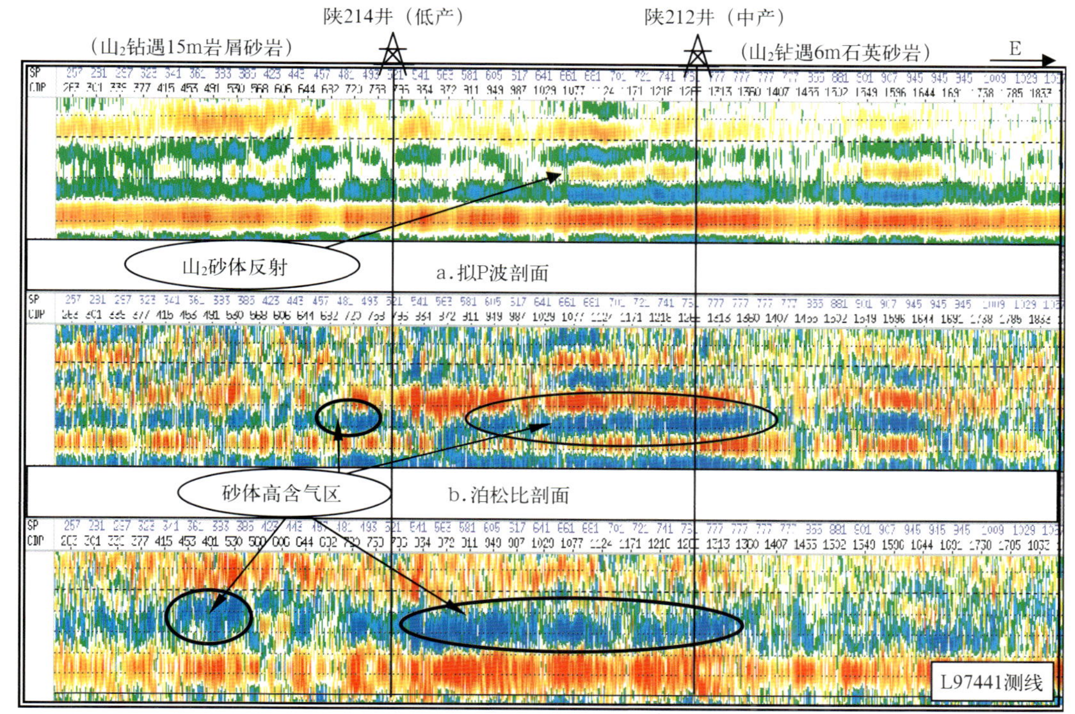


c.流体因子剖面

图4—9—12　过钻遇不同岩性井的AVO分析剖面

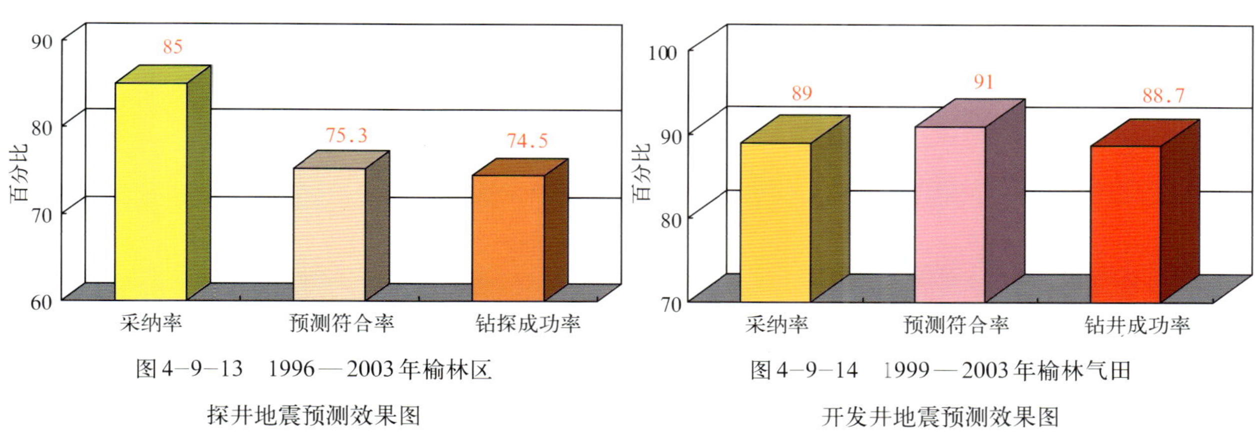


图4—9—13　1996—2003年榆林区探井地震预测效果图

图4—9—14　1999—2003年榆林气田开发井地震预测效果图

潜力。

榆林气田也是鄂尔多斯盆地继下古生界靖边气田之后，储量动用程度较高、开发效果较好的气田之一。到2003年底榆林气田南区建成产能$8.1\times10^8m^3$，使榆林气田的总建产规模达到$11.1\times10^8m^3$。2004年榆林气田已逐步成为天然气产能建设的主战场，长庆气田共建产能$5\times10^8m^3$，榆林南区为$4\times10^8m^3$，占总的产建任务的80%。

（二）认识及评价

（1）榆林地区山西组山$_2$段以河流作用为主的建设性和高建设性三角洲沉积，块状的分流河道砂体为其主要储集体，主砂体形态呈南北向延伸，厚15m以上的砂体南北贯通，厚20m以上的砂体北宽南窄，分为三大块：北区面积大，宽度最大达10km；中区宽度4～6km，并被较薄砂带分割；南区以厚10～15m的砂体为主。局部地区多期河床垂向叠加形成厚度大于35m以上巨厚砂体（南区和北区均被钻井证实），反映了这一大型网状河三角洲沉积体系河流从分流到汇聚，多期交错发生，沉积的砂体在垂向和侧向不断加积叠合而成，并由北到南其三角洲平原沉积逐渐向前缘和湖区推进。气藏特征是石英砂岩控制了山$_2$有效储层的分布，高产区主要分布在石英砂岩发育区；榆林气田横向良好的连通性是山$_2$气层稳产的基础；西南部表现出构造—岩性气藏某些特征，在局部构造的低部位有地层水分布；榆林气田山$_2$主砂带与东西两侧砂带物性分异明显。

（2）大力推广以波形特征分析、Strata波阻抗反演和AVO天然气检测为代表的成熟而有效的储层横向预测实用技术；超前安排地震勘探和储层预测，随着测网密度和提供完钻井数增加，将新测线及新完钻井按新的闭合回路测网重新处理，并在同一沉积相带建立较为客观的地震模型，合理确定勘探井距，提供下一轮井位，形成“滚动式”勘探的良性循环；坚持在高质量的地震剖面上定井，强调地震原始单炮记录要有反射、中间处理成果合理、最终叠加剖面上储层段内幕反射闭合，并且井旁道与合成记录匹配，这种综合分析处理确保了从第一手资料到最终决策资料的可信度。

（3）在榆林地区天然气勘探开发中坚持“地震先行”，加大力度超前安排地震工作，倡导勘探开发布井“三不”原则（即没有地震资料不可定井；有地震资料不做储层厚度反演不定井；最终确定井位时不能不看储层物性、含气性预测的结果）。依次解决储层预测三个层次问题（即在储层厚度定量预测的基础上，进行储层物性半定量的预测，最终定性预测储层的含气性），提高勘探开发布井成功率。

# 第十节　川中公山庙构造三维地震砂岩储层预测

以往地震资料由于覆盖次数低、道距大、频带窄、测网稀等缺陷，达不到精细描述复杂砂岩储集体的要求。1999年后对施工方法和过大江等观测系统进行了充分的定量论证，实施5×4次覆盖宽方位角三维地震采集，为公山庙构造的构造精细解释和储层预测打下了坚实的基础。在公山庙三维地震勘探过程中，依据各阶段地震资料和成果共完钻24口井，储层预测的钻探符合率为85%，钻探获油成功率从依据二维成果的成功率73%左右提高到87.5%。公山庙构造三维地震勘探成果为川中地区石油勘探开辟了新的途径。

## 一、地理位置

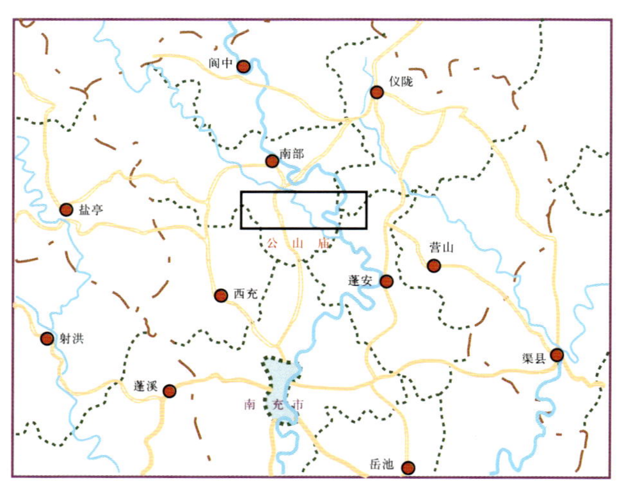

图4–10–1　公山庙构造地理位置示意图

公山庙构造是川中石油勘探的主要构造之一。该构造地理坐标位于北纬31°11′～31°16′、东经105°58′～106°22′之间，行政区域属于四川省南部、仪陇、蓬安、西充四县境内（图4–10–1），南距川北重镇南充市约70km。

## 二、区域地质概况

公山庙构造大地构造位置属四川盆地川中古隆平缓构造区的南充构造群北缘，构造东端与营山、双河构造鞍部相接，西端隔金孔向斜过渡到八角场构造。南侧隔红花铺向斜与南充构造平行展布，北侧为石

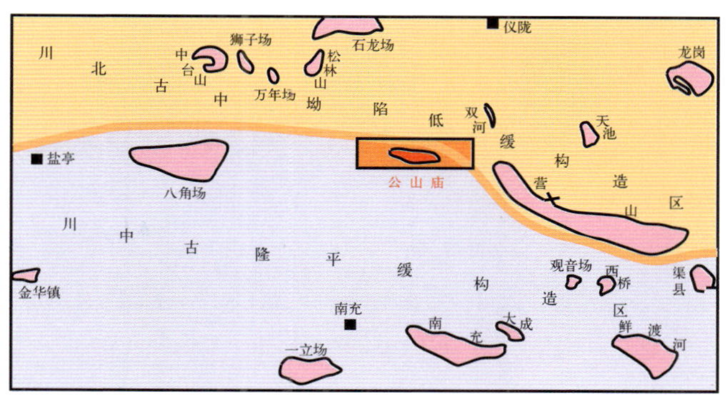

图4–10–2 公山庙构造区域构造位置示意图

龙场、仪陇等构造（图4–10–2）。

公山庙地区地面构造基本的构造格局为向西倾没的鼻状构造，因在公山庙场附近形成背斜圈闭而得名。该构造为短轴状背斜，构造形态简单、平缓，两翼略对称，无断层，圈闭面积约27km²。

## 三、地表及人文环境

公山庙构造地表总体上为东北高、西南低的典型丘陵地形，东北部最高约为海拔500m，西南部及嘉陵江流经区带为海拔260～300m，相对高差一般为50～100m（图4–10–3）。

图4–10–3 公山庙构造地形、地貌缩影

该区植被茂密，山区及院落周围以桑、柏、桔等经济林木为主，低丘地区以种植稻、麦、玉米农作物的农田为主。

区内交通较发达，212国道和省级公路贯穿全区，众多的机耕便道可通达各乡、村；嘉陵江横贯工区东部，可通航。

由于该区普遍出露白垩系或侏罗系砂泥岩，激发接收条件好，有利于地震资料采集。但沿嘉陵江流经的第四系砾石分布区、盘龙电网区和西河、东坝等较大场镇区域，对地震资料的采集造成一定困难。

## 四、勘探程度

1977—1991年，地质调查处对川中地区进行了区域地震大剖面采集和区域连片地震详查工作，部分测线涉及到公山庙构造。

1992年，单独对公山庙构造进行数字地震多次覆盖详查，详查成果较详细地描述了公山庙构造下侏罗统及其以下各主要目的层的构造形态。

1999年，对公山庙构造主体进行了三维地震勘探；2000年又在该三维区的东西两侧扩大三维地震勘探范围，三维区控制面积共330.664km²。

该区钻探工作始于1979年。以上三叠统香溪群为目的层的公1井发现该构造中侏罗统沙溪庙组“沙一段”和下侏罗统凉高山组、大安寨组、东岳庙组均有油气显示，初步揭示了这几套储层的勘探前景。1999年以前，公山庙构造共完钻19口井，获油成功率为73.7%。1999—2003年间，依据二维地震成果完钻22口井，获工业油井16井，获油成功率为72.7%。2000—2003年间，依据公山庙构造三维地震成果完钻公23、公24等24口井，获油成功率为87.5%。

1999年以后的46口井钻探表明，在沙溪庙组“沙一段”获油井就有19口井，占全部井数的41%，且获中高产油井的几率也大得多。因此，公山庙构造侏罗系储层勘探的重点放在了“沙一段”，同时兼顾其余储层。

## 五、以往物探资料品质与难题

1992年以前的地震资料勘探主要目的层为二叠系、三叠系，覆盖次数低、道距大、频带窄，加上测网对公山庙构造控制不严密，浅层资料差，不能满足对侏罗系圈闭和储层的精细描述的要求。

1992年针对公山庙构造的二维数字地震多次覆盖详查，资料质量有不同程度提高，也曾在1999年以前的钻探中起到了重要作用。但仍存在测网较稀、浅层资料较差的缺陷，还达不到精细描述沙溪庙组复杂砂岩储集体的要求。

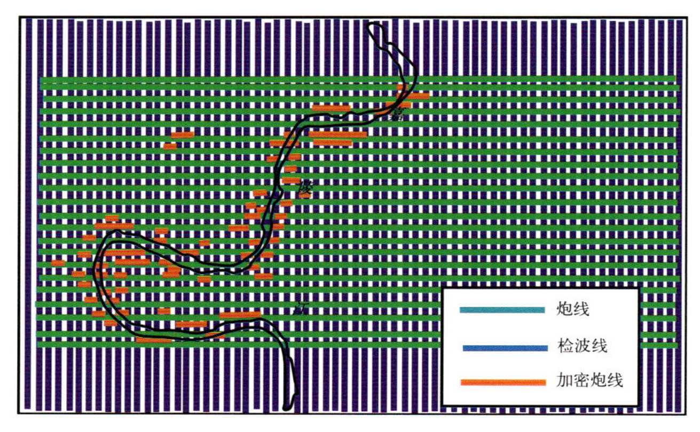


图4-10-4　公山庙构造三维资料采集过大型障碍观测系统设计图

宽500～1000m的嘉陵江穿越该区，在沿江一带增加足够的炮点，满足覆盖次数设计要求

1999—2000年的5×4次覆盖宽方位角三维资料采集，明确了以1500ms以上的侏罗系为主要目的层，对施工方法和过大江等大型障碍物的观测系统进行了充分的定量论证（图4-10-4），所获三维资料的信噪比和分辨率高，保真度好，覆盖次数较均匀，为公山庙构造的构造精细解释和储层预测打下了坚实的基础（图4-10-5）。

分析以往的钻探和地震成果，认为有以下主要问题，需要通过三维地震资料来解决：

（1）公山庙构造侏罗系下沙溪庙组储层储集能力的优劣与圈闭和断裂有密切关系。因此，要应用三维地震资料进一步查明下沙溪庙组等目的层的可靠圈闭形态、规模、构造细节变化和断层的空间展布特征。

（2）以下沙溪庙组为主的储层均属于裂缝—孔隙型砂岩体储层，具有单个个体小、多层、层薄、分散性强、不均质性强的特点，预测难度大。因此要寻找一套有效的储层预测方法。

（3）排除储层预测多解性，提高储层预测的可信度和精度。

（4）预测高产区带，寻找高产井位。

## 六、主要技术措施及效果

### （一）精细构造解释

充分利用三维资料数据量大、可视化强的特点，通过人机联作对偏移数据体各目的层构造、断层

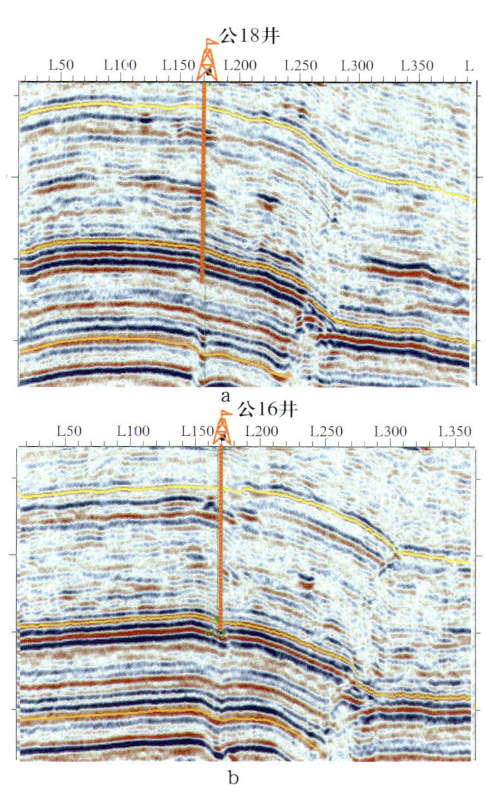


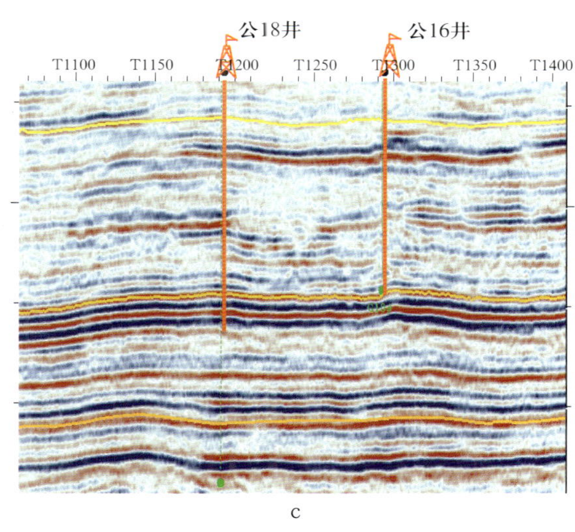


图4-10-5　公山庙构造三维偏移剖面图

a，b 为纵剖面；c 为横剖面

过公16井、公18井的纵、横向剖面信噪比、分辨率高，各种地质构造现象反映清晰

进行精细解释（图4-10-6）。编制的沙溪庙组底界等层构造图可靠地反映了构造形态、圈闭规模、构造变化细节、断层展布特征及构造间的接触关系（图4-10-7）。

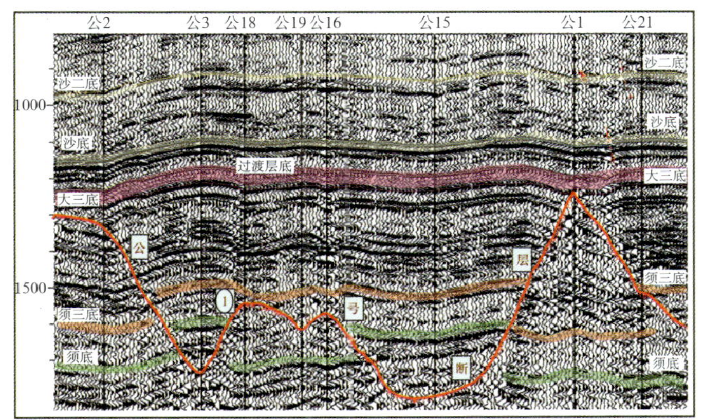


图4-10-6　公山庙构造连井剖面层位、断层解释

“沙二”底至“香三”底间各反射波、波组特征清楚，同相轴连续，断层关系合理，追踪的各目的层与剖面所通过的各井层位一致

## （二）沉积相分析

测井相分析与地震相分析相结合，重建沙溪庙组沉积演化过程，寻找储层发育的有利沉积相及微相。分析认为，公山庙地区下沙溪庙时期是以滨浅湖相和河流相为主的沉积相，该时期的滩坝砂岩体、河道砂岩体和河口沙坝是有利储层发育的岩性体。

地震相分析应用了地震反射强度、波形分类、地层倾角变化等技术，其成果从不同的角度较清晰地反映了下沙溪庙时期曲流河、辫状河、河口沙坝、河流边滩等沉积微相的变化（图4-10-8）。

## （三）砂岩体空间展布预测

砂岩体预测主要应用 Jason、Strata、Emerge 等软件对三维数据体进行 GR 反演（图4-10-9、图4-10-10）。并通过人机联作分项对“沙一段”等储层进行解释，最后对各项解释结果进行综合解释，

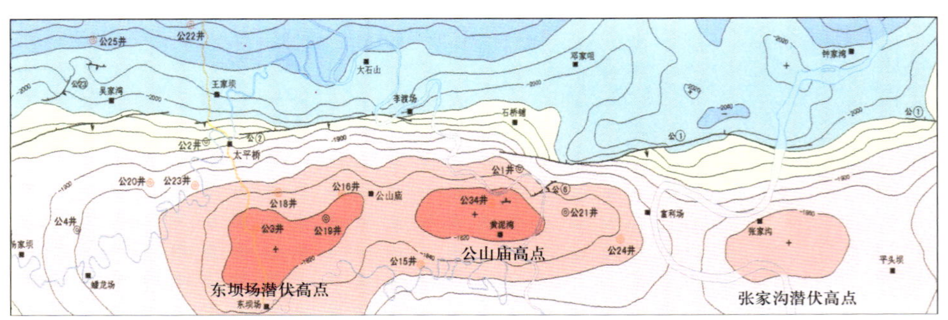


图4-10-7　公山庙构造下侏罗统沙溪庙组底界构造图

该构造图客观地反映了公山庙构造沙溪庙组底界构造形态、圈闭规模、构造变化细节、断层展布特征及构造东端与营山构造的接触关系（等值线单位：m）

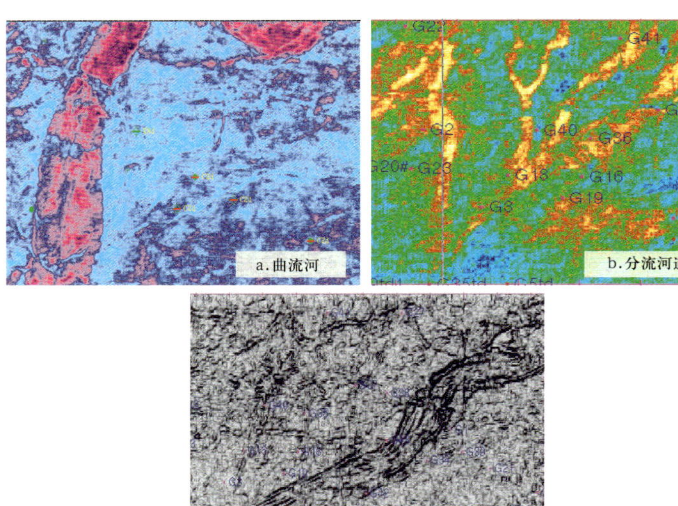


图4-10-8　下沙溪庙时期河流相沉积在三维数据体的表现

a —$R_S$（反射强度）切片，玫瑰红强反射强度部分清楚表现出曲流河道；b —波阻抗切片，黄—桔红的高阻抗条带是分流河道的表现；c —地层倾角切片，黑色条带清楚反映了辫状河流分布特征

完成对储层空间分布的预测。

## （四）储层物性预测

采用Jason随机模拟技术，分别从孔隙度、渗透率、含油饱和度等不同角度对砂岩体储层物性进行预测。对多种预测结果进行综合，实现对优劣储层空间展布特征的预测（图4-10-11、图4-10-12），预测结果排除了单一预测方法的多解性，提高了预测精度。

## （五）断裂预测

裂缝的发育程度是影响公山庙构造沙溪庙组储层储能和产量的重要因素。在本区采用了相干、$R_S$（反射强度）、边界探测、地层倾角变化等技术，从多角度来描述“沙一段”等储层裂缝分布特征，所得结果互相印证了断裂预测的可靠性（图4-10-13、图4-10-14）。

## （六）现场论证，优选钻探井位

在对关键井井位的确定上，地调处和矿区密切配合，集中物探、地质、钻井专家，在地震资料数据库现场充分利用三维可视化特点，对各种处理解释结果进行连续浏览和综合分析，最后从多个预选目标中优选出钻探井位，这项工作是本范例的一个特点。该区公23井在“沙一段”获高产油流38.3m$^3$/d、气0.37 × 10$^4$m$^3$/d和公24井在大安寨组获工业油流便是得益于这个措施。

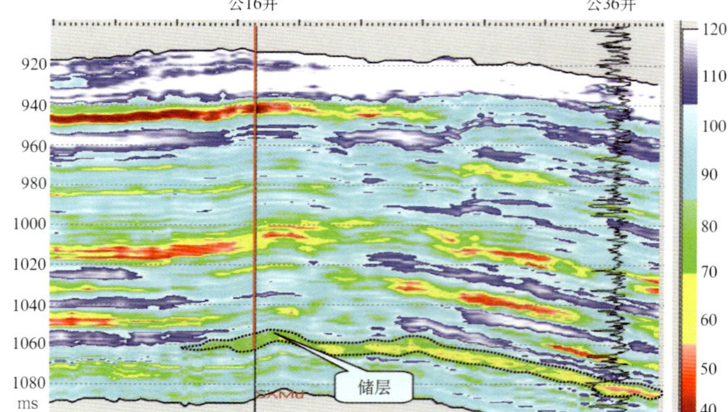


图4-10-9　公山庙构造过公16井、公36井GR反演剖面

在沙一段中下部储层产油144.2t/d的公16井，储层段表现为50～85API的低GR特征

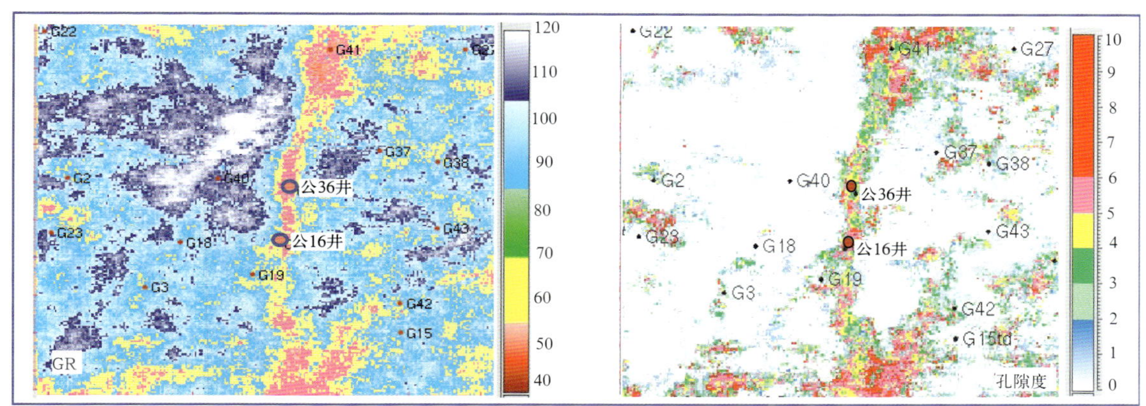


图4-10-10　公山庙构造储层段GR和孔隙度顺层切片图

“沙底”向上25ms的GR顺层切片表明，公16井、公36井均位于同一河道砂岩体上；而相同位置的孔隙度顺层切片上，产工业油气流的公16井孔隙度明显高于不产工业油气流的公36井

## 七、主要地质成果与评价

（1）通过对三维资料的精细构造解释，落实“沙一底界”构造圈闭面积为36.6m$^2$；构造图经2000年以来的三维工区内的15口井检验，深度相对误差均小于0.4%，完全满足进一步勘探和开发下沙溪庙组储层的需要。

（2）在一套完整的储层预测思路基础上，实现了对“沙一段”砂岩体储层分布、储层厚度、储层发育程度、裂缝发育程度的定量预测。综合评价出“沙一段”面积较大的砂岩储集体34个，总面积约76m$^2$，其中裂缝发育的储集体16个，总面积约51km$^2$。

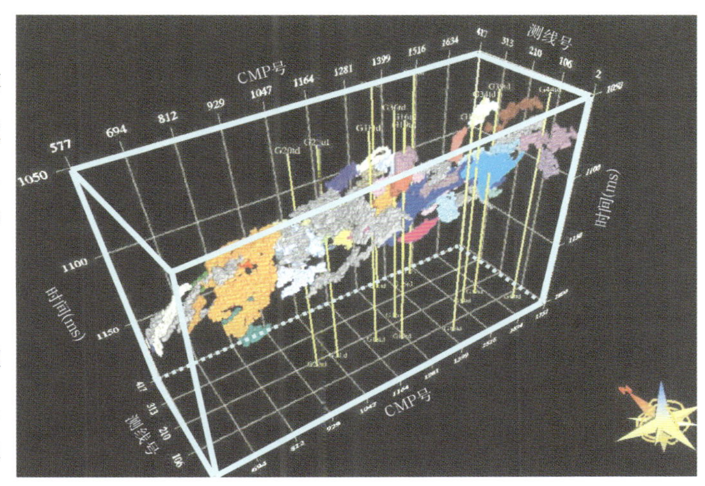


图4-10-11　公山庙构造油藏储集体空间分布图

图中储集体由满足GR值低于35API、孔隙度大于3%、含油饱和度大于40%、渗透率大于0.2×10$^{-3}$μm$^2$等条件确定

（3）在公山庙三维地震勘探过程中，依据

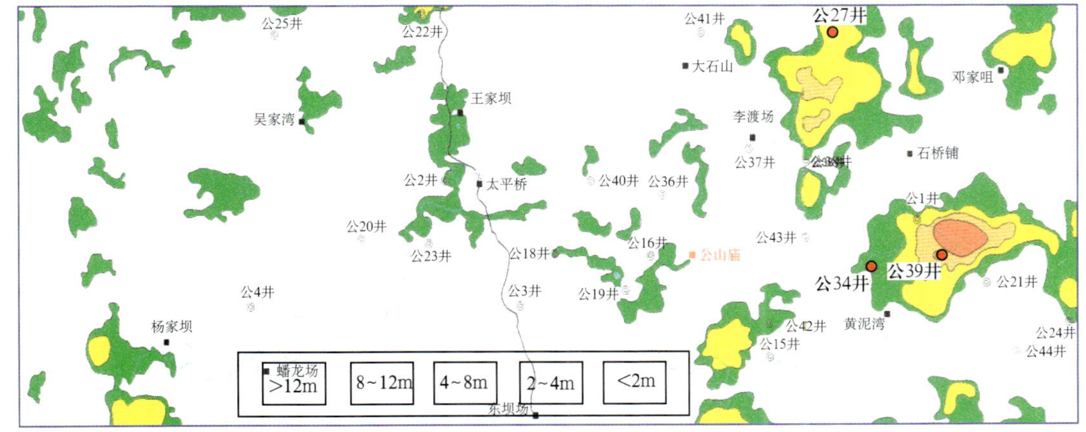


图4-10-12　公山庙构造沙一段下部含油气砂岩体厚度分区分布图

公27、公34、公39等井钻探结果与储层预测成果吻合。特别是公27井，为目前川中产量最大的一口井，钻探证实该井位于砂岩体面积大、厚度大的预测区内

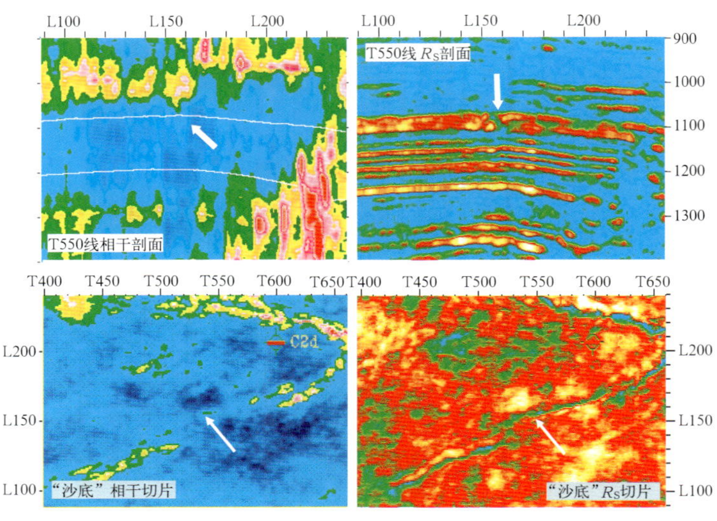


图4-10-13　相干和$R_S$（反射强度）解释断裂效果对比
箭头所指处，$R_S$所反映的小断裂比相干反映的更清晰，两者相结合，进一步提高断裂预测可靠性

各阶段地震资料和成果共完钻24口井，经统计，储层预测的钻探符合率为85%，钻探获油成功率从依据二维成果的成功率73%左右提高到87.5%。特别是获中、高产油井的公27、公38、公39等井与2000年的预测结果十分吻合。

目前，依据三维地震勘探成果和钻探成果计算出公山庙构造中、下侏罗统石油预测储量为3658 × $10^4m^3$，控制储量为2354.1 × $10^4m^3$，探明储量为583 × $10^4m^3$。公山庙构造三维地震勘探成果为川中地区石油勘探开辟了新的途径，为实现年产30 × $10^4m^3$原油奠定了基础。

公山庙构造的地震油气勘探实践表明，三维勘探具有数据量大、信噪比高、保真度好、信息丰富、分辨率高、可视化强的特点，对解决构造和储层问题是二维资料所望尘莫及的。同时表明，对公山庙构造"沙一段"等储层的成功预测，是利用三维资料对陆相碎屑岩储层预测的重大突破。为开发公山庙构造砂岩油气藏起到突出作用，也必将在类似储层地区的地震勘探中发挥更大的作用，创造更高的经济效益。

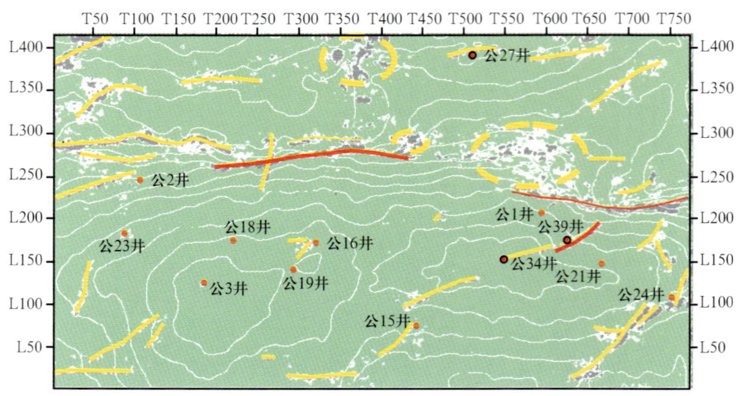


图4-10-14　公山庙构造沙溪庙组底界中、小断层分布图
该图为偏移剖面解释的断层、$R_S$和相干体解释的断层的叠合图，清楚反映了"沙一"底部中、小断层的平面分布特征
公34、公27、公39等井的钻探，证实了所解释的断层的存在

# 第十一节　高柳地区二次三维地震勘探

在进行二次三维地震以前，由于受资料品质的限制，高柳地区的勘探和开发仅限于构造油气藏。二次三维地震开辟了该区岩性油气藏勘探和开发的新领域。

## 一、地理位置

高柳地区位于河北省唐山市南部沿海，行政区划隶属滦南县和乐亭县（图4-11-1）。滦南县北依京山铁路，南临渤海，位于渤海经济开发区和京津唐经济协作区交融地带。

## 二、区域地质概况

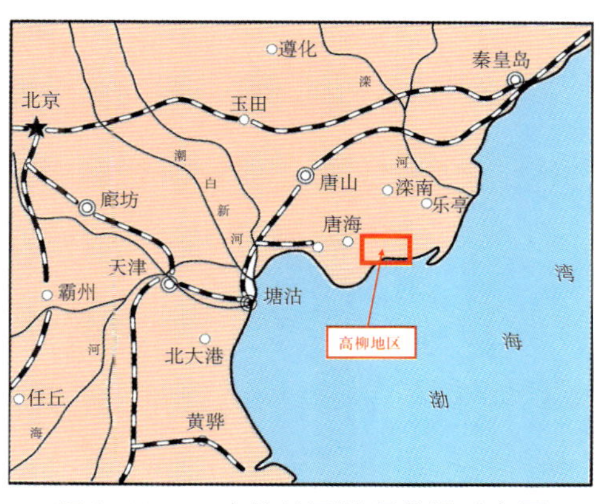


图4—11—1　高柳地区地理位置示意图

高柳构造带位于渤海湾盆地黄骅坳陷南堡凹陷的东北部，它的北面是柏各庄凸起，东面是马头营凸起，边界断层是柏各庄断层，西面与老爷庙构造带相连，总的构造格局为“两高一低”。两高即西边的高尚堡构造高，东边的柳赞构造高，一低指的是位于高尚堡和柳赞之间的拾场次洼，勘探面积为173.6km$^2$（图4—11—2）。

## 三、地表及人文环境

由于该工区内有高尚堡油田和柳赞油田开发区，因此各种工业建筑和油田建筑设施较多，这样给野外地震资料的采集带来了很大的难度（图4—11—3），比如电网所导致的交流电干扰，各种机器噪声等；另外工区内地貌复杂，南部沿海是渤海湾的重要产鱼区；东部为滦河冲积平原的肥沃土壤，西、北部沙区饲草饲料资源丰富，南部沿海渔业生产发达，中部为 “柏各庄大米” 的生产基地，也使地震勘探工作受到很大的影响。由于工区内分布有滩涂淤泥、冬季施工还要遇到强风以及冰凌等环境条件，给打井放炮以及检波器的埋置造成困难，使井深、检波器与地面的耦合等难以达到预计的指标参数，从而影响到野外地震资料采集的质量。

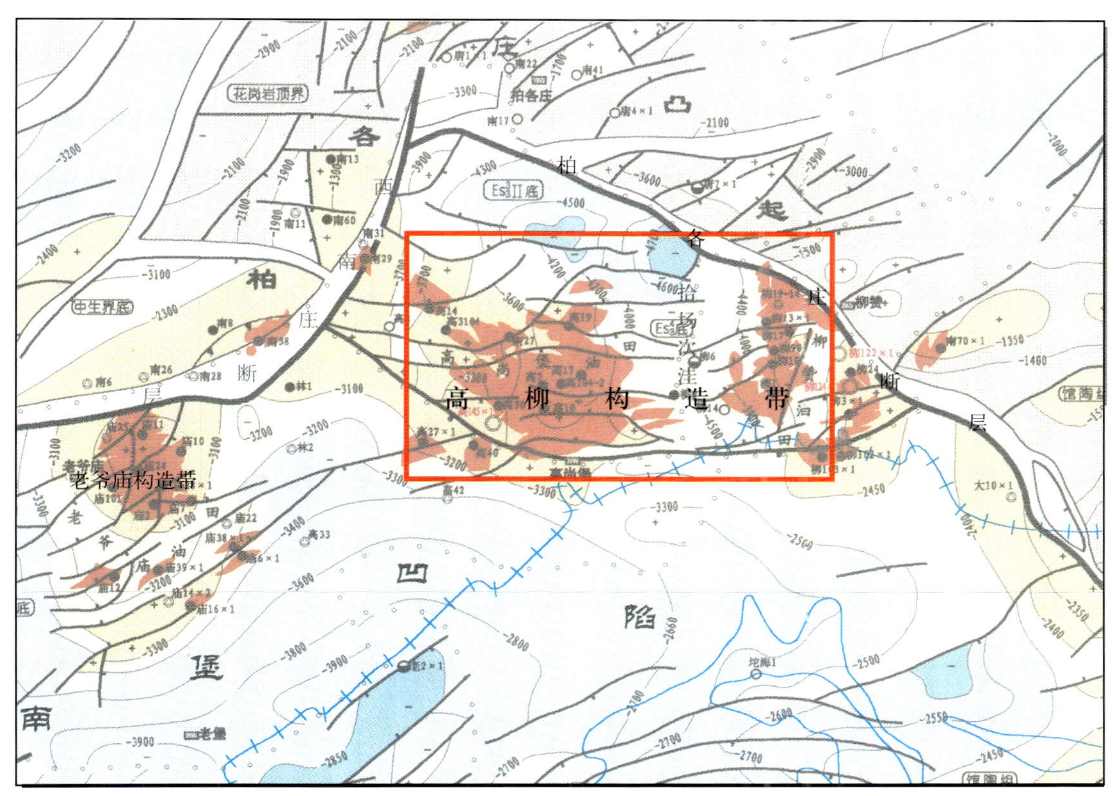


图4—11—2　高柳构造带区域地质位置示意图

## 四、勘探程度

该区油气勘探工作始于1964年，二维数字地震采集从1981年开始．到1986年二维测网密度达到

图4-11-3 高柳地区人文环境组图

1km × 2km～2km × 2km。1987年上三维，经过1987，1989，1994三个年度的分块采集，实现三维连片面积180km²。在此期间，发现了明化镇组、馆陶组、沙一下、沙三¹、沙三²⁺³、沙三⁴和沙三⁵等多套含油层系；找到了高尚堡背斜构造油田、柳北鼻状构造油田和柳中背斜油田，并于1989年投入开发。

自1994年以后的七年间，该区勘探开发工作都是在连片地震资料的基础上进行的。针对不同时期不同地质任务的要求，曾多次对连片地震资料进行重新处理，如与其他地区的三维地震资料进行全区的大连片处理和进行叠前深度偏移处理等，这些措施的实施对改善地震资料品质起到了一定的作用，但仍不能满足不断深入的勘探开发工作的需要。

因此，在2000—2001年对该区进行了二次三维采集，新采集处理的三维地震资料，其品质比老资料有了大幅度改善，对深化和提高该区的地质认识做出了贡献，同时也使该区的隐蔽油气藏的研究工作成为可能并取得了长足的进展。

截止到2002年，全区共钻探井146口，勘探成功率为58.9%，探井密度为1.19口/km²，勘探属于中期阶段。

## 五、以往物探资料品质与难题

从高柳地区原始地震资料品质图上可以明显看出（图4-11-4），以往采集的三维地震资料品质存在诸多的不足，比如剖面的信噪比和分辨率都很低，这除了有当时采集技术水平的因素以及处理上的因素

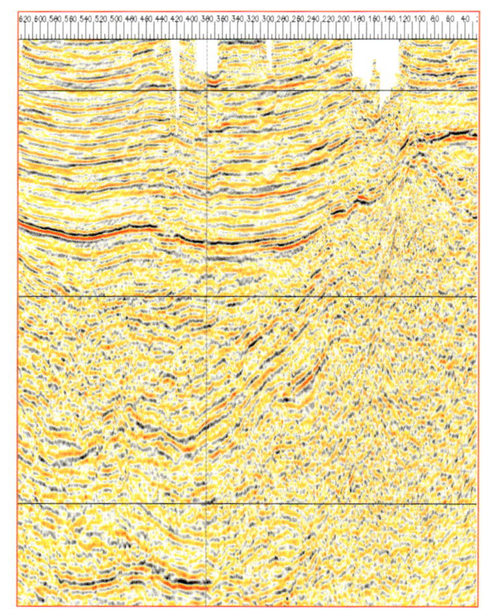
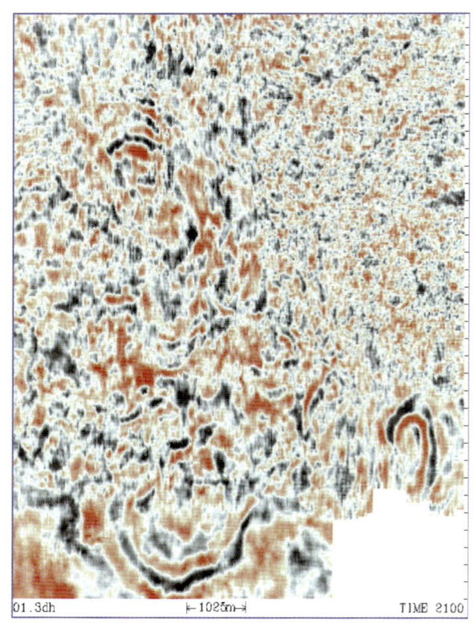


图4-11-4 高柳地区原始地震资料品质图

影响以外，也有客观环境因素的影响（图 4–11–3），主要包括以下几个方面：

（1）该地区地表条件十分复杂，有虾池、鱼池、卤池、沼泽地和芦苇地等，地震野外施工非常困难。

（2）地下地层主要以薄的砂泥岩互层为主，馆陶组中部有上百米厚的玄武岩层，能够产生很强的多次波，直接影响着馆陶组以下地层有效地震信号的采集，并且南堡凹陷形成过程中该地区发生过沉积间断和剥蚀，所有这些都给地震资料采集增加了难度。

（3）该区拥有众多的工业基础设施，如油井、输油管网、输电线等，都对地下有效信息的接收产生严重的干扰。

（4）早期部署的三维工区大多数具有面积小、道距大、覆盖次数低等特点，处理出来的地震资料边界效应大，地震剖面品质低，这种地震资料具有多解性，很难搞清地层的真实构造形态，从已钻探的部分探井的情况看，大多数井所钻到的地质层位的深度与构造解释方案上的深度有差异。油田虽已找到，但产量低、连片性差。因为每口井出油层位之间的关系不清，层位对不上就用断层来解释，因此，解释结果的合理性受到质疑。

## 六、主要技术措施及效果

2000—2001 年，油田对高尚堡和柳赞地区进行了地震资料的二次三维采集，应用了合理的采集参数及方法，如通过增加覆盖次数、缩小面元尺寸等措施，提高了地震资料的信噪比和分辨率；通过增加排列接收道数和增大偏移距，使其能对来自深层的地震反射也有较好的反映。另外，将检波器置于井中，这样就最大限度地消除了来自地面的一些干扰（主要是声波干扰）。该次地震资料采集工作采用了小道距、多覆盖次数的技术方法，保证了原始地震资料的质量，所以经过处理后的地震资料，比以往的地震资料在品质上得到了较大的改善，为柳赞地区的构造解释和隐蔽油气藏研究工作提供了可靠的基础资料，表 4–11–1 为该次高精度三维地震采集的参数表，图 4–11–5 为新老资料对比图。



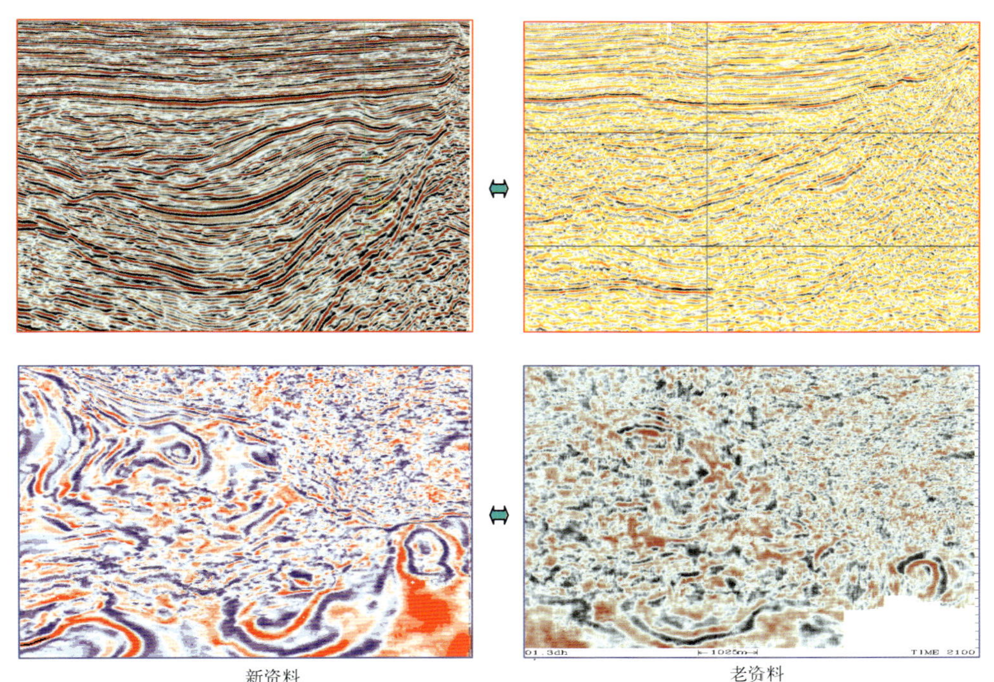


图 4–11–5　新老三维地震资料对比图

表4-11-1 高精度三维地震采集参数表

| 观测系统 | 8线20炮140道 | 检波线距 | 300m |
|---|---|---|---|
| | 30-225-4395 | 炮线距 | 150m |
| 接收道数 | 1120 | 横向最大炮检距 | 1650m |
| CMP面元 | 15m × 30m | 最大炮检距 | 4695m |
| 覆盖次数 | 4 × 14 | 接收方式 | 井下接收 |
| 前放增益 | 48dB | 激发药量 | 0.5～4kg |

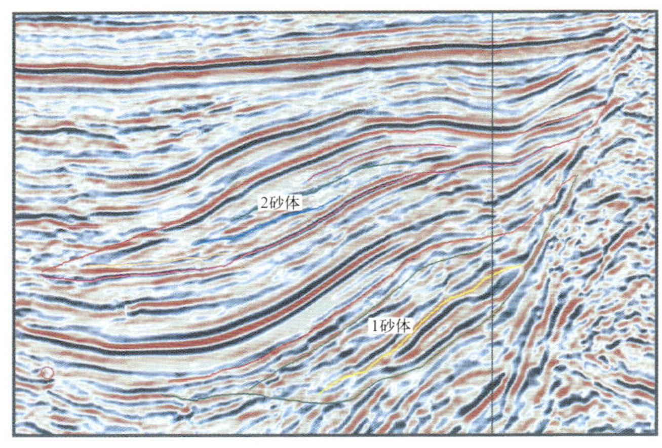

图4-11-6 高柳地区地震剖面砂体解释方案

利用高柳地区二次三维地震连片处理成果，同时充分利用钻井、测井等地质资料，以层序地层学为指导，地质地震紧密结合，按照“构造研究找背景、沉积研究找砂体、储集条件评价找储层、老井再认识查线索、储层预测找圈闭”的研究思路，进行高柳地区低位域砂体的识别与追踪，找出了一批有利的岩性油藏勘探目标，图4-11-6为该区地震剖面砂体解释方案。

通过对南堡凹陷盆地充填序列和构造形态、古构造面貌的研究，提出南堡凹陷下第三系存在三种类型构造带：断裂坡折带、弯折带和缓坡带（图4-11-7～图4-11-9）。

## 七、主要地质成果与评价

应用高品质三维地震资料，对该区进行层序地震地层学的研究，把沙河街—东营组地层划分出11个层序，在此基础上开展了高柳地区砂体的识别与追踪。在高柳地区沙三段和高南—柳南地区东营组共识别出37个扇三角洲沉积体，累计面积257km²，叠合面积87.6km²，展示了高柳地区隐蔽油气藏勘探的前景（图4-11-7～图4-11-11）。

（1）在高南、柳南地区三级层序Sq9、Sq10中识别出砂体15个，累计面积63.4km²，叠合面积19.6km²。

（2）在高柳地区三级层序Sq1、Sq2、Sq3中识别出沉积体22个，累计面积193.6km²，叠合面积68km²，其中钻探高柳地区三级层序Sq2中高22扇三角洲沉积体、L130 × 1沉积体等取得良好钻探效果。

高22扇三角洲沉积体位于高柳地区沙三段三级层序Sq2中，面积36.1km²，高点埋深3050m，沉积体最厚700m。在西侧，高19井、高22井及高66井只揭示该沉积体顶部，完井测井解释有油层。高19井试油获工业油流，高22井及高66井试油获低产油流，通过复查认为高22井及高66井的试油不彻底。

2002年5月到2002年9月在高22扇三角洲沉积体西侧较高部位钻探了高22-10井，主要钻探目的是验证高柳二次三维处理解释成果及层序地层学研究成果，了解该沉积体的厚度、分布范围、储层岩性、物性、含油性等（图4-11-12为高22-10井的沉积体研究图），追踪评价邻井高19、高22、高66等沙三段油层在该沉积体的分布情况。该井完钻井深4585m，完钻层位沙三段；该井在钻井过程中岩屑录井见良好油气显示，完井电测解释油层19层85.1m，油水同层2层5.8m；完井后对沙三$^3$亚段第一试油

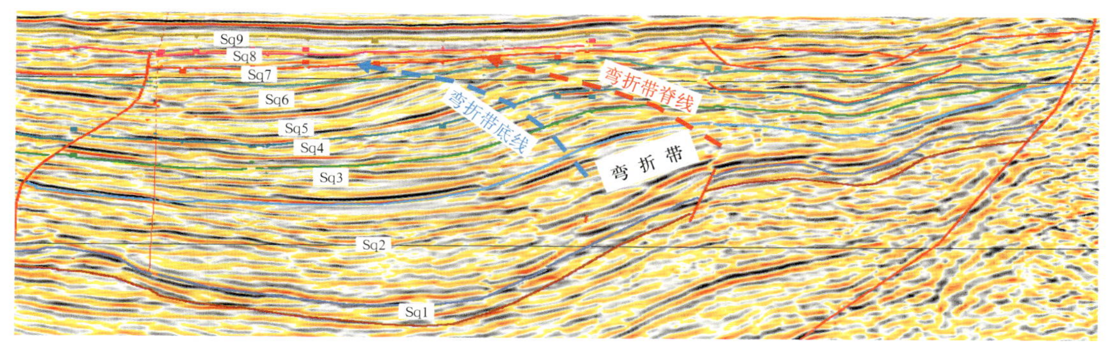

南堡凹陷柳赞—高尚堡地区北西西向1398测线地震层序解释剖面

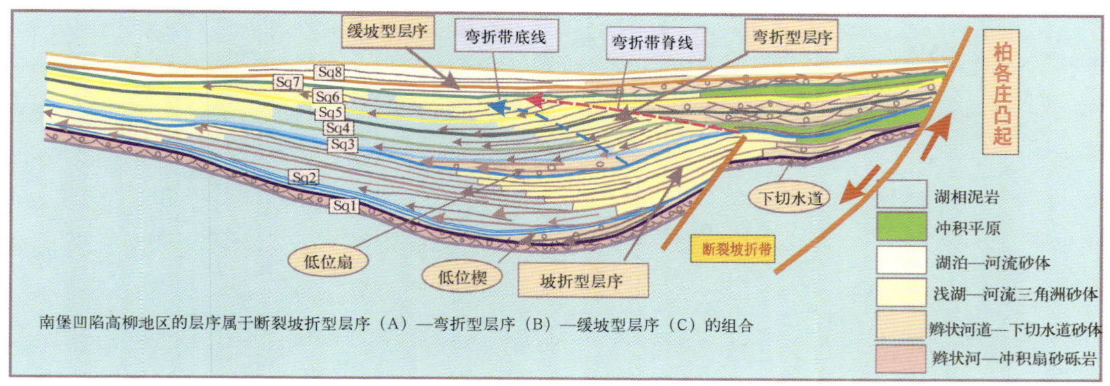


图4—11—7　南堡凹陷柳赞—高尚堡北西西向层序格架模式图

层4468.0～4509.8m井段测井解释差油层4层9m，压裂试油，5mm油嘴日产油14.8m$^3$，基本不含水。根据高22—10井试油成果，对高19、高22和高66井进行综合复查，在高22沉积体预测含油面积9.0km$^2$，预测石油地质储量3913 × 10$^4$t。

用同样的方法，对柳北地区的L130 × 1沉积体进行了研究解释（图4—11—13），追踪出了3个上下叠置的砂体，总面积35km$^2$。经过钻探，落实了砂体的存在，同时在目的层段见到了好的油气显示：岩屑录井见荧光99m/15层；气测解释油层75m/10层，差油层8m/3层；电测解释油层、差油层101.2m/10层。下一步准备试油，预计能获得新的突破。

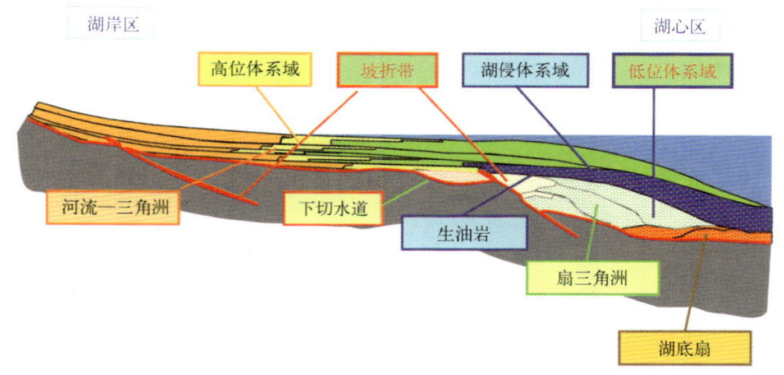


图4—11—8　断裂坡折型层序发育过程示意图

图示断裂坡折带向湖心一侧低位体系域发育，通常由湖底浊积扇和扇三角洲等组成，这些砂体统称为“低位域砂体”。低位体系域之上叠加湖侵体系域和高位体系域。高位体系域发育大型三角洲砂体。湖侵体系域泥岩有机质丰富，在热演化过程中成为优质生油岩。“低位域砂体”是形成岩性油藏最有利的储集体

在二次三维地震连片处理与解释的基础上，应用层序地层学理论和地震解释技术，建立了下第三系高精度层序地层格架。认为断裂坡折型—弯折型—缓坡型三种层序在纵向上的叠置构成了该区的层序充填序列，为隐蔽油气藏勘探提供了理论依据和模型。在高柳地区三级层序中识别出众多沉积体，这些砂体为进一步开展隐蔽油气藏勘探提供了钻探目标。

总之，层序地层学的研究为该区的油气勘探工作打开了新的局面，获得了较大的勘探效益。另外，

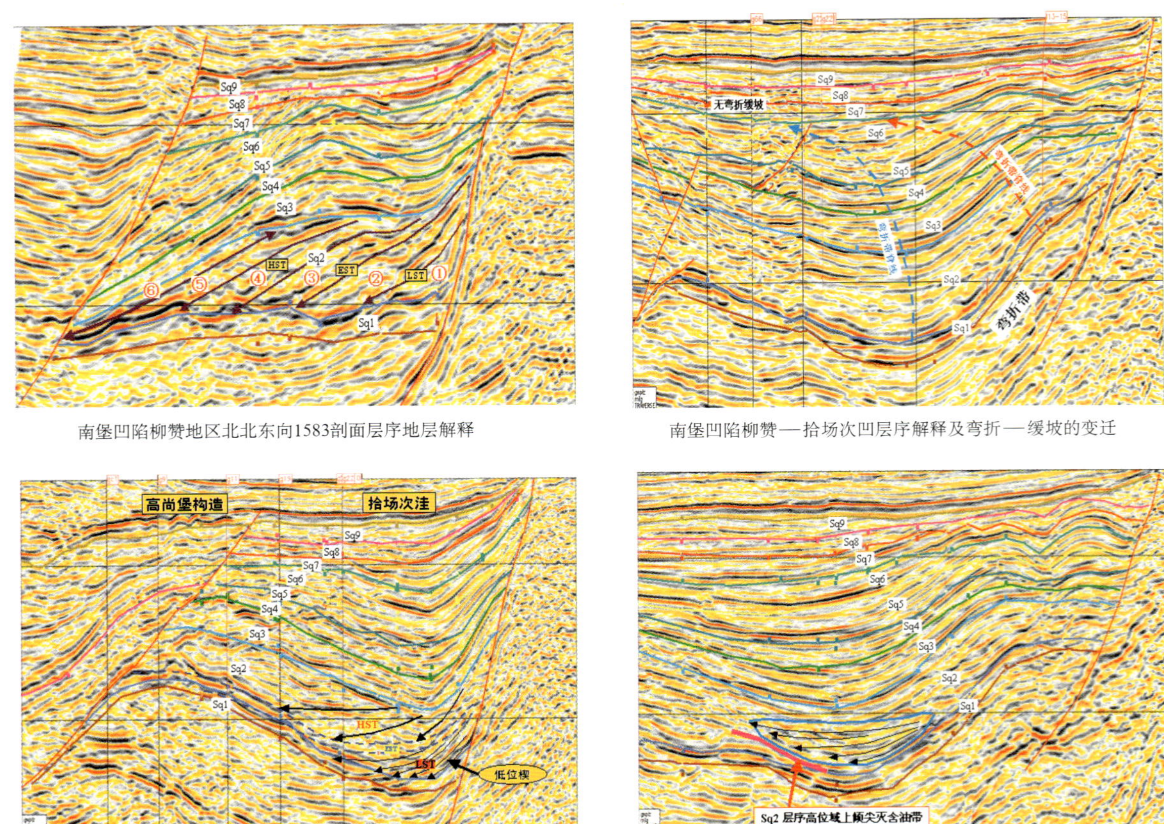


图4-11-9 南堡凹陷高柳地区层序系列剖面图

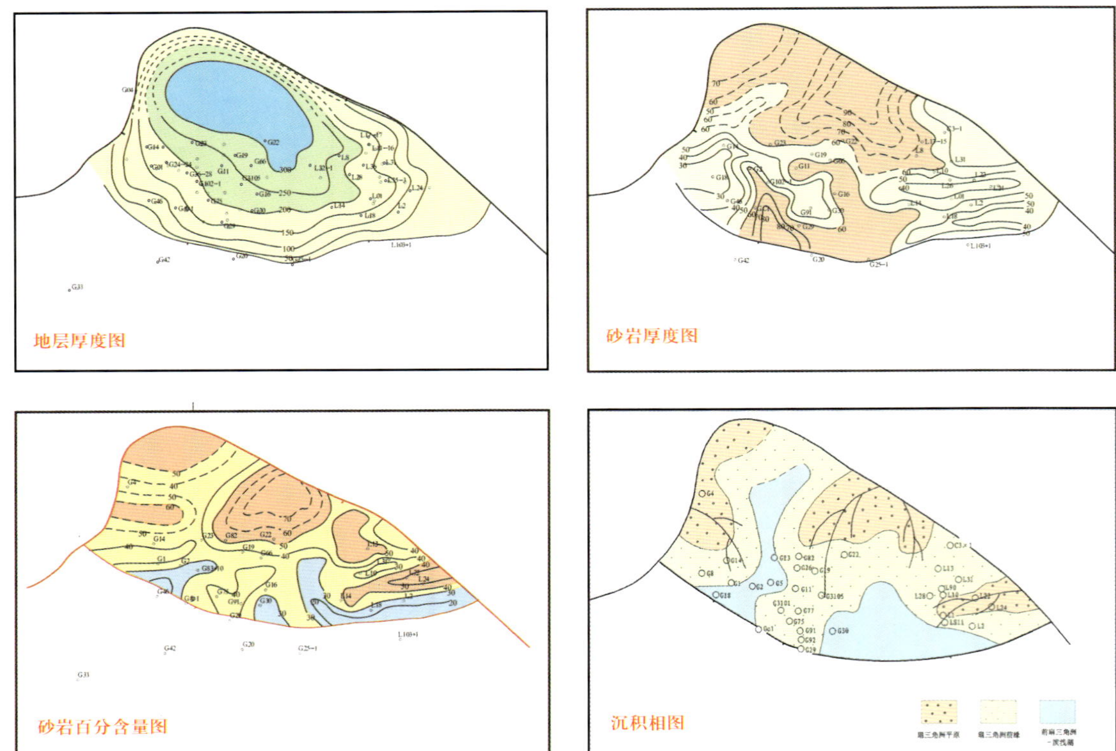


图4-11-10 高柳地区第二沉积序列（HST）综合图件

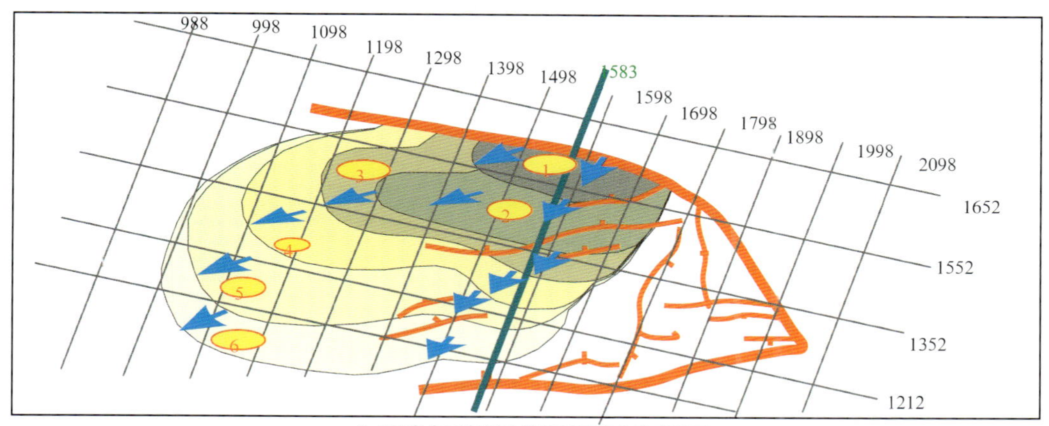

a.Sq2层序扇三角洲体系四级层序的发育过程

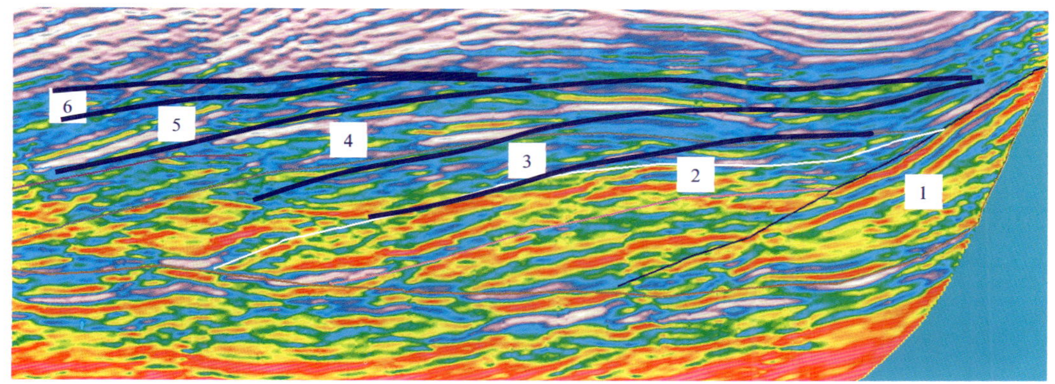
b.1583地震反演剖面

图4-11-11 Sq2层序扇三角洲前积准层序发育特征

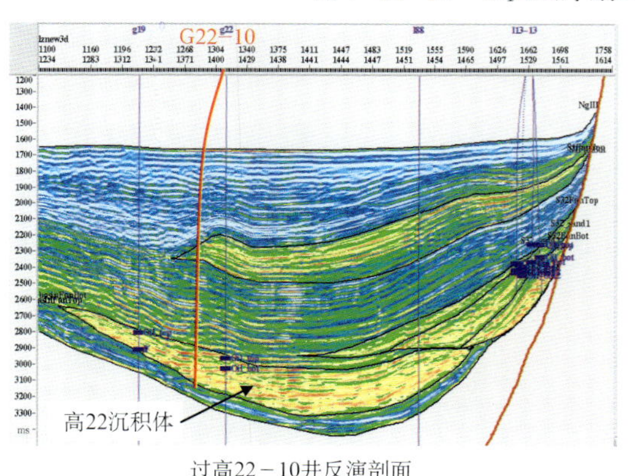

过高22-10井反演剖面

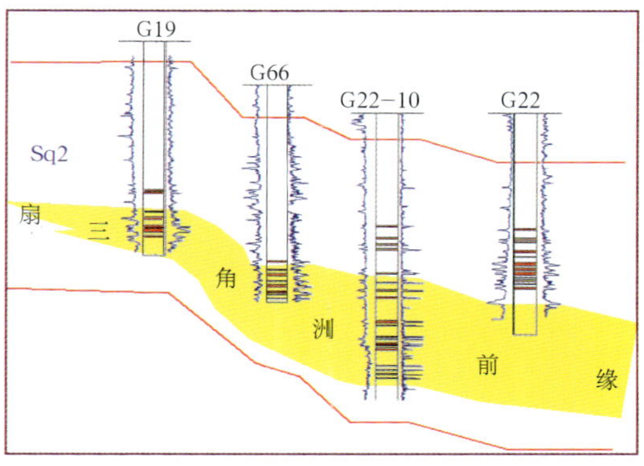

高22沉积体钻井揭示情况

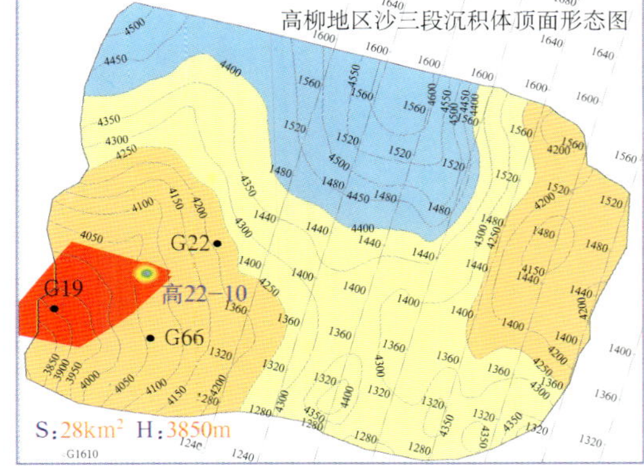


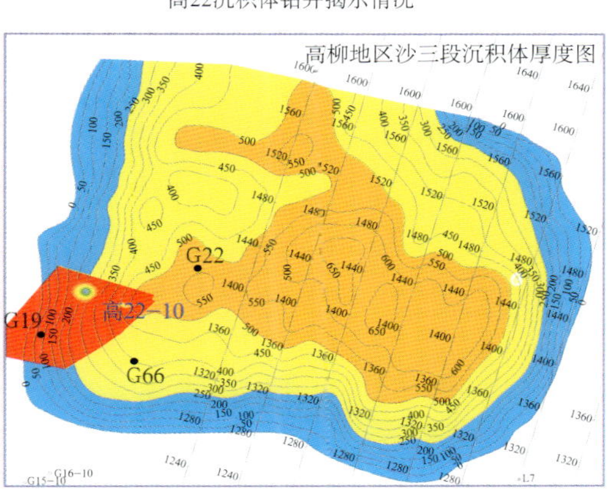


图4-11-12 高22-10沉积体研究图（等值线单位:m）

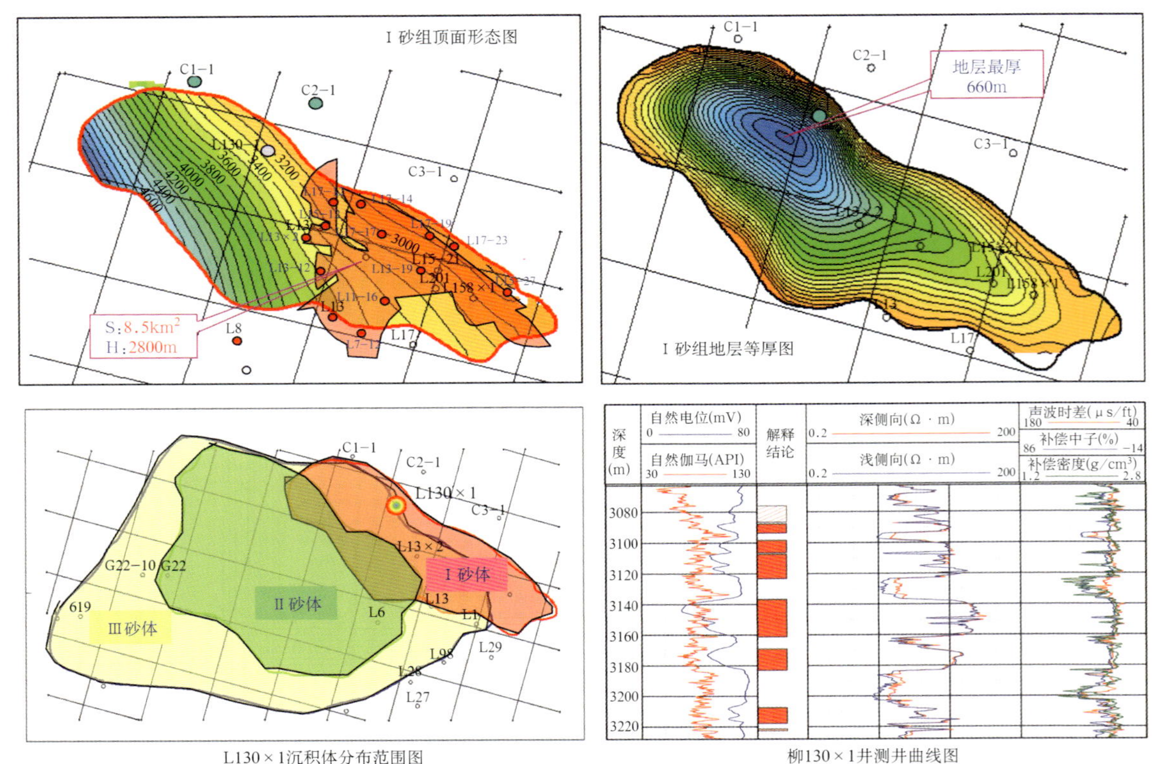

L130×1沉积体分布范围图　　柳130×1井测曲线图

图 4—11—13　L130 × 1沉积体研究图

地震资料品质的改善使得构造解释的精度有了保障，而所有这些都得益于高精度的二次三维地震采集工作。高精度的二次三维地震采集使地震资料的品质得到了大幅度的提高，给构造解释和储层研究提供了优质的地震资料，从而推动了油气勘探工作向更深层次的发展。

# 第十二节　冀中探区留西—大王庄地区隐蔽油气藏勘探

留西—大王庄构造带以往勘探以构造目标为主，重新处理的三维地震资料分辨率明显提高，应用解释新技术改变了传统地层、岩性对比方式，发现了大规模隐蔽油气藏。

## 一、地理位置

留西—大王庄构造带位于冀中平原北部，属河北省饶阳县、肃宁县和献县三县交界处，北距肃宁县7km左右，西南距饶阳县约15km，东北为河间市，距离30km，东南距献县约35km。区内公路密如蛛网，四通八达，京九铁路贯通工区（图4—12—1）。

## 二、区域地质概况

留西—大王庄地区位于渤海湾盆地冀中坳陷饶阳凹陷中部，西至大王庄东断层，北与肃宁构造带相接，东临西城向斜，南至留楚构造带，是在北西向发育的留西—大王庄断裂潜山构造带基础上发育的第三系构造，该构造带北部为河间洼槽，南部是饶南—留西生油洼槽，区域上地层总体由北向南倾斜，勘探面积约 400km²（图 4–12–2）。

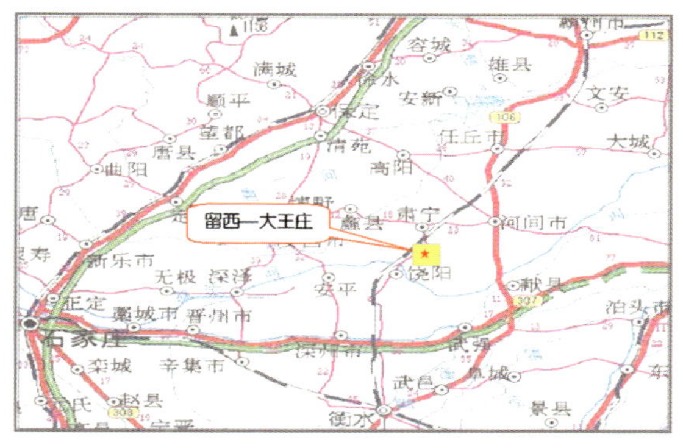


图4–12–1　留西—大王庄地理位置图

## 三、地表及人文环境

留西—大王庄地区位于华北平原中部，区内地表起伏微弱，海拔 5～10m，属温带大陆季风性气候。年平均最低气温为–25℃，最高气温可达35℃以上，年平均温度10～12℃。四季分明，年降水量460～600mm左右，雨季多集中在6～8月份，占全年降水量的 70%。11 月至第二年 3 月为霜冻期，滹沱河自西向东横穿而过。区内村庄稠密，人口众多，人均占有耕地不足一亩，农作物一年两季，以小麦和玉米为主，同时区内林果业较发达，占全部耕种面积的 15% 左右，近年新开发的大棚蔬菜业发展迅速，是河北省重要的粮棉产区。区内有汉、回等民族（图 4–12–3）。

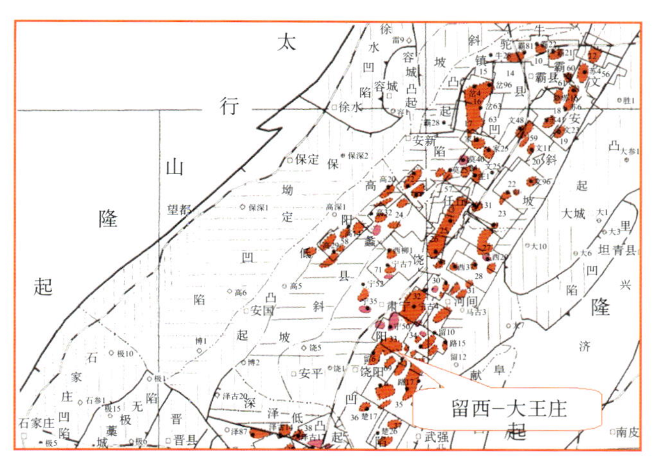


图4–12–2　留西—大王庄区域地质位置图

## 四、勘探程度

截至 2002 年底，区内完成了全区的重力、磁力、电法普查工作，二维地震测网密度达到0.5km × 0.5km，勘探区目前已全部为三维地震覆盖。

留西—大王庄构造带是在北西向发育的留西—大王庄断裂潜山构造带上继承性发育的第三系构造，南北两侧$Es_{2+3}$段地层向古鼻梁上超覆，留西、河间生油洼槽的油气长期向构造带上运移，此构造带一直是深化勘探的有利方向。经过几十年的勘探取得了丰硕的成果，目前该构造带内共完钻探井151口，有82口探井获工业油流，24口获低产，探井成功率54%，探井密度达2.6口 /km²，共发现4个规模较大的油藏。从上到下发现了 Jxw、∈、$Es_3$、$Es_2$、$Es_1$、Ed、Ng、Nm 等 8 套含油层系，是典型的复式油气聚集带。其中沙三段油藏具有含油井段长、厚度大等特点，是主要勘探目的层。该区探明含油面积 50.4km²，累计探明石油地质储量 6438 × $10^4$t（图 4–12–4）。

a．农作物茁状成长

b．地震测线穿越井场现场

c．地震穿越农贸市场

d．下雪后地震勘探钻井现场

图4–12–3　留西—大王庄地表及人文环境图

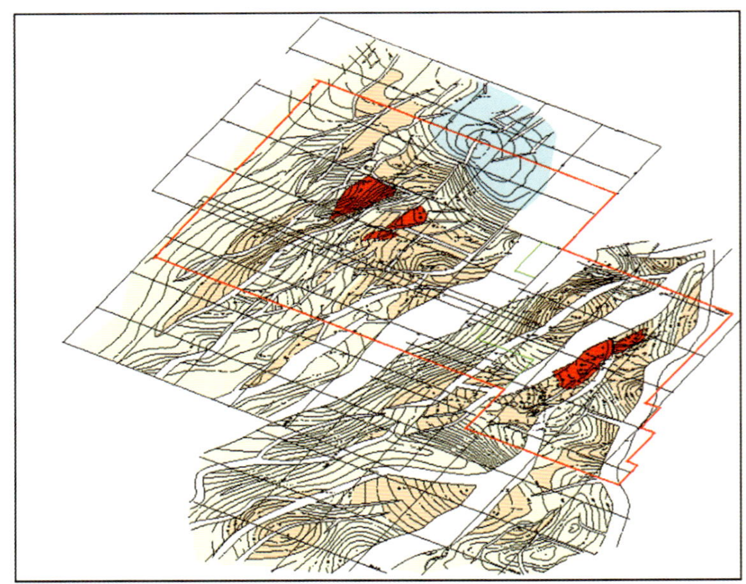

图4-12-4 留西—大王庄勘探程度图

## 五、以往物探资料品质与难题

1989—1994年在该区先后完成了大王庄南、留西南—元昌楼、留西、留路北和大王庄北5块三维地震，野外采集观测系统全部为4L × 60R × 6S，采集面元25m × 50m，覆盖次数2 × 10。分别于1990—1995年完成处理工作，地震资料品质与难题如下：

（1）采集年代早，年份跨度大，观测系统比较简单，覆盖次数低。

（2）部分磁带由于掉磁造成原始资料缺少近道高频有效信息，资料信噪比低（图4-12-5）。

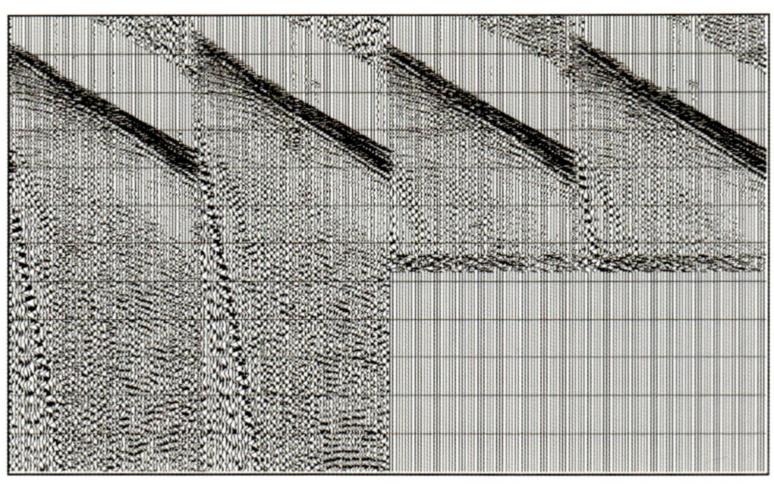

图4-12-5 掉磁磁带单炮记录显示

（3）从原始资料分析，本区存在的主要干扰波为面波，其频率范围为5～14Hz，有效波的频带范围在8～45Hz（图4-12-6），主频为20～25Hz，分辨率比较低（图4-12-7）。

（4）从老剖面看，该区地下构造比较复杂。以往处理主要是以搞清区域大结构为目的，资料去噪重、连续性相对较好，但是剖面分辨率低，层内波组特征不明显，断层的断距大小难以精确确定，岩性尖灭、超覆等地质现象不易识别，影响油藏模式的建立和准确的储层预测工作（图4-12-8）。

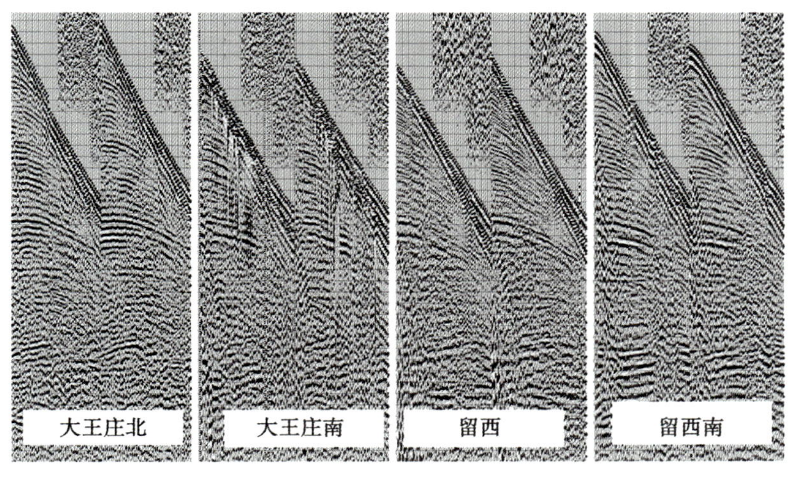


图4-12-6　不同三维区块的单炮记录显示

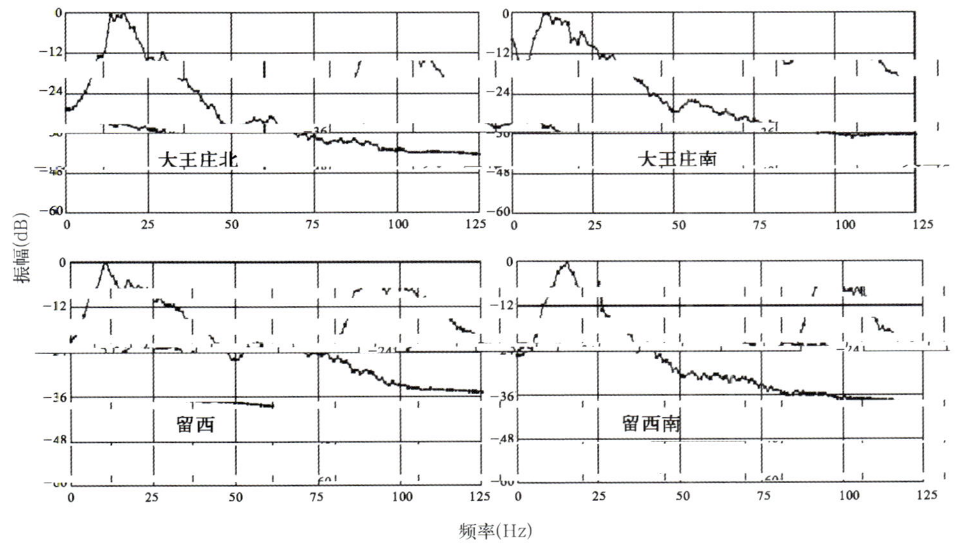


图4-12-7　不同三维区块的频谱分析

目前对隐蔽油藏勘探还面临着许多技术难点，主要表现在以下几个方面：

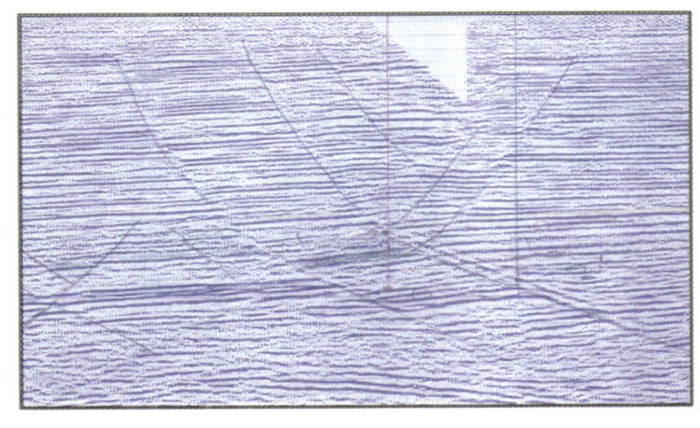

图4-12-8　老剖面

(1) 物源方向多，砂体厚度薄，相带窄（河道砂），岩性横向变化快，缺少可靠对比标志，地层、砂层（体）对比难度大，地震资料分辨率低，砂体的空间展布不易搞清楚，隐蔽性强的岩性圈闭很难发现。

(2) 地震反射与砂体对应关系差，强反射轴并非是渗透砂体的反射，不能单一使用强反射预测砂体，这种不确定性增加了储层预测的难度。

(3) 本区由5块三维地震块组成，受资料边界效应影响，结合部资料品质相对较差，构造、断裂组合关系不清。层间反射特征不明显，不同区块的资料之间存在时间、频率、振幅及相位的差异，分辨率低，开展储层预测困难，对深化岩性油藏研究不利。

## 六、主要技术措施及效果

针对老资料存在的不足，结合该区地质任务要求，对地震资料进行了全三维目标处理，着重提高资料的信噪比和分辨率。重点使用了以下技术：

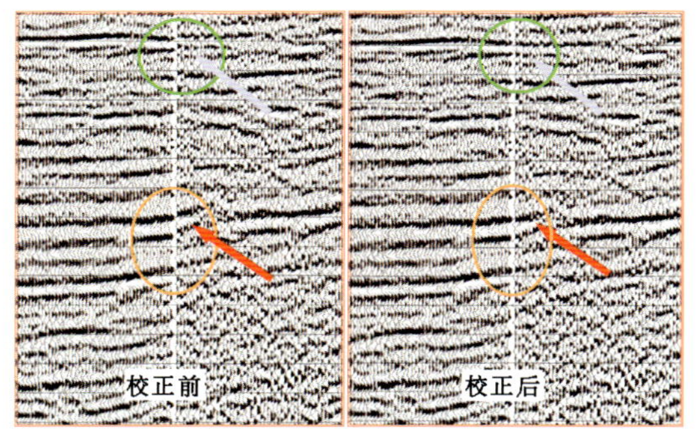

图4-12-9　不同区块三维拼接前后道集对比

(1)多区块、不同方位角的三维拼接技术(图4-12-9)。

(2)地表一致性串联反褶积技术（图4-12-10）。

(3)多次迭代剩余静校正与精细速度分析技术（图4-12-11）。

(4)分频处理技术（图4-12-12）。

(5)合理选取偏移速度（图4-12-13）。

(6)偏移后提高分辨率的处理（图4-12-14）。

在深化地质认识的基础上，应用高分辨率层序地层学解释理论，开展精细层位标定，改变传统的岩性地层对比模式，建立新的等时层序地层对比框架，在等时地层框架内进行多层约束和多井约束反演，更精确的刻画出不同岩性体（三角洲朵叶体）纵向及平面形态，为深化岩性勘探奠定了基础。主要技术如下：

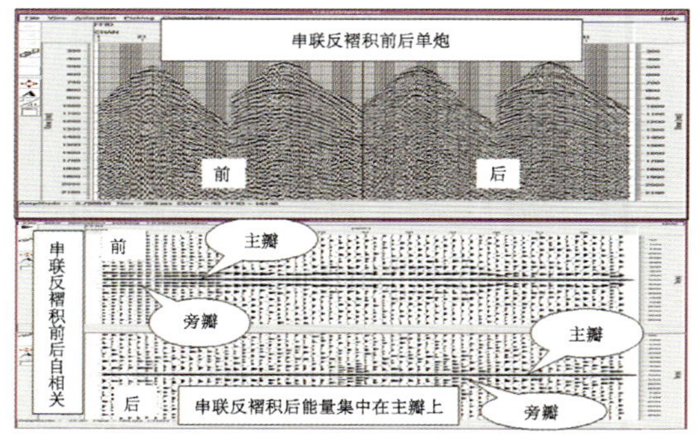

图4-12-10　串联反褶积前后效果对比

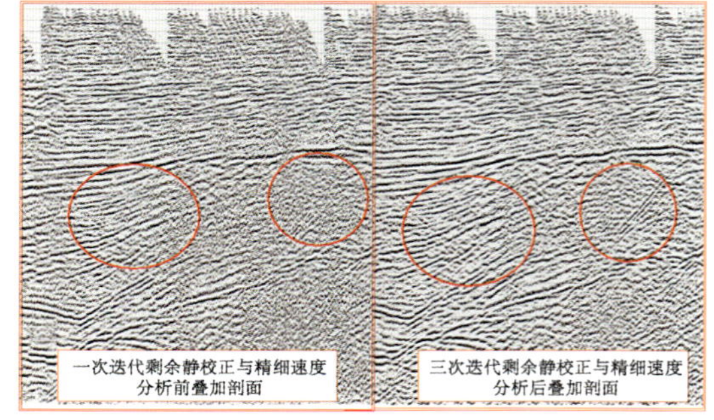

图4-12-11　剩余静校正与速度分析多次迭代剖面对比

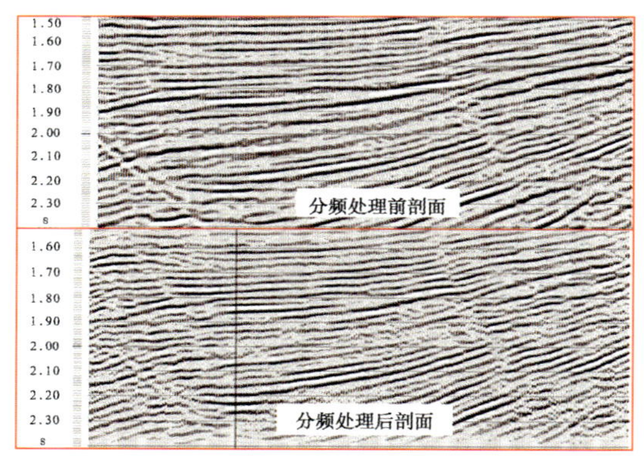

图4-12-12　分频处理前后剖面对比

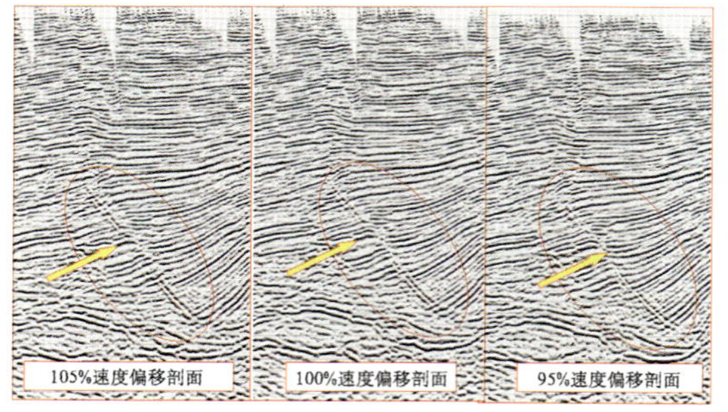

图4-12-13　不同速度偏移剖面对比图

(1)区带目标优选评价技术（图4-12-15）。

(2)高匹配合成地震记录制作及层位标定技术（图4-12-16）。

(3)相干体技术和方差体技术识别断层（尤其是小断层）及断层组合技术（图4-12-17）。

(4)地震水平切片及波形分类法综合应用技术（图4-12-18）。

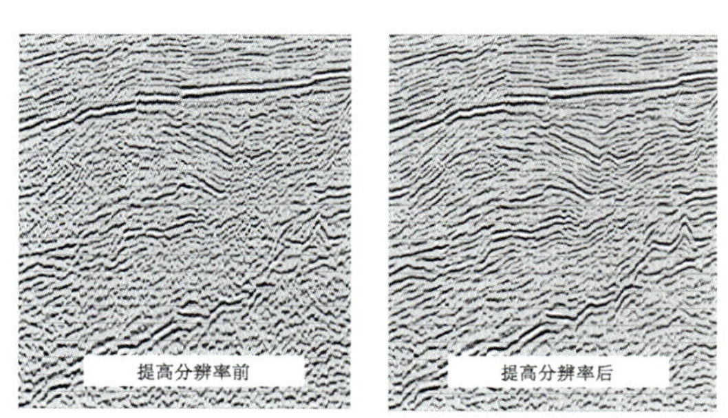


图4-12-14　提高分辨率前后剖面对比图

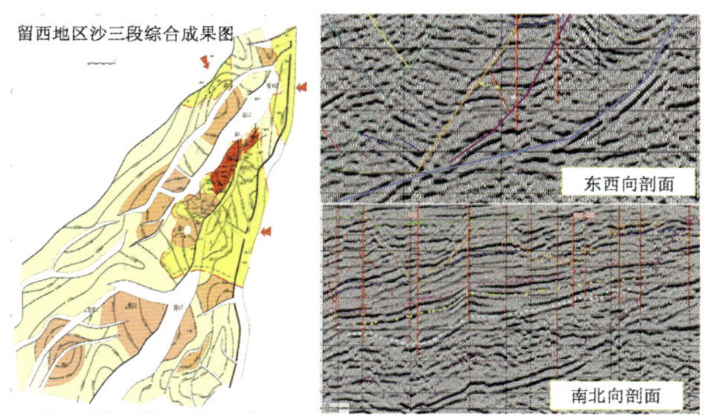


图4-12-15　区带目标优选评价

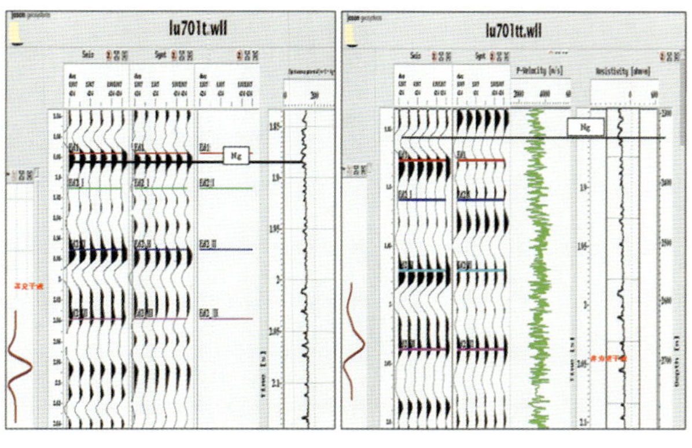


图4-12-16　层位精细标定

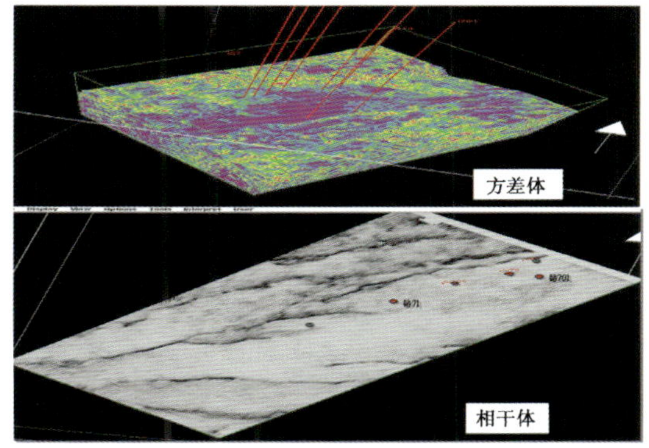


图4-12-17　方差体和相干体识别断层

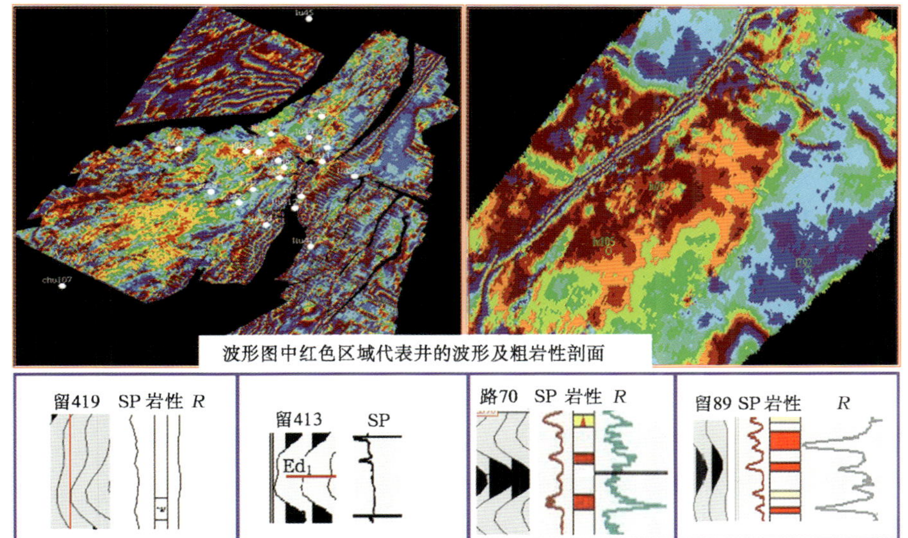


图4-12-18　地震波属性分析图

(5) 地震反射波属性信息分析技术（图4-12-19）。

(6) 基于模型的波阻抗反演与振幅信息分析相结合，定量预测砂体技术（图4-12-20）。

滚动预测—滚动评价—滚动钻探技术：

优选有利区带—建立油藏模型，确定思路—地震资料目标处理、精细解释与评价—优选目标，实施预探—目标精细处理、解释及储层预测—钻探评价—油藏描述—计算储量。

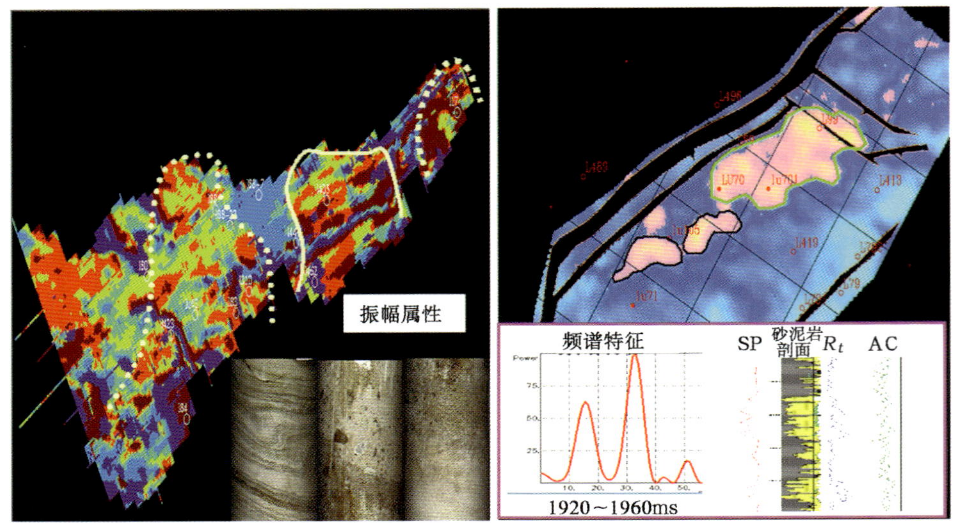


图4-12-19　留西—大王庄波形分类图

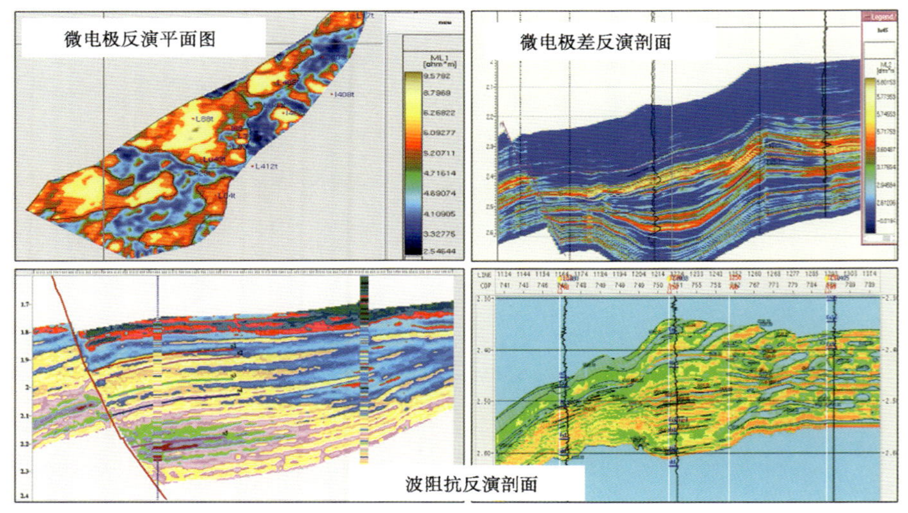


图4-12-20　反演与预测图件

## 七、主要地质成果与评价

2000—2001年，通过综合地质研究与处理解释一体化技术的应用，在大王庄东断层下降盘发现了侵蚀河道砂体形成的岩性圈闭，先后设计钻探路70、路105、路71、路701井，均获得了工业油流，上交探明石油地质储量641 × $10^4$t（图4-12-21）。

2002—2003年，对留西构造带开展了整体解剖和整体评价工作，通过深入研究，认为留西—大王庄断裂潜山构造带具有形成构造背景下的隐蔽油气藏的有利条件，钻探路43井低阻油层获得成功，基本明确了隐蔽油藏的规模和特征，实现了在留西地区含油连片的目标，使留西油区重新焕发了青春（图4-12-22）。

近年来，随着提高地震资料分辨率处理、储层预测等地震勘探配套技术的发展与不断完善，为隐蔽油气藏勘探提供了有利的技术保障，针对隐蔽油气藏的勘探方法、技术手段也日渐成熟。主要表现在以下几个方面：

（1）地震资料目标处理，采用新的处理方法，使剖面信噪比和分辨率明显提高，波组特征清楚，地

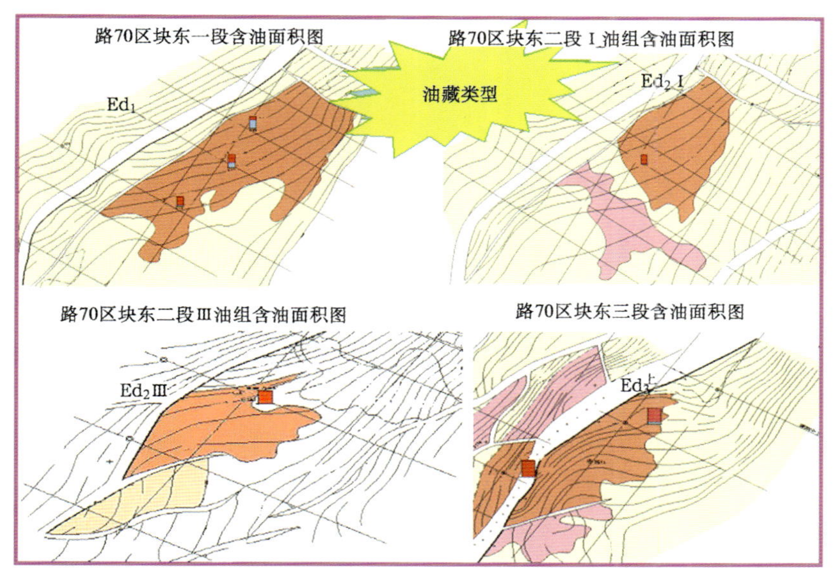


图4—12—21　大王庄隐蔽油藏勘探成果图

质现象清晰，为地质认识的创新奠定了基础。通过地震资料的连片目标处理，使资料信噪比和分辨率均有了明显的提高，波组得以分开，地震地质特征清晰，反射轴光滑，连续性强，有利于砂体的识别及储层预测。

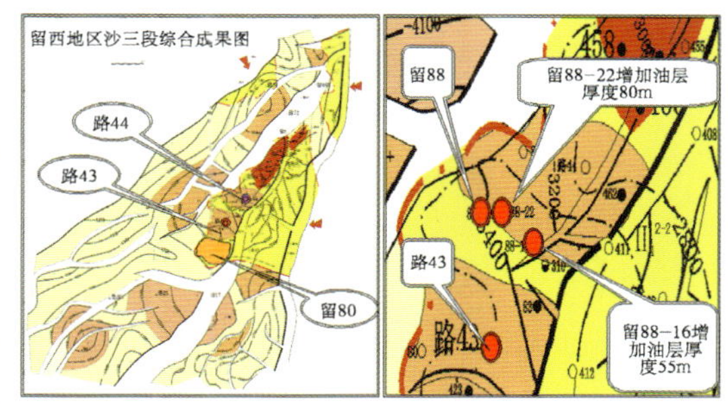


图4—12—22　留西隐蔽油藏勘探成果图

（2）地震资料分辨率的提高，使层序地层学解释理论得到应用。从单井的准层序组划分入手，到井间的等时层序地层对比，建立了等时层序地层对比框架。同时运用精确合成记录标定所得到的钻井、地震高度匹配的时深关系，将层序地层等时界面与地震反射界面对应，实现了由地震地层到层序地层的有机结合。

（3）利用提高分辨率的新处理资料，使等时层序地层对比得以实现，结合钻井资料，完成了沉积体系域的划分，明确了沙三段物源方向、砂体展布以及局部湖盆范围的变迁，搞清了留西—大王庄地区大型辫状河三角洲沉积体系。

（4）应用地质资料并结合地震水平切片、波形分类及储层纵横向预测软件，非常清楚地从宏观上刻画出了不同岩性体的平面展布形态。

如大王庄资料目标处理后，主要目的层段平均视主频比老剖面提高1.5倍以上，即从25Hz提高到40Hz，使$Ed_3$油层两个波组得以分开。通过储层预测和反演，构建了下生上储、砂体上倾尖灭的岩性油藏模式，开展滚动预测、评价和钻探，探明了路70岩性油藏，实现了冀中隐蔽油气勘探的突破。

利用路43井区三维地震重新处理、解释资料，发现构造翼部原来解释的小断层实际上是前积砂层，开展精细的层位标定，改变了以往岩性地层界面“粗对粗、细对细”的划分对比方案，确立了新的地层对比方案和等时地层框架。应用地震地层学理论，发现了外形呈楔状或透镜状、内部呈明显的叠瓦状前积结构的地质体，搞清了地质体的平面展布形态、孔隙发育和渗透变化特点。落实了留80、留88和留83三个岩性圈闭，钻探路43、路44等井获得高产油气流。在不同层系共新发现油藏14个，控制和预测储量总体达5000 × $10^4$t以上。

# 第十三节　巴音都兰凹陷全三维重新处理解释技术应用

多年来，巴音都兰凹陷的油气勘探几上几下，久攻不克，主要原因是地震资料品质较差，影响了地质认识，全三维重新处理解释技术应用后，使地质认识和油气勘探都获得了突破，促进了隐蔽油气藏勘探的快速开展。

## 一、地理位置

图4－13－1　巴音都兰凹陷地理位置示意图

巴音都兰凹陷位于内蒙古中部锡林郭勒盟东乌珠穆沁旗西部，东经116°10′～116°30′、北纬45°20′～45°45′的范围内。东距旗政府约75km，南距锡林浩特180km，阿尔善—宝力格油田公路贯穿全区，距阿尔善90km以上，草原路纵横交错，交通条件较差（图4－13－1）。

## 二、区域地质概况

巴音都兰凹陷位于二连盆地马尼特坳陷东北部，北临巴音宝力格隆起，南依布林凸起，西接阿拉坦合力凹陷，凹陷长约80km，宽约10～20km，面积1200km²。平面上自北向南可分为北、中、南三个次级洼槽。南次洼长约40km，宽约8～15km，基底最大埋深约3500m，勘探面积600km²（图4－13－2）。

## 三、地表及人文环境

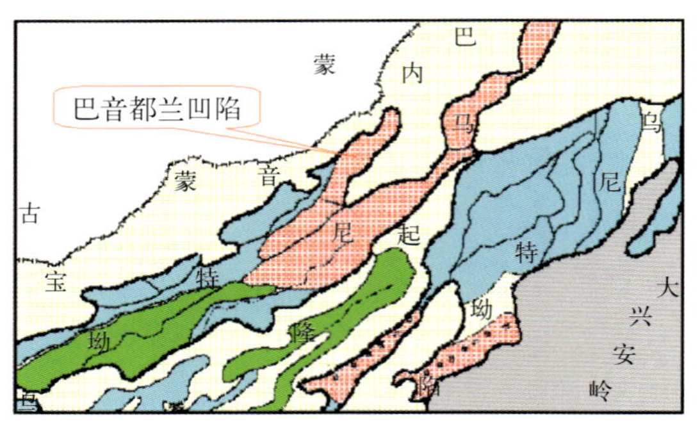

图4－13－2　巴音都兰凹陷区域地质位置示意图

巴音都兰凹陷地表主要为草原，其中草原沼泽约占30%。在美丽的夏季，深蓝色的天空上飘着朵朵白云，一望无际的绿油油草地上，是群群悠闲吃草的牛羊；工区西北部为丘陵，起伏较大，高程在870～910m之间，最高海拔1024m，降雨集中的夏季，部分地区易形成季节性沼泽，面积随着雨季的长短稍有变更。工区属于干旱—半干旱高原气候，温差较大，冬季漫长而寒冷，夏季凉爽而短促。冬季1月份平均气温在－22℃，最低气温－30℃，夏季气温8月份可达33℃，年降雨量在260mm左右。

该区蒙古族占人口的大部分，主要以游牧为生，居住分散，人口密度稀，地点偏僻。当地蒙古族主要以畜牧业为生（图4－13－3）。

## 四、勘探程度

巴音都兰凹陷是二连盆地石油勘探的发源地，1977年钻水文井ZK5第一次发现油砂，1978年钻探二连盆地第一口石油探井——锡1井即见到油气显示，到2000年经过20余年的勘探工作，仅上交278 ×

$10^4$t的控制储量及1000 × $10^4$t的预测储量，勘探一直未取得实质性突破，成为二连盆地发现油气最早却久攻不克的凹陷。

截至2002年该区已完成1∶20万重、磁、电法普查，1∶5万自然伽马能谱详查，化探1000km²。完成二维地震2305.47km，其中数字地震2219.02km，测网密度已达0.5km × 0.5km～1km × 2km，完成三维地震4块，满覆盖面积489.31km²，其中1994年在巴Ⅰ－巴Ⅱ构造完成201km²三维地震勘探，野外采集观测系统为4L × 60R × 6S，采集面元25m × 50m，覆盖次数2 × 10，12t震源激发，地震仪器为DFS－V双站。完成探井60口，探井密度达0.05口/km²，总进尺8.4460 × $10^4$m，试油井31口，22口获工业油流，探井成功率40%。三次资源评价凹陷总生油量为8585.2 × $10^4$t，可采资源量为1601.4 × $10^4$t。发现了宝力格油田，探明含油面积13.7km²，探明石油地质储量1809 × $10^4$t，已建成了15 × $10^4$t的生产能力，计划2004年建成25 × $10^4$t的生产能力（图 4－13－4 ）。

a．碧绿的草原上觅食的牛羊

b．群山环抱的草原

c．大雨过后形成的沼泽地

d．和谐的旋律

图4－13－3　工区地貌图

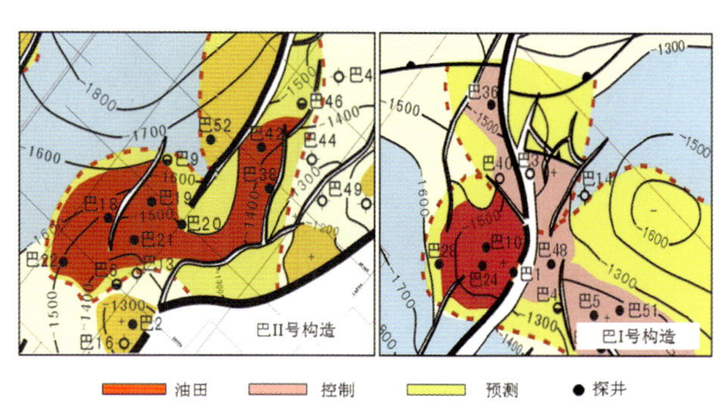


图4－13－4　巴音都兰凹陷勘探成果图

## 五、以往物探资料品质与难题

（1）以往采集处理的二维地震资料信噪比和分辨率较低，波组特征不明显，能量比较弱，断层不清，基底特征不明显，整体资料品质差。

（2）三维地震勘探采集年代早（1994年），观测系统单一，仪器动态范围小，震源吨位小、台次少，覆盖次数低，能量不足，并且施工季节选择不当（冬季）。从单炮上看，资料信噪比低、反射同相轴连续性差，面波、声波等各种干扰波发育，资料在1.6s以下无明显的反射同相轴存在，使得基底能量弱，反射特征不清（图 4－13－5）。

（3）老三维资料处理时间早，采用了单道预测反褶积、二维剩余静校正、2D－DMO、叠后径向预测滤波去噪、两步法偏移等处理技术，没有使用全三维处理流程。老资料陡带反射不清，主要目的层$T_6$－$T_8$之间的信噪比和分辨率较低，波组特征不清，不易追踪，断层不清楚，不利于综合研究；分辨率低，影响构造解释和岩性圈闭的识别（图 4－13－6 ）。

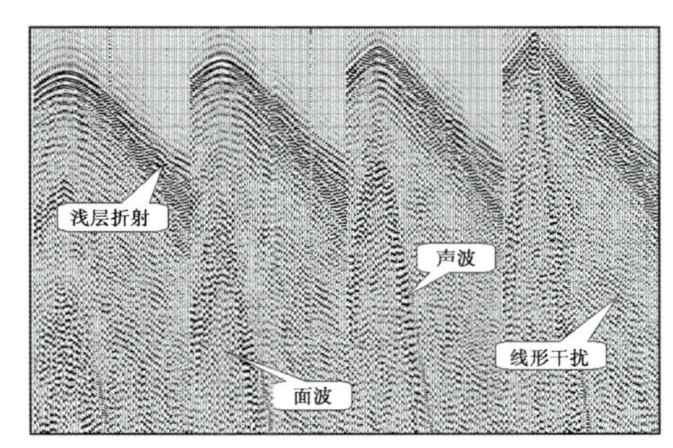


图4－13－5　巴音都兰凹陷巴Ⅰ－巴Ⅱ号构造三维地震单炮

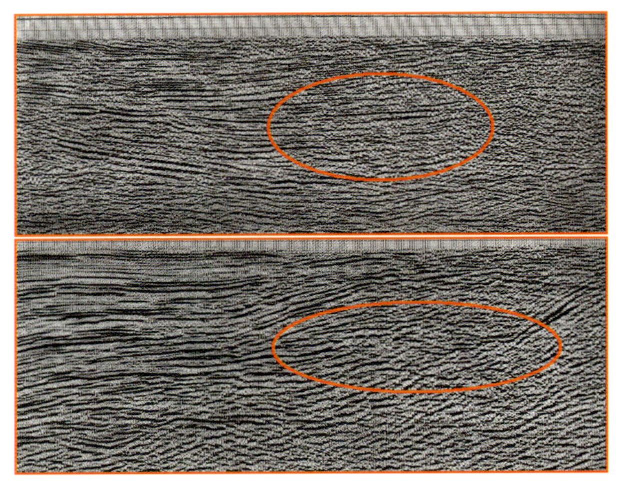

图4-13-6　巴音都兰凹陷巴Ⅰ-巴Ⅱ号构造三维地震老剖面

（4）由于原始资料信噪比较低，如何在保幅的基础上，提高资料的信噪比和分辨率，为解释、反演和预测提供可靠的信息是处理的关键。

## 六、主要技术措施及效果

针对老资料存在的不足，结合该区地质任务要求，对地震资料进行了全三维处理，着重提高资料的信噪比和分辨率。除采用全三维处理的主要技术流程外，重点使用了以下技术：

（1）叠前去噪及地表一致性能量补偿技术（图4-13-7）。

（2）地表一致性串联反褶积技术（图4-13-8）。

（3）多次迭代静校正及精细速度分析技术（图4-13-9）。

（4）分频处理技术（图4-13-10）。

（5）KI-DMO及叠后3D-RNA去噪技术（图4-13-11）。

（6）面元网格的小型化技术（图4-13-12）。

（7）三维一步法偏移速度的合理选取技术（图4-13-13）。

（8）偏移后提高分辨率技术（图4-13-14）。

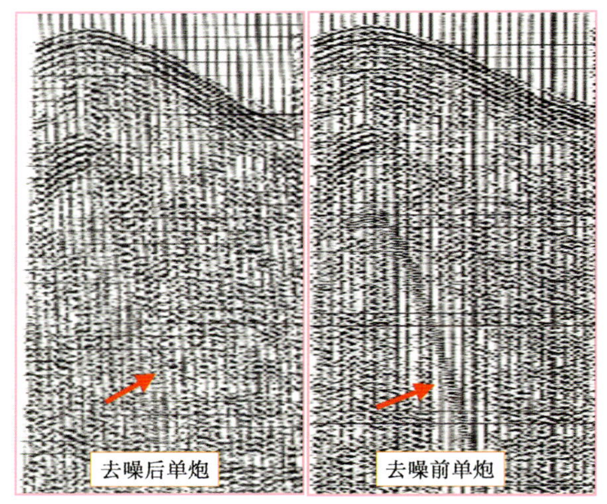


图4-13-7　叠前去噪前后单炮对比

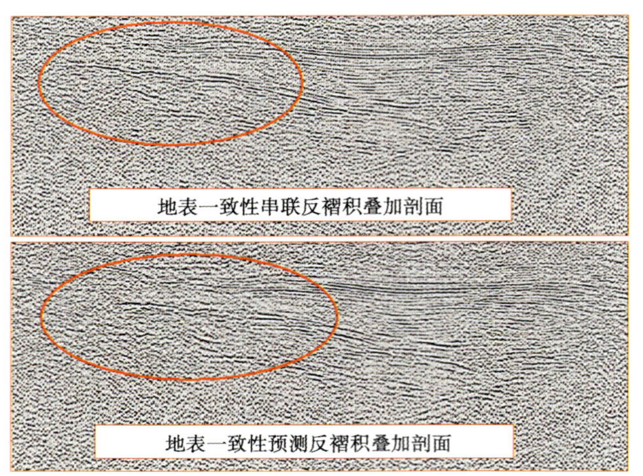


图4-13-8　地表一致性串联反褶积与预测反褶积对比

巴音都兰地震资料解释技术：

应用高分辨率层序地层学解释理论，构建沉积模式。利用重新处理的三维数据体，应用立体解释、反演、地震属性提取和油藏描述等技术，进行精细层位标定，构建成藏模式，解决油组间的对比关系，落实构造，寻找有利储集相带，确定岩性体范围，落实含油面积，实现勘探的突破。主要采用的新技术如下：

（1）地层层位精细对比与准确标定技术（图4-13-15）。

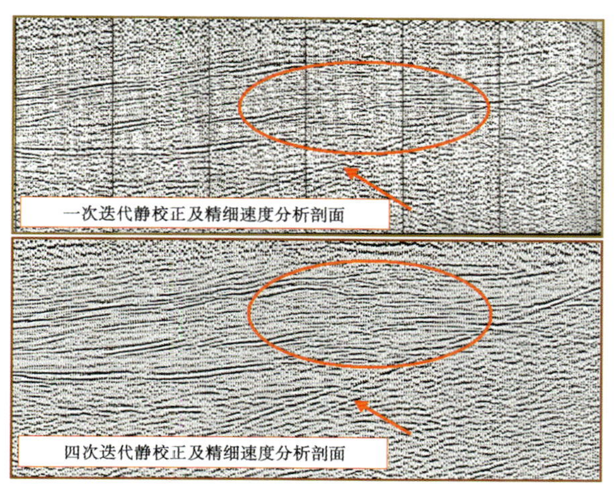


图4-13-9　不同次迭代剩余静校正及精细速度分析对比

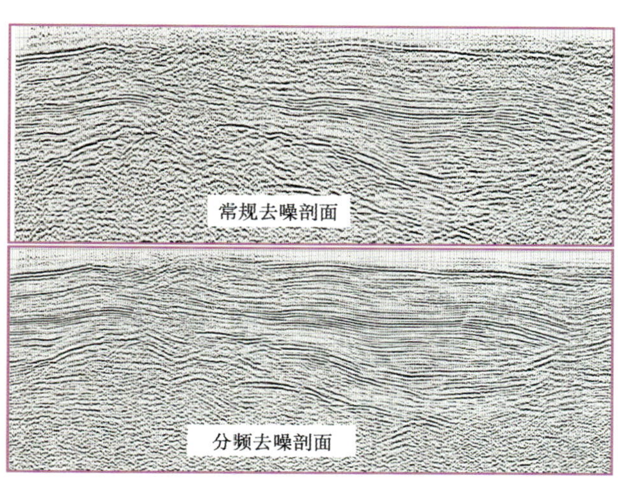


图4-13-10　常规处理与分频处理对比

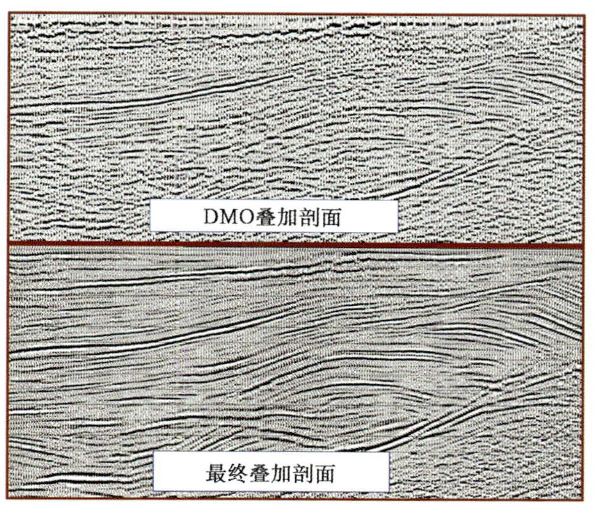


图4-13-11　DMO叠加与叠后3D-RNA去噪对比

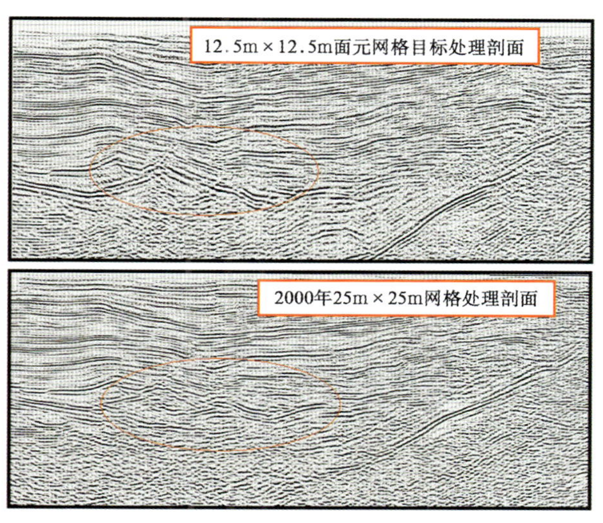


图4-13-12　大面元网格与小面元网格偏移对比

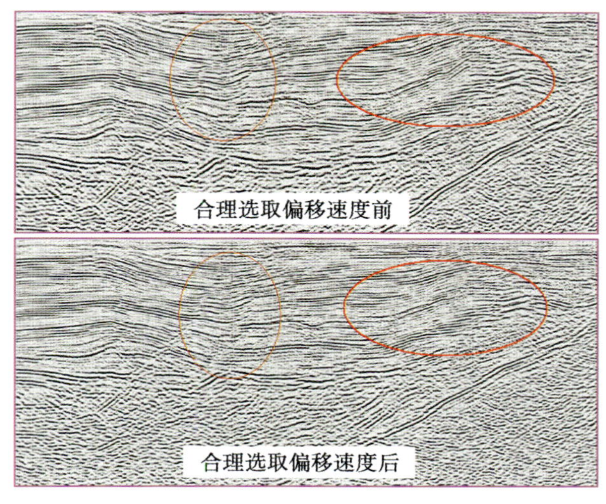


图4-13-13　合理选取偏移速度前后对比

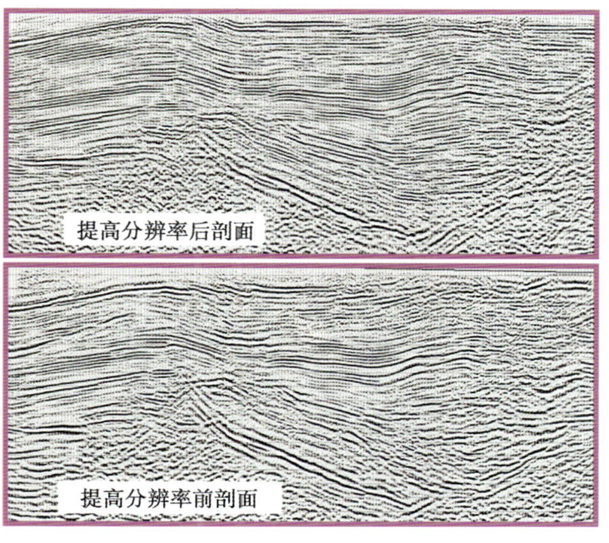


图4-13-14　偏移后提高分辨率前后剖面对比

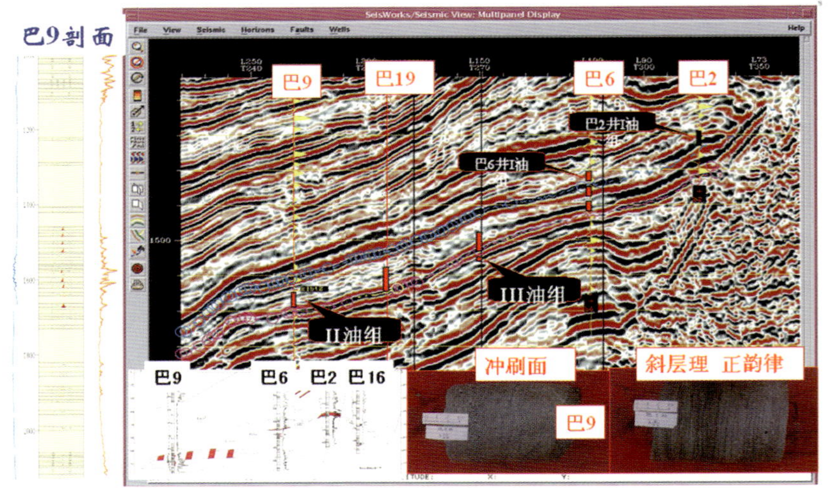


图 4-13-15　巴 9 井地层精细对比与准确标定

（2）以LandMark 解释系统和ISIS 反演技术为手段，进行构造解释和储层预测，构建构造—岩性油藏模式（图 4-13-16）。

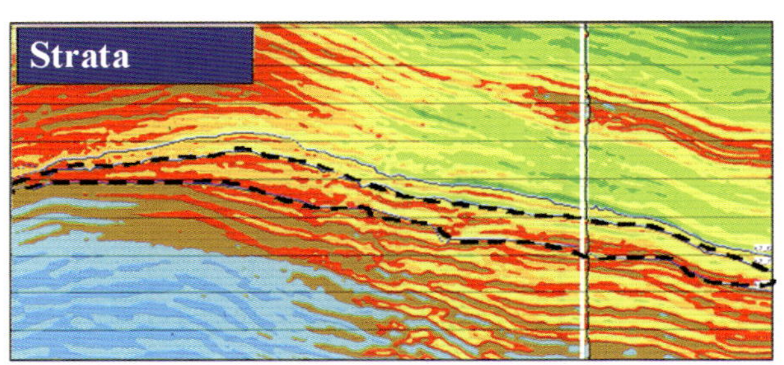


**利用Strata、ISIS 储层预测软件对扇三角洲储层进行研究，表明沿物源方向由东向西、由轴部向两翼反射强度变弱，说明岩性由扇三角洲水下主河道微相向前缘砂、水下分支河道及侧翼逐渐变细，单层厚度逐渐减小，储层物性逐渐变差。**

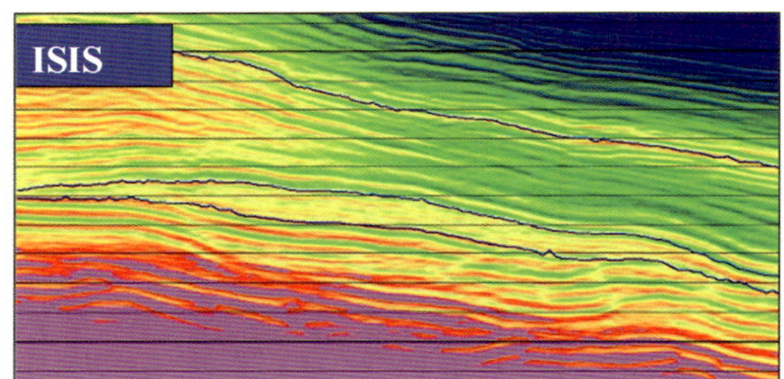


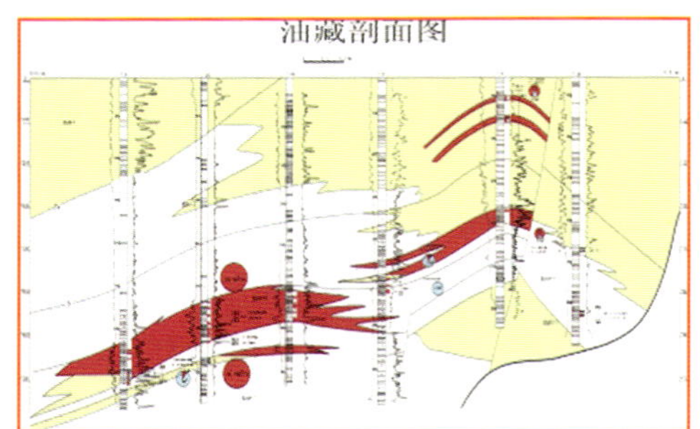


图 4-13-16　巴 19 构造—岩性油藏模式的建立

（3）应用地震属性提取技术，进行砂体研究，预测岩性、物性横向变化及含油气性（图 4-13-17）。

（4）应用基于模型的波阻抗反演与振幅信息分析技术相结合定量预测砂体（图 4-13-18）。

（5）利用 MDI 多元油气预测方法定量预测其含油性（图 4-13-19）。

在巴音都兰凹陷隐蔽油藏的勘探过程中，一个突出的特点就是始终贯彻“滚动工作方式”。

## 七、主要地质成果与评价

通过地震资料处理、解释一体化新技术在巴音都兰隐蔽油藏勘探中的应用，先后发现了巴19、巴10、巴 38 等多个隐蔽油藏。截至 2002 年底，探明含油面积 13.7km$^2$，探明石油地质储量 1809 × 10$^4$t，已建

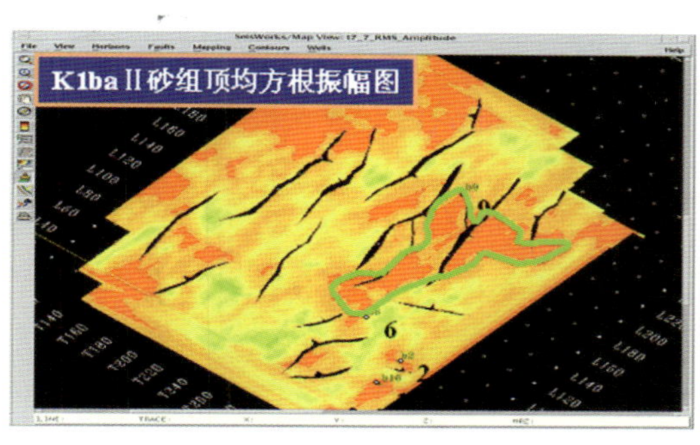


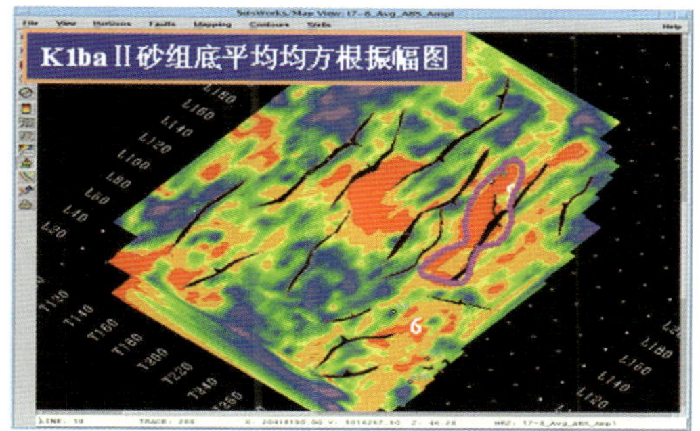


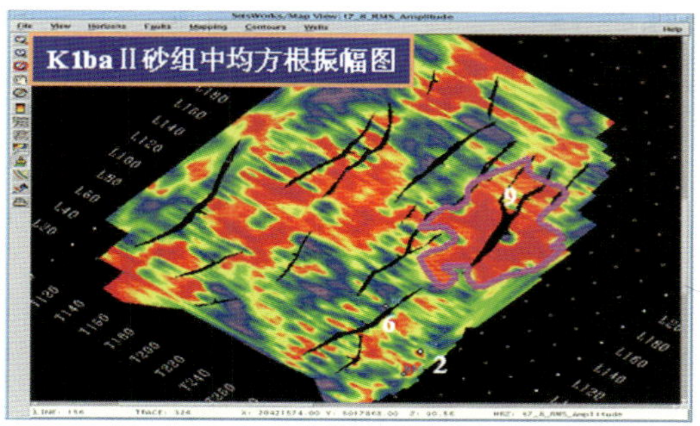


从已知点巴9井井旁道提取地震属性，预测巴19井砂体的平面分布范围

图4-13-17 巴19井地震属性提取技术

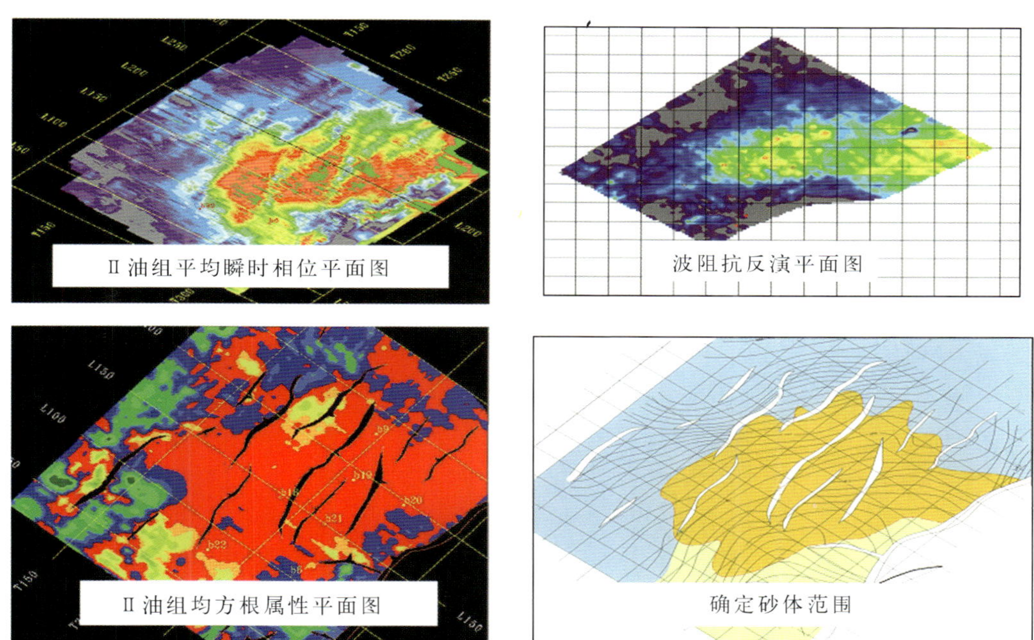


图4-13-18 波阻抗反演与振幅信息分析预测

成15×$10^4$t的生产能力，计划2004年建成25×$10^4$t的生产能力（图4-13-20）。

综观巴音都兰凹陷的勘探历程，可以发现物探工作起到了重要的作用。1994年三维地震完成后的7年间，区内的油气勘探虽然没有获得突破，但还是为地质研究工作提供了物质基础。随着物探技术的快速发展和勘探思路的转变，通过处理、解释一体化实现了该区油气勘探的突破。主要表现在以下几个方面：

(1) 对地震资料重新处理，采用地表一致性能量补偿、地表一致性串联反褶积、分频处理、KI-DMO、面元网格的小型化等全三维处理技术，使剖面的信噪比和分辨率明显提高，波组特征清楚，地质现象清晰。

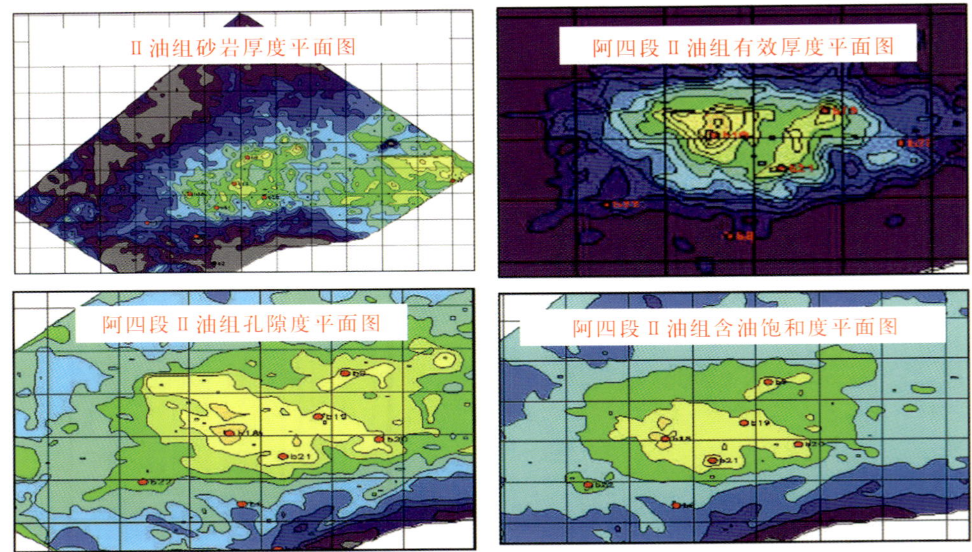


图4-13-19　多参数油气预测

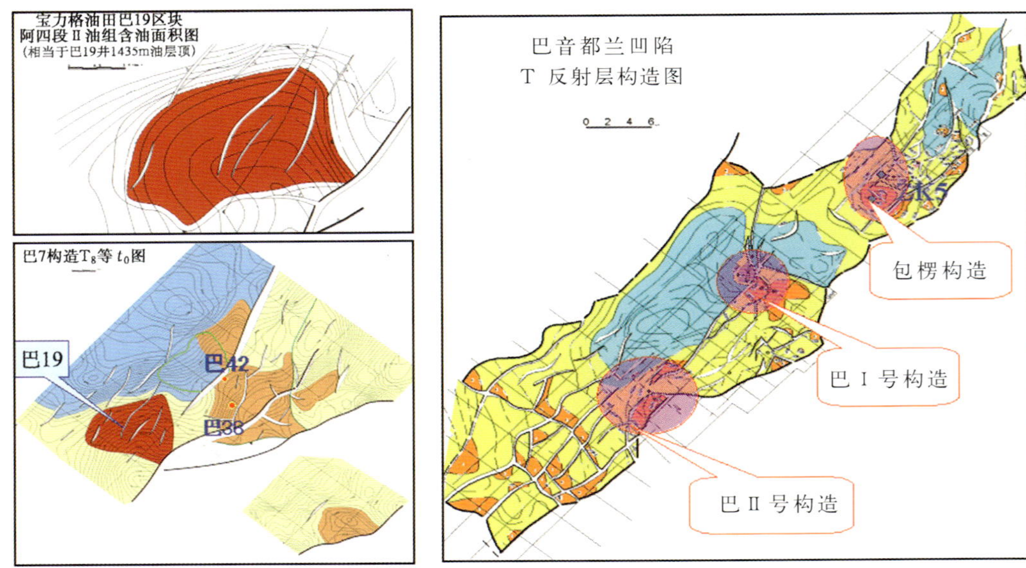


图4-13-20　二连探区巴音都兰凹陷隐蔽油气藏勘探成果

(2) 地震资料三维立体可视化解释、高匹配合成地震记录制作及层位标定、LandMark解释系统和储层反演、地震属性提取、振幅信息分析与高分辨率地震地层学结合定量砂体预测、MDI多元油气预测等新技术的应用是实现该区油气勘探突破的关键。

(3) 地震资料处理解释一体化是油气勘探获得突破的重要保证。

巴音都兰凹陷巴Ⅰ—巴Ⅱ构造三维地震资料重新处理后，剖面信噪比和分辨率提高，基底特征清晰，断层清楚，岩性超覆、尖灭等地质现象明显，促使地质认识发生变化，改变了找油思路。利用重新处理资料进行沉积相研究表明，阿四段为扇三角洲沉积体，扇体边缘见明显的地层尖灭现象。结合巴9井的单井沉积相分析，认为巴9井处于扇三角洲前缘，具备岩性油气藏的成藏条件，建立了巴9井油气藏成藏模式，即“构造—岩性油气藏”。对扇三角洲储层进行研究，搞清了物源方向及变化趋势，在巴9井高部位钻探了巴19井获得成功，探明含油面积8.2km$^2$，探明石油地质储量1241 × 10$^4$t，发现了宝力格油田。发现了巴19井岩性油藏后，经过深化沉积相研究，利用ISIS、Strata软件进行预测，发现在巴19井北部还存在一个与巴19油藏成藏条件相似的有利目标。针对有利目标区地震资料分辨率不足的情况，进行了提高分辨率的目标处理。利用新目标处理资料展开沉积相研究，搞清了南洼槽陡带阿四段两套扇三角洲沉积体系。根据预测结果，钻探巴38、巴42等井获得成功，获控制石油地质储量1039 × $10^4$t。

# 第十四节　准噶尔盆地腹部河道砂体的有效预测

随着准噶尔盆地勘探程度的不断提高，大多数显性构造型圈闭已基本落实，地质评价认为有利的构造圈闭已实施钻探，但资源评价与历年勘探实践表明隐蔽性油气藏勘探具有较大潜力，未被发现的潜在油气资源量仍相当丰富，但相应的勘探风险也随之增大。如何在钻前准确描述和确定隐蔽岩性圈闭是目前油气勘探开发理论的难点，也是今后工作的重点。通过隐蔽岩性油气藏地震识别技术的攻关，在精细目标处理的基础上，运用全三维可视化与体解释、神经网络分析、地震多属性分析等技术成功预测了石南21井区侏罗系头屯河组含油砂体的展布特征，实现了石南地区油气勘探的又一重大突破。

## 一、地理位置

石南地区位于准噶尔盆地腹部古尔班通古特沙漠腹地，行政隶属于和布克赛尔县管辖。西距克拉玛依市约130km（图4−14−1）。

## 二、区域地质概况

构造区划上位于准噶尔盆地腹部陆梁隆起上的二级构造单元——基东鼻凸（图4−14−2）。基东鼻凸为一向南西倾没的鼻状凸起，北抵三个泉凸起，西南倾伏端与达巴松凸起相连伸入生烃区凹陷，构造位置十分有利。

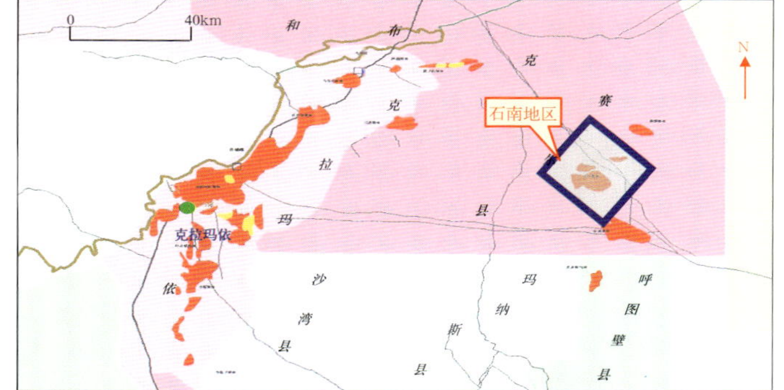

图4−14−1　石南地区地理位置图

## 三、地表与人文环境

石南三维处在准噶尔盆地的腹部，地表为未固定—半固定沙丘覆盖，地形北高南低，海拔高度320～480m，沙丘相对高度在10～40m左右（图4−14−3）。该区温差悬殊，夏季干热，最高气温可达45℃以上，冬季寒冷，最低气温可达−42℃以下，年平均气温7℃，年平均降水量80mm。浅井钻至300～400m可采工业用水。西起克拉玛依市三平镇、东至石西油田的柏油公路，全程140km，经石西油田北侧的油田简易公路向西北方向可直达该区。

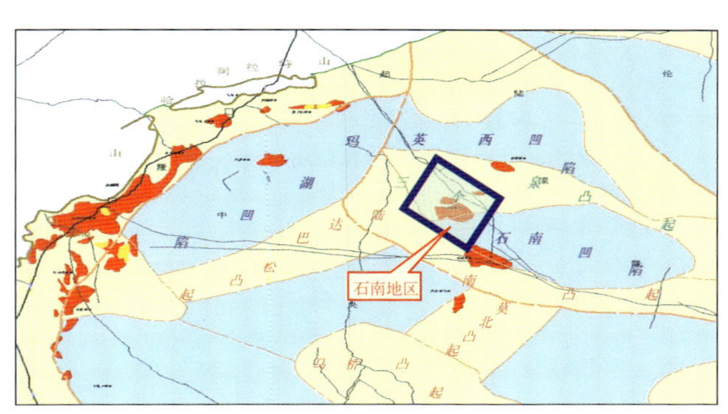

图4−14−2　工区地质位置图

图4-14-3 石南地区地貌状况

## 四、勘探程度

石南地区的勘探工作始于20世纪50年代，80年代开始实施地震勘探，截至目前，二维地震测网密度为2km × 4km，并于1996年实施了覆盖基东鼻凸轴部的石南4井区三维地震，面元为50m × 100m，满覆盖面积为320$km^2$。2002年在基东鼻凸东翼部署实施了石南4井区东三维，面元为25m × 50m，满覆盖面积256$km^2$。

基东鼻凸的钻探工作实施于1995年7月，其第一口预探井石南4井在侏罗系头屯河组取到了富含油级岩心4.32m，油浸级岩心0.25m，经对侏罗系三工河组2888～2892.6m井段试油，日产油0.32t、气10140$m^3$，在头屯河组2582～2589m井段试油，日产油4.69t；1996年3月，石南5井在头屯河组2552～2560m井段试油，6.0mm油嘴试产，获得18.2t/d的工业油气流，从而发现了石南4井区侏罗系头屯河组构造—岩性油藏。其后基002井在J1s22的2917.5～2929m井段试油，获得了63.32t/d油、310$m^3$/d气的高产工业油气流；而在石南油田北部钻探的石南7、石南8、石南10井，在头屯河组、西山窑组均获得了工业油气流。截至目前，在基东鼻凸上已先后探明了石南4井区侏罗系头屯河组岩性油藏、基002井区三工河组构造油藏、石南7井区西山窑组构造油藏和石南10井区西山窑组岩性油藏。2002年在对以往地震资料进行精细目标处理和解释的基础上，部署钻探的石南21井、石南24井分别在侏罗系头屯河组、白垩系呼图壁河组获得了高产工业油气流，展示出基东鼻凸白垩系、侏罗系头屯河组良好的勘探前景。

## 五、以往物探资料品质与难题

### （一）地震资料信噪比及分辨率低

工区地表为大沙漠，对地震波能量有较强的吸收作用，有效反射波能量衰减较大。通过对原始单炮记录做频率扫描和频谱分析，侏罗系目的层的频率范围在4～32Hz，主频为17Hz左右，并且在记录上存在面波、浅层多次折射和随机噪声干扰，白垩系的有效反射被噪音所淹没，信噪比很低，白垩系目的层几乎无有效反射波同相轴（图4-14-4）。

### （二）静校正问题严重

该区地表为沙漠覆盖，且地形起伏变化剧烈，低降速带由北部不足30m向南加厚到100m，而在基东鼻凸轴部低降速层中夹一不等厚的高速层，使地表结构更趋复杂，给准确确定低降速层底界带来一定难度，其特殊的地表条件使以往地震资料存在严重静校正问题，不同的静校正方法得到的低降速带底界高程差异较大（图4-14-5）。在桩号122240处，1995年沙丘曲线底界与近年钻测的微测井底界相差58m，很明显，这会带来严重的长波长静校正问题。

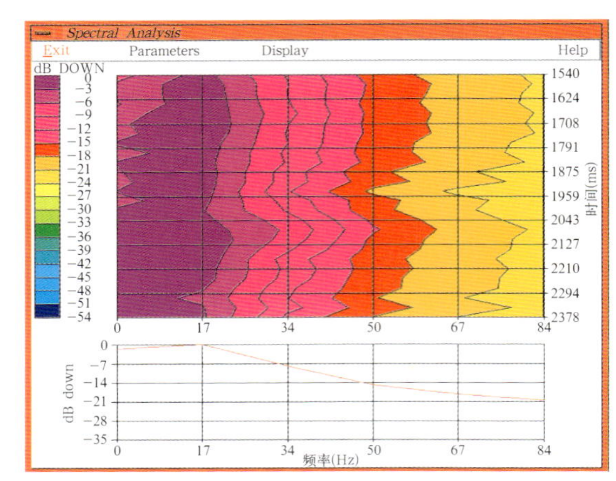


图4-14-4 石南地区原始单炮频谱分析

### （三）以往地震资料进行岩性研究的保真度不足

本区已发现的侏罗系头屯河组岩性油藏为一辫状河流相沉积，具有砂体沉积厚度薄、横向变化大的特点（0～18m）。这对地震资料的信噪比、连续性和分辨率提出了较高的要求。尽管从正演模型看，0～18m厚度地震响应特征有变化，但以往地震资料却未能反映这种变化特征。如何在保振幅条件下，提高地震资料的分辨率是下一步寻找隐蔽性岩性圈闭的基础。

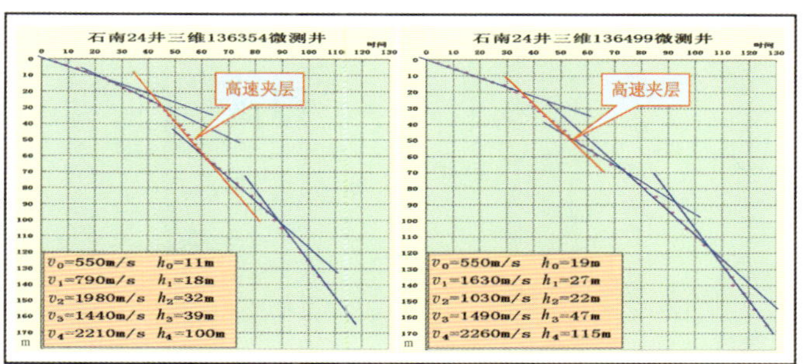


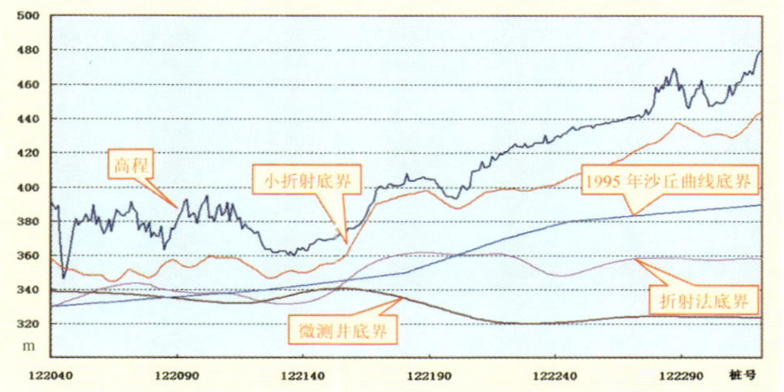


图4－14－5　不同计算方法得出的低降速层底界对比图

## 六、主要技术措施及效果

### （一）复杂地表条件综合建模静校正方法

以往在沙漠区主要采用单一的沙丘曲线或折射静校正方法，而本次使用的是自主开发的沙丘曲线、小折射、绿山折射静校正的综合建模静校正方法，提高了沙漠区静校正的精度，解决了以往存在的严重的静校正问题（图4－14－6）。

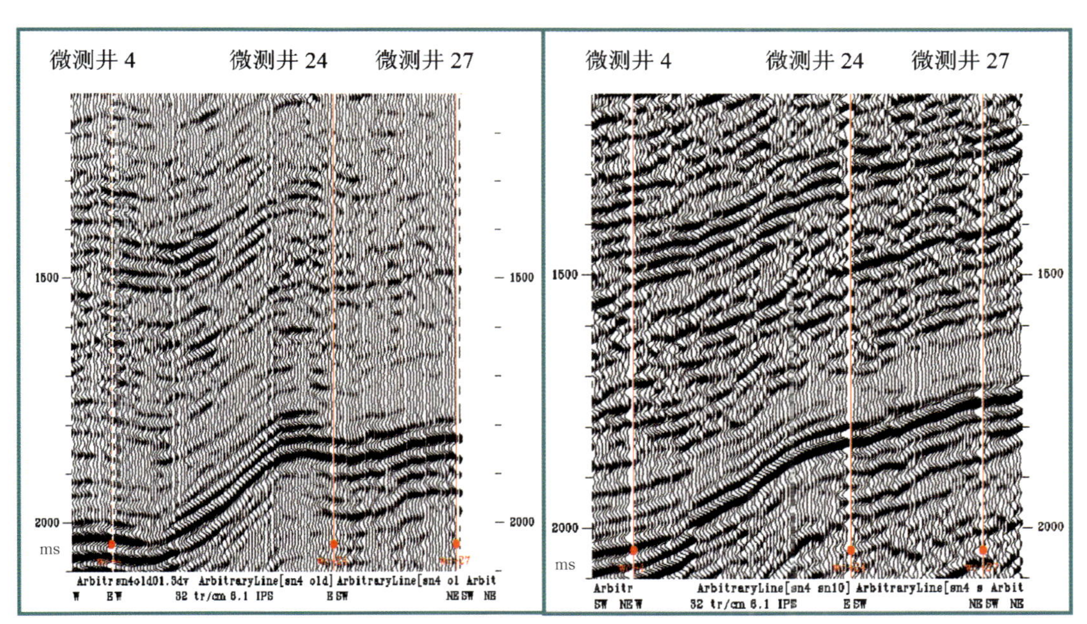


a.原处理数据体，出现假构造　　b.综合静校正数据体，反映真实构造

图4－14－6　石南4井区三维不同静校正剖面分析

### （二）组合反褶积提高分辨率处理技术

反褶积是借助压缩基本地震子波来改善时间分辨率的一种处理过程。针对工区内特殊的地表条件和三维区块的拼接问题，使用地表一致性反褶积及多道反褶积组合，消除不同区块及沙漠起伏变化引起的子波畸变，使得地震子波波形基本一致。剖面分辨率、信噪比有明显提高（图4－14－7）。

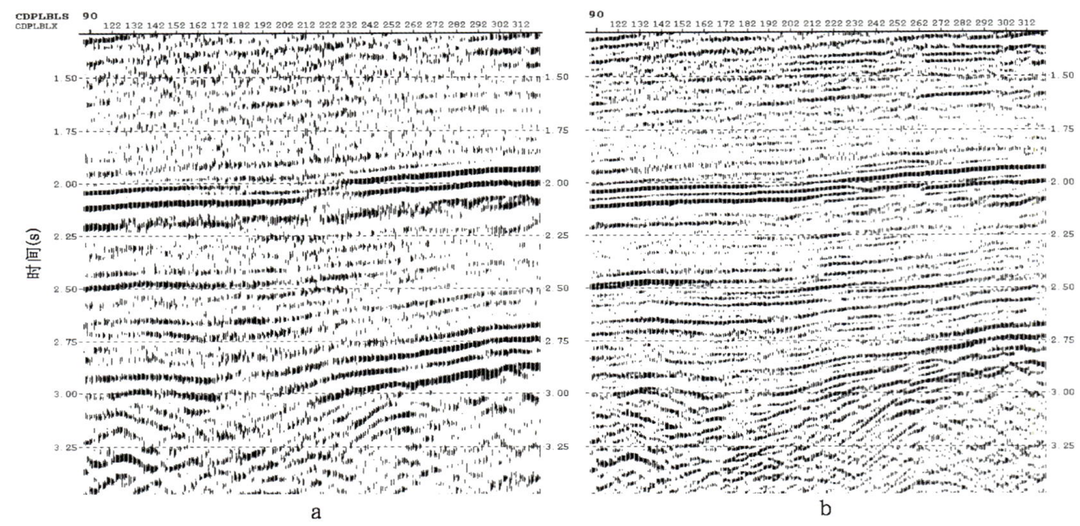

图 4-14-7　组合反褶积前（a）后（b）剖面对比

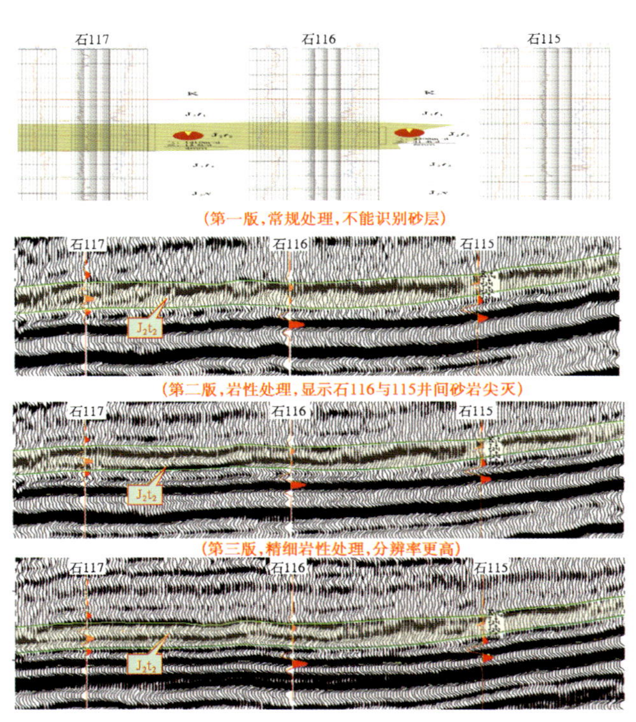


图4-14-8　不同振幅处理方法的地震剖面

（三）针对岩性圈闭识别的滚动处理技术

针对岩性勘探目标，在分析原始资料、优选保幅处理模块和质量监控方法的基础上，开展了多版三维资料处理与效果分析，从图4-14-8看，第二、三版剖面明显比常规一次处理剖面识别砂层的效果好。

（四）三维可视化与体解释技术

在储层精细标定的基础上，运用三维可视化技术提供的多方向显示控制、可视度控制、透明度控制、异常体追踪等特殊手段，对侏罗系头屯河组（$J_2t_2$）砂层组进行种子点追踪和雕刻。其结果显示，石南4井区为低振幅区，其砂体与基007井—基006井—基008井一带的区域砂体不连通；而石南21井区头屯河组（$J_2t_2$）砂层组的振幅值略高，而且也呈现砂体不连通的特征（图4-14-9）。

（五）地震反演技术

地震反演技术是岩性圈闭识别研究需要借助的手段之一。基于初始模型的井约束波阻抗反演，要求储层与围岩的波阻抗值要具有明显差异，否则其反演结果无论纵向上还是横向上，均无法真实地反映储层的变化特征。此外，在井多时较为可信；当井稀少时，井间插值不可靠，很容易改变岩性体的空间形态，往往夸大目标体。通过制作石南地区砂泥岩波阻抗量版，反映出石南地区头屯河组砂岩与泥岩电性及波阻抗值差异明显，且钻井密集，资料丰富、可靠，因此波阻抗反演能够大致描述该区头屯河组（$J_2t_2$）砂体的空间展布（图4-14-10、图4-14-11）。

（六）波形特征分析技术

地震反射波形的变化包含丰富的地层和岩性变化信息。通过观察石南地区头屯河组$J_2t_2$段波形特征的变化，运用神经网络分析技术，对石南4井区和石南21井区 $J_2t_2$ 段的实际地震数据道进行逐道对比、分类，细致地刻画了地震信号的横向变化，两者之间存在一分割带（图4–14–12）。

（七）含油砂层组地震属性分析

地震属性是叠前或叠后地震数据经过数学变换而导出的有关地震波运动学、动力学的特征参数，是表征和研究地震数据内部所包含的时间、振幅、频率、相位以及衰减特征的指标，对于研究储层的分布情况、岩性变化、物性特征、流体含量具有重要意义。

为了使地震属性分析结果更加准确而有效，应尽可能地消除目标区域内地震反射因地质构造作用、沉积作用的差异而造成的影响。石南4井—石南21井区处于同一构造带上，具有相同的构造成因机制，而且头屯河组 $J_2t_2$ 段砂层组沉积较稳定，所以该区是进行地震属性分析的可行区域。通过沿目标层顺层提取振幅统计类、复地震道统计类、频谱统计类等5大类20多种属性参数，进行分析研究，优选出平均瞬时频率、平均振幅、平均波峰振幅和反射能量等几种对岩性变化或含油气性变化敏感的地震属性参数，其中振幅特征是流体变化、岩性变化、储层孔隙度变化、不整合面、地层层序变化这几种因素的综合；平均瞬时频率可以探测由于岩性异常引起的频率吸收；反射能量则可以识别岩性变化、不整合面、油气和流体聚集带。其结果显示，石南21井区砂体较厚的井大都处在振幅相对较高、反射能量较强、能量衰减较快的区域（图4–14–13）。

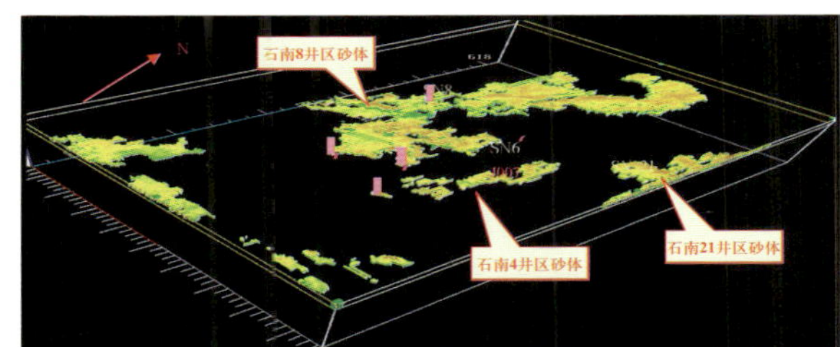


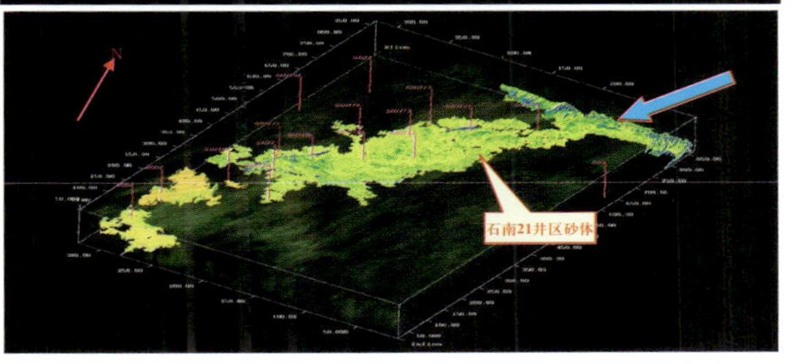


图4–14–9　石南地区侏罗系头屯河组 $J_2t_2$ 砂层组三维空间展布

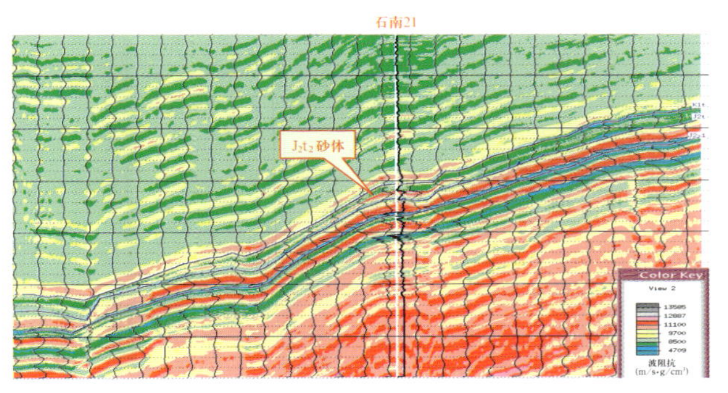


图4–14–10　过石南21井波阻抗反演剖面

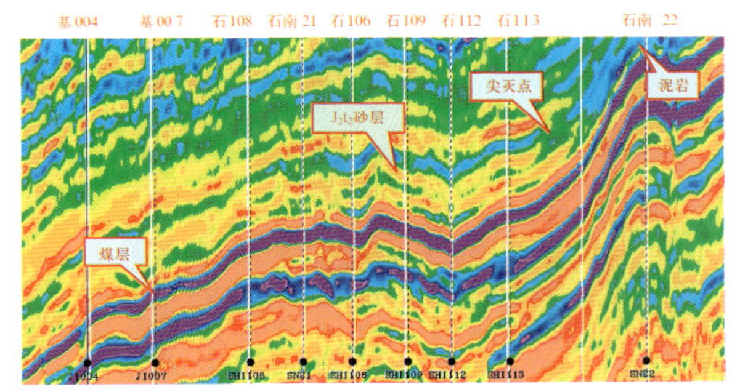


图4–14–11　石南地区连井波阻抗反演剖面

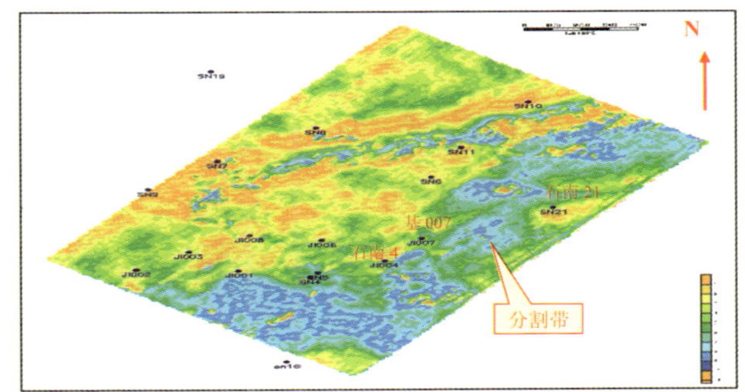


图4–14–12　石南地区侏罗系头屯河组波形分类平面图

## 七、主要地质成果与评价

通过针对隐蔽性岩性油气藏开展地震处理、解释技术和方法的攻关，指出基东鼻凸东西两翼是下一

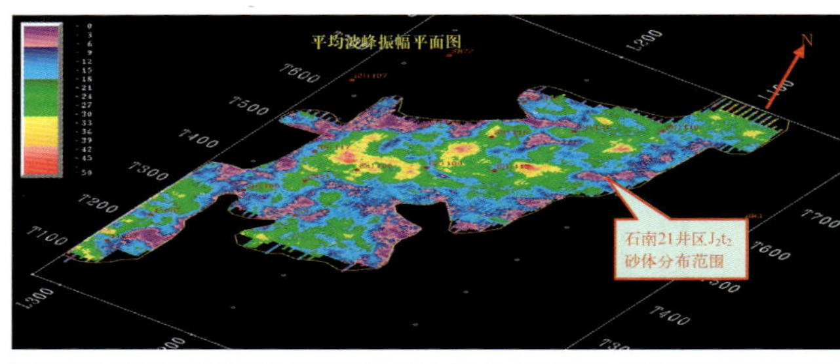


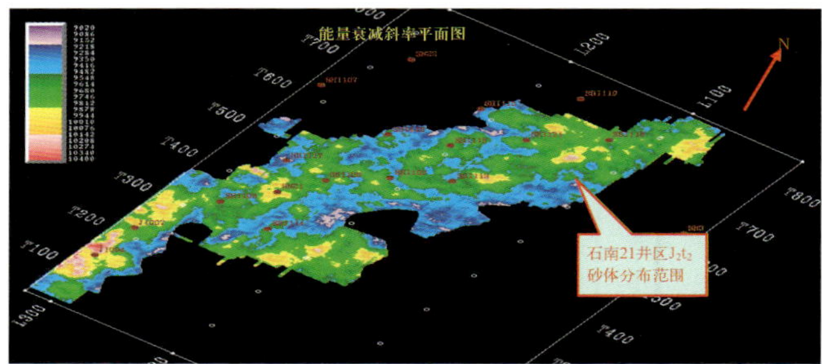


图4—14—13　石南地区侏罗系地震属性分析图

步寻找侏罗系头屯河组岩性油藏的潜在目标区，并成功预测了石南21井区侏罗系头屯河组含油砂体的展布。针对石南21井区侏罗系头屯河组部署实施了四轮评价井，钻探评价井14口，完钻14口，钻井成功率达94%以上。截至目前已有10口井获得工业油气流。上报探明储量2696×$10^4$t，石油地质控制储量3184×$10^4$t，实现了石南地区油气勘探的又一重大突破（图4—14—14）。

通过石南地区侏罗系头屯河组河道砂体的分析预测，取得了以下几点认识：

（1）运用已钻井得到的地层、岩性、储层物性等资料，建立储层与地震属性之间的对应关系，进行精细的层位标定，是岩性油藏研究的基础。

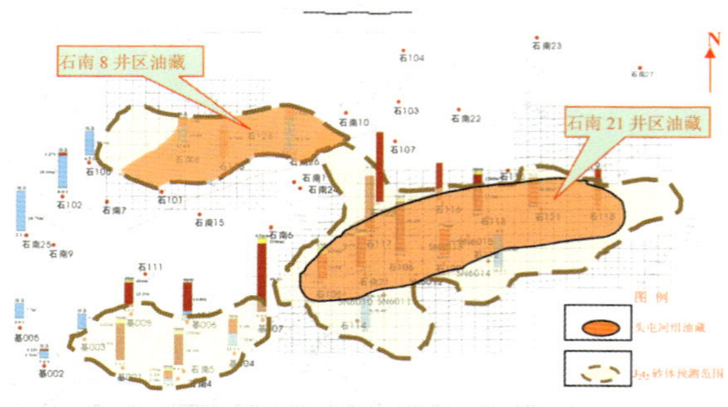


图4—14—14　石南地区侏罗系头屯河组勘探成果图

（2）受层位控制及井约束的地震反演技术，对初始模型和子波很敏感；此外，地震资料的垂向分辨率不足，也会造成反演结果的多解性。井点附近反演结果可信度较高，远离井点可信度随之降低。

（3）在对岩性油藏的地震属性进行研究时，区域不易过大，且时窗大小的选择非常重要。

（4）在石南地区利用全三维可视化技术、波阻抗反演及地震属性中的平均瞬时频率、平均波峰振幅和反射能量等手段进行河道砂体的横向预测效果较好。

虽然本次地震处理解释技术攻关取得了丰硕的成果，但利用地震资料识别隐蔽岩性圈闭仍处在探索阶段，在不同地区和不同的地质条件下可能存在不同的适用技术和方法。而在现阶段利用地震技术指导油气勘探，降低勘探风险，结合实钻井资料预测砂体在空间上的展布特征，指导后期开发方案的确定等方面都具有非常重要的作用。此次处理、解释工作应用保幅全三维处理及综合解释技术，运用全三维可视化雕刻与体解释、地震多属性检测、神经网络分析等多种地震解释技术手段，不但实现了石南地区地震勘探的突破，而且对准噶尔盆地隐蔽圈闭勘探中的地震处理和解释技术进行了基础性的研究工作，具有十分广泛的推广前景。

## 第十五节　准噶尔盆地盆5井区“速度背斜”的识别与评价

准噶尔盆地莫索湾地区油气勘探持续近半个世纪，因构造不准油气勘探难以进一步展开。而构造不准的根本原因是地震速度变化规律难以求准，而出现“速度背斜”。“速度背斜”是在莫索湾油气田发现与探明过程中形成的一个概念，意指在时间域为平台或幅度很小的背斜，经正确速度应用后反映出来有一定幅度的背斜构造。这一认识的转变为莫索湾的油气勘探带来机会。经过精细的地震区域速度分析等系列技术的实施，使得沉睡了半个世纪的莫索湾油气田终见天日。

## 一、地理位置

莫索湾油气田位于中国西部的准噶尔盆地腹部古尔班通古特沙漠腹地。行政隶属新疆维吾尔自治区昌吉回族自治州玛纳斯县，南距莫索湾50km，西北距克拉玛依市130km，北距莫北油气田约40km，交通条件便利（图4－15－1）。

## 二、区域地质概况

莫索湾油气田所处的马桥凸起，东邻东道海子北凹陷，西连盆1井西凹陷，南临昌吉凹陷，北接莫北凸起，为典型的坳中凸，区域构造位置非常有利（图4－15－2）。

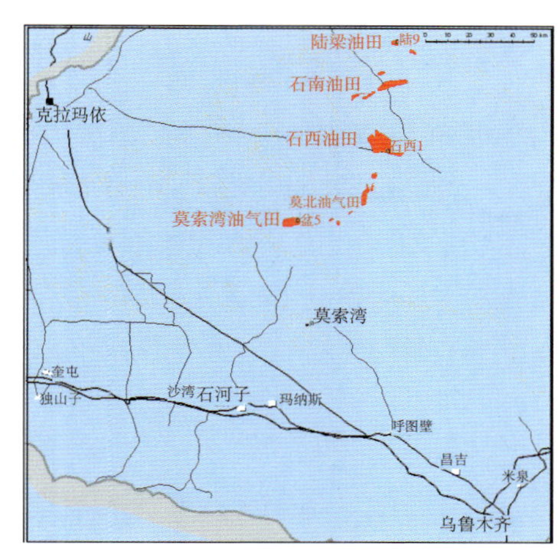

图4－15－1　莫索湾油气田地理位置图

马桥凸起形成于海西末期。此时期马桥凸起不断抬升，相邻的盆1井西凹陷、昌吉凹陷及东道海子北凹陷持续下沉，形成良好的生油凹陷。到海西期结束进入中生代后，在舒张沉降体制下，盆地向大型内陆坳陷转型，沉积盆地进入全盛时期。燕山运动造成西山窑组与头屯河组不整合、侏罗系与白垩系不整合，侏罗系与白垩系构造伴生有正断裂形成，且侏罗系在隆起的高部位遭受了剥蚀。燕山后期的构造运动使白垩纪湖盆进一步发展，喜马拉雅运动使沉积中心向南倾斜、收缩。

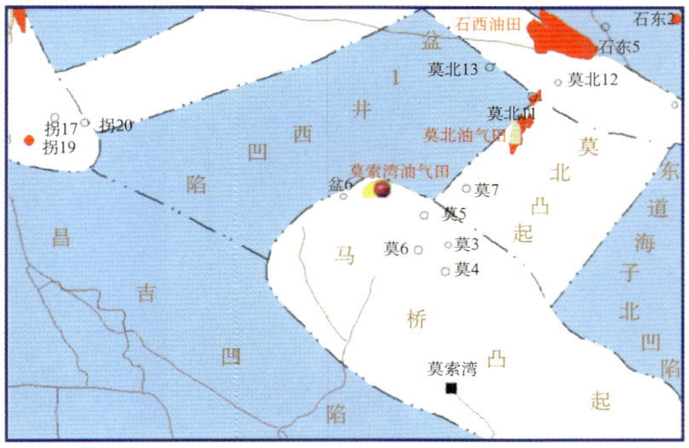

图4－15－2　莫索湾油气田区域构造位置图

该区自上而下钻揭的地层有第四系（Q）、第三系（R）、白垩系吐谷鲁群（$K_1tg$）、侏罗系头屯河组（$J_2t$）、西山窑组（$J_2x$）、三工河组（$J_1s$）、八道湾组（$J_1b$）和三叠系白碱滩组（$T_3b$）。

## 三、地表及人文环境

工区表层岩性主要为沙漠和黄土地。地表主要为蜂窝状、条带状沙漠覆盖，南部及西南部局部跨新疆生产建设兵团148团、149团和150团的居民点和农田区（见图4－15－3）。沙漠起伏较大，沙丘相对高差30～70m，地面海拔高程340～450m，平均海拔400m。低降速带厚度变化大，低降速带底界深度10～85m。气候条件较为恶劣，夏季酷热，冬季严寒，温差悬殊。

从西起克拉玛依市三平镇、东至石西油田的柏油公路，经石西油田南侧的油田简易公路向西南方向可直达油田区；或经呼图壁至克拉玛依的柏油公路，在石河子经新疆生产建设兵团团场公路和油田简易公路抵达该区。

## 四、勘探程度

莫索湾地区20世纪50年代进行了1：20万重磁概查，1955年完成1条电性大剖面，20世纪60年代完成2条光点型地震大剖面，基本查清了基底的隆凹格局，明确了莫索湾基底隆起的存在。1964年完钻

图4-15-3　莫索湾油气田区地貌特征

了第一口探井盆1井，该井只钻到白垩系，未见油气显示。因受勘探技术所限，勘探工作一度长时间受阻。大规模的油气勘探工作始于20世纪80年代末。1984年进行了1：20万航空磁测后，1988年至1992年分5次以2km × 2km的测网进行了地震勘探普查工作，发现了一批侏罗系背斜构造。于1992年钻了盆参2井，见到近千米的油气显示，随后相继上钻了盆4井、莫1井、莫2井和莫3井，这些井在侏罗系和白垩系均见到良好油气显示，但试油只获得低产油流。

## 五、以往物探资料品质与难题

莫索湾地区主要地质目标是侏罗系低幅度背斜。识别与评价低幅度圈闭存在两方面的难点：一是表层主要为蜂窝状沙丘和沙梁，地表高程起伏变化大，既导致地震资料信噪比降低和高频成分损失严重，又难以建立准确的表层结构模型；二是目的层埋藏深，上覆地层厚度大，精确时深转换时需要较高精度的平均速度场。因此，在大深度情况下识别低幅度圈闭，对地震勘探精度提出了挑战。

针对腹部沙漠区低幅度圈闭识别的难点，勘探家们进行了坚持不懈的攻关探索。在实际生产研究中，首先开展了静校正量计算方法研究，初步形成了沙丘曲线静校正量计算方法，并开始在二维地震资料处理中应用，使沙漠区地震资料的信噪比有了明显的提高。但是沙漠区二维地震测线稀（1km × 2km～2km × 4km），资料闭合差大，落实和评价低幅度圈闭极为困难。

## 六、主要技术措施及效果

为在该区获得油气勘探的突破，2000年10月部署了面积为382km$^2$的盆1井区大面元（50m × 50m或50m × 100m）三维地震。同时针对勘探目标的特点，开展了一系列地震配套方法的研究和技术攻关。经过不断探索，盆1井区三维地震资料侏罗系目的层资料品质有了质的飞跃（图4-15-4），为低幅度圈闭识别和评价创造了条件。

针对莫索湾地区低幅度圈闭识别难题，主要采取了两方面的技术措施：首先是实施了盆1井区三维地震资料采集（表4-15-1），其次是在三维地震资料处理和解释环节开展了一系列的配套技术攻关。针对复杂地表和层间多次波发育的难点，地震资料采集中采用了小折射、沙丘曲线和微测井方法进行低速带调查，并加密低速带采集点密度，同时适当加大了排列长度。地震资料处理中采用的关键技术有：沙漠区综合建模静校正技术、处理基准面的选取和静校正量应用技术、去噪技术、组合反褶积技术、精细的速度分析技术、拟合零炮检距叠加技术、偏移成像处理技术等7项关键技术。其中沙漠区综合建模静校正技术和偏移成像处理技术应用效果显著。

沙漠区综合建模新方法的关键是部署适当密度的微测井，有效查明近地表结构，结合多种资料，求准静校正量。盆1井区应用结果表明该方法时深关系可靠、速度误差较小（图4—15—5）。

剩余偏移（串级偏移）是一种提高偏移精度的方法，该方法利用STOLT算法，先对三维数据体作常速偏移，再用有限差分法作剩余偏移处理，弥补了由于有限差分法偏移公式因假设条件而造成的偏移不足现象。剩余偏移法在解决断层断点归位的清晰化方面，有着明显的优势，盆1井区三维目标处理采用了该项技术后，小断裂显示效果得到了显著提高（图4—15—6）。

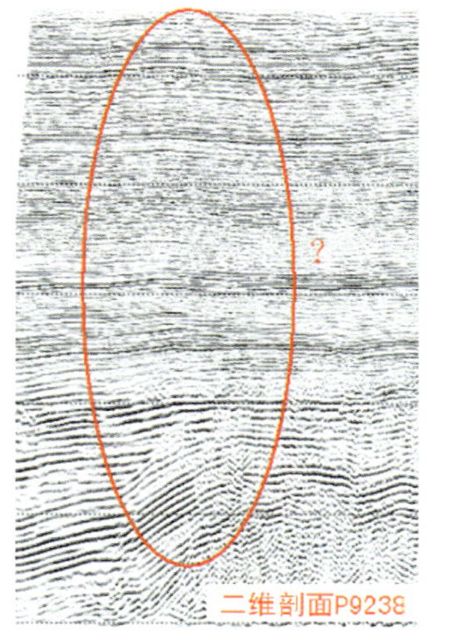

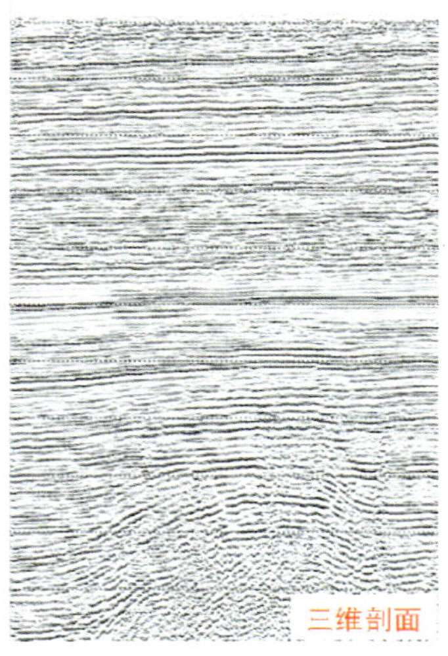


图4—15—4　莫索湾油气田以往二维地震资料和三维地震资料品质对比图

在三维地震资料解释环节采用的关键技术有：精细的地震层位标定技术、全三维可视化解释技术、低幅度背斜的正演模拟技术和用于时深转换的速度分析技术等。其中全三维可视化解释、用于时深转换的速度分析技术和低幅度背斜的正演模拟技术应用效果显著。

**表4—15—1　盆1井区三维地震采集主要参数表**

| 名　　称 | 参　　数 | 名　　称 | 参　　数 |
|---|---|---|---|
| 观测系统类型 | 规则束状 | 横向炮点距(m) | 200 |
| 排列形式 | 6线9炮 | 最小非纵距(m) | 100 |
| 接收道数 | 6 × 120=720道 | 最大非纵距(m) | 2300 |
| 覆盖次数 | 3 × 20=60次 | 最大炮检距(m) | 7606 |
| CMP面元(m × m) | 50 × 100 | 纵向观测系统 | 5250−350−350−7250−50 |
| 道距(m) | 100 | 束间重复炮线数 | 不重复 |
| 接收线距(m) | 600 | 束间重复接收线 | 重复3条 |
| 纵向炮点距(m) | 300 | 束间移动距(m) | 1800 |
| 记录格式 | SEGD | 记录长度(s) | 8 |
| 采样间隔(ms) | 2 | 单井深(m) | 6～18 |
| 药量(kg) | 4 | 组合井数(口) | 10 |
| 组合井深(m) | 6 | 药量(kg) | 10 × 2 |
| 组合基距(m) | 63 | 井距(m) | 7 |
| 检波器个数(个) | 36 | 小折射点数 | 84 |
| 沙丘曲线点数 | 4228 | 微测井点数 | 6 |

从盆1井区目的层时间切片（图4—15—7）可以看出该区时间域构造高点位于盆5井区，莫101井处构造较为平缓。

盆1井区上覆地层横向速度变化较大，因此速度分析采用了建立速度模型和变速时深转换方法。盆

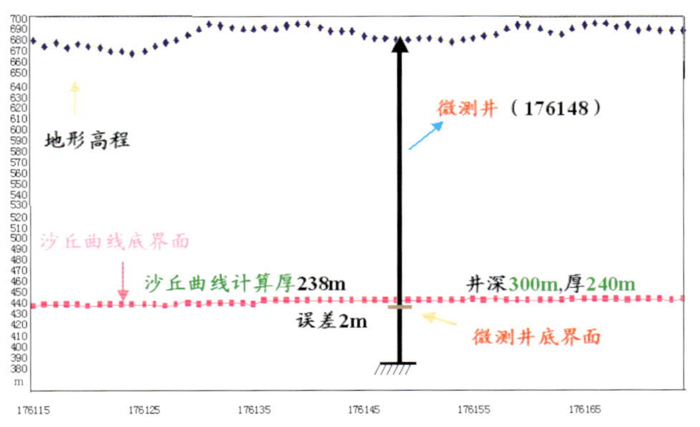

图4-15-5 沙漠区综合建模静校正方法应用效果图

1井区目的层平均速度平面图（图4-15-8）显示出莫101井与盆5井区位于同一低速区，考虑盆5井目的层时间构造略高，可以分析得出莫101井目的层平均速度趋势较低，因此深度构造高点向莫101井方向偏移的结论。结合速度模型的迭代分析，进一步揭示出低速异常区，明确了盆5井处显示的时间域高点并不是深度域高点，高点在莫101井区，背斜圈闭的范围得以进一步扩大。尽管莫索湾油气田埋藏深度达4300m，利用上述方法制图设计的评价井在目的层平均钻探误差小于15m，表明该方法提高了地震时深转换的精度。

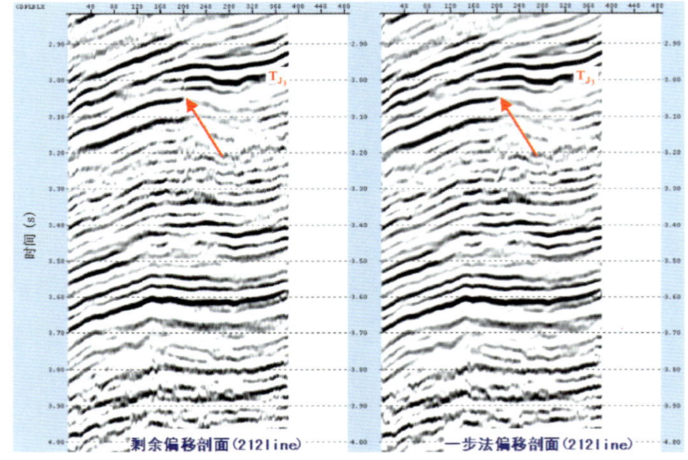

图4-15-6 盆1井三维212线不同偏移方法效果对比图

利用盆5井和莫101井实钻资料进行一系列的正演模拟，证实了该区上覆白垩系—第三系倾斜厚层横向速度变化是导致时间域构造高点偏移的关键因素（图4-15-9）。因此，在低幅度构造区进行精细区域速度分析是至关重要的。盆5井区勘探实例为识别类似地质背景区带的低幅度圈闭提供了宝贵经验。

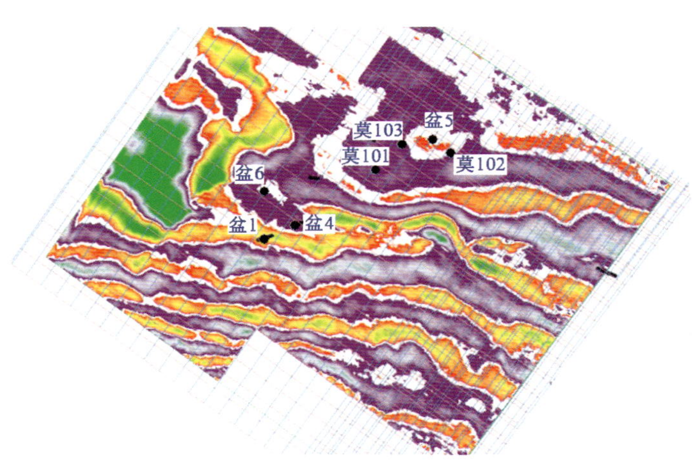

图4-15-7 盆1井区三维3004ms时间切片

## 七、主要地质成果与评价

应用这些配套技术，2001年3月在盆1井区三维工区内解释出盆4井北背斜，并部署了盆5井。盆5井为莫索湾油气田发现井，该井于2001年5月21日开钻，7月19日完钻，完钻井深4375m，完钻层位为侏罗系三工河组。取得含油岩心24.10m，分别为富含油、油斑、荧光级岩心。测井解释侏罗系三工河组油气层厚35.8m。2001年8月31日射开三工河组$J_1s_2^2$，在4243～4257m试产，油压17MPa，套压17MPa，折算日产油103.8m³，日产气229111m³。

盆5井获得高产油气流后，为查清该区块油气藏类型和规模，利用三维地震解释成果在盆5井区块部署了3口评价井：莫101、莫102和莫103井。3口评价井于2001年11月初完钻，相继获得高产油气流。同年12月上交侏罗系三工河组油气藏探明地质储量72.18 × $10^8$m³，其中干气68.80 × $10^8$m³，凝析油储量172.3 × $10^4$t，含气面积21.9km²。为进一步扩大盆5井区块含油气面积，落实油气藏规模，2002—2003年先后部署4口评价井：莫104、莫105、莫106和莫107井，其中莫104、莫105、莫106井试油获高产油气流（图4-15-10），叠合含气面积达21.9km²。至2003年底莫索湾油气田共探明天然气地质储量145.9×$10^8m^3$，凝析油储量361.4×$10^4t$，控制凝析油储量511×$10^4t$。

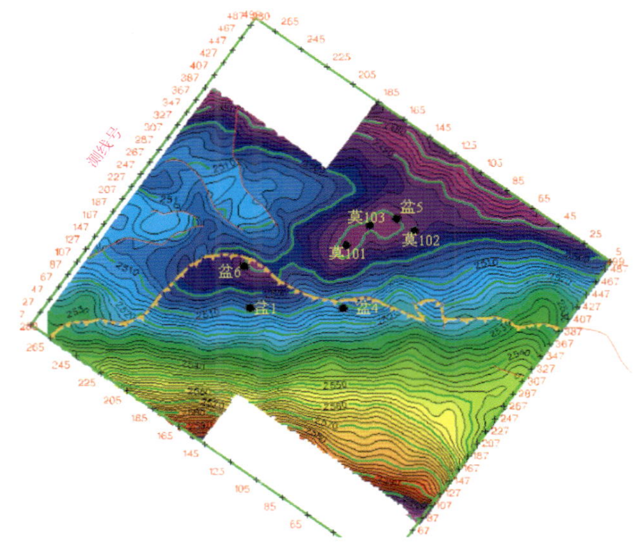

图4-15-8　盆1井区三维$J_1s_2^2$砂层组顶界平均速度平面图

莫索湾油气田的油气勘探实践表明：地震勘探技术为盆5井的钻探部署和井位选择提供了扎实的依据，为马桥凸起莫索湾油田的发现和评价发挥了决定性作用。

近年来腹部油气勘探成果显著，成为准噶尔盆地油气勘探的主战场。沙漠区开展的低幅度圈

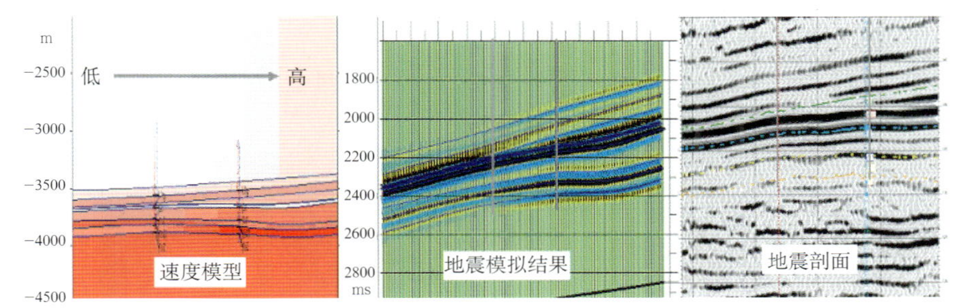

图4-15-9　上覆倾斜地层横向速度变化为10m/s、地震子波主频为25Hz时的速度模型、地震模拟结果和地震剖面的对比

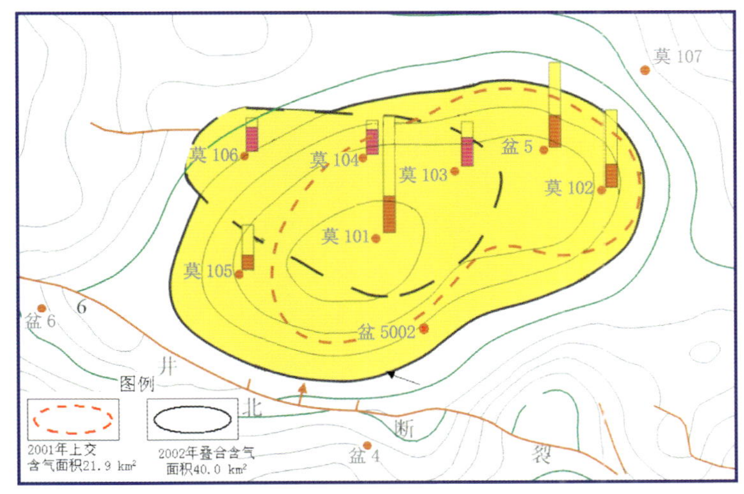

图4-15-10　莫索湾油气田盆5井区$J_1s_2$含气面积叠合图

闭识别地震勘探技术攻关毫无疑问为盆地的油气勘探发挥出重要作用，并已取得优异的勘探成果。准噶尔盆地大面积分布的沙漠区为这项技术提供了广阔的应用领域。

# 第五章 深层地震勘探

深层勘探由于钻井成本高，勘探风险大，因此对地震资料品质有较高要求。但由于深层地质目标埋藏深、地震波传播路径长，造成深层反射信号能量弱、地震波场复杂、成像精度低，制约了深层勘探的重大突破。长期以来，深层地震勘探技术一直是深层油气勘探的瓶颈。

“九五”期间，中国石油天然气集团公司围绕“东部深层”地震勘探技术进行了专题攻关，推进了东部油区深层地震勘探技术的进步，在大港千米桥亿吨级灰岩潜山油气藏的发现中发挥了重大作用。近年来随着深层勘探领域在各探区战略地位的提升，深层地震勘探技术攻关在各探区普遍得到加强，也见到了一些好的地质效果。鉴于深层勘探本身所固有的特殊性和复杂性，深层地震勘探技术的发展是摆在我们面前的一个长期任务。这里优选了近几年来深层勘探效果比较突出的5个范例，展示了深层地震勘探技术在中国石油天然气股份有限公司东部、中部以及西部油区深层勘探中的效果和潜力：(1) 深层三维地震勘探技术在松辽盆地北部兴城大型火山岩气田发现中的作用；(2) 大民屯凹陷低潜山全三维综合地震勘探；(3) 吐哈盆地台北凹陷前侏罗系深层地震攻关；(4) 鄂尔多斯盆地奥陶系风化壳气藏勘探开发；(5) 千米桥奥陶系潜山气藏二次三维地震勘探。

## 第一节 深层三维地震勘探技术在松辽盆地北部兴城大型火山岩气田发现中的作用

松辽盆地北部深层广泛发育的火山岩已经成为中国东部天然气勘探的最重要领域。针对深层断陷地层成岩作用强、火山岩发育、构造复杂、储层横向变化快的特点，通过近两年攻关形成了深层三维地震资料采集技术、三维地震叠前深度偏移技术和火山岩储层预测技术等配套技术系列，在兴城大型火山岩气田发现中发挥了关键作用，同时也为深层天然气勘探战略展开、战略突破奠定了基础。

### 一、地理位置

兴城火山岩气田地处东经125°11′～125°25′、北纬45°53′～46°08′之间，位于黑龙江省大庆市肇州县境内，在大庆长垣高台子油田东侧42km、大庆市东南方向约65km处。地面为徐家围子油田，西邻宋芳屯油田和采油八厂气矿，北邻升平油气田，东部为榆树林油田（图5−1−1）。

### 二、区域地质概况

中浅层构造位于徐家围子向斜的中心部位，是三肇凹陷内几个大型鼻状构造的倾末交汇处。该区泉头组三段、青山口组、姚家组以上地层，属于坳陷沉积地层，构造格局基本一致。局部构造发育，且多与断层伴生。在姚家组葡萄花油层、泉三、泉四段扶杨油层，已经探明徐家围子油田。白垩系下统泉二段以下地层，统称为松辽盆地深层勘探目的层，由断陷和坳陷两套地层组成。泉一、泉二段、登娄库组区域构造特征同中浅层类似，处于相同的坳陷期构造演化阶段。断陷地层上侏罗统火石岭组和下白垩统沙河子组、营城组分布于一系列分割断陷盆地中，边界受控陷断裂控制，以单断的箕状断陷为主，少数为双断的地堑式断陷。兴城构造位于松辽盆地北部深层构造单元东南断陷区徐家围子断陷中部、受徐西和宋西断裂控制的升平—兴城构造带上。断陷期早期沉积的火石岭地层，主要以中、基性火山岩、火山碎屑岩为主，晚期的沙河子组，主要以浅湖—半深湖沉积为主，是主要烃源岩层。营城组火山岩发育，是深层天然气勘探的主要目的层(图5－1－2)。

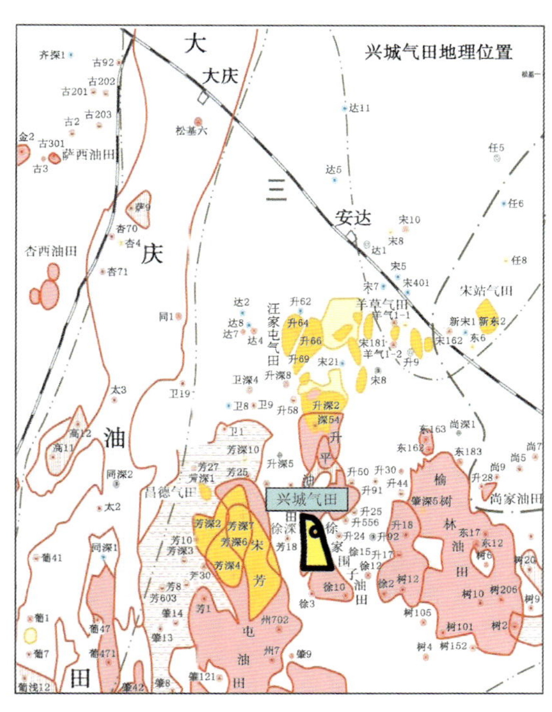


图5－1－1　兴城气田地理位置图

## 三、地表及人文环境

兴城火山岩气田地面主要为平原草地和农田，地面海拔161～182m。气候属于大陆性季风气候。冬季长，寒冷干燥；夏季短，温热多雨；春秋季特别短且多风沙。年平均气温只有3.4℃，平均年降水量只有440mm，年平均无霜期130d。距离气田最近的居民区是兴城镇，居民以发展农业经济为主。气田地面上油田井排公路横穿气田，交通便利。地面油气生产设施完备，有利于天然气的勘探、开发与集输。

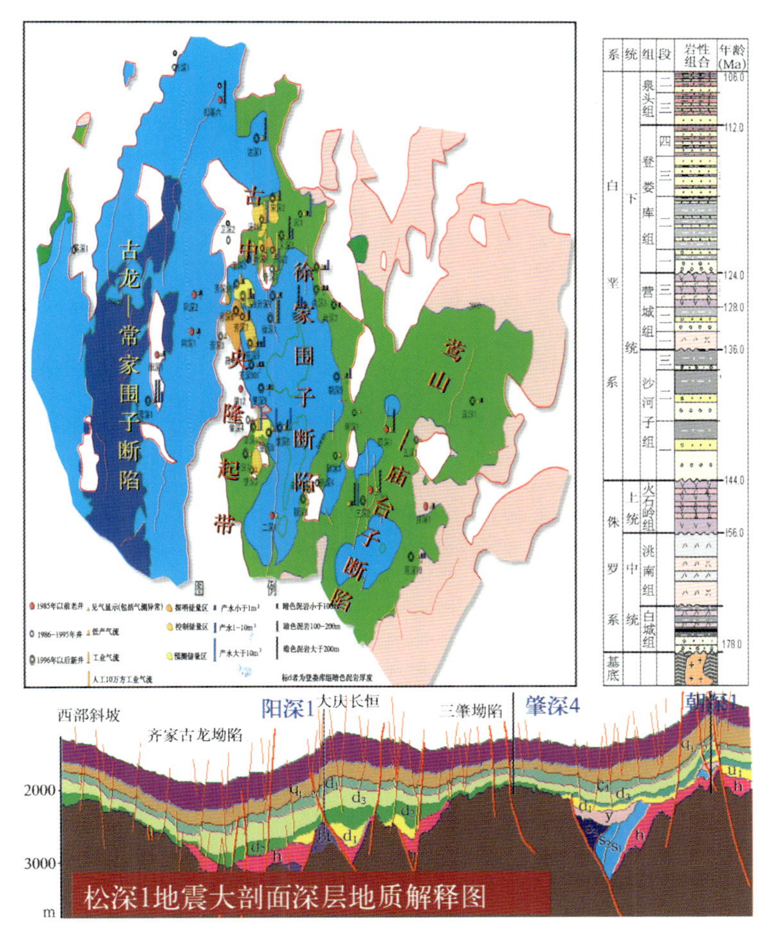


图5－1－2　兴城气藏区域构造位置图

## 四、勘探程度

截止到2003年年底，针对松辽盆地北部深层完成二维地震测线10727.35km，三维地震2478.67km²，完成深探井85口，获工业气流井24口，提交三级储量1025.92×10⁸m³。其中，2001年以来，完成深探井13口，获工业气流井5口，完成针对深层的二维地震1705.55km，三维地震勘探1314.4km²。兴城气藏所处的徐家围子断陷，是松辽盆地北部深层主

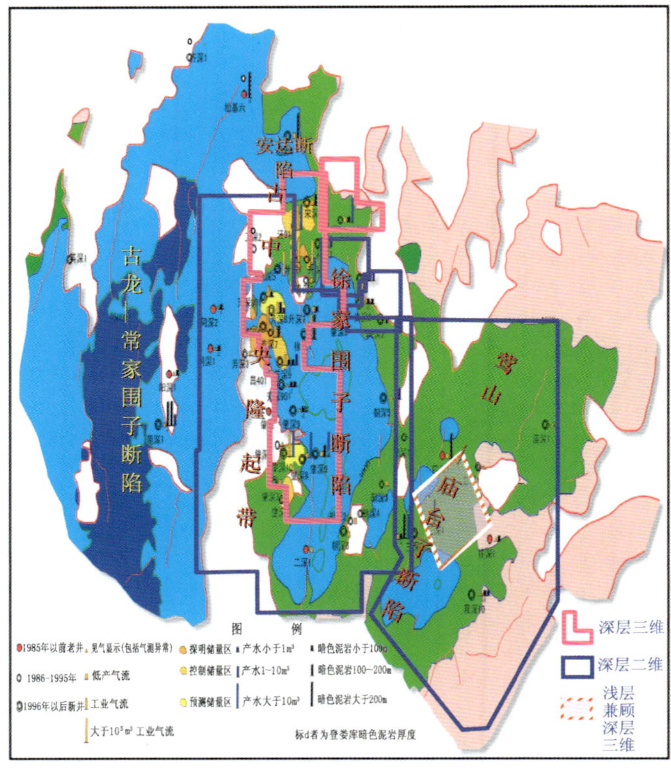


图5—1—3　松辽盆地北部深层地震勘探程度图

要生气断陷，资源量$6772 \times 10^8 m^3$，占总资源量的57.6%。因此勘探程度高，三维地震全部部署在徐家围子断陷。

兴城地区位于徐家围子断陷中央部位。在兴城气田范围内，1999年部署三维地震$67.2km^2$，2003年部署高精度三维地震$284.9km^2$，2004年继续向南在丰乐地区部署三维地震$275km^2$。截止到2004年6月，兴城构造带共完成高精度三维地震$560km^2$，探井5口，其中3口井获工业气流（图5—1—3～图5—1—5）。

## 五、以往物探资料的品质与难题

### （一）以往物探资料的品质

针对中浅层采集的地震老资料，深层反射能量弱，$T_3$反射层在单炮记录上双曲线特征不易识别，在偏移剖面上不能连续对比，$T_4$层以下分辨率、信噪比低，难以搞清断陷地层结构。

针对深层采集的二维地震资料，深层反射能量得到加强，$T_3$、$T_4$、$T_5$可以进行连续对比，基本搞清了徐家围子断陷的结构，同时发现在徐家围子断陷中部存在升平构造向凹陷延伸的隆起，但是地层结构关系不清，深层各反射界面复杂的断裂、构造特征细节不清楚。

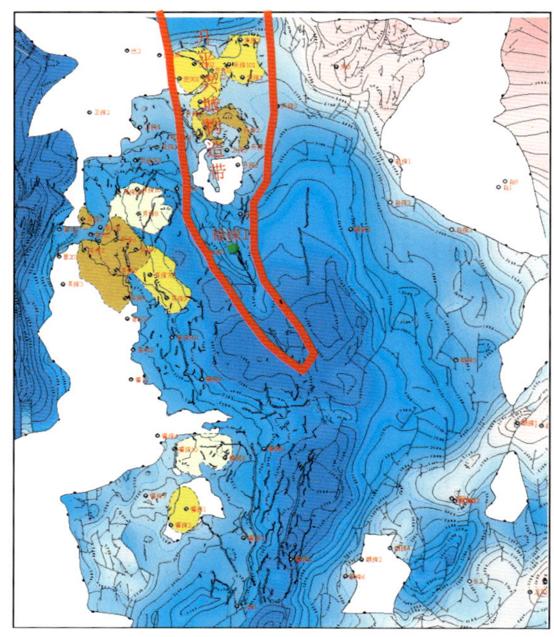

图5—1—4　徐家围子断陷天然气勘探成果图

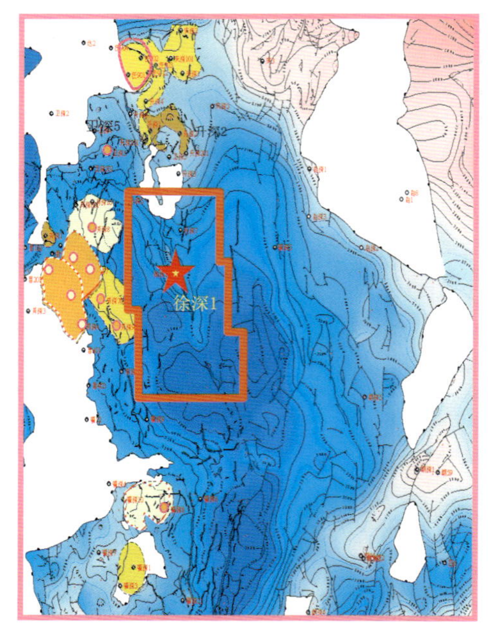


图5—1—5　兴城地区三维地震部署图

1999年在兴城北地区构造最有利部位部署三维地震，采用480道接收、30次覆盖、3000m的最大炮检距，地震资料较常规地震资料有较大的改观，兴城构造带火山岩特征比较明显。但是，由于接收道数少、排列短，深层成像质量难以保证（图5-1-6）。

（二）主要技术难题

(1)徐家围子地区深层地层倾角陡，断裂分布复杂，既有大型的基底断裂，又有正、逆断层发育，构造准确识别难度大。

(2)地层岩性种类多，厚度变化大，火山岩储层埋藏深度大，火山岩相态分布复杂，储层孔隙结构复杂，孔、洞和裂缝并存，储层准确识别难度大。

(3)地震波场复杂：由于营城组100～800m厚度火山岩广泛分布，对下传地震波产生强烈的屏蔽作用，导致反射能量弱、信噪比低、成像质量差，致使地震资料信噪比和分辨率低。

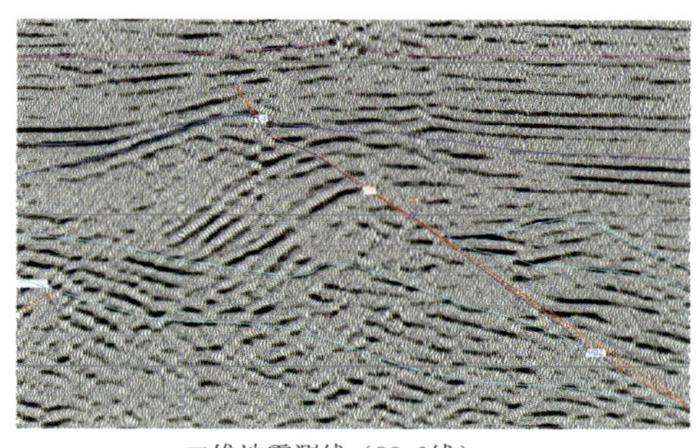

二维地震测线（82.0线）

三维地震（兴城北inline86）

图5-1-6　兴城北深层三维与二维地震资料叠偏剖面对比

## 六、主要技术措施及效果

1996年前，徐家围子断陷的天然气勘探工作重点是进行断陷评价，钻探主要集中在断陷边部的古隆起带和构造圈闭及边部地层超覆圈闭。在长垣以东地区针对深层重新进行地震连片处理工作，在此基础上进行了区域构造解释、地层层序划分以及构造特征和沉积相等方面的基础研究工作，落实了长垣以东地区“两隆两坳”的区域构造格局，揭示了深层扇三角洲—湖泊—火山岩充填和河流三角洲—湖泊充填特征，认为升平南部是有利的勘探地区。通过对深层开展研究攻关，明确了断陷内部的岩性圈闭有着更大的勘探潜力，由此将勘探工作的重点转移到断陷内部的火山岩岩性圈闭和砂砾岩地层—岩性圈闭。

1995—1998年，以搞清登一段地层超覆圈闭为主要目标，针对深层开展二维地震采集攻关，建立了以“四大一小”为特征的深层高信噪比地震资料采集技术。在徐家围子断陷—莺山断陷，部署二维地震9425km。通过进一步地震处理解释攻关，地质认识得到深化，天然气勘探取得多项突破，先后发现了昌德东侧登一段地层超覆气藏（芳深5井、芳深6井）、汪家屯登三、登四段气藏（汪9—汪12井）、升平登三、登四段气藏（升深1井）、火山岩岩性（当时认为是砂砾岩）气藏（升深2井）等。地震技术的主要贡献是提高了登娄库组—侏罗系资料品质，使得断陷结构得到明确，三级构造圈闭、地层超覆圈闭的分布得到了落实，并且有条件应用层序地层学的理论，比较清晰地刻画了徐家围子—莺山断陷内部$T_4$—$T_5$之间两个重要的不整合面——沙河子组顶面和营城组顶面。这为后来天然气勘探的突破奠定了基础。1998年针对徐家围子断陷整体部署实施了2km × 4km测网二维地震，对资料进行处理解释发现升平突起向南延伸，在断陷中部存在一个长条形的隆起构造——兴城鼻状构造（图5-1-7）。

1999—2000年在徐家围子断陷中部隆起部位实施了兴城北三维地震勘探（67.2km²），进一步证实了断陷内“凹中隆”鼻状构造的存在，认识到兴城鼻状构造是火山岩岩性发育区（图5-1-8），处于最有利的烃源岩区内。研究表明，兴城鼻状构造具备大型气藏形成的地质条件。2001年6月26日在升平构造向南延伸部分的“凹中隆”鼻状构造上钻探了徐深1井，2002年5月7日完钻。钻探结果：徐深1井钻遇了巨厚的火山岩、砾岩储层，获得了自然产能 $53.9\times10^4m^3$、无阻流量超百万立方米的高产工业气流（图5-1-9），发现了大规模的天然气藏。徐深1井的钻探成功是松辽盆地北部天然气勘探的重大突破，预示了徐家围子断陷内部天然气勘探潜力巨大。

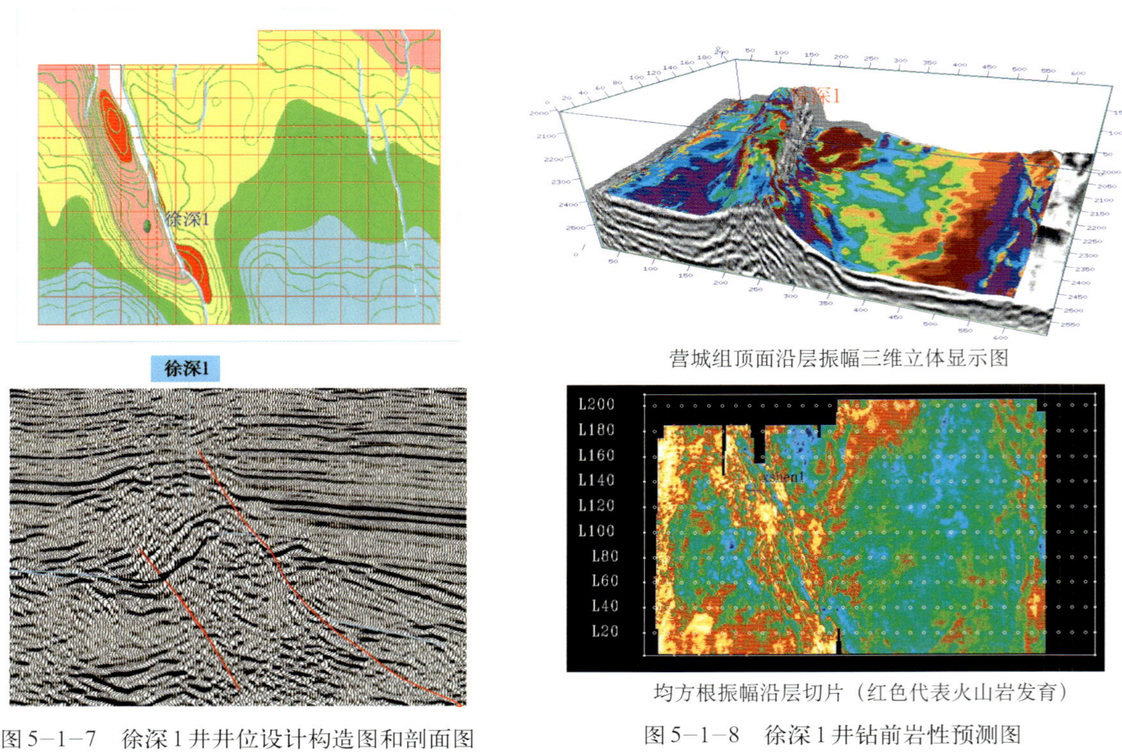


图5-1-7 徐深1井井位设计构造图和剖面图

图5-1-8 徐深1井钻前岩性预测图

2002年徐深1井钻探成功后，为了使含气区进一步向南推进，配合徐深1井区天然气预测储量任务的完成，2002—2003年冬天开展了针对深层侏罗系营城组和登娄库组的高分辨率三维地震勘探，勘探面积 $475km^2$。

## （一）深层三维地震资料采集技术

地震采集设计实现了由经验型向定量论证型的转变，采用模型正演辅助分析确定观测系统设计技术（图5-1-10、图5-1-11），确保采集方法和技术应用的科学性。

针对兴城地区表层岩性、速度横向变化快、非均质性强的特点，开展了精细表层结构调查优选激发岩性工作。

现场除了采用地震仪器分频扫描外，还充分利用现场处理和克浪软件中高效的频谱分析、时频—频时分析以及信噪比分析等技术进行质量监控（图5-1-12、图5-1-13）。

激发方面，在详细表层结构分析的基础上，下药井深从4～18.5m进行试验，试验结果表明8m时 $T_4$、$T_5$ 能量最强，最后确定6～10.5m激发效果最好，激发岩性为黄色胶泥。

通过20DX-10、HKJB-20、PS-28D、SN4-35、SN4-40等10种检波器试验对比，表明PS-28D检波器不论从单炮记录还是试验线剖面上，信噪比和分辨率均好于其它检波器。因此采用PS-28D进行施工（图5-1-14、图5-1-15）。

开展从40次、60次（间隔20次）一直到200次的覆盖次数试验。随着覆盖次数的增加，深层信噪

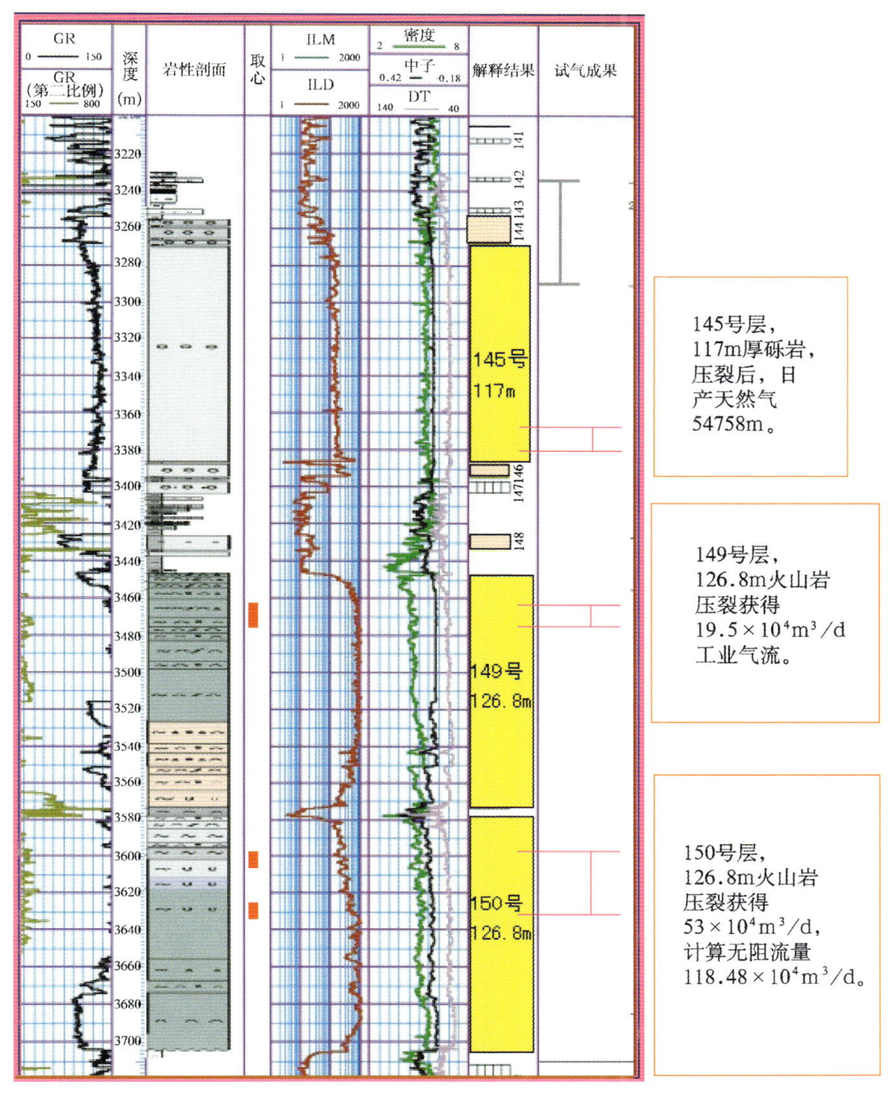


图5-1-9　徐深1井单井综合柱状图

比明显提高。当覆盖次数达到100次以上时信噪比变化不大，因此覆盖次数选择96次（16纵×6横）(图5-1-16)。

采用12L × 12S × 160R观测系统、1920道、25m × 50m面元、较宽方位角（纵横比0.37）接收，1ms采样率记录,提高记录精度。

新采集的高分辨率三维地震资料，$T_4$以下反射能量得到明显增强，最大炮检距4769.5m,为深层复杂构造、火山岩正确成像奠定了基础。

## （二）深层三维地震资料处理技术

在兴城地区三维地震资料处理过程中，主要应用了以下处理技术：

折射波静校正：对全区统一进行初至波拾取、统一计算，反演出地下低降速带的厚度和速度场，进而求出了各炮点、检波点的静校正量，解决了地形起伏产生的影响，消除了野外静校正的异常。

地表一致性振幅补偿技术：有效地补偿炮点、检波点等分量上的振幅差异，消除能量横向不一致性。

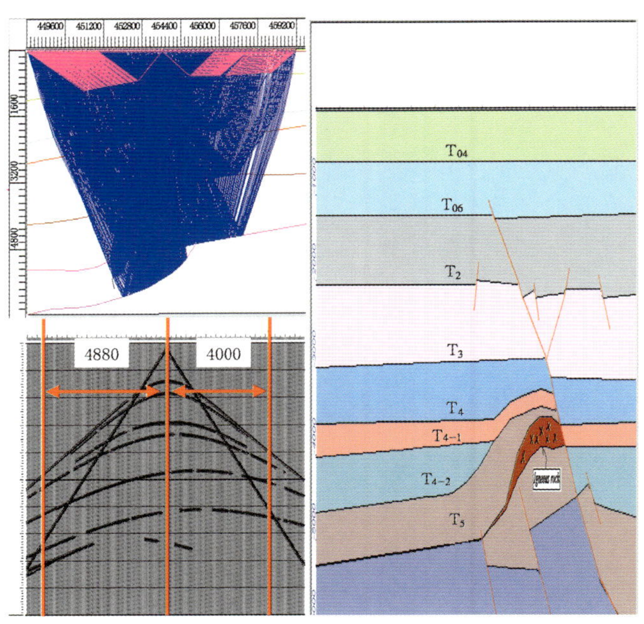


图 5-1-10　针对深层目标地震工程设计（1）

以地震正演模型技术为核心的地震工程设计技术，使观测系统、最大偏移距、面元大小、纵横向分辨率、方位角、试验内容等设计定量化、科学化，充分获取陡倾角火山岩地层信息

保持动力学特征的压噪技术：能适应复杂构造的 $f$–$x$ 域去噪方法，满足复杂勘探目标地震资料处理的需要。

叠前深度偏移技术：实现深层营城组火山岩及其下伏复杂构造的正确成像，为下一步整体解剖该构造带、精细刻画兴城气藏特征奠定了基础（图 5-1-17）。针对兴城地区深层构造复杂、火山岩发育、速度横向变化快的特点，先后开展多次深度域准确成像技术攻关。最后应用蒙特卡罗模拟退火剩余静校正技术、沿层层析速度建模技术、波场重建叠前深度目标成像、炮域波动方程叠前深度偏移技术，实现了构造和火山岩体的准确成像。

登娄库组底界（$T_4$）为区域不整合面，大规模的上超发生于古中央隆起西侧，在本区以平行不整合为主。最重要的不整合面为营城组底界面（$T_{4-1}$），地震剖面上为

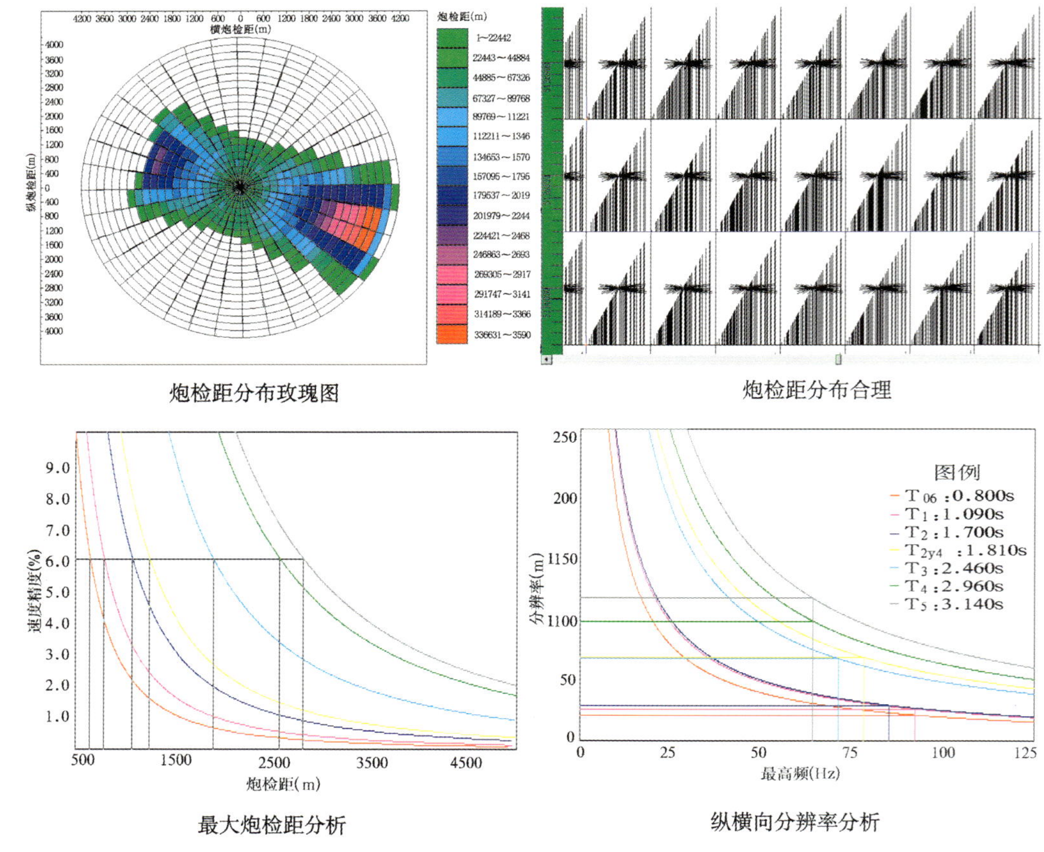


图 5-1-11　针对深层目标地震工程设计（2）

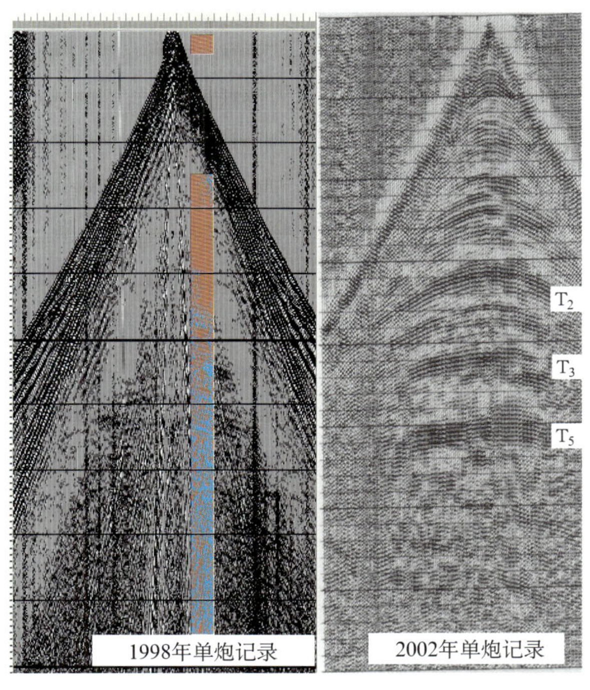


图 5-1-12　BP（40-80）Hz 频率扫描对比记录

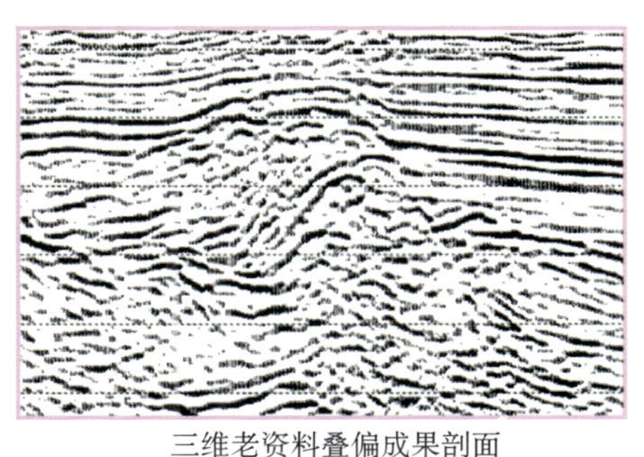
三维老资料叠偏成果剖面

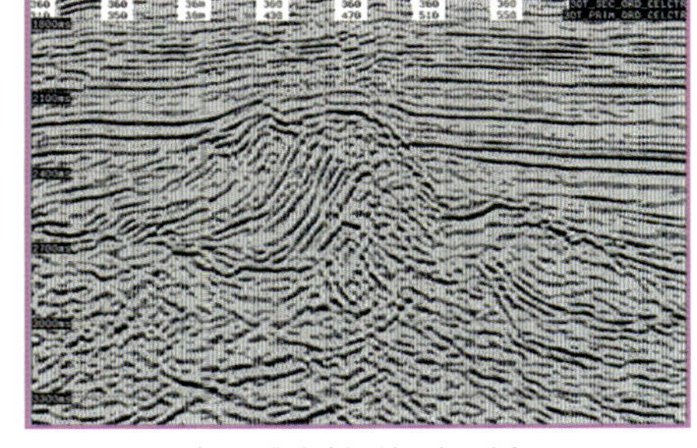
新三维资料现场处理剖面

图 5-1-13　兴城地区二次三维效果对比图

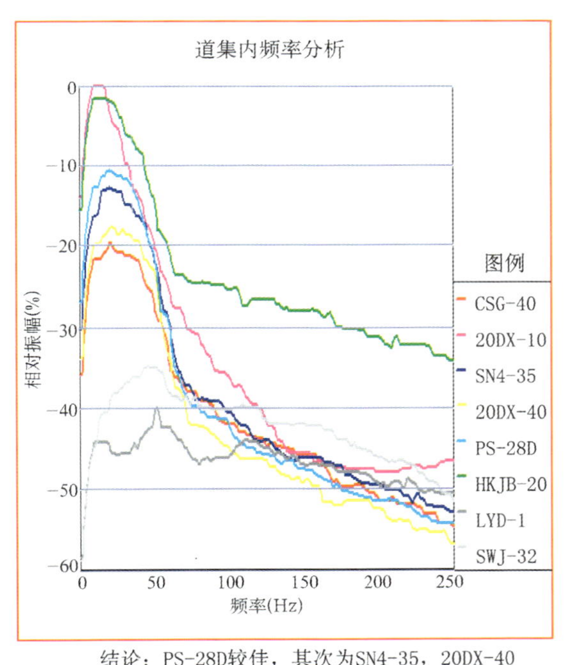


结论：PS-28D较佳，其次为SN4-35，20DX-40

图 5-1-14　各种检波器试验（$T_3/T_4$ 层）资料频谱对比图

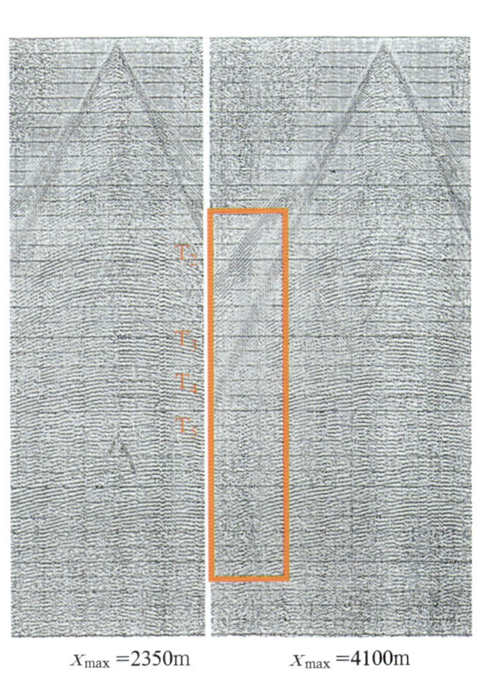

$X_{max}$ =2350m　　$X_{max}$ =4100m

图 5-1-15　大炮检距接收深层信息效果对比

一明显的削截面，界面之下沙河子组和火石岭组地层褶皱、倾斜，遭受严重剥蚀，界面之上地层相对平缓，标志着盆地演化历史的重要变化。营一段顶面（$T_{4c}$）为重要的上超面，并在构造高部位被削截，也是重要的不整合面，起因于构造的幕式运动，为超层序界面。

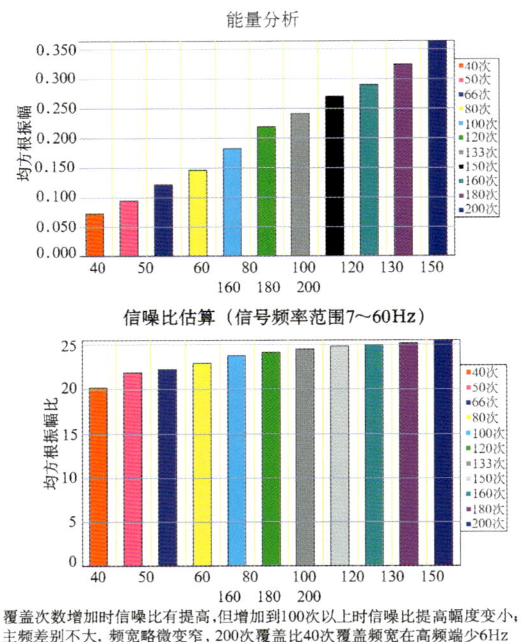


图5－1－16　不同覆盖次数定量分析直方图

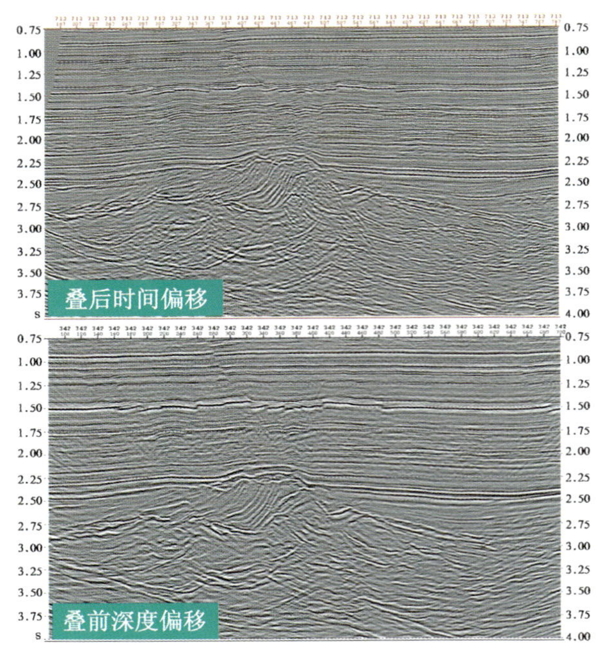


图5－1－17　新三维地震资料叠前深度偏移与叠后时间偏移效果对比

## （三）兴城地区深层块状火山岩储层预测技术

火山岩储层勘探已经成为松辽盆地北部深层天然气勘探的热点。然而，火山岩储层识别预测是世界性难题。2003年，为了落实徐深1井区天然气储量规模，寻找新的钻探目标，在全三维精细构造解释的基础上（图5－1－18），开展了火山岩储层预测攻关，取得了突破。

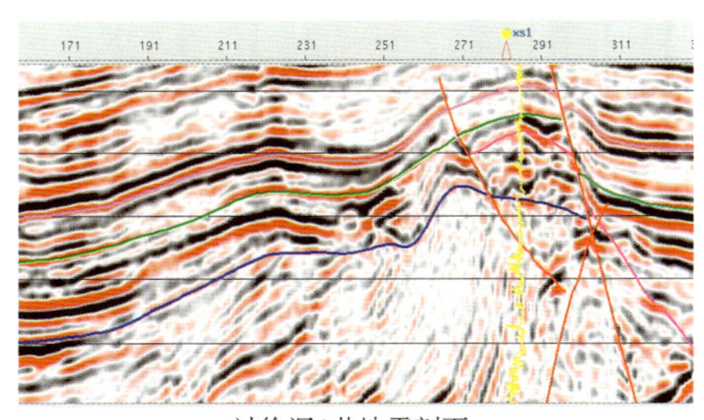


xs2

过徐深2井地震剖面

图5－1－18　新采集三维地震资料火山岩反射特征清晰

### 1．用频谱成像技术预测营一段火山岩空间分布

频谱成像技术基本原理是：当薄层厚度达到四分之一波长的调谐厚度时，反射振幅达到最大值，随着薄层厚度的增加，反射振幅逐渐减小。频谱分析技术把地震数据变换到时间—频率域，振幅谱描绘时间地层厚度变化，而相位谱则显示了地质体的横向不连续性。由于时间域的最大反射振幅值，对应着频率域的最大振幅能量值，由薄层调谐引起的振幅谱的干涉特征取决于薄层的声学特征及其厚度。因此，通过分频处理技术得到各频率下的地震能量属性和相位属性，进而更精细地研究储层。

由于兴城地区目的层储层多为单一岩类厚度很大的火山岩，成层性相对较差，所以薄层调谐能量小，频谱成像最大能量数据显示出能量相对较低，而砂泥岩互层为主的沉积岩频谱成像最大能量相对较高，据此分辨出火山岩和沉积岩，在平面上划分各岩类发育区（图5－1－19、图5－1－20）。

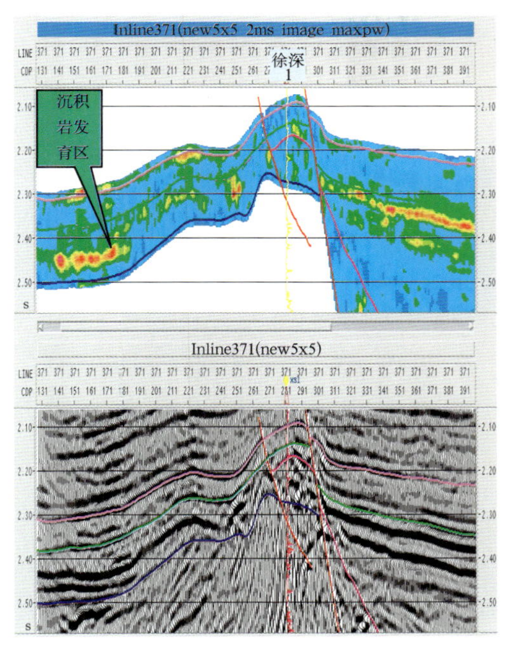


图 5–1–19　过徐深 1 井频谱成像剖面和地震剖面

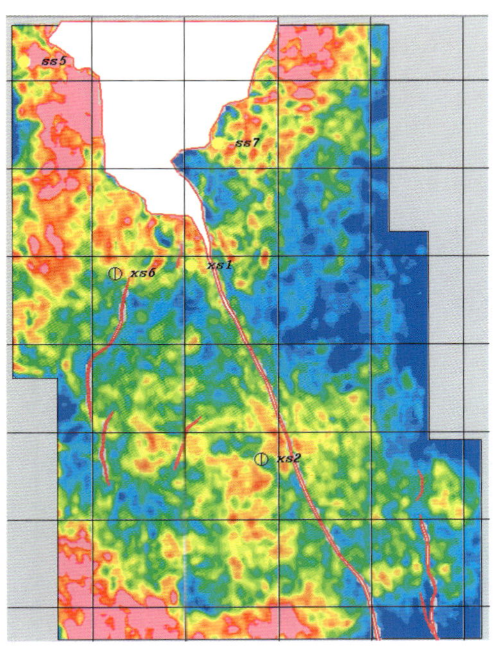


图 5–1–20　营一段频谱成像最大能量图

**2．用宽带约束波阻抗反演方法预测营一段火山岩储层分布**

采用信息融合技术把地质、测井、地震等多元地学信息统一到同一模型上，实现各类信息在模型空间的有机融合，来提高反演的信息使用量、信息匹配精度和反演结果的可信度。在建模时考虑了多种沉积模式（超覆、退覆、剥蚀和尖灭等）的约束，使用分形和波形相似内插方法建造出复杂储层的地质模型，该模型完全保留储层构造、沉积和地层学特征（通过地震波形变化）在横向上的变化特征。

采用宽带约束波阻抗反演，对初始地质模型进行反复的迭代修正，得到波阻抗反演结果（图 5–1–21）。地震反演结果符合地下的构造、沉积和地层特点。

**3．在预测的储层体范围内，利用衰减梯度变化预测火山岩有利储层厚度**

地震属性理论研究表明，与致密的地质体相比，当地质体中含流体如水、油或气时，会引起地震波的散射和地震能量的衰减。而且实验室研究表明，当储层中含流体饱和度大于 30% 时，含气和含油造成衰减差异很小，而二者与含水差异很大。徐深 1 井区储层中地震波衰减主要是由含气造成的。当火山岩储层孔隙比较发育、含有气体充填时，其地震波衰减梯度就要增大。

在已经预测出的储集体范围内，检测出衰减梯度的变化，使用最优属性值累积时间厚度，然后利用波阻抗反演输出的速度体计算火山岩有利储层厚度分布（图 5–1–22）。

## 七、主要地质成果与评价

（1）利用针对深层采集的二维地震资料，发现徐家围子断陷中心部位存在“凹中隆”，升平鼻状构造向断陷中心的延伸，处于聚集天然气最有利的部位。

（2）兴城北深层三维地震的实施，落实了兴城构造带的形态，并刻画出火山岩及有利储层的发育部位，在此基础上部署徐深 1 井获得重大突破。营城组解释气层 3 层 371.2m；差气层 3 层 29.2m，其中在营城组 150 号层中部 12m 井段压裂，用 14.29mm 油嘴测试，获气 $53 \times 10^4 m^3/d$，计算无阻流量 $118 \times 10^4 m^3$。深层天然气勘探取得重大突破。

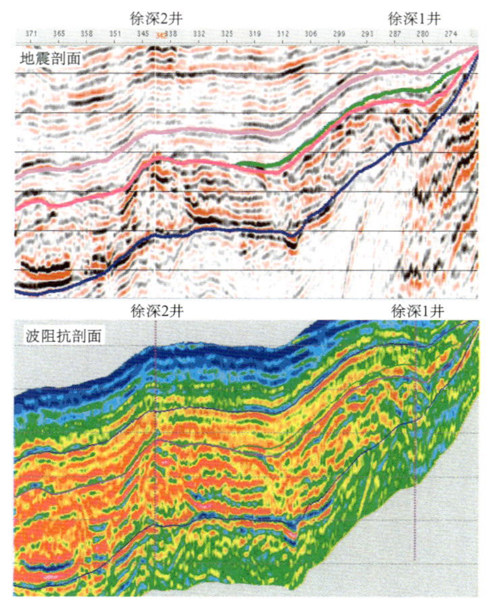


图5-1-21　过徐深1井、徐深2井波阻抗剖面和地震剖面

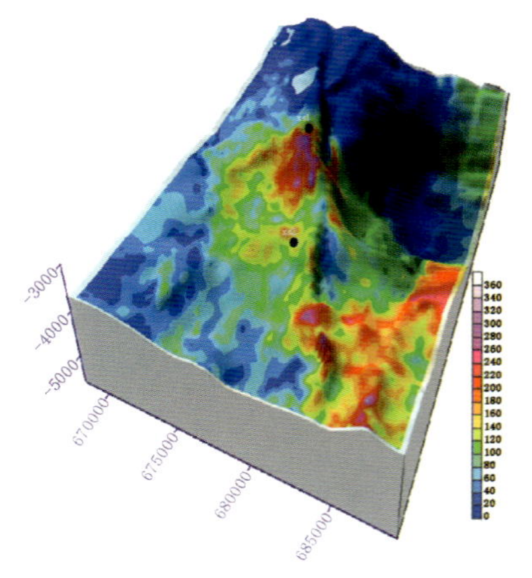

图5-1-22　营一段顶面构造与火山岩有利储层厚度叠合图

(3) 高精度三维完成后取得如下认识：兴城地区三维地震综合解释表明，徐家围子断陷营一段火山岩分布广泛，厚度变化大，工区内有8个局部火山口，它们控制着本区火山岩气藏的分布。营一段中以近火山口的喷发相态为主的火山岩为有利储层，溢流相态火山岩储层物性变差。储层预测结果表明，埋藏深度对储层发育影响大，埋藏浅地区储层发育，厚度大；储层发育情况与火山岩厚度分布无直接关系。断裂附近孔隙度值相对较大，储层比较发育，从而说明该区裂缝发育情况对储层物性产生很大影响。兴城气田气源充足，但构造低、溢流相态为主的部位含气很差，说明本区气藏类型为构造—岩性气藏。

(4) 应用预测结果，向徐深1井南部甩开部署、钻探了徐深2井，获得成功。预测结果表明，火山岩分布受宋西断裂控制，徐深1井和徐深2井分别位于两个不同的火山岩结构，均临近火山口，其中徐深2井营一段火山岩厚度比徐深1井厚，但是有利储层的厚度比徐深1井薄。钻前预测，徐深2井火山岩厚度489m，有利储层厚度133m；钻探结果初步解释，该井火山岩厚度500m，含气层录井显示76m，测井解释207m(图5-1-23、图5-1-24)。向徐深1井西部甩开部署钻探了徐深6井，也获得成功。钻前地震预测，徐深6井火山岩厚度285m，有效厚度104m；实际钻探结果是，该井火山岩厚度280.2m，有效厚度102m。

(5) 利用预测结果，在徐深1井区提交兴城气田营城组气藏天然气预测地质储量352.12 × $10^8m^3$。整个区带预测地质储量具有1000 × $10^8m^3$规模。

兴城火山岩气藏的发现，是地震勘探技术不断进步的结果。松辽盆地北部深层广泛发育的火山岩已经成为中国东部天然气勘探的最重要领域，针对深层断陷地层成岩作用强、火山岩发育、构造复杂、储层横向变化快的特点，大庆油田通过近两年攻关形成了深层三维地震资料采集技术、三维地震叠前深度偏移技术和火山岩储层预测技术等配套技术系列，在兴城大型火山岩气田发现中发挥了关键作用，同时为加快深层1000 × $10^8m^3$大气田的落实与评价奠定了技术基础。也为深层天然气勘探战略展开、战略突破奠定了基础。

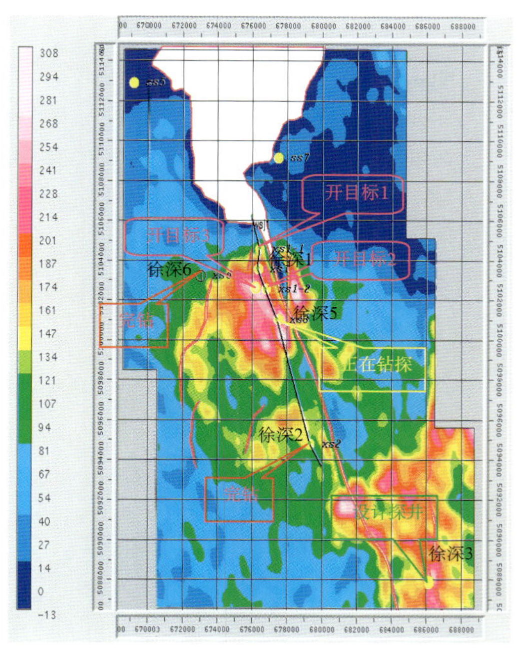


图5-1-23　火山岩有利储层分布图与井位部署

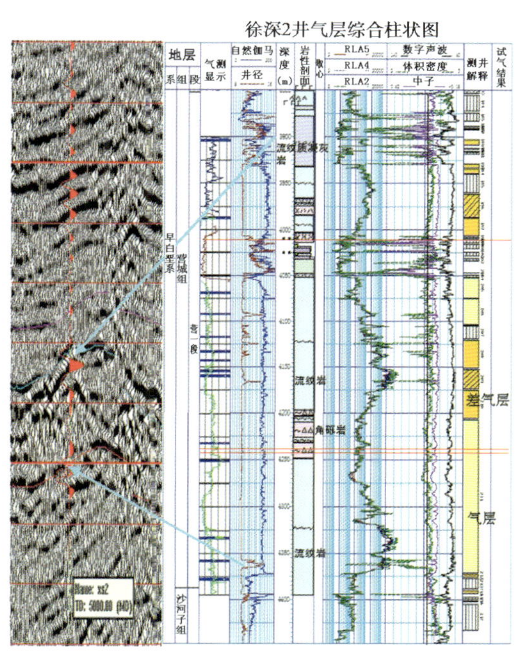


图5-1-24　徐深2井钻探结果与预测结果符合

# 第二节　大民屯凹陷低潜山全三维综合地震勘探

针对大民屯凹陷低潜山复杂目标，在地震精细采集、处理和全三维构造精细解释的基础上，通过三维可视化、地震多属性、测井特征反演等多项技术的有机结合，较成功地开展了潜山岩性分区和裂缝发育带的预测研究，以此为指导，新发现了沈625、沈628、沈257等低潜山。

## 一、地理位置

大民屯凹陷位于辽宁省沈阳市以西约15km处，处于沈阳市与新民市之间，京沈铁路和京沈高速公路横跨凹陷北部地区（图5-2-1）。前进、安福屯、东胜堡等低潜山勘探目标地理上处于新民市大民屯镇和兴隆堡镇之间。

## 二、区域地质概况

大民屯凹陷是渤海湾盆地辽河断陷北端的次级构造单元，是东、西、南三面被断层所围限、呈北东向展布的箕状凹陷。该凹陷是在太古界混合花岗岩、中上元古界灰岩基底之上发育的中新生代陆相小凹陷，下第三系分布面积800km$^2$，最大沉积厚度7000m。区内分布有边台—法哈牛构造带、静安堡断裂构造带、前进断裂半背斜构造带、网户屯斜坡带、荣胜堡洼陷、三台子洼陷和新民陡坡带等7个主要的构造单元。低潜山勘探目标区处于凹陷西部静安堡断裂构造带以西，前进断裂半背斜构造带以北，基底埋深大于3300m，面积约200km$^2$（图5-2-2）。

图5-2-1　工区地理位置图

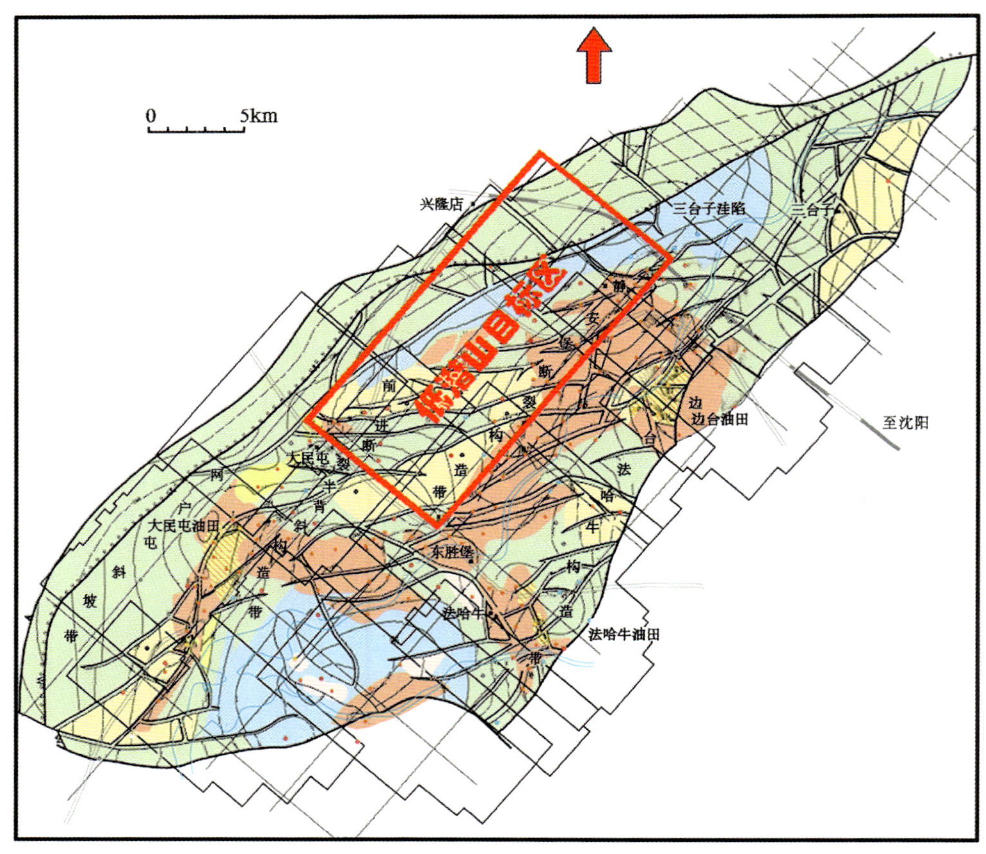


图5-2-2　工区地质位置图

## 三、地表及人文环境

工区人烟稠密，大型乡镇较多，如大民屯、老边、兴隆堡、东胜堡、法哈牛等，各乡镇主要以农、渔业为主。其中：农业上70%地表为水田；高花—东狼—沙河泡一带连片分布草莓、葡萄等水果种植大棚，分布密度大，范围广。该区渔业发达，养殖范围较大，虾池、鱼池分布较多。另外，高花乡以北有一个流沙条带（图5–2–3）。

图5–2–3　大民屯地区地表环境

上述地表条件给该区地震资料采集、油井钻探带来很大困难。尤其是地震采集中打井和大小线放置困难，检波器插放图形、物理点位置受到限制，加上土地协调难，各种施工难度都很大。

## 四、勘探程度

大民屯凹陷是下辽河坳陷中一个“小而肥”的凹陷，也是全国最大的“高凝油”生产基地。该凹陷发育有沙三、沙四两套烃源岩，经第三次资源评价，其石油地质资源量为4.34 × $10^8$t。

该凹陷历经30多年的勘探开发，目前已完成二维地震勘探7112.2km，三维地震勘探累计1265.4 $km^2$，完钻各类探井340余口，探井密度达0.43口/$km^2$，发现了太古界变质岩、中上元古界灰岩及下第三系沙四、沙三、沙一碎屑岩等5套含油气层系，累计探明石油地质储量3.01 × $10^8$t，探明天然气储量223.77 × $10^8m^3$，资源探明程度已达69.4%。其中潜山共完钻探井140口，探明石油地质储量1.18 × $10^8$t，含油面积79.2$km^2$，占总探明储量的39.2%。上述表明大民屯已是一个高成熟度探区，油气储量规模相对较大的中央背斜构造带、翘倾断块带等容易发现油气的构造和圈闭已基本被钻探，今后的勘探对象和勘探领域越来越复杂，勘探难度较大。但待探明的剩余资源量有1.38 × $10^8$t，仍相当可观，尤其是潜山仍然具有一定的勘探潜力，有待重新评价。

## 五、以往物探资料品质与难题

大民屯凹陷三维地震资料大小共14块，由于施工年度、采集方法、工程质量和处理系统均不相同，各块地震资料横向差异较大，表现为多次波干扰严重，信噪比和分辨率普遍较低，在2～2.5s之间主频仅为16Hz左右，有效频宽40～60Hz，受处理技术限制，资料很难满足低潜山的勘探需求（图5–2–4）。加之地质条件极为复杂和以往地震技术的限制，低潜山勘探相当困难。主要表现在以下几个方面：

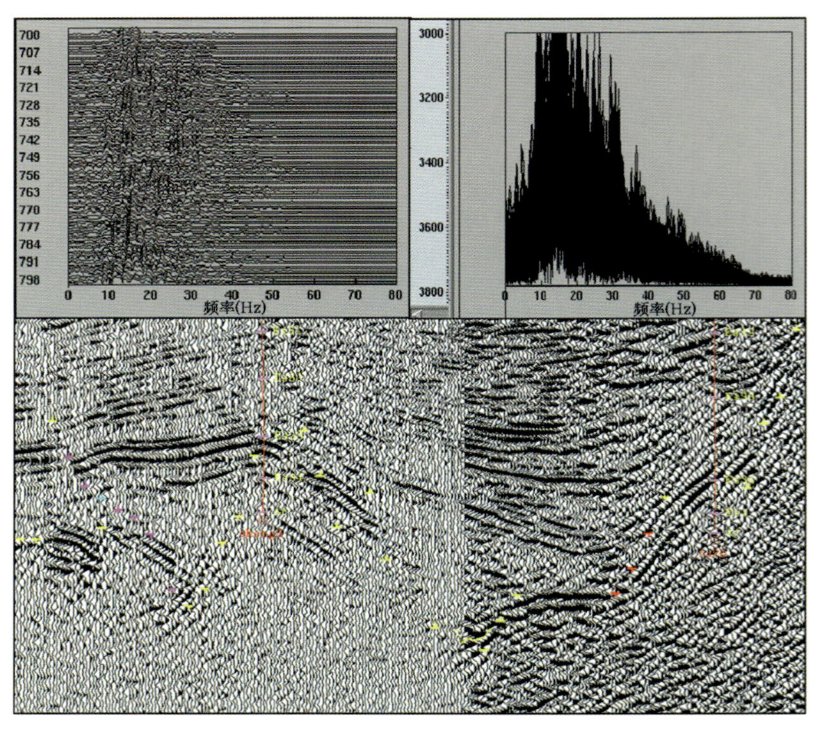


图5–2–4 原地震剖面（Inline 1081）

（1）大民屯凹陷东、西两侧为超高角度的陡坡带（>60°），地层横向变化快；同时多阶逆断层发育，构造破碎。因此地震资料处理中地质模型和速度模型很难建立，偏移归位效果差，造成下第三系与基底接触关系、基底构造形态、断层断点不清楚，构造很难落实。

（2）潜山上覆地层及岩性横向变化大。中部安福屯—静安堡构造带西侧发育低速油页岩（厚20～400m），地震采集时对下部地层具有强烈的低速屏蔽；南侧前进地区局部发育Ef火山岩（厚0～300m），北侧三台子地区发育巨厚的Mz角砾岩，Ef和Mz地层对下部地层具强烈的高速屏蔽。上述诸多因素造成潜山上覆地层没有统一的地震反射特征，潜山顶界和内幕反射不清，给潜山构造和储层研究带来相当大的困难。

（3）影响潜山勘探的关键因素是潜山储层预测难：一是潜山岩性横向变化和岩性纵向组合变化，二是裂缝发育带的空间变化。本区潜山含油主体是元古界白云质灰岩、石英岩和太古界变质岩。元古界白云质灰岩储集空间主要为溶蚀孔、洞，石英岩及太古界刚性混合花岗岩以构造裂缝为主。而太古界潜山岩性组合横向上变化较大，很多地区以片麻岩为主，不利于构造裂缝的形成。然而，潜山的岩性分区和裂缝发育带预测研究是一项世界性的技术难题。

## 六、主要技术措施及效果

根据大民屯低潜山勘探中的地质和技术难题，2000年以来有针对性地加强了技术攻关。

### （一）精细三维采集技术

最佳岩性激发技术：通过调查当地水井、单井和双井微测井及指导井等方法，进行潜水面和虚反射界面调查，掌握工区最佳激发岩性分布规律，应用经验公式［$h=h-h_1+\triangle h-(h_2-h_1)/(x_2-x_1)$］，进行逐点井深设计，实现了追踪最佳岩性激发。

观测系统优化设计技术：针对目标区两侧为高陡构造、中间凹陷地层埋藏深等特点，设计了科学、实用的观测系统，精细采集资料品质较以往有了大幅度提高。

### （二）地震资料处理技术

针对前进、安福屯潜山等重点目标断裂复杂、构造破碎、多次波发育及中、深层资料信噪比低的特点，进行了叠前时间偏移处理，其中应用了减去法去除面波、多域组合法压制多次波等提高深层信噪比技术（图5–2–5）；同时针对10余块地震资料各自特点，编制了时移、滤波、均衡、增益、去噪、谱白化等一系列叠后处理作业，对全区三维资料进行了统一拼接，获得的新资料反射波连续，信噪比和分辨率也有了明显的改善（图5–2–6）。

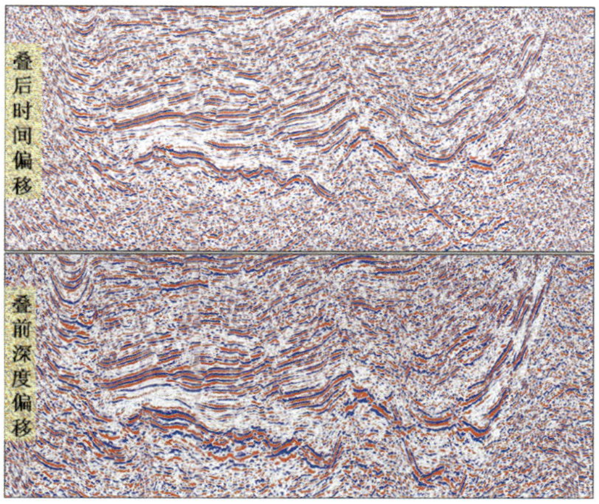

图5–2–5　大民屯地区新、老剖面对比图

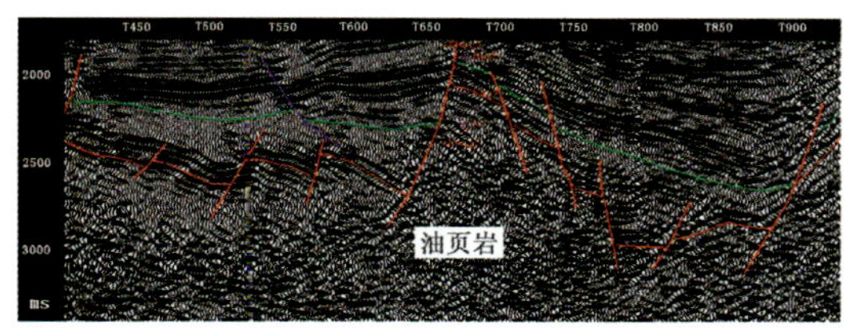


图5–2–6　叠后处理地震剖面（Inline 1081）

### （三）基础速度研究与潜山标定技术

在合成地震记录制作和层位标定中，以地震、地质、测井资料重建和求取最佳地震子波为基础，通过合成道反射系数贡献分析和去砂实验技术，准确标定不同区块、不同岩性和不同反射特征的潜山顶界及内幕层序，为构造层位解释和空间速度场的建立奠定了基础（图5–2–7）。

### （四）全三维构造精细解释技术

结合以往的成果和认识，充分运用地震相干体技术（图5–2–8）和三维可视化技术（图5–2–9），进行全三维构造、断裂可视化分析和精细解释，尤其是加强了小断层和微幅构造的准确落实。在此基础上建立三维空间速度场（图5–2–10）和构造模型（图5–2–11），并进行三维连片成图（图5–2–12），落实了大民屯潜山的断裂和构造特征，发现了沈625、沈257、沈259等12个低潜山有利构造，总面积约55km$^2$。

### （五）潜山裂缝发育带全三维预测技术

#### 1. 利用地震信息进行裂缝预测

大民屯潜山裂缝属于构造裂缝，主要受应力作用和断层发育的影响，因此断层发育的部位，裂缝一般较为发育；反过来裂缝发育的地方必然对地震反射产生几何效应，因此，利用地震资料的多属性处理与分析来宏观预测裂缝发育区是可行的。

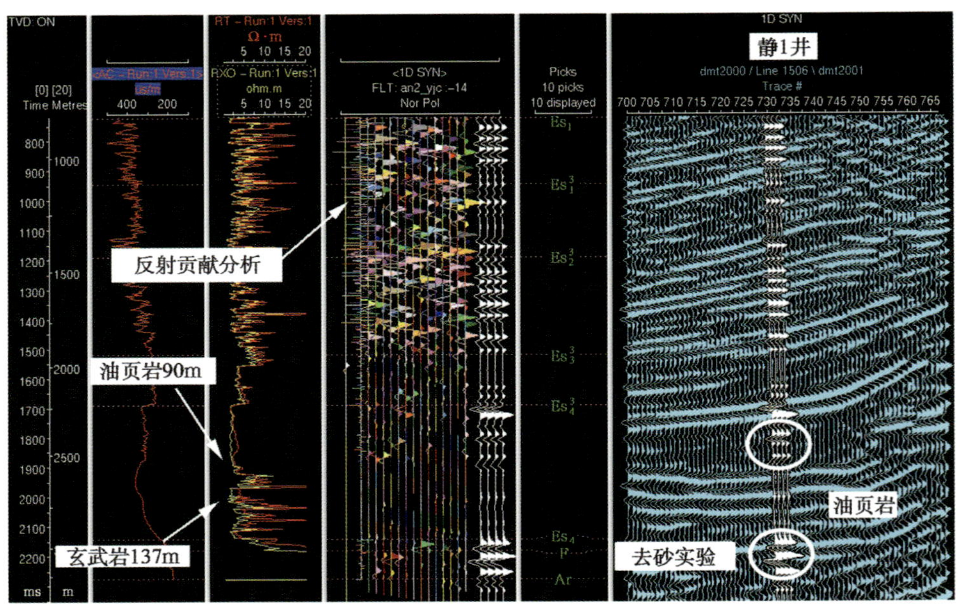


图5-2-7 静1井潜山标定成果图

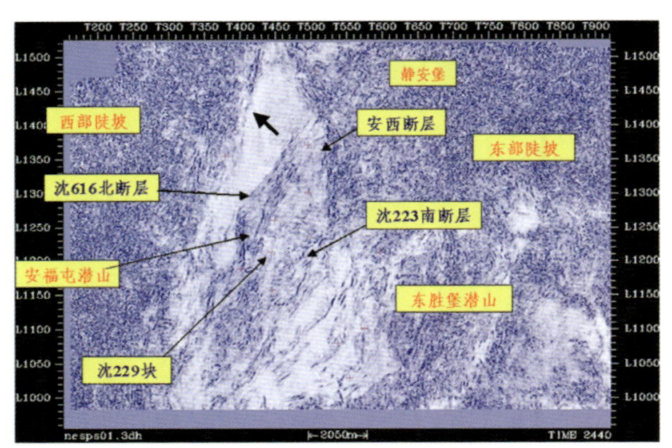


图5-2-8 2440ms地震相干体切片

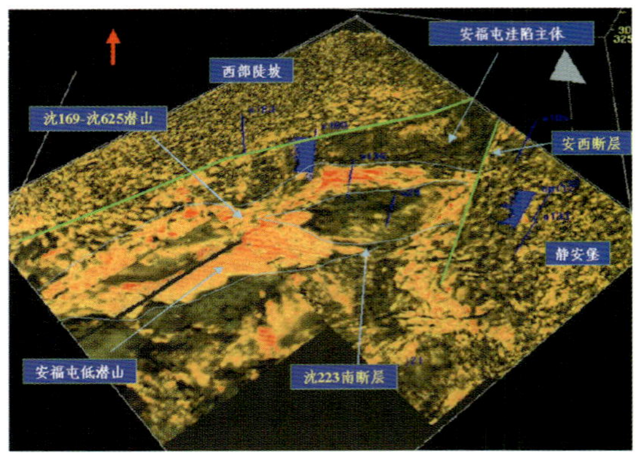


图5-2-9 2380～2440ms断层可视化

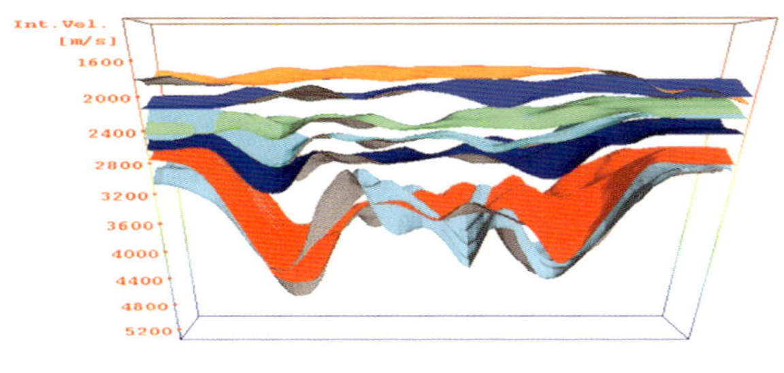

图5-2-10 大民屯凹陷三维速度场

弱振幅、低频率、杂乱相位、地层倾角变化大、地震相干性差、较高的地震吸收系数等都应该是本区潜山断层和裂缝发育的地震反射特征。因此通过三维可视化技术开展沿层振幅可视化分析，通过地震相干体处理技术分别开展沿层的瞬时振幅、瞬时频率、瞬时相位相干体处理与分析，通过地震吸收系数处理分析等开展潜山裂缝的宏观预测，在东胜堡西侧低潜山（沈628井区）见到不同程度的效果。

## 2. 构造应力法

从裂缝地质成因机制出发，把岩心观察、露头资料、成像测井解释成果作为约束条件，对构造演化进行正演和反演，把现应力场、岩石特性、孔隙流体压力等参数有机结合，进行裂缝空间分布宏观预测和裂缝有效性分析（图5–2–13）。

**3. 多属性测井反演法**

测井综合对比表明，深、浅侧向电阻率的正差异对本区潜山的裂缝和含油性具有明显响应（图5–2–14）。在此储层特征测井曲线重构基础上，开展深、浅侧向电阻率曲线测井反演（图5–2–15），结合三维可视化技术，实现对潜山裂缝发育区带的三维宏观预测（图5–2–16），有效地指导了钻探部署工作（沈625—沈229井区），并获得成功。

## （六）潜山岩性分区全三维预测技术

本区伽马曲线对元古界白云质灰岩、石英岩和太古界各类变质岩的岩性具有明显的响应，其中：元古界伽马值（10～30API）小于太古界伽马值（60～

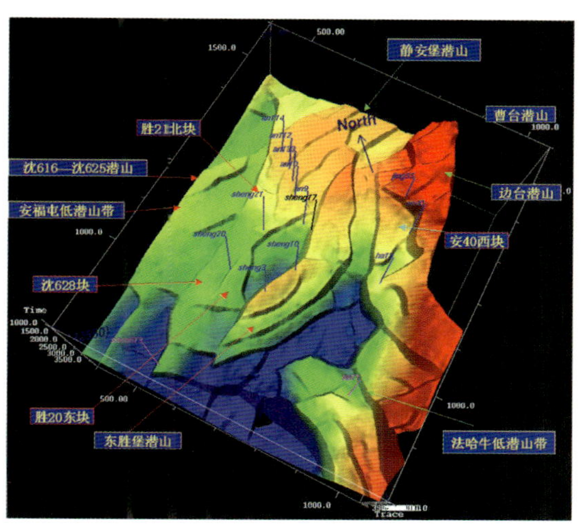


图5–2–11　大民屯潜山构造三维可视化成果图

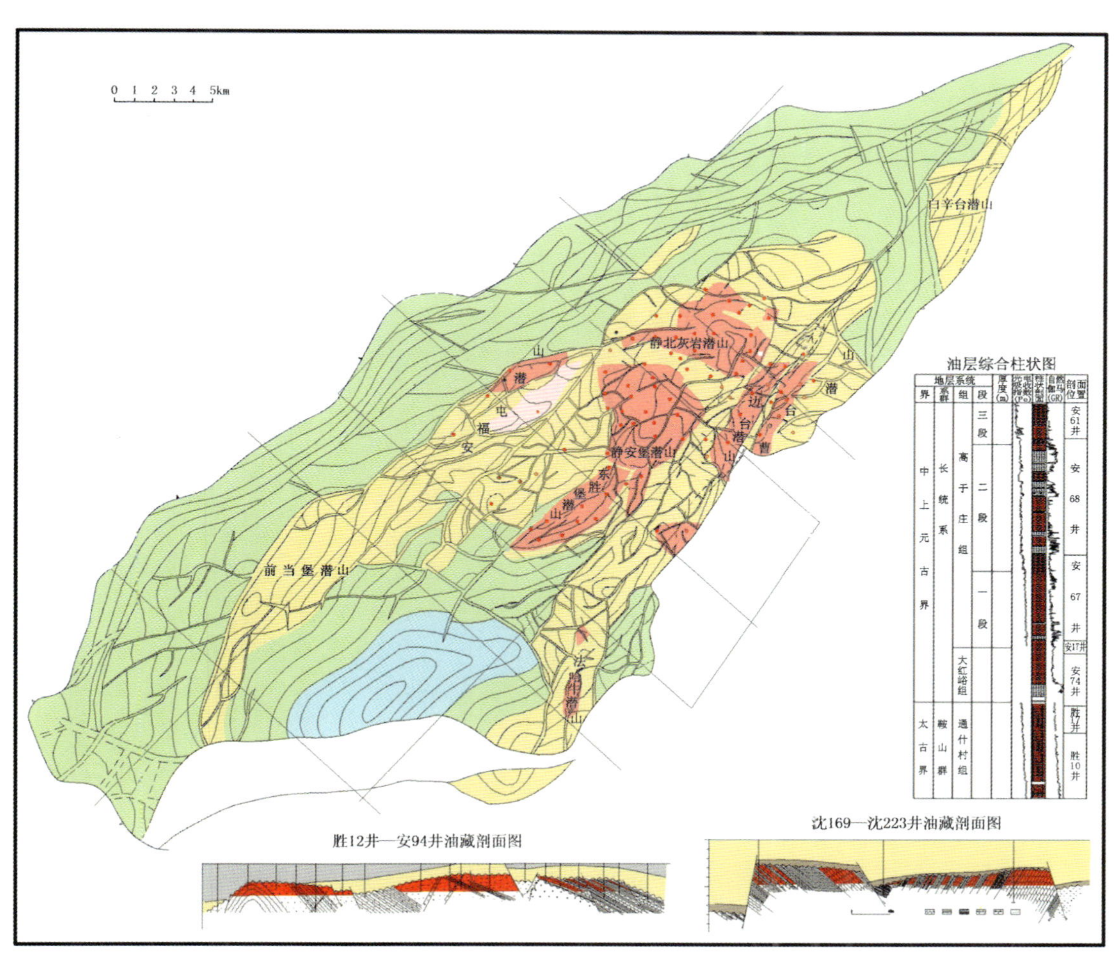


图5–2–12　大民屯凹陷潜山顶界构造图

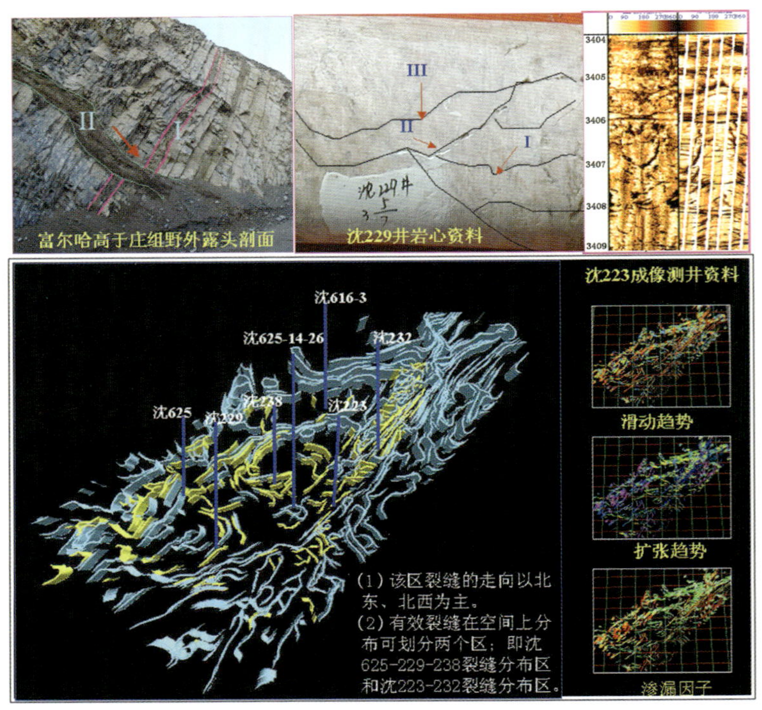


图5-2-13 构造应力法潜山裂缝综合预测成果图

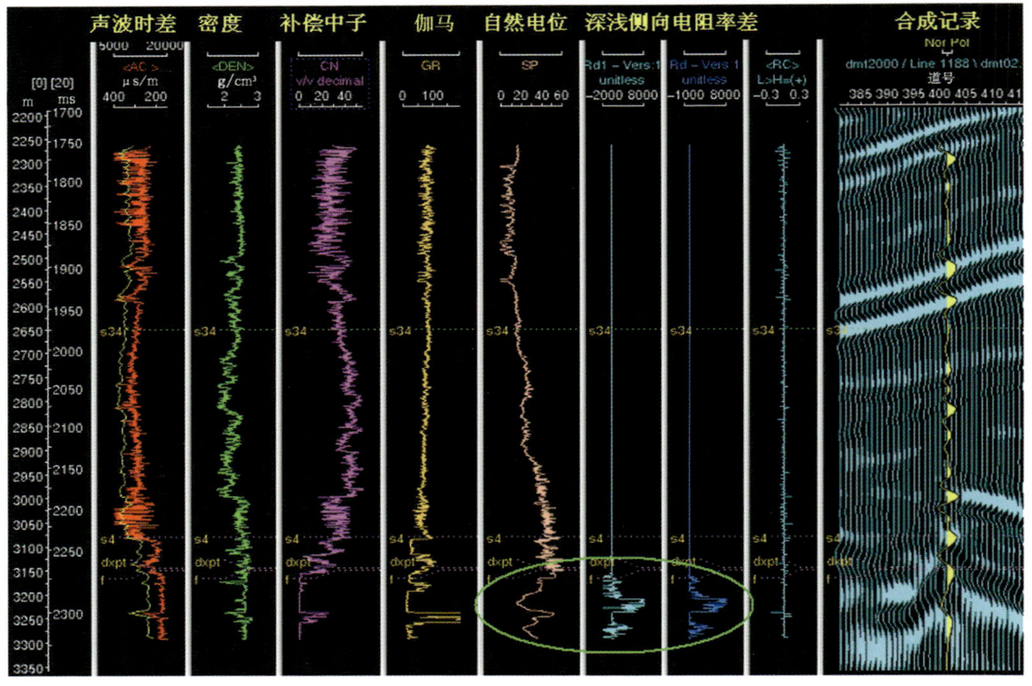


图5-2-14 沈625井测井曲线综合对比图

220API），该特征为岩性横向预测提供了依据。因此在潜山储集性评价和潜山内幕研究的基础上，开展伽马曲线的多属性测井反演，结合三维可视化技术，实现对潜山岩性分区的三维宏观预测。

图5－2－17中绿色区域为相对的低伽马值，表明元古界地层的分布明显受沈616断层和沈223断层的控制，除静安堡为已知区外，主要分布于沈625—沈229块。另外沈625井西南方向、沈119井以北西侧边界狭长的断槽内，伽马异常特征和静北潜山及安福屯潜山相同，预示着该区元古界地层残留的可能性很大。以此为指导，2003年部署钻探的沈257井、沈262井钻遇160～400m厚元古界地层，并获得152m³/d的高产油流，充分证实了该预测结果的可靠性，同时也向西拓展了安福屯元古界潜山的勘探面积和储量规模。

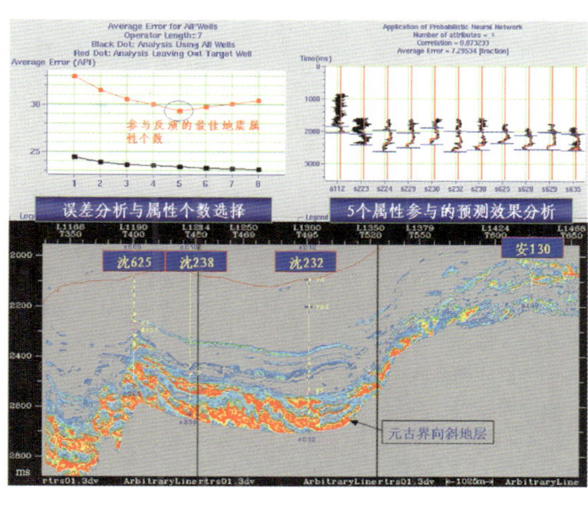


图5－2－15　沈625—安130井连井线$R_t$－$R_s$反演剖面

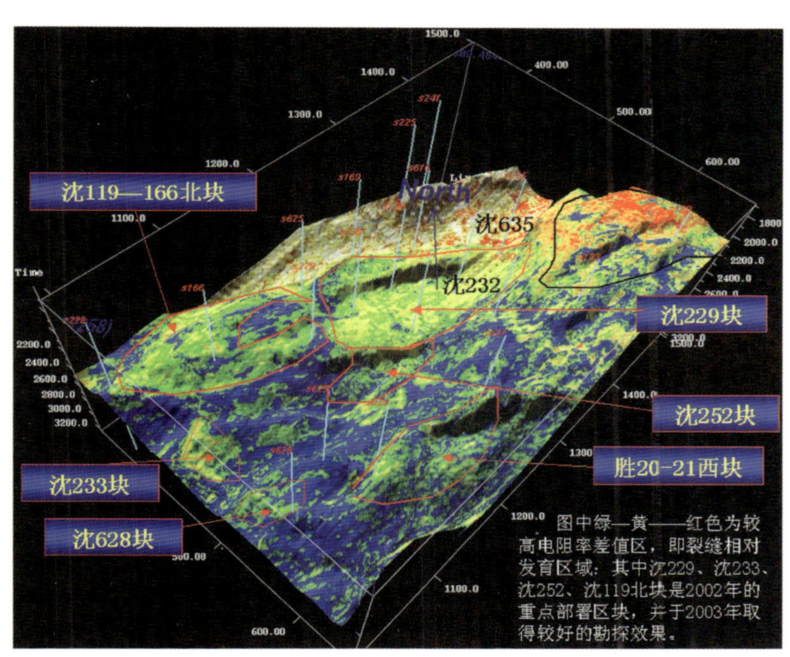


图5－2－16　$R_t$－$R_s$反演潜山裂缝发育区三维成果图

## 七、主要地质成果与评价

2000年以来，由于大民屯勘探思路发生转变，在整体解剖凹陷、分层系进行资源和储层评价的基础上，锁定了低潜山勘探目标。由于地震新技术的快速发展和成功应用，部署的沈625、沈628、沈229等20口探井连续获得成功和新的发现，其中沈625、沈229、沈628、沈262四口井获100t/d以上高产工业油流，沈625井目前已累产原油超过$6\times10^4$t。在沈625、沈229、沈628、沈233等低潜山累计上报探明石油地质储量$1551\times10^4$t，使大民屯这个勘探老区重新焕发了青春。

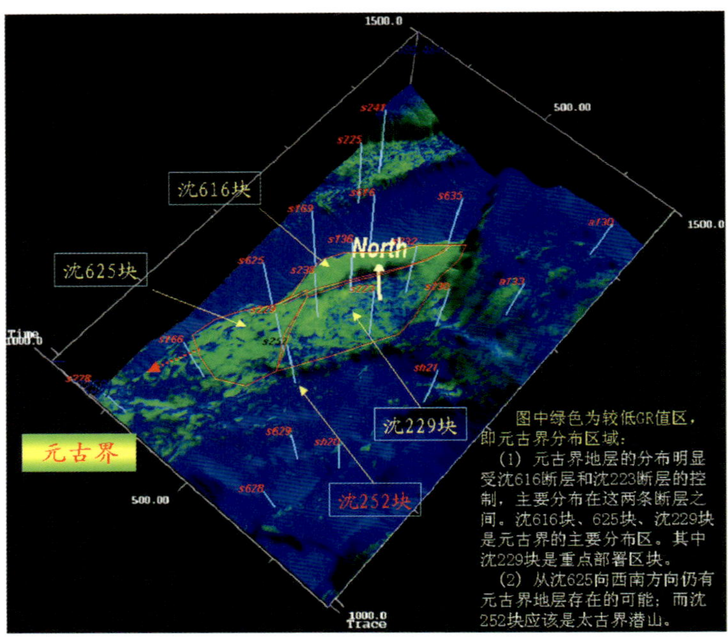


图5–2–17 GR反演预测潜山岩性分区三维成果图

大民屯低潜山勘探取得成功，全三维构造精细解释、潜山裂缝发育带和岩性分区全三维预测等地震新技术起到了不可替代的作用。

# 第三节 吐哈盆地台北凹陷前侏罗系深层地震攻关

随着吐哈盆地勘探程度的提高，侏罗系油气勘探难度越来越大，深层二叠系、三叠系已成为吐哈盆地层系接替的重要领域。自1994年下半年起，吐哈盆地油气勘探开始向前侏罗系深层进军。1996—1998年度深层地震勘探由南部凹陷扩展到台北凹陷，深层地震勘探的难度也随之增加。随着勘探技术的不断发展，深层地震勘探攻关效果也不断提高，从台北凹陷深层攻关的地震剖面上看，前侏罗系地层波组特征较为明显，资料品质有一定提高。先后在吐哈盆地发现了依拉湖、鲁克沁和鄯科1井三叠系油气藏，展示了吐哈盆地前侏罗系油气勘探的广阔前景。经过三轮的深层地震攻关，取得了一定的突破，形成了一套针对前侏罗系深层勘探的采集、处理技术。

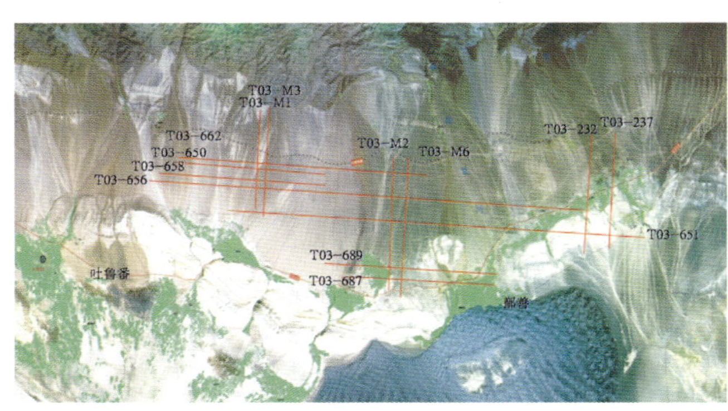


图5–3–1 吐哈盆地深层攻关地理位置示意图

## 一、地理位置

工区位于火焰山以北，博格达山以南，行政区划属新疆吐鲁番市和鄯善县（图5–3–1）。地势总体呈北高南低、东高西低的趋势，面积约7200km²。

## 二、 区域地质概况

本区位于吐哈盆地台北凹陷，穿越胜北次凹及葡北—吐鲁番、库木—连木沁、塔克泉三大古凸（图5-3-2）。

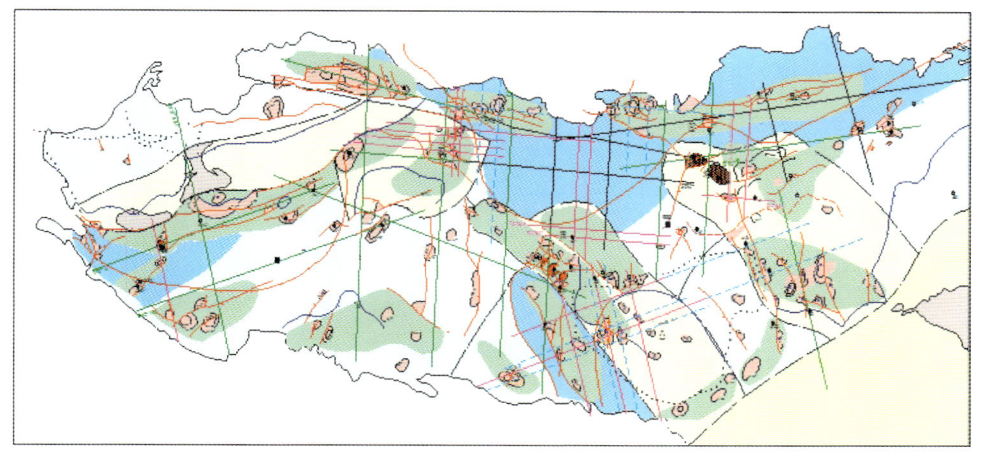

图5-3-2 深层攻关测线地质位置示意图

台北凹陷为继承性凹陷，自下而上发育有P、T、J、K、E、N各套地层，并发育了上二叠统和中下侏罗统两套烃源岩，在吐哈盆地中含油气条件最为优越。同台南凹陷相比，侏罗系以上地层较厚，二叠系、三叠系地层埋藏较深，大部分地层埋深在4000m以上。

## 三、地表及人文环境

本区居住的主要民族有维吾尔族、汉族和回族，以农业为主，种植葡萄、哈密瓜、西瓜等经济作物。区内交通较为发达，主要有兰新铁路、312国道东西向横穿工区。该区气候干旱少雨，夏季炎热，降雨量稀少，6～8月份为高温季节，地表温度可达60℃，冬季寒冷，昼夜温差大，气候环境恶劣，为典型的内陆性气候。

工区地表以平坦戈壁为主，另外有山前带、山地、农田、沙漠、沼泽等类地表（图5-3-3）。

台北凹陷地表主要为较厚的第四系冲积扇砾石层，其厚度变化较大，表层横向速度变化剧烈，激发接收条件较差。

图5-3-3 工区典型地貌图

## 四、勘探程度

吐哈盆地二叠系、三叠系勘探始于20世纪50年代，1958—1960年在盆地南部有5口探井钻到前侏罗系。1989年托参1井在三叠系克拉玛依组获工业油流，成为吐哈盆地第一口在前侏罗系获得成功的探井。在90年代预探大墩、盐山口构造的大1井、盐1井相继失利后，前侏罗系勘探一度中断。自1994年开始，针对南部深层的二维地震勘探攻关大规模展开，在鲁克沁构造带上的艾参1井于$T_{2k}$发现了稠油砂层，为该区前侏罗系勘探提供了重要线索。随后在吐玉克构造带进行预探，发现了亿吨级稠油富集带。说明台南地区深层勘探具有良好前景，但众多的失利井也说明前侏罗系油气勘探的复杂性。

1997年以后，对深层探索的重点转移至台北凹陷，连续三年在台北凹陷实施了深层地震攻关，并取得了一定的效果。勒7井在前侏罗系见到油气显示，鄯科1井在三叠系获工业油流，取得了凹陷内部勘探的重大突破。

吐哈盆地总探井数320口，密度1～2口/$km^2$，总体达到中等勘探程度。但专门针对台北前侏罗系的工作量投入较少，探井仅有8口，处于早期勘探阶段。凹陷内深层攻关测网密度仅7km × 8km或仅呈“十字”测网，最具潜力的三大古凸上只在葡北局部达2km × 4km，其余仅为单线甚至是空白区，只能初步满足凹陷主体凹隆格局落实的需要，需要进一步加大勘探力度。

## 五、以往物探资料品质与难题

以往针对中浅层（侏罗系及以上地层）油气勘探取得了大量地震资料，但前侏罗系层序反射不清，连续性差，信噪比低，能量弱（图5–3–4），无法满足对前侏罗系构造和储层研究的需求。

图5–3–4　工区以往二维地震剖面

本区针对前侏罗系地震勘探的主要技术难点有以下几方面：

（1）前侏罗系地层埋藏很深，主凹部位深达6000～8000m，地震波在传播过程中能量衰减很大。

侏罗系发育厚度较大的中侏罗统西山窑组煤、泥岩互层和下侏罗统八道湾组厚煤层，对地震波起到强屏蔽隔挡作用，造成能量衰减严重，难以下传到前侏罗系地层（图5–3–5）。

（2）前侏罗系地层内波阻抗差异小，深层反射能量弱；侏罗系层间多次波发育，对深层反射干扰严重（图5–3–6）。

(3) 工区地表主要为山前松散堆积砾石，激发、接收条件差，疏松地表对地震波能量吸收衰减严重；同时线形干扰（主要为面波、声波）发育，资料信噪比低（图5–3–7）。

（4）工区地形起伏较大，地表结构变化剧烈，存在一定的静校正问题（图5–3–8）。

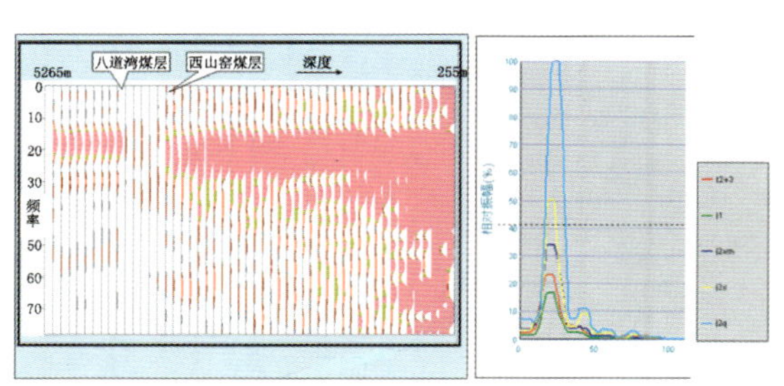


图5–3–5　利用鄯科1井VSP下行波分析地震波衰减

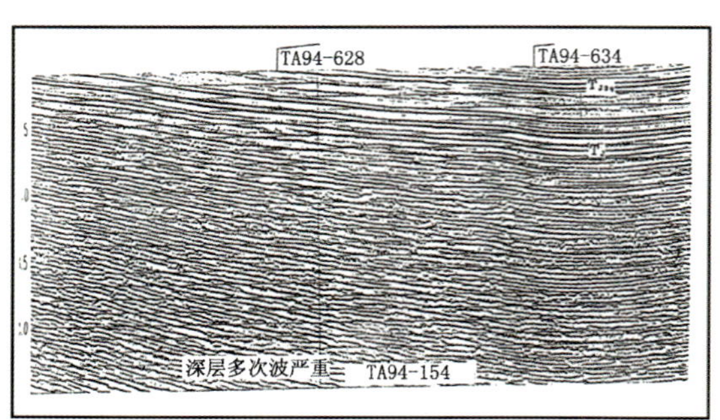


图5–3–6　工区侏罗系多次波发育

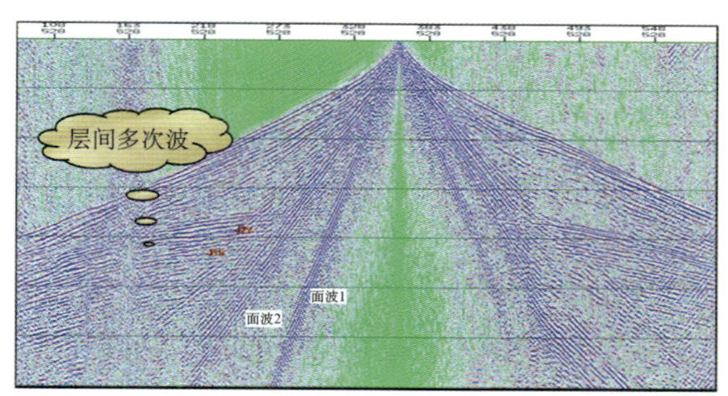


图5-3-7 工区典型单炮记录

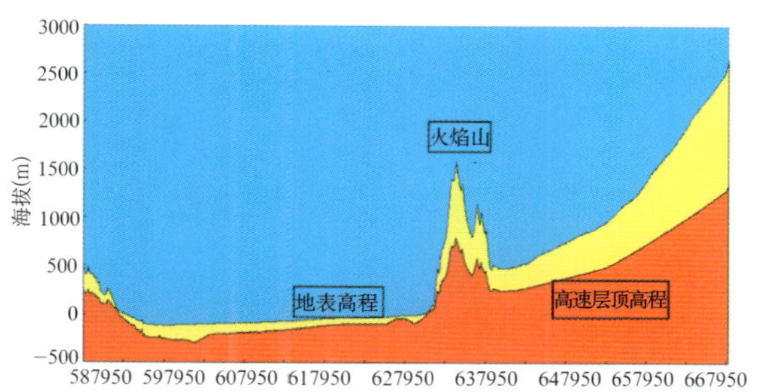


图5-3-8 工区由南向北近地表结构图

## 六、主要技术措施及效果

对以上工区难点，有针对性的采取以下技术措施：

(1) 利用鄯科1井VSP资料进行动力学分析，认为穿越中侏罗统西山窑组速度较低的大套煤层后地震波能量衰减到−30dB以下。由此来看，在30Hz以上的频率成分传播过程中，由于地层的吸收衰减作用，反射信号很难被接收到，所以在该区的激发因素，主要考虑加强中低频能量，来提高深层反射信噪比。

(2) 基于模型分析最大炮检距，认为增加炮检距能得到目的层反射的地震射线数量，同时最大炮检距应选择在10000m才能接收到较为丰富的地下反射信息（图5-3-9）。

(3) 采用盒式排列方式调查工区规则干扰和不规则干扰在纵横向上的变化，来确定合适的检波器组合参数，增大组合基距压制规则干扰。在检波器组合上主要考虑加大组合基距（100m）压制面波干扰，同时深埋检波器，保证与地面耦合良好。从而提高原始资料的信噪比（图5-3-10）。

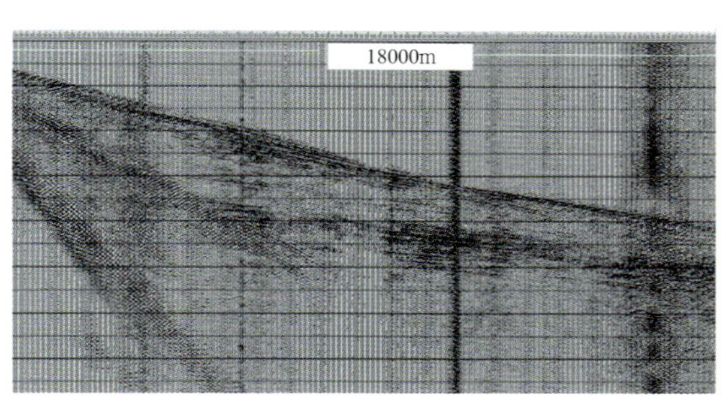


图5-3-9 深层攻关单炮资料
（远道有前侏罗系地层反射信息）

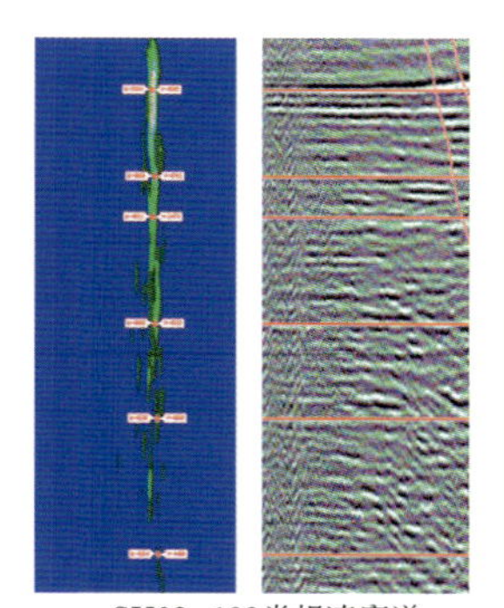
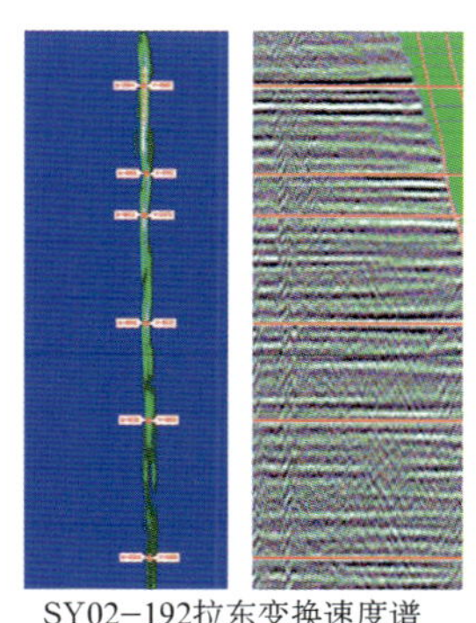

SY02-192常规速度谱　SY02-192拉东变换速度谱

图5-3-10 采用拉东变换方法提高速度谱精度

(4) 强化巨厚砾石区的激发参数，采用大吨位可控震源8台4次16秒激发，改善激发效果，提高深层反射能量（图5-3-11）。

(5) 运用小折射、大折射和深井微测井等相结合的方法（图5-3-12），查清本区表层结构，为静校正提供精确的基础资料；并采用综合建模静校正方法（图5-3-13），以提高该复杂地区的静校正精度。

(6) 采用拉东变换去除侏罗系层间多次波（图5-3-14），提高速度谱精度。

图5-3-11 8台大吨位可控震源施工现场

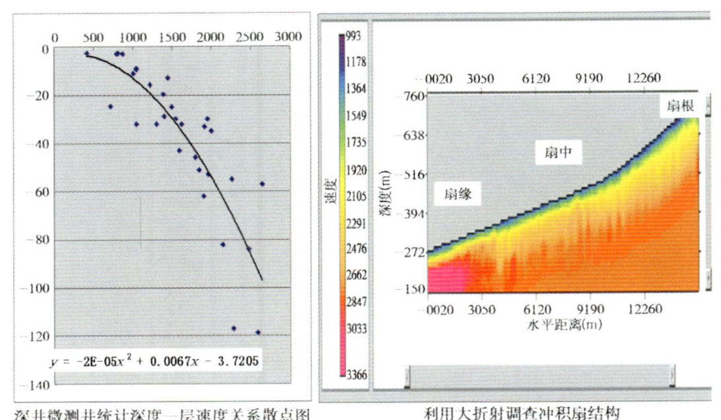


图5－3－12　多种方法结合调查工区表层结构

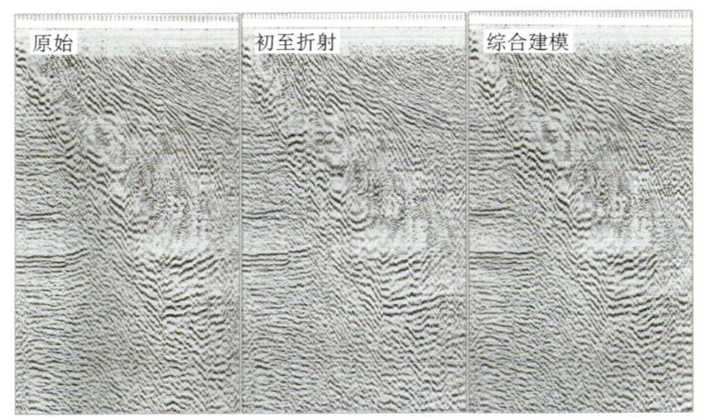


图5－3－13　多种静校正方法试验

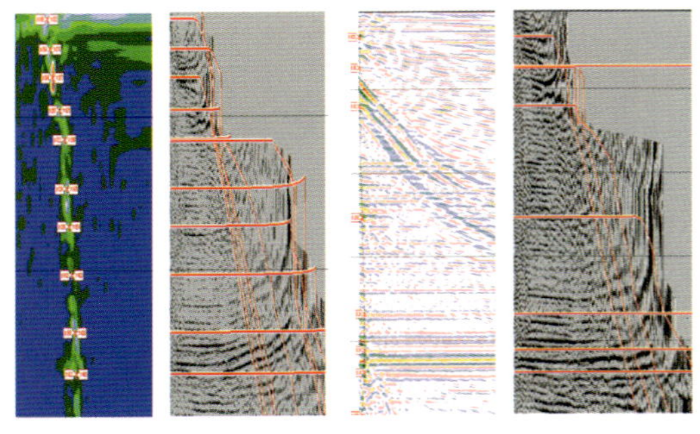

图5－3－14　常规速度分析与各向异性速度分析对比

（7）采用各向异性动校正方法，使远道数据拉平，保证叠加质量（图5－3－15）。

从剖面上看，侏罗系以下波组特征、信噪比显著改善，深层有效反射波同相轴明显增多，可见多套反射层序，层序边界较为分明，对烃源岩分布特征和区域构造格局的确定提供了一定的依据（图5－3－16、图5－3－17）。

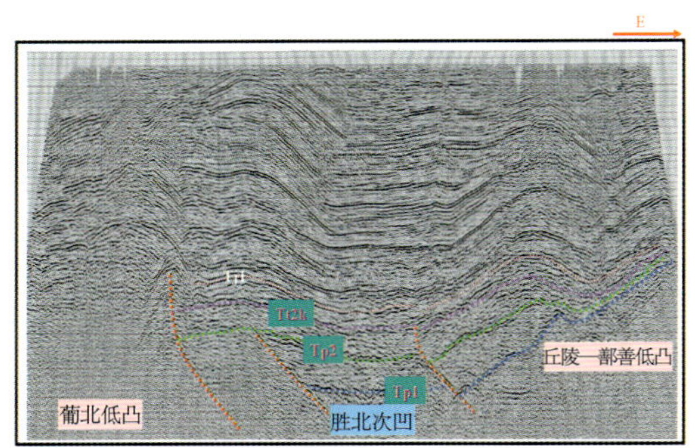


图5－3－15　SY02－1EW深层攻关剖面

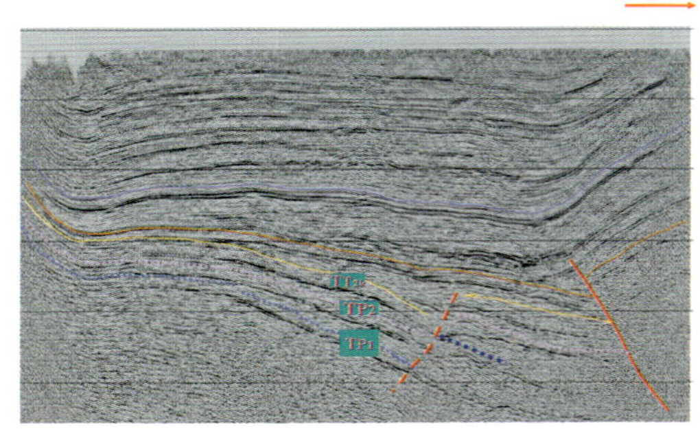


图5－3－16　SY02－174深层攻关剖面

## 七、主要地质成果与评价

深层攻关所带来的效果显著：

（1）通过攻关得到了前侏罗系有效反射，能清楚地识别三叠系底、上二叠统底界反射及部分下二叠统和石炭系火成岩信息。

（2）能清楚地判别上二叠统上倾剥蚀点。

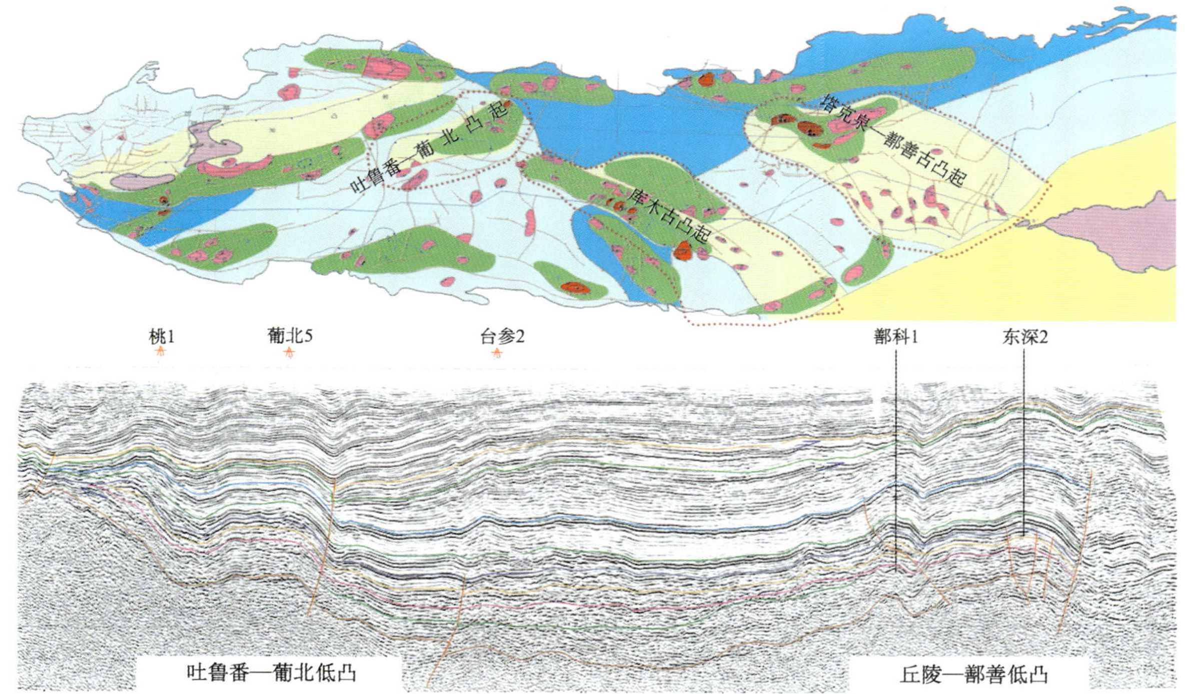


图5–3–17　伸入台北凹陷烃源岩有效范围内的三个古凸起是油气勘探的主攻方向

（3）利用2002—2003年深层攻关剖面，重新划分了吐哈盆地前侏罗系构造单元，提出了鄯善—塔克泉古凸、库木古凸、葡北－吐鲁番古凸为近期二叠系、三叠系勘探的重点领域，钻探的鄯科－1、葡北2–x、玉西1、玉西2井新增稠油储量3642 × $10^4$t。库木古凸起稠油勘探取得新进展。

（4）重新分析评价了吐哈盆地二叠系、三叠系勘探潜力，计算远景资源量3.5 × $10^8$t，明确了二叠系、三叠系是吐哈盆地油气勘探的重点方向。

# 第四节　鄂尔多斯盆地奥陶系风化壳气藏勘探开发

1989年，陕参1井在奥陶系风化壳获得工业气流，经过15年的勘探开发，形成了60 × $10^8$m$^3$的天然气生产能力。在此过程中，形成了奥陶系风化壳地震解释技术，建立了地震井位优选的定井制度。针对盆地复杂的地表条件和地质特点，从基础理论研究着手，经过多年的不懈探索和攻关，建立了一套具有鄂尔多斯盆地特色的地震采集、处理和储层预测技术系列。应用该项技术为上交探明地质储量提供了丰富的地质成果。在天然气产能建设中，地震预测优选开发井符合率达80%以上。随着地震技术的发展和进步，地震技术将在油气田开发中发挥更重要的作用。

## 一、地理位置

靖边气田是20世纪90年代初在鄂尔多斯盆地发现的大气田。地理位置为北纬36°49′～38°27′、东经108°32′～109°24′；行政区域属陕西省和内蒙古自治区，跨陕西省靖边县、横山县、榆林市、安塞县、志丹县和内蒙古自治区乌审旗、鄂托克旗等县旗（图5–4–1）。

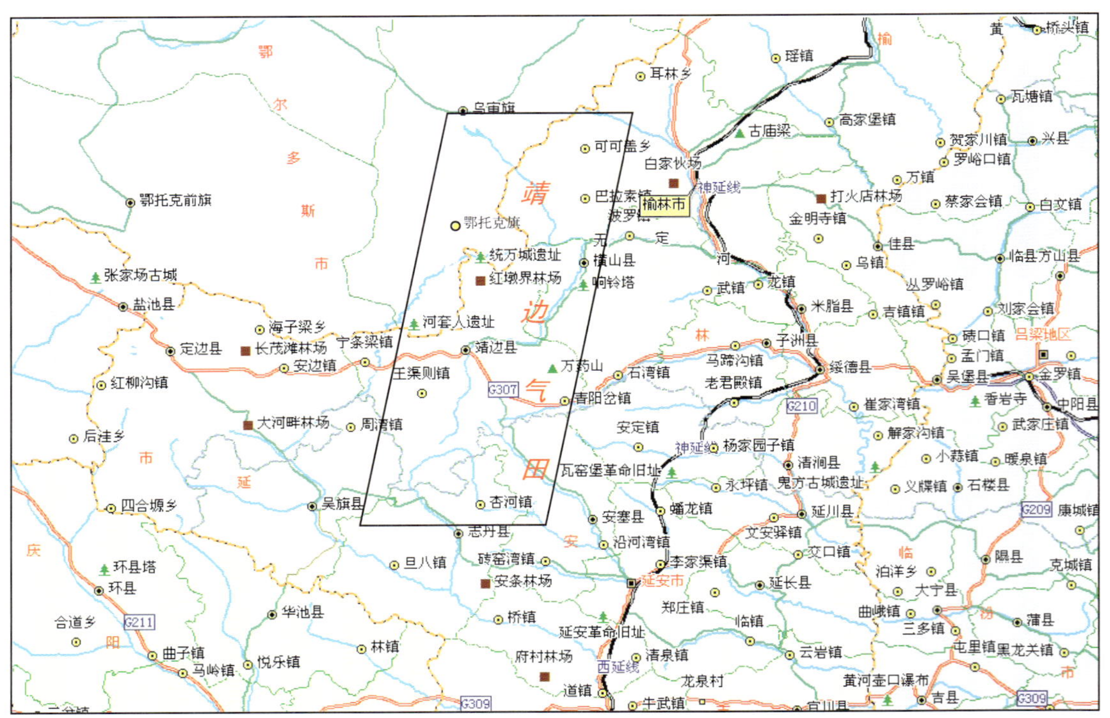


图5-4-1 靖边气田地理位置示意图

## 二、区域地质概况

靖边气田位于鄂尔多斯盆地伊陕斜坡的中段（图5-4-2）。区域构造为倾角不足1°的西倾斜坡，断裂和构造极不发育。早古生代奥陶纪，靖边气田处于中央古隆起与东部浅洼之间，沉积了厚600～1000m的局限海和蒸发潮坪相碳酸盐岩地层，具有良好的生气条件。奥陶纪晚期，鄂尔多斯盆地整体上升，遭受了长达1.3亿～1.5亿年的风化、剥蚀，缺失了上奥陶统、志留系、泥盆系和下石炭统，广泛发育了奥陶系顶部碳酸盐岩古岩溶地貌，并形成了大面积的风化壳储层。晚古生代石炭世中期，盆地再度下降，接受了海陆交互相煤系地层沉积，构成了区域性烃源岩和良好的盖层。

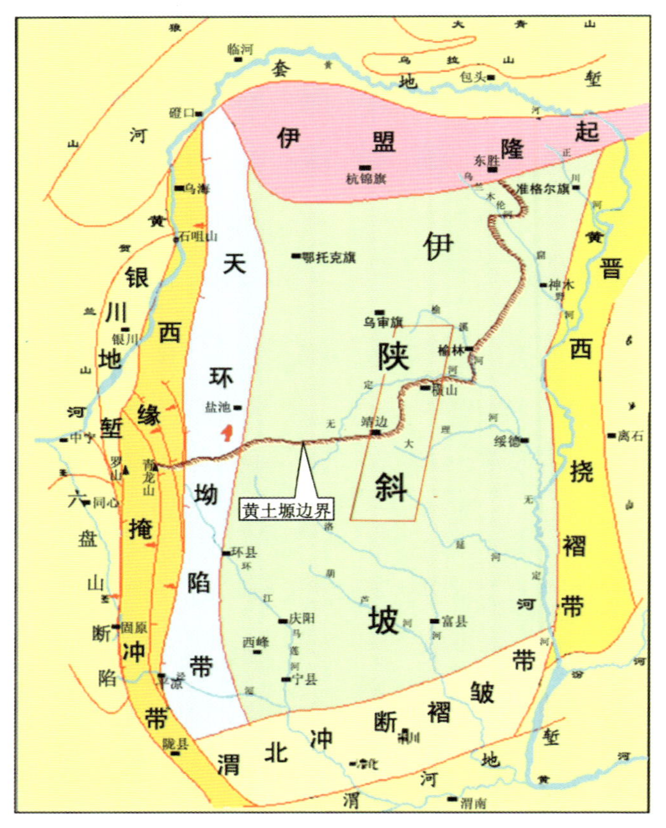


图5-4-2 靖边气田构造位置示意图

## 三、地表及人文环境

靖边气田地势总体呈西北高东南低，海拔1120～1820m。地表以长城为界，北部为浩瀚的毛乌素沙漠，南部为沟壑纵横的黄土塬（图5-4-3）。区内交通不发达，乡级公路和便道仅通到各乡、村，尤其是在南部黄土塬区。

图 5–4–3　靖边气田地形、地貌掠影

北部沙漠区，波状和蜂窝状沙丘广布，相对高差几米至近百米。南部黄土塬区，表层广覆厚几十米到三百多米的黄土。经长期的风化剥蚀，形成了沟、塬、梁、峁、坡并存的独特地貌景观，沟、塬高差达几百米（图 5–4–4）。

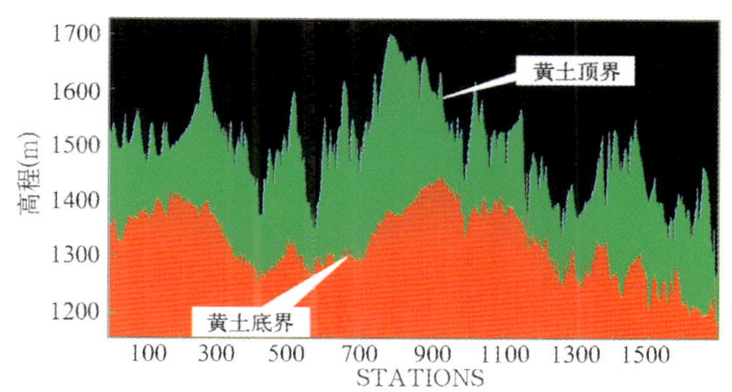


图 5–4–4　黄土塬地形示意图

区内除县、乡城镇外，居民相对较少。南部油田及相关设施较多。

## 四、勘探程度

1987 年以前，鄂尔多斯盆地地震勘探以构造勘探为主。

1989 年，陕参 1 井、榆 3 井先后在奥陶系风化壳中获得 $28.3 \times 10^4 m^3/d$ 和 $13.6 \times 10^4 m^3/d$ 的工业气流，拉开了在陕北寻找大气田的序幕。

1990 — 1992 年，地震勘探从寻找构造圈闭转变为寻找岩性圈闭。以地震波形特征归纳为基础，模型正演为依据，建立了奥陶系顶部侵蚀潜沟解释模式。在靖边气田中区共探明马五$_1$气藏地质储量 $632.44 \times 10^8 m^3$，含气面积 $1039km^2$。

1993 — 1995 年，地震勘探由靖边气田中区向南、北大规模展开，地震地质结合，先后在北一区、南一区、北二区、南二区、陕 196 井区、陕 106 井区等区域累计探明地质储量 $2249.10 \times 10^8 m^3$，含气面积 $4128.3km^2$。同时，在靖边气田中区和北一区进行了开发前期评价。

1996 — 1997 年为开发方案编制阶段。为提高开发井钻探成功率、优化开发方案，首先，在靖边气田中区、北一区补充了部分地震测线；然后，针对靖边气田 10 口开发评价井所揭示的地质现象，进行了为期两年的地震、地质综合研究，重点开展了地震储层厚度、物性、含气性及开发井位优选技术的研究工作。

1998 年至今，靖边气田进入规模开发阶段。截止 2003 年底，共完钻开发井 301 口，累计建成天然气产能 $60.5 \times 10^8 m^3$。

## 五、以往物探资料品质与难题

在勘探阶段，地震资料以沙漠区直测线和沟中弯线为主，品质较好，为靖边气田的储量探明起到了重要作用。但由于测网较稀，尤其是南部黄土塬区，沿沟弯曲测线分布不匀，黄土山地直测线还达不到平面上精细刻画和追踪奥陶系顶部侵蚀潜沟和优选开发井位的需要（图 5–4–5、图 5–4–7）。

通过综合地质研究认为，靖边气田具有以下地质特征：

（1）储层的发育程度主要受古地貌控制，特别是主力储层马五$_1^3$的存在与否与奥陶系顶部侵蚀潜沟密切相关。

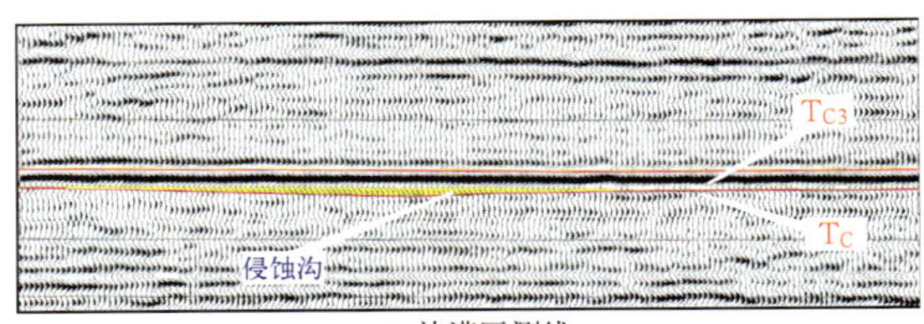


a.沙漠区测线

b.黄土塬沟中弯线

图5-4-5　勘探阶段沙漠区和沟中弯线资料

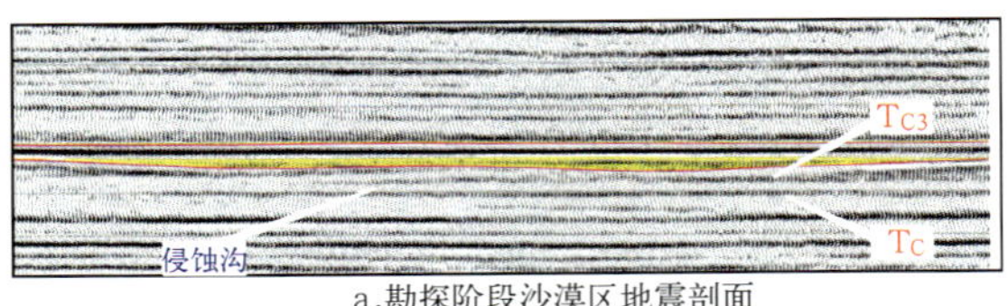


a.勘探阶段沙漠区地震剖面

b.开发阶段沙漠区地震剖面

图5-4-6　不同阶段沙漠区地震剖面对比

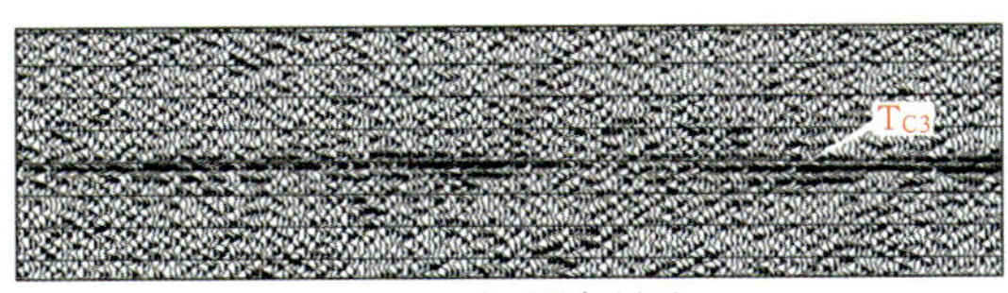


a.L89LL水平叠加剖面

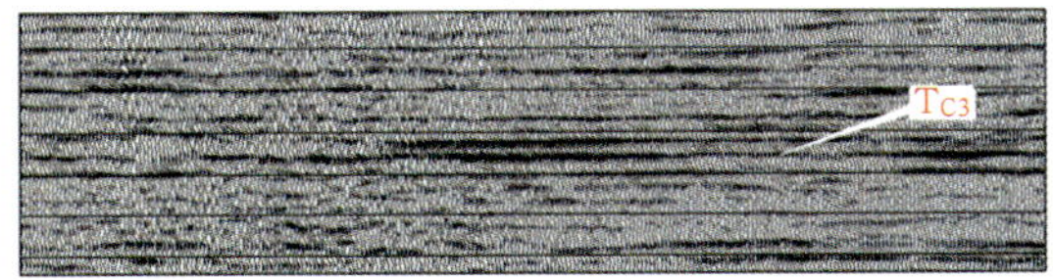


b.L931053水平叠加剖面

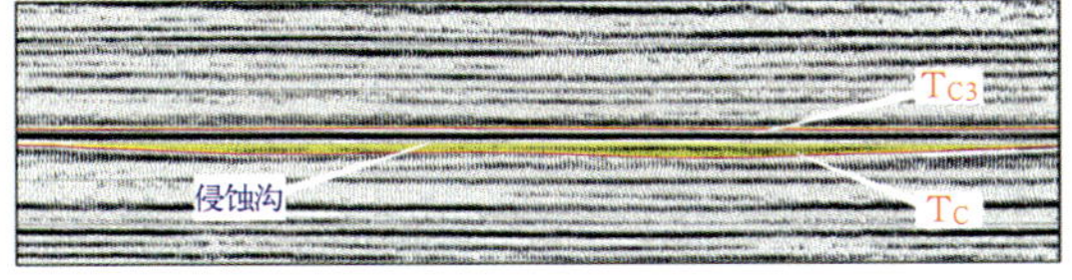


c.L991109水平叠加剖面

图5-4-7　不同阶段黄土山地直测线地震剖面对比

（2）储层厚度小，非均质性强烈。

（3）小幅度构造和奥陶系顶面起伏形态对储层和产能起一定控制作用。

利用地震资料准确恢复前石炭系古地貌、查明奥陶系顶面起伏形态并落实小幅度构造是靖边古地貌气藏有效勘探和开发的关键。显然，提高地震资料的分辨率，攻克黄土山地直测线地震勘探技术是完成地质任务的基础。

## 六、主要技术措施及效果

高精度的地震成果必须要有高质量的地震资料做保证，而高质量的地震资料则主要依赖于技术的进步。在总结多年成败经验的基础上，从基础理论入手，系统地开展了复杂表层条件下采集、处理和解释技术的攻关与研究，形成了一套具有鄂尔多斯盆地特色的地震技术系列。

### （一）野外资料采集

#### 1. 沙漠区、黄土塬沟中弯线

采用“三小、三高”的高分辨率地震勘探技术，使地震剖面的信噪比和分辨率有了明显提高，地震剖面主频由35Hz提高到40～45Hz（图5-4-6）。

#### 2. 黄土山地直测线

采用“四小、三高、二中、一深”的黄土塬直测线地震勘探技术，使黄土塬区地震资料主频由原来的25～30Hz提高到40～45Hz。1999年，首次将黄土山地直测线成功地用于开发井位（G40-9井）优选，从而使黄土山地直测线进入了工业化生产阶段（图5-4-7）。为优质高效地进行开发井位优选奠定了基础。

### （二）地震资料处理技术

复杂的近地表结构致使原始资料干扰严重、信噪比低。资料处理中采取以下几项关键技术。

#### 1. 高精度的基础静校正技术

静校正是鄂尔多斯盆地资料处理中最突出的难点，也是最重要的一个环节。采用自行研制的高精度多域多次迭代静校正方法，不仅在炮点域中拾取初至，同时在共接收点域和共中心点域反复精细地

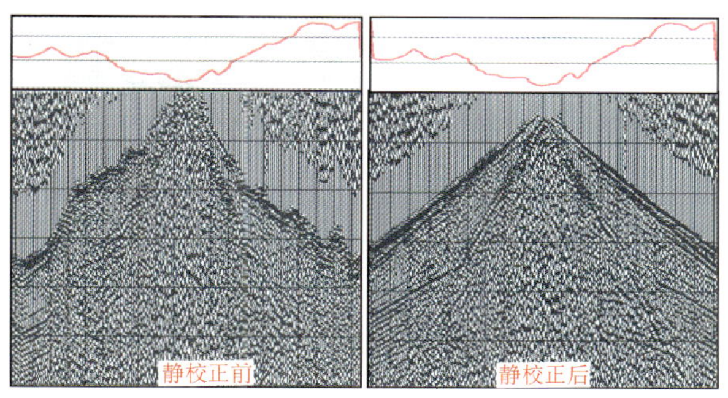

图5−4−8　静校正前后单炮比较

拾取初至，合理地划分折射层，在求取初始模型长波长静校正量后，继而在共炮点域、共检波点域、共中心点域内多次迭代求取相对短波长静校正量（图5−4−8）。

2．高保真的地表一致性处理技术

由于表层非均质性的影响，各炮点激发的地震子波和地震信号在接收过程中振幅衰减程度不一致，引起地震剖面横向波组特征和相互关系失真。因此，采用地表一致性的振幅补偿、反褶积、剩余静校正等处理技术，消除非地表一致性引起的失真现象，使地震信息合理真实地反映地质现象。

3．精细、适度的信噪分离技术

利用交互处理系统灵活直观的优势，进行细致的叠前去噪处理。如：指定噪声部位的内切和条带切除，空变滤波压制规则干扰，在动校后的共中心点道集上对拉伸畸变进行外切等。为了满足古地貌解释和储层横向预测的需要，经试验对比，选用不同系统去噪模块搭配，合理选择参数，做适度的信号增强处理。

4．高分辨率处理技术

叠前在地表一致性反褶积后进行子波处理，以压缩子波并恢复高频成分，使有效信号的频带既展宽又展平。叠后在去噪基础上再次谱白化拓展频带，同时进行衰减补偿，加强高频成分的能量，突出目的层内部反射信息，提高分辨率。

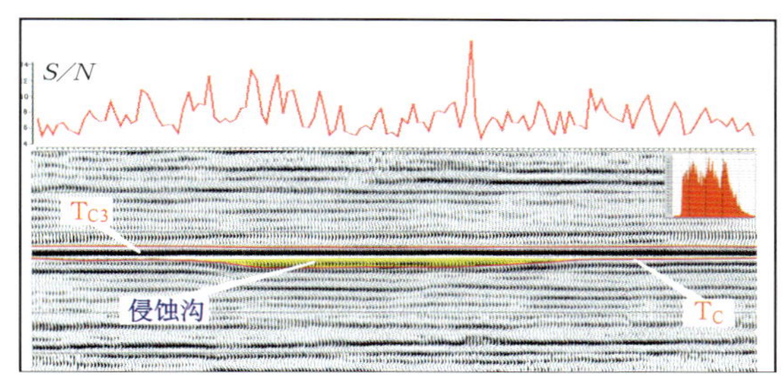

图5−4−9　反映侵蚀异常的叠加剖面

运用上述先进的采集、处理技术，获得了高保真度、高信噪比、高分辨率的成果剖面，反射目的层段的信噪比大于4，频宽10～100Hz（黄土塬区10～80Hz），视主频大于50Hz（黄土塬区40～50Hz），满足了岩性解释的要求（图5−4−9）。

（三）储层横向预测技术

为了准确地进行气藏描述，进一步揭示气田的高产富集规律，提高钻探成功率，利用地震资料准确识别侵蚀潜沟、恢复古地貌、查明构造形态并进行储层预测和开发井位优选是必要的，也是必需的。在靖边气田的勘探和开发过程中，创立、发展和完善了以奥陶系顶部侵蚀潜沟解释技术为核心的储层预测技术。

1．奥陶系顶部侵蚀潜沟解释技术

奥陶系顶部侵蚀潜沟解释的思路是：由已知井出发，寻求地质规律与地震响应的内在关系，进而确立解释模式。通过对研究区内已知井人工合成记录、VSP及井旁地震道奥陶系顶侵蚀面附近波形特征的统计、分析、归纳，总结出了反映不同侵蚀量的三种波形特征（图5−4−10）：（1）侵蚀量大于25m的多相位型；（2）侵蚀量20m左右的相位加宽型；（3）侵蚀量小于10m的正常型。

依据上述波形特征归纳结果，结合已知井揭示的地质规律，通过模型正演技术，建立了侵蚀沟和古构造凹4大类18种解释模式（图5−4−11）。由各类模型的正演结果分析总结认为：（1）$T_C$、$T_{O14}$或$T_{O17}$下凹是识别潜沟和古凹的必要条件；（2）$T_{O14}$振幅变化是区分侵蚀沟槽和古构造凹的重要依据；（3）石

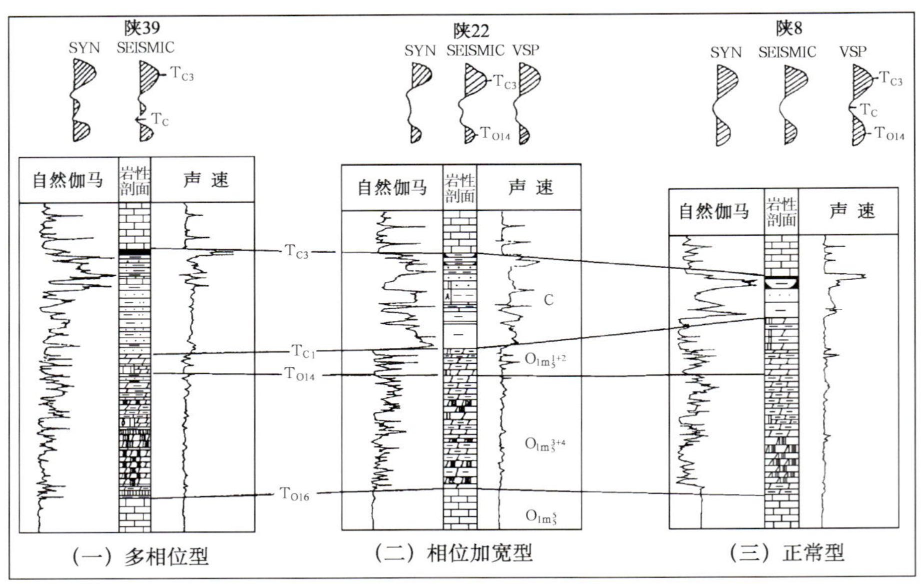


图5-4-10 波形特征分类

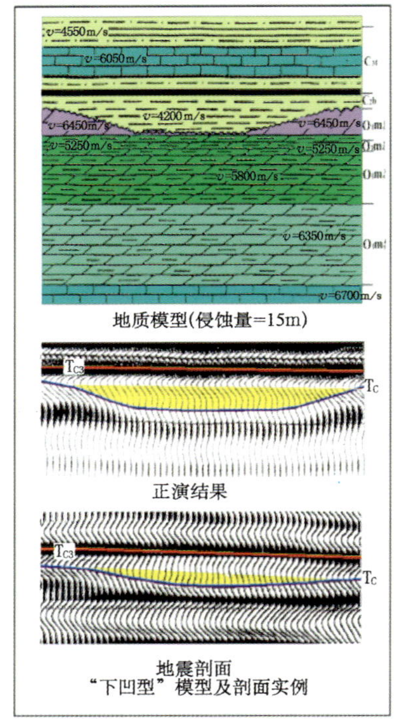


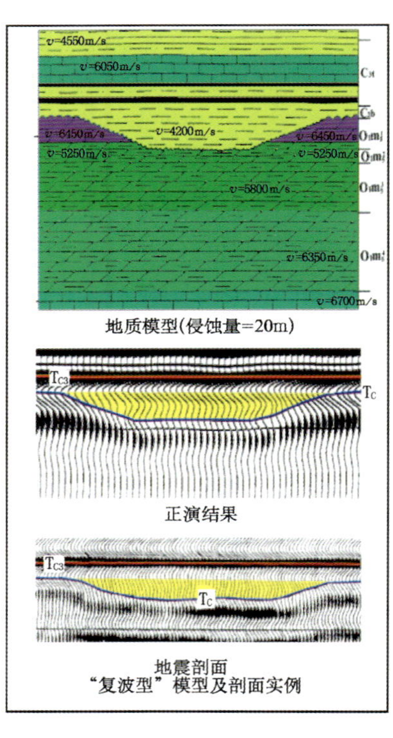


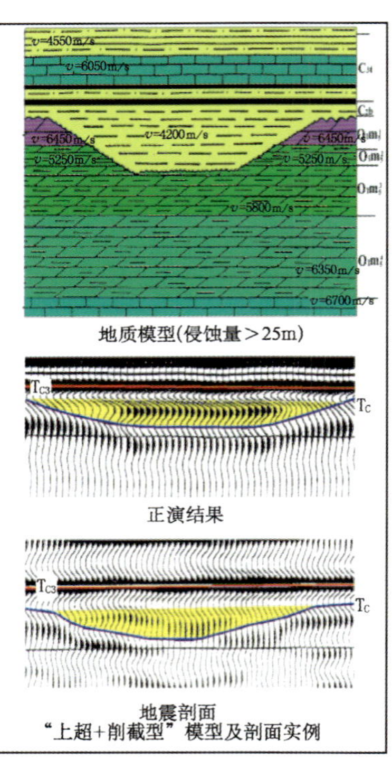


图5-4-11 奥陶系顶部侵蚀异常解释模式

炭系厚度的区域及$T_{C3}$波组的变化，使其解释模式的应用必须分区带进行而复杂化。

### 2. 前石炭纪古地貌恢复技术

恢复前石炭纪古地貌主要有两种方法：一种是石炭系厚度法，该方法认为奥陶系侵蚀面之上的石炭系地层为填平补齐式沉积，石炭系厚度的变化与古地貌呈镜像关系；另一种方法是残余厚度法，该方法认为奥陶系风化壳马五$_{1+2}$残余厚度变化反映了侵蚀作用的强弱程度。采用上述两种方法并结合奥陶系顶部侵蚀面解释成果及其他资料来准确恢复前石炭纪古地貌。

### 3．储层厚度预测技术

钻井资料揭示，马五$_{1+2}$残余厚度最大仅为35m，而储层的厚度则更小，在目前高分辨率地震剖面上仍属时间不可分辨的范围。

为研究储层的变化规律及空间展布形态，通过波形特征分类的结果及已知井建模，采用测井约束反演技术定量预测马五$_{1+2}$残余厚度，并据此推断主力储层马五$_1^3$的厚度变化。钻探结果表明，靖边气田马五$_2$和马五$_1^4$的地层总厚度为13～15m，主力储层马五$_1^3$厚度为3～5m，且横向变化不大，即马五$_{1+2}$残余厚度大于15m，则主力储层马五$_1^3$赋存。显然，用马五$_{1+2}$残余厚度研究主力储层马五$_1^3$厚度变化的方法是可行的。

### 4．储层物性预测和含油气性判识技术

储层物性、含气性预测分别采用了波阻抗统计和人工神经网络含气判识两种方法。

波阻抗统计法是以测井为桥梁，建立储层孔隙度和波阻抗的相关量版，利用地震反演获得的波阻抗，预测储层孔隙相对发育程度。

人工神经网络含气判识技术是以地震剖面和反演剖面为基础，提取各种不同的特征参数，并根据目标样本进行判识分类，输出判识结果。

### 5．构造解释技术

运用地震资料研究井间构造起伏形态的方法是：首先，在精细地震地质层位标定的基础上，提取反射层 $t_0$ 时；然后，利用钻井深度和 $t_0$ 时建立平均速度场；最后通过时深转换得到目的层的构造形态。

### 6．井位优选技术

为了确保钻探成功率，形成了以奥陶系顶部侵蚀潜沟解释为龙头的“五要素”井位优选技术。五要素为：波形特征（沟漕解释）、古地貌位置、储层厚度、今构造形态、储层物性及含气性。同时，规范了“五图一表”的定井制度（图5−4−12）。

## 七、主要地质成果与评价

应用上述方法和技术，取得了丰硕的地质成果：靖边气田前石炭纪的岩溶古地貌形态以岩溶台地为主（图5−4−13），8条规模较大的侵蚀潜沟将其划分为9个岩溶台地和5个岩溶残丘，在8条主潜沟上分布有500余条支（毛）潜沟，并发育百余个潜坑；目的层构造特征为平缓的西倾背景上发育40余排北东东向的小幅度鼻状隆起带；马五$_{1+2}$残留厚度的展布和厚度变化受古地貌和差异风化侵蚀作用的控制，在侵蚀作用强烈的潜沟（坑）处，残留厚度一般小于15m，而且主力储层马五$_1^3$缺失，其余大部区域马五$_{1+2}$厚度保留相对完整，并有58个区块马五$_{1+2}$残留厚度大于30m；预测了8个孔隙相对发育区和19个高产富集区。

同时，运用上述地震预测技术及成果为下古生界天然气产能建设优选开发井位350口，301口被采纳，采纳率为86.2%。已完钻的301口井中，263口井钻探结果与地震预测吻合，地震预测符合率达87.4%，243口井获工业气流，钻探成功率80.7%，其中20余口井获得日产百万方以上的高产工业气流。累计建成天然气生产能力$60.5\times10^8m^3$，使靖边气田成为长庆油田的第一大气区。

针对靖边气田复杂的地表条件，形成了一套具有鄂尔多斯盆地特色的地震采集、处理和储层横向预测地震技术系列，这些技术系列的应用成功地解决了靖边地区的天然气勘探开发难题，成为该区勘探开发的关键技术，其成果在靖边气田经济、有效地勘探开发中发挥了重要作用，应用效果十分显著。

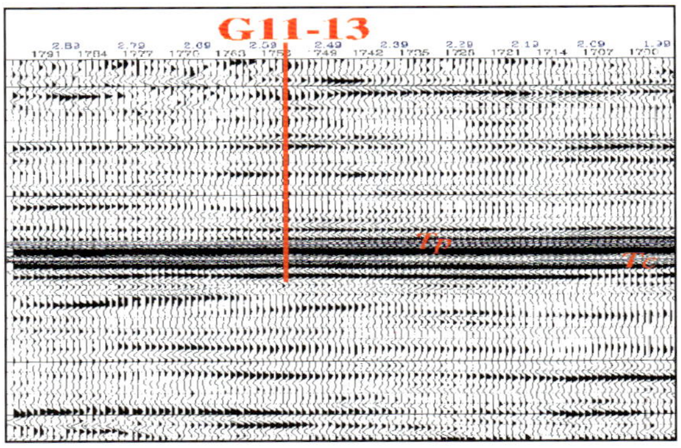

a−1. 波形特征分析

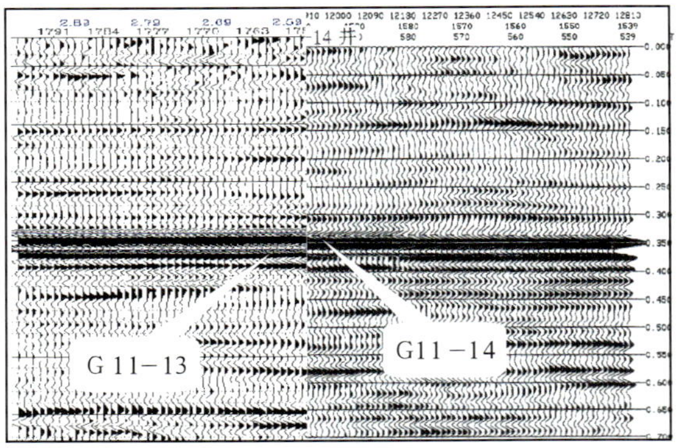

a−2 .已知井类比

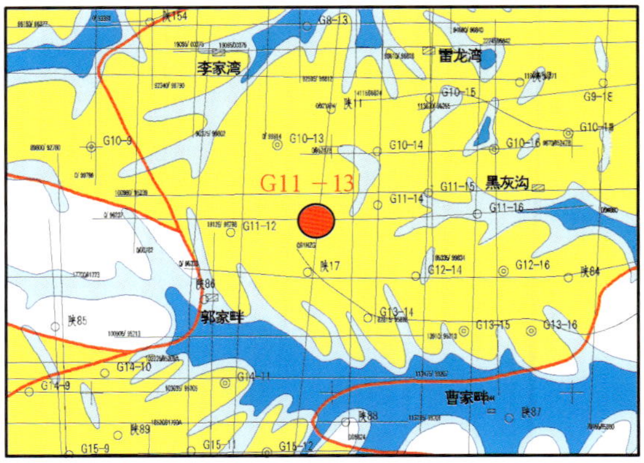

b. 古地貌位置

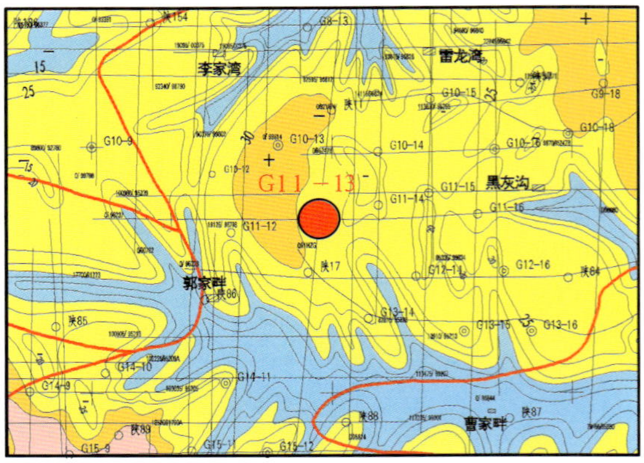

c. 储层厚度

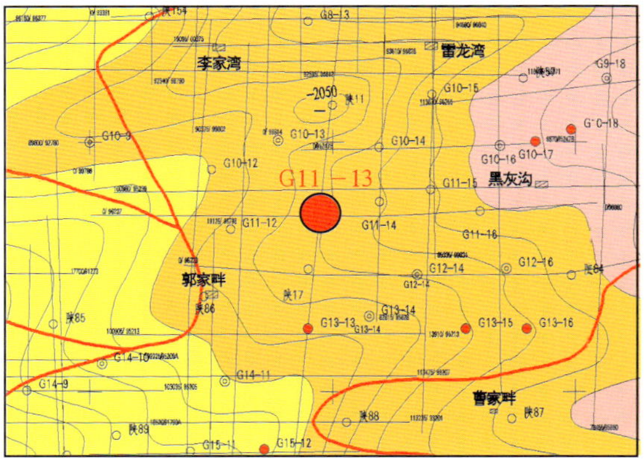

d. 今构造特征

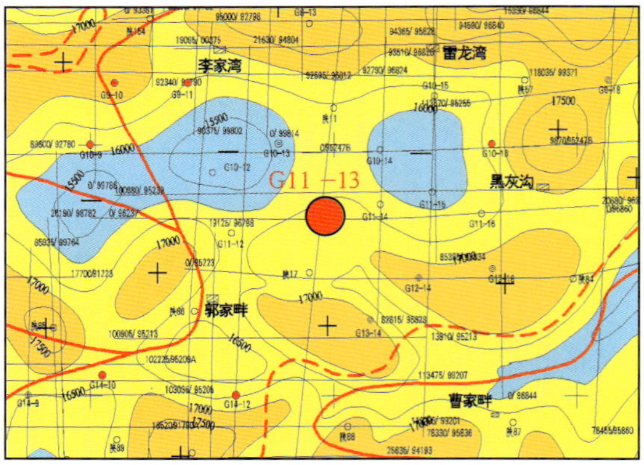

e−1. 波阻抗

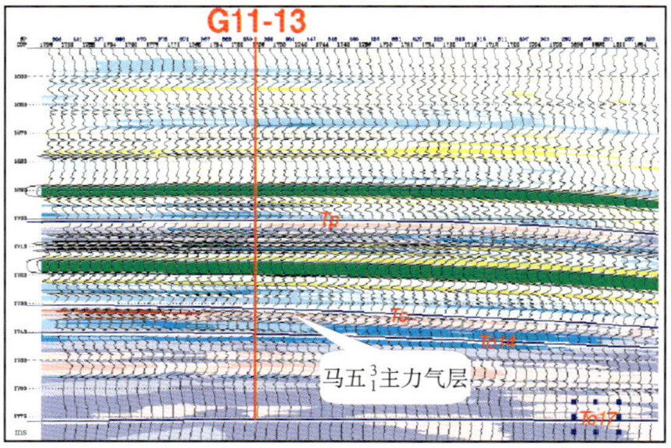

e−2. 反演剖面

G11−13井地震建议井位要素表

| | 古地貌位置 | 储层厚度(m) | 构造位置 | 奥陶系顶面海拔(m) | 石炭系厚度(m) | 波形类比 | 波阻抗(g/cm³·ms) |
|---|---|---|---|---|---|---|---|
| 地震预测 | 台地 | 30 | 鼻隆 | −2012 | 80~90 | G11−14 | 16700 |
| 实钻结果 | 台地 | 27.8 | 鼻隆 | 2002.58 | 82.4 | | |

经试气获151.35×$10^4m^3$/d高产工业气流

图5−4−12　“五图一表”定井制度

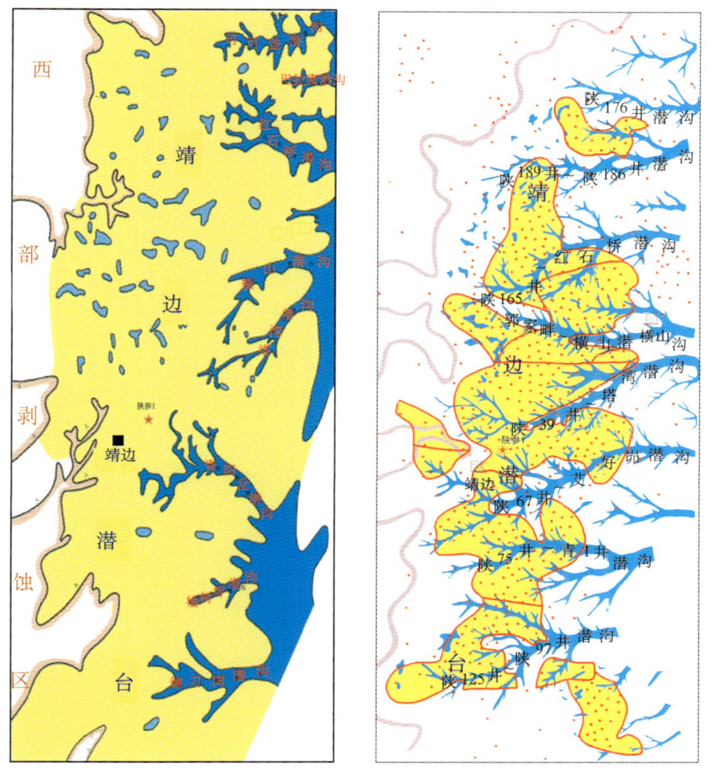


图5-4-13　不同阶段前石炭纪古地貌对比

# 第五节　千米桥奥陶系潜山气藏二次三维地震勘探

千米桥奥陶系潜山处于渤海湾盆地黄骅坳陷北大港构造带东侧，紧邻歧口生油凹陷，具有油源充沛、构造规模大的特点。但原低信噪比三维老资料对深潜山的正确成像无能为力，采用精细的二次三维地震勘探后，精确落实了奥陶系潜山的构造和储层特征，提供了精确的钻探目标，使千米桥奥陶系潜山的气藏勘探取得重大突破。

## 一、地理位置

千米桥潜山三维工区位于天津市大港区，西与津歧公路相接，向东深入至渤海湾极浅海的2m水深线，东北角是天津海滨浴场，南到大港油田矿区南边界，北抵上古林村。津歧公路、沿海公路与独流碱河分别从南至北、由西向东穿过工区（图5-5-1）。

## 二、区域地质概况

千米桥潜山区域构造位置处于黄骅坳陷中部北大港潜山构造带东北倾末端，为北大港潜山带三个潜山构造之一。西以大张驼断层与板桥凹陷相接，东以白水头断层与歧口凹陷相接；两大下第三系生油凹陷油源供给充足；区域构造位置十分优越（图5-5-2）。

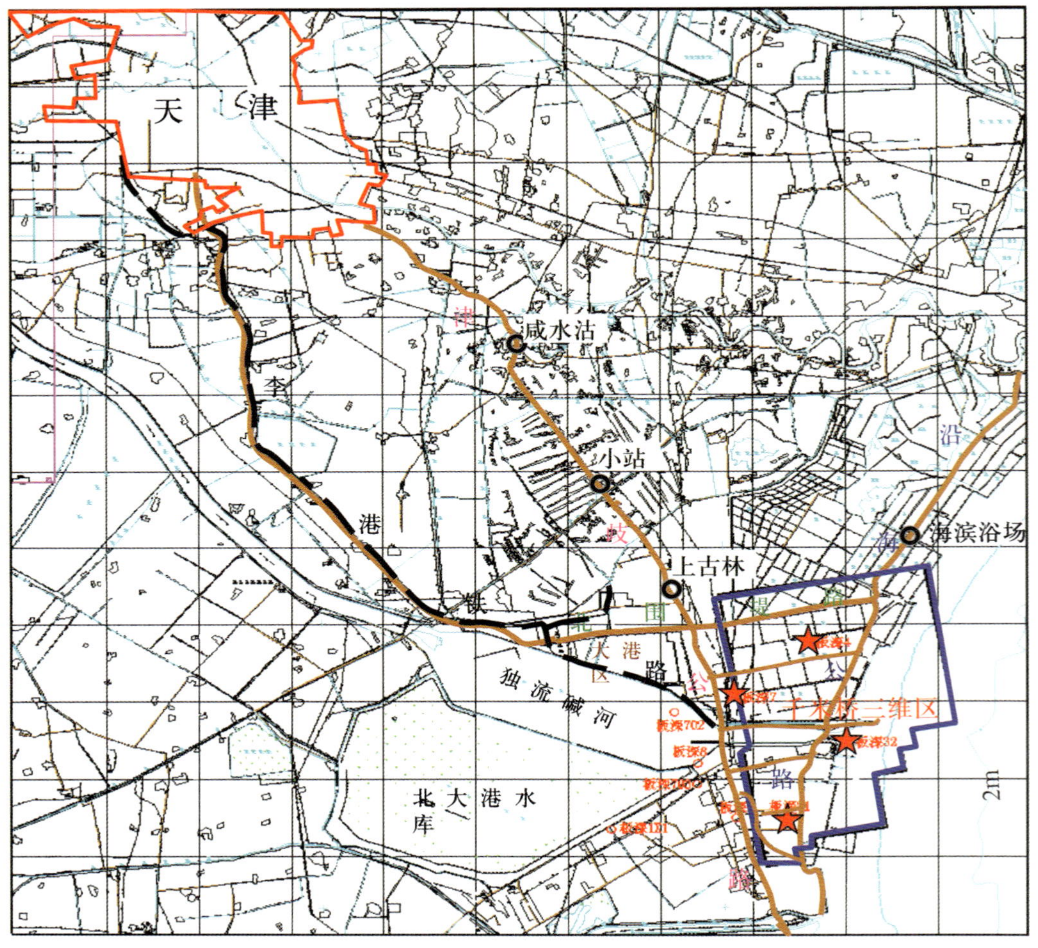


图5-5-1　千米桥潜山地理位置图

## 三、地表及人文环境

千米桥潜山地震采集工区位于天津市长芦盐场－大港油田矿区。工区北部主要为长芦盐场卤池、结晶池所覆盖，独流碱河自西向东穿越工区中部，其北侧分布有大港电厂，向南则分布有北大港水库，大港油田的主要工业设施、生活基地均分布其间；工区东部跨过潮间带进入极浅海；此外，工区内公路纵横交错，交通运输繁忙（图5-5-3）。

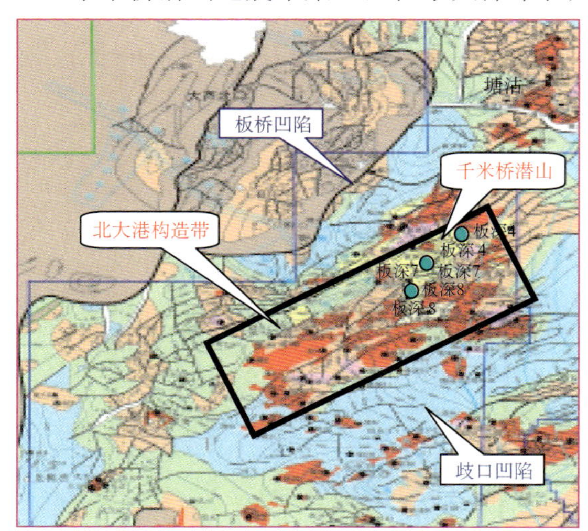


图5-5-2　千米桥潜山区域地质位置图

工区地表复杂，几乎全部被水覆盖，河流、虾池、卤池、极浅海等水域区占85%，滩涂区占15%，海底地形平缓且东顷，滩涂多为淤泥，淤泥深度最深达2m左右。滩涂及极浅海地区具有坡度小、滩涂宽、淤泥厚、承载差、回淤快、沉降深、风速大、潮差高、冰期长、冰凌高的特点，海况复杂，风大浪急，始终处在一个动荡的环境中（图5-5-4）。

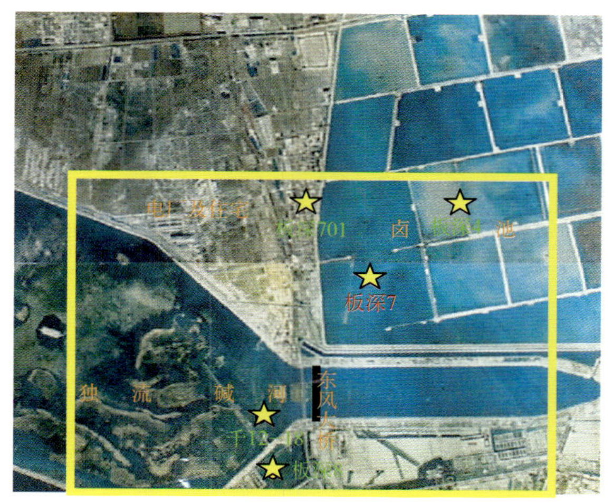

图5—5—3　地表及人文环境卫星照片

图5—5—4　千米桥地震采集野外施工现场

## 四、勘探程度

地震勘探：二维地震测网密度已达约 1km × 0.5km，但是多为不同方向二维测线的端部，资料品质很差。二维地震解释千米桥潜山为一断鼻，构造简单，落实程度很低。1985年开始对北大港潜山带进行三维地震勘探，到1997年共完成10块共556.24km$^2$的三维地震采集，千米桥潜山区位于这些三维区块的接合部位（图5—5—5），三维工区拼接解释不能满足勘探精度要求。1997年进行10个区块共365km$^2$的三维地震连片处理解释，千米桥潜山勘探取得突破。为准确落实潜山构造，进行灰岩储层描述，1999年末至2000年初针对潜山主体地区进行二次三维采集攻关，完成满覆盖面积为166km$^2$的三维地震采集。

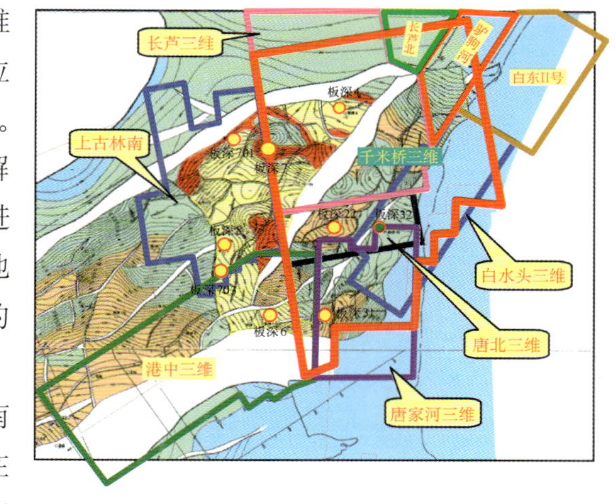


图5—5—5　千米桥潜山区勘探程度图

钻井勘探：千米桥潜山未获突破以前，仅在潜山西南侧钻有港深5和港深6两口古生界探井。1998年4月，在千米桥潜山主体部位钻探板深7井，于4521.5m进入奥陶系风化壳，发生泥浆漏失，并见到油气显示，经中途测试获得高产油气流。1999年在综合评价的基础上，先后于板深7井南、东、北部及南潜山部署了4口井（板深8、板深4、板深701和板深6井），均获工业油气流。

为进一步评价千米桥潜山和千米桥南潜山，利用千米桥二次采集连片处理三维资料解释成果，2000年在千米桥潜山主体部位相继钻探了2口勘探评价井和3口开发评价井；在南潜山钻探了3口探井。该区共完成各类探井15口，探井密度为0.24口/km$^2$。共探明三类天然气储量面积50.8km$^2$，天然气地质储量 331.15 × 10$^8$m$^3$。探明凝析油 895.9 × 10$^4$t。

## 五、以往物探资料品质与难题

### （一）以往物探资料品质

千米桥潜山地区的10块三维地震资料中，除1997年采集的上古林南三维因使用较先进的SYSTEM—Ⅱ地震仪器而资料品质较好外，其余三维区块是在1986—1993年间采集的，由于当时采集技术条件的限制与勘探目的层系的不同，深层资料品质很差，制约了对潜山的认识。1998年虽然对该区进行了大面积连片处理，但由于各三维区块采集年度跨度大（1986—1997年），采用的仪器、震源及采集方法各不相同，各区块的资料品质相差也较大，尽管消除了不同三维区块间的边界效应问题，但深层资料品质没有明显改进（图5–5–6），主要问题是信号弱和信噪比低。

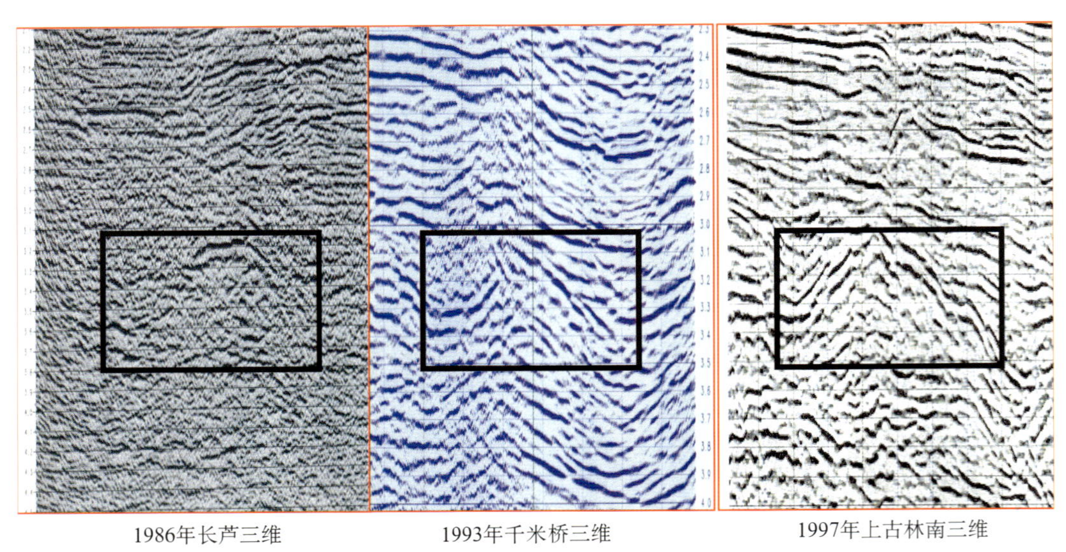


图5–5–6　不同年度采集地震资料品质对比图

## （二）存在的地质难题及物探技术难题

### 1. 地质难题

（1）地震资料品质差，精细落实潜山顶面构造形态与内幕结构难度大。

千米桥潜山由印支期、燕山期和喜马拉雅期等多期构造运动作用而成，构造褶皱强烈；潜山顶面风化剥蚀严重，顶面构造形态与内幕结构复杂。限于地震资料品质差，潜山内幕层构造解释难度很大，直接影响着有利圈闭的评价和井位选择。

（2）潜山碳酸盐岩储层非均质强，造成储层横向预测难度大。

已完钻的探井揭示千米桥潜山奥陶系顶部残存地层不一，储层裂缝、溶蚀孔洞发育；试油、试采结果揭示储层纵横向连通性差，储层非均质性强。储层横向预测难度很大，直接影响着气藏规模的评价和开采方式的选择。

### 2. 地震攻关面临的主要难题

1）噪音干扰严重、信噪比低

环境干扰严重，干扰类型复杂，既有来自电厂发电机组、采油井、正钻井等机械干扰源的非线性相干干扰，同时也有各类次生干扰、随机干扰、输电线路的交流电干扰以及水流和潮水变化形成的低、高频干扰。这些干扰频带较宽，对反射地震信号构成了直接的影响。

2）近地表地震地质条件复杂

千米桥潜山地震采集工区大部分为水域覆盖；陆地部分海拔高程仅为1～4m，低速带厚度约0～2m（河道两侧堤坝除外）；近地表现代沉积物成份变化较大，主要为流沙（工区南部）、沙板（海滩—极浅海）、胶泥（盐场区）及哈喇沙（牡蛎沙）等，形成不均匀地表条件。复杂的近地表地震地质条件，不但给地震的激发和接收工作带来巨大困难，而且能形成地震信号的地表层散射效应，可掩盖其后的深层反射信号。

## 六、主要技术措施及效果

针对上述地质难题与物探技术难题，从地震采集、处理、解释三个方面进行攻关。

### （一）三维地震目标采集技术攻关

#### 1．观测系统设计技术

利用宽线与仿三维观测系统进行实际采集，为后续三维设计提供了第一手资料（图5–5–7）。然后利用CMP面元分析技术（图5–5–8）、基于地质模型的CRP地震射线追踪分析技术（图5–5–9）以及观测系统数学模型和物理模型分析技术（图5–5–10），直接对不同观测系统的叠加成像效果进行比较，优选出适合该区的观测系统。

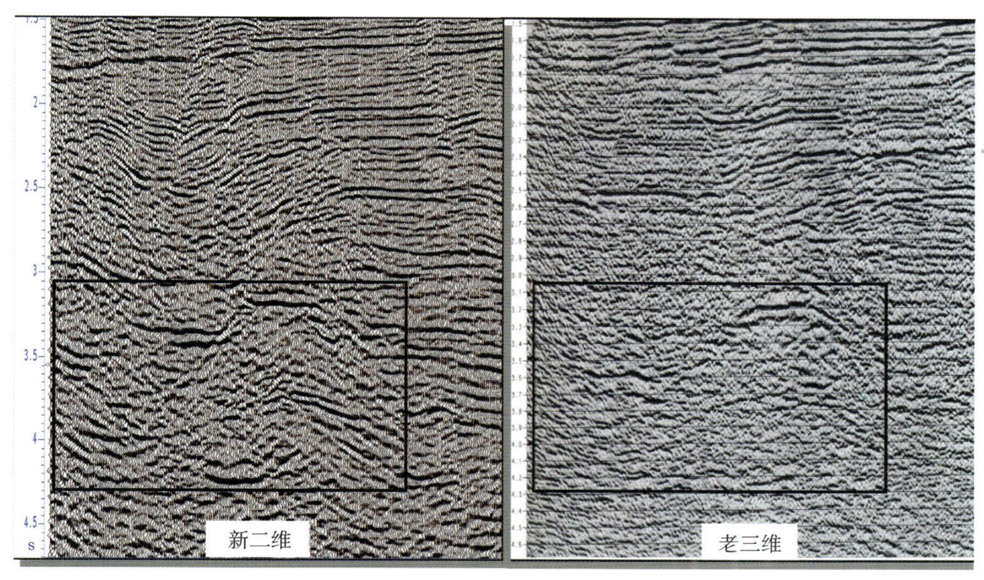


图5–5–7　宽线与仿三维观测系统二维试验效果

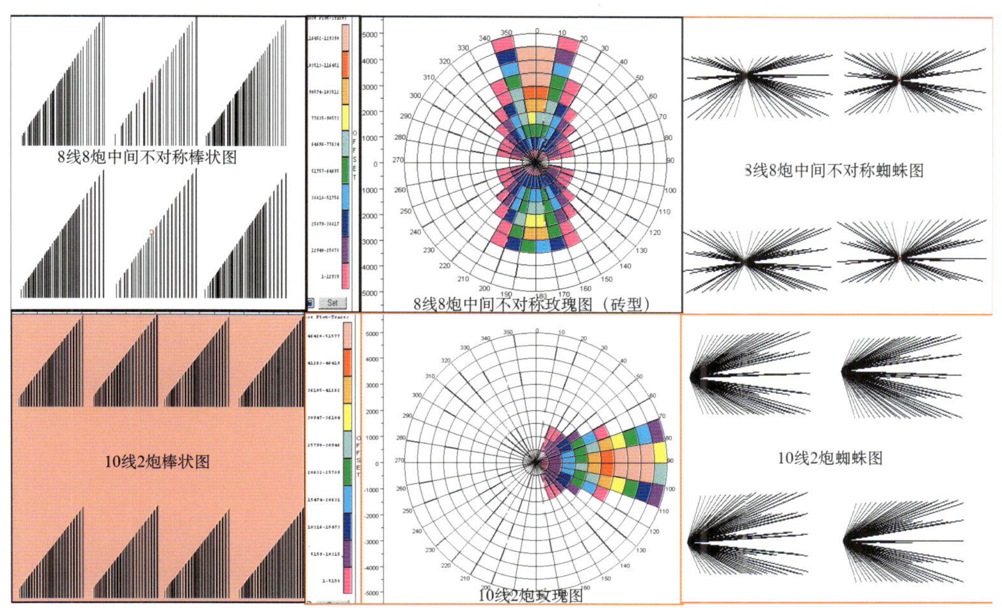


图5–5–8　CMP面元属性分析技术

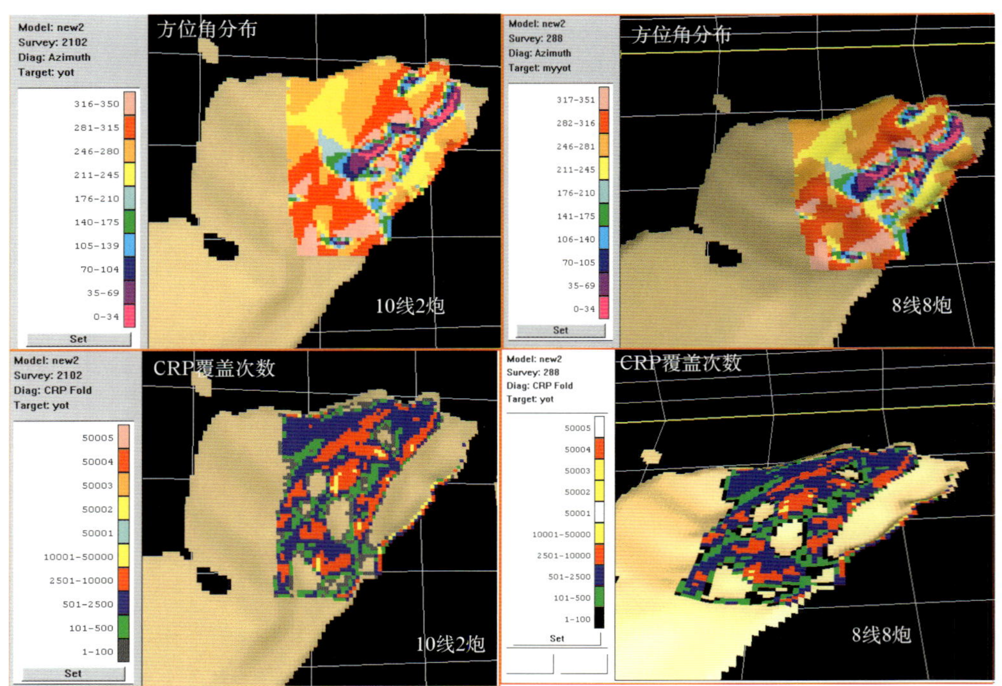


图5-5-9　基于地质模型的CRP地震射线追踪分析

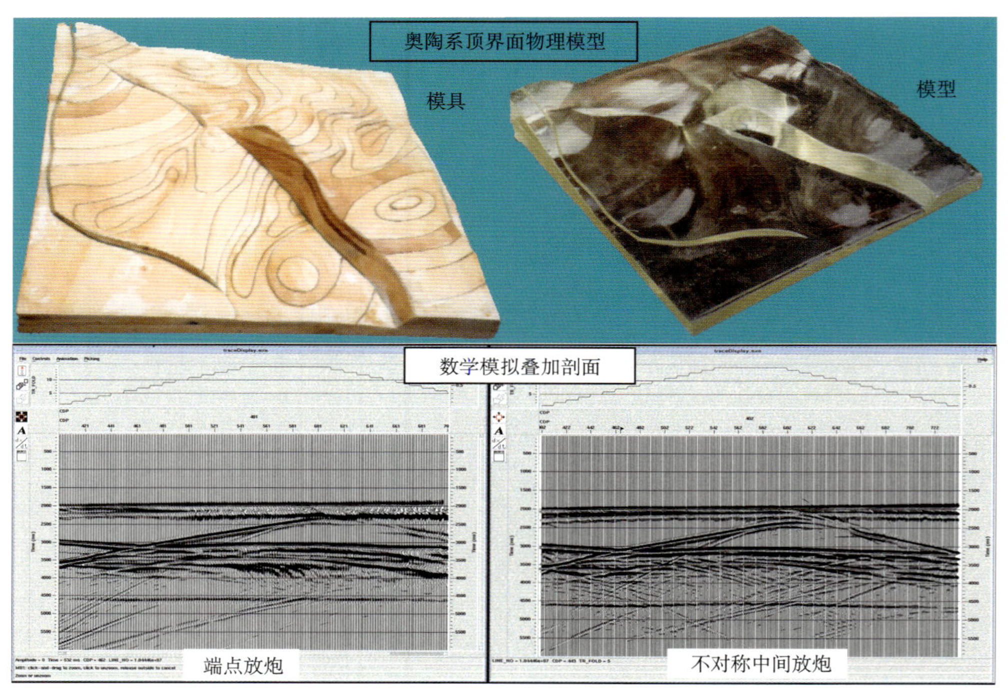


图5-5-10　观测系统数学模型和物理模型分析图

### 2．提高深层资料信噪比技术

利用全因素试验分析技术、高覆盖技术、组合检波与组合激发提高信噪比技术等来提高深层资料信噪比。

### 3．现场资料质量监控技术

利用漏电控制技术、噪音实时监控技术、野外道能量分析技术、计算机实时监控的现场设计技术（图5-5-11）来加强现场质量监控（图5-5-12）。

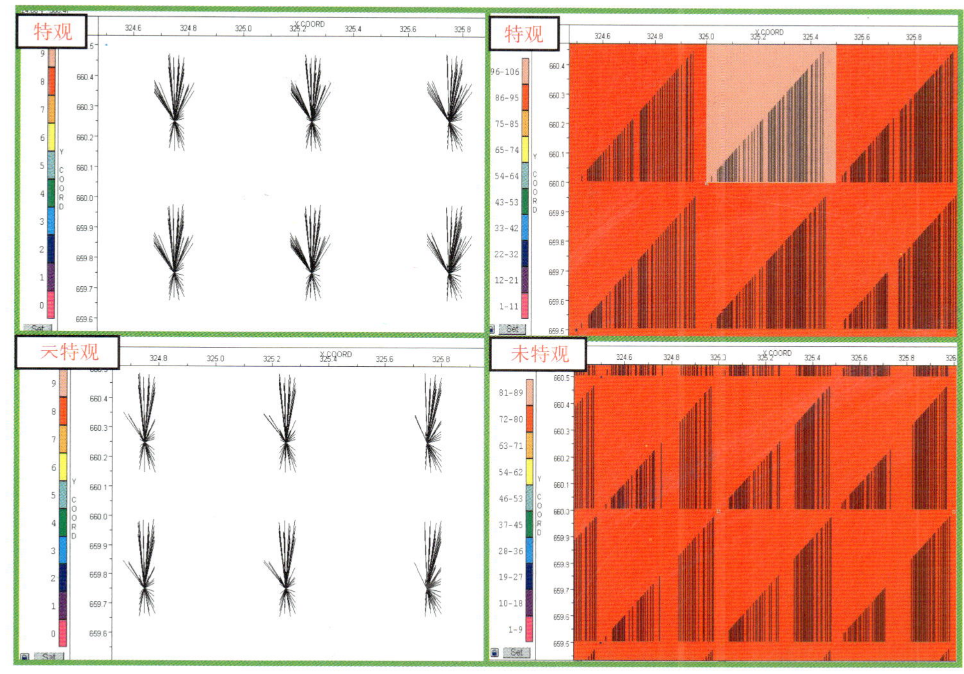


图5-5-11　现场资料质量监控技术——现场设计技术

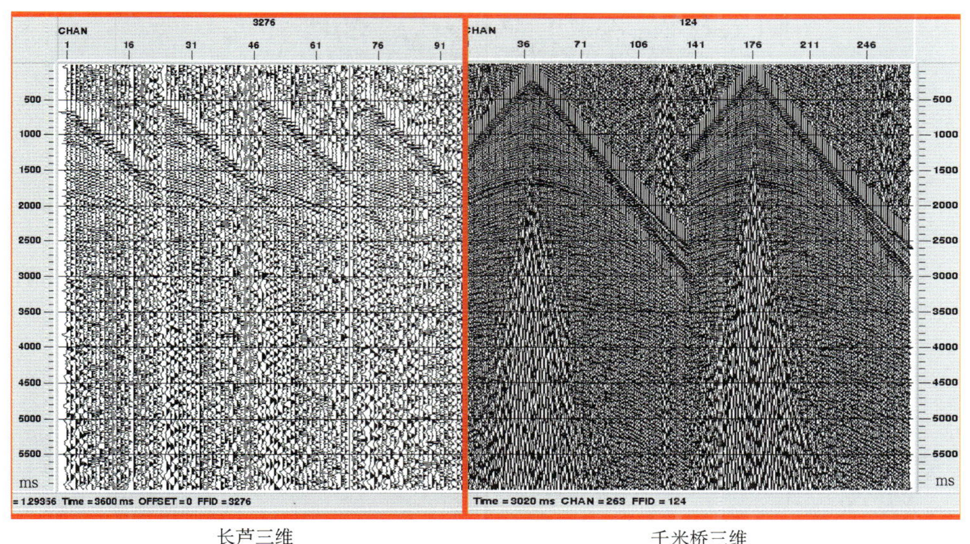


图5-5-12　千米桥三维与老三维原始资料效果对比

## （二）地震资料处理新技术应用

针对千米桥潜山区地震技术难点，研制开发了深层信号增强、地震噪声压制、深层目标成像三大处理技术系列。

### 1. 信号增强技术系列

包括升幂法信号增强、频谱展宽法高频恢复、频谱最佳调制信号增强等技术（图5-5-13）。经过频谱最佳调制信号增强处理前后剖面对比，噪音得到明显压制，深层信号明显增强。

### 2. 地震噪声压制技术系列

采用了聚束滤波压制多次波（图5-5-14）、减去法压制规则干扰（图5-5-15）、自适应强振幅突发噪声检测和压制（图5-5-16）等技术，很好地压制了多次波、规则和非规则干扰波，为高精度成像打

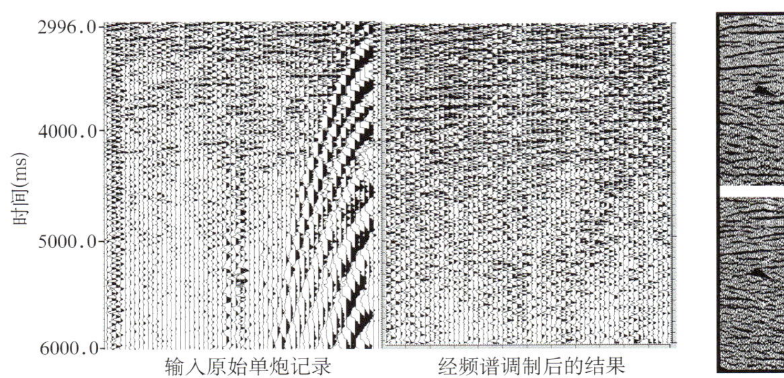


图5–5–13　频谱最佳调制信号增强技术

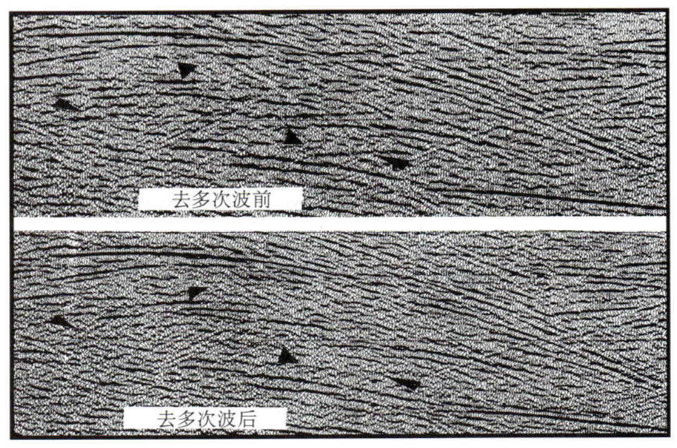


图5–5–14　聚束滤波压制多次波

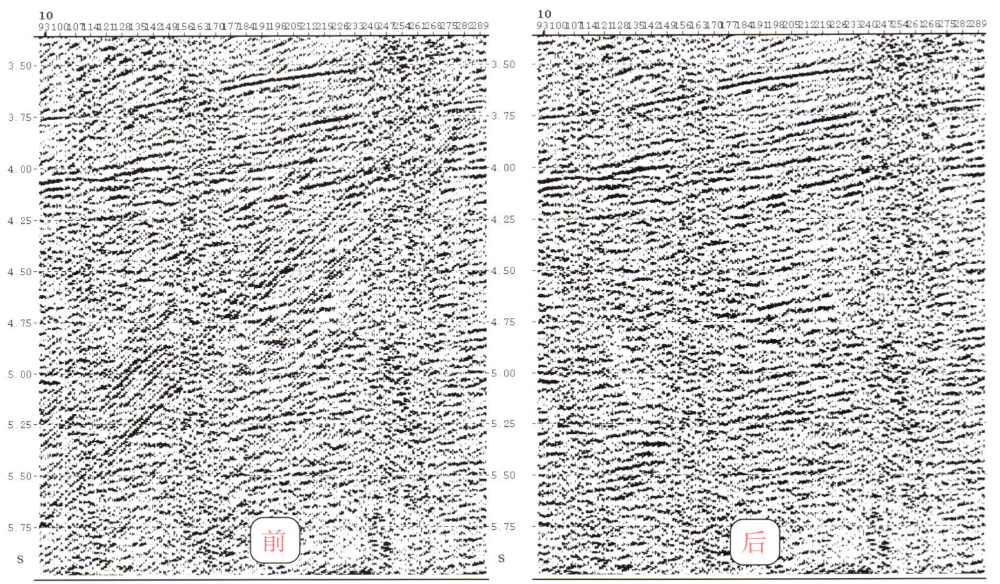


图5–5–15　减去法压制规则干扰技术

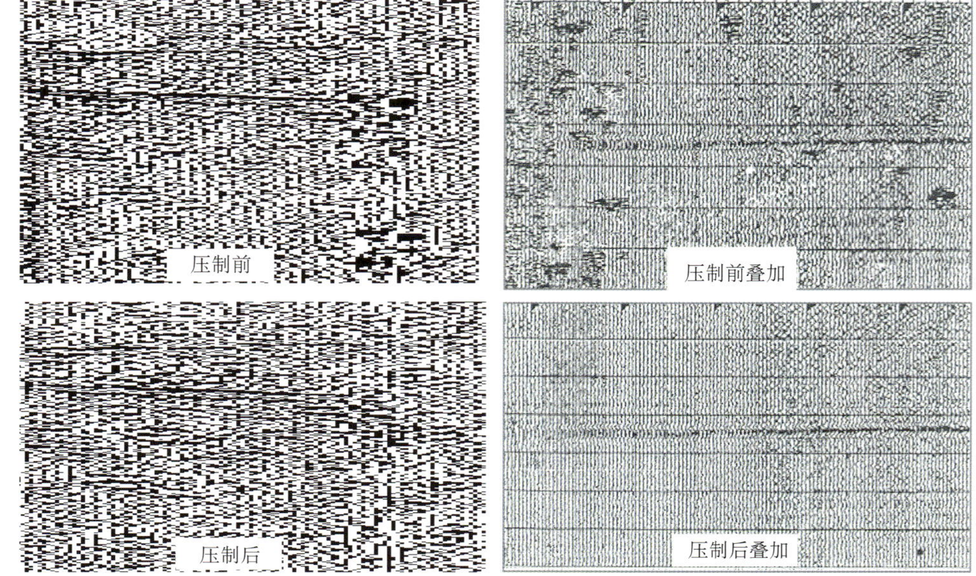


强振幅突发噪音压制前后炮记录比较　　强振幅突发噪音压制前后叠加效果

图5–5–16　自适应强振幅突发噪声检测和压制技术

下基础。

3．深层目标成像技术

主要采用了以地质模型为约束的叠后偏移层速度调整（图5—5—17）、基于VVO处理的高精度动校正（图5—5—18）、高倾角DMO（图5—5—19）等技术，大大提高了成像精度（图5—5—20）。另外，叠前深度偏移技术的应用也明显改善了地震资料成像品质（图5—5—21）。

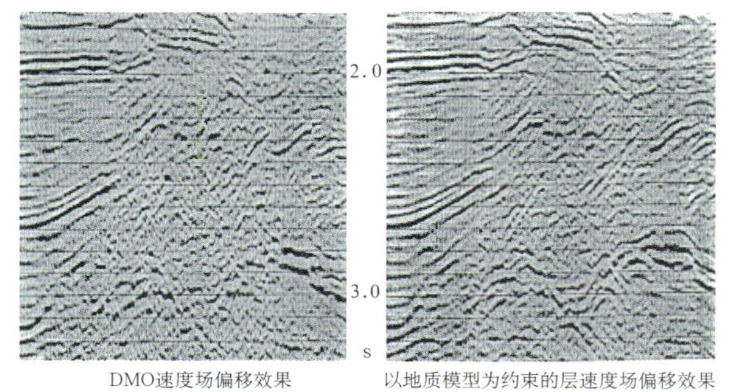


图5—5—17　以地质模型为约束的叠后偏移层速度调整技术

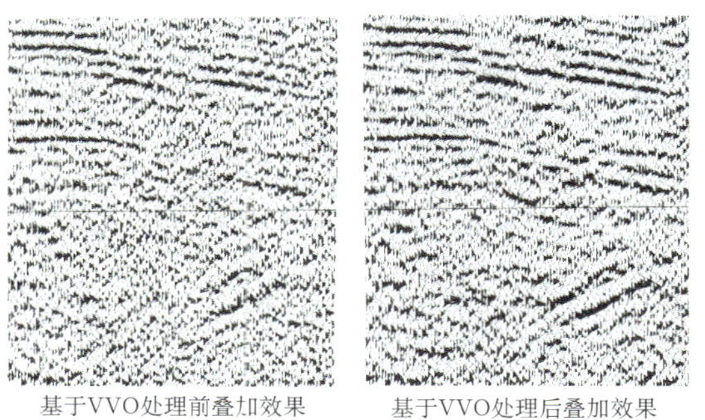


图5—5—18　基于VVO处理的高精度动校正技术

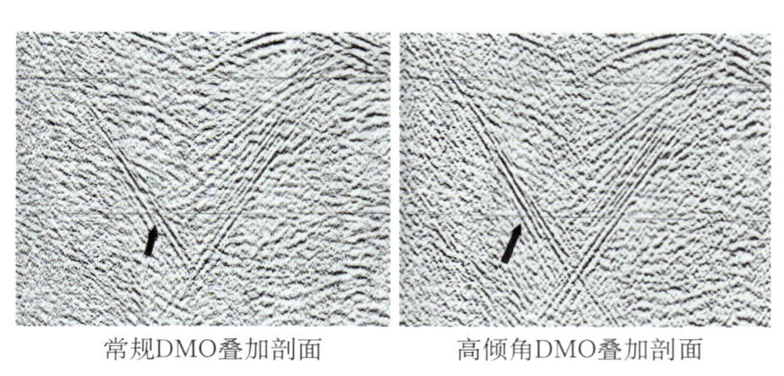


图5—5—19　高倾角DMO处理技术

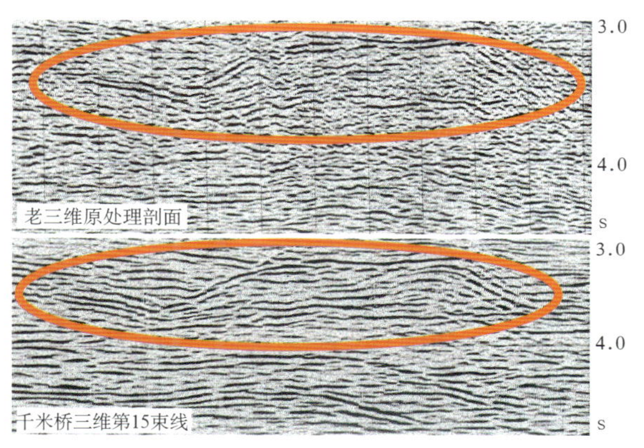


图5—5—20　资料处理攻关前后新老资料处理效果对比

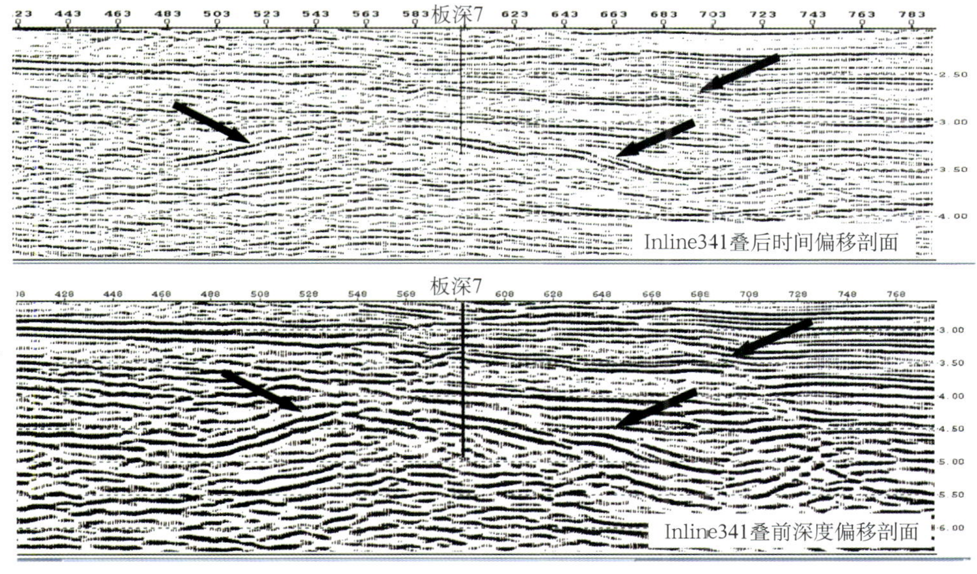


剖面信噪比和分辨率明显提高，同相轴连续、潜山顶面反射清晰、断点归位准确

图5—5—21　三维数据体的叠前深度偏移处理成像技术

（三）精细地震解释技术应用

1. **潜山构造地震地质解释技术**

1）精细层位标定技术

运用VSP“桥式”层位标定和声波合成地震记录标定（图5—5—22），确定奥陶系潜山顶界面对应地震反射两个强相位的第一个波峰。

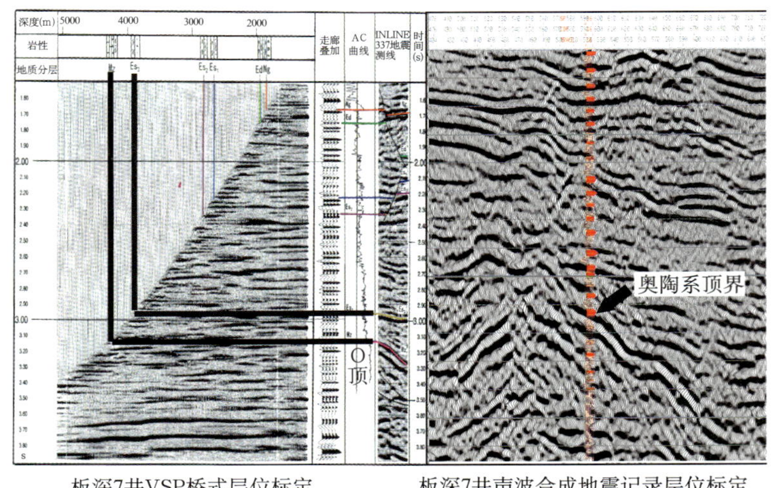


图5—5—22 板深7井VSP层位标定

2）层切片断层解释技术

层切片清楚的显示出控制千米桥潜山的边界断层以及内部次级断层的平面展布特点（图5—5—23）。

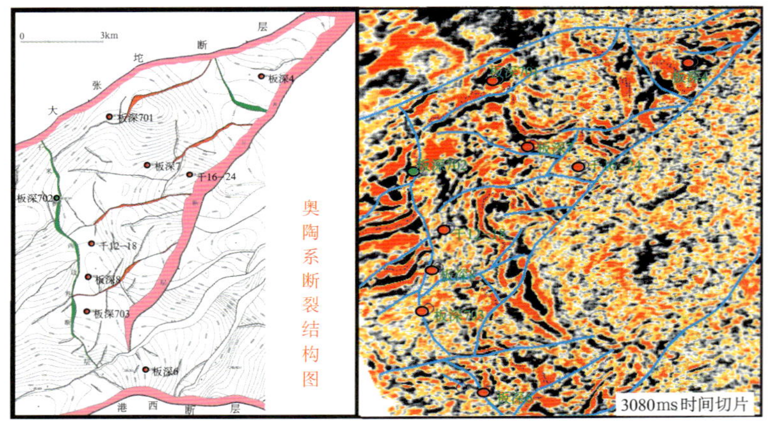


图5—5—23 千米桥潜山断层层切片解释图

3）应力场分析与模型推进法构造解释技术

千米桥潜山经过多期构造叠加，正断层和逆断层联合作用，内幕结构复杂。通过应力场分析，建立逆冲挤压构造模型，明确千米桥潜山古构造为逆冲叠瓦状构造体系（图5—5—24）。

4）岩性反演体与常规地震数据体联合解释技术

由于内幕层缺乏波阻抗界面，反射不清，将常规地震数据体与三维岩性反演体等相结合，进行内幕层段构造解释，收到了较为合理的解释效果（图5—5—25）。

5）三维可视化显示技术

利用三维可视化显示技术，千米桥潜山奥陶系顶面构造呈现出非常清晰的“南北分带、东西成排”

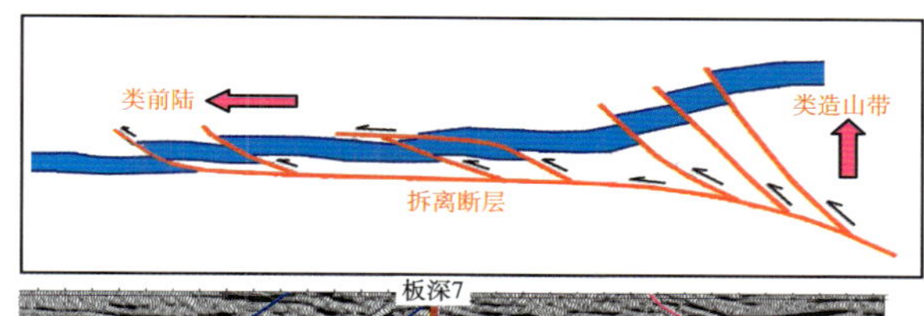


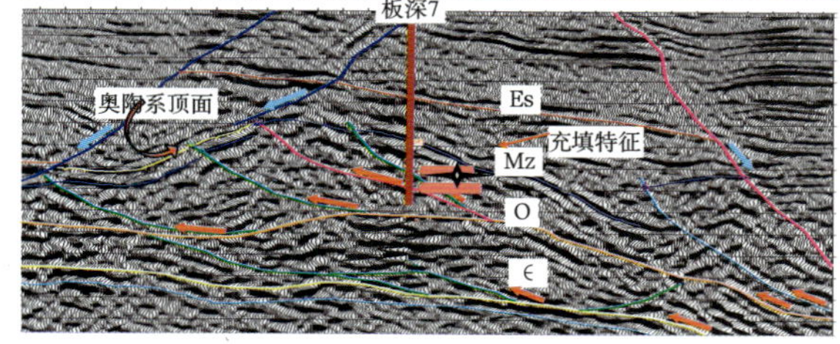


图5—5—24　千米桥潜山三维1341地震解释剖面

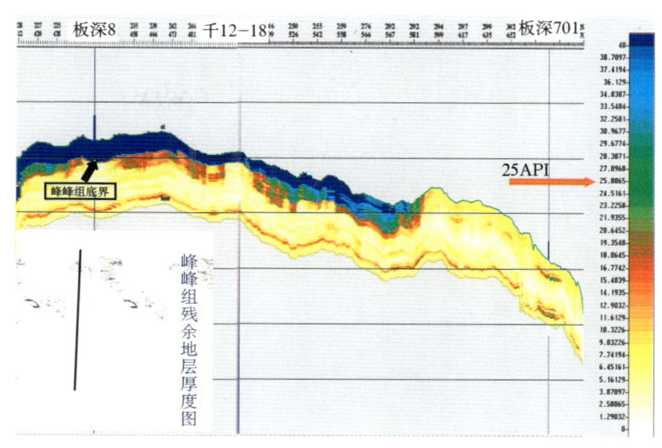


图5—5—25　千米桥潜山无铀伽马反演内幕层剖面

的构造特征（图5—5—26）。

### 2．奥陶系非均质储层预测技术

#### 1）构造曲率法预测裂缝

通过计算曲率值可预测裂缝发育区，图5—5—27为马家沟组顶界面曲率等值线图。

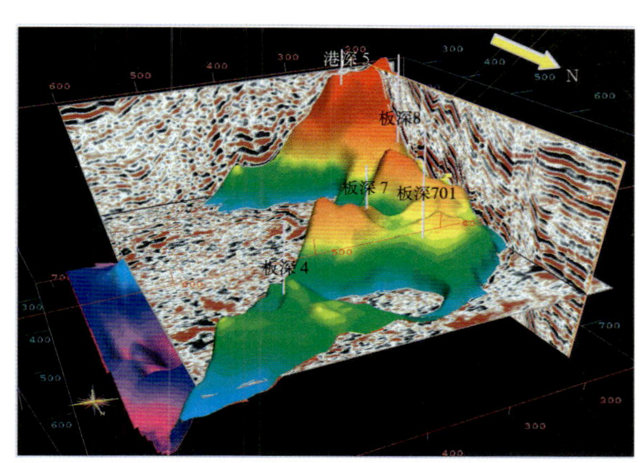


图5—5—26　千米桥潜山三维可视化构造显示图

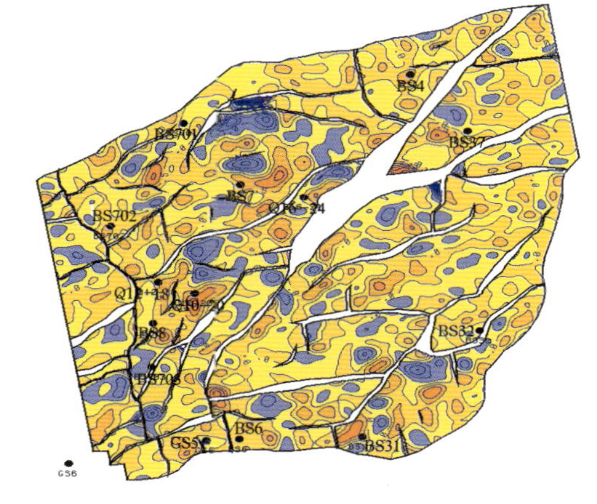


图5—5—27　千米桥潜山马家沟组顶界曲率裂缝预测图

#### 2）三维岩石地球物理属性反演

利用wellseis软件进行多种地球物理属性测井约束反演。完成了速度、自然伽马、电阻率、补偿中子4个三维反演数据体。三维岩石物性反演剖面清楚的显示出：奥陶系储层主要集中在潜山顶部，并且表现出垂向分带性（图5—5—28），与钻井资料吻合。利用测井解释的储层厚度作约束，拟合速度与有效储层之间的关系，计算出奥陶系上马家沟组上段储层厚度图（图5—5—29）。

## 七、主要地质成果与评价

### （一）搞清了千米桥潜山构造圈闭

千米桥潜山构造轮廓表现为边界分别受港西—白水头断裂系、大张坨断层和千米桥断层控制所形成的菱形块体。中间由断层分成千米桥潜山和千米桥南潜山两个山头。潜山构造的形成受控于多期构造叠加，顶面形态与内幕层构造具有一定的继承性。千米桥潜山共有5个局部构造圈闭，总圈闭面积44.2km²。千米桥南潜山内部受两条北东走向次级断层分割，形成“一垒一堑一台阶”的构造格局（图5—5—30）。

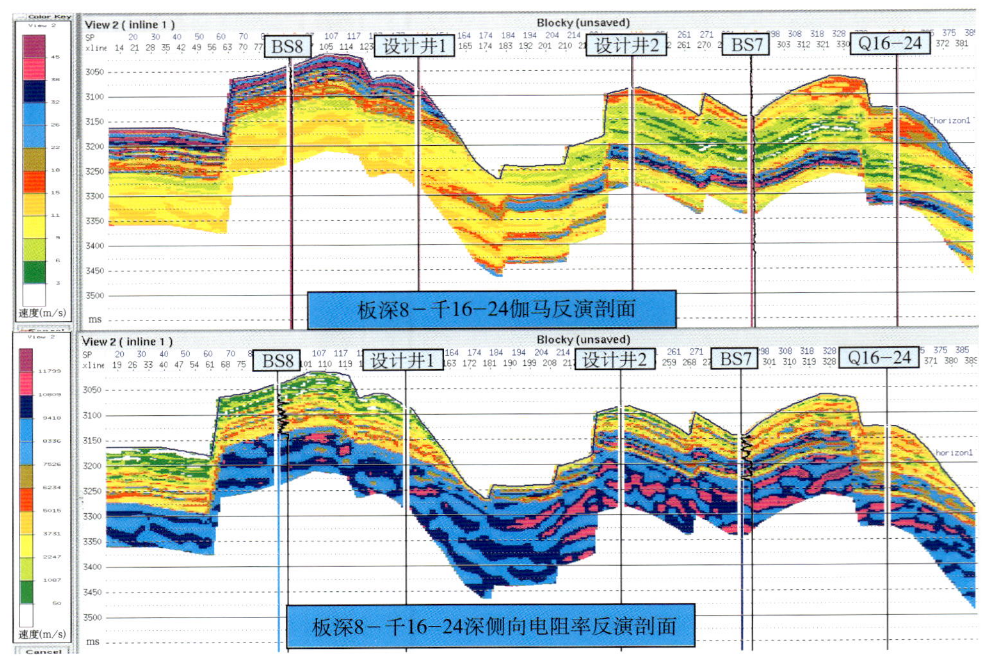


图5−5−28　千米桥潜山三维岩石物性反演剖面图

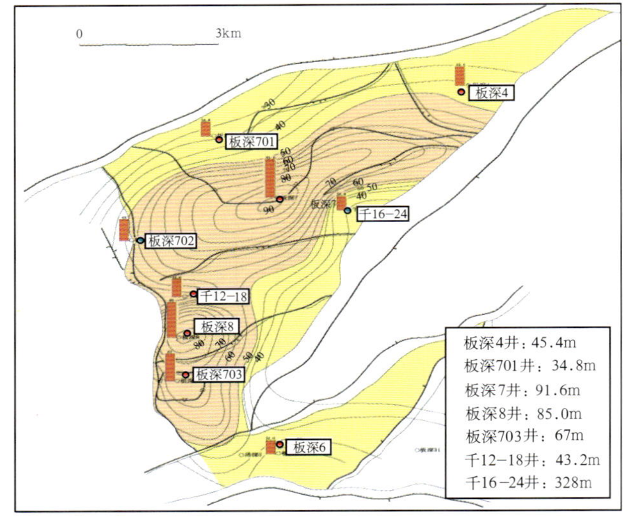


图5−5−29　千米桥潜山上马家沟组上段储层等厚图

## （二）明确了奥陶系灰岩储层宏观分布

### 1．垂向具有分带性

由上至下，储层由好变差。第一带：Ⅰ、Ⅱ类储层发育带，距风化壳10～120m，该带为千米桥潜山油气主要聚集带；第二带：Ⅰ、Ⅱ类储层发育带，距风化壳120～250m，总体孔隙度比上部地层减少；第三带：距风化壳250m以下，主要发育Ⅲ类储层，孔洞、裂缝发育程度较低。

### 2．平面表现分区性

构造高部位储层最发育，钻探表明位于古残丘上的板深7、板深8、板深4井储层都较发育。在构造低部位，由于岩溶发育程度较差，加之后期埋深较大，充填作用较强，储层不发育。

## （三）认识了千米桥凝析气藏

千米桥潜山油气藏为一受构造与储层双重控制的、储层具有强烈非均质性的层状凝析气藏。构造控制含油气单元，不同含油气单元油藏压力系统、产能特点不同；正断层控制油气圈闭，逆断层不控制油气圈闭，但控制局部地层分布，并且对储层性质具有改造作用。

## （四）上报探明储量

2000年上报上马家沟组板深7、板深8、板深4等5个构造单元，探明三级天然气储量面积44.2km$^2$，地质储量305.1×10$^8$m$^3$；凝析油895.9×10$^4$t。2001年上报板深6井区上马家沟组探明储量面积4.8km$^2$，三级天然气储量19.89×10$^8$m$^3$。上报板深31井区中生界天然气探明储量面积1.8km$^2$，地质储量6.16×10$^8$m$^3$。合计共探明天然气储量331.15×10$^8$m$^3$，面积50.8km$^2$，凝析油储量895.9×10$^4$t。

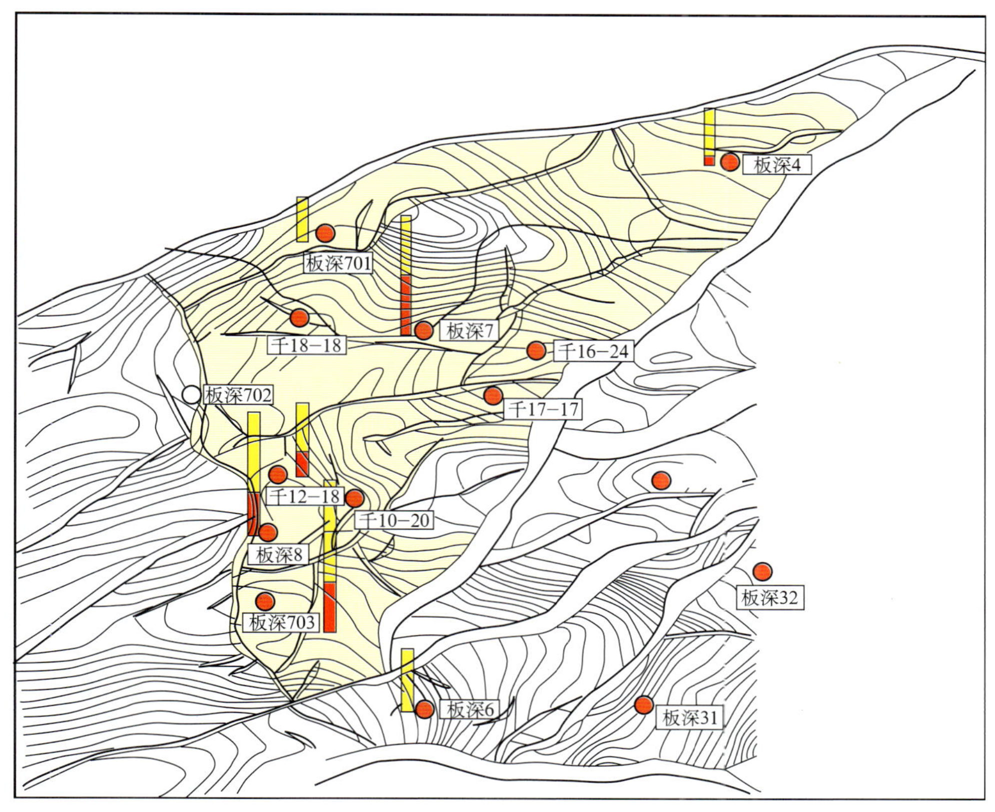


图5-5-30 千米桥潜山奥陶系马家沟组顶面构造图

千米桥奥陶系潜山气藏勘探的成功首先应归功于地震技术的不断进步。首先是三维地震连片处理技术的应用，使我们对潜山顶面形态有了完整的了解，认识有了提高，钻探有了突破；其次，三维二次采集技术攻关的成功，提高了地震资料品质；再次，连片处理以及叠前深度偏移技术的应用，使我们对潜山油气藏的认识进一步深化，扩大了勘探战果，为继续评价、钻探与开发，打下了坚实的基础。

# 第六章　综合物化探

重力、磁力、电法、化探等综合物化探技术是油气勘探开发中的另一个重要技术手段。利用地层的密度、磁性、电性及化学特征进行构造格架的划分和储层含油气性预测，是综合物化探技术的独特之处。近些年来，由于重力、磁法、电法、化探等仪器精度的大幅度提高和反演技术的快速发展，使得综合物化探技术解决地质问题的能力大大增强，针对特殊条件下的油气勘探、开发，为了降低投资风险和作业成本，综合物化探技术应用越来越普遍，不仅广泛应用于油气勘探阶段，而且正向油田开发、动态监测等方面延伸。综合物化探技术在西部复杂区、地震作业困难区的油气勘探中发挥了很好的作用，同时，在东部老油田区的应用中也见到明显的效果。本书从诸多应用实例中精选出了4个成功应用实例，供从事油气勘探、开发管理者和地球物理工作者思考，共同进一步挖掘综合物化探应用的潜力，为多信息、低成本勘探、开发油气田做出新贡献。

这4个典型范例是：(1) 利用高频电磁法圈定套保油田油水边界；(2) 井地电法新技术成功应用于油藏范围圈定和断块含油气性的评价；(3) 大宛齐油田化学勘探直接找油；(4) 综合物探在柴西环英雄岭地区的应用。

## 第一节　利用高频电磁法圈定套保油田油水边界

由于电法对储层物性的识别具有先天优势，因此，利用电法信息直接识别油气藏是人们一直在努力的方向。本节所做的工作表明，高频电磁法圈定套保油田浅层油水边界有明显的效果，是一次有益的探索，为浅层油气勘探探索出了一条新路。

### 一、地理位置

探区位于我国东北吉林省西部（图6−1−1），行政区划分属吉林白城、大安和洮南等县市。

### 二、区域地质概况

其地质构造位置位于吉林油田西部斜坡（图6−1−2），属于松辽盆地西断陷带。

### 三、地表及人文环境

区内地形平坦，海拔在130～140m；水系发达、交通便利，长白、平齐、通让等铁路贯穿工区，各县乡镇公路相连。区内，主要地貌为农田、旱地及荒地，夏季农作物主要有麦子、玉米等，秋季农作物收割后至次年开春是物探工作的黄金季节（图6−1−3）。区内交通便利，长白铁路横贯东西，公路四通八达。区内人文干扰较为严重，沿公路和铁路有农业及工业主干电网通过。

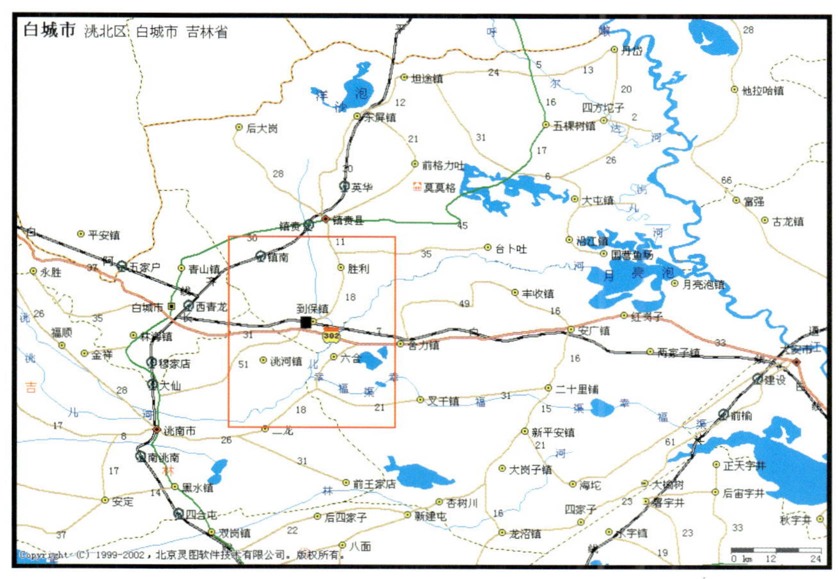


图6−1−1　探区地理位置

图6−1−2　探区区域地质位置

图6−1−3　探区地表地貌

## 四、勘探程度

该区在20世纪90年代以前便开展过勘探和钻井工作，部署的钻井达数十口，见油气显示，但均未获得油气突破。90年代以来，特别是近年来，进一步部署了物探工作，主要探区地震测网已达2km × 2km，基本查明了西部斜坡套保地区构造特征（图6−1−4），其中重要的成果是在该地区确定了一北北东向逆冲断层，并在该断层东侧上升盘发现了与断层伴生的近北东向展布的串珠状局部构造数个。圈闭类型除87井区为背斜外，均为断鼻，且面积、幅度都不大，总圈闭面积达数十平方千米，构造幅度10～30m不等。1997年在Ⅰ号构造上钻探的白87井于312～347.6m段试油获0.75t/d的工业油流，突破了西部斜坡区工业油流关，尔后部署的白92、白102、白103等井也相继获得了工业油流。截至2000年，完钻探井166口，有97口井钻遇萨尔图油层，74口井在萨尔图、葡萄花油层见较好显示，下套管井60口，有39口井进行了试油，其中9口井（白87、白92、白95、白103、白104、白105、白106、白98、白73）获工业油流，4口井获少量油流，

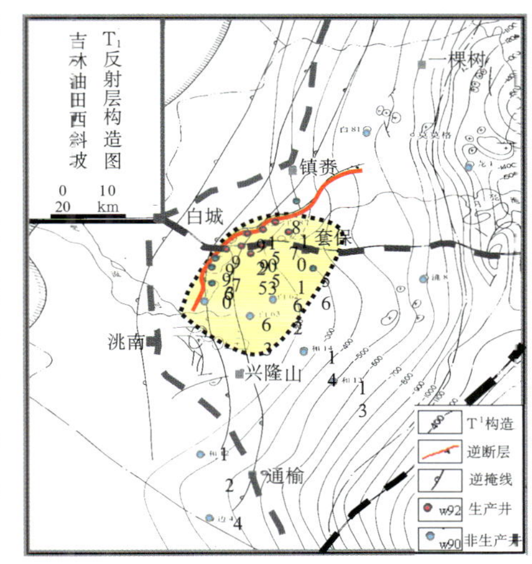


图6−1−4　探区构造位置

9口井见油花或微量油，探井主要集中分布在套堡稠油区及其以东的斜坡区。目前，套堡地区已提交探明石油地质储量 $2046\times10^4$t，预测储量 $14617\times10^4$t。

## 五、以往物探资料品质与难题

西部斜坡已查明的圈闭资源量均以构造圈闭为主，浅层成藏条件研究表明，还有大量岩性圈闭、地层超覆圈闭有待发现。因此，加强该区的勘探，特别是地层超覆圈闭的识别是西部斜坡油气勘探方向。

通过分析工区的资料和石油地质条件，对西部斜坡区勘探工作的难点总结出如下几点：

（1）以往多年度勘探，地震资料品质差异大，连片工业制图困难；特别是静校正问题突出，主测线和联络测线累计达40余处。上述资料情况给准确落实构造和断裂展布带来很大困难。

（2）构造圈闭发育程度低、规模小。

该区广大面积为宽缓斜坡，构造不发育；局部圈闭面积小（多数小于 $1.5km^2$），幅度低（多数仅几米、十几米）。

（3）隐蔽圈闭识别难。

由于该区构造圈闭发育程度低、规模小，勘探目标必然指向隐蔽圈闭。但通过实际工作和技术调研，目前还没有找到一套成熟的利用地震资料识别隐蔽圈闭的方法，因此，重新部署地震工作也难以解决有利油气目标的预测。

（4）砂地比高，盖层不发育，寻找有效圈闭难。

本区主要目的层青山口组—姚家组处于扇三角洲平原相带，发育大套厚层砂岩，层间泥岩夹层少而薄，影响断鼻圈闭的有效性，对于断层—岩性复合圈闭的形成也不利；因此前缘带的成功经验在该区的应用需针对具体目标进行具体分析。但嫩江组一段、二段的泥岩在全区发育，可作为区域性盖层，为其有利条件。

（5）成藏机理复杂。

地化分析认为，西部斜坡区油源主要来自于中央坳陷区青山口组烃源岩，也可能有本地深部油源；对于西部斜坡区构造圈闭钻探失利，普遍认为是地表水侵入破坏了古油藏。

## 六、主要技术措施及效果

### （一）有利条件

（1）该区目的层埋深很浅（姚家组顶面埋深200～1000m左右），利用高精度电磁测深直接进行岩性圈闭的探测，圈定高阻油藏范围，不但速度快，而且成本低，因此经济效益高。

（2）该区已有钻井、测井资料表明，含油砂岩层具有高孔隙度（30%以上）、高渗透率（可达上万个毫达西）、高电阻率（是围岩的数倍）等明显的物性特征（图6-1-5）。上覆泥岩电阻率一般3～8Ω·m，而产油层电阻率可达50～100Ω·m。姚家组产油层电阻率比上覆泥岩电阻率高10倍之多，产油层与上覆泥岩电性界面非常清楚。因此，采用电磁法勘探具有相当有利的地球物理条件。

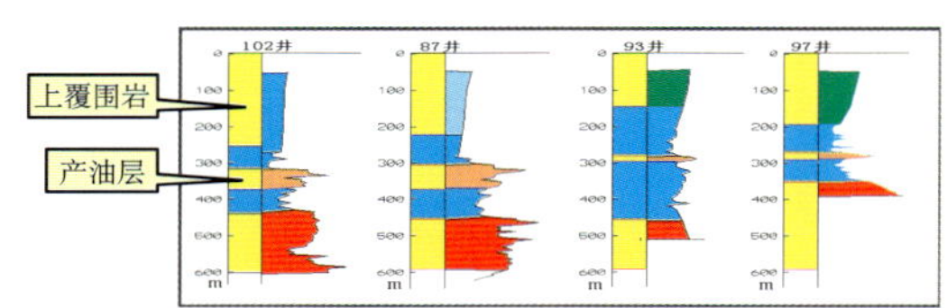

图6-1-5　探区典型电测井曲线

### （二）主要技术路线

#### 1．从已知到未知总结规律

沿探区西部已知探井（包括工业油流井和非工业油流井）进行了连井高频电磁测深剖面试验，从中总结了工业油流与非工业油流的剖面电性特征。

图6−1−6a和图6−1−6b是连井测线视电阻率等值断面和相位断面，它们相应地反映由浅到深的电性特征。通过对比工业油流井w92、w102、w87与非工业油流井w97、w93、w5的剖面特征，可以非常清楚地发现它们之间的明显差别：在相应的频率段上工业油流井的视电阻率为高阻，相位为低相位异常；非工业油流井则相反。

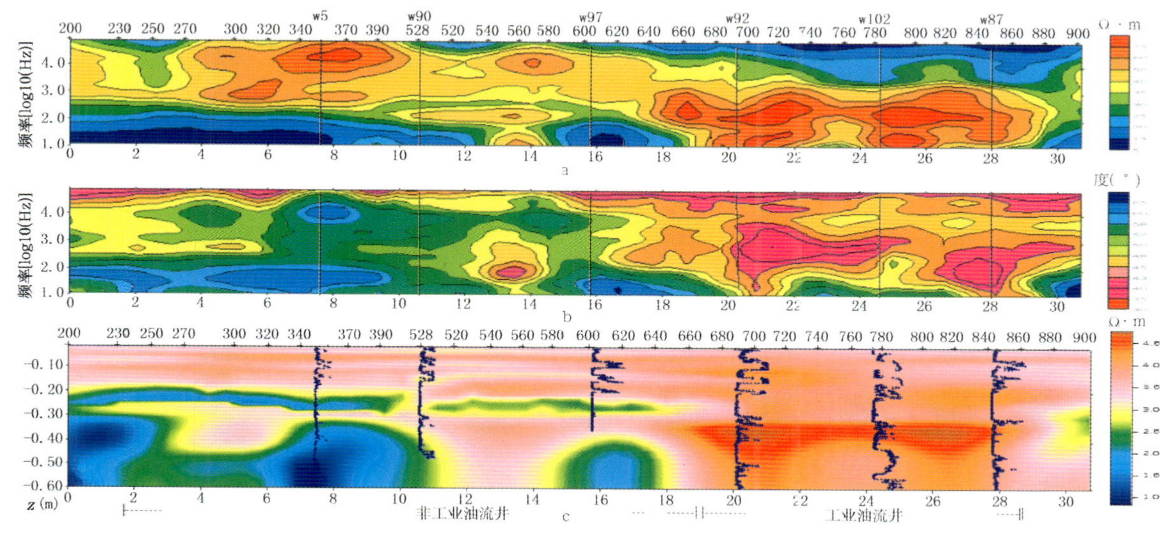


图6−1−6　连井剖面处理解释成果

a —视电阻率剖面；b —相位剖面；c —二维反演剖面

#### 2．进一步定量处理获得储层参数

电磁法反演存在多解性，因此用地震资料约束界面，提高了电阻率反演的精度。图6−1−6c是用已知地震及测井资料作为约束完成的二维反演成像断面。它定量地描述了含油圈闭的剖面电性特征，工业油流井w92、w102、w87所在的断面上目标储层的深度约300m，油藏本身即核部电阻率大于37Ω · m，上覆地层电阻率相对升高，相对于区域电性形成高阻异常，下伏地层油气运移形成的通道也呈高阻；而w97和w93井以南则有明显不同的特征。

#### 3．总结含油储层电性特征

根据上述定性与定量的剖面电磁属性可以总结如下规律：工业油流井所在的剖面段及目的层（油藏）本身为高阻，相当于油气核部；上覆盖层为相对高阻，可能为油气渗逸造成；下面还有高阻异常体，可能是油气运移形成；地表为低阻（高极化），可能是烃类在近地表氧化还原造成。

#### 4．归一化处理与成图

为了研究目的储层的电磁属性与储层特性之间的关系，我们对目的层进行了电磁属性的提取，同时根据已知油气井情况确定电磁属性的相关度，并进行了归一化处理。通过对全区剖面的统一处理解释，获得了储层总异常图（见图6−1−7）。

## 七、主要地质成果与评价

通过对探区进行电性综合评价，圈定出两个油气有利区，其中Ⅰ号有利区有若干已知油气井，根据测井孔隙度—电阻率、渗透率—电阻率、饱和度—电阻率关系曲线，可知产油层电阻率高，孔隙度高，渗透率高，含油饱和度也高；根据电阻率与孔渗饱的关系，我们将电阻率平面图转换为孔渗饱平面图，见图6-1-8。通过与已知探井的对比分析，确定了异常的分级：图6-1-7中红色区对于为工业油流区，黄色区对应为低产区。

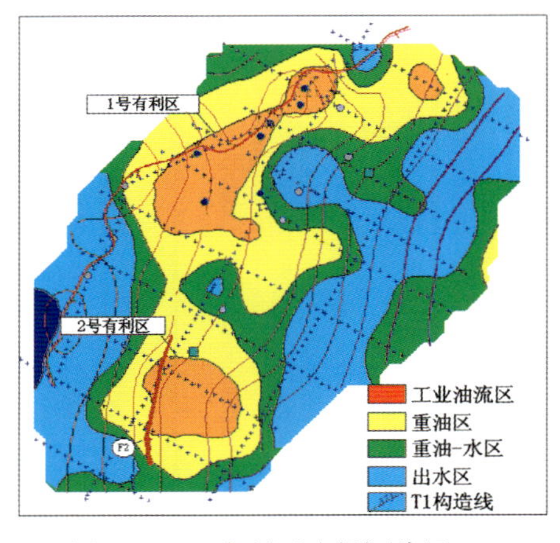


图6-1-7　有利区分级评价图

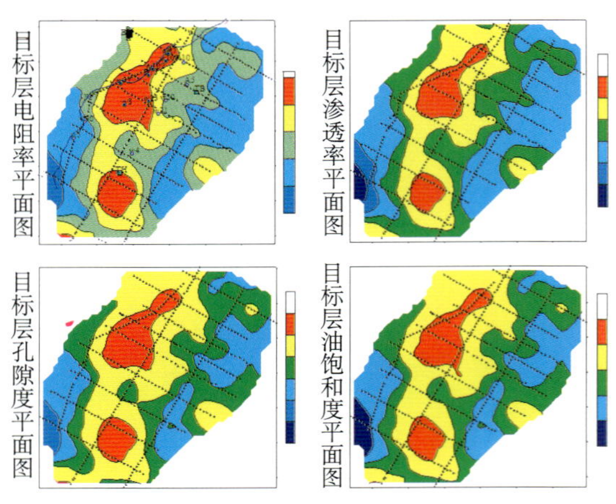


图6-1-8　孔渗饱平面图

对于Ⅱ号有利区，分析了其构造特征和沉积特征，从其沉积环境来看与Ⅰ号有利区相似，由于基底构造及断层（F2）发育，因此有断层的侧向封堵及下油上储的可能，若满足成藏条件即可富集油气，推测指出Ⅱ号有利区可能为地层超覆圈闭，圈闭面积约14km²。

目的层电阻率总体上呈西北高东南低，反映了从西北至东南砂体由粗变细、由厚变薄的趋势。目的层厚度图反映了古河道砂体的展布。厚度大于40m的高阻层，总体形态呈由西北向东南的走向，表明自西向东的目标层砂体延伸方向顺构造倾向由物源指向生油区。其中Ⅰ号有利区位于河道由北东向转为南北向拐弯处；Ⅱ号有利区在下游河道交汇处，即河道由南北向转为北东向的转向处，见图6-1-9。与根据重矿组分分区推测的古水系及走向一致，见图6-1-10。

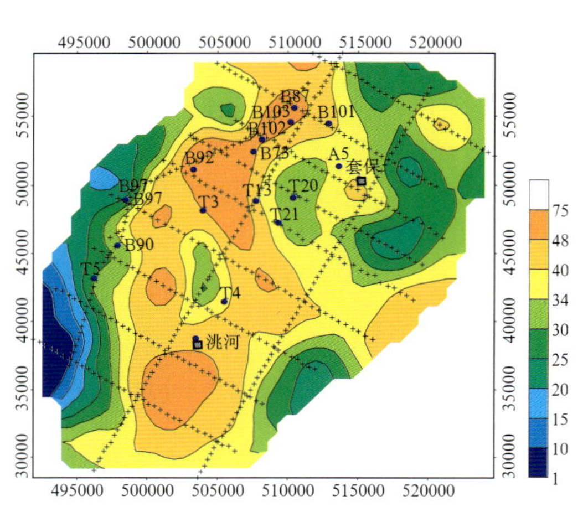


图6-1-9　砂体展布与目的层厚度图

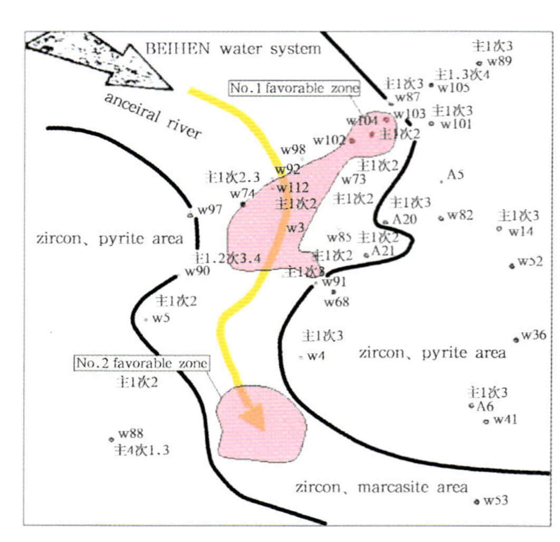


图6-1-10　有利区与古河道叠合示意图

因此认为，横向上逆断层以东红色区应为含油区（以纯油为主），黄色区应为油水同层或上油下水（单砂层区）的低产区；其余应为非含油区，不具工业油流，以水为主。建议在黄色区内钻探试油时，应以电性较好的单层上部为主。平面上油气富集在构造高部位，向东顺斜坡逐渐变差，为油－油水－水。物源来自西北，向东、东南呈（多期）尖灭。

这次采用高频电磁法进行储层研究，主要根据剖面电性特征及与已知产油情况对比，分析其中的特征与关系，从而探索出了利用高频电磁法圈定油气有利区的方法。

因为剖面的电磁属性与储层属性有更直接的相关关系，用电磁法研究储层意义更直接明确。这里用约束反演得到储层电磁属性和厚度，与已知油气情况建立关联方程式，获得储层属性的横向预测结果，是合理可信的，对该油田下步勘探开发部署具有重要的指导作用。

# 第二节 井地电法新技术成功应用于油藏范围圈定和断块含油气性的评价

在大港六间房地区开展井地电法的主要任务是圈定房19井区明化镇组952～959m层段内第一油层的油藏范围，并落实明二段第二可能储层及预测相邻断块的含油气性。经过试验和应用为油气田开发探索出一条崭新的道路。

## 一、地理位置

六间房地区位于北大港构造带西段港西开发区。

## 二、区域地质概况

区域构造上位于北东走向的北大港潜山构造带，是一个被断层复杂化了的背斜构造，东西长11km，宽3～5km，构造面积55km²，构造东陡西缓（图6-2-1），呈北东向展布，南北两翼比较对称。含油目的层明二段油组顶部发育了约25m厚的稳定泥岩，形成良好的储盖组合。各断块内储层分布比较稳定，油层物性好，属断块型构造油气藏。其油源来自东南侧歧口凹陷生油区，运移通道垂向上穿层而上，以断裂为主，横向上顺层远去，以层状通道为主。运移指向是北大港潜山构造带高部位，其东南侧主断层是主要运移通道。

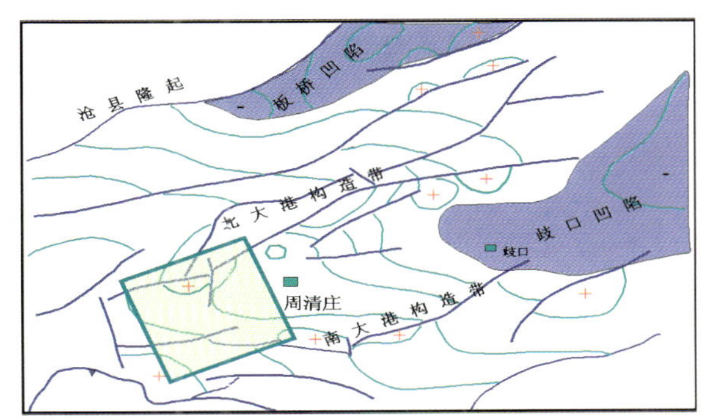


图6-2-1 工区区域构造位置示意图

## 三、地表及人文环境

工区地表以平原农田为主，地形较为平坦，局部有盐池和水塘。区内村庄密集，交通便利，人口稠密，有部分油田作业井区分布在工区内，电网发达，地表电磁干扰和人文干扰较为严重，见图6-2-2。

图6-2-2 工区地表及干扰情况

## 四、勘探程度

区内勘探程度较高，井地电法工区已被三维地震资料所覆盖。

区内产层为第三系明化镇组下段和馆陶组。明下段属泛滥平原曲流河沉积，储集层砂体以点坝为主，也有滞留沉积和天然堤沉积。1965年3月港3井在明化镇组获高产油流后，于1970年全面开发。

房19井完钻于1996年5月，在明化镇组二段952.5～959m井段发现油层，试油一层3m的油层，用2mm油嘴，获油1.07t/d。累计产油19t，产水0.46m$^3$，划分单井有效油层6.4m。此外在明二段1109.6～1116.8m发现可能油层7.2m(试油日产水17m$^3$)。

井地电法工区内已有3口井见油气（表6-2-1），总体上说本区勘探程度较高。

表6-2-1 工区内几口探井产油气情况

| 井 号 | 试油井段（m） | 产 量 | | |
|---|---|---|---|---|
| | | 油（t/d） | 水（m$^3$/d） | 气（m$^3$/d） |
| 房 19 | 925～959 | 1.07 | — | — |
| | 1109.6～1116.8 | — | 17 | — |
| 房 24 | 1064～1069 | 6.28 | — | — |
| 房 23 | 1014～1016 | — | — | 4400 |

## 五、以往物探资料品质与难题

地震资料品质较好，各主要层位的构造图清晰，断裂体系也较为清楚。但利用地震资料难以判识各断块的含油气性。

区内存在两套储集层，从房19井来看，这两套储层分别位于925～959m和1109.6～1116.8m井段。同时，构造被断裂所复杂化，断块面积不大，油藏属于构造—断层圈闭类型，并有可能受断层遮挡。不同断块之间的含油气性可能存在差异。因此，本区井地电法勘探主要有两个难点：一是如何在强干扰地区有效地从区域电磁背景中区分出不同层位油气藏的局部异常；二是在横向上区分和圈定不同层位的油气异常，并预测相邻断块的含油气性。

## 六、主要技术措施及效果

技术措施1：针对目的层进行大功率井地激发，地面高分辨率采集，有效压制电磁干扰，突出目标异常。

激发选在工区东南角的房19井中，供电电极中的B电极位于井口，A电极设置在房19井已知储层的上方及下方（见图6-2-3），深度分别为820m(电极$A_2$)和1130m(电极$A_1$)，发射源采用大功率HITEC系统。为了获得有关地层剖面的电导率和激发极化信息，在分析介质地电模型的基础上，确定了激发频率（表6-2-2），采样率为1ms，即$\Delta t$=1ms。

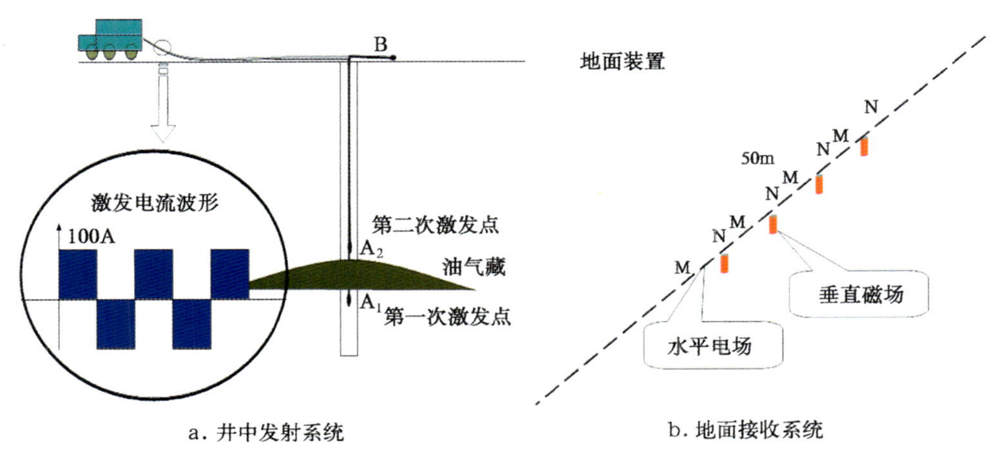


图6–2–3　大功率井—地电法施工示意图

**表6–2–2　大港六间房地区井地电法激发频率表**

| 频率（Hz） | 周期（s） | 周期数（个数） |
|---|---|---|
| 16.11 | 0.062 | 200 |
| 8.000 | 0.125 | 128 |
| 4.000 | 0.250 | 128 |
| 2.000 | 0.500 | 64 |
| 0.125 | 8.000 | 64 |
| 1.000 | 1.000 | 64 |
| 0.500 | 2.000 | 64 |
| 0.250 | 4.000 | 64 |

测网包括了房19井、房24井、歧447井等区块，呈网格状分布，施工面积约9km²，共计19条测线，总长30km，900个物理点，部分测线重复了三维地震的测线。在资料处理中采用线性和非线性滤波，用激发点电流记录对观测数据进行处理，压制工业电磁干扰(50Hz)和不稳定的宽频谱干扰。最终获得的视电阻平均测量误差只有0.1%，双频相位参数的误差仅0.05°。

技术措施2：在统一的坐标空间（$x$，$t_0$）内，利用三维地震和测井资料标定和解释井地电法资料（图6–2–4），详细分析地电剖面，有效区分和标定油气目标激发极化异常。

烃类存在的电性特征主要有两方面：一是烃类储集区电阻增高，二是泊气藏上方方解石化和次生黄铁化晕以及油水界面上孔隙空间特性的改变所引起的激发极化强异常。因此，资料分析从频率域和时间域两方面同时进行，重点分析与地质剖面含油气性有关的双频相位参数和与剖面岩性和流体饱和度有关的视电阻率两种参数。双频相位参数极小值反映目标油气层的边界。

激发极化和电阻异常不仅与油气有关，还可能与其他物理—地质因素有关。在很大程度上必须采用电法和地震综合解释才能消除电阻变化中的岩性因素影响。地质剖面中速度和电阻存在很高的相关性。储层充满(油或水)后储层电阻率会发生急剧变化，而储层的速度特性实际上没有什么影响。但在改变地层的岩性情况下，地层的速度和电阻将同步变化。所以电阻和速度变化的相关关系变化可作为预测储层

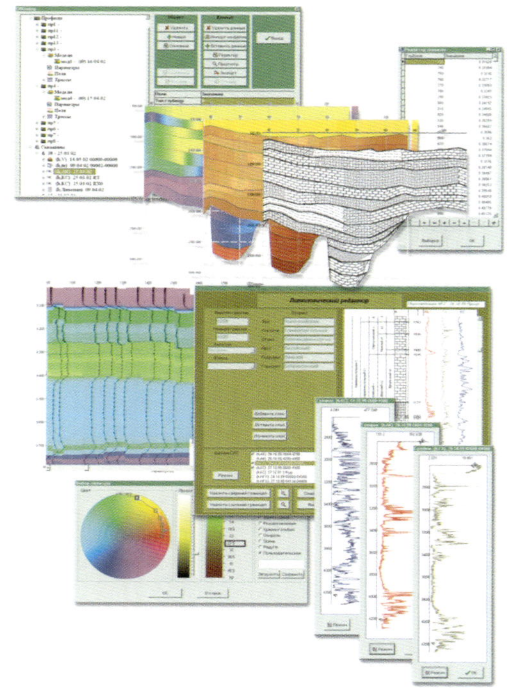

图6-2-4 利用测井电性资料进行标定和约束反演

油饱和性的补充标志。所以，在电法资料解释过程中通过研究已知油气藏的资料，确定激发极化和电阻异常与已知油气目标的关系，对与油气远景目标或其他地质原因有关的异常依据其强弱程度进行分类。

用剖面和平面的空间滤波来识别激发极化局部异常。先分离剖面上激发极化的区域信息和局部信息，再选择最佳滤波器使其特性能压制小于500m和大于1000m周期的空间谐波，获得目标层段的激发极化相位异常，在此基础上编制预测平面图。油气藏上方的典型异常是油藏中部上方低极化率异常与油藏外边界上方的高极化率窄带的组合。井地电法在房19井、房24井区识别出可信的激发极化相位异常，房23井区还有一个较小的异常。层电阻率异常等值线图（图6-2-5）上圈出了相位参数异常范围，与相位参数异常吻合较好，但是电阻率在平面有变化，表明储层具有非均质性。

通过对双偶源差分信号的一维和二维反演（图6-2-5），获得了各剖面的地电模型。

在广义的垂直地层 $t_{B}(h)$和电磁 $t_{3C}(h)$时距曲线基础上计算地震($t_0$)和电磁($t_{3C}$)信号对同一界面的记录时间的相互关系曲线参数。在考虑剖面岩性特点情况下，可以用该参数在平面图上的变化规律值求得每个井地电法观测点上的预测垂直地震时距曲线(拟地震测井)。相应地，预测出剖面的速度参数。在地震（$t_0$）和电磁（$t_{3C}$）记录时间的相互关系规律基础上所有地电特性都可换算到地震时间剖面坐标，并在($x, t_0$)坐标内绘制电阻率断面。利用剖面的层参数(预测的层速度，电阻率)计算地震电法综合参数($K$)，这个参数表示剖面目的层段流体饱和特性变化。将剖面上地层划分成三段，第一和第三段利用房19井、房23井（第一段）和房24井(第三段)进行了标定（图6-2-7）。然后将综合参数分布图叠合到相应目的层顶面构造图上。

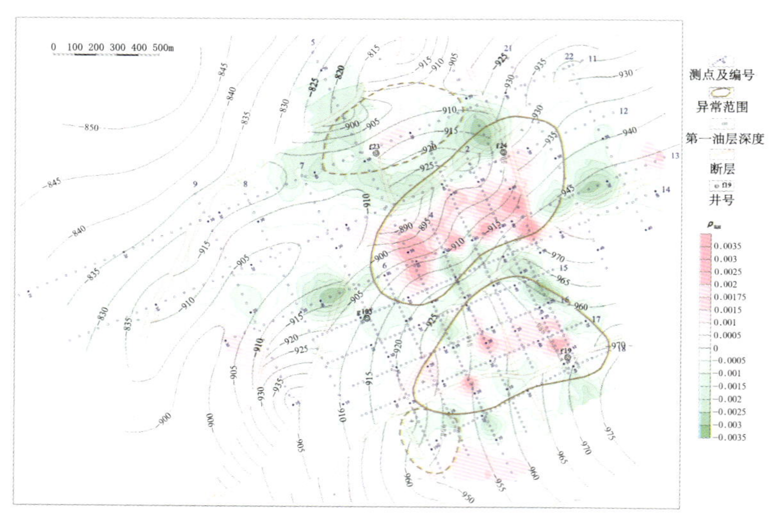


图6-2-5 六间房地区目的层段电阻率异常平面图

分析第二段地层的物理参数，发现速度的层段值和视电阻两个参数基本上是同步变化的，接近综合参数的背景值(小于10个换算单位)(图6-2-8)。这说明工区的这个层段内含油气远景不大。

但第一和第三段，即明化镇组下段的第一油层和第二油层，出现了明显的异常。在近南北向的剖面1和剖面5上有特别明显的差异，在油藏范围内，速度值局部降低是由地层的储集性能变好引起的，对应于电阻率值增高和与油气藏有关的综合参数值增加。

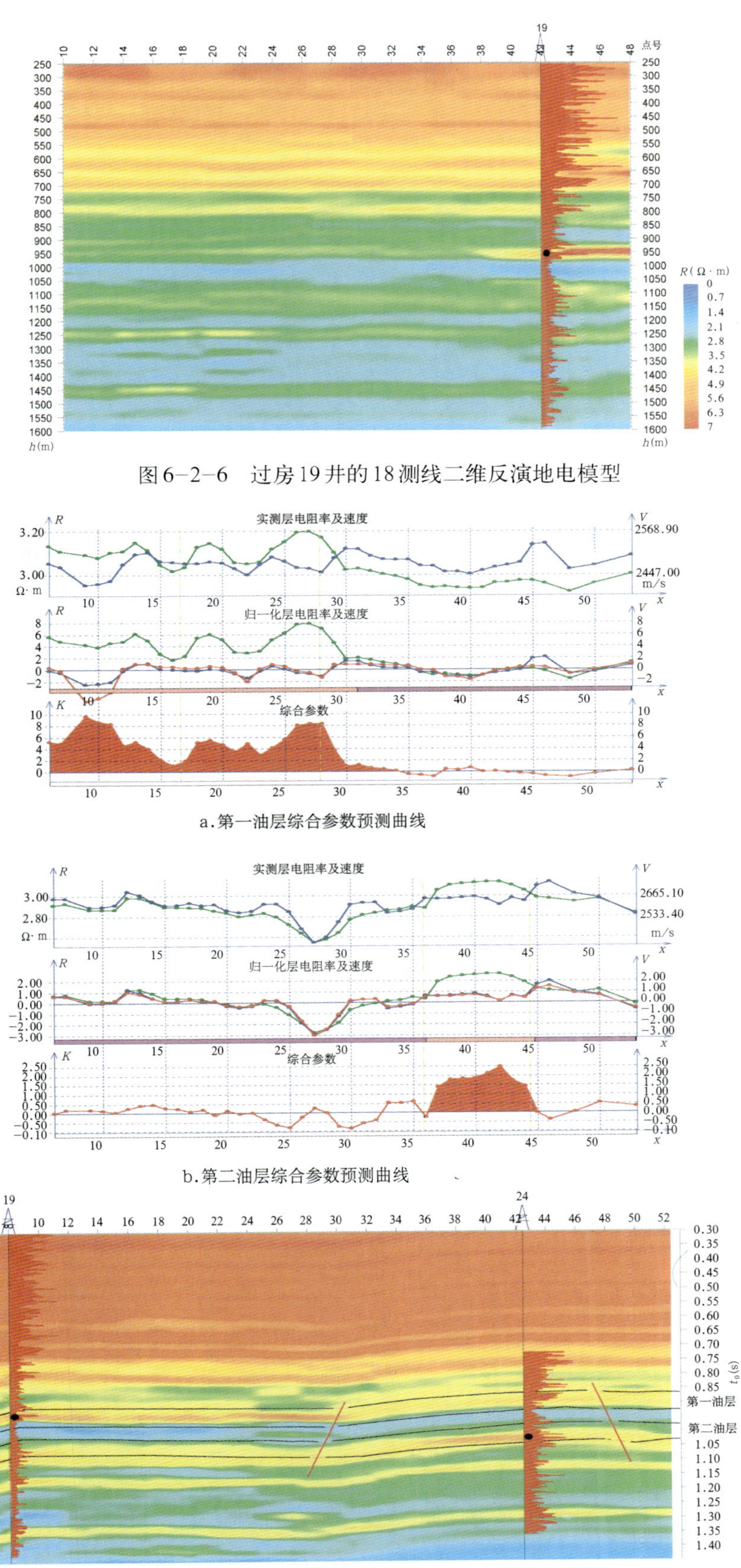


图6-2-6　过房19井的18测线二维反演地电模型

a.第一油层综合参数预测曲线

b.第二油层综合参数预测曲线

c.反演电阻率剖面

图6-2-7　层电阻率和层速度相关分析预测含油层段

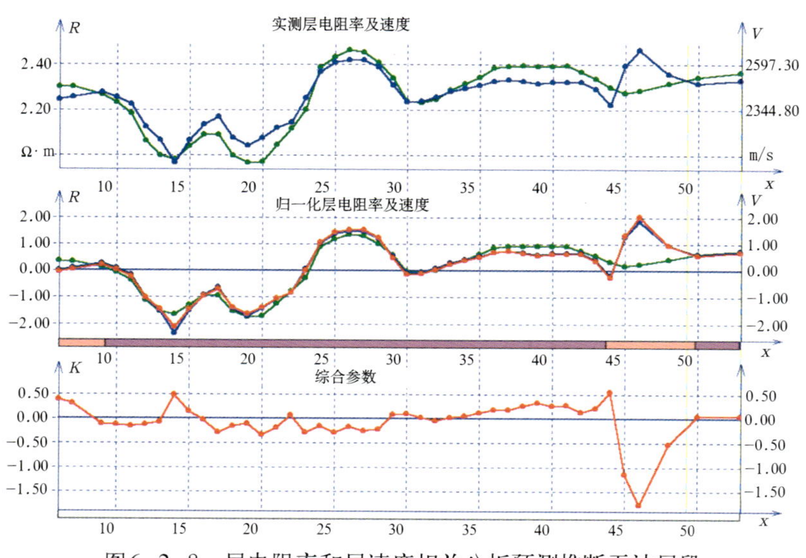


图6-2-8 层电阻率和层速度相关分析预测推断无油层段

## 七、主要地质成果与评价

图6-2-9、图6-2-10分别为第一和第二油层综合参数平面分布图，背景是这两层顶面构造图。在第一油层的综合参数分布图上有两个独立的远景区。其中在北部的房23井区内的综合参数正异常三个方向都受到断层制约，具有局部特征。依据房23井试油结果，说明该异常与气藏有关。

第一油层的第二个远景区位于房19井区。此外在第5、6、7测线的南端，第18测线的西端发现还有一个综合参数异常，是第一目的层可能的远景目标。

在第二可能油层的综合参数分布图上发现工区的中部有一个异常，具有西南—东北走向。在这个区块里钻有房24井，钻井在1064～1069m层段揭示存在油藏。综合参数异常区定性地反映了油藏的分布范围。

这两张综合参数图上正异常的分布与房19、房23和房24井的试油结果吻合得很好。

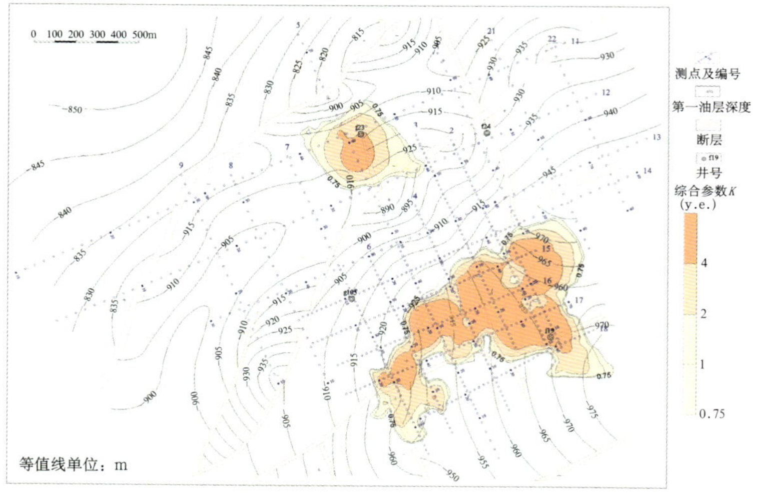


图6-2-9 第一油层井地电法和测井资料的综合参数平面图

井地电法在时间域建立了详细地电模型，经测井资料标定后变换到了$(t_0, S, H)$的统一坐标空间。通过对地震、电法、钻井资料的综合分析，获得剖面的地质模型，并获得了剖面的预测速度，电阻率与速度的相关异常表明存在与油气有关的综合参数异常。在谐波域对激发极化和层电阻率两个地电剖面参数进行了评价，研究了820～1130m深度段含油气地层的异常。将时间域和谐波域的激发极化参数、层电阻率以及综合参数结合在一起提高了工区预测含油气性的可靠性。

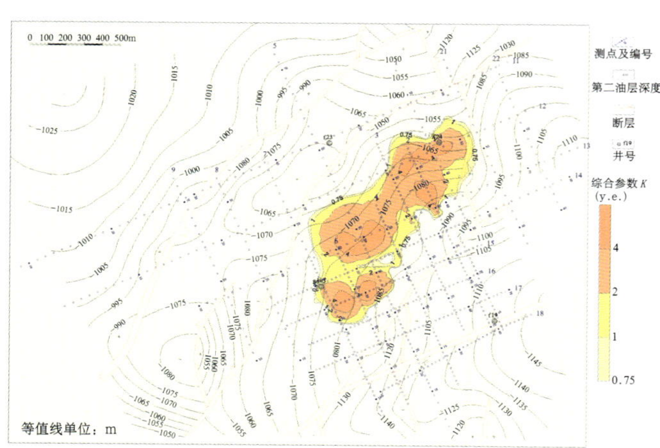


图6-2-10 第二油层井地电法和测井资料的综合参数平面图

通过三维地震、井地电法和测井资料的分析表明，影响工区内形成油气藏的主要因素应是构造—断块类型。油气异常在总体上受有远景层位的构造控制，在工区内断层对圈闭的形成起着很重要的作用，含油气远景目标的边界大致与工区的构造断层相符。

工作成果表明，结合地震资料，广泛采用井地电法勘探能够对已有构造背景作出初步评价，对其含油气远景进行分类，更加合理地部署钻探深井井位。毫无疑问，这样将极大地降低勘探费用，提高经济效益。

# 第三节 大宛齐油田化学勘探直接找油

大宛齐油田是塔里木盆地库车凹陷继依其克里克浅层油气田之后又一成功投入开发的小型浅层油气田，其良好的开发效果和可观的经济效益是浅层油气田开发的成功范例，为塔里木油田的勘探开发扩大了新的领域。

在油田的滚动勘探开发中，大宛齐油田充分应用有利的地质条件，运用地表油气地球化学勘探技术，形成了一套行之有效的化探采集、资料处理、异常解释等直接找油技术，为塔里木盆地浅层油气田的勘探开发提供了良好的技术储备，取得了明显的经济效益。

## 一、地理位置

大宛齐油田位于新疆维吾尔自治区阿克苏地区拜城县境内，西南距县城30km，在北纬41°42′～41°47′、东经81°27′～81°32′之间（图6–3–1）。

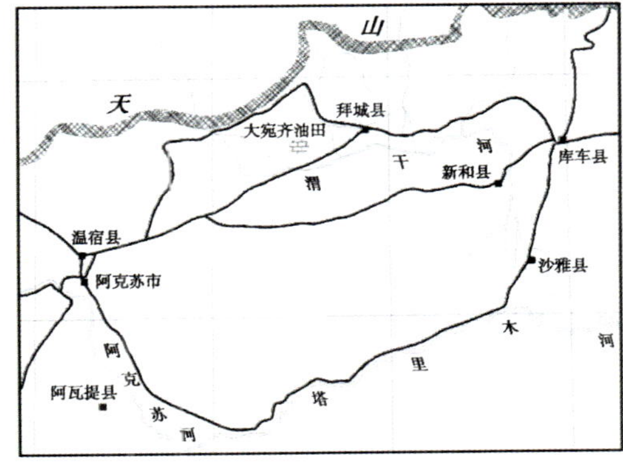

图6–3–1 大宛齐油田地理位置图

## 二、区域地质概况

大宛齐构造位于塔里木盆地塔北隆起库车坳陷拜城凹陷（图6–3–2），北部为直线构造带的吐孜玛扎构造，南部为秋立塔克背斜构造带的亚克里克构造，构造东、西、南三面分别向拜城凹陷倾没，为一明显的凹中之隆。形成于喜马拉雅运动末期造山运动，是一被下第三系下盐丘上拱形成的背斜，该构造长轴呈东西向，南翼缓，北翼陡。

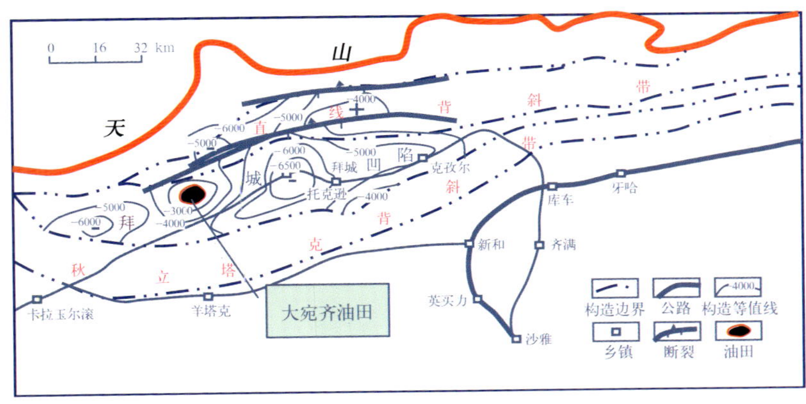

图6–3–2 大宛齐油田区域构造位置图

## 三、地表及人文环境

大宛齐油田地形南低北高，呈缓坡状，相对高差不大，地面海拔1430～1560m左右。区内荒无人烟，地表为戈壁砂砾石滩地，局部发育季节性的河道。区内虽然无路可行，但距拜城–阿克苏的公路仅几公里，交通条件尚可，如图6–3–3。工区

冲沟地貌　　戈壁地貌

图6-3-3　大宛齐油田地貌图

地表景观单一，无任何污染源，有利于开展油气化探工作。区内属大陆性气候，海洋暖流难以到达，常有西伯利亚寒流侵入。气候干燥、雨量少、温差大是本区气候总的特点。该区冬季寒冷，春秋季多风。12月份到次年2月份气温较低，最低温度可达-29℃，6～8月份气温较高，温度为36～39℃，最高可达43℃，昼夜温差达20～27℃。

## 四、勘探开发程度

1995年通过二维地震资料落实大宛齐构造下第三系苏维依组顶面构造闭合面积约100km²。经圈闭评价，于1995年6月在构造顶部钻探第一口探井DW1井。1995年7月DW1在425.76～530.0m井段裸眼中途测试，用12.7mm油嘴求产，折日产轻质油49.6m³，天然气0.6511 × 104m³，大宛齐浅层油田被发现。1996年底，在完钻1口预探井和15口评价井的基础上，上报含油面积5.4km²，探明地质储量613 × $10^4$t，气层气和溶解气地质储量3.86 × 108m³。2002年重新核实地质储量376 × $10^4$t。

1996年8月DW1井投入试采，1997年初编制开发方案，设计年产油量5 × $10^4$t，1997年5月1日正式投入开发，但产量一直未达到设计水平，一直在（2.0～3.0） × $10^4$t之间徘徊。 2000年后进行大规模油田开发调整，产量逐年增加。

截至2003年6月底，油田累计核实产油26.61 × $10^4$t，累计核实产液42.08 × $10^4$t。按1996年底上交的探明地质储量613 × $10^4$t计算，地质储量采出程度4.34%。

截止到2003年6月30日，该油田累计完钻井68口，投产油井47口，开井31口，井口日产水平260t/d；年产油能力达到8 × $10^4$t。

## 五、以往物探资料品质与难点

### （一）大宛齐油田地质特征

（1）地层埋藏浅：油层集中于第四系及上第三系康村组上部，第四系为主力含油层系，国内外较为少见。埋深在67～600m之间，主要集中于450m以上。

（2）岩性单一：大宛齐油田第四系、上第三系康村组为天山山麓向南或西南方向的山口流出的牵引流和碎屑流在山前库车坳陷北坡形成的洪积、冲积扇。因此，造成储层主要为砂砾岩系列，类型相对单一。

（3）地层横向变化快：大宛齐油田沉积特点决定了油田砂体分布面积小，横向变化快，区内没有发育较为稳定的标志层，加之断层发育及不整合的影响，导致地层对比较为困难。

（4）断层发育：大宛齐构造由于是一个盐层上拱形成的背斜，除从北至南，断裂深度较大的Ⅰ、Ⅱ、Ⅲ号三条大断层外，浅层被一系列上拱作用形成的正断层切割，断层数量多，断距小，构造较为破碎（图6-3-4）。

（5）油藏复杂：分布范围小，控制因素多，油水关系复杂，油层纵向上分散（井段67～700m），含油井段长（500m），平面上差异大。

由于以上浅层地质特征，造成区内地震激发和接收条件差，干扰多，使得多轮的地震勘探资料品质差，钻探效果不明显。主要表现在：

（1）目标处理难。由于原始资料信噪比低，速度资料差，地下地质条件复杂，地层倾角大，给叠加成像和偏移归位带来很大困难。

（2）层位标定难。目的层埋藏较浅（接近地表，多数地区小于800m），成岩性差，且储层较薄，砂泥岩频繁互层，无明显阻抗界面，造成地震反射层能量弱，波组特征变化大，连续性较差，无明显的地震标志层。

（3）资料解释难。本区地震资料经重新处理后，资料品质虽有一定的改善，但浅层地震资料的信噪比和分辨率依然低，再加上研究工区断裂非常发育，使得地震反射较杂乱，对比追踪困难。

（4）速度研究难。本区岩性横向变化大，造成速度横向变化较大，并且地层倾角陡，原始速度谱品质差，给速度研究带来一定困难。

（5）油藏评价难。本区油藏埋藏浅，类型多，含油范围小，由于岩性纵向、横向变化快，油层忽上忽下、忽有忽无，油水关系复杂，井间差异大，单纯用井进行油藏评价困难。

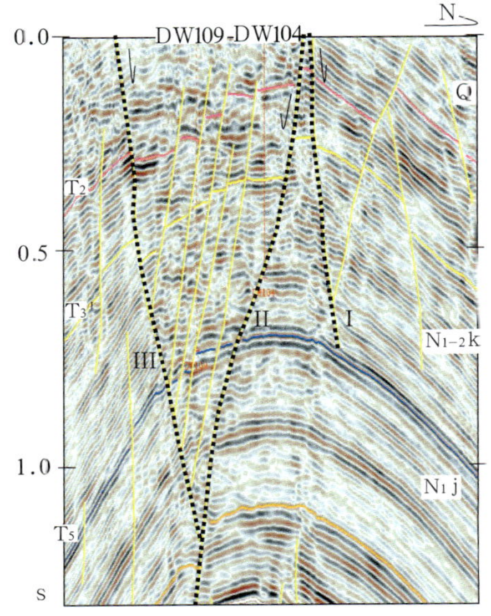

图6—3—4　大宛齐浅层地震反射剖面

（二）地表化探的有利条件分析

以上的地质特征及工作难点给大宛齐油田的滚动开发工作带来了极大的困难。由于不能有效地预测油层分布和有利的含油气区块，使勘探开发的风险增大。因此，大宛齐油田的勘探开发必须开辟新的途径，在该区进行地表油气地球化学勘探就是一次有益的尝试。针对上述地质条件，经论证认为大宛齐地区应用地表地球化学勘探具有非常有利的条件，可以用于该地区的油气评价工作，主要表现在以下几个方面：

（1）发育的断层可为油气组分向地表的垂向迁移进而形成地球化学异常提供有利的通道。

（2）油层埋藏浅，从而使得地表化探异常与油气藏有较好的对应关系，减小了可能的位移量。

（3）由于下第三系膏盐层的隐底辟和良好封堵，使得上第三系及其以上地层和中生界烃源层难以发生直接的联系。因此，由中生界烃源层直接产生地表化探异常的可能性较小，减少了异常多解性。

（4）测区气候干旱，地表蒸发作用强烈，利于油田水向上蒸发扩散，加之油藏埋藏浅，油气组分易于到达地表形成可检测到的地球化学异常。

（5）本区地表覆盖有较厚的沙砾石及土壤混合层，通气性较好，利于油气组分的地表富存与采样检测。应用化探技术，可探索油气富集区块，指导勘探开发。



## 六、主要技术措施及效果

在大宛齐浅层油气田滚动开发过程中，进行地球化学勘探的攻关，是一项开创性的工作。为了确保攻关的成功，项目实施前，对方法技术、样品采集与分析测试、资料处理解释等都进行了充分的前期论证。实践证明，该次地球化学勘探的主要技术与措施是切实可行的。具体做法是：

（1）精选、优选并合理应用化探指标项目。

目前，无论国内还是国外开展的化探项目种类繁多，对石油化探而言，其探测的是经垂向迁移的次生油气组分，为此，选择了土壤中游离（烃）气直接进样分析技术和土壤吸附烃热释偏提取技术作为主体方法，同时，为满足综合分析的需要，使用了蚀变碳酸盐（$\Delta C$）、铀和热释汞等三项常规的方法技术。

土壤中游离烃和土壤吸附烃是东方地球物理勘探有限公司综合物化探事业部近年来针对石油化探的

特点研制开发的新方法、新技术。土壤中游离烃检测的是游离于土壤颗粒间隙中的烃组分，该技术实现了野外现场采集、分析、解释一体化；土壤吸附烃采用热释偏提取技术检测的是被土壤矿物颗粒捕获吸附于其表面的烃组分。对于地表烃总量而言，游离烃和吸附烃有如下关系：

$$游离烃+吸附烃\approx地表烃总量$$

在地表烃总量一定情况下，游离烃和吸附烃的含量具有互补性。游离烃与吸附烃技术联合应用，两者相辅相成，可提高油气预测的成功率。

（2）高密度采样，提高异常预测的准确性。

极其破碎的网格状断块是大宛齐构造的主要特征。为有效控制小断块，不漏失油气异常显示，提高预测的准确性，进行了高密度采样，重点区采样密度为100m × 100m，一般控制区为100m × 200m或200m × 200m。

（3）野外科学选点，进行大深度采样，准确定位。

克服地表干扰带的影响，是石油化探野外采样技术的关键，采样深度越大，受地表干扰带的影响越小，为此，采用现代化的机械钻具使采样深度可达到3m，通过冬季、夏季等不同季节的试验，表明在3m左右的采集深度，地下温度基本稳定，采集的烃异常含量基本相当；科学地选择采样点，尽可能地避开冲沟、洼地及各种可能的干扰源，为了研究断层对烃异常的影响，根据浅层构造图在断层附近加密采样；为准确确定异常位置，采用导航式卫星定位仪精确定位（图6—3—5）。

机械采样钻具

导航式卫星定位

钻井气样采集

钻井土样采集

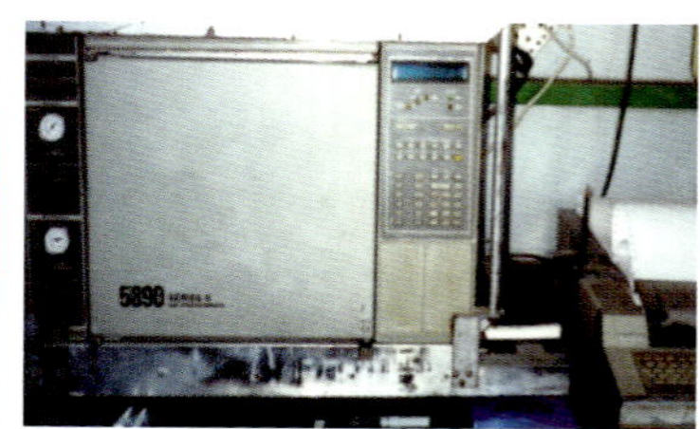

气相色谱仪直接进样分析

图6—3—5　野外工作方法与技术保障

（4）采用高精度气相色谱仪分析测试，严格控制分析质量。

地表油气组分检测属痕量检测，要求仪器具有极低的检出限和高的精密度。为此，选用品质优良的HP5890、HP6890等系列高精度气相色谱仪对样品进行分析测试，检测出甲烷、乙烷、丙烷、丁烷和戊烷等轻烃组分；每天施工前、施工中和施工结束，严格对仪器进行标定；通过相邻采样点及同一采样点不同组分烃含量之间的相关分析，检查采样与分析的可靠性，发现问题及时弥补解决，确保采集与分析质量（图6—3—5）。

（5）应用现代石油地质成油体系分析的理论，对化探资料进行综合解释。

现代成油体系理论是地表油气地球化学勘探的理论基石。地表油气地球化学异常是油气从源岩到圈闭，再由圈闭向地表渗逸整个地质过程的轨迹表现。因此，作为深部油气组分通过微渗漏向上迁移至地表形成的地表油气地球化学异常，实质上就是成油体系的一个组成部分。因此，资料解释以成油体系分析理论为指导，依据原始观测数据反映的油气异常信息，结合已有地震、钻井等资料，进行综合分析与局部构造含油气性预测，布设钻探井位。

首先，进行油气聚集区带评价。大宛齐油田的成藏类型为下生上储型的次生油藏，由于下第三系膏盐层的封隔，中生界烃源层生成的烃先向北部高部位侧向运移至吐孜玛扎断裂，通过该断裂的垂向沟通，然后向南部大宛齐穹隆背斜高部位侧向运移。控制大宛齐构造的两条呈“Y”字型的断裂（图6－3－4、图6－3－6中Ⅱ、Ⅲ断裂）切割深度较大，为油气在大宛齐构造深部的垂向运移提供了通道，油气沿这两条大断裂上移到康村组和第四系后，再沿储层向地层的高部位侧向运移，造成构造顶部地堑高部位油气富集成藏，而地堑两侧的反向断块中则难以出现油气倒灌现象，油气聚集困难。

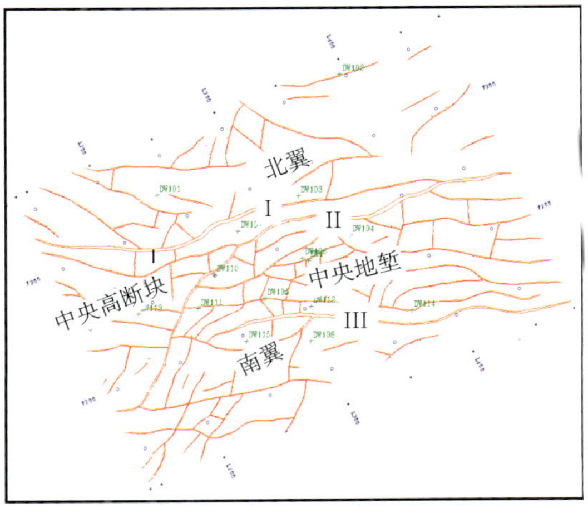

图6－3－6 大宛齐油田断裂系统展布图

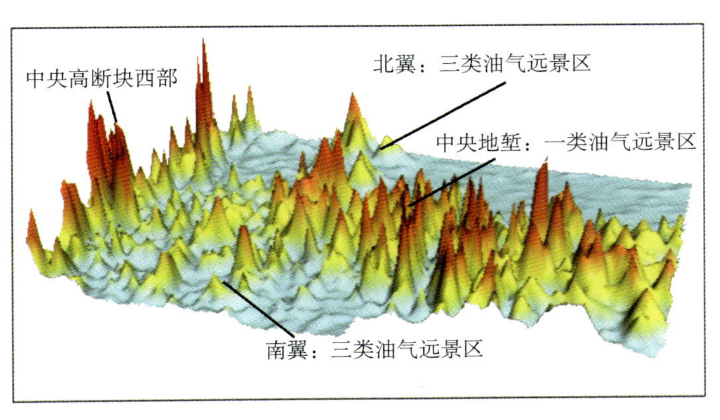


图6－3－7 大宛齐地区游离烃异常图

地表地球化学异常的分布特征，很好地印证与反映了上述油气从源岩到圈闭的地质过程。由于受Ⅰ、Ⅱ、Ⅲ三条主干断层的控制，大宛齐穹窿背斜可分为中央地堑、中央高断块、南翼和北翼等四个次级构造部位（图6－3－6）。由大宛齐穹隆背斜中央地堑构造带向南北两翼，轻烃丰度、异常强度、异常比率都明显降低或减少。异常由连片集中分布变为孤立分散状分布（图6－3－7），这一异常特征的变化表明：①中部地堑区是油气的最终主要聚集区，评价为一类油气远景区；②穹隆构造南、北两翼油气聚集量不足，油气勘探的风险性增大，评价为三类油气远景区；③中央高断块的西部异常集中连片、强度高，可能是一新的油气富集区，但需要进一步落实。这一认识已基本为目前的钻井所证实。

然后，在区带评价的基础上，根据地震构造上方化探异常的分布特征，预测其含油气性，确定钻探井位。断层是油气微渗漏的主要通道，其封堵性是断块能否成藏的关键因素，根据断层上方及断块内部化探异常的显示情况，可对断块的含油气性作出预测（图6－3－8）：①断层上方为弱异常，断块内部为强异常，则该断块可能为有利的含油断块，目前已预测成功的断块如DW117、DW1－6、DW109－19、DW105－30等，初

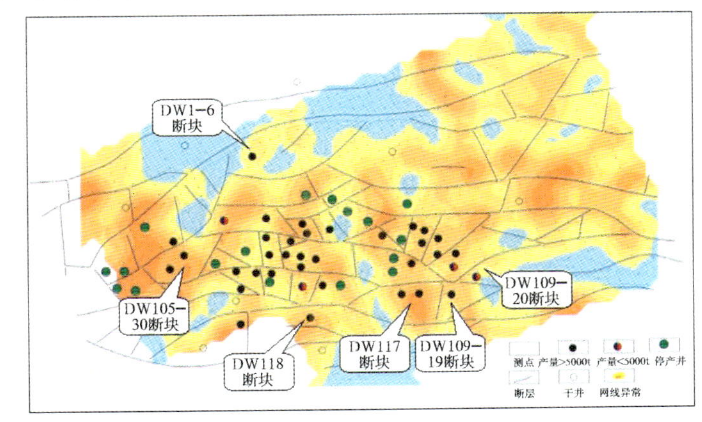


图6－3－8 成功钻井与游离烃异常关系

期日产量均达50t左右；②断层上方为强异常，断块内部为相对弱异常，则该断块可能为较有利的含油断块，目前已预测成功的断块如DW118、DW109–20等，初期日产量分别为10t、2t；③仅在断层上方出现串珠状的线性异常，反映断层可能是开启的，不利于油气聚集。

## 七、主要地质成果与评价

目前大宛齐油田已完成化探攻关面积18km²。在地层对比难度大，油藏研究困难的情况下，地表化探成果成为了滚动调整部署的重要依据。根据研究结果认为油田的地堑部分为最有利的勘探开发区域，在这一地域绝大多数的高产井位于游离烃强、较强异常区，绝大多数的低产井或停产井位于游离烃弱、较弱异常区，干井周围无异常或位于异常的边部。在依据化探成果结合地震构造钻探的18口井中，除2口有气测异常或见天然气、1口落空外，其他15口井都钻遇工业油流。地表化探技术的应用，使大宛齐油田的面积迅速扩大，产量迅速上升，新扩边拓展的6个含油断块分别为DW117、DW1–6、DW109–19、DW105–30、DW118、DW109–20等。其中前四个断块初期日产量都分别达50t左右，后两个分别达10t、2t（图6–3–8）。效果最好的试举两例如下：

DW117断块位于油田的东南部，面积为0.18km²，做化探前认为该断块构造位置低，钻探风险大，是一个未钻探的新断块。经化探攻关后显示为强异常，上钻DW117井，钻遇油层厚度9.0m，投产初日产油21t，增加石油地质储量37.2 × 10⁴t，随后在该断块钻探的DW117–1井投产初日产油达54t/d。

DW1–6断块位于油田的北部高部位，面积为0.64km²，做化探前认为该断块处于地堑高部位，钻探风险大，是一个未钻探的新断块。化探攻关后显示为强异常，上钻DW1–6井，电测解释油层厚度25.5m，投产后日产油50t，取得了较好效果，并为下一步向北部滚动提供了方向。

钻探结果与化探预测对应良好，表明化探工作在大宛齐这样的构造复杂、埋藏浅的地区有良好的应用效果。在化探与地质研究的共同努力下，该油田的滚动勘探开发取得了良好的效果。主要表现在：

（1）产量大幅度上升，目前该油田年产油已超过设计的年产5 × 10⁴t的规模，达到了8 × 10⁴t，远期可达到10 × 10⁴t。

（2）储量动用程度提高，向外扩边取得突破。连续3年的滚动调整开发，累计新增动用地质储量136.15 × 10⁴t，累计增加探明地质储量103.1 × 10⁴t。

（3）钻井成功率大大提高，在1996—1997年开发初期开发井成功率仅43.8%～69.2%。钻井在化探成果指导下在地堑区钻探18口井，15口井获工业油流，2口井见天然气显示，仅1口井落空，钻井获油成功率达83.3%，预测成功率达94.5%。

（4）油田开发效果不断变好，滚动调整在化探的指导下出现了油田总产量不断攀升，综合含水逐级下降，油田总体开发效果变好的形势(表6–3–1)。

影响化探异常的因素较多，仅凭化探一项指标是不够的。因此，化探成果需要与地震资料紧密结合，综合分析研究。在综合考虑地质因素时，要认真研究砂体分布，分析断层对化探异常可能产生的位移影响，获取多方面的信息才能取得好的效果；地表化探技术在大宛齐油田滚动开发中的成功应用，表明这一方法是寻找浅层油气藏的有效手段，但对于开展的化探项目及采集的网格密度要因地制宜、科学选择，其中游离烃气测量和土壤吸附烃测量是首选、必选项目。

表6–3–1　大宛齐油田历年钻井成功率表

| 年　　份 | 新钻井数<br>（口） | 总投产井数<br>（口） | 钻井成功率<br>（%） |
|---|---|---|---|
| 1995—1996 | 16 | 7 | 43.8 |
| 1997 | 26 | 18 | 69.2 |
| 2000 | 9 | 9 | 100 |
| 2001 | 8 | 8 | 100 |
| 2002 | 9 | 8 | 88.9 |

# 第四节　综合物探在柴西环英雄岭地区的应用

柴达木盆地山前带地形复杂，地震勘探困难，综合勘探是较好的选择。环英雄岭周缘地区的综合勘探成果与钻探结果的很好吻合有力地说明了综合勘探所确定的构造形态是可信的。在地震、钻井资料的约束下解释精度也有了大幅度的提高，突出了综合勘探在山前带、高陡背斜带、复杂构造带的作用。

## 一、地理位置

工区位于柴达木盆地西部环英雄岭周缘地区，具体位置位于犬牙沟以东、茫崖湖以西，北到南翼山背斜，南到尕斯库勒湖地区（图6–4–1）。行政上属于青海省格尔木市海西蒙古族、藏族自治州芒崖行政委员会（花土沟镇）管辖。研究区西南部有青海－新疆省级公路穿过，物资供应较方便。

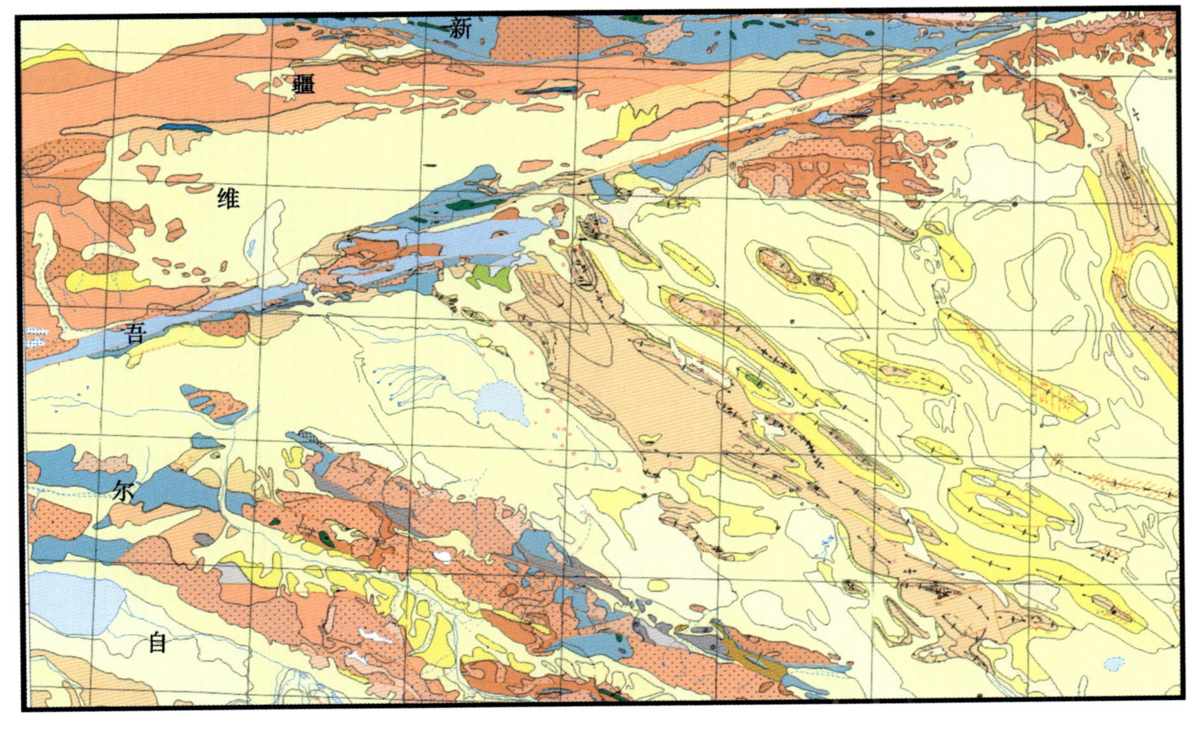


图6–4–1　工区地理位置图

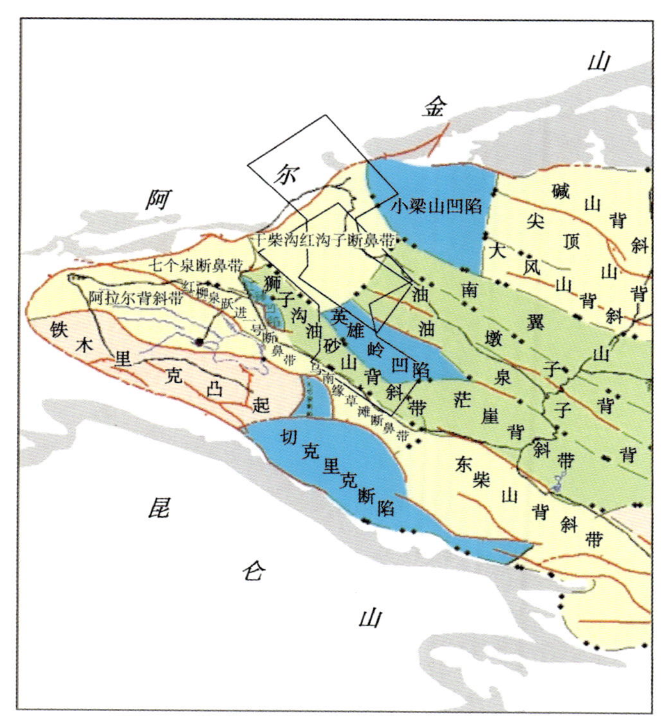

图6-4-2 工区地质位置图

## 二、区域地质概况

柴达木盆地可划分为有机质含量较高的侏罗系烃源岩为主的北部断块带、烃转化率较高的第三系烃源岩为主的西部坳陷区和第四系—上第三系狮子沟组(Q、$N_3^2$)为厌氧生化成因气烃源岩的东部坳陷区3个一级构造单元。工区位于西部坳陷区茫崖坳陷亚区的狮子沟—油砂山背斜带、英雄岭凹陷和干柴沟—红沟子断鼻带上（图6-4-2）。

## 三、地表及人文环境

环英雄岭周缘地区海拔一般在2800～3800m，交通不便，除部分为高原山地丘陵地形外，大多为复杂山地。地形陡峭，沟壑纵横（图6-4-3、图6-4-4），不利于勘探施工。该区夏季气候干燥，风沙较大，冬季气候严寒，具有典型的高原戈壁气候特征。

花土沟镇居民以汉族为主，其他民族有蒙古族、藏族和回族。区内基本无居民，除部分老井区有老乡利用旧井土法采油使用机械及用电对CEMP施工造成的干扰外，其他地区干扰背景较低，对施工有利。

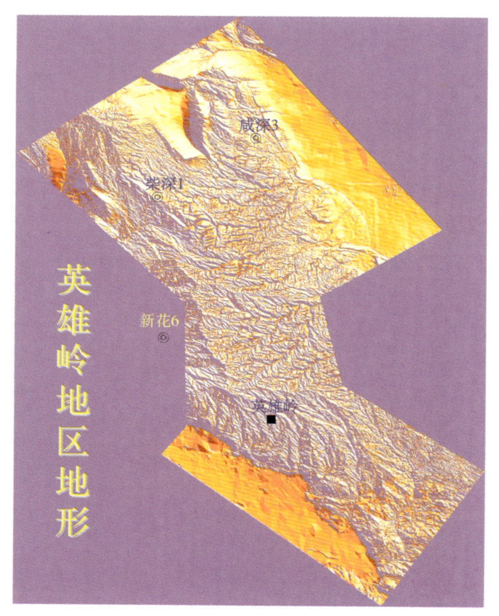

图6-4-3 英雄岭地区地形影像图

图6-4-4 英雄岭地区地形地貌图

## 四、勘探程度

工区内非地震勘探程度较低，20世纪50年代至80年代，区内曾进行过1∶20万地质普查和1∶5万地质构造细测；同时曾开展了1∶5万重力与地面磁测普查、1∶50万航空磁测普查。由于当时的仪器精度和处理解释技术的限制，解决地质问题的能力较差。 80年代至90年代，柴西局部地区开展了重力勘探、MT测深和综合性研究工作，并对干柴沟等构造进行了1∶2.5万的地面详查工作（图6-4-5）。

工区内地震勘探程度较低，只有工区的南部大乌斯－油砂山一带和咸水泉与干柴沟之间的向斜部位进行了地震勘探，但资料品质普遍较差。地面构造的主体部位基本为地震空白区。2000 年在油砂山中段部署了一条地震攻关线—— 000031 线，取得了一定的构造信息。

钻探工作：柴西地区在主要背斜带上均开展了钻探工作，并先后找到了开特米里克、油砂山、咸水泉等油田。测区有一定数量的钻井，部分钻井是依据老重力资料和地面构造显示钻探的。与设计差异较大，有些钻井有较好的油气显示，但没有突破。大部分钻井主要集中在咸水泉和油砂山油田，油层较浅。

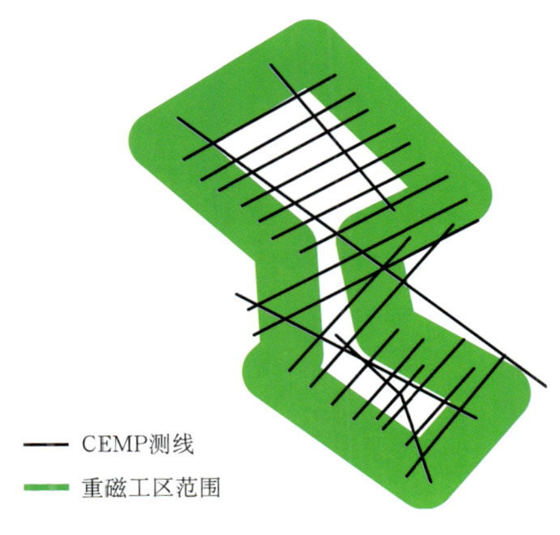

图6－4－5　地面重磁工区范围

## 五、以往物探资料品质与难题

环英雄岭地区是柴达木盆地第三系的沉积中心，各套烃源岩都有发育，且厚度较大，生油岩各项指标较好，是地质家评价最高的地区之一。但由于复杂的地形地质条件，绝大部分地区为地震勘探空白区。局部虽进行了地震勘探，但资料品质很差（图 6－4－6）。

图6－4－6　96045地震剖面图

2000 年青海油田分公司对该区实施了 CEMP 及高精度重磁综合勘探，CEMP 测网为 4km × 11km，高精度重磁测网为 1km × 0.25km，在环英雄岭周缘地区共完成 CEMP 测线 25 条，共 743.7km；完成重力基线 1340km，基点 111 个。完成重力普点 5395 个，剖面长 1343.7km；完成磁力剖面 1343.7km，普点 5414 个，检查点 359 个，总物理点数为 5773 个。

综合勘探技术难点：地形起伏大，地表岩石时代变化大，密度不均匀；CEMP 资料反演受地形影响，静态位移明显，不利于构造的正确成像。

## 六、主要技术措施及效果

### （一）变密度外部校正技术及效果

该项技术是东方地球物理公司综合物化探事业部科技人员在工作实践中为消除因表层密度不均匀所引起的重力效应而开发的一项新技术。

变密度中间层校正方法如下：（1）变化界线以地质露头线为准；（2）取地表高程差，将测区重力异常校至测区最低海拔水平（2700m）；（3）中间层密度与地形校正密度一致变动。

效果分析：从地形校正后的重力异常图（图 6－4－7）来看，英雄岭以北异常面貌较杂乱，可见北东向重力异常等值线局部扭曲且规模小，与区域构造异常不协调，它们与地形相关（图 6－4－8）。经进一步分析，该区上第三系露头七个泉组密度较小，与下第三系等较老地层出露区密度有较大差异，密度变化在 2.10～2.30g/cm$^3$ 不等，地表密度不均匀造成重力异常扭曲、不协调，应消除其影响。为此依据地质露头确定各地层（密度）界线，进行了变密度中间层校正。

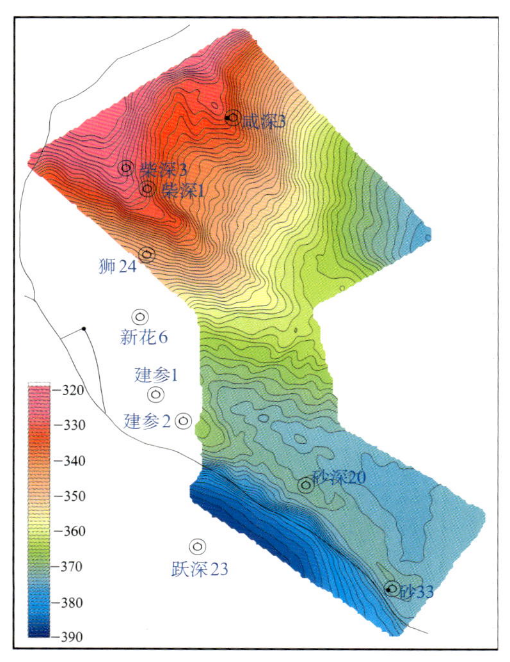


图6-4-7　地形校正后布格重力异常

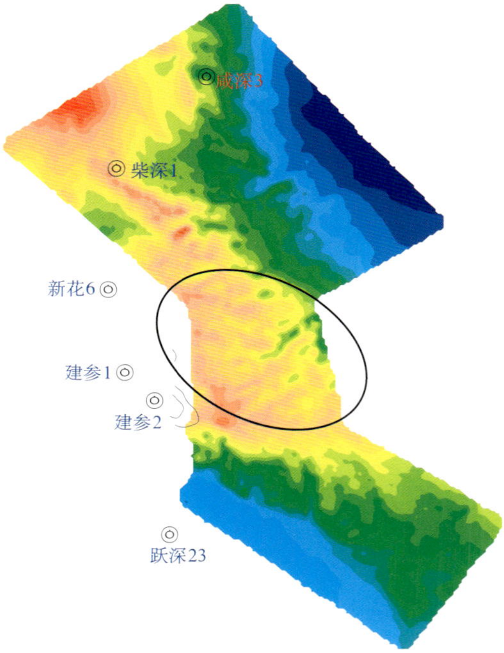

图6-4-8　重力异常线与地形彩色显示叠合图

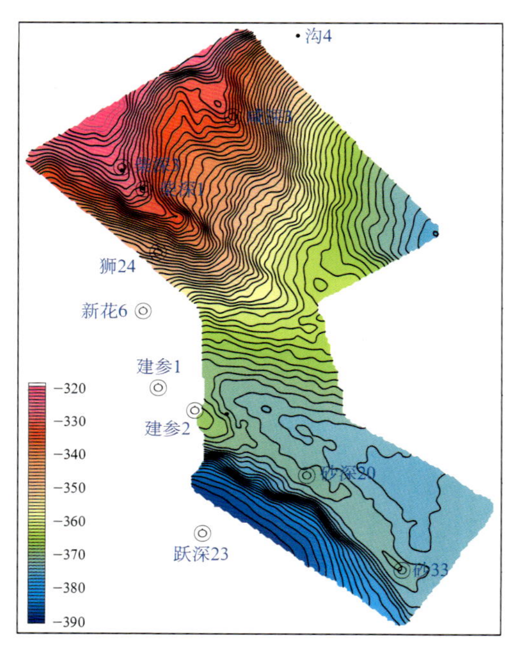


图6-4-9　变密度校正后重力异常

变密度校正后的布格重力异常图基本消除了近地表不均匀密度变化引起的干扰，重力异常规律更加清晰、可靠，校正后重力异常清楚地反映了地下构造面貌（图6-4-9）。

（二）带地形的二维反演技术

它可以有效地消除地形对电磁测深资料的影响。英雄岭地区地形起伏较大，沟壑陡峭，对曲线有一定的影响，必须较好地予以消除。带地形的二维反演方法是目前较理想的解决这一问题的方法（图6-4-10）。以带地形的二维反演剖面为主综合确定了地质解释剖面。

（三）重磁电震综合解释

LCT处理解释系统是综合物化探事业部新近从美国引进的、具国际领先水平的物探资料综合解释系统。这套解释系统的特点是可以直接利用地震数据、电法剖面等资料建立初始模型，结合重磁力进行综合解释，从而获得更可靠、更精确的解释结果（图6-4-11）。

## 七、主要地质成果与评价

（一）油气远景区发现多个有利构造

干柴沟断鼻带地面有油砂出露，咸水泉浅层有咸水泉油田，构造位置很有利，但地面地质分析认为它们为向北抬起的“朝天鼻”。通过综合勘探发现这两个断鼻上存在多个局部重力异常，重磁电综合研究揭示存在多个局部构造。对构造进行精细解释，发现了干柴沟5,6,10,11号和咸水泉7,8,9号7个局部构造显示（图6-4-12）。

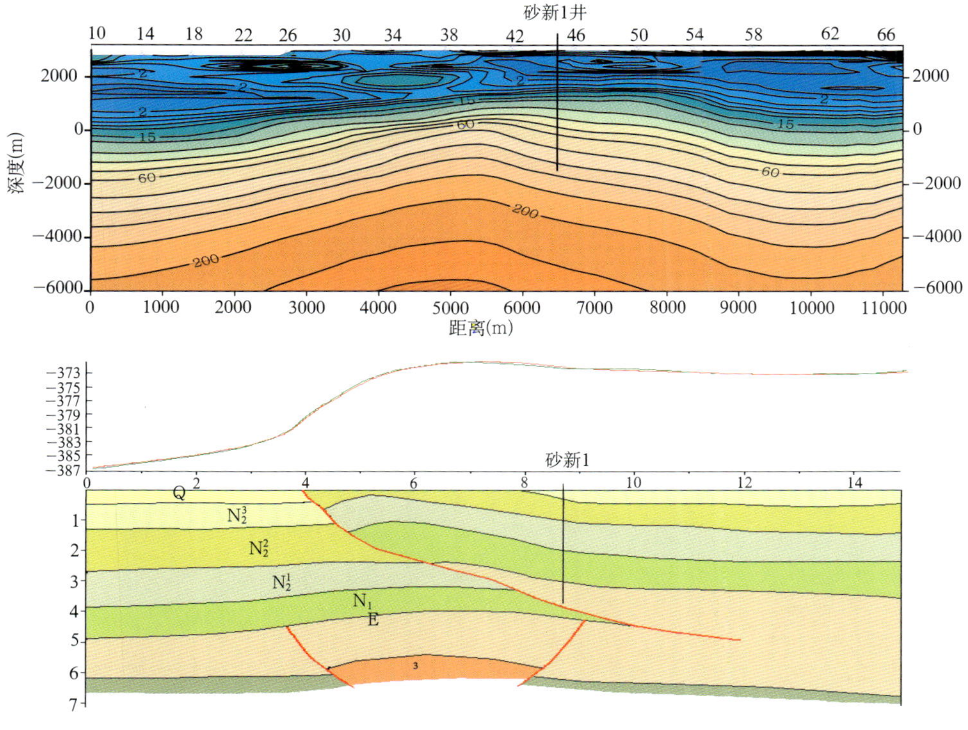


图6—4—10　钻井前16.5测线综合解析剖面

## （二）落实了油砂山深层构造形态

油砂山构造带位于英雄岭南缘，与油南构造带一起被地质家认为是寻找大油气田的有利地区。通过综合研究，发现油砂山构造带深部为基底隆起构造带，存在4个高点，上部为浅层滑脱构造，深浅层对应关系复杂。综合评价认为油砂山4号高点为目前勘探的有利目标。

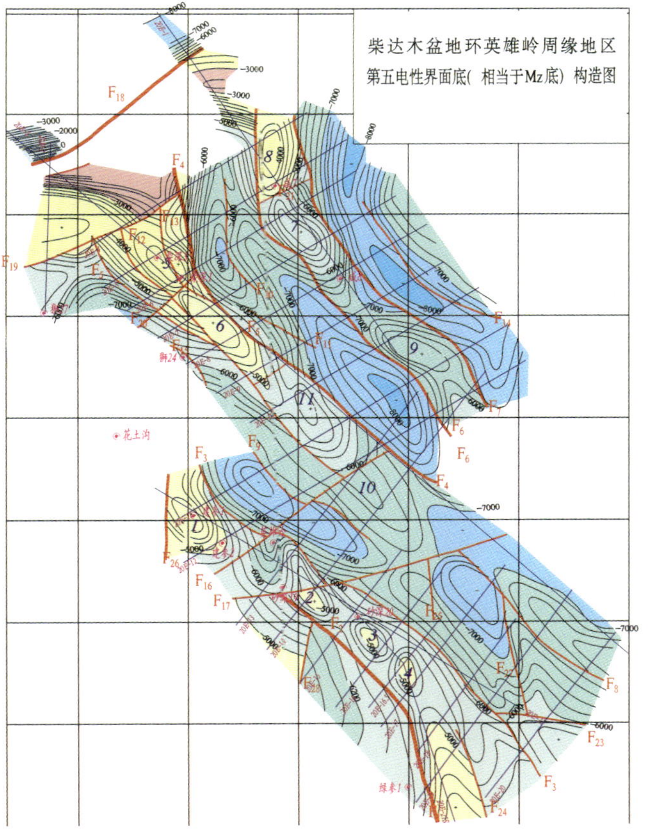


图6—4—11　环英雄岭地区基底顶面构造图

这一成果得到了青海油田分公司领导和专家的高度重视，随即进行了地震攻关，部署了地震000031测线，地震显示其基本形态与CEMP解释成果一致，但高点位置北偏2km。综合地震、非地震成果定了一口预探井——砂新1井（图6—4—13）。通过实钻情况对比，在断层下盘 $N_1$ 底3580m，较砂33井高60m左右，比砂20井高173m。而且在井深3460m后地层倾角变小，从30°～50°减小为15°～25°，倾向为北东向，其高点在南西方向。钻探证实：砂新1井位于较高部位（图6—4—14），但其高点在南西方向，与CEMP最初解释结果基本吻合，说明综合勘探联合解释所确定的构造的基本形态是可靠的，只是层位埋深和厚度存在误差。

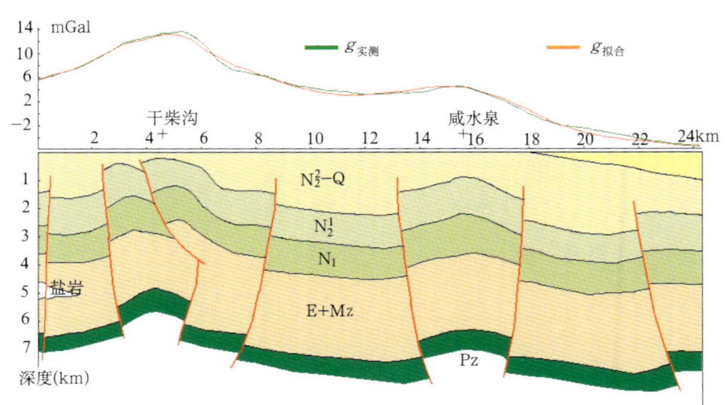


图6–4–12　干柴沟—咸水泉CEMP8线重力反演剖面

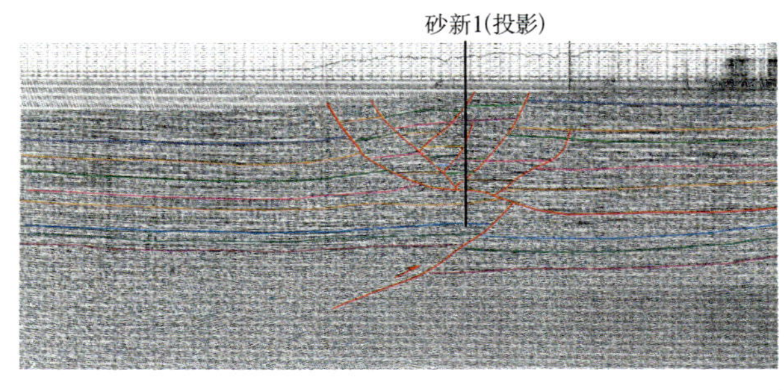


图6–4–13　油砂山山地攻关000031地震测线

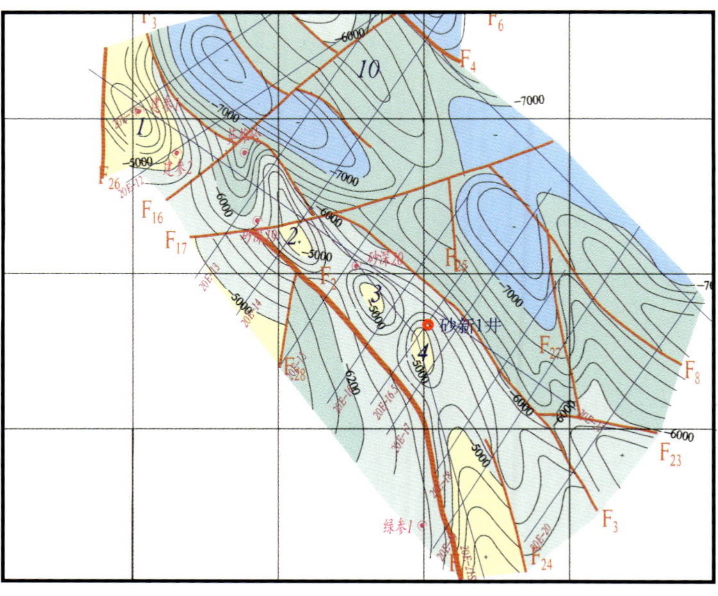


图6–4–14　砂新1井位置图

砂新1井在Ⅳ层组3947～3959.5m试油，出油0.03m³。使我们对油砂山地区的油气勘探有了新认识，油源对比分析后认为本井油源为就近运移自生自储油气藏。从而确定本井有效烃源岩厚度为960.5m（未钻穿），预测油砂山构造带东段砂新1井区油气资源聚集量为2100×10⁴t。通过有机地化资料的综合分析和岩石热解评价油气结果，认为本井下干柴沟组可能存在较为可观的油气资源。砂新1井钻探结果进一步证实了综合勘探的可靠性。山前带、复杂构造带、高陡背斜带等地震勘探困难区，应加强综合勘探联合解释，为寻找新的油气大发现做好准备工作。

# 《中国石油地球物理勘探典型范例》撰稿人名单

| 章 | 节 | 文章题目 | 撰稿人 |
| --- | --- | --- | --- |
| 第一章 | 第一节 | 高分辨率三维地震勘探技术在临江地区扶杨油层勘探中的应用 | 陈树民、吴海波、韦学锐 |
| | 第二节 | 松辽盆地南部高分辨三维地震勘探 | 宋立斌、杨光大、赵志魁 |
| | 第三节 | 哈得逊高分辨率三维地震勘探 | 朱卫红、杨　平 |
| | 第四节 | 轮南奥陶系潜山油藏高分辨率三维地震勘探 | 潘文庆、管文胜、贾福忠 |
| | 第五节 | 柴达木盆地涩北气区二维高分辨率地震勘探 | 刘志强、胡　杰、程桂莲 |
| | 第六节 | 川西白马庙—松华潜伏构造砂岩储层预测 | 肖富森、蒋　骥 |
| 第二章 | 第一节 | 塔里木盆地克拉 2 气田山地地震勘探 | 杨金华、叶　林、黄有辉 |
| | 第二节 | 塔里木盆地迪那 2 气田山地地震勘探 | 梁向豪、张国伟、彭更新 |
| | 第三节 | 准噶尔盆地霍尔果斯背斜山地地震勘探 | 夏惠平、朱　明 |
| | 第四节 | 祁连山逆掩推覆带窟窿山山地地震勘探 | 焦文龙、范铭涛、唐海忠 |
| | 第五节 | 黄土塬山区网状三维地震勘探 | 蒋加钰、肖文霞、方成水 |
| | 第六节 | 塔里木盆地大沙漠覆盖区三维地震勘探 | 肖又军、黄广建 |
| | 第七节 | 陆梁油田复杂表层区低幅度构造油气藏地震勘探 | 梁承敏、刘继山 |
| | 第八节 | 吐哈盆地雁木西地区山前冲积扇区表层静校正技术 | 杨珍祥、杨　飚 |

续表

| 章 | 节 | 文 章 题 目 | 撰 稿 人 |
|---|---|---|---|
| 第三章 | 第一节 | 黄沙坨火山岩油气藏精细三维地震勘探 | 蔡国钢、刘克林、苗　振 |
| | 第二节 | 青西油田裂缝性油藏三维地震勘探 | 肖文华、陈建军、韩永科 |
| | 第三节 | 川东罗家寨潜伏构造鲕滩储层二、三维地震勘探 | 李志荣、谢　芳 |
| | 第四节 | 川东大天池—明月峡构造石炭系储层二维地震勘探 | 范明祥、刘丽华 |
| | 第五节 | 川南麻柳场构造碳酸盐岩薄储层预测 | 戴　勇、唐晓雪 |
| 第四章 | 第一节 | 海拉尔盆地苏德尔特地区地震目标处理技术 | 陈树民、王　江、裴江云 |
| | 第二节 | 伊通盆地大南复杂断块区油气勘探 | 宋立斌、赵占银、杨光大 |
| | 第三节 | 综合地震技术在雷家复杂断块区勘探中的应用 | 刘宝鸿、李晓光、张晓英 |
| | 第四节 | 老爷庙地区二次三维地震勘探 | 刘国玺、谢占安 |
| | 第五节 | 大港滩海羊二庄区块三维地震资料连片处理解释 | 薛广建、岳　英 |
| | 第六节 | 枣园—王官屯地区大面积、多块数三维地震资料连片处理与解释 | 翟桐立、曹来勇 |
| | 第七节 | 高精度三维地震技术在五三东区老油田滚动勘探开发中的应用 | 张瑞智、黄小平 |
| | 第八节 | 柴达木盆地西南部大面积三维连片处理解释 | 司道志、朱洲飞、张金刚 |
| | 第九节 | 充分应用地震储层滚动化预测技术高效探明和开发榆林气田 | 杨　华、王大兴 |
| | 第十节 | 川中公山庙构造三维地震砂岩储层预测 | 李亚林、廖　玲 |

续表

| 章 | 节 | 文章题目 | 撰稿人 |
|---|---|---|---|
| 第四章 | 第十一节 | 高柳地区二次三维地震勘探 | 周海民、刘国玺 |
| | 第十二节 | 冀中探区留西—大王庄地区隐蔽油气藏勘探 | 常建华、邱　毅 |
| | 第十三节 | 巴音都兰凹陷全三维重新处理解释技术应用 | 常建华、邱　毅 |
| | 第十四节 | 准噶尔盆地腹部河道砂体的有效预测 | 陈志刚、陈　扬 |
| | 第十五节 | 准噶尔盆地盆 5 井区“速度背斜”的识别与评价 | 唐建华、姚新玉 |
| 第五章 | 第一节 | 深层三维地震勘探技术在松辽盆地北部兴城大型火山岩气田发现中的作用 | 陈树民、姜传金、龙江南 |
| | 第二节 | 大民屯凹陷低潜山全三维综合地震勘探 | 郭彦民、邹启伟、高海燕 |
| | 第三节 | 吐哈盆地台北凹陷前侏罗系深层地震攻关 | 闫玉魁、何明智 |
| | 第四节 | 鄂尔多斯盆地奥陶系风化壳气藏勘探开发 | 杨　智、李振亚、蒋加钰 |
| | 第五节 | 千米桥奥陶系潜山气藏二次三维地震勘探 | 翟桐立、熊金良 |
| 第六章 | 第一节 | 利用高频电磁法圈定套保油田油水边界 | 何展翔、李伟丽 |
| | 第二节 | 井地电法新技术成功应用于油藏范围圈定和断块含油气性的评价 | 刘雪军、何展翔 |
| | 第三节 | 大宛齐油田化学勘探直接找油 | 索孝东、于登跃 |
| | 第四节 | 综合物探在柴西环英雄岭地区的应用 | 王财富、林存国、江汶波 |